왜 초보전기로 시작해야 할까요?

전기기사 전문 강사 정용걸 교수가 수험생을 지도하며 축적한 30년 노하우를 담았습니다.

정용걸 교수

現 박문각 전기기사 대표 교수
現 제일전기직업전문학교 설립자
現 무지개꿈평생교육원 원장
現 종합산업교육전공 박사과정
現 세종사이버대 교수

前 에듀윌 전기기사 대표 교수
前 대산전기학원 수원학원장
前 순천향대학교 전기기사 특강 강사
前 경기과학기술대학 교수
네이버 파워지식인

전기기사 · 전기산업기사 특강

국립인천대학교 특강교수(2014~2016)
전기기술인협회 특강교수(2015~2016)
삼성전자 직원(동탄) 특강교수(2015)
신안산대학교 특강교수(2015~2016)
삼성전자 공과대학교 특강교수(2016)

주요 저서

초보전기 I, II(박문각)
전기기사 · 전기산업기사 기출문제집 4종(박문각)
전기기사 · 전기산업기사 기본서 7종(박문각)

QR 코드를 찍어 직접
정용걸 교수님의 강의를 들어 보세요.

90만 View 초보전기 I, II 무료강의 + 교재

"전기(산업)기사, 십중팔구 막히는 포인트가 있어요.
그걸 풀어주면 누구나 합격이 가능합니다.

초보전기 I

초보전기 II

전기초보의 필독서!

이 한 권의 교재만으로 불가능해 보였던 합격이 가능해집니다.

기사 · 산업기사 · 기능사 시험안내

시행처 : 한국산업인력공단

검정기준

등급	검정기준
기사	해당 국가기술자격의 종목에 관한 공학적 기술이론 지식을 가지고 설계 · 시공 · 분석 등의 업무를 수행할 수 있는 능력 보유
산업기사	해당 국가기술자격의 종목에 관한 기술기초이론 지식 또는 숙련기능을 바탕으로 복합적인 기초기술 및 기능업무를 수행할 수 있는 능력 보유
기능사	해당 국가기술자격의 종목에 관한 숙련기능을 가지고 제작 · 제조 · 조작 · 운전 · 보수 · 정비 · 채취 · 검사 또는 작업관리 및 이에 관련되는 업무를 수행할 수 있는 능력 보유

시험과목, 검정방법, 합격기준

구분		시험과목	검정방법	합격기준
전기기사	필기	• 전기자기학 • 전력공학 • 전기기기 • 회로이론 및 제어공학 • 전기설비기술기준	객관식 4지 택일형, 과목당 20문항 (과목당 30분)	과목당 40점 이상, 전과목 평균 60점 이상 (100점 만점 기준)
	실기	전기설비 설계 및 관리	필답형 (2시간 30분)	60점 이상 (100점 만점 기준)
전기 산업기사	필기	• 전기자기학 • 전력공학 • 전기기기 • 회로이론 • 전기설비기술기준	객관식 4지 택일형, 과목당 20문항 (과목당 30분)	과목당 40점 이상, 전과목 평균 60점 이상 (100점 만점 기준)
	실기	전기설비 설계 및 관리	필답형(2시간)	60점 이상 (100점 만점 기준)
전기 기능사	필기	• 전기이론 • 전기기기 • 전기설비	객관식 4지택일형 (60문항)	60점 이상 (100점 만점 기준)
	실기	전기설비작업	작업형 (5시간 정도, 전기설비작업)	60점 이상 (100점 만점 기준)

동영상강의 www.pmg.co.kr

한국산업인력공단 시행 국가공인자격증

박문각 전기(산업)기사

핵심이론 + 기출문제

- 실기 핵심이론 / 최신 기출문제
- 한국전기설비규정 반영

정용걸 편저

50년 시간이 만든 **합격비결**
합격 노하우가 다르다!

PMG 박문각

전기는 오늘날 모든 분야에서 경제 발달의 원동력이 되고 있습니다. 특히, 컴퓨터와 반도체 기술 등의 발전과 동시에 전기를 이용하는 기술이 진보함에 따라 정보화 사회, 고도산업 사회가 진전될수록 전기는 인류 문화를 창조해 나가는 주역으로 그 중요성을 더해 가고 있습니다.

이 책을 구매하신 독자분들도 전기인으로서 인류 문화를 창조해나가는 일원이 되고자 열심히 달려왔을 것입니다. 이제 마지막 관문인 실기 시험이 남아 있습니다. 필기를 준비할 때보다도 더 외롭고 힘든 싸움일 수 있습니다.
하지만 포기하지 않고, 끝까지 해낸다면 반드시 원하는 자격증을 취득할 수 있을 것입니다.

어떠한 교재도 모든 수험생의 능력과 취향을 만족하기는 어려울 것입니다. 다만, 이 책은 필기 시험이 끝난 후 실기 시험까지의 짧은 기간 내에 효율적으로 대비할 수 있도록 출제 기준에 맞게 구성했습니다. 독자분들은 짧은 기간일지라도 반복 학습을 통해 이 책에 구성되어 있는 내용은 반드시 숙지하신 후 시험에 응시하시기를 바랍니다.

아무쪼록 이 책을 통하여 수험생들이 전기산업기사, 전기기사의 합격의 기쁨을 누릴 수 있기를 바라며 전기계열의 종사자로써 이 사회의 훌륭한 전기인이 되기를 기원합니다.

수험생 여러분들의 합격을 기원합니다.

저자 정용걸

직무분야	전기 · 전자	중직무분야	전기	자격종목	• 전기기사 • 전기산업기사	적용기간	2021.1.1.~2023.12.31.

• **직무내용**

전기설비에 관한 이론을 기반으로 전기기계 · 기구의 선정, 전기설비의 계획, 에너지 절약기술 적용, 용량산정, 재료선정 등 설계도서 작성, 감리, 유지관리 및 운용 등 시설관리 등의 업무를 수행하는 직무이다.

• **수행준거**

1. 전기설비에 관한 기초지식을 기반으로 전기설비의 계획 및 설계도서를 파악할 수 있다.
2. 전력공급 안정성을 위하여 설비회로 구성과 제어에 필요한 사항을 파악할 수 있다.
3. 설비의 안전한 운용을 위한 방안을 수립하고 구성기기의 특성을 파악할 수 있다.
4. 전기설비의 안전관리를 위한 각종 계측 및 시험방법을 파악할 수 있다.

실기검정방법	필답형	시험시간	• 전기기사 : 2시간 30분 • 전기산업기사 : 2시간

전기설비 설계 및 관리(실기)

주요항목	세부항목	세세항목
1. 전기계획	1. 현장조사 및 분석하기	1. 건축물의 용도, 부하의 위치, 규모에 따라 이에 적합한 전기설비를 계획할 수 있다. 2. 현장의 위치를 파악하여 전력의 인입계획을 수립할 수 있다. 3. 현장의 대지특성을 분석하여 접지설비를 계획할 수 있다. 4. 현장의 낙뢰빈도를 조사하여 피뢰설비를 계획할 수 있다.
	2. 부하용량 산정하기	1. 건축물의 용도, 규모에 따라 이에 적합한 부하설비용량을 추정할 수 있다. 2. 수용률, 부등률, 부하율을 추정하여 최대수용전력을 산출할 수 있다. 3. 건물의 종류별 표준부하와 부분표준부하를 산출할 수 있다. 4. 부하의 종류별, 규모별로 수용률을 추정할 수 있다.
	3. 전기실 크기 산정하기	1. 추정된 부하설비용량에 의하여 변전실 면적을 산출할 수 있다. 2. 발전설비용량에 의한 발전실 면적을 산출할 수 있다. 3. 부하설비용량에 의한 각층별, 구획별로 EPS실 면적을 산출할 수 있다. 4. 중요부하설비의 UPS실과 축전지실 등의 면적을 산출할 수 있다.
	4. 비상전원 및 무정전 전원 산정하기	1. 건축물의 규모, 용도에 따라 비상전원과 무정전전원을 계획할 수 있다. 2. 추정된 부하설비용량에 의하여 비상부하용량을 산정할 수 있다. 3. 비상부하용량을 분석하여 무정전전원 용량을 산정할 수 있다. 4. 비상전원과 무정전전원을 분석하여 축전지용량을 산정할 수 있다.
	5. 에너지이용 기술 계획하기	1. 고효율 전기설비를 적용 검토할 수 있다. 2. 전기 에너지 이용 효율 향상 기술을 적용 검토할 수 있다. 3. 전기에너지 부하 평준화 기술을 적용 검토할 수 있다. 4. 대체 에너지 적용설비의 적정 여부를 검토할 수 있다. 5. 전기 에너지 절감 효과를 반영한 에너지 수요량 분석의 적정성을 검토할 수 있다.
2. 전기설계	1. 부하설비 설계하기	1. 부하설비의 공학적 구조, 원리, 구성장치, 운전 특성을 설명할 수 있다. 2. 조명, 전열, 전동력 설비 등의 계산을 할 수 있다.
	2. 수변전 설비 설계하기	1. 변압기의 구조, 동작원리, 종류, 특성을 설명할 수 있다. 2. 수전실의 위치, 면적, 관련 규정 및 법규를 적용할 수 있다.
	3. 실용도별 설비 기준 적용하기	1. 건축물의 종류에 따른 조명설비, 각종 배선방법을 적용할 수 있다. 2. 각종 전기 기계기구를 실 용도에 맞게 적용할 수 있다.
	4. 설계도서 작성하기	1. 전기 설비의 분류체계를 설명할 수 있다. 2. 도면, 시방서, 공사비 내역서를 작성할 수 있다.
	5. 원가계산하기	1. 설계에 따른 자재비, 노무비, 경비를 산출할 수 있다. 2. 계약의 종류 및 방법, 구성요소를 이해하고, 국가계약법 등 각종 규제사항을 활용할 수 있다.

주요항목	세부항목	세세항목
2. 전기설계	6. 에너지 절약 설계하기	1. 수변전설비의 에너지 효율 향상 기술을 적용할 수 있다. 2. 동력설비의 에너지 효율 향상 기술을 적용할 수 있다. 3. 조명설비의 에너지 효율 향상 기술을 적용할 수 있다. 4. 제어설비의 에너지 효율 향상 기술을 적용할 수 있다. 5. 전력원단위를 고려하여 에너지 절약 설계기준을 적용할 수 있다.
3. 자동제어 운용	1. 시퀀스제어 설계하기	1. 스위치의 동작원리를 이해하고 접점의 특성에 따라 시퀀스제어 회로에 적용할 수 있다. 2. 유접점제어와 무접점제어의 특성을 이해하고 시퀀스제어에 적용할 수 있다. 3. 릴레이와 타이머 등 제어기기의 동작원리를 알고 시퀀스제어 회로에 적용할 수 있다. 4. 제어시스템을 구성하고, 시스템을 제어하기 위한 시퀀스제어 회로를 구성할 수 있다.
	2. 논리회로 작성하기	1. 논리기호를 파악하고 활용할 수 있다. 2. 제어 목적에 맞게 논리회로를 구성할 수 있다. 3. 논리회로로 구성된 제어시스템을 해석할 수 있다. 4. 복잡한 논리식을 간략화시킬 수 있다.
	3. PLC프로그램 작성하기	1. 릴레이 제어방식과 PLC 제어방식의 차이점에 대하여 파악할 수 있다. 2. PLC 종류와 시스템 구성에 대하여 파악할 수 있다. 3. PLC 종류에 따른 명령어를 이해하고, 동작특성에 따라 활용할 수 있다. 4. PLC를 이용하여 각종 제어회로를 작성할 수 있다.
	4. 제어시스템 설계 운용하기	1. 센서의 종류와 특성을 설명할 수 있다. 2. 제어 대상에 적합한 센서를 적용할 수 있다. 3. 센서와 구동기의 조합 특성을 파악할 수 있다. 4. 제어 범위를 선정하고 제어시스템을 설계할 수 있다. 5. 입출력 장치에 의하여 제어기기 및 시스템 활용을 할 수 있다.
4. 전기설비 운용	1. 수·변전설비 운용하기	1. 전기 단선도를 이해하고, 기기 정격의 정확 여부를 판단할 수 있다. 2. 해당 기계, 기구의 매뉴얼에 따라 설치된 기기의 정상작동 유무를 판단할 수 있다. 3. 보호계전기의 정정을 할 수 있고, 정상 작동 유무를 판단할 수 있다. 4. 수변전설비의 도면(단선도, 장비 배치도 등)을 이해하고, 설계도서를 검토하여 중요한 항목이 무엇인지를 도출할 수 있다.
	2. 예비전원설비 운용하기	1. 비상용 발전기의 특성을 이해하고, 정상 작동 유무를 판단할 수 있다. 2. 무정전전원장치의 특성을 이해하고, 정상 작동 유무를 판단할 수 있다. 3. 축전지설비의 특성을 이해하고, 정상 작동 유무를 판단할 수 있다. 4. 전원설비의 도면(단선도, 기기배치도 등)을 이해하고, 설계도서를 검토하여 중요한 항목을 도출할 수 있다.
	3. 전동력설비 운용하기	1. 전동기의 종류와 특성별 기동특성을 이해하고, 작동매뉴얼을 활용하여 절차에 따라 점검, 관리할 수 있다. 2. 인버터 등의 전동기제어장치의 특성을 이해하고, 정상 작동 유무를 판단할 수 있다. 3. 펌프와 팬의 특성 및 정격산정 방법을 이해하고, 작동매뉴얼을 활용하여 절차에 따라 점검, 관리할 수 있다. 4. 동력설비의 도면(동력결선도 등)을 이해하고, 설계도서를 검토하여 중요한 항목을 도출할 수 있다.
	4. 부하설비 운용하기	1. 조명기기의 특성 및 설계도서를 이해하고, 작동매뉴얼을 활용하여 절차에 따라 점검, 관리할 수 있다. 2. 전열설비의 특성을 이해하고, 작동매뉴얼을 활용하여 절차에 따라 점검, 관리할 수 있다. 3. 승강기설비의 특성을 이해하고, 작동매뉴얼을 활용하여 절차에 따라 점검, 관리할 수 있다. 4. 전기로, 대형컴퓨터 등 특수전기설비의 특성을 이해하고, 작동매뉴얼을 활용하여 절차에 따라 점검, 관리할 수 있다.
5. 전기설비 유지관리	1. 계측기 사용법 파악하기	1. 각종 계측기의 동작원리를 이해하고 용도에 따른 적정계측기 선정을 할 수 있다. 2. 각종 계측기의 사용법을 파악할 수 있다. 3. 각종 계측 데이터를 수집하고, 이를 분석 및 활용할 수 있다. 4. 각종 계측기에 대한 검·교정 주기를 파악할 수 있다.
	2. 수·변전기기 시험, 검사하기	1. 수·변전설비의 계통을 파악할 수 있다. 2. 각종 수·변전기기들의 원리 및 사용용도 등을 파악할 수 있다. 3. 각종 수·변전기기 등에 대한 시험 성적서를 파악할 수 있다. 4. 각종 수·변전기기 등에 대한 외관 검사 및 정밀검사 결과를 검토할 수 있다.

주요항목	세부항목	세세항목
5. 전기설비 유지관리	3. 조도, 휘도 측정하기	1. 실 용도별 조도 및 휘도기준을 확인할 수 있다. 2. 휘도와 조도와의 관계를 파악하여 사용할 수 있다. 3. 조도측정방식을 설명할 수 있다. 4. 조명기구의 특성을 설명할 수 있다. 5. 휘도와 조도가 시 환경에 미치는 영향을 이해할 수 있다.
	4. 유지관리 및 계획수립하기	1. 수 · 변전설비의 주요 기기(변압기, CT, PT, MOF, CB, LA 등)의 외관검사를 실시할 수 있다. 2. 전력케이블의 상태를 점검할 수 있다. 3. 배전반, 분전반의 외관검사를 실시할 수 있다. 4. 예비 전원설비의 외관검사를 실시할 수 있다.
6. 감리업무 수행 계획	1. 인허가업무 검토하기	1. 착공 전 공사수행과 연관된 분야의 인허가 사항과 관련 법령, 조례, 규정 등을 분석할 수 있다. 2. 「전력기술관리법」에 따른 감리원배치신고서를 제출할 수 있다. 3. 「전기사업법」에 적합한 자가용전기설비 공사계획신고서를 검토할 수 있다. 4. 전기사업자의 전기공급방안과 공사용 임시전력을 사용하기 위하여 전기수용신청을 할 수 있다. 5. 소방전기설비를 시공하기 위하여 소방시설시공(변경)신고서를 검토할 수 있다. 6. 전기통신설비를 시공하기 위하여 기간통신사업자와 수급지점을 협의하고 검토할 수 있다. 7. 항공장애등설비를 시공하기 위하여 항공법에 따라 항공장애등 설치신고서를 검토할 수 있다.
7. 감리 여건제반 조사	1. 설계도서 검토하기	1. 관련 법령에 따라 설계도서의 누락, 오류, 불분명한 부분, 문제점 등을 검토하여 설계도서 검토서를 작성할 수 있다. 2. 설계도서 간의 상이로 인한 오류를 방지하기 위하여 설계도서 간 불일치 사항을 검토하고 설계도서 검토서를 작성할 수 있다. 3. 시방서, 부하, 장비용량 계산서 등 각종 계산서를 검토하고 설계도서 검토서를 작성할 수 있다. 4. 효율적인 시공을 위하여 건축, 설비 등 타 공정간의 상호 간섭사항을 파악할 수 있다. 5. 경제적인 시공을 위하여 신기술, 신공법에 의한 공법개선과 가치공학(Value Engineering)기법을 활용한 원가절감을 검토할 수 있다.
8. 감리행정 업무	1. 착공신고서 검토하기	1. 공사업자가 제출한 착공신고서가 공사기간, 공사비 지급조건 등 공사계약문서에서 정한 사항과 적합한지 여부를 검토할 수 있다. 2. 관련 법령에 따라 시공관리책임자, 안전관리자 등 현장기술자가 해당 현장에 적합하게 배치되었는지 여부를 검토할 수 있다. 3. 예정공정표가 작업 간 선행, 동시, 완료 등 공사 전 · 후 간의 연관성이 명시되어 작성되고, 예정공정률이 적정하게 작성되었는지 검토할 수 있다. 4. 품질관리계획이 공사 예정공정표에 따라 공사용 자재의 투입시기와 시험방법, 빈도 등이 적정하게 반영되었는지 검토할 수 있다. 5. 안전관리계획이 산업안전보건법령에 따라 해당 규정이 적절하게 반영되어있는지 여부를 검토할 수 있다. 6. 공사의 규모, 성격, 특성에 맞는 장비형식이나 수량의 적정여부에 따라 작업인원과 장비 투입 계획이 수립되었는지 여부를 검토할 수 있다.
9. 전기설비감리 안전관리	1. 안전관리계획서 검토하기	1. 현장의 안전관리를 위하여 「산업안전보건법」과 관련 법령을 이해하고 안전관리계획서의 적정성을 검토할 수 있다. 2. 감리원은 전기공사의 공정에 따른 작업의 위험요인을 확인하고 이에 대한 재해예방대책이 안전관리계획에 반영될 수 있도록 지도 감독할 수 있다. 3. 공사업자가 재해예방을 위한 관련 법령을 이해하고, 전기공사의 안전관리계획의 사전검토, 실시확인, 평가, 자료의 기록유지를 할 수 있도록 지도 감독할 수 있다. 4. 관련 기준에 따라 안전관리 예산의 편성과 집행계획에 대한 적정성 검토를 할 수 있다.
	2. 안전관리 지도하기	1. 사고예방을 위하여 안전관련 법령에서 명시하는 사항을 이행하도록 안전관리자와 공사업자를 지도 감독할 수 있다. 2. 공정진행상황에 따라 안전점검과 관찰 결과와 안전관련 자료에 의하여 공사업자에게 안전을 유지하도록 지시하고 이행상태를 점검할 수 있다. 3. 현장의 안전관리자가 위험장소와 작업에 대한 안전조치를 적정하게 이행하는지 여부를 확인하여 지도 감독할 수 있다.

주요항목	세부항목	세세항목
10. 전기설비감리 기성준공관리	1. 기성 검사하기	1. 공사업자로부터 기성검사원을 접수하고 기성검사를 실시한 이후 그 결과를 발주자에게 보고할 수 있다. 2. 공정진행에 따른 자재의 반입, 설치, 인력의 투입, 현장시공 상태 등을 확인 후 검사처리절차에 따라 기성검사를 할 수 있다. 3. 신청된 기성내역과 시공내용이 설계도서와 일치하는지 검사하여 시공기준에 부적합한 경우 기성률을 조정할 수 있다. 4. 특수공종의 기성검사는 발주자와 협의하여 전문기술자가 포함된 합동검사를 할 수 있다.
	2. 예비준공 검사하기	1. 예정공사기간 내 준공가능 여부와 미진한 사항의 사전 보완을 위해 예비준공검사를 실시 할 수 있다. 2. 준공가능 여부를 판단하기 위하여 잔여공정, 품질시험, 타 공정의 진행사항 등을 고려하고 준공검사에 준하는 검사항목을 적용하여 검사할 수 있다. 3. 검사 시 자재나 장비 납품업체, 공종별 시공관리책임자와 발주자의 입회하에 예비준공검사를 할 수 있다. 4. 예비준공검사 결과를 설계도서, 제작승인서류 등과 비교 검토하여 보완사항이 있는 경우 조치하도록 지시하고 재검사하여 합격한 후 준공검사원을 제출할 수 있다.
	3. 시설물 시운전하기	1. 공사업자로부터 시운전 계획서를 제출받아 건축, 기계, 소방 등 시운전 유관자와 범위, 기간 등을 고려하여 검토하고 발주자에게 제출할 수 있다. 2. 시운전을 위한 외관점검, 전원공급, 연료, 부품, 측정계측장비 등의 준비를 지시하고 측정기록 문서의 작성을 지도할 수 있다. 3. 다른 공정과 관련된 설비는 유관자의 입회하에 가동상태, 회전방향, 소음상태 등 성능을 확인할 수 있다. 4. 시운전 결과가 설계기준치에 적정한지 검토하고, 계속 사용하여야 할 시설은 부분 인수인계를 시행하고 유지관리자가 지정되도록 조치할 수 있다. 5. 시운전 완료 후 검사결과보고서를 공사업자로부터 제출받아 검토 후 발주자에게 제출할 수 있다.
	4. 준공검사하기	1. 공사업자로부터 준공검사원을 접수하고 준공검사를 실시한 이후 그 결과를 발주자에게 보고할 수 있다. 2. 공사준공에 따른 자재의 반입, 설치, 인력의 투입, 완공된 시설물 등을 확인 후 검사처리절차에 따라 준공검사를 할 수 있다. 3. 특수공종의 준공검사는 발주자와 협의하여 전문기술자가 포함된 합동검사를 할 수 있다. 4. 해당 공사에 상주감리원, 공사업자와 시공관리책임자 입회하에 계약서, 설계설명서, 설계도서 그 밖의 관련 서류에 따라 준공검사를 할 수 있다. 5. 공사업자가 작성 제출한 준공도면이 실제 시공된대로 작성되었는지 여부를 검토하고 확인 · 서명할 수 있다. 6. 준공검사 시 시공기준에 부적합한 경우 보완하게 한 후, 검사절차에 의해 재검사를 할 수 있다. 7. 준공검사 시에 공사업자에게 시설물 인수인계를 위한 제반도서, 서류와 예비품의 준비를 지시할 수 있다.
11. 전기설비 설계 감리업무	1. 설계감리계획서 작성하기	1. 설계용역 계약문서, 설계감리 과업내역서 등을 참고하여 설계감리를 수행하는데 필요한 절차와 방법 등이 포함된 설계감리계획서를 작성할 수 있다. 2. 설계업자로부터 착수신고서를 제출받아 설계예정공정표와 과업수행계획에 대한 적정성 여부를 검토할 수 있다. 3. 설계용역계획서와 공정표에 따라 단계별 착안사항과 확인사항을 참고하여 설계감리계획을 수립할 수 있다. 4. 설계대상물의 현장 적합성과 가치공학(Value Engineering) 등을 검토하여 설계단계별 경제성을 검토할 수 있다. 5. 건축, 소방, 기계, 통신 등 타 공종과의 간섭관계를 고려하여 설계에 반영하게 할 수 있다. 6. 설계감리 대상물의 특징과 고려사항을 감안하여 설계내용, 예상문제점, 대책 등을 수립할 수 있다.

PART 01 핵심이론편

PART 02 기출문제편

부록 전기기사 실기 기출문제

PART 01

핵심이론편

• Electrical • Engineer •

Chapter 01 배선설비 설계 및 테이블스펙

01 표준부하

1) 건축물의 종류와 표준부하

건축물의 종류	표준부하[VA/m^2]
공장, 공회당, 사원, 교회, 극장, 영화관, 연회장 등	10
기숙사, 여관, 호텔, 병원, 학교, 음식점, 다방, 대중목욕탕	20
사무실, 은행, 상점, 이발소, 미장원	30
주택, 아파트	40

2) 건축물 중 별도로 계산할 부분의 표준부하

건축물의 부분	표준부하[VA/m^2]
복도, 계단, 세면장, 창고, 다락	5
강당, 관람석	10

3) 표준부하에 따라 산출한 수치에 가산하여야 할 부하[VA]수

(1) 주택, 아파트(1세대마다)에 대하여 500 ~ 1,000[VA]

(2) 상점의 진열창에 대하여는 진열창 폭 1[m]에 대하여 300[VA]

(3) 옥외의 광고등, 전광사인, 네온사인 등의 [VA]수

02 부하의 상정

건축물의 바닥면적 m^{2}에 대하여 표준부하를 이용하여 부하의 용량을 구한다.

부하설비용량 = PA + QB + C[VA]

단, P : 건축물의 바닥 면적[m^2]

A : P 부분에 대한 표준부하[VA/m^2]

Q : 별도 계산 부분의 표준부하[VA/m^2]

B : Q 부분에 대한 표준부하[VA/m^2]

C : 가산부하[VA]

03 분기회로수의 계산

$$\text{분기회로수} = \frac{\text{표준부하밀도}[\mathrm{VA/m^2}] \times \text{바닥면적}[\mathrm{m^2}]}{\text{전압}[\mathrm{V}] \times \text{분기회로의 전류}[\mathrm{A}]}$$

여기서,

1) 계산결과 시 소수가 발생하면 절상하여야 한다.
2) 220[V]에서 3[kW](단, 110[V]라면 1.5[kW]) 이상인 냉방기기, 취사용 기기 등 대형 전기기계 기구를 사용하는 경우는 단독분기회로로 한다.

04 설비불평형률

1) 저압 수전에 따른 단상 3선식

설비불평형률

$$= \frac{\text{중성선과 각 전압측의 전선간에 접속되는 부하설비용량의 차}[\mathrm{kVA}]}{\text{총 부하의 설비용량}[\mathrm{kVA}] \times \frac{1}{2}} \times 100[\%]$$

단, 단상 3선식의 불평형률은 40[%] 이하이어야 한다.

2) 저압, 고압 및 특고압 수전의 3상 3선식 또는 3상 4선식

$$\text{설비불평형률} = \frac{\text{각 선간에 접속되는 단상부하의 최대와 최소의 차}[\mathrm{kVA}]}{\text{총 부하의 설비용량}[\mathrm{kVA}] \times \frac{1}{3}} \times 100[\%]$$

단, 3상 3선식 또는 3상 4선식의 경우 설비불평형률은 30[%] 이하이어야 한다. 그러나 다음에 해당하는 경우에는 그렇지 아니하다.

(1) 저압 수전에서 전용 변압기 등으로 수전하는 경우
(2) 고압 및 특고압 수전에서 100[kVA] 이하의 단상 부하의 경우
(3) 고압 및 특고압 수전에서 단상 부하 용량의 최대와 최소의 차가 100[kVA] 이하인 경우
(4) 특고압 수전에서 100[kVA] 이하의 단상 변압기 2대를 역 V결선하는 경우

05 단상 3선식

1) 회로도

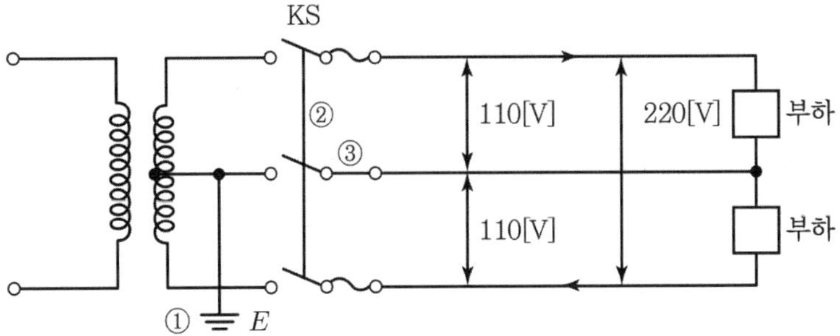

2) 결선 조건

(1) 2차 측 개폐기는 동시 동작형 개폐기이어야 한다.

(2) 중성선에는 퓨즈를 삽입하면 안 된다.

(3) 변압기 2차 측 1단자에 접지공사를 한다.

3) 중성선 단선 시 부하 측 단자전압의 변화

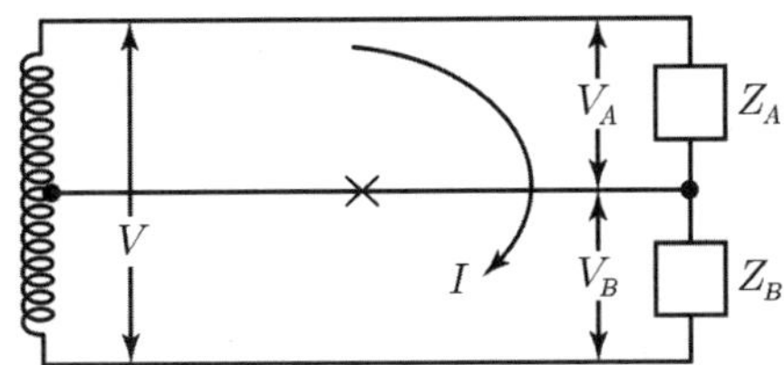

※ 중성선 단선 시 전압 V_A

① $V_A = \dfrac{Z_A}{Z_A + Z_B} \times V$

② $V_B = \dfrac{Z_B}{Z_A + Z_B} \times V$

4) 부하 불평형에 따른 중성선에 흐르는 전류

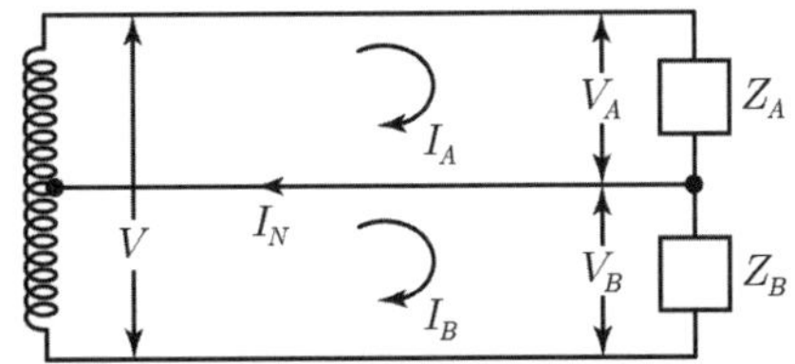

중성선에 흐르는 전류 $I_N = I_A - I_B$가 된다.

5) 중성선의 단면적의 결정

다음에 해당하는 경우 중성선의 단면적은 최소 선도체 단면적 이상이어야 한다.

(1) 2선식 단상회로

(2) 선도체 단면적이 구리 16[mm^2], 알루미늄 25[mm^2] 이하인 다상회로

(3) 3고조파 및 3고조파의 홀수배수의 고조파 전류가 흐를 가능성이 높다면 전류의 종합고조파 왜형률이 15 ~ 33[%]인 3상회로

06 수용가 설비의 전압강하

1) 전압강하

수용가 설비의 인입구로부터 기기까지의 전압강하는 표의 값 이하이어야 한다.

설비의 유형	조명[%]	기타[%]
A – 저압으로 수전하는 경우	3	5
B – 고압으로 수전하는 경우	6	8

단, 가능한 한 최종회로 내의 전압강하가 A유형의 값을 넘지 않도록 하는 것이 바람직하다. 배선설비가 100[m]를 넘는 부분의 전압강하는 미터당 0.005[%] 증가할 수 있으나 이러한 증가분은 0.5[%]를 넘지 않아야 한다.

2) 전기방식에 따른 전압강하

(1) 단상 3선식, 직류 3선식, 3상 4선식(단, 중성선에 전류가 흐르지 않는 조건으로서 전압강하는 1선의 전선에서만 발생하는 것을 기준)

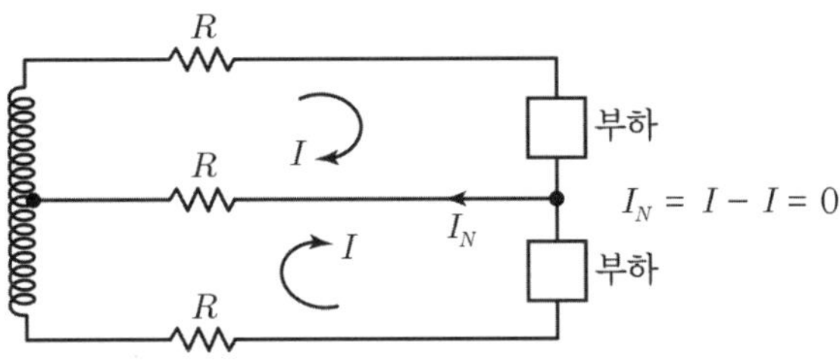

$$e = \frac{17.8LI}{1,000A}\,[\mathrm{V}]$$

(단, L : 전선 1본의 길이[m]

I : 부하전류[A]

A: 전선의 단면적[mm^2])

(2) 단상 2선식의 전압강하

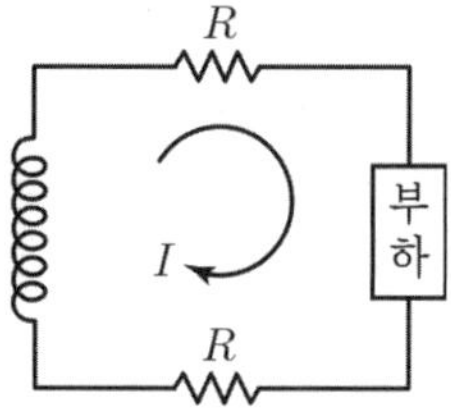

위 그림에서 보면 단상 2선식의 경우 전압강하는 전선 2가닥에서 발생하므로 1가닥의 전압강하의 두 배가 된다.

$$e_{12} = 2e = 2 \times \frac{17.8LI}{1,000A} = \frac{35.6LI}{1,000A} \text{[V]}$$

(3) 3상 3선식의 전압강하

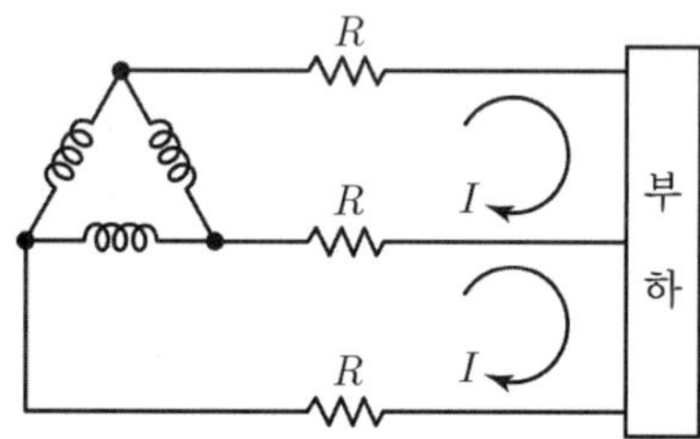

$$e_{33} = \sqrt{3}\,e = \sqrt{3} \times \frac{17.8LI}{1,000A} = \frac{30.8LI}{1,000A} \text{[V]}$$

▸ 전기방식별 전압강하

전기방식	전압강하
단상 3선식 3상 4선식	$e = \frac{17.8LI}{1,000A}$
단상 2선식	$e = \frac{35.6LI}{1,000A}$
3상 3선식	$e = \frac{30.8LI}{1,000A}$

여기서, e : 전기방식에 따른 전압강하[V]
L : 전선 1본의 길이[m]
I : 부하전류[A]
A : 전선의 단면적[mm^2]

07 전력의 측정

1) 2전력계법

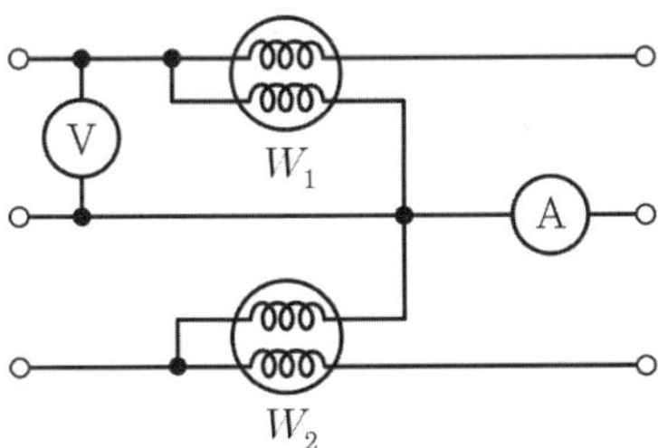

2개의 전력계를 이용하여 3상 전력을 측정하는 방법으로 유효전력, 무효전력, 피상전력과 역률을 구할 수 있다.

(1) 유효전력 : $P = W_1 + W_2$[W]

(2) 무효전력 : $P_r = \sqrt{3}(W_1 - W_2)$[Var]

(3) 피상전력 : $P_a = \sqrt{3}\,VI$ 또는 $2\sqrt{W_1^2 + W_2^2 - W_1 W_2}$[VA]

(4) 역률 : $\cos\theta = \dfrac{P}{P_a}$

$$= \frac{W_1 + W_2}{\sqrt{3}\,VI}$$

$$= \frac{W_1 + W_2}{2\sqrt{W_1^2 + W_2^2 - W_1 W_2}}$$

2) 3전류계법

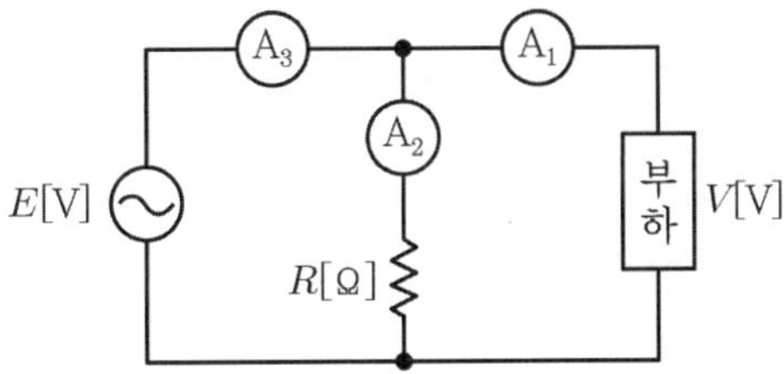

3개의 전류계와 하나의 저항을 이용하여 단상 교류 부하전력을 측정하는 방법이다.

전력 $P = \dfrac{R}{2}(A_3^2 - A_2^2 - A_1^2)$[W]가 된다.

3) 3전압계법

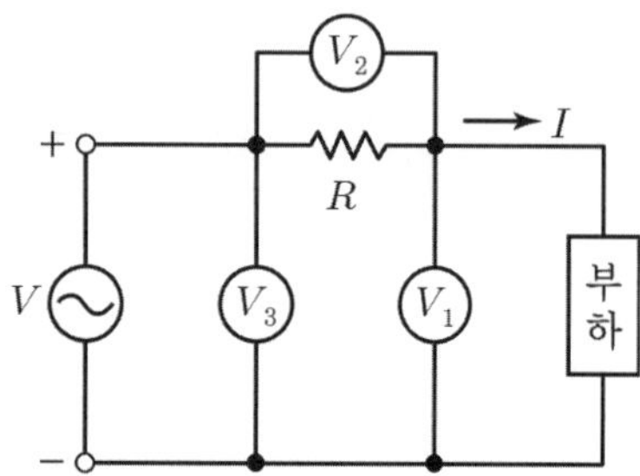

3개의 전압계와 하나의 저항을 이용하여 단상 교류 부하전력을 측정하는 방법이다.

전력 $P = \frac{1}{2R}(V_3^2 - V_2^2 - V_1^2)$[W]가 된다.

Chapter 02 송배전 특성과 수변전설비 및 감리업무

제1절 송배전 특성

01 송전, 배전선로의 전기적 특성

1) 송전단 전압 V_s

$V_s = V_r + e$

(여기서, V_s : 송전단 전압, V_r : 수전단 전압, e : 선로에서 발생하는 전압강하)

2) 수전단 전압 V_r

$V_r = V_s - e$

3) 전압강하 e

전기회로 전압에 의해 전류가 흐르면 선로 내의 전기소자에 의해 전압의 저하가 발생하는데 이를 전압강하라고 한다.

(1) 단상 2선식 전압강하 e(단상 2선식의 경우 전압강하는 왕복 발생한다.)

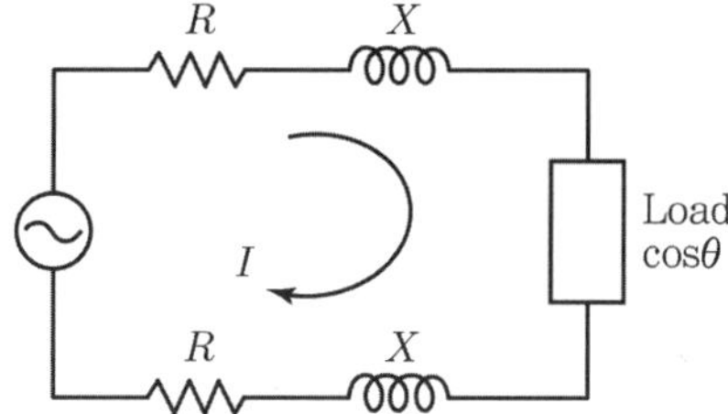

$e = 2I(R\cos\theta + X\sin\theta)$[V]

(2) 3상 3선식

$$\begin{aligned} e &= V_s - V_r \\ &= \sqrt{3}\,I(R\cos\theta + X\sin\theta) \\ &= \frac{P}{V}(R + X\tan\theta) \end{aligned}$$

(여기서, I : 부하전류[A], R : 선로의 저항[Ω], X : 선로의 리액턴스[Ω], $\cos\theta$: 부하의 역률, $\sin\theta$: 부하의 무효율)

(단, 3상을 기준으로 한다. 단상의 경우 $I(R\cos\theta + X\sin\theta)$가 된다.)

▸ 표준전압에 따른 허용오차

표준전압 및 주파수	허용오차
110[V]	±6[V]
220[V]	±13[V]
380[V]	±38[V]
60[Hz]	±0.2[V]

4) 전력손실 P_ℓ

전선에 흐르는 전류에 의해 발생되는 열에 의한 손실을 말한다. 3상 3선식을 기준으로 한다면 전력손실은 다음과 같다.

$$P_\ell = 3I^2R = \frac{P_r^2 R}{V_r^2 \cos\theta}[\mathrm{W}]$$

(여기서, I : 부하전류[A], R : 선로의 저항[Ω], P_r : 수전단 전력[W], $\cos\theta$: 부하의 역률)

5) 전력손실률 K

수전단 전력(P_r)에 대한 전력손실(P_ℓ)의 비를 말한다.

$$K = \frac{P_\ell}{P_r} = \frac{3I^2R}{\sqrt{3}\,VI\cos\theta}$$
$$= \frac{PR}{V^2\cos^2\theta}$$

6) 수전단 전력 $P_r = \sqrt{3}\,V_r I\cos\theta$

7) 송전단 전력 $P_s = P_r + P_\ell$

8) 전압강하율 $\epsilon = \dfrac{\text{송전단 전압}(V_s) - \text{수전단 전압}(V_r)}{\text{수전단 전압}(V_r)} \times 100[\%]$

9) 전압변동률 $\delta = \dfrac{\text{무부하시 수전단 전압}(V_{r0}) - \text{수전단 전압}(V_r)}{\text{수전단 전압}(V_r)} \times 100[\%]$

10) 전압과의 관계

(1) 공급능력 $P \propto V$

공급능력의 경우 $P = VI$에서 공급능력은 V에 비례한다.

(2) 공급전력 $P \propto V^2$(전력손실률이 동일한 경우)

(3) 전력손실 $P_\ell \propto \frac{1}{V^2}$

(4) 전력손실률 $K \propto \frac{1}{V^2}$

(5) 전압강하율 $\epsilon \propto \frac{1}{V^2}$

(6) 전압변동률 $\delta \propto \frac{1}{V^2}$

02 승압의 필요성 및 효과

1) 승압의 필요성

(1) 전력사업자 측면에서의 필요성

① 전력손실의 감소

② 전압강하 및 전압변동률 감소

③ 전력 판매 원가의 절감

④ 저압 설비의 투자비 절감

(2) 수용가 측면에서의 필요성

① 양질의 전기를 사용

② 옥내배선의 증설 없이 대용량 기기의 사용 가능

2) 승압의 효과

(1) 공급능력이 증대한다. ($P_a \propto V$)

(2) 공급전력이 증대한다. ($P \propto V^2$) 이 조건의 경우 전력손실률이 동일한 경우를 말한다.

전력손실률 $k = \frac{P_\ell}{P} = \frac{3I^2R}{\sqrt{3}\,VI\cos\theta} = \frac{PR}{V^2\cos^2\theta}$

$$P = \frac{kV^2\cos^2\theta}{R}$$

(3) 전력손실이 감소한다. ($P_\ell \propto \frac{1}{V^2}$)

$$P_\ell = 3I^2R = \frac{P^2R}{V^2\cos^2\theta}$$

(4) 전압강하 및 전압강하율이 감소한다.

(5) 고압배전선의 연장이 감소한다.

(6) 대용량 전기기기의 사용이 용이하다.

03 선로의 충전전류(I_c)와 충전용량(Q_c)

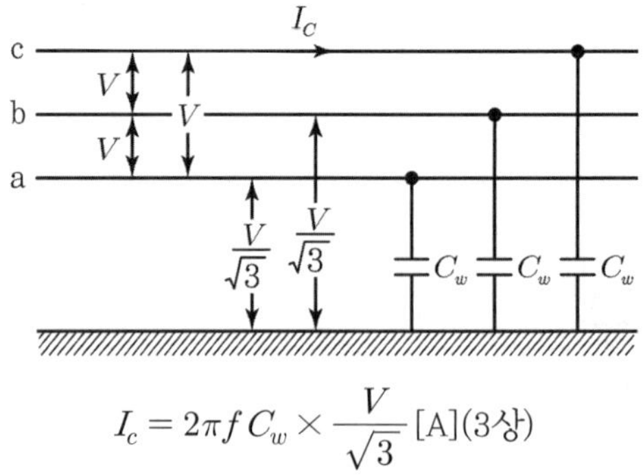

$$I_c = 2\pi f C_w \times \frac{V}{\sqrt{3}} \text{[A](3상)}$$

1) 충전전류 I_c

$$I_c = \frac{E}{\dfrac{1}{\omega C}} = \omega C_n E \text{[A]}$$

2) 충전용량 Q_c

$$Q_c = 3EI_c = 3E \times \omega CE = 3\omega CE^2$$

(여기서, E : 상전압[V], C_n : 작용정전용량[F])

04 절연협조(Insulation Coordination)

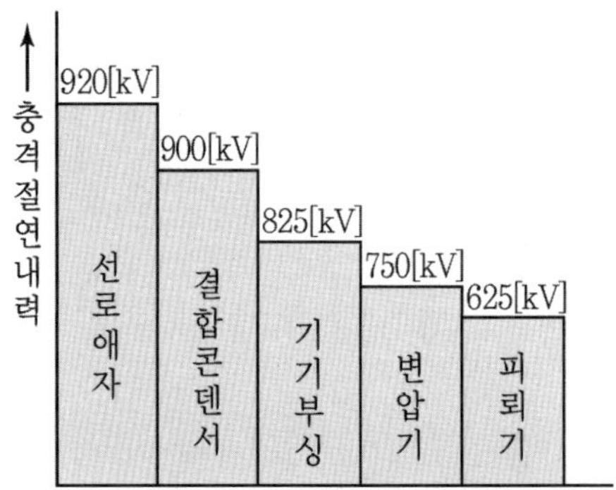

▸ 154[kV] 송전계통 절연협조

1) 정의

피뢰기 제한전압을 기준으로 계통을 구성하는 각 기기, 기구, 애자 등이 상호 적정한 절연강도를 지니게 함으로써 계통의 설계를 합리적, 경제적으로 할 수 있게 한 것을 절연협조라 한다.

2) 절연협조의 기준

피뢰기 제한전압을 기준으로 한다.

05 유도장해와 대책

1) 유도장해

전력선과 통신선이 근접배치되어 있을 때 전력선의 전압과 전류에 의해 통신선에 장해가 발생하는 현상을 말한다. 유도장해는 정전유도와 전자유도, 고조파유도로 구분하나 정전유도와 전자유도를 고려한다.

2) 정전유도장해

(1) 정의

전력선과 통신선 간의 상호정전용량에 의해 통신선에 정전유도전압이 발생한다. 전자유도와는 다르게 거리, 주파수와 무관한 특징을 갖는다.

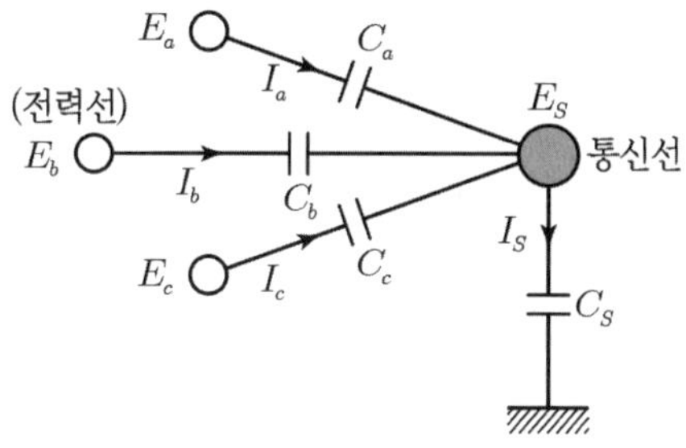

(2) 정전유도전압의 크기 E_s

$$E_s = \frac{\sqrt{C_a(C_a - C_b) + C_b(C_b - C_c) + C_c(C_c - C_a)}}{C_a + C_b + C_c + C_s} \times \frac{V}{\sqrt{3}}$$

(3) 정전유도전압의 경감대책

송전선을 완전 연가한다($C_a = C_b = C_c$).

3) 전자유도장해

(1) 정의

전력선과 통신선과의 상호 인덕턴스에 의하여 통신선에 전자유도전압이 발생하는 장해를 말한다. 이 장해는 거리와 주파수에 비례한다.

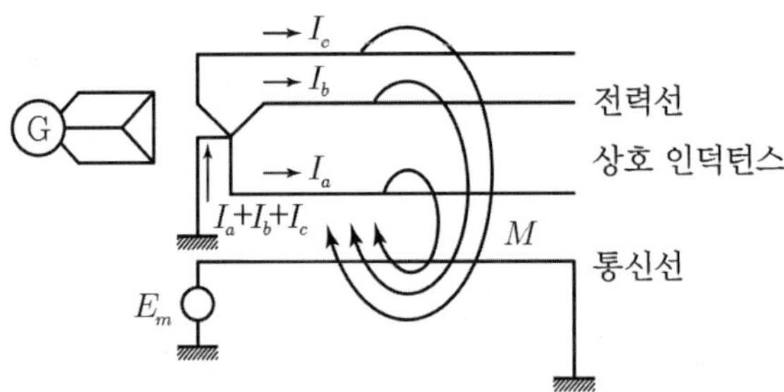

(2) 전자유도전압 E_m

$E_m = -j\omega M\ell\, 3I_0$

(여기서, M : 상호 인덕턴스[mH/km], ℓ : 전력선과 통신선의 병행길이[km],
$3I_0$: 기유도전류[A])

(3) 전자유도의 근본적 대책

① 전력선과 통신선 간의 상호 인덕턴스 감소 $M\downarrow$

② 선로의 병행길이 감소 $\ell\downarrow$

③ 기유도전류 감소 $3I_0\downarrow$

(4) 전자유도에 대한 전력선 측의 대책

① 차폐선을 설치한다.

② 송전선로와 통신선로를 이격거리를 크게 한다.

③ 비접지 또는 소호리액터 접지를 채택한다.

④ 고장회선을 고속차단한다.

(5) 전자유도에 대한 통신선 측의 대책

① 통신선 도중에 절연변압기를 설치한다.

② 연피 케이블을 사용한다.

③ 통신선에 성능이 우수한 피뢰기를 시설한다.

④ 배류 코일을 시설한다.

4) 중성점 잔류전압

계통에 운전 중인 Y결선된 변압기의 중성점을 대지와 접지하지 않은 상태로 운전 시 중성점과 대지 간에 나타나는 전압을 말한다.

06 고조파의 원인과 대책

1) 고조파의 정의

기본파의 정수배의 크기를 갖는 전압, 전류를 말한다.

2) 고조파의 발생 원인

(1) 전기로, 아크로
(2) 전력변환장치
(3) 코로나
(4) 전력용 콘덴서

3) 고조파 대책

(1) 전력변환장치의 Pulse수를 크게 한다.
(2) 고조파 필터를 사용한다.
(3) 직렬리액터를 사용한다.
(4) 변압기 Δ을 채용한다.

07 가공전선의 이도와 실제길이 L

1) 이도(D : Dip)

(1) 정의

가공전선로의 지지물과 지지물 사이에 전선을 가선 시 그 전선의 처짐의 정도를 말한다.

(2) 이도의 계산

$$D = \frac{WS^2}{8T}\,[\mathrm{m}]$$

(여기서, W : 합성하중[kg/m]
S : 경간[m]
T : 수평장력[kg] $= \frac{\text{인장하중}}{\text{안전률}}$)

2) 전선의 실제길이 L

$$L = S + \frac{8D^2}{3S}\,[\mathrm{m}]$$

3) 가공전선의 진동 방지대책

댐퍼

4) ACSR을 경동선과 비교하면 바깥지름은 크고 중량을 작게 한 전선을 말한다.

5) 전선의 도약 시 상하 혼촉(단락)을 방지하는 대책

오프셋

6) 소도체 사이의 충돌현상 방지대책

스페이서

7) 복도체 방식의 장점과 단점

(1) 장점

① 선로의 리액턴스가 감소하여 송전용량이 증가한다.
② 코로나 개시전압이 증가한다.
③ 안정도가 향상된다.

(2) 단점

① 선로의 정전용량 증가에 따른 페란티 현상 발생이 증가한다.
② 가공전선의 진동이 증가한다.
③ 소도체 사이에 충돌현상이 발생한다.

08 코로나

1) 정의

전선 주위에 고전압 인가 시 임계전압 이상의 전압이 가해지면 공기 절연이 부분적으로 파괴되어 방전되는 현상을 말한다.

2) 파열극한 전위경도

(1) 직류 : 30[kV/cm]
(2) 교류 : 21.1[kV/cm]

3) 코로나 개시(임계)전압 E_m

$$E_m = 24.3\, m_0 m_1 \delta d \log_{10}\frac{D}{r}\,[\mathrm{kV}]$$

(여기서, m_0 : 전선의 표면계수, m_1 : 날씨계수,

δ : 상대공기밀도 $= \dfrac{0.386b}{273+t}$(t : 기온[℃], b : 기압[mmHg])

d : 전선의 직경[cm], r : 전선의 반지름[cm])

4) 코로나에 의한 영향

(1) 코로나 손실 발생에 따른 송전효율이 저하한다.

$$P_W = \frac{241}{\delta}(f+25)\sqrt{\frac{d}{2D}}(E-E_0)^2 \times 10^{-5}$$

(여기서, δ : 상대공기밀도
f : 주파수[Hz]
D : 등가선간거리[cm]
d : 전선의 직경[cm]
E : 전선로의 대지전압[kV]
E_0 : 코로나 개시전압[kV])

(2) 코로나 잡음이 발생한다.
(3) 통신선의 유도장해가 발생한다.
(4) 전선의 부식이 촉진된다.
(5) 소호리액터의 소호 능력이 저하한다.

5) 코로나 방지대책

(1) 굵은 전선을 사용한다.
(2) 복도체 방식을 채용한다.
(3) 가선금구를 개량한다.

09 배전방식

1) 배전방식의 종류와 특징

(1) 가지식(수지상식)

※ 특징

① 부하증설에 유리하다.
② 경제성이 있다.
③ 농·어촌지역에 적합하다.
④ 고장 시 정전이 불가피하다.

(2) 저압 뱅킹방식

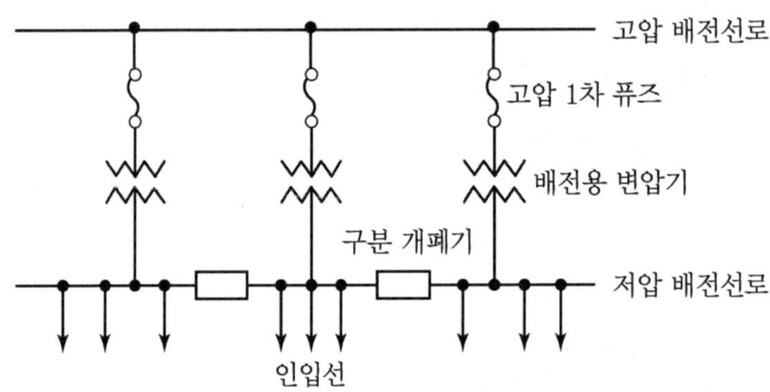

※ 특징

① 변압기 용량이 경감된다.
② 전압변동 및 전력손실이 작다.
③ 부하증가에 대한 탄력성이 향상된다.
④ 고장 보호방식이 적당하면 공급신뢰도가 향상된다.

(3) 저압네트워크방식

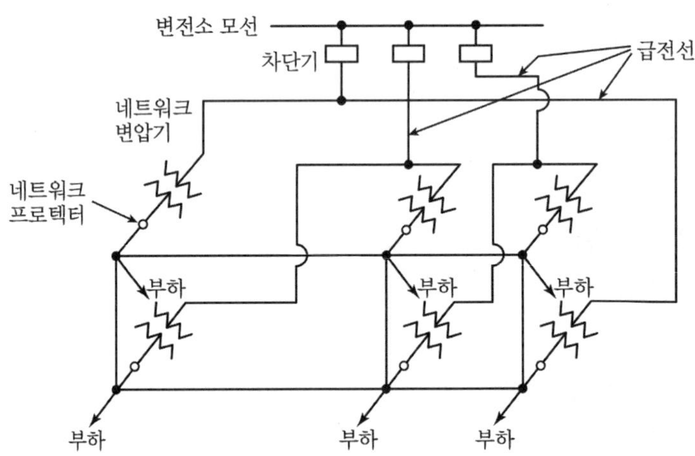

※ 특징

① 무정전 전원 공급이 가능하여 공급신뢰도가 높다.
② 전력손실이 감소한다.
③ 부하증가에 대한 적응성이 좋다.
④ 전압변동률이 적다.

(4) 스폿네트워크 배전방식

배전용 변전소로부터 2회선 이상을 수전받아 1회선에 고장이 발생하더라도 건전회선으로 자동으로 수전할 수 있는 무정전 전원 방식을 말한다.

※ 특징

① 무정전 전원 공급이 가능하다.
② 전압변동률이 적다.
③ 부하증가에 대한 적응성이 좋다.
④ 기기의 이용률이 향상된다.

2) 배전선로의 전압조정기

(1) 자동전압 조정기(배전선로의 정지형 전압조정기 SVR을 주로 사용한다.)
(2) 병렬 콘덴서
(3) 고정 승압기

3) 배전선로의 보호장치

(1) 리클로저(Recloser)

가공 배전선로 사고의 대부분은 조류 및 수목에 의한 접촉, 강풍・낙뢰 등에 의한 플래시 오버 사고로서, 이런 사고 발생 시 신속하게 고장구간을 차단하고 사고점의 아크를 소멸시킨 후 즉시 재투입이 가능한 개폐장치를 말한다.

(2) 섹셔널라이저(Sectionalizer)

선로 고장 시 후비 보호장치인 리클로저에 의해 선로가 정전상태일 때 자동으로 개방되어 고장구간을 분리시키는 선로 개폐기로서 반드시 리클로저와 조합해서 사용한다.

4) 손실계수 H

$$H = \frac{\text{어느 기간 중의 평균 손실전력}}{\text{어느 기간 중의 최대 손실전력}} \times 100\,[\%]$$

제2절 이상전압과 방호

01 송전계통의 이상전압 방지대책

1) 가공지선

뇌격 시 전선로를 보호한다.

2) 피뢰기

뇌격 시 기계기구를 보호한다.

3) 매설지선

철탑의 탑각저항을 저감하여 역섬락을 방지한다.

02 피뢰기(LA) : 제1보호대상 = 전력용 변압기

1) 피뢰기의 기능

이상전압 내습 시 뇌전류를 대지로 방전하고 속류를 차단하여 계통을 원래 상태로 회복시켜 준다.

2) 피뢰기의 구성요소

(1) 직렬갭

뇌전류를 대지로 방전하고 속류를 차단한다.

(2) 특성요소

피뢰기 자신의 전위 상승을 억제하여 자신의 절연을 보호한다.

3) 피뢰기의 정격전압 V_n

속류를 차단할 수 있는 교류의 최곳값을 말한다.

$$V_n = \alpha\beta V_m [\text{kV}]$$

(여기서, V_n : 피뢰기 정격전압[kV]

α : 접지계수 $= \dfrac{\text{1선지락시 건전상전위상승}}{\text{선간전압}}$

β : 여유계수

V_m : 계통최고전압[kV])

피뢰기 정격전압은 위 조건으로 하여야 하나 전압에 따라 다음으로 정해져 있다.

전력계통		피뢰기의 정격전압[kV]	
전압[kV]	중성점 접지방식	변전소	배전선로
345	유효접지	288	
154	유효접지	144	
66	PC접지 또는 비접지	72	
22	PC접지 또는 비접지	24	
22.9	3상 4선 다중접지	21	18

4) 피뢰기 제한전압

피뢰기 동작 중 피뢰기 단자 간에 남게 되는 파고값을 말한다.

5) 충격파 방전 개시전압

피뢰기 단자 간에 충격 전압을 인가하였을 경우 방전을 개시하는 전압을 말한다.

6) 공칭방전전류

피뢰기를 통해서 대지로 흐르게 되는 충격 전류를 말한다.

▸ 설치 장소별 피뢰기의 공칭방전전류

공칭방전전류	설치 장소	적용 조건
10,000[A]	변전소	1. 154[kV] 이상 계통 2. 66[kV] 및 그 이하 계통에서 뱅크 용량이 3,000[kVA]를 초과하거나 특히 중요한 곳 3. 장거리 송전선 케이블(배전피더 인출용 단거리 케이블 제외) 및 콘덴서 뱅크를 개폐하는 곳
5,000[A]	변전소	66[kV] 및 그 이하 계통에서 뱅크 용량이 3,000[kVA] 이하인 곳
2,500[A]	선로	배전선로

[주] 전압 22.9[kV–Y] 이하(22[kV] 비접지 제외)의 배전선로에서 수전하는 설비의 피뢰기 공칭방전전류는 일반적으로 2,500[A]의 것을 적용한다.

7) 피뢰기 시설장소

(1) 발전소, 변전소의 가공전선 인입구 및 인출구

(2) 고압 및 특고압 가공전선로로부터 공급을 받는 수용가의 인입구

(3) 가공전선로와 지중전선로의 접속되는 곳
(4) 가공전선로에 접속하는 배전용 변압기의 고압 측 및 특고압 측

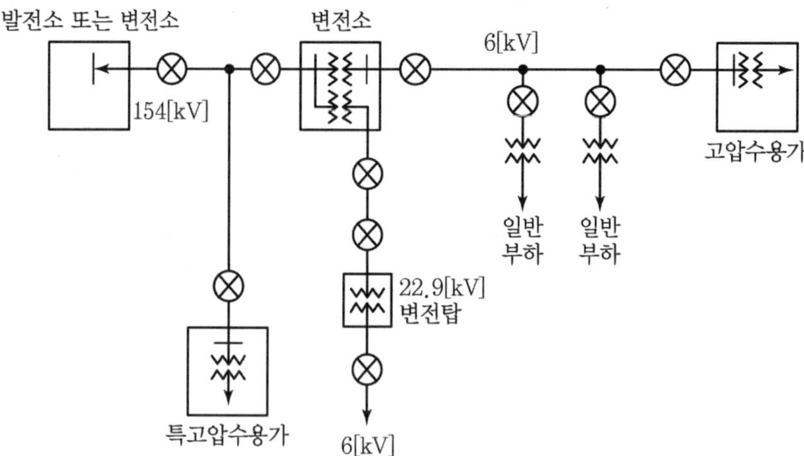

8) 피뢰기의 구비조건

(1) 사용주파 방전개시전압이 높을 것
(2) 충격 방전개시전압이 낮을 것
(3) 제한전압이 낮을 것
(4) 속류의 차단능력이 클 것

9) 보호기와 피보호기 간의 이격거리

공칭전압[kV]	이격거리[m]
345	85
154	65
66	45
22	20
22.9	20

03 서지흡수기(SA)

1) 서지흡수기의 역할

구내 선로의 개폐서지 등의 이상전압이 2차 측 기기에 악영향을 줄 경우 개폐서지를 흡수한다.

2) 서지흡수기의 적용

차단기의 종류 / 전압등급 / 2차 보호기기		VCB				
		3[kV]	6[kV]	10[kV]	20[kV]	30[kV]
전동기		적용	적용	적용	–	–
변압기	유입식	불필요	불필요	불필요	불필요	불필요
	몰드식	적용	적용	적용	적용	적용
	건식	적용	적용	적용	적용	적용
콘덴서		불필요	불필요	불필요	불필요	불필요
변압기와 유도기기와의 혼용 사용 시		적용	적용	–	–	–

3) 서지흡수기의 정격

계통공칭전압	3.3[kV]	6.6[kV]	22.9[kV]
정격전압	4.5[kV]	7.5[kV]	18[kV]
공칭방전전류	5[kA]	5[kA]	5[kA]

4) 설치위치

서지흡수기는 개폐서지를 발생하는 차단기 2차 측과 보호를 필요로 하는 기기의 1차 측에 설치한다.

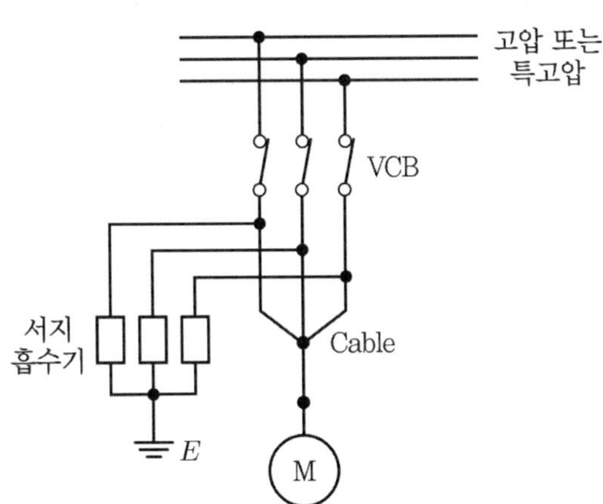

04 서지보호장치(SPD)

1) 기능

전기설비로 유입되는 뇌서지를 피보호물의 절연내력 이하로 제한함으로써 기기를 안전하게 보호하기 위해서 전기기기 전단에 설치되며, 과도적인 과전압을 제한하고 서지전류를 분류하는 것을 목적으로 설치하는 장치를 말한다.

2) 기능에 따른 서지흡수기의 분류

(1) 전압스위칭형

서지가 인가 시 순간적으로 임피던스가 낮아지는 SPD를 말한다.

(2) 전압제한형

서지가 인가 시 연속적으로 임피던스가 낮아지는 SPD를 말한다.

(3) 복합형

위 두 가지 기능이 모두 복합된 SPD를 말한다.

3) 구조에 따른 분류 2가지

(1) 1포트

1개의 단자쌍 또는 2개의 단자를 갖는 SPD로 서지를 분류할 수 있도록 접속한다.

(2) 2포트

2단의 단자쌍 또는 4개의 단자를 갖는 SPD로 입력단자쌍과 출력단자쌍 간에 직렬임피던스가 있다.

제3절 변압기

01 변압기의 용량 계산

1) 수용률(Demand Factor)

설비용량에 대한 최대전력의 비로서 설비의 이용률을 말한다.

$$수용률 = \frac{최대전력[kW]}{설비용량[kW]} \times 100[\%]$$

(여기서, 최대전력 = 설비용량[kW] × 수용률이 된다.)

2) 부하율(Load Factor)

일정기간의 최대전력에 대한 평균부하전력의 비를 말한다. 기간에 따라 일, 월, 연 등으로 보며 일부하율, 월부하율, 연부하율로 표현한다.

이는 공급설비가 어느 정도 유효하게 사용되는가를 나타내며, 부하율이 1에 가까울수록 공급설비가 유효하게 사용된다.

$$부하율 = \frac{평균전력[kW]}{최대전력[kW]} \times 100[\%]$$

$$= \frac{\dfrac{사용전력량[kWh]}{시간[h]}}{최대전력[kW]} \times 100[\%]$$

3) 부등률(Diversity Factor)

합성최대전력에 대한 개별수용 최대전력의 합의 비를 말한다. 이 값은 항상 1보다 크며, 변압기 용량을 책정하는 데 중요하다.

$$부등률 = \frac{개별수용\ 최대전력의\ 합[kW]}{합성최대전력[kW]}$$

4) 변압기용량 P_a

$$변압기용량\ P_a(합성최대전력)[kVA] = \frac{개별수용\ 최대전력의\ 합[kW]}{부등률 \times \cos\theta}$$

02 변압기의 권수비와 결선

1) 권수비

$$a = \frac{N_1}{N_2} = \frac{E_1}{E_2} = \frac{I_2}{I_1} = \sqrt{\frac{R_1}{R_2}} = \sqrt{\frac{X_1}{X_2}} = \sqrt{\frac{Z_1}{Z_2}}$$

2) $\Delta - \Delta$ 결선

(1) 결선도

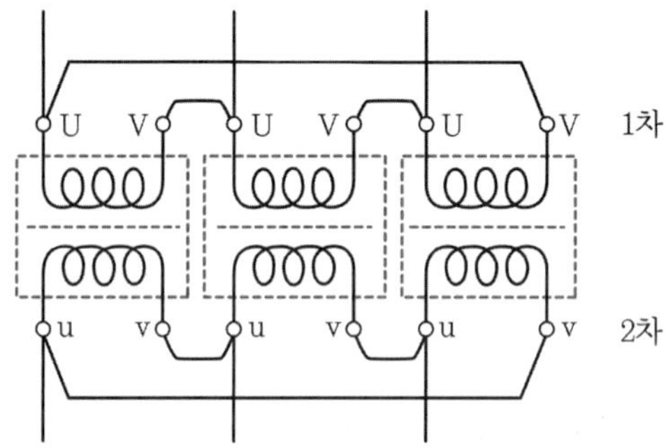

(2) 장점과 단점

① 장점

- 1대 고장 시 2대로 V결선 운전이 가능하다.
- 제3고조파 전류가 Δ 결선 내를 순환하여 기전력의 파형이 왜곡되지 않는다.
- 상전류가 선전류의 $\frac{1}{\sqrt{3}}$ 배가 되어 대전류에 적당하다.

② 단점

- 중성점을 접지할 수 없다.
- 권수비가 다른 변압기를 결선 시 순환전류가 흐르게 된다.
- 각 상의 임피던스가 다를 경우 3상 부하가 평형이더라도 부하전류가 불평형이 된다.

(3) $\Delta - \Delta$ 결선된 3상 변압기에 단상부하를 연결할 경우 용량

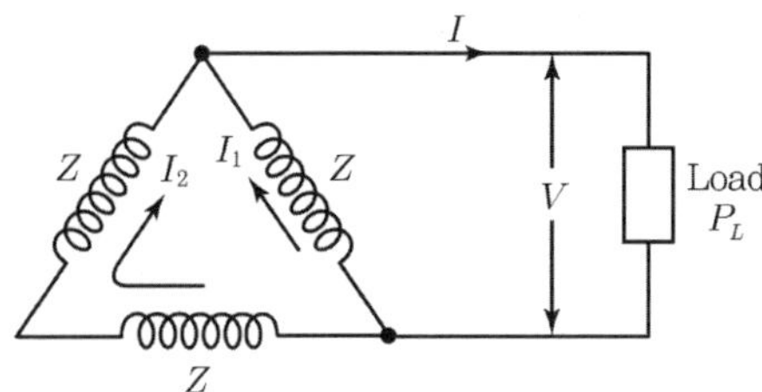

$I_1 = \frac{2Z}{Z+2Z} \times I = \frac{2}{3}I$

$I_2 = \frac{Z}{Z+2Z} \times I = \frac{1}{3}I$

$I = \frac{3}{2}I_1$이 된다.

$P_L = \frac{3}{2}P_1$으로서 단상부하를 걸 경우 단상변압기 1대 용량의 1.5배의 단상부하를 걸 수 있다.

3) $\Delta - Y$ 결선

(1) 결선도

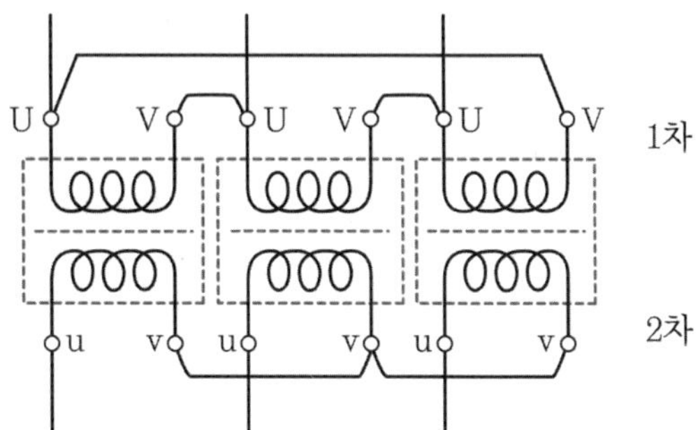

(2) 장점과 단점

① 장점

- 한쪽에 Δ결선이 있어 제3고조파를 제거하여 기전력의 파형이 왜곡되지 않는다.
- 한쪽의 Y결선의 중성점을 접지할 수 있다.
- Δ-Y결선은 승압용, Y-Δ결선은 강압용으로 사용할 수 있다.

② 단점

- 1상 고장 시 전원 공급이 불가능하다.
- 중성점 접지에 따른 유도장해가 있다.
- 1차와 2차 선간전압 사이에 30°의 위상차가 있다.

4) V–V결선

(1) 결선도

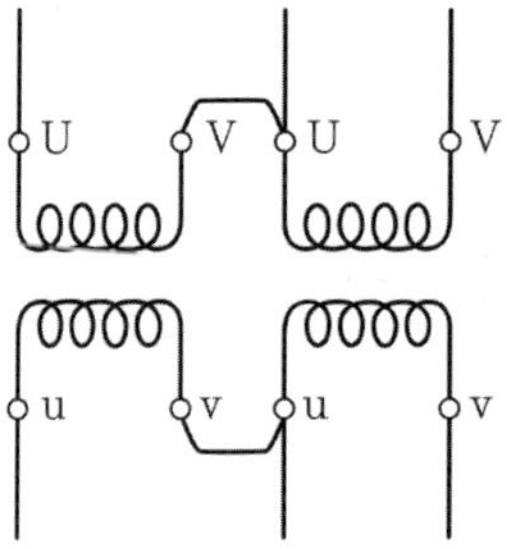

1차 측

U V U V

u v u v

2차 측

(2) V결선 시 출력 P_V

$P_V = \sqrt{3}\,P_1$

(여기서, P_1 : 변압기 1대 용량)

(3) 설비의 이용률

$$\frac{\sqrt{3}\,P_1}{2P_1} \times 100 = 86.6\,[\%]$$

(4) 고장 전 출력비

$$\frac{\sqrt{3}\,P_1}{3P_1} \times 100 = 57.7\,[\%]$$

(5) V결선 운전 중 1상 복구 시 출력증가분

$P_V \times \sqrt{3} = 3P_1$

(6) 단상변압기 4대로 운전 가능한 3상 최대출력

$\sqrt{3}\,P_1 \times 2$배가 된다.

03 변압기 절연유 특성

1) 절연유 구비조건

(1) 절연내력이 클 것

(2) 점도가 낮을 것

(3) 인화점은 높고 응고점은 낮을 것

(4) 비열이 커서 냉각 효과가 클 것
(5) 고온에서 산화하지 말고 석출물이 생기지 말 것 등

2) 절연유의 열화

(1) 변압기 호흡작용

변압기 외부 온도 및 내부에서 발생하는 열에 의해 변압기 내에 있는 절연유의 부피가 수축 팽창하여 외부의 공기가 변압기 내부로 침투하는 현상을 말한다.

(2) 호흡작용에 따른 문제점

변압기 내부에 수분 및 불순물 등이 혼입되어 절연유의 절연내력을 저하시키며, 침전물이 발생한다.

(3) 변압기유 열화 방지대책

① 콘서베이터 방식
② 질소봉입 방식
③ 브리더방식

04 몰드형 변압기

1) 정의

권선 부분을 에폭시수지로 굳혀 절연한 건식 변압기로서 다음과 같은 특성을 갖는다.

2) 몰드형 변압기 특징

(1) 장점

① 자기 소화성이 우수하여 화재의 염려가 없다.
② 소형 경량화할 수 있다.
③ 저진동 및 저소음 기기이다.
④ 절연유를 사용하지 않아 유지보수가 용이하다.
⑤ 단시간 과부하 내량이 크다.

(2) 단점

① 가격이 비싸다.
② 충격파 내전압이 낮다.

3) 몰드형 변압기의 열화원인

(1) 전계 열화
(2) 열적 열화

(3) 환경적 열화
(4) 응력 열화

05 절연물의 허용온도

절연의 종류	Y	A	E	B	F	H	C
최고허용온도[℃]	90	105	120	130	155	180	180 초과

06 변압기의 냉각방식(IEC 76기준)

1) ONAN(유입자냉식)

일반적으로 배전용 유입변압기로 가장 많이 사용되는 타입으로 발생열은 기름의 대류에 의하여 외함 및 방열기에 전달되어 대기 중으로 방산된다.

2) ONAF(유입풍냉식)

유입자냉식 변압기의 방열기에 냉각팬을 설치함으로써 냉각효과를 증대한 방식이다.

3) ONWF(유입수냉식)

외함 내부에 설치된 냉각관에 냉각수를 통과시켜 냉각하는 방식을 말한다.

4) OFAF(송유자냉식)

절연유를 송유 펌프로 강제 순환시켜 내부 방생된 열을 방열기로 대기 중에 방산한다.

5) OFAF(송유풍냉식)

절연유를 송유 펌프로 강제 순환시켜 냉각팬을 설치한 다음 공랭식 유닛 쿨러로 보내어 냉각하는 방식이다.

6) OFWF(송유수냉식)

절연유를 송유 펌프로 강제 순환시켜 수냉식 유닛 쿨러로 보내어 냉각하는 방식이다.

07 변압기 병렬운전조건

1) 단상 변압기 병렬운전조건

(1) 극성이 같을 것

→ 극성이 다를 경우 큰 순환전류가 흘러 권선이 소손된다.

(2) 정격전압(권수비)이 같을 것

→ 정격전압(권수비)이 다를 경우 순환전류가 흘러 권선이 가열된다.

(3) %임피던스가 같을 것

→ %임피던스가 다를 경우 부하분담이 용량의 비가 되지 않아 부하분담에 균형을 이룰 수 없다.

(4) 내부저항과 누설 리액턴스의 비가 같을 것

→ 내부저항과 누설 리액턴스의 비가 다를 경우 동손이 증가한다.

2) 3상 변압기 병렬운전조건

3상 변압기 병렬운전조건은 단상 변압기의 병렬운전조건에 추가적으로 상회전방향 및 각 변위가 같아야 한다.

3) 병렬운전 불가능 결선

(1) $\Delta-\Delta$와 $\Delta-\mathrm{Y}$

(2) $\Delta-\Delta$와 $\mathrm{Y}-\Delta$

(3) $\Delta-\mathrm{Y}$와 $\Delta-\Delta$

(4) $\mathrm{Y}-\Delta$와 $\Delta-\Delta$

08 전압변동률

1) %저항강하(%p) $=\dfrac{I_1R_{21}}{E_1}\times 100[\%]$

2) %리액턴스강하(%q) $=\dfrac{I_1X_{21}}{E_1}\times 100[\%]$

3) %임피던스강하(%Z) $=\dfrac{I_1Z_{21}}{E_1}\times 100[\%]$

$$=\sqrt{\%\mathrm{p}^2+\%\mathrm{q}^2}$$

4) 전압변동률 $\epsilon=\%p\cos\theta\pm\%q\sin\theta$ (+ 지상, − 진상)

09 변압기의 효율 η

1) 전부하시의 효율 $\eta=\dfrac{출력}{출력+철손+동손}\times 100[\%]$

이때 효율이 최대가 되는 조건은 철손 = 동손이 된다.

2) $\frac{1}{m}$ 부하시의 효율 $\eta = \dfrac{\text{출력} \times \frac{1}{m}}{\text{출력} \times \frac{1}{m} + \text{철손} + \text{동손}(\frac{1}{m})^2} \times 100[\%]$

이때 효율이 최대가 되는 조건은 철손 = 동손$(\frac{1}{m})^2$이 된다.

10 변압기의 보호장치(기계적 보호장치)

1) 부흐홀쯔 계전기

2) 충격압력 계전기

3) 방압계

4) 가스검출계전기

11 단권변압기(AT : Auto Transformer)

1) 정의

1차와 2차 권선을 공통권선으로 하여 동량이 절약되고 동손이 적어져 효율이 높다.

2) 회로도

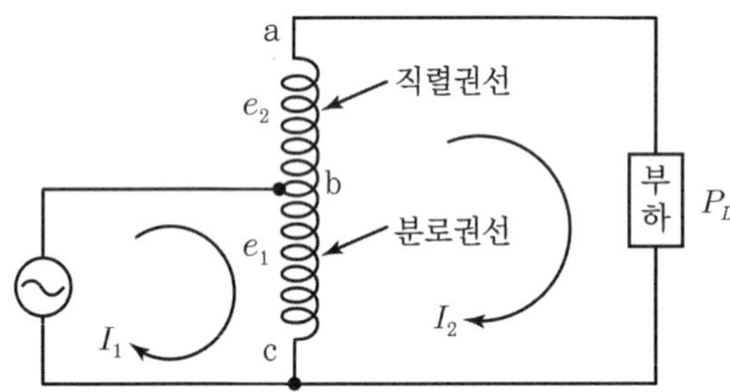

(1) 승압 후 전압 V_h

$$V_h = V_\ell(1 + \frac{1}{a})$$

$$= V_\ell(1 + \frac{e_2}{e_1})$$

(여기서, V_ℓ : 공급전압[V]

e_1 : 단권변압기 1차 전압

e_2 : 단권변압기 2차 전압)

(2) 승압기 용량

$P = e_2 I_2$

3) 단권변압기의 특징

(1) 장점

① 동량이 줄어 경제적이다.

② 동손이 감소하여 효율이 좋다.

③ 부하용량이 자기용량보다 크기 때문에 경제적이다.

(2) 단점

① 단락전류가 크다.

② 1차 측에 이상전압 발생 시 2차 측 고전압이 발생하여 위험하다.

4) 단권변압기의 사용용도

(1) 승압 강압용

(2) 초고압 전력용 변압기

(3) 전동기 기동보상용

제4절 계기용 변성기

01 계기용 변압기(PT : Potential Transformer)

1) 역할

고전압을 저전압으로 변성하여 계기나 계전기에 공급한다.

2) 퓨즈의 설치

계기용 변압기의 1차 측과 2차 측에는 퓨즈를 설치한다.

① 1차 측 설치이유 : PT 고장 시 고장이 계통에 파급되는 것을 방지한다.

② 2차 측 설치이유 : PT 2차 측 고장에 따른 사고에 대하여 PT를 보호한다.

3) **계기용 변압기의 2차 측 전압 :** 110[V]

4) **정격부담 :** $P = \dfrac{V^2}{Z}$[VA]

02 계기용 변류기(CT : Current Transformer)

1) 역할

대전류를 소전류로 변류하여 계기나 계전기에 공급한다.

2) 2차 측 단락

변류기의 2차 측을 개방 시 1차 전류가 모두 여자전류가 되어 2차 측에 과전압이 유기되어 절연이 파괴되어 소손될 우려가 있다. 따라서 CT 2차 측 기기를 교체하고자 한다면 CT의 2차 측을 단락시켜야 한다.

3) 정격부담 $P = I^2 Z$[VA]

※ BCT(부싱형 변류기)의 오차계급

계전기용	
오차계급	부담
C100	B – 1 (25[VA])
C200	B – 2 (50[VA])
C400	B – 4 (100[VA])
C800	B – 8 (200[VA])

여기서 오차계급 C100은 2차 단자에 100[A]의 전류가 흐를 때 전압이 100[V]가 된다는 것을 말한다.
따라서 오차계급 C100이라면 임피던스가 1[Ω]이라는 것을 말한다.
부담 $P = I^2 Z$로서
$= 5^2 \times 1 = 25$[VA]가 된다.

4) 변류비의 선정

(1) 변압기의 회로 $= I$(정격전류)$\times 1.25 \sim 1.5$배

(2) 전동기의 회로 $= I$(정격전류)$\times 1.5 \sim 2$배

(3) 전력 수급용 계기용 변성기(MOF)의 변류비 $= I$(정격전류)를 고려하여 선정한다.

(4) 변류비

① 1차 전류 : 5, 10, 15, 20, 30, 40, 50, 75, 100, 150, 200, 300, 400, 500, 600, 750, 1,000, 1,500, 2,000, 2,500[A]

② 2차 전류 : 5[A]

5) 변류기의 결선

(1) 가동 접속

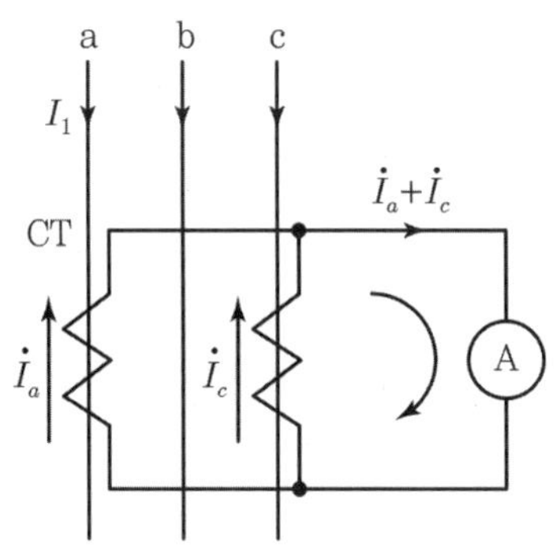

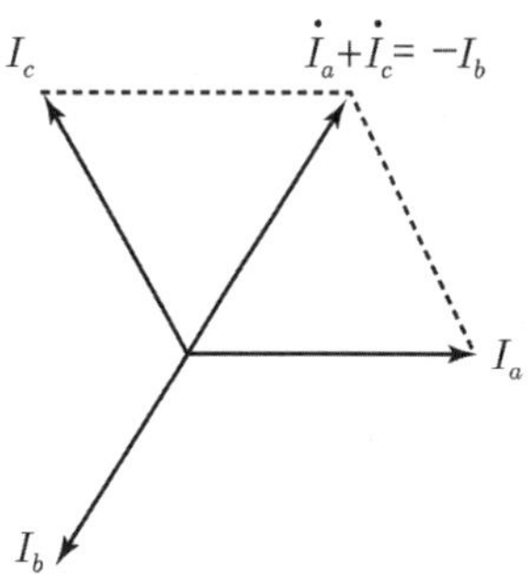

(여기서, I_1 : 부하전류[A]

I_a, I_b, I_c : CT의 2차 전류[A]

I_2 : 전류계에 흐르는 전류[A]

$I_1 = I_2 \times$CT비)

(2) 차동 접속

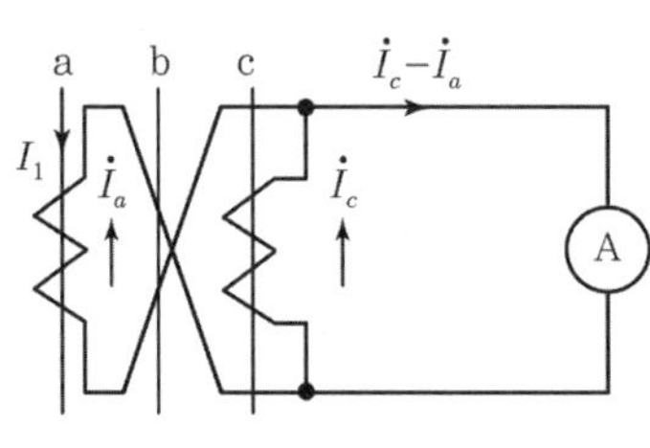

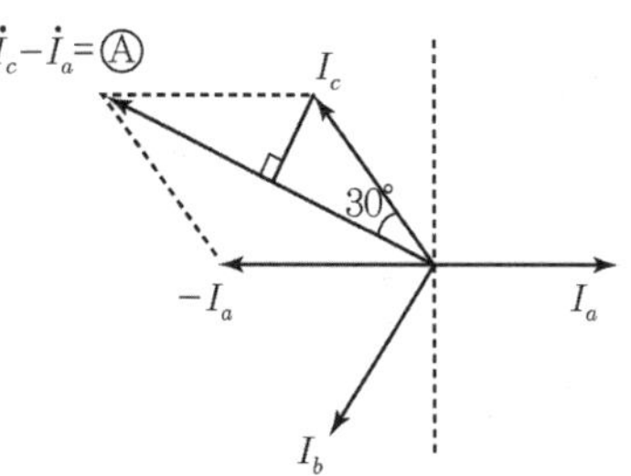

차동 접속의 경우 전류계 Ⓐ 지시값의 경우 CT 2차 전류의 $\sqrt{3}$ 배가 나타난다.

$$I_1 = I_2 \times \text{CT비} \times \frac{1}{\sqrt{3}}$$

6) CT의 비오차

공칭변류비와 측정변류비 차에 얻어진 백분율 오차를 말한다.

$$\epsilon = \frac{\text{공칭변류비} - \text{실제변류비}}{\text{실제변류비}} \times 100[\%]$$

7) 열적 과전류강도와 기계적 과전류강도

(1) S : 통전시간 t초에 대한 열적 과전류강도

CT에 손상을 주지 않고 1초간 1차 측에 흘릴 수 있는 최대전류를 말한다.

$$S = \frac{S_n}{\sqrt{t}}$$

(2) 기계적 과전류강도 : 열적 과전류강도의 2.5배로 한다.

03 전력 수급용 계기용 변성기(MOF : Metering Out Fit)

하나의 외함에 계기용 변압기와 변류기를 조합한 것으로 전력량계에 전원을 공급한다.

MOF 승률 : PT비×CT비

1) 적산전력계

(1) 적산전력계의 측정값

$$P = \frac{3,600n}{tk}[\text{kW}]$$

(여기서, n : 회전수[rev]

t : 시간[sec]

k : 계기정수[rev/kWh])

(2) 실제 수전전력

$$P = \frac{3,600n}{tk} \times \text{PT비} \times \text{CT비}[\text{kW}]$$

(3) 적산전력계의 구비조건

① 과부하내량이 클 것

② 부하특성이 좋을 것

③ 기계적 강도가 클 것

④ 온도나 주파수 보상이 있을 것

⑤ 옥내 및 옥외의 설치가 적당할 것

(4) 적산전력계의 잠동현상

① **잠동현상** : 무부하 상태에서 정격 주파수 및 정격전압의 110[%]를 인가하여 계기의 원판이 1회전 이상 회전하는 현상을 말한다.

② 대책

- 원판에 조그만 구멍을 뚫는다.
- 원판에 소철편을 붙인다.

(5) 적산전력계의 결선

① 단상 2선식

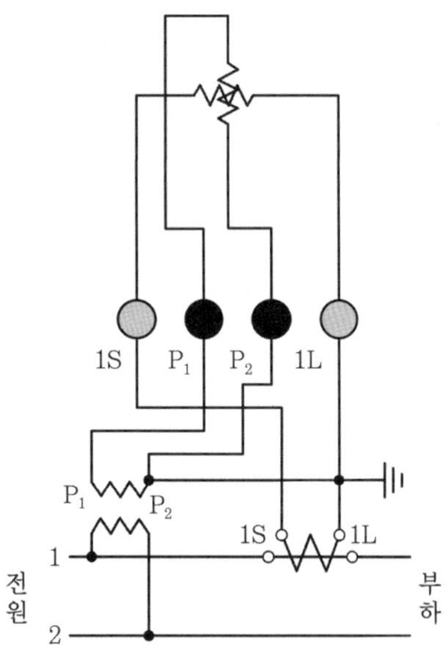

② 3상 3선식

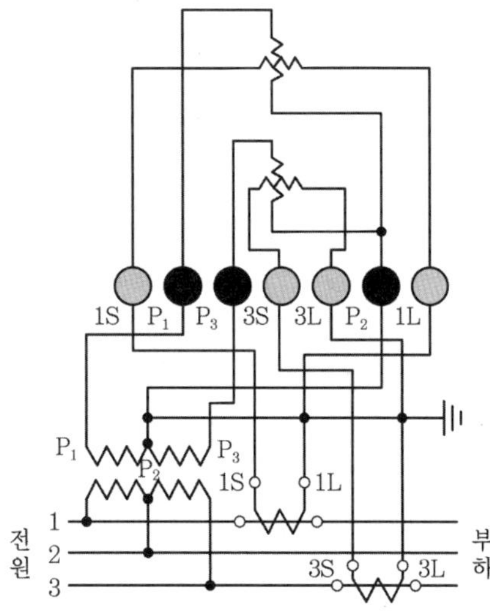

③ 3상 4선식

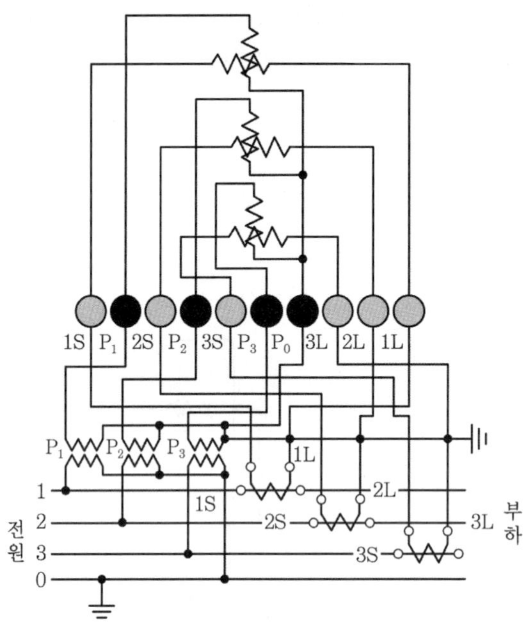

04 영상 변류기(ZCT : Zero Current Transformer)

1) 사용목적

비접지 회로의 영상전류를 검출한다.

2) 영상전류 검출방법

(1) ZCT

비접지회로에서 사용되는 검출방법이다.

(2) Y결선 잔류회로이용법

단상 CT 3대를 각 상별로 설치 후 Y결선하여 잔류회로에서 영상전류를 얻는 방법이다.

(3) 3권선 CT 이용법

고저항 접지계통에서는 지락전류가 적기 때문에 잔류회로에 전류가 적어 별도로 3차 권선을 두어 영상전류를 얻는 방법이다.

05 접지형 계기용 변압기(GPT : Ground Potential Transformer)

1) 사용목적

비접지 계통의 지락 시 영상전압을 검출한다.

2) 결선방법

1차 측은 Y결선하여 중성점을 접지하고, 2차 측은 오픈(개방)델타결선한다.

3) 지락사고에 따른 각 상의 전압의 변화

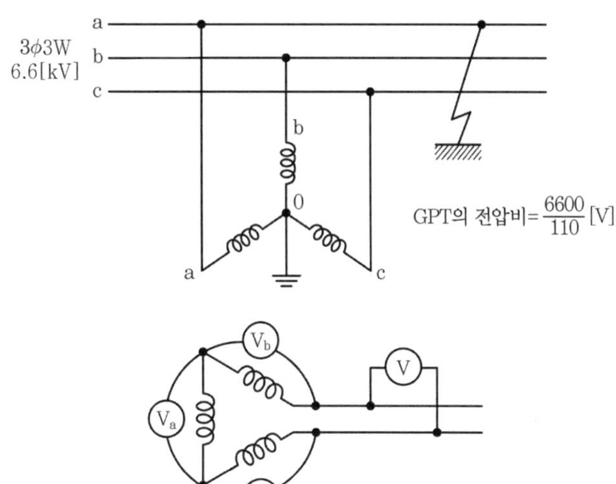

(1) 정상상태

① $V_1 = \dfrac{6,600}{\sqrt{3}}$[V]

② $V_2 = \dfrac{110}{\sqrt{3}}$[V]

(2) a상 완전지락 고장 시

① 1차 측

- $V_a = 0$
- $V_b = \dfrac{6,600}{\sqrt{3}} \times \sqrt{3} = 6,600$[V]
- $V_c = \dfrac{6,600}{\sqrt{3}} \times \sqrt{3} = 6,600$[V]

② 2차 측

- $V_a = 0$
- $V_b = 6,600 \times \dfrac{110}{6,600} = 110[V]$
- $V_c = 6,600 \times \dfrac{110}{6,600} = 110[V]$

③ 전압계 ⓥ : ⓥ $= 110 \times \sqrt{3} = 190.53[V]$

④ 전구의 밝기 변화 : a상 지락사고에 따라 b상과 c상의 전압은 정상상태의 2차 측 전압이 $\dfrac{110}{\sqrt{3}}$[V]에서 110[V]로 상승하기 때문에 V_b, V_c의 밝기는 정상상태보다 더 밝아진다.

06 보호계전기

1) 보호계전기의 동작시한에 따른 분류

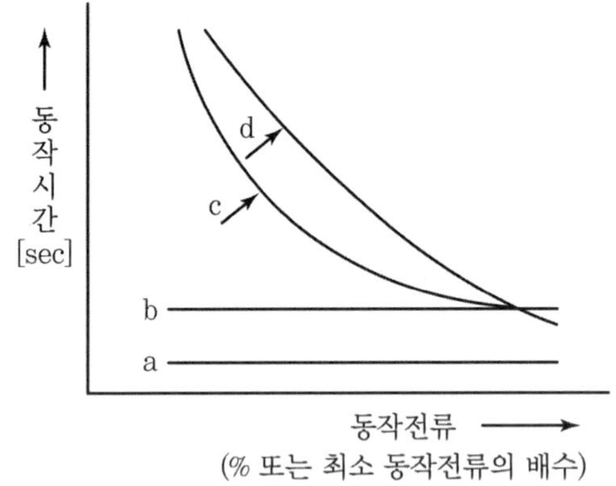

(1) 순한시 계전기

최소 동작전류 이상의 전류가 흐르면 즉시 동작한다. (a)

(2) 정한시 계전기

동작전류의 크기에 관계없이 일정한 시간에 동작한다. (b)

(3) 반한시 계전기

동작전류가 커질수록 동작시간이 짧게 동작한다. (d)

(4) 반한시 정한시 계전기

어느 전류값까지는 반한시 계전기 성질을 띠나 그 이상의 전류가 흐르면 정한시 계전기의 성질을 갖는 계전기를 말한다. (c)

2) 보호계전기의 종류

(1) 과전류계전기 OCR(Over Current Relay)

설정값 이상의 전류가 흘렀을 때 동작한다.

$$\text{OCR tap 전류} = \text{부하전류}(I_1) \times \frac{1}{CT\text{비}} \times \text{설정값}$$

※ **과전류계전기의 탭전류** : 2[A], 3[A], 4[A], 5[A], 6[A], 7[A], 8[A]

(2) 과전압계전기 OVR(Over Voltage Relay)

설정치 이상의 전압이 인가 시 동작한다.

(3) 부족전압계전기 UVR(Under Voltage Relay)

설정치 이하의 전압이 인가 시 동작한다.

(4) 지락계전기 GR(Ground Relay)

비접지 회로의 지락사고 시 동작한다.

(5) 선택지락계전기 SGR(Selective Ground Relay)

2(다)회선의 송전선로의 한쪽에서 지락사고가 발생할 경우 고장회선만을 선택차단할 수 있다.

(6) 방향지락계전기 DGR(Directional Ground Relay)

지락과전류계전기에 방향성을 부여한 계전기를 말한다.

(7) 지락과전압계전기 OVGR(Over Voltage Ground Relay)

비접지계통에서 지락사고 시 영상전압을 검출한다.

(8) 비율차동계전기(전류차동계전기)

① **목적** : 발전기나 변압기의 내부고장 시 이를 보호하기 위해 사용한다.
여기서 계전기의 고유번호는 87로서 87B : 모선보호 차동계전기, 87G : 발전기용 차동계전기, 87T : 주변압기 차동계전기가 된다.

② **동작원리** : 동작코일(OC)에 흐르는 전류의 비율이 억제코일(RC)에 흐르는 전류에 비하여 일정값 이상 시 동작한다.

$$\text{동작비율} = \frac{\text{동작전류}}{\text{억제전류}} \times 100[\%]$$

③ 결선도

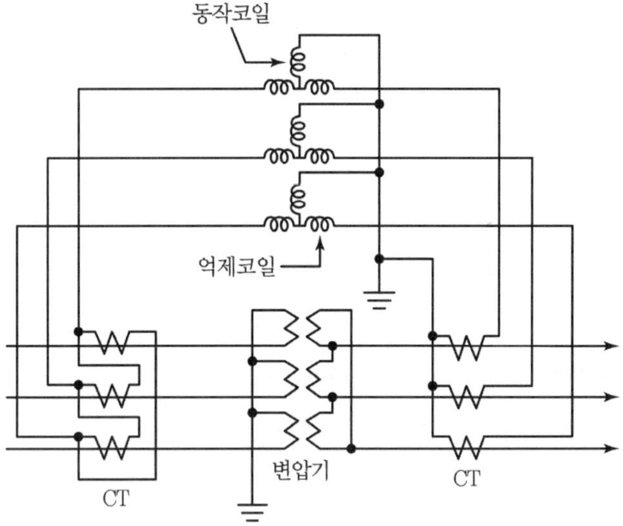

④ 주 변압기의 결선이 Y－Δ 또는 Δ－Y이라면 1차 측과 2차 측에 변류기의 2차 전류가 크기 및 위상이 동일하게 되기 위해서는 비율차동계전기의 변류기의 결선은 주 변압기의 결선과 반대가 되어야만 한다.

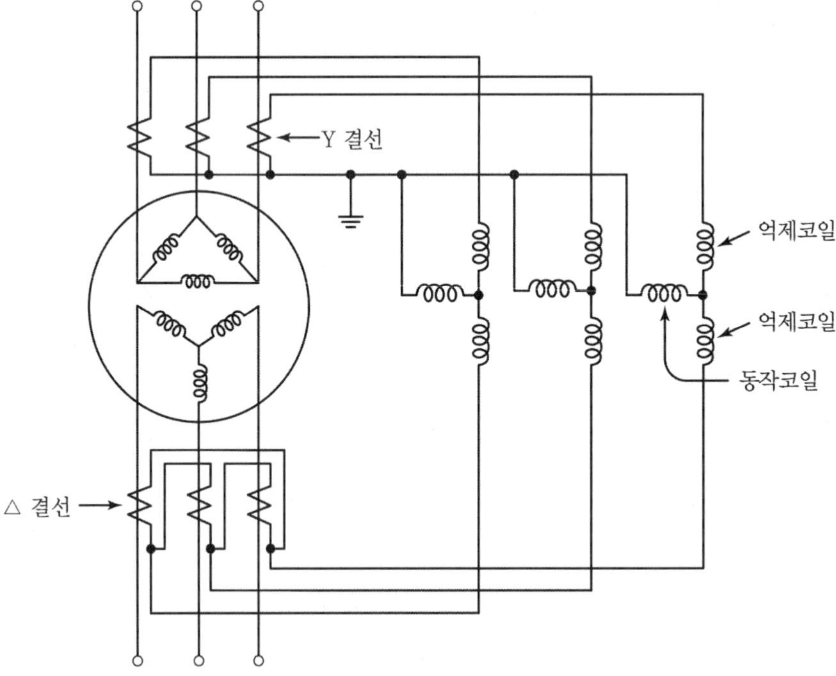

제5절 보호장치

01 차단기의 정의

평상시 부하 개폐가 가능하며 고장 시 신속히 동작하여 계통과 기기를 보호한다.

02 차단기의 정격

1) 정격전압(V_n)

차단기 회로에 가할 수 있는 최고전압을 말하며 선간전압의 실효값을 말한다.

$$\text{차단기의 정격전압}(V_n) = \text{공칭전압} \times \frac{1.2}{1.1}$$

▸ 공칭전압에 따른 차단기의 정격전압

공칭전압[kV]	차단기 정격전압(V_n)
765	800
345	362
154	144
66	72.5
22.9	25.8

2) 정격전류

주어진 정격전압, 정격주파수 내에서 정해진 온도상승한도를 초과하지 않고 그 차단기에 흘릴 수 있는 전류를 말한다.

3) 정격차단전류

규정된 회로 조건하에서 표준 동작 책무 및 동작 상태를 수행할 수 있는 차단 전류의 한도를 말하며 교류전류의 실효값으로 나타낸다.

4) 정격투입전류

규정된 표준 동작 책무 및 동작 상태에 따라 투입할 수 있는 투입전류의 한도를 말하며, 정격차단전류의 2.5배를 표준으로 한다.

5) BIL(Basic Impulse Insulation Level) : 기준 충격 절연강도

송배전 계통에서 절연협조의 기준이 되는 절연강도를 말한다.

$$\text{BIL} = 5E + 50[\text{kV}]$$

$$(\text{여기서, } E : \text{절연계급} = \frac{\text{공칭전압}}{1.1})$$

03 차단기의 소호매질에 따른 종류

명칭	약호	소호매질
유입차단기	OCB	절연유
공기차단기	ABB	압축공기
가스차단기	GCB	SF_6
진공차단기	VCB	고진공
자기차단기	MBB	전자력
기중차단기	ACB	대기압

1) SF_6 가스의 특징

① 무색, 무취, 무해하다.

② 불연성이다.

③ 절연내력이 크다(공기의 2~3배).

④ 소호능력이 크다(공기의 100배 이상).

2) 진공차단기의 특징

① 차단시간이 짧다.

② 소음이 작다.

③ 개폐 시 개폐서지가 발생한다.

④ 화재의 위험이 없다.

04 차단기의 트립 방식

1) 직류 전압 트립 방식

축전지 등의 제어용 직류 전원의 에너지에 의하여 트립되는 방식을 말한다.

2) 부족 전압 트립 방식

부족 전압 개폐장치에 인가되어 있는 전압의 저하에 따라 차단하는 방식을 말한다.

3) 콘덴서 트립 방식

교류전압을 정류하여 상시 콘덴서를 충전 후 이 전압을 트립 전원으로 하여 차단하는 방식을 말한다.

4) 과전류 트립 방식

변류기의 2차 전류에 의하여 차단기가 트립되는 방식을 말한다.

05 단락전류의 계산 I_s

전력계통에서 고장을 안전, 동시에 신속히 제거하기 위하여 차단기가 사용되는데 차단기의 선정을 위해 설비 내의 각 차단기 설치점에서 고장전류를 계산한다.

1) 퍼센트임피던스 $\%Z$

퍼센트임피던스란 회로의 임피던스에 정격전류가 흘렀을 때 생기는 전압강하와 회로 전압과의 비를 %로 나타낸 것을 말한다.

(1) $\%Z = \dfrac{IZ}{E} \times 100[\%]$

(여기서, I : 정격전류[A]
Z : 회로의 임피던스[Ω]
E : 회로의 전압[V])

(2) $\%Z = \dfrac{PZ}{10V^2}$

(여기서, P : 정격용량[kVA]
Z : 회로의 임피던스[Ω]
V : 회로의 전압[kV])

2) 단락전류 I_s

(1) $I_s = \dfrac{E}{Z}[\text{A}]$

(여기서, E : 회로의 전압[V]
Z : 회로의 임피던스[Ω])

(2) $I_s = \dfrac{100}{\%Z} I_n$

(여기서, $\%Z$: 퍼센트임피던스[%]
I_n : 회로의 정격전류[A])

3) 단락용량 P_s

$P_s = \dfrac{100}{\%Z} P_n[\text{kVA}]$

(여기서, $\%Z$: 퍼센트임피던스[%]
P_n : 정격용량[kVA])

4) 차단용량 $P_s' \geq P_s$

$$P_s = \sqrt{3} \times 차단기정격전압 \times I_s$$

06 차단기와 단로기의 조작순서

단로기의 경우 무부하 전류를 개폐할 수 있으며 기기와 선로 또는 모선 수리점검 등에 사용된다.

1) DS와 CB로 구성

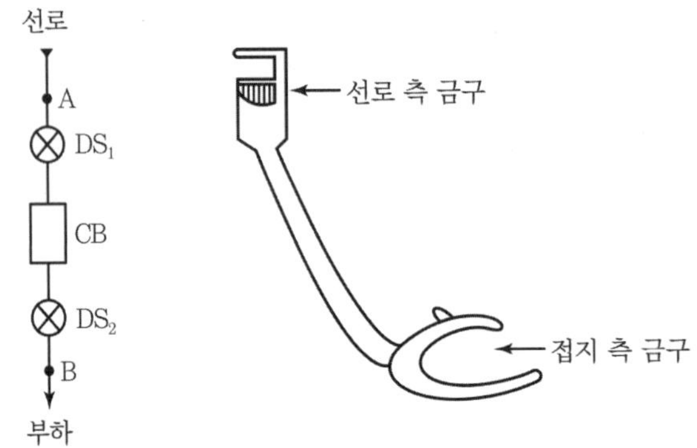

(1) 접지의 순서 : 대지에 먼저 연결 후 선로에 연결한다.

(2) 접지의 개소 : 선로 측 A와 부하 측 B

(3) 정전 시 조작순서 : CB(OFF) → DS_2(OFF) → DS_1(OFF)

(4) 폐로 시 조작순서 : DS_2(ON) → DS_1(ON) → CB(ON)

2) 2중모선

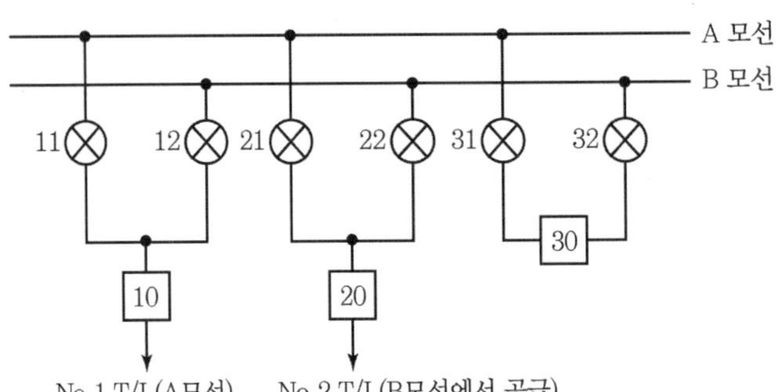

(1) B모선 점검 시

① 조건 : 현재 B모선에서 전력을 공급받고 있는 NO.2 T/L의 부하를 무정전으로 A모선으로 이동시킨 후 B모선을 점검하여야 한다.

② B모선을 점검하기 위한 절체 순서

31(ON) → 32(ON) → 30(ON) → 21(ON) → 22(OFF) → 30(OFF) → 31(OFF) → 32(OFF)

먼저 A모선으로 절체하기 전에(단로기 21 투입 전) 모선연락용 차단기(30)를 투입하여 A, B모선의 전압을 균압하면 단로기 21 투입 시에도 단로기에 전류가 흐르지 않게 된다. 따라서 31(ON) → 32(ON) → 30(ON)은 A, B모선의 균압이 된다.

이후 단로기 21을 투입하고 단로기 22를 개방한다.

다시 A, B모선을 분리시키기 위해 차단기(30)로 먼저 개방 후 단로기 31, 32를 개방한다.

③ B모선 점검 후 복구 시

31(ON) → 32(ON) → 30(ON) → 22(ON) → 21(OFF) → 30(OFF) → 31(OFF) → 32(OFF)

07 전력퓨즈(Power Fuse)

1) 정의

주로 고전압 회로의 기기 단락보호용으로 사용되는 보호장치로서 부하전류를 안전하게 흐르게 하며 단락전류를 차단한다.

2) 전력용 퓨즈의 장점과 단점

장점	단점
소형경량이다.	재투입이 불가능하다.
고속도차단한다.	과도전류에 용단될 수 있다.
보수가 용이하다.	차단 시 과전압을 발생한다(한류형퓨즈).
릴레이와 변성기가 필요 없다.	동작시간 - 전류특성을 조정할 수 없다.
차단능력이 크다.	고임피던스 접지사고는 보호가 불가능하다.

3) 퓨즈의 특성

(1) 용단특성

(2) 단시간 허용특성

(3) 전차단 특성

4) 전력퓨즈의 정격

계통 전압[kV]	퓨즈 정격	
	퓨즈 정격전압[kV]	최대 설계전압[kV]
6.6	6.9 또는 7.5	– 8.25
6.6/11.4Y	11.5 또는 15	– 15.5
13.2	15	15.5
22 또는 22.9	23	25.8
66	69	72.5
154	161	169

5) 차단기와 퓨즈 및 개폐기 등의 기능의 비교

능력 / 기능	회로 분리		사고 차단	
	무부하	부하	과부하	단락
퓨즈	○			○
차단기	○	○	○	○
개폐기	○	○	○	
단로기	○			
전자 접촉기	○	○	○	

6) 고압용 퓨즈의 정격

(1) 포장 퓨즈

정격전류의 1.3배를 견디고 2배의 전류로 120분 이내에 용단되어야만 한다.

(2) 비포장 퓨즈

정격전류의 1.25배를 견디고 2배의 전류로 2분 이내에 용단되어야만 한다.

제6절 역률(전력용콘덴서이론)

01 역률의 정의

피상전력에 대한 유효전력의 비를 말한다.

$$\cos\theta = \frac{P}{P_a}$$

02 역률의 개선 원리

부하의 지상무효전력을 콘덴서의 진상무효전력으로 공급함으로써 지상무효전력을 감소시키는 것을 말한다.

03 역률 개선의 효과

1) 개선의 효과

(1) 전력손실이 경감한다.

$$P_\ell = 3I^2R = \frac{P^2R}{V^2\cos^2\theta}$$

전력손실의 경우 역률의 제곱에 반비례하므로 역률을 개선 시 전력손실이 감소한다.

(2) 전압강하가 감소한다.

$$e = \frac{P}{V}(R + X\tan\theta)$$

역률을 개선하면 분모인 $\cos\theta$는 증가하고 분자인 $\sin\theta$가 감소하여 전압강하는 감소한다.

(3) 설비용량의 여유가 증가한다.

피상전력 $P = \sqrt{(\text{유효전력})^2 + (\text{무효전력} - \text{콘덴서용량})^2}$

전력용 콘덴서를 설치할 경우 부하의 피상전력이 감소하여 더 많은 부하에 전력을 공급할 수 있다.

(4) 전기요금을 절감한다.

수용가의 경우 역률을 90[%]를 기준으로 95[%]까지 1[%]당 0.2[%]의 기본요금을 절감해준다.

2) 역률의 저하 시 문제점

위에서 제시한 역률 개선 시의 이점을 반대로 기억하자.

3) 역률 과보상 시 문제점

(1) 전력손실 증가

역률을 과보상하여 진상이 되는 경우도 지상일 때와 같이 역률이 저하하여 손실이 증가한다.

(2) 전압의 상승

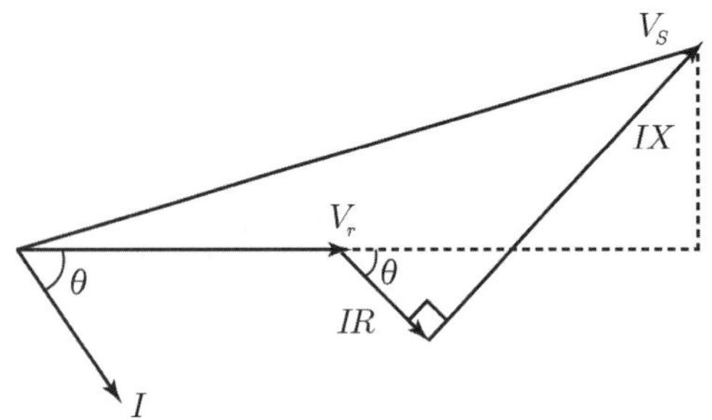

지상부하의 경우 위 그림과 같이 V_s는 V_r보다 크다. 하지만 진상부하의 경우는

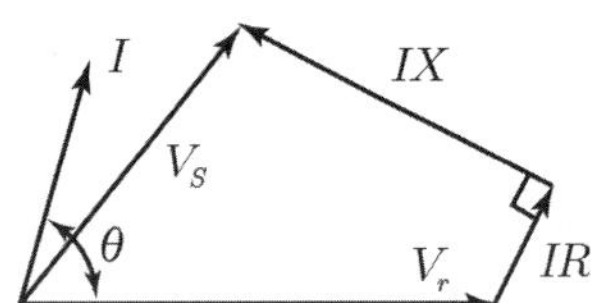

V_r이 V_s보다 커져 전압이 상승한다.

(3) 보호계전기 오동작

04 역률 개선에 필요한 콘덴서의 용량 계산

역률 개선용 콘덴서 용량 Q_c

$$Q_c = P(\tan\theta_1 - \tan\theta_2)$$

$$= P\left(\frac{\sin\theta_1}{\cos\theta_1} - \frac{\sin\theta_2}{\cos\theta_2}\right)$$

$$= P\left(\frac{\sqrt{1-\cos^2\theta_1}}{\cos\theta_1} - \frac{\sqrt{1-\cos^2\theta_2}}{\cos\theta_2}\right)$$

(여기서, Q_c : 역률개선을 위한 콘덴서 용량[kVA]

P : 부하의 유효전력[kW]

$\cos\theta_1$: 개선 전 역률

$\cos\theta_2$: 개선 후 역률)

05 각 부하에 공용의 고압 또는 특고압 진상 콘덴서를 시설하는 경우

1) 콘덴서의 경우 300[kVA] 초과, 600[kVA] 이하의 경우는 2군 이상, 600[kVA]를 초과하면 3군 이상으로 분할한다.

2) 콘덴서의 회로에는 전용의 과전류 트립 코일이 있는 차단기를 설치하여야 한다. 다만 콘덴서 용량이 100[kVA] 이하인 경우 유입개폐기 또는 이와 유사한 것, 50[kVA] 미만의 경우 컷아웃 스위치(직결로)를 사용할 수 있다.

06 콘덴서 회로의 부속기기

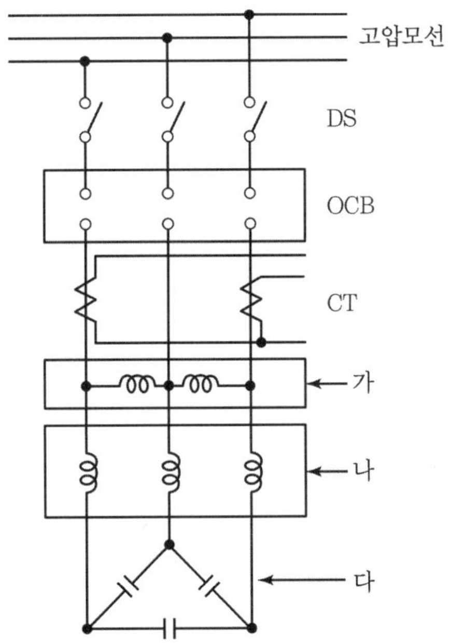

1) **방전코일(DC : Discharge Coil)**

콘덴서 회로에 축적된 잔류전하를 방전하여 인체의 감전사고를 방지하고 재투입 시 콘덴서의 과전압 발생을 방지한다.

여기서 저압의 경우 콘덴서회로를 개방 시 3분 이내에 콘덴서의 잔류전하를 75[V] 이하로 저하시킬 수 있어야 하며, 고압의 경우 5초 이내에 50[V] 이하로 저하시킬 수 있는 능력이어야 한다.

2) 직렬 리액터(SR : Series Reactor)

제5고조파를 제거하여 전력용 콘덴서의 보호 및 파형 개선을 목적으로 한다.
이때 직렬 리액터의 용량은 이론적으로 다음과 같다.

$$5\omega L = \frac{1}{5\omega C}$$

$$\omega L = \frac{1}{25} \times \frac{1}{\omega C}$$

$$= 0.04 \times \frac{1}{\omega C}$$

따라서 콘덴서 용량의 4[%]를 선정한다.
하지만 실제는 계통의 주파수 변동을 고려하여 콘덴서 용량의 6[%]를 선정한다.

3) 전력용 콘덴서(SC : Static Condenser)

부하의 역률을 개선한다.

▶ 리액터의 종류와 역할

명칭	설치목적
직렬 리액터	제5고조파 제거
분로(병렬) 리액터	페란티 현상 방지
소호 리액터	지락전류 제한
한류 리액터	단락전류 제한

07 콘덴서 투입 시 돌입전류

$$I = (1 + \sqrt{\frac{X_C}{X_L}})I_n$$

(여기서, I : 콘덴서 투입 시 돌입전류[A]
X_L : 직렬 리액터 용량
X_C : 콘덴서 용량
I_n : 콘덴서의 정격전류[A])

08 콘덴서 설비의 주요사고

1) 콘덴서 설비의 모선 단락 및 지락

2) 콘덴서 설비 내의 배선 단락

3) 콘덴서 소체 파괴 및 층간 절연 파괴

09 전력용 콘덴서의 Δ결선 시와 Y결선 시의 비교

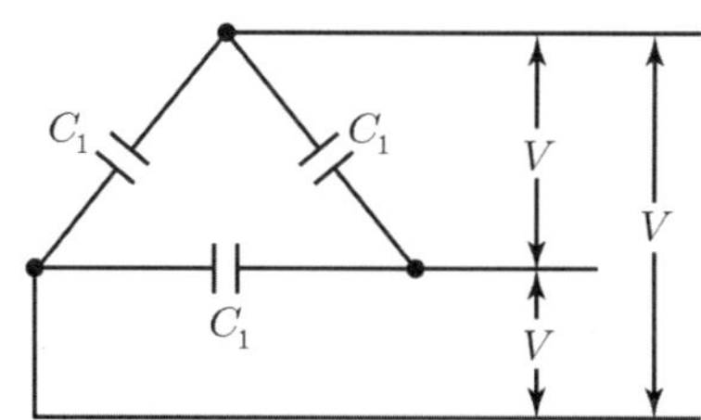

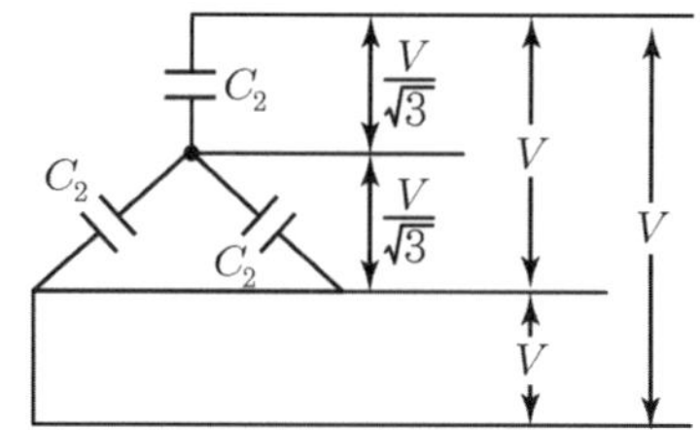

Y결선의 경우 콘덴서에 인가되는 전압은 Δ결선에 비하여 $\frac{1}{\sqrt{3}}$로 감소한다.

콘덴서 용량은 $Q_\Delta = 3\omega CV^2$이며, $Q_Y = \omega CV^2$이 된다.

따라서 Δ결선 시나 Y결선 시의 용량은 동일 용량이 되어야 하므로 $\frac{Q_\Delta}{Q_Y} = 3$이 된다.

제7절 전선 및 전동기

01 전선

1) 전선의 색상

상(문자)	색상
L1	갈색
L2	흑색
L3	회색
N	청색
보호도체	녹색-노란색

2) 저압절연전선의 종류

(1) 450/750[V] 비닐절연전선

(2) 450/750[V] 저독성난연 폴리올레핀 절연전선

(3) 450/750[V] 저독성난연 가교폴리올레핀 절연전선

(4) 450/750[V] 고무절연전선

3) 두 개 이상의 전선을 병렬로 사용하는 경우에는 다음에 의하여야 한다.

(1) 병렬로 사용하는 각 전선의 굵기는 동 50[mm^2] 이상 또는 알루미늄 70[mm^2] 이상으로 하고, 전선은 같은 도체, 같은 재료, 같은 길이 및 굵기의 것을 사용할 것

(2) 같은 극의 각 전선은 동일한 터미널러그에 완전히 접속할 것

(3) 같은 극인 각 전선의 터미널러그는 동일한 도체에 2개 이상의 리벳 또는 2개 이상의 나사로 접속할 것

(4) 병렬로 사용하는 전선에는 각각에 퓨즈를 설치하지 말 것

(5) 교류회로에서 병렬로 사용하는 전선은 금속관 안에 전자적 불평형이 생기지 않도록 할 것

4) 과부하전류에 대한 보호

(1) 도체와 과부하 보호장치 사이의 협조

과부하에 대해 전선을 보호하는 장치의 동작특성은 다음 조건을 충족하여야 한다.

$$I_B \le I_n \le I_Z$$

(여기서, I_B : 회로의 설계전류[A]
I_Z : 케이블의 허용전류[A]
I_n : 보호장치의 정격전류[A])

5) 과부하 보호장치의 설치위치

(1) 설치위치

과부하 보호장치는 분기점(O)에 설치하여야 한다.

(2) 예외 조건

다만 분기점(O)과 분기회로의 과부하 보호장치 P_2 설치점 사이의 배선 부분에 다른 분기회로나 콘센트 회로가 접속되어 있지 않고, 다음 하나를 충족하는 경우라면 다음과 같다.

① 분기회로에 대한 단락보호가 이루어지고 있는 경우

과부하 보호장치인 P_2는 분기점(O)으로부터 부하 측으로 거리에 구애받지 않고 이동하여 설치할 수 있다.

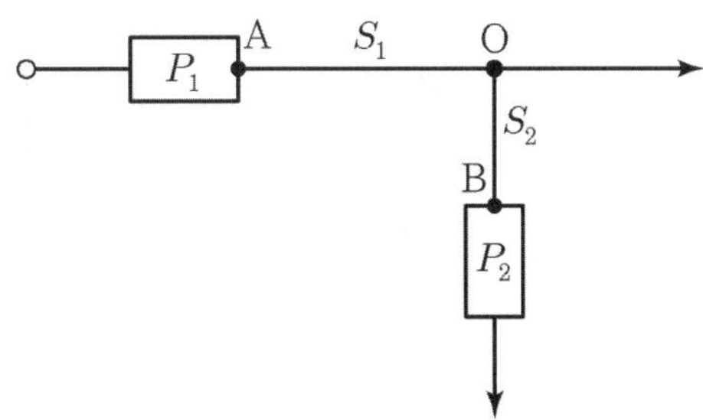

② 단락의 위험과 화재 및 인체에 대한 위험성이 최소화되도록 시설된 경우

분기회로의 보호장치 P_2는 분기회로의 분기점(O)으로부터 3[m]까지 이동하여 설치할 수 있다.

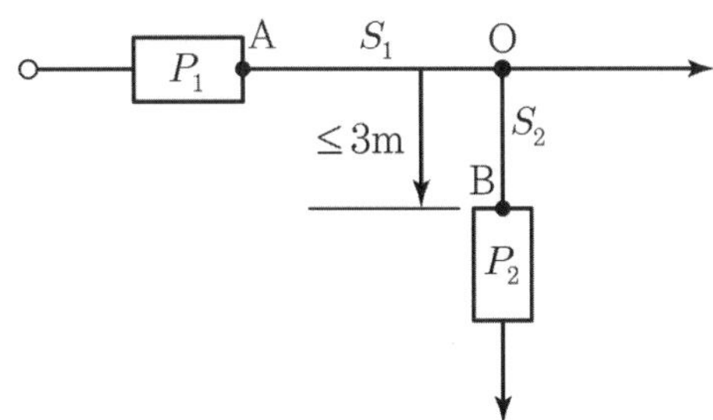

6) 단락전류에 대한 보호

(1) 단락보호장치의 설치위치

단락전류 보호장치는 분기점(O)에 설치하여야 한다.

(2) 예외 조건

분기회로의 단락보호장치 설치점(B)과 분기점(O) 사이에 다른 분기회로 또는 콘센트의 접속이 없고 단락, 화재 및 인체에 대한 위험이 최소화될 경우, 분기회로의 단락보호장치 P_2는 분기점(O)으로부터 3[m]까지 이동하여 설치할 수 있다.

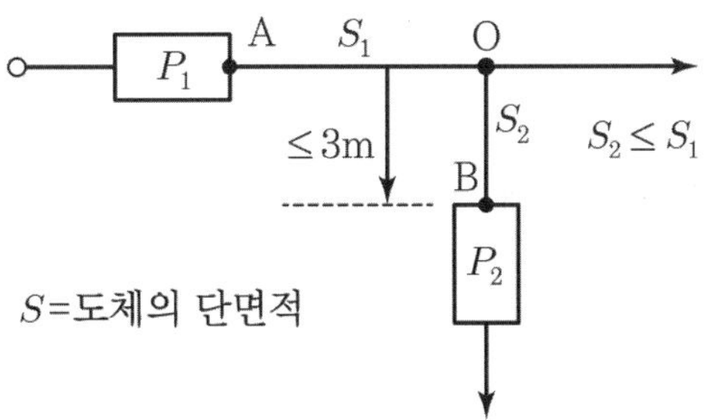

7) 누전차단기의 시설

(1) 전원의 자동차단에 의한 저압전로의 보호대책으로 누전차단기를 시설해야 할 대상은 금속제 외함을 가지는 사용전압이 50[V]를 초과하는 저압의 기계 기구로서 사람이 쉽게 접촉할 우려가 있는 곳에 시설하는 것에 전기를 공급하는 전로가 된다.

(2) 욕조나 샤워시설이 있는 욕실 또는 화장실 등 인체가 물에 젖어있는 상태에서 전기를 사용하는 장소에 콘센트를 시설하는 경우 인체감전보호용 누전차단기로서 정격감도전류 15[mA] 이하, 동작시간 0.03[초] 이하의 전류동작형 누전차단기를 시설한다.

02 전동기

1) 양수 펌프용 전동기

(1) $P = \dfrac{9.8KQH}{\eta}$ [kW]

(여기서, P : 전동기 용량[kW]
Q : 양수량[m^3/sec]
H : 양정[m]
K : 여유계수
η : 펌프의 효율)

(2) $P = \dfrac{KQH}{6.12\eta}$ [kW]

(여기서, P : 전동기 용량[kW]
Q : 양수량[m^3/min]
H : 양정[m]
K : 여유계수)

2) 권상기용 전동기

$$P = \frac{WV}{6.12\eta}[\text{kW}]$$

(여기서, P : 권상기용 전동기 용량[kW]
W : 권상하중[ton]
V : 권상속도[m/min]
η : 권상기 효율)

3) 엘리베이터용 전동기

$$P = \frac{KWV}{6,120\eta}[\text{kW}]$$

(여기서, P : 엘리베이터용 전동기 용량[kW]
K : 계수
η : 전동기효율
W : 적재하중[kg](기체의 무게는 포함하지 않는다.)
V : 승강속도[m/min])

4) 에스컬레이터용 전동기

$$P = \frac{GV\sin\theta}{6,120\eta} \times \beta[\text{kW}]$$

(여기서, P : 에스컬레이터용 전동기 용량[kW]
G : 적재하중[kg]
V : 속도[m/min]
η : 효율
β : 승객 유입률)

5) 화력발전소의 열효율

$$\eta = \frac{860Pt}{MH} \times 100[\%]$$

(여기서, η : 열효율[%]
M : 연료량[kg]
H : 발열량[Kcal/kg]
P : 전력[kW]
t : 시간[h])

제8절 수변전설비(수변전, 예비전원, 접지, 시험 및 측정)

01 발전기실 및 변전실 위치 선정 시 고려사항 및 최소유지거리

1) 발전기실 위치 선정 시 고려사항

(1) 발전기의 보수점검이 용이하도록 충분한 면적 및 층고를 확보할 것
(2) 엔진의 기초는 건물기초와 관계가 없도록 할 것
(3) 급·배기가 잘되는 장소일 것
(4) 발전기의 소음과 진동이 주위환경에 영향을 미치지 않을 것
(5) 연료유의 보급이 간단할 것

2) 변전실 위치 선정 시 고려사항

(1) 부하의 중심에 가까울 것
(2) 기기의 반출입에 지장이 없을 것
(3) 장래 부하 증설에 대비한 면적 확보가 용이한 곳
(4) 침수, 기타 재해발생의 우려가 적은 곳
(5) 인입선의 인입이 쉽고, 보수유지 및 점검이 용이한 곳

3) 수전설비의 배전반 등의 최소유지거리

위치별 / 기기별	앞면 또는 조작·계측면	뒷면 또는 점검면	열상호간 (점검하는 면) 【주】	기타의 면
특고압 배전반	1.7	0.8	1.4	–
고압 배전반	1.5	0.6	1.2	–
저압 배전반	1.5	0.6	1.2	–
변압기 등	0.6	0.6	1.2	0.3

[비고 1] 앞면 또는 조작·계측면은 배전반 앞에서 계측기를 판독할 수 있거나 필요조작을 할 수 있는 최소거리임.

[비고 2] 뒷면 또는 점검면은 사람이 통행할 수 있는 최소거리임. 무리없이 편안히 통행하기 위하여 0.9[m] 이상으로 함이 좋다.

[비고 3] 열상호간(점검하는 면)은 기기류를 2열 이상 설치하는 경우를 말하며 배전반류의 내부에 기기가 설치되는 경우는 이의 인출을 대비하여 내장기기의 최대 폭에 적절한 안전거리(통상 0.3[m] 이상)를 가산한 거리를 확보하는 것이 좋다.

[비고 4] 기타의 면은 변압기 등을 벽 등에 연하여 설치하는 경우 최소 확보거리이다. 이 경우도 사람의 통행이 필요할 경우는 0.6[m] 이상으로 함이 바람직하다.

02 표준결선도의 작성 방법

1) 작성기준 1

MOF(전력수급용 계기용 변성기)는 전력사용량을 계측하기 위한 설비로서 전력 소비기기(변압기, 계기용 변압기 등)의 전단에 설치되어야 한다.

2) 작성기준 2

MOF(전력수급용 계기용 변성기) 내부의 전압코일에서 단락이 생긴 경우 MOF를 전로로부터 분리할 수 있는 보호장치(파워퓨즈, 차단기)는 MOF 전단에 설치되어야 한다.

3) 작성기준 3

차단기 또는 파워퓨즈의 정비를 안전하기 하기 위하여 DS 또는 LS는 차단기 또는 퓨즈 전단에 설치하여야 한다.

4) 작성기준 4

LA(피뢰기)를 수전단의 DS 또는 LS 뒤에 설치함으로써 LA를 안전하게 점검, 보수할 수 있도록 하여야 한다.

5) 작성기준 5

전원 측 보호계전기용 CT는 차단기의 1차 측 또는 2차 측에 설치할 수 있으며 그 장단점은 다음과 같다.

(1) 차단기를 1차 측에 시설하는 경우

① 장점
- 보호 범위가 넓어진다.
- 차단기 2차 측 사고에도 사고 검출이 가능하다.

② 단점 : CT를 점검하기 위해서는 차단기 전단의 개폐기를 개방하여야 하기 때문에 정전의 범위가 확대된다.

(2) 차단기를 2차 측에 시설하는 경우

① 장점
- CT의 보수 점검이 용이하다.
- 해당 차단기만을 개방하면 된다.

② 단점
- 보호 범위가 좁아진다.
- 차단기 2차 측 단자 사고 발생 시 검출이 불가능하다.

03 표준결선도의 예시

1) 특고압 수전설비 표준결선도 – 1

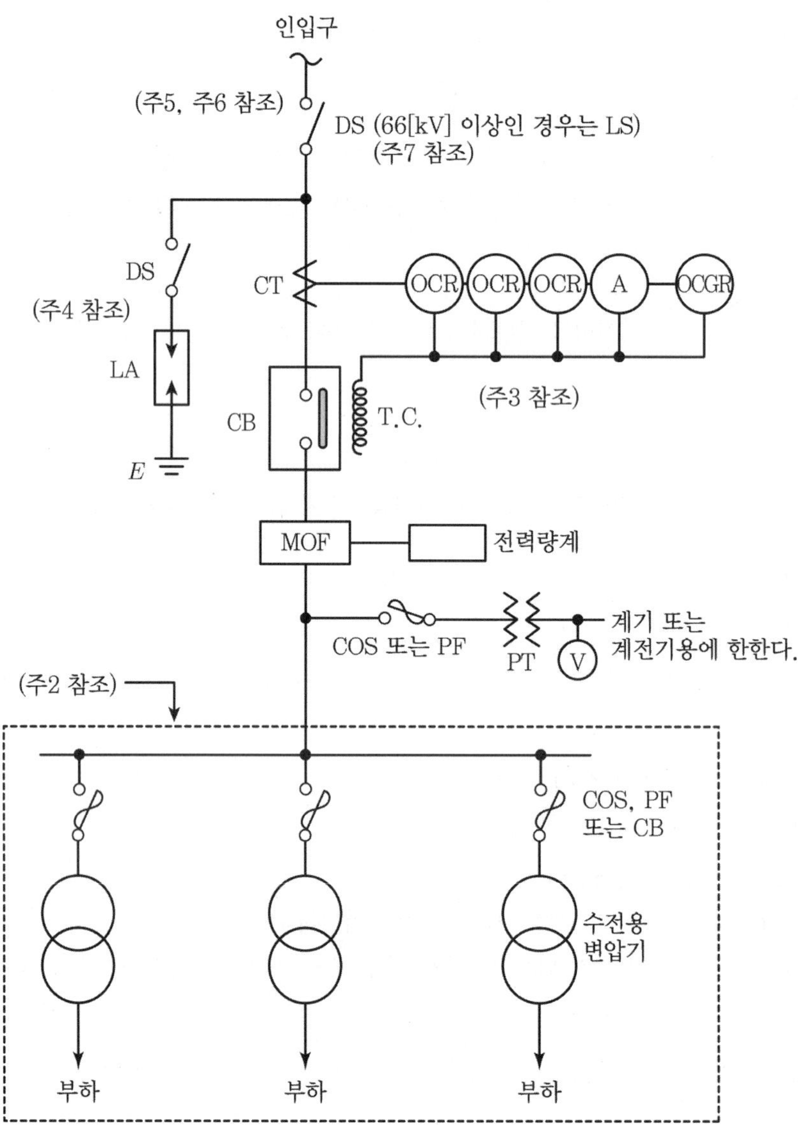

2) 특고압 수전설비 표준결선도 – 2

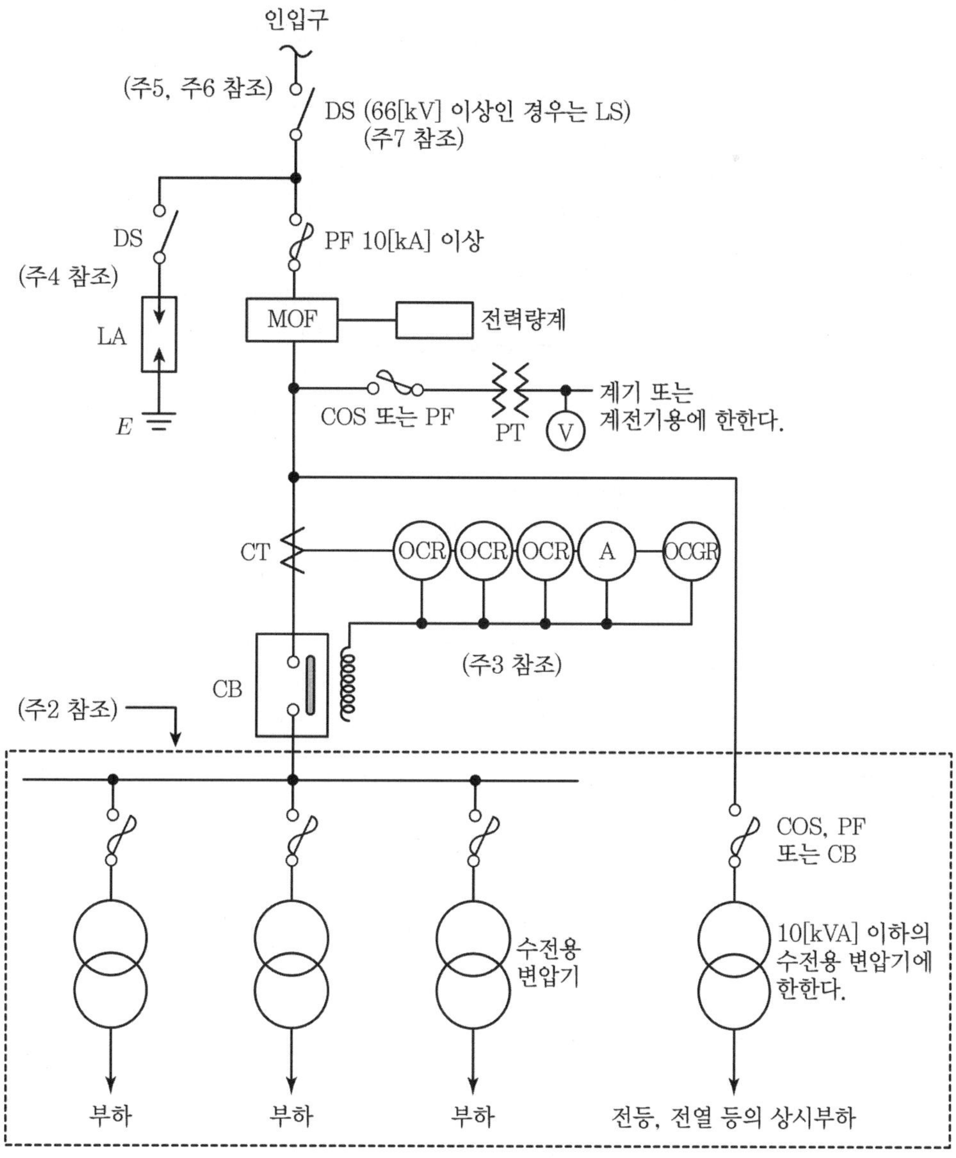

3) 특고압 수전설비 표준결선도 - 3

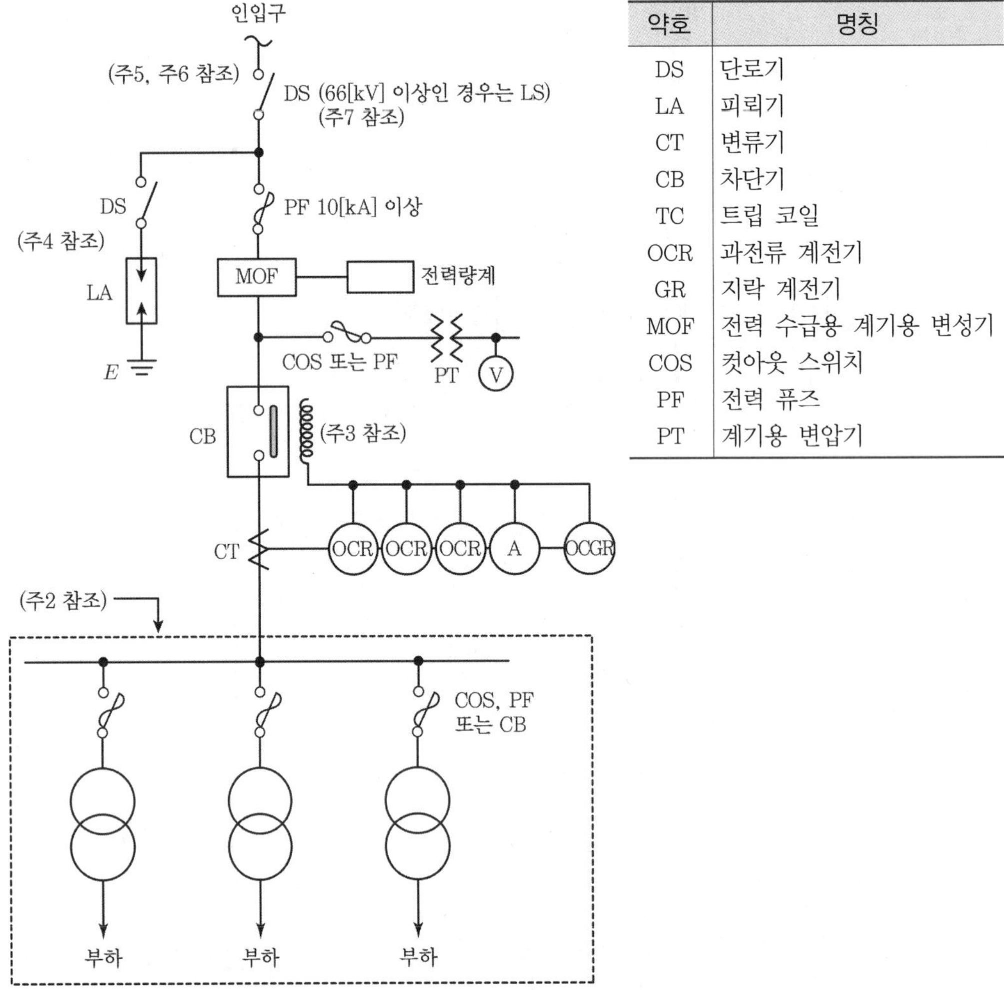

약호	명칭
DS	단로기
LA	피뢰기
CT	변류기
CB	차단기
TC	트립 코일
OCR	과전류 계전기
GR	지락 계전기
MOF	전력 수급용 계기용 변성기
COS	컷아웃 스위치
PF	전력 퓨즈
PT	계기용 변압기

[주 1] LA용 DS는 생략할 수 있으며 22.9[kV-Y]용의 LA는 Disconnector(또는 Isolator) 붙임형을 사용하여야 한다.

[주 2] 인입선을 지중선으로 시설하는 경우로서 공동 주택 등 사고 시 정전 피해가 큰 수전설비 인입선은 예비선을 포함하여 2회선으로 시설하는 것이 바람직하다.

[주 3] 지중인입선의 경우에 22.9[kV-Y] 계통은 CNCV-W 케이블(수밀형) 또는 TR CNCV-W 케이블(트리억제형)을 사용하여야 한다. 다만, 전력구・공동구・덕트・건물구내 등 화재의 우려가 있는 장소에서는 FR CNCO-W 케이블(난연)을 사용하는 것이 바람직하다.

[주 4] 300[kVA] 이하인 경우 PF 대신 COS(비대칭 차단 전류 10[kA] 이상의 것)을 사용할 수 있다.

[주 5] 간이 수전 설비는 PF의 용단 등에 의한 결상 사고에 대한 대책이 없으므로 변압기 2차 측에 설치되는 주차단기에는 결상 계전기 등을 설치하여 결상 사고에 대한 보호 능력이 있도록 함이 바람직하다.

4) 간이수전설비

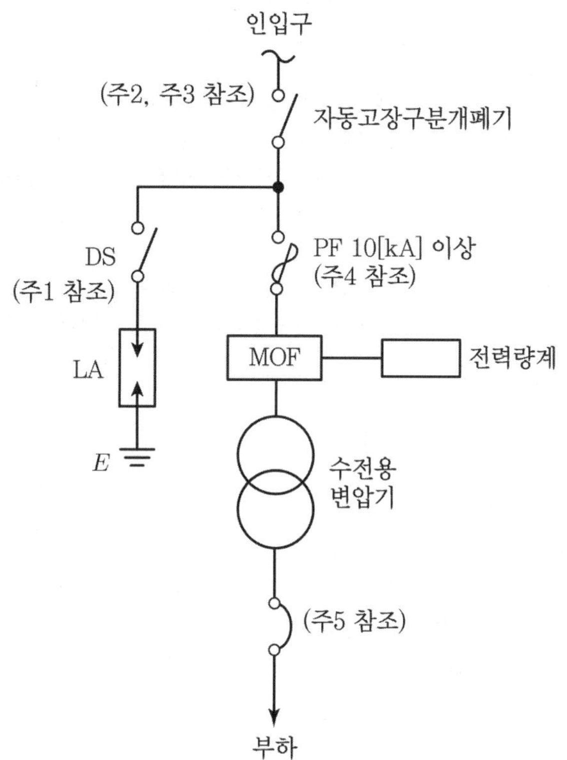

약호	명칭
DS	단로기
ASS	자동고장구분개폐기
LA	피뢰기
MOF	전력 수급용 계기용 변성기
COS	컷아웃 스위치
PF	전력 퓨즈

[주 1] LA용 DS는 생략할 수 있으며 22.9[kV-Y]용의 LA는 Disconnector(또는 Isolator) 붙임형을 사용하여야 한다.

[주 2] 인입선을 지중선으로 시설하는 경우로서 공동 주택 등 사고 시 정전 피해가 큰 수전설비 인입선은 예비선을 포함하여 2회선으로 시설하는 것이 바람직하다.

[주 3] 지중인입선의 경우에 22.9[kV-Y] 계통은 CNCV-W 케이블(수밀형) 또는 TR CNCV-W 케이블(트리억제형)을 사용하여야 한다. 다만, 전력구・공동구・덕트・건물구내 등 화재의 우려가 있는 장소에서는 FR CNCO-W 케이블(난연)을 사용하는 것이 바람직하다.

[주 4] 300[kVA] 이하인 경우 PF 대신 COS(비대칭 차단 전류 10[kA] 이상의 것)을 사용할 수 있다.

[주 5] 간이 수전 설비는 PF의 용단 등에 의한 결상 사고에 대한 대책이 없으므로 변압기 2차 측에 설치되는 주차단기에는 결상 계전기 등을 설치하여 결상 사고에 대한 보호 능력이 있도록 함이 바람직하다.

5) 각 표준결선도의 장점과 단점

결선도 번호	특징	장・단점
표준결선도 - 1	• MOF 전단에 CB 설치 • CB 전단에 CT 설치	장점 • 타 결선에 비해 PF가 생략되어 경제적이다. • CT가 CB 전단에 설치되어 있어 CB 2차 측 단자에서 단락사고 시 단락전류의 차단이 가능하여 보호 범위가 넓어진다. 단점 • PT가 CB 후단에 설치되어 있어 CB 개방 시에는 PT 전단에 전원공급이 차단되므로 한전에서의 전원 공급 유무를 알 수 없다.
표준결선도 - 2	• 상시부하용 TR(10[kVA] 이하)을 별도 설치 • 일반 부하용 TR은 CB로 투입/개방할 수 있음 • PT는 CB 전단에 설치 • CB 전단에 CT 설치	장점 • 무부하시 일반 부하용 TR 전원을 차단하여(단, 조명, 전열 등의 상시부하용 TR은 ON) 변압기의 무부하 손실이 감소된다. • PT가 CB 전단에 설치되어 있으므로 CB 개방 시에도 한전으로부터의 전원 공급 유무를 파악할 수 있다. • CT가 CB 전단에 설치되어 있어 CB 2차 측 단자에서 단락사고 시 단락전류의 차단이 가능하여 보호 범위가 넓어진다. 단점 • 표준결선도 - 1에 비해 PF가 추가되어 시설비가 상승한다.
표준결선도 - 3	• CB 전단(MOF 후단)에 PT 설치 • CB 후단에 CT 설치	장점 • PT가 CB 전단에 설치되어 있으므로 CB 개방 시에도 한전으로부터의 전원 공급 유무를 파악할 수 있다. 단점 • 표준결선도 - 1에 비해 PF가 추가되어 시설비가 상승한다. • CB 2차 측 단자에서 단락 사고 시 단락전류의 검출이 곤란하며 보호 범위가 좁아진다.
표준결선도 - 4 (간이 수전설비)	• 간이수전설비(1,000[kVA] 이하인 경우) • CB 및 관련설비(CT 및 보호계전기) 생략	장점 • CB 및 관련설비(CT 및 보호계전기)가 생략되어 시설비가 감소한다. 단점 • CB가 없으므로 정전 후 복전 시 자동으로 부하에 전원이 공급되어 안전사고의 위험이 있으므로 변압기 2차 측에 UVR 계전기를 설치하여야 한다.

6) 고압 또는 특고압 수용가의 큐비클 수전설비의 종류

(1) CB형

(2) PF - CB형

(3) PF - S형

7) 수변전설비 구성요소들의 개략적 역할

명칭(약호)	심벌	역할
케이블헤드 (CH)		케이블 종단에 말단처리
전력 수급용 계기용 변성기 (MOF)	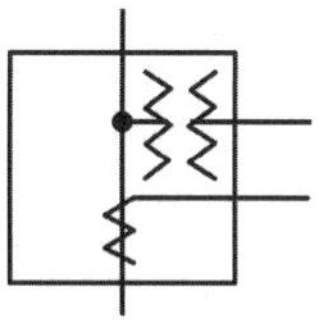	전력량계에 전원을 공급한다.
피뢰기 (LA)	 LA	이상전압 내습 시 뇌전류를 대지로 방전하고 속류를 차단한다.
전력퓨즈 (PF)		단락전류를 차단한다.
계기용 변압기 (PT)	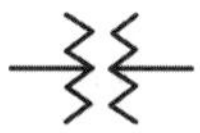	고전압을 저전압으로 변성하여 계기나 계전기에 공급한다.
계기용 변류기 (CT)	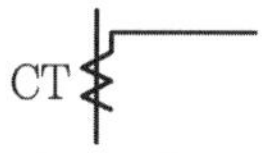 CT	대전류를 소전류로 변류하여 계기나 계전기에 공급한다.
전압계용 전환개폐기 (VS)		3상 회로에서 각 상의 전압을 1개의 전압계로 측정을 위한 전환개폐기를 말한다.
전류계용 전환개폐기 (AS)		1대의 전류계로 3상 각 전류를 측정할 수 있는 전환개폐기를 말한다.
전력용 콘덴서 (SC)		부하의 역률을 개선한다.
차단기 (CB)	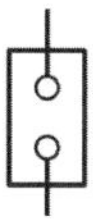	부하전류의 개폐기 및 고장전류를 차단한다.
영상변류기 (ZCT)	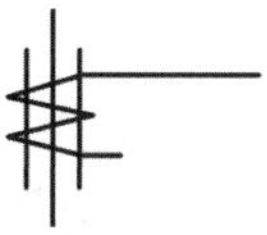	지락 시 영상전류를 검출한다.

04 예비전원설비

1) 자가발전설비의 용량

자가발전설비의 출력은 아래 (1), (2), (3)의 방법으로 구한 값 중 최댓값을 기준하여 선정한다.

(1) **단순 부하의 경우**(전부하 정상운전 시의 소요입력의 용량)

$$P = \frac{\sum W_L \times L}{\cos\theta}[\text{kVA}]$$

(여기서, P : 발전기용량[kVA]

$\sum W_L$: 부하 입력의 총계

L : 부하의 수용률(비상용이라면 1)

$\cos\theta$: 발전기의 역률)

(2) **기동용량이 큰 부하가 있을 경우**(전동기 시동에 대처하는 용량)

$$P[\text{kVA}] \geq \left(\frac{1}{\text{허용전압강하}} - 1\right) \times X_d \times P_s[\text{kVA}]$$

(여기서, X_d : 발전기의 과도 리액턴스

P_s : 기동 시 전동기 용량[kVA])

(3) **단순 부하와 기동용량이 큰 부하가 있을 경우**(순시 최대 부하에 대한 용량)

$$P > \frac{\sum W_0 + (Q_{L\max} \times \cos\theta_{GL})}{K\cos\theta_G}[\text{kVA}]$$

(여기서, $\sum W_0$: 기운전 중인 부하의 합계[kW]

$Q_{L\max}$: 시동 돌입 부하[kVA]

$\cos\theta_{GL}$: 최대 시동 돌입 부하 시동 시 역률

K : 원동기 기관의 과부하 내량

$\cos\theta_G$: 발전기의 역률)

2) 발전기와 부하 측 사이에 설치하는 기기

(1) **과전류차단기 및 개폐기** : 각 극에 설치한다.

(2) **전압계** : 각 상의 전압을 읽을 수 있도록 설치한다.

(3) **전류계** : 각 선의 전류(중성선 제외)를 읽을 수 있도록 설치한다.

3) 발전기의 단락비

(1) 단락비 $K_s = \dfrac{I_s}{I_n}$

(여기서, I_s : 3상 단락 시 단락전류[A]

I_n : 발전기의 정격전류[A])

(2) 수차발전기와 터빈발전기의 단락비의 값

① 수차발전기 : 1 ~ 1.2

② 터빈발전기 : 0.6 ~ 0.8

(3) 철기계의 특징

① 단락비가 크다.

② 동기임피던스가 작다.

③ 전기자 반작용이 작다.

④ 전압변동률이 작다.

⑤ 단락전류가 크며, 과부하 내량이 크다.

⑥ 기기는 대형이며, 무겁고, 가격이 비싸고, 효율이 낮다.

(4) 발전기의 병렬운전 조건

병렬운전 조건	조건이 맞지 않는 경우
① 기전력의 크기가 같을 것	무효순환 전류가 흐르게 된다.
② 기전력의 주파수가 같을 것	동기화 전류가 흐르게 된다.
③ 기전력의 위상이 같을 것	동기화 전류가 흐르게 된다.
④ 기전력의 파형이 같을 것	고조파 무효순환 전류가 흐르게 된다.

(5) 발전기의 자기여자현상

① 정의 : 발전기에 용량성 부하가 접속되면 진상전류가 전기자 권선에 흐르게 되는데, 이때 전기자 권선에 의한 전기자 반작용에 의해 자화되므로 발전기에 직류여자를 가하지 않아도 전기자 권선에 기전력이 유기된다. 이를 자기여자작용이라고 한다.

② 자기여자 방지대책

- 발전기의 단락비를 크게 한다.
- 수전단에 동기조상기를 접속하여 부족여자를 운전함으로 송전선에 지상전류를 흘린다.
- 수전단에 변압기를 접속한다.
- 수전단에 리액턴스를 병렬로 접속한다.

4) 무정전 전원 장치(UPS : Uninterruptible Power Supply)

(1) 정의

입력전원의 이상 상태가 발생하거나 정전 시 이에 대응하는 설비로서 정상적으로 전력을 부하에 공급하는 설비를 UPS라 한다.

※ 용어의 정의

① UPS : 무정전 전원 공급장치

② CVCF : 정전압정주파수 공급장치

③ VVVF : 가변전압 가변주파수 공급장치

(2) UPS의 구성설비

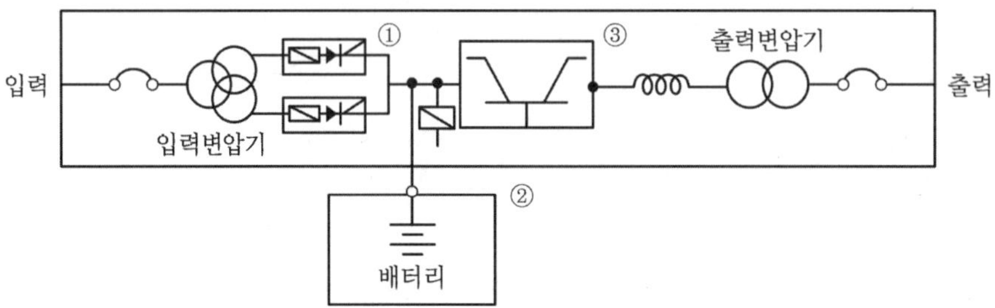

① 컨버터 : 교류를 직류로 변환하는 장치

② 축전지 : 변환된 직류전력을 저장하는 장치

③ 인버터 : 직류를 교류로 변환하는 장치

(3) 비상전원으로 사용되는 UPS의 블록 다이어그램

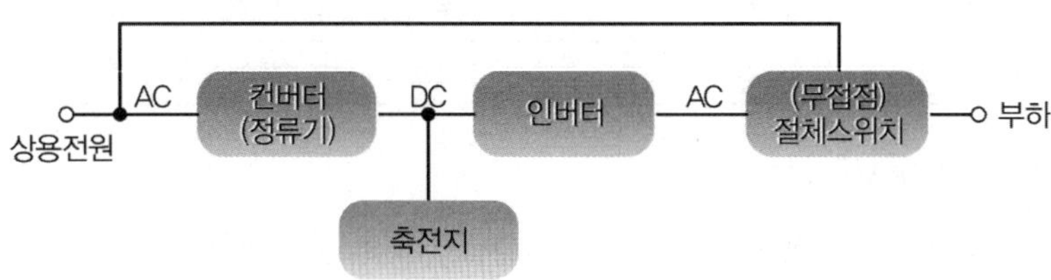

5) 축전지 설비

(1) 축전지 설비의 구성요소

① 축전지

② 제어장치

③ 보안장치

④ 충전장치

(2) 축전지의 종류

① 연축전지

- 공칭전압 : 2.0[V/cell]
- 공칭용량 : 10[Ah]
- 부동 충전전압
  - CS형(완 방전형) : 2.15[V]
  - HS형(급 방전형) : 2.18[V]

② 알칼리 축전지

- 공칭전압 : 1.2[V/cell]
- 공칭용량 : 5[Ah]

③ 연축전지와 비교한 알칼리 축전지의 장점과 단점

- 장점
  - 수명이 길다.
  - 진동 및 충격에 강하다.
  - 충·방전 특성이 양호하다.
- 단점
  - 가격이 비싸다.
  - 연축전지보다 공칭전압이 낮다.

(3) 충전방식의 종류

① **보통 충전** : 필요할 때마다 표준 시간율로 소정의 충전을 하는 충전방식을 말한다.

② **급속 충전** : 비교적 단시간에 보통 전류의 2~3배 전류로 급속으로 충전하는 방식이다.

③ **부동 충전** : 축전지의 자기 방전을 보충함과 동시에 상용 부하에 대한 전력은 충전기가 부담하고 충전기가 부담하기 어려운 일시적인 대전류는 축전지로 부하에 부담하게 하는 방식이다.

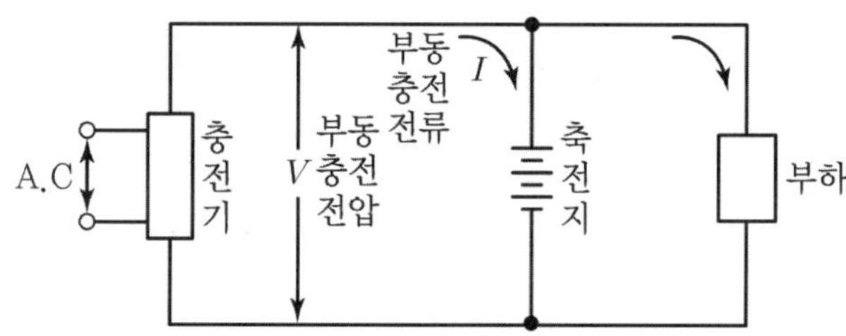

$$\text{부동 충전 방식의 충전기의 2차 전류} = \frac{\text{축전지 용량[Ah]}}{\text{정격방전률[h]}} + \frac{\text{상시 부하용량[VA]}}{\text{표준전압[V]}}$$

④ **균등 충전** : 부동 충전 방식에 의하여 사용 시 각 전해조에서 일어나는 전위차를 보정하기 위하여 1 ~ 3개월마다 1회씩 정전압으로 10 ~ 12시간 충전하여 각 전해조의 용량을 균일화하기 위한 방식이다.

⑤ **세류 충전** : 자기 방전량만을 항상 충전하는 부동 충전 방식의 일종이다.

(4) 축전지의 허용 최저전압

$$V = \frac{V_a + V_e}{n} \text{[V/cell]}$$

(여기서, V : 축전지의 허용 최저전압[V/cell]
V_a : 부하의 허용 최저전압[V]
V_e : 부하와 축전지 간의 전압강하[V]
n : 직렬로 접속된 셀 수)

(5) 축전지의 용량 산출

$C = \frac{1}{L}KI$[Ah](일괄계산 적용)

(여기서, C : 축전지 용량[Ah]
K : 용량환산시간계수
I : 방전전류[A]
L : 보수율)

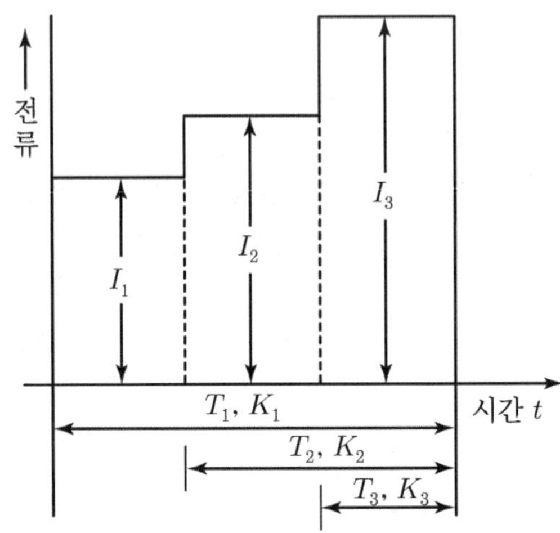

$C = \frac{1}{L}KI$로서

$= \frac{1}{L}[(K_1 I_1) + K_2(I_2 - I_1) + K_3(I_3 - I_2)]$로 계산한다.

(6) 축전지의 고장 원인과 현상

① 설페이션(Sulfation)현상 : 납 축전지를 방전 상태에서 오랫동안 방치하여 둘 경우 극판의 황산납이 회백색으로 변화하고 내부 저항이 대단히 증가하여 충전 시 전해액의 온도 상승이 크며, 황산 비중 상승이 낮아 가스 발생이 심하게 되어 전지의 용량이 감퇴하고 수명이 단축한다. 이를 설페이션 현상이라고 한다.

※ 설페이션 현상의 원인
- 방전 상태에서 장시간 방치
- 방전 전류가 대단히 큰 경우
- 불충분한 충전을 반복하는 경우

② 묽은 황산의 농도는 표준이고, 액면이 저하하여 극판이 노출된다면 증류수를 보충한다.
③ 충전 시에 발생하는 가스 : 수소
④ 연축전지의 전해액이 변색되어, 충전하지 않고 방치된 상태에서 다량으로 가스가 발생하고 있는 경우의 원인 : 전해액의 불순물 혼입

05 접지의 목적

1) 중성점 접지

(1) 중성점 접지의 목적

① 1선지락 고장 시 건전상 대지전위상승을 억제하여 전선로 및 기기의 절연레벨을 경감한다.
② 보호계전기의 확실한 동작을 확보한다.
③ 뇌, 아크 지락, 기타에 의한 이상 전압의 경감 및 발생을 방지한다.
④ 소호리액터 접지의 경우 1선지락 시 아크를 소멸시켜 그대로 송전을 계속할 수 있게 한다.

(2) 중성점 접지의 종류

① 비접지방식
② 직접 접지방식
③ 저항 접지방식
④ 소호리액터 접지방식

※ 유효접지
1선지락 사고 시 건전상의 전위상승이 상규 대지전압의 1.3배를 넘지 않도록 접지 임피던스를 조절하는 접지방식이다.

2) 접지시스템

(1) 접지시스템의 분류

① 계통접지

② 보호접지

③ 피뢰시스템접지

(2) 접지시스템의 종류

① 단독접지

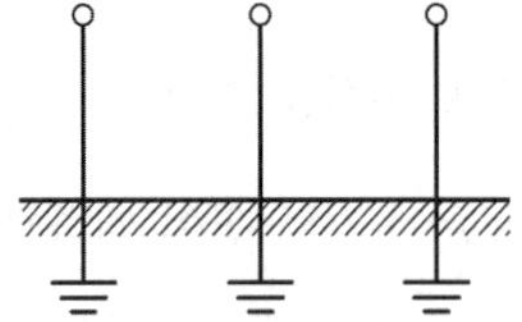

고압, 특고압 계통과 저압 계통이 각각 독립적으로 접지시스템을 구성하는 방식으로 서로 영향을 받지 않아야 하기 때문에 접지극 간의 이격거리가 충분히 고려되어야 한다.

② 공통접지

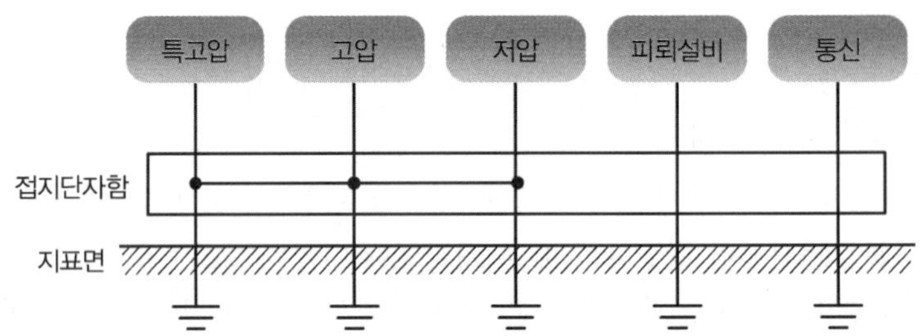

등전위가 형성될 수 있도록 저압, 고압, 특고압 계통을 공통으로 접지하는 방식을 말한다.

③ 통합접지

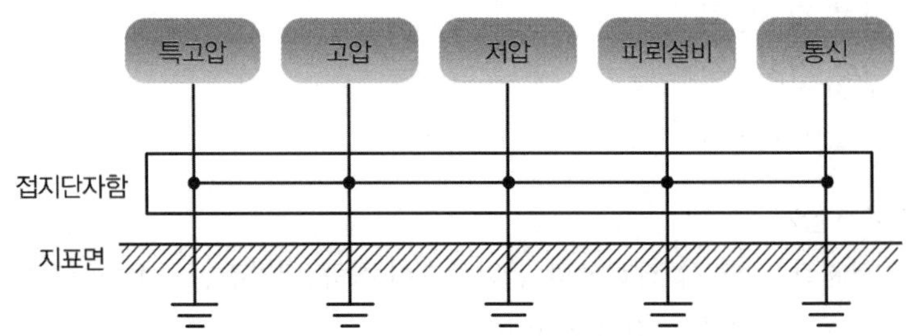

전기설비 접지, 피뢰설비 및 통신설비 등의 접지극을 모두 통합하여 접지시스템을 구성하는 방식으로서 설비 간의 전위차를 해소하여 등전위를 형성하는 접지방식을 말한다.

(3) 접지시스템의 구성요소

① 접지극
② 접지도체
③ 보호도체
④ 기타설비

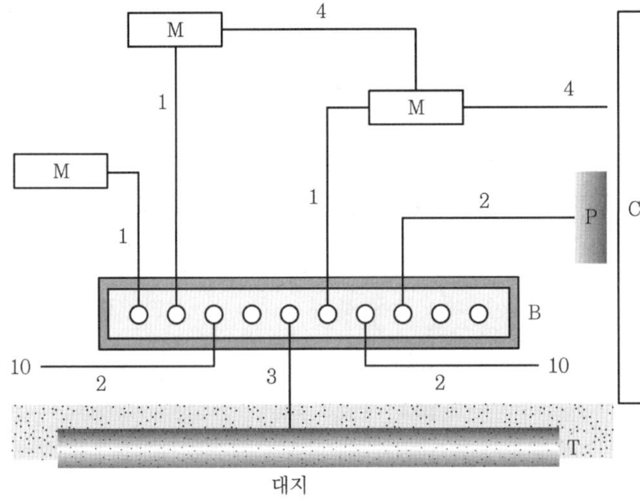

1 : 보호도체(PE)
2 : 보호등전위 본딩용 전선
3 : 접지도체
4 : 보조 보호등전위 본딩용 전선
10 : 기타 기기(예 통신설비, 피뢰시스템)
B : 주 접지단자
M : 전기기구의 노출 도전성 부분
C : 철골, 금속덕트 등 계통의 도전부
P : 수도관, 가스관 등 계통의 도전부
T : 접지극

(4) 접지극의 매설기준

① 접지극은 동결깊이를 감안하여 시설하되 고압 이상의 전기설비와 변압기 중성점 접지에 의하여 시설하는 접지극의 매설깊이는 지표면으로부터 지하 0.75[m] 이상으로 한다.
② 접지도체를 철주 기타의 금속체를 따라서 시설하는 경우에는 접지극을 철주의 밑면으로부터 0.3[m] 이상의 깊이에 매설하는 경우 이외에는 접지극을 지중에서 그 금속체로부터 1[m] 이상 떼어 매설하여야만 한다.
③ 접지도체는 지하 0.75[m]부터 지표상 2[m] 부분까지는 합성수지관 또는 이와 동등 이상의 세기를 갖는 몰드로 보호하여야 한다.

(5) 접지도체의 최소 굵기

① **구리** : 6[mm^2] 이상
② **철제** : 50[mm^2] 이상(단, 접지도체에 피뢰시스템이 접속되는 경우라면 구리 : 16[mm^2] 이상, 철제 : 50[mm^2] 이상)
③ 접지도체의 굵기는 고장 시 흐르는 전류를 안전하게 하여야 하며 다음에 의하여야 한다.
- 고압 및 특고압 전기설비용 접지도체 : 6[mm^2] 이상의 연동선
- 중성점 접지용 접지도체 : 16[mm^2] 이상의 연동선

- 단, 다음의 경우라면 6[mm^2] 이상의 연동선을 사용할 수 있다.
  7[kV] 이하의 전로, 사용전압 25[kV] 이하인 특고압 전선로(단, 중성선 다중접지식의 것으로서 전로의 지락이 생겼을 때 2초 이내에 자동적으로 이를 전로로부터 차단하는 장치가 있는 것)

④ 접지도체의 굵기 결정 시 고려사항
- 전류용량
- 기계적 강도
- 내식성

(6) 보호도체의 최소 굵기

선도체의 단면적 S ([mm^2], 구리)	보호도체의 최소 단면적([mm^2], 구리)	
	보호도체의 재질	
	선도체와 같은 경우	선도체와 다른 경우
$S \le 16$	S	$(k_1/k_2 \times S)$
$16 < S \le 35$	$16^{(a)}$	$(k_1/k_2 \times 16)$
$S > 35$	$S^{(a)}/2$	$(k_1/k_2) \times (S/2)$

(여기서, k_1 : 선도체에 대한 k값
k_2 : 보호도체에 대한 k값
a : PEN 도체의 최소단면적은 중성선과 동일하게 적용한다.)

보호도체의 굵기는 위 표에 의해 선정하나 다음의 계산값 이상이어야 한다.
(단, 차단시간이 5초 이하인 경우에만 다음 계산식을 적용한다.)

$$S = \frac{\sqrt{I^2 t}}{k}$$

(여기서, S : 보호도체 단면적[mm^2]
I : 예상 고장전류 실효값[A]
t : 보호장치의 동작시간[s]
k : 보호도체, 절연, 기타 부위의 재질 및 초기온도와 최종온도에 따라 정해지는 계수)

(7) 등전위 본딩도체

주접지단자에 접속하기 위한 등전위 본딩도체는 설비 내에 있는 가장 큰 보호접지도체 단면적의 $\frac{1}{2}$ 이상의 단면적을 가져야 하며, 다음 단면적 이상이어야 한다.

① 구리 도체 : 6[mm^2]

② 알루미늄 도체 : 16[mm^2]

③ 강철 도체 : 50[mm^2]

(8) 변압기 중성점 접지저항 R

$$R = \frac{150, 300, 600[V]}{1선지락전류[A]}$$

① 150[V]를 대입하는 경우 : 일반적인 경우, 자동차단장치가 없는 경우

② 300[V]를 대입하는 경우 : 2초 이내에 자동차단하는 장치가 있는 경우

③ 600[V]를 대입하는 경우 : 1초 이내에 자동차단하는 장치가 있는 경우

(9) 외부 피뢰시스템

① 구성요소

- 수뢰부시스템
- 인하도선시스템
- 접지시스템

② **수뢰부시스템의 선정** : 돌침, 수평도체, 메시도체의 요소 중 한 가지 또는 이를 조합한 형식으로 시설한다.

③ **수뢰부시스템의 배치** : 보호각법, 회전구체법, 메시법 중 하나 또는 조합된 방법으로 배치하여야 한다.

(10) 계통접지

① 계통접지의 구성

- TN 계통
- TT 계통
- IT 계통

② 계통접지의 문자의 정의

- 제1문자 : 계통과 대지와의 관계
  - T : 한 점을 대지에 직접 접속
  - I : 모든 충전부를 대지와 절연하거나 높은 임피던스를 통하여 한 점을 대지에 직접 접속
- 제2문자 : 전기설비의 노출도전부와 대지의 관계
  - T : 노출도전부를 대지로 직접 접속, 전원계통의 접지와 무관
  - N : 노출도전부를 전원계통의 접지점에 직접 접속

- 제3문자 : 중성선(N)과 보호도체(PE)의 배치
  - S : 중성선(N)과 보호도체(PE)를 별도의 도체로 사용
  - C : 중성선(N)과 보호도체(PE)를 동일 도체로 사용(PEN)

③ 그림 기호

기호 설명	
	중성선(N), 중간도체(M)
	보호도체(PE)
	중성선과 보호도체겸용(PEN)

④ **TN 계통** : 전원 측 한 점을 대지와 직접접지하고 설비의 노출도전부를 보호도체로 접속시키는 방식으로서 중성선(N)과 보호도체(PE)의 배치 또는 접속에 따라 TN-S, TN-C, TN-C-S로 구분된다. 이 방식의 경우 지락고장에 대하여 과전류차단기로 보호한다.

- TN-S 계통 : 계통을 구성하는 중성선과 보호도체가 별도로 구성된 방식이다.

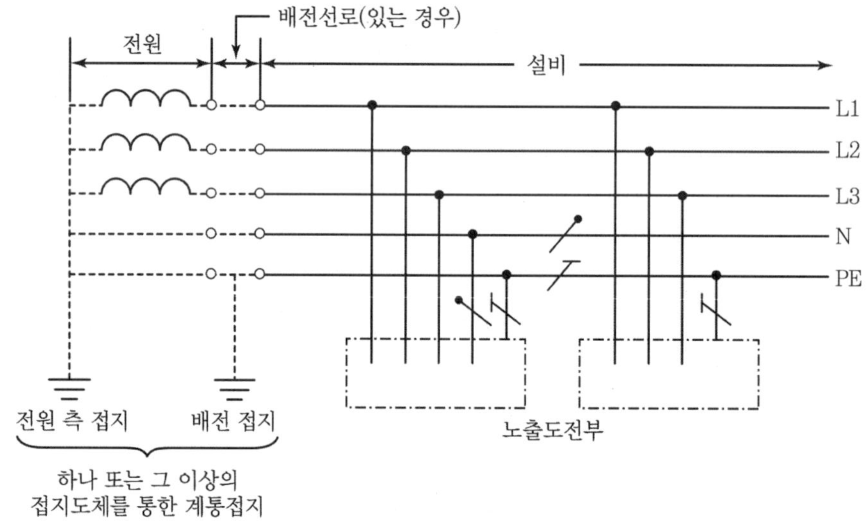

▸ 계통 내에서 별도의 중성선과 보호도체가 있는 TN-S 계통

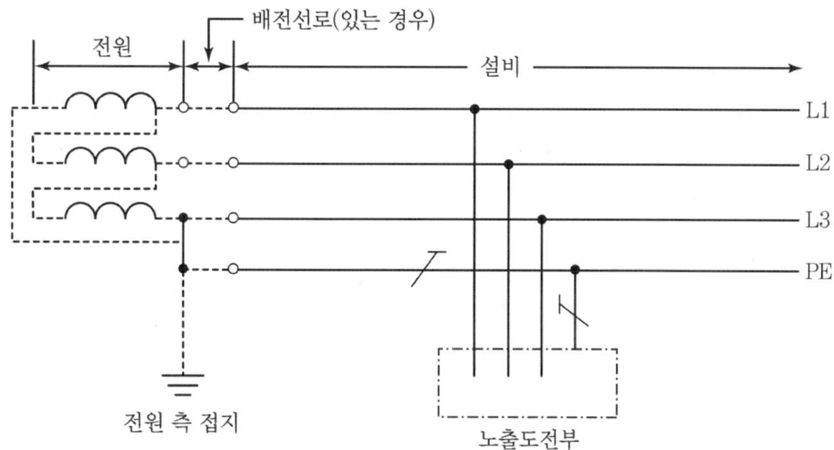

▶ 계통 내에서 별도의 접지된 선도체와 보호도체가 있는 TN-S 계통

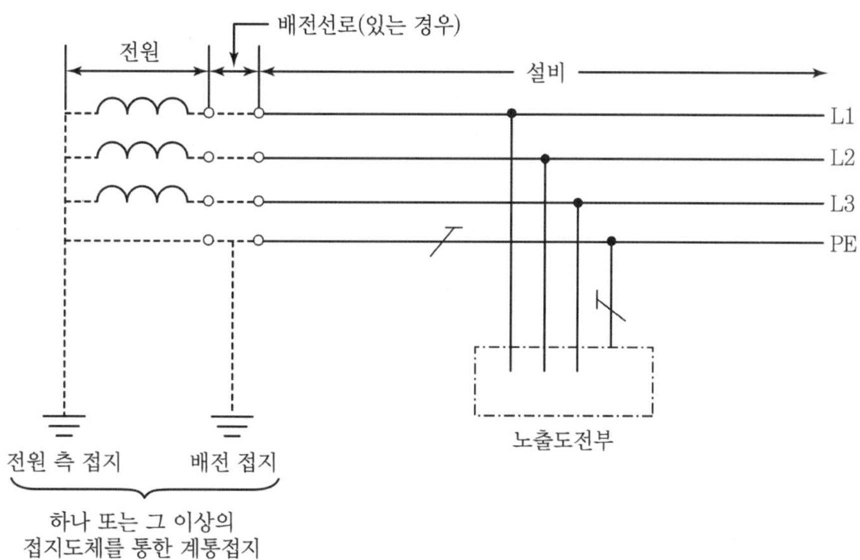

▶ 계통 내에서 접지된 보호도체는 있으나 중성선의 배선이 없는 TN-S 계통

• TN-C 계통 : 계통 전체에 대하여 중성선과 보호도체의 기능을 동일 도체로 겸용한 PEN도체를 사용한 방식이다.

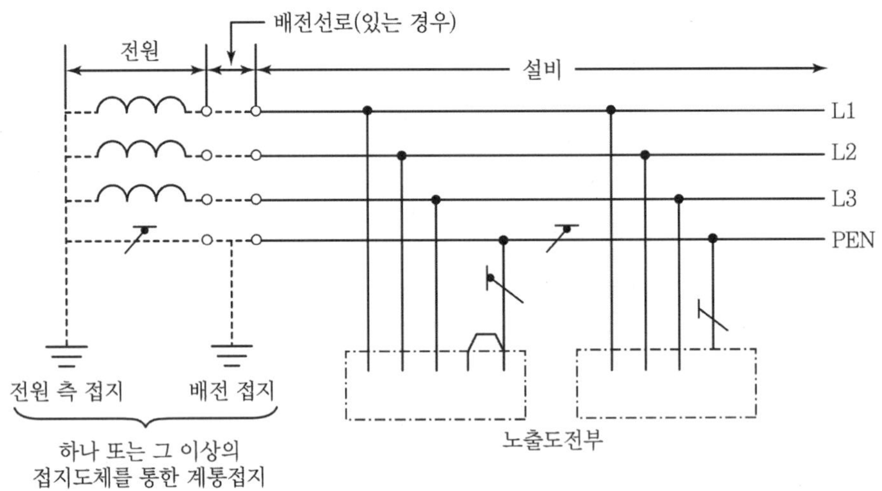

• TN-C-S 계통 : 계통의 일부분은 PEN도체를 사용하며, 일부분은 중성선(N)과 별도의 보호도체(PE)를 사용하는 방식이다.

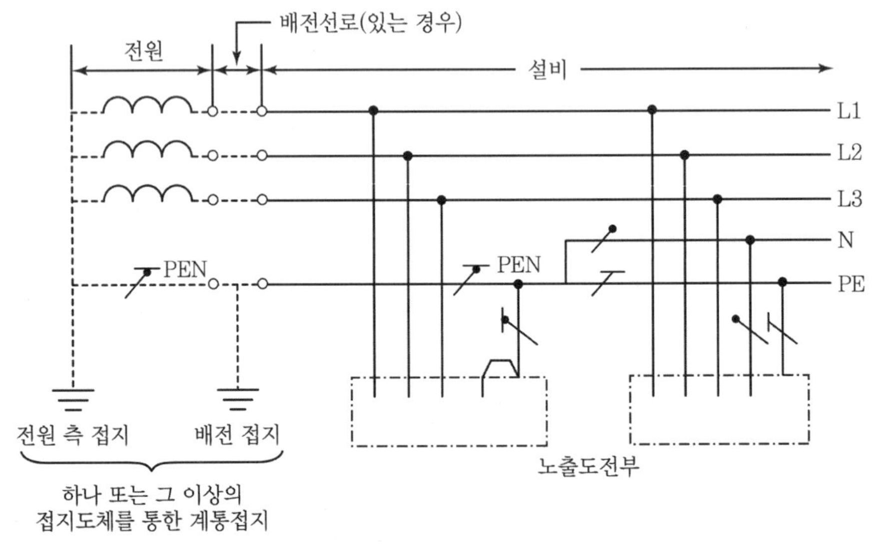

⑤ **TT 계통** : 계통의 한 점을 직접접지하고, 설비의 노출도전부는 전원 측과 별도로 독립적인 접지극에 접속시킨다. 이 방식의 지락고장은 누전차단기로 보호한다.

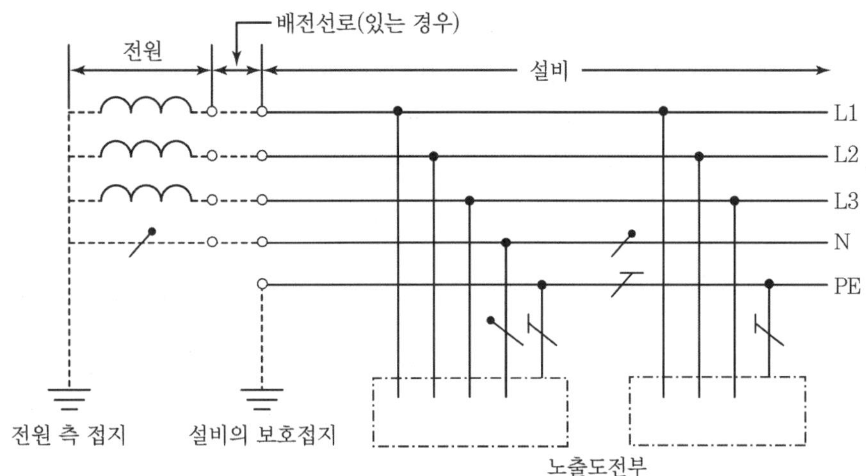

▶ 설비 전체에서 별도의 중성선과 보호도체가 있는 TT 계통

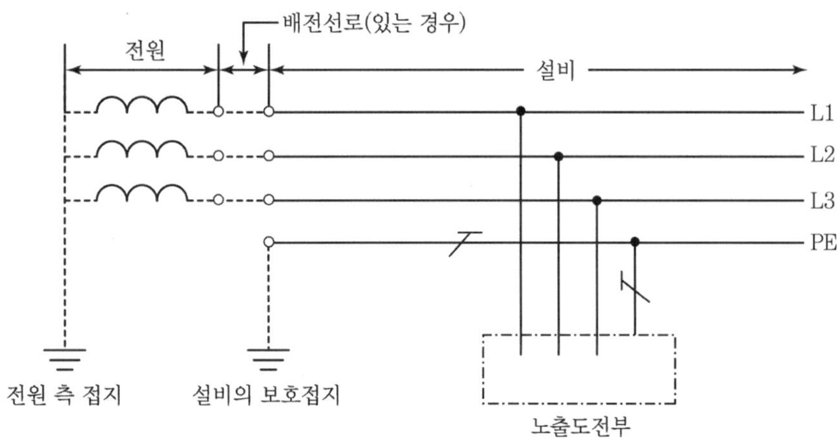

▶ 설비 전체에서 접지된 보호도체가 있으나 배전용 중성선이 없는 TT 계통

⑥ IT 계통 : 충전부 전체를 대지로부터 절연하거나, 한 점을 임피던스를 통하여 대지에 접속한다.

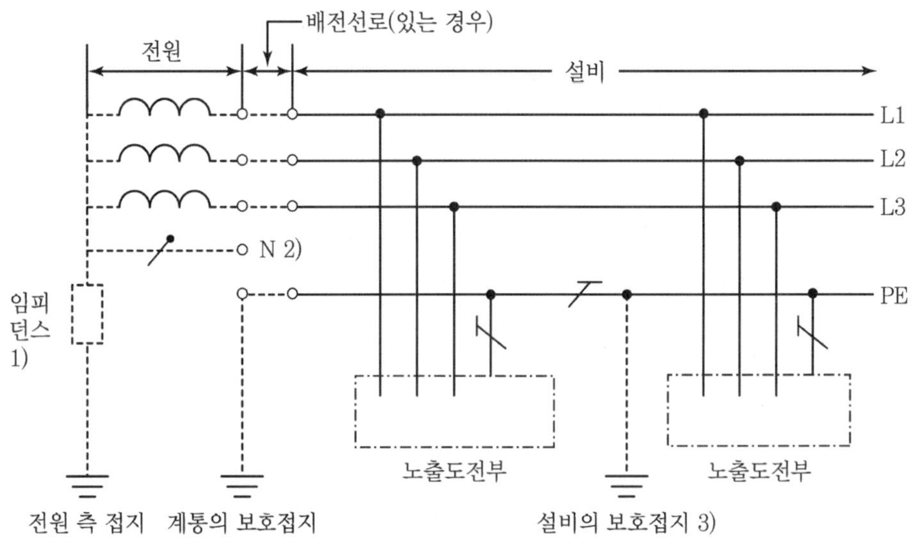

▸ 계통 내의 모든 노출도전부가 보호도체에 의해 접속되어 일괄 접지된 IT 계통

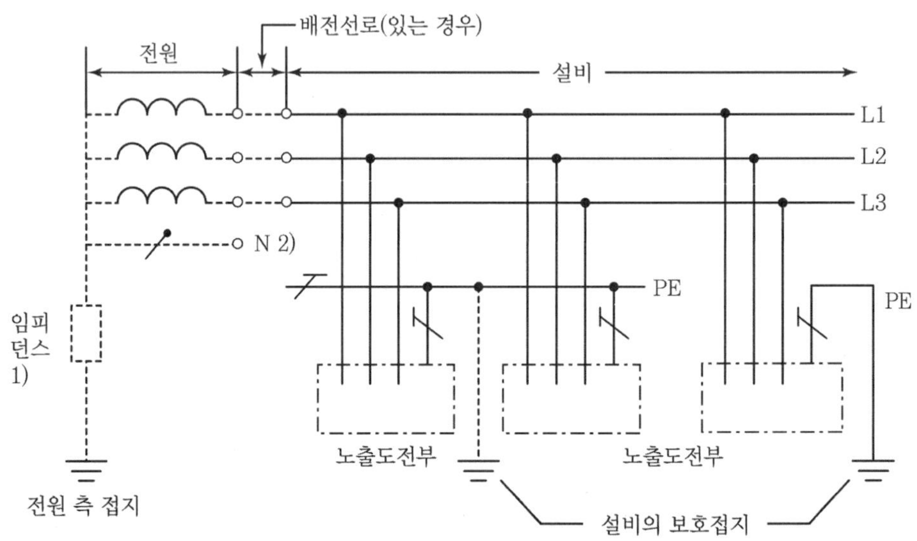

▸ 노출도전부가 조합으로 또는 개별로 접지된 IT 계통

(11) 지락 사고에 따른 접촉전압 및 지락전류

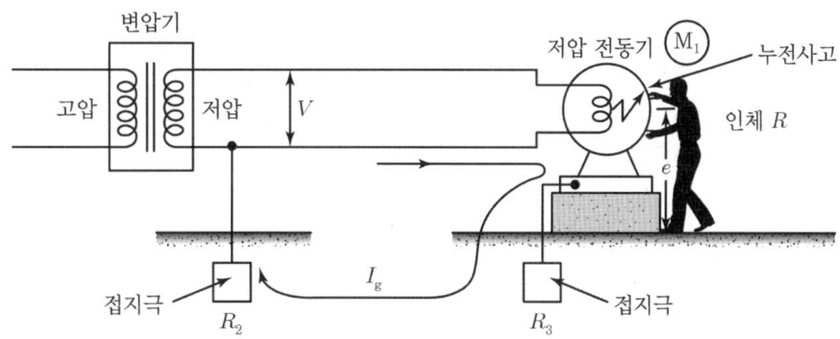

① 인체 비접촉 시 외함의 대지전압

$$V_3 = \frac{R_3}{R_2 + R_3} V$$

② 외함에 인체가 접촉 시 인체에 흐르는 전류

$$I_{인} = \frac{R_3}{R_3 + R_{인}} \times I_g$$

$$= \frac{R_3}{R_3 + R_{인}} \times \frac{V}{R_2 + \frac{R_3 R_{인}}{R_3 + R_{인}}}$$

06 측정 및 시험

1) 오차 및 보정

(1) 오차 = 측정값(M) - 참값(T)

(2) 오차율 $= \frac{측정값(M) - 참값(T)}{참값(T)} \times 100[\%]$

(3) 보정 = 참값(T) - 측정값(M)

(4) 보정률 $= \frac{참값(T) - 측정값(M)}{측정값(M)} \times 100[\%]$

2) 계기별 오차의 계급

계급	확도	용도	허용오차
0.2급	부표준기급	실험실용	±0.2[%]
0.5급	정밀급	휴대용	±0.5[%]
1.0급	준정밀급	소형 휴대용	±1.0[%]
1.5급	보통급	배전반용	±1.5[%]
2.5급	준보통급	소형 panel	±2.5[%]

3) 저항 및 접지저항 측정법

(1) 저항 측정방법

① 저저항 측정법(1[Ω] 이하) : 켈빈더블 브리지법
② 중저항 측정법(1[Ω]~10[kΩ] 정도) : 휘이스톤 브리지법
③ 전해액의 저항 : 콜라우시 브리지법
④ 검류계의 내부저항 : 휘이스톤 브리지법
⑤ 절연저항 : 절연저항계(메거)
⑥ 접지저항 : 콜라우시 브리지법

(2) 콜라우시 브리지법에 의한 접지저항 측정방법

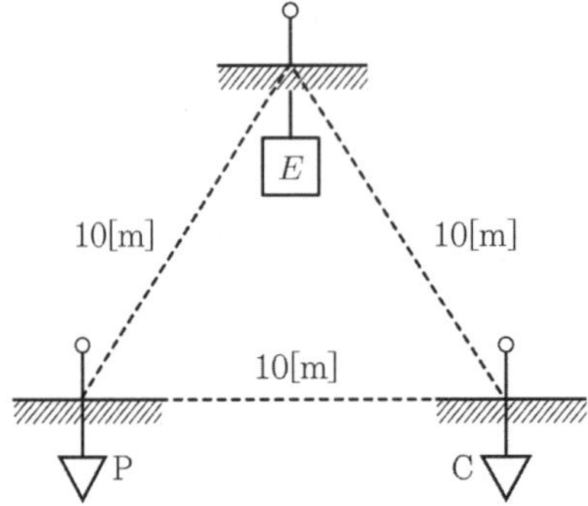

위 그림과 같이 본 접지극(E)이 있고 보조접지극(P, C)이 있으며, 본 접지극 E와 보조접지극 P 간의 저항을 R_{EP}, 보조접지극 P와 보조접지극 C 사이의 저항을 R_{PC}, 본 접지극 E와 보조접지극 C 간의 저항을 R_{CE}라고 한다면,

본 접지극 $R_E = \frac{1}{2}(R_{EP} + R_{CE} - R_{PC})$로서 구할 수 있다.

4) 절연성능

(1) 저압 전로의 절연성능

전기사용 장소의 사용전압이 저압 전로의 전선 상호간 및 전로와 대지 사이의 절연저항은 개폐기 또는 과전류차단기로 구분할 수 있는 전로마다 다음 표에서 정한 값 이상이어야 한다.

전로의 사용전압[V]	DC 시험전압	절연저항[MΩ]
SELV 및 PELV	250	0.5
FELV, 500[V] 이하	500	1.0
500[V] 초과	1,000	1.0

[주] 특별저압(extra low voltage : 2차 전압이 AC 50[V], DC 120[V] 이하)으로 SELV(비접지회로 구성) 및 PELV(접지회로 구성)은 1차와 2차가 전기적으로 절연된 회로, FELV는 1차와 2차가 전기적으로 절연되지 않은 회로

단, 정전이 어려워 절연저항 측정이 곤란한 경우 누설전류를 측정하여 1[mA] 이하 시 양호하다.

(2) 누설전류

저압전선로 중 절연부분의 전선과 대지 사이 및 전선의 심선 상호간의 절연저항은 사용전압에 대한 누설전류가 최대 공급전류의 $\frac{1}{2,000}$을 넘지 않도록 하여야 한다.

5) 변압기의 절연내력시험

구분	종류(최대사용전압을 기준으로)	시험 전압
①	최대사용전압 7[kV] 이하의 권선 (단, 시험전압이 500[V] 미만으로 되는 경우에는 500[V])	최대사용전압 ×(1.5)배
②	7[kV]를 넘고 25[kV] 이하의 권선으로 중성선 다중접지식에 접속되는 것	최대사용전압 ×(0.92)배
③	7[kV]를 넘고 60[kV] 이하의 권선(중성선 다중접지 제외) (단, 시험전압이 10,500[V] 미만으로 되는 경우에는 10,500[V])	최대사용전압 ×(1.25)배
④	60[kV]를 넘는 권선으로서 중성점 비접지식 전로에 접속되는 것	최대사용전압 ×(1.25)배
⑤	60[kV]를 넘는 권선으로서 중성점 접지식 전로에 접속하고 또한 성형결선의 권선의 경우에는 그 중성점에 T좌 권선과 주좌 권선의 접속점에 피뢰기를 시설하는 것 (단, 시험전압이 75[kV] 미만으로 되는 경우에는 75[kV])	최대사용전압 ×(1.1)배
⑥	60[kV]를 넘는 권선으로서 중성점 직접 접지식 전로에 접속하는 것(다만 170[kV]를 초과하는 권선에는 그 중성점에 피뢰기를 시설할 것)	최대사용전압 ×(0.72)배
⑦	170[kV]를 넘는 권선으로 중성점 직접 접지식 전로에 접속하고 또는 그 중성점을 직접 접지하는 것	최대사용전압 ×(0.64)배

(1) 회로도

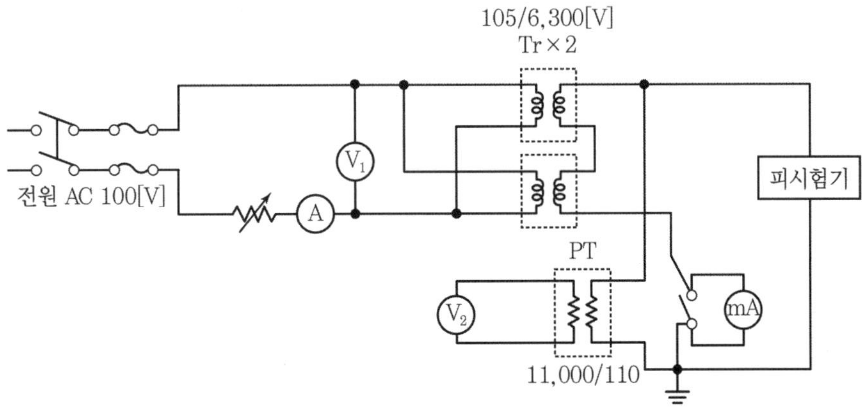

(2) 각 기기의 특징

① Ⓥ₁에 인가되는 전압

$$V_1 = \text{시험전압} \times \frac{105}{6,300} \times \frac{1}{2}$$

② Ⓥ₂에 인가되는 전압

$$V_2 = \text{시험전압} \times \frac{1}{PT\text{비}}$$

③ mA전류계의 목적 : 절연내력시험 시 피시험기기의 누설전류를 측정하여 절연강도를 판정한다.

④ PT의 설치 목적 : 피시험 기기에 인가되는 절연내력시험 전압을 측정한다.

(3) 변압기 개방 시험과 단락 시험

① 개방 시험(철손)

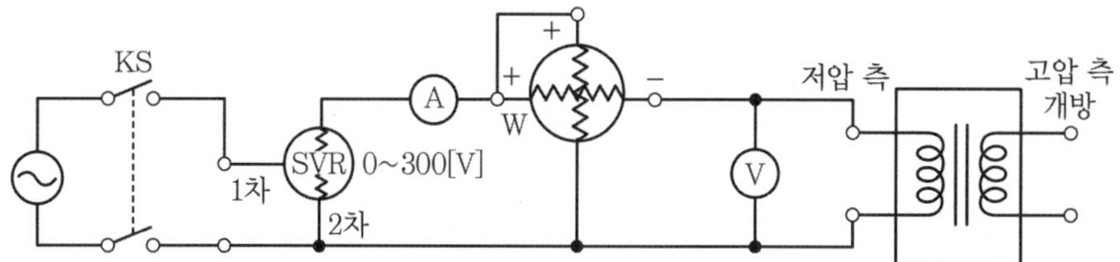

철손은 슬라이드 닥스를 조정하여 시험용 변압기의 1차전압이 정격전압과 동일하게 될 때의 교류전력계의 지시값 W[W]로 표시된다.

② 단락 시험

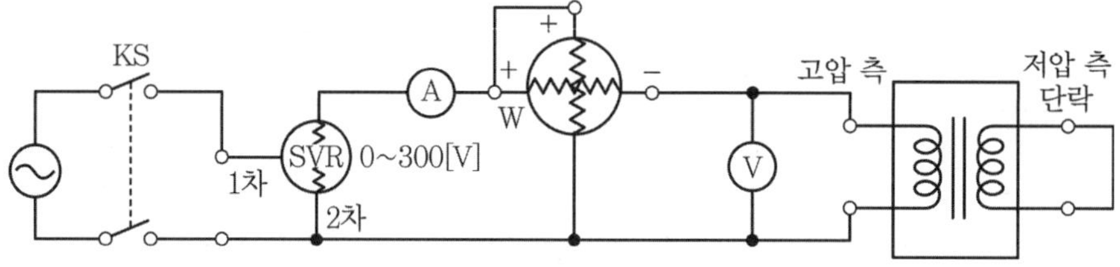

- 임피던스 전압
  변압기 2차 측을 단락시키고 1차 측에 전압을 가하여 1차 단락전류가 1차 정격전류와 같게 되었을 때, 이때 1차 측에 인가되는 전압을 말한다.
- 임피던스

$$\%\text{임피던스} = \frac{\text{임피던스 전압}}{\text{1차 정격전압}} \times 100[\%]$$

제9절 감리업무

* 감리란 발주자를 대행하여 설계 도서에 따라 토목시설, 건축물 등의 공사를 지도, 감독하는 것을 말한다.

01 공사감리업무

1) 용어의 정의

① 공사감리란 공사에 대하여 발주자의 위탁을 받은 감리업자가 설계도서, 그 밖의 관계서류의 내용대로 시공되는 여부를 확인하고, 품질관리·공사관리 및 안전관리 등에 대한 기술지도를 하며, 관계 법령에 따라 발주자의 권한을 대행하는 것을 말한다.

② 감리원이란 감리업체에 종사하면서 감리업무를 수행하는 사람으로서 상주감리원과 비상주감리원을 말한다.

③ 상주감리원이란 현장에 상주하면서 감리업무를 수행하는 사람으로서 책임감리원과 보조감리원을 말한다.

④ 책임감리원이란 감리업자를 대표하여 현장에 상주하면서 해당 공사 전반에 관하여 책임감리 등의 업무를 총괄하는 사람을 말한다.

⑤ 보조감리원이란 책임감리원을 보좌하는 사람으로서 담당 감리업무를 책임감리원과 연대하여 책임지는 사람을 말한다.

⑥ 비상주감리원이란 감리업체에 근무하면서 상주감리원의 업무를 기술적·행정적으로 지원하는 사람을 말한다.

⑦ 공사계약문서란 계약서, 설계도서, 공사입찰유의서, 공사계약 일반조건, 공사계약 특수조건 및 산출내역서 등으로 구성되며 상호 보완의 효력을 가진 문서를 말한다.

⑧ 감리용역 계약문서란 계약서, 기술용역입찰유의서, 기술용역계약 일반조건, 감리용역계약 특수조건, 과업지시서, 감리비 산출내역서 등으로 구성되며 상호 보완의 효력을 가진 문서를 말한다.

2) 감리원의 근무수칙

감리업무를 수행하는 감리원은 그 업무를 성실히 수행하고 공사의 품질 확보와 향상에 노력하며, 다음의 사항을 실천하여 감리원으로서의 품위를 유지하여야 한다.

① 감리원은 공사의 품질확보 및 질적 향상을 위하여 기술지도와 지원 및 기술개발·보급에 노력하여야 한다.

② 감리원은 감리업무를 수행함에 있어 발주자의 감독권한을 대행하는 사람으로서 공정하고, 청렴결백하게 업무를 수행하여야 한다.

③ 감리원은 감리 업무를 수행함에 있어 해당 공사의 공사계약문서, 감리과업지시서, 그 밖에 관련 법령 등의 내용을 숙지하고 해당 공사의 특수성을 파악한 후 감리업무를 수행하여야 한다.

④ 감리원은 해당 공사가 공사계약문서, 예정공정표, 발주자의 지시사항, 그 밖에 관련 법령의 내용대로 시공되는가를 공사 시행 시 수시로 확인하여 품질관리에 임하여야 하고, 공사업자에게 품질·시공·안전·공정관리 등에 대한 기술지도와 지원을 하여야 한다.

⑤ 감리원은 공사업자의 의무와 책임을 면제시킬 수 없으며, 임의로 설계를 변경하거나, 기일연장 등 공사계약조건과 다른 지시나 조치 또는 결정을 하여서는 아니 된다.

⑥ 감리원은 공사현장에서 문제점이 발생되거나 시공에 관련한 중요한 변경 및 예산과 관련되는 사항에 대하여는 수시로 발주자(지원업무담당자)에게 보고하고 지시를 받아 업무를 수행하여야 한다. 다만, 인명손실이나 시설물의 안전에 위험이 예상되는 사태가 발생할 때에는 우선 적절한 조치를 취한 후 즉시 발주자에게 보고하여야 한다.

3) 상주감리원의 현장 근무

① 상주감리원은 공사현장(공사와 관련한 외부 현장점검, 확인 등 포함)에서 운영요령에 따라 배치된 일수를 상주하여야 하며, 다른 업무 또는 부득이한 사유로 1일 이상 현장을 이탈하는 경우에는 반드시 감리업무일지에 기록하고, 발주자(지원업무담당자)의 승인(부재시 유선보고)을 받아야 한다.

② 상주감리원은 감리사무실 출입구 부근에 부착한 근무상황판에 현장 근무위치 및 업무내용 등을 기록하여야 한다.

③ 상주감리원은 발주자의 요청이 있는 경우에는 초과근무를 하여야 하며, 공사업자의 요청이 있을 경우에는 발주자의 승인을 받아 초과근무를 하여야 한다.

4) 비상주감리원의 업무

① 설계도서 등의 검토

② 상주감리원이 수행하지 못하는 현장 조사분석 및 시공상의 문제점에 대한 기술검토와 민원사항에 대한 현지조사 및 해결방안 검토

③ 중요한 설계변경에 대한 기술검토

④ 설계변경 및 계약금액 조정의 심사

⑤ 기성 및 준공검사

⑥ 정기적(분기 또는 월별)으로 현장 시공상태를 종합적으로 점검·확인·평가하고 기술지도

⑦ 공사와 관련하여 발주자(지원업무수행자 포함)가 요구한 기술적 사항 등에 대한 검토

⑧ 그 밖에 감리업무 추진에 필요한 기술지원 업무

02 공사착공 단계 감리업무

1) 설계도서 등의 검토

① 감리원은 설계도면, 설계설명서, 공사비 산출내역서, 기술계산서, 공사계약서의 계약내용과 해당 공사의 조사 설계보고서 등의 내용을 완전히 숙지하여 새로운 방향과 공법개선 및 예산절감을 도모하도록 노력하여야 한다.

② 감리원은 설계도서 등에 대하여 공사계약문서 상호 간의 모순되는 사항, 현장 실정과의 부합여부 등 현장 시공을 주안으로 하여 해당 공사 시작 전에 검토하여야 하며 검토내용에는 다음의 사항 등이 포함되어야 한다.

- 현장조건에 부합 여부
- 시공의 실제가능 여부
- 다른 사업 또는 다른 공정과의 상호부합 여부
- 설계도면, 설계설명서, 기술계산서, 산출내역서 등의 내용에 대한 상호일치 여부
- 설계도서의 누락, 오류 등 불명확한 부분의 존재여부
- 발주자가 제공한 물량내역서와 공사업자가 제출한 산출내역서의 수량일치 여부
- 시공상의 예상 문제점 및 대책 등

2) 착공신고서 검토 및 보고

① 감리원은 공사가 시작된 경우에는 공사업자로부터 다음의 서류가 포함된 착공신고서를 제출받아 적정성 여부를 검토하여 7일 이내에 발주자에게 보고하여야 한다.

- 시공관리책임자 지정통지서(현장관리조직, 안전관리자)
- 공사 예정공정표
- 품질관리계획서
- 공사도급 계약서 사본 및 산출내역서
- 공사 시작 전 사진
- 현장기술자 경력사항 확인서 및 자격증 사본
- 안전관리계획서
- 작업인원 및 장비투입 계획서
- 그 밖에 발주자가 지정한 사항

② 감리원은 다음을 참고하여 착공신고서의 적정여부를 검토하여야 한다.

- 계약내용의 확인
  - 공사기간(착공 ~ 준공)
  - 공사비 지급조건 및 방법(선급금, 기성부분 지급, 준공금 등)
  - 그 밖에 공사계약문서에 정한 사항

- 현장기술자의 적격여부(시공관리책임자, 안전관리자)
- 공사 예정공정표 : 작업 간 선행·동시 및 완료 등 공사 전·후 간의 연관성이 명시되어 작성되고, 예정 공정률이 적정하게 작성되었는지 확인
- 품질관리계획 : 공사 예정공정표에 따라 공사용 자재의 투입시기와 시험방법, 빈도 등이 적정하게 반영되었는지 확인
- 공사시작 전 사진 : 전경이 잘 나타나도록 촬영되었는지 확인
- 안전관리계획 : 산업안전보건법령에 따른 해당 규정 반영여부
- 작업인원 및 장비투입 계획 : 공사의 규모 및 성격, 특성에 맞는 장비형식이나 수량의 적정여부 등

3) 현장사무소, 공사용 도로, 작업장부지 등의 선정

① 감리원은 공사시작과 동시에 공사업자에 다음에 따른 가설시설물의 면적, 위치 등을 표시한 가설시설물 설치계획표를 작성하여 제출하도록 하여야 한다.

- 공사용도로(발·변전설비, 송·배전설비에 해당)
- 가설사무소, 작업장, 창고, 숙소, 식당 및 그 밖의 부대설비
- 자재 야적장
- 공사용 임시전력

② 감리원은 ①에 따른 가설시설물 설치계획에 대하여 다음의 내용을 검토하고 지원업무담당자와 협의하여 승인하도록 하여야 한다.

- 가설시설물의 규모는 공사규모 및 현장여건을 고려하여 정하여야 하며, 위치는 감리원이 공사 전구간의 관리가 용이하도록 공사 중의 동선계획을 고려할 것
- 가설시설물이 공사 중에 이동, 철거되지 않도록 지하구조물의 시공위치와 중복되지 않는 위치를 선정
- 가설시설물에 우수가 침입되지 않도록 대지조성 시공기면(F.L)보다 높게 설치하여, 홍수 시 피해발생 유무 등을 고려할 것
- 식당, 세면장 등에서 사용한 물의 배수가 용이하고 주변 환경을 오염시키지 않도록 조치
- 가설시설물의 이용 등으로 인하여 인접 주민들에게 소음 등 민원이 발생하지 않도록 조치

03 공사시행 단계 감리업무

1) 일반 행정업무

① 감리원은 감리업무 착수 후 빠른 시일 내에 해당 공사의 내용, 규모, 감리원 배치인원수 등을 감안하여 각종 행정업무 중에서 최소한의 필요한 행정업무 사항을 발주자와 협의하여 결정하고, 이를 공사업자에게 통보하여야 한다.

② 감리원은 다음의 서식 중 해당 감리현장에서 감리업무 수행상 필요한 서식을 비치하고 기록·보관하여야 한다.

- 감리업무일지
- 근무상황판
- 지원업무수행 기록부
- 착수신고서
- 회의 및 협의내용 관리대장
- 문서접수대장
- 문서발송대장
- 교육실적 기록부
- 민원처리부
- 지시부
- 발주자 지시사항 처리부
- 품질관리 검사·확인대장
- 설계변경 현황
- 검사 요청서
- 검사 체크리스트
- 시공기술자 실명부
- 검사결과 통보서
- 기술검토 의견서
- 주요기자재 검수 및 수불부
- 기성부분 감리조서
- 발생품(잉여자재) 정리부
- 기성부분 검사조서
- 기성부분 검사원
- 준공 검사원
- 기성공정 내역서
- 기성부분 내역서
- 준공검사조서
- 준공감리조서
- 안전관리 점검표
- 사고 보고서
- 재해발생 관리부
- 사후환경영향조사 결과보고서

③ 감리원은 다음에 따른 문서의 기록관리 및 문서수발에 관한 업무를 하여야 한다.
- 감리업무일지는 감리원별 분담업무에 따라 항목별(품질관리, 시공관리, 안전관리, 공정관리, 행정 및 민원 등)로 수행업무의 내용을 육하원칙에 따라 기록하며 공사업자가 작성한 공사일지를 매일 제출받아 확인한 후 보관한다.
- 주요한 현장은 공사 시작 전, 시공 중, 준공 등 공사과정을 알 수 있도록 동일 장소에서 사진을 촬영하여 보관한다.

2) 감리보고

① 책임감리원은 다음의 사항이 포함된 분기보고서를 작성하여 발주자에게 제출하여야 한다. 보고서는 매 분기말 다음 달 7일 이내로 제출한다.
- 공사추진 현황(공사계획의 개요와 공사추진계획 및 실적, 공정현황, 감리용역현황, 감리조직, 감리원 조치내역 등)
- 감리원 업무일지
- 품질검사 및 관리현황
- 검사요청 및 결과통보내용
- 주요기자재 검사 및 수불내용(주요기자재 검사 및 입・출고가 명시된 수불현황)
- 설계변경 현황
- 그 밖에 책임감리원이 감리에 관하여 중요하다고 인정하는 사항

② 책임감리원은 다음의 사항이 포함된 최종감리보고서를 감리기간 종료 후 14일 이내에 발주자에게 제출하여야 한다.
- 공사 및 감리용역 개요 등(사업목적, 공사개요, 감리용역 개요, 설계용역 개요)
- 공사추진 실적현황(기성 및 준공검사 현황, 공종별 추진실적, 설계변경 현황, 공사현장 실정보고 및 처리현황, 지시사항 처리, 주요인력 및 장비투입 현황, 하도급 현황, 감리원 투입현황)
- 품질관리 실적(검사요청 및 결과통보 현황, 각종 측정기록 및 조사표, 시험장비 사용현황, 품질관리 및 측정자 현황, 기술검토실적 현황 등)
- 주요기자재 사용실적(기자재 공급원 승인현황, 주요기자재 투입현황, 사용자재 투입현황)
- 안전관리 실적(안전관리조직, 교육실적, 안전점검실적, 안전관리비 사용실적)
- 환경관리 실적(폐기물발생 및 처리실적)
- 종합분석

③ 분기 및 최종감리보고서는 전산프로그램(CD-ROM)으로 제출할 수 있다.

3) 현장 정기교육

감리원은 공사업자에게 현장에 종사하는 시공기술자의 양질시공 의식고취를 위한 다음과 같은 내용의 현장 정기교육을 해당 현장의 특성에 적합하게 실시하도록 하게 하고, 그 내용을 교육실적 기록부에 기록・비치하여야 한다.

① 관련 법령・전기설비기술기준, 지침 등의 내용과 공사현황 숙지에 관한 사항
② 감리원과 현장에 종사하는 기술자들의 화합과 협조 및 양질시공을 위한 의식교육
③ 시공결과・분석 및 평가
④ 작업 시 유의사항 등

4) 감리원의 의견 제시

감리원은 해당 공사와 관련하여 공사업자의 공법 변경요구 등 중요한 기술적인 사항에 대하여 요구한 날부터 7일 이내에 이를 검토하고 의견서를 첨부하여 발주자에게 보고하여야 하며, 전문성이 요구되는 경우에는 요구가 있는 날로부터 14일 이내에 비상주감리의 검토의견서를 첨부하여 발주자에게 보고하여야 한다. 이 경우 발주자는 그가 필요하다고 인정하는 때에는 제3자에게 자문을 의뢰할 수 있다.

5) 시공기술자 등의 교체

감리원은 공사업자의 시공기술자 등이 다음에 해당되어 해당 공사현장에 적합하지 않다고 인정되는 경우에는 공사업자 및 시공기술자에게 문서로 시정을 요구하고, 이에 불응하는 때에는 발주자에게 그 실정을 보고하여야 한다.

① 시공기술자 및 안전관리자가 관계 법령에 따른 배치기준, 겸직금지, 보수교육 이수 및 품질관리 등의 법규를 위반하였을 때
② 시공관리책임자가 감리원과 발주자의 사전 승낙을 받지 아니하고 정당한 사유 없이 해당 공사현장을 이탈한 때
③ 시공관리책임자가 고의 또는 과실로 공사를 조잡하게 시공하거나 부실시공을 하여 일반인에게 위해를 끼친 때
④ 시공관리책임자가 계약에 따른 시공 및 기술능력이 부족하다고 인정되거나 정당한 사유 없이 기정 공정이 예정공정에 현격히 미달한 때
⑤ 시공관리책임자가 불법 하도급을 하거나 이를 방치하였을 때
⑥ 시공기술자의 기술능력이 부족하여 시공에 차질을 초래하거나 감리원의 정당한 지시에 응하지 아니할 때
⑦ 시공관리책임자가 감리원의 검사・확인 등 승인을 받지 아니하고 후속공정을 진행하거나 정당한 사유 없이 공사를 중단할 때

6) 사진촬영 및 보관

① 감리원은 공사업자에게 촬영일자가 나오는 시공사진을 공종별로 공사 시작 전부터 끝났을 때까지의 공사과정, 공법, 특기사항을 촬영하고 공사내용(시공일자, 위치, 공종, 작업내용 등) 설명서를 기재, 제출하도록 하여 후일 참고자료로 활용하도록 한다. 공사기록사진은 공종별, 공사추진 단계에 따라 다음의 사항을 촬영・정리하도록 하여야 한다.

- 주요한 현황은 공사 시작 전, 시공 중, 준공 등 시공과정을 알 수 있도록 가급적 동일 장소에서 촬영
- 시공 후 검사가 불가능하거나 곤란한 부분
  - 암반선 확인사진(송·배·변전접지설비에 해당)
  - 매몰, 수중 구조물
  - 매몰되는 옥내외 배관 등 광경
  - 배전반 주변의 매몰배관 등

② 감리원은 특별히 중요하다고 판단되는 시설물에 대하여는 공사과정을 동영상 등으로 촬영하도록 하여야 한다.

③ 감리원은 촬영한 사진은 Digital 파일, CD(필요시 촬영한 동영상)을 제출받아 수시 검토·확인할 수 있도록 보관하고 준공 시 발주자에게 제출하여야 한다.

7) 시공관리 관련 감리업무

감리원은 공사가 설계도서 및 관계 규정 등에 적합하게 시공되는지 여부를 확인하고 공사업자가 작성 제출한 시공계획서, 시공상세도의 검토·확인 및 시공단계별 검사, 현장설계변경 여건처리 등의 시공관리업무를 통하여 공사목적물이 소정의 공기 내에 우수한 품질로 완공되도록 철저를 기하여야 한다.

8) 시공 계획서의 검토·확인

① 감리원은 공사업자가 작성·제출한 시공계획서를 공사 시작일부터 30일 이내에 제출받아 이를 검토·확인하여 7일 이내에 승인하여 시공하도록 하여야 하고, 시공계획서의 보완이 필요한 경우에는 그 내용과 사유를 문서로써 공사업자에게 통보하여야 한다. 시공계획서에는 시공계획서의 작성기준과 함께 다음의 내용이 포함되어야 한다.

- 현장 조직표
- 공사 세부공정표
- 주요 공정의 시공 절차 및 방법
- 시공일정
- 주요 장비 동원계획
- 주요 기자재 및 인력투입 계획
- 주요 설비
- 품질·안전·환경관리 대책 등

② 감리원은 시공계획서를 공사 착공신고서와 별도로 실제 공사시작 전에 제출받아야 하며, 공사 중 시공계획서에 중요한 내용변경이 발생할 경우에는 그때마다 변경 시공계획서를 제출받은 후 5일 이내에 검토·확인하여 승인한 후 시공하도록 하여야 한다.

9) 시공상세도의 승인

① 감리원은 공사업자로부터 시공상세도를 사전에 제출받아 다음의 사항을 고려하여 공사업자가 제출한 날부터 7일 이내에 검토・확인하여 승인한 후 시공할 수 있도록 하여야 한다. 다만, 7일 이내에 검토・확인이 불가능한 때에는 사유 등을 명시하여 통보하고, 통보사항이 없는 때에는 승인한 것으로 본다.
- 설계도면, 설계설명서 또는 관계 규정에 일치하는지 여부
- 현장의 시공기술자가 명확하게 이해할 수 있는지 여부
- 실제시공 가능 여부
- 안정성의 확보 여부
- 계산의 정확성
- 제도의 품질 및 선명성, 도면작성 표준에 일치 여부
- 도면으로 표시 곤란한 내용은 시공 시 유의사항으로 작성되었는지 등의 검토

② 시공상세도는 설계도면 및 설계설명서 등에 불명확한 부분을 명확하게 해줌으로써 시공상의 착오방지 및 공사의 품질을 확보하기 위한 수단으로 다음의 사항에 대한 것과 공사 설계설명서에서 작성하도록 명시한 시공상세도에 대하여 작성하였는지를 확인한다. 다만, 발주자가 특별 설계설명서에 명시한 사항과 공사 조건에 따라 감리원과 공사업자가 필요한 시공 상세도를 조정할 수 있다.
- 시설물의 연결・이음 부분의 시공상세도
- 매몰시설물의 처리도
- 주요 기기 설치도
- 규격, 치수 등이 불명확하여 시공에 어려움이 예상되는 부위의 각종 상세도면

③ 공사업자는 감리원이 시공상 필요하다고 인정하는 경우에는 시공상세도를 제출하여야 하며, 감리원이 시공상세도를 검토・확인하여 승인할 때까지 시공을 해서는 아니 된다.

10) 검사업무

감리원은 다음의 검사업무를 수행 기본방향에 따라 검사업무를 수행하여야 한다.

① 감리원은 현장에서의 시공확인을 위한 검사는 해당 공사와 현장조건을 감안한 "검사업무지침"을 현장별로 작성・수립하여 발주자의 승인을 받은 후 이를 근거로 검사업무를 수행함을 원칙으로 한다.

② 검사업무지침은 검사하여야 할 세부공종, 검사절차, 검사시기 또는 검사빈도, 검사 체크리스트 등의 내용을 포함하여야 한다.

③ 수립된 검사 업무지침은 모든 시공 관련자에게 배포하고 주지시켜야 하며, 보다 확실한 이행을 위하여 교육한다.

④ 현장에서의 검사는 체크리스트를 사용하여 수행하고, 그 결과를 검사 체크리스트에 기록한 후 공사업자에게 통보하여 후속 공정의 승인여부와 지적사항을 명확히 전달한다.

⑤ 검사 체크리스트에는 검사항목에 대한 시공기준 또는 합격기준을 기재하여 검사결과의 합격 여부를 합리적으로 신속 판정한다.
⑥ 단계적인 검사로는 현장 확인이 곤란한 공종은 시공 중 감리원의 계속적인 입회·확인으로 시행한다.
⑦ 공사업자가 검사요청서를 제출할 때 시공기술자 실명부가 첨부되었는지를 확인한다.

11) 기술검토 의견서

① 감리원은 시공 중 발생되는 기술적 문제점, 설계변경사항, 공사계획 및 공법변경 문제, 설계도면과 설계설명서 상호 간의 차이, 모순 등의 문제점, 그 밖에 공사업자가 시공 중 당면하는 문제점 및 발주자가 해당 공사의 기술검토를 요청한 사항에 대하여 현지실정을 충분히 조사, 검토, 분석하여 공사업자가 공사를 원활히 수행할 수 있는 해결방안을 제시하여야 한다.
② 기술검토는 반드시 기술검토서를 작성·제출하여야 하고 상세 기술검토 내역 또는 근거가 첨부되어야 한다.

12) 현장상황 보고

감리원은 공사현장에 다음의 사태가 발생하였을 때에는 필요한 응급조치를 취하는 동시에 상세한 경위를 발주자에게 보고하여야 한다.
① 천재지변 등의 사유로 공사현장에 피해가 발생하였을 때
② 시공관리책임자가 승인 없이 2일 이상 현장에 상주하지 않을 때
③ 공사업자가 정당한 사유 없이 공사를 중단할 때
④ 공사업자가 계약에 따른 시공능력이 없다고 인정되거나 공정이 현저히 미달될 때
⑤ 공사업자가 불법하도급 행위를 할 때
⑥ 그 밖에 공사추진에 지장이 있을 때

13) 감리원의 공사 중지명령

① 감리원은 공사업자가 공사의 설계도서, 설계설명서 그 밖에 관계 서류의 내용과 적합하지 아니하게 시공하는 경우에는 재시공 또는 공사 중지명령이나 그 밖에 필요한 조치를 할 수 있다.
② 공사 중지 및 재시공 지시 등의 적용한계는 다음과 같다.
- **재시공** : 시공된 공사가 품질확보 미흡 또는 위해를 발생시킬 우려가 있다고 판단되거나, 감리원의 확인·검사에 대한 승인을 받지 아니하고 후속 공정을 진행한 경우와 관계 규정에 맞지 아니하게 시공한 경우
- **공사중지** : 시공된 공사가 품질확보 미흡 또는 중대한 위해를 발생시킬 우려가 있다고 판단되거나, 안전상 중대한 위험이 발견된 경우에는 공사중지를 지시할 수 있으며 공사중지는 부분중지와 전면중지로 구분한다.

- 부분중지
  ⓐ 재시공 지시가 이행되지 않는 상태에서는 다음 단계의 공정이 진행됨으로써 하자발생이 될 수 있다고 판단될 때
  ⓑ 안전시공상 중대한 위험이 예상되어 물적, 인적 중대한 피해가 예견될 때
  ⓒ 동일 공정에 있어 3회 이상 시정지시가 이행되지 않을 때
  ⓓ 동일 공정에 있어 2회 이상 경고가 있었음에도 이행되지 않을 때

- 전면중지
  ⓐ 공사업자가 고의로 공사의 추진을 지연시키거나, 공사의 부실 발생우려가 짙은 상황에서 적절한 조치를 취하지 않은 채 공사를 계속 진행하는 경우
  ⓑ 부분중지가 이행되지 않음으로써 전체공정에 영향을 끼칠 것으로 판단될 때
  ⓒ 지진·해일·폭풍 등 불가항력적인 사태가 발생하여 시공을 계속할 수 없다고 판단될 때
  ⓓ 천재지변 등으로 발주자의 지시가 있을 때

14) 공정관리

① 감리원은 해당 공사가 정해진 공기 내에 설계설명서, 도면 등에 따라 우수한 품질을 갖추어 완성될 수 있도록 공정관리의 계획수립, 운영, 평가에 있어서 공정진척도 관리와 기성관리가 동일한 기준으로 이루어질 수 있도록 감리하여야 한다.

② 감리원은 공사 시작일부터 30일 이내에 공사업자로부터 공정관리 계획서를 제출받아 제출받은 날부터 14일 이내 검토하여 승인하고 발주자에게 제출하여야 하며 다음의 사항을 검토·확인하여야 한다.

- 공사업자의 공정관리 기법이 공사의 규모, 특성에 적합한지 여부
- 계약서, 설계설명서 등에 공정관리 기법에 명시되어 있는 경우에는 명시된 공정관리 기법으로 시행되도록 감리
- 계약서, 설계설명서 등에 공정관리 기법이 명시되어 있지 않을 경우, 단순한 공종 및 보통의 공종 공사인 경우에는 공사조건에 적합한 공정관리 기법을 적용하도록 하고, 복잡한 공종의 공사 또는 감리원이 PERT/CPM 이론을 기본으로 한 공정관리가 필요하다고 판단하는 경우에는 별도의 PERT/CPM 기법에 의한 공정관리를 적용하도록 조치
- 감리원은 일정관리와 원가관리, 진도관리가 병행될 수 있는 종합관리 형태의 공정관리가 되도록 조치

③ 감리원은 공사의 규모, 공종 등 제반여건을 감안하여 공사업자가 공정관리업무를 성공적으로 수행할 수 있는 공정관리 조직을 갖추도록 다음의 사항을 검토·확인하여야 한다.

- 공정관리 요원 자격 및 그 요원 수의 적합 여부
- Software와 Hardware 규격 및 그 수량의 적합 여부
- 보고체계의 적합성 여부

- 계약공기의 준수 여부
- 각 공종별 작업공기에 품질・안전관리가 고려되었는지 여부
- 지정휴일과 기상조건 감안 여부
- 자원조달 여부
- 공사주변의 여건 및 법적제약조건 감안 여부
- 주공정의 적합 여부
- 동원 가능한 장비, 그 밖의 부대설비 및 그 성능 감안 여부
- 동원 가능한 작업인원과 작업자의 숙련도 감안 여부
- 특수장비 동원을 위한 준비기간의 반영 여부
- 그 밖에 필요하다고 판단되는 사항

15) 공사진도 관리

① 감리원은 공사업자로부터 전체 실시공정표에 따른 월간, 주간 상세공정표를 사전에 제출받아 검토・확인하여야 한다.

- 월간 상세공정표 : 작업 착수 7일 전 제출
- 주간 상세공정표 : 작업 착수 4일 전 제출

② 감리원은 매주 또는 매월 정기적으로 공사진도를 확인하여 예정공정과 실시공정을 비교하여 공사의 부진 여부를 검토한다.

③ 감리원은 현장여건, 기상조건, 지장물 이설 등에 따른 관련 기관 협의사항이 정상적으로 추진되는지를 검토・확인하여야 한다.

④ 감리원은 공정진척도 현황을 최근 1주일 전의 자료가 유지될 수 있도록 관리하고 공정지연을 방지하기 위하여 주 공정 중심의 일정관리가 될 수 있도록 공사업자를 감리하여야 한다.

16) 부진공정 만회대책

① 감리원은 공사 진도율이 계획공정 대비 월간 공정실적이 10[%] 이상 지연되거나 누계공정 실적이 5[%] 이상 지연될 때에는 공사업자에게 부진사유 분석, 만회대책 및 만회공정표를 수립하여 제출하도록 지시하여야 한다.

② 감리원은 공사업자가 제출한 부진공정 만회대책을 검토・확인하고, 그 이행상태를 주간단위로 점검・평가하여야 하며, 공사추진회의 등을 통하여 미조치 내용에 대한 필요대책 등을 수립하여 정상 공정으로 회복할 수 있도록 조치하여야 한다.

17) 수정 공정계획

① 감리원은 설계변경 등으로 인한 물공량의 증감, 공법변경, 공사 중 재해, 천재지변 등 불가항력에 따른 공사중지, 지급자재 공급지연 등으로 인하여 공사진척 실적이 지속적으로 부진할 경우에는 공정계획을 재검토하여 수정공정 계획수립의 필요성을 검토하여야 한다.

② 감리원은 공사업자의 요청 또는 감리원의 판단에 따라 수정공정 계획을 수립할 경우에는 공사업자로부터 수정 공정계획을 제출받아 제출일부터 7일 이내에 검토하여 승인하고 발주자에게 보고하여야 한다.

③ 감리원은 수정 공정계획을 검토할 때에는 수정목표 종료일이 당초 계약종료일을 초과하지 않도록 조치하여야 하며, 초과할 경우에는 그 사유를 분석하여 감리원의 검토안을 작성하고 필요시 수정 공정계획과 함께 발주자에게 보고하여야 한다.

18) 안전관리

① 감리원은 공사의 안전 시공을 위해서 안전조직을 갖추도록 하고 안전조직은 현장 규모와 작업내용에 따라 구성하며 동시에 「산업안전보건법」에 명시된 업무가 수행되도록 조직을 편성하여야 한다.

② 책임감리원은 소속 직원 중 안전담당자를 지정하여 공사업자의 안전관리자를 지도・감독하도록 하여야 하며, 공사전반에 대한 안전관리계획의 사전검토, 실시확인 및 평가, 자료의 기록유지 등 사고예방을 위한 제반 안전관리업무에 대하여 확인을 하도록 하여야 한다.

③ 감리원은 공사업자에게 공사현장에 배치된 소속 직원 중에서 안전보건관리책임자(시공관리책임자)와 안전관리자(법정자격자)를 지정하게 하여 현장의 전반적인 안전・보건문제를 책임지고 추진하도록 하여야 한다.

④ 감리원은 공사업자에게 「근로기준법」, 「산업안전보건법」, 「산업재해보상보험법」 및 그 밖의 관계 법규를 준수하도록 하여야 한다.

⑤ 감리원은 산업재해 예방을 위한 제반 안전관리 지도에 적극적인 노력과 동시에 안전 관계 법규를 이행하도록 하기 위하여 다음과 같은 업무를 수행하여야 한다.

- 공사업자의 안전조직 편성 및 임무의 법상 구비조건 충족 및 실질적인 활동 가능성 검토
- 안전관리자에 대한 임무수행 능력보유 및 권한부여 검토
- 시공계획과 연계된 안전계획의 수립 및 그 내용의 실효성 검토
- 유해, 위험 방지계획(수립 대상에 한함) 내용 및 실천가능성 검토
- 안전점검 및 안전교육 계획의 수립 여부와 내용의 적정성 검토
- 안전관리 예산 편성 및 집행계획의 적정성 검토
- 현장 안전관리규정의 비치 및 그 내용의 적정성 검토
- 표준 안전관리비는 다른 용도에 사용불가
- 감리원이 공사업자에게 시공과정마다 발생될 수 있는 안전사고 요소를 도출하고 이를 방지할 수 있는 절차, 수단 등을 규정한 "총체적 안전관리계획서(TSC)"를 작성, 활용하도록 적극 권장하여야 한다.
- 안전관리계획의 이행 및 여건 변동 시 계획변경 여부
- 안전보건협의회 구성 및 운영상태

- 안전점검 계획수립 및 실시(일일, 주간, 우기 및 해빙기 등 자체 안전점검 등)
- 안전교육계획의 실시
- 위험장소 및 작업에 대한 안전조치 이행(고소작업, 추락위험작업, 낙하비래 위험작업, 중량물 취급작업, 화재위험 작업, 그 밖의 위험작업 등)
- 안전표지 부착 및 유지관리
- 안전통로 확보, 기자재의 적치 및 정리정돈
- 사고조사 및 원인분석, 각종 통계자료 유지
- 월간 안전관리비 사용실적 확인

⑥ 감리원은 안전에 관한 감리업무를 수행하기 위하여 공사업자에게 다음의 자료를 기록・유지하도록 하고 이행상태를 점검한다.

- 안전업무일지(일일보고)
- 안전점검 실시(안전업무일지에 포함가능)
- 안전교육(안전업무일지에 포함가능)
- 각종 사고보고
- 월간 안전통계(무재해, 사고)
- 안전관리비 사용실적(월별)

⑦ 감리원은 공사업자의 안전관리책임자 및 안전관리자로 하여금 현장 기술자에게 다음의 내용과 자료가 포함된 안전교육을 실시하도록 지도・감독하여야 한다.

- 산업재해에 관한 통계 및 정보
- 작업자의 자질에 관한 사항
- 안전관리조직에 관한 사항
- 안전제도, 기준 및 절차에 관한 사항
- 작업공정에 관한 사항
- 「산업안전보건법」 등 관계 법규에 관한 사항
- 작업환경관리 및 안전작업 방법
- 현장안전 개선방법
- 안전관리 기법
- 이상 발견 및 사고발생 시 처리방법
- 안전점검 지도요령과 사고조사 분석요령

19) 안전관리결과 보고서의 검토

감리원은 매 분기마다 공사업자로부터 안전관리결과 보고서를 제출받아 이를 검토하고 미비한 사항이 있을 때에는 시정하도록 조치하여야 하며, 안전관리결과 보고서에는 다음과 같은 서류가 포함되어야 한다.

① 안전관리 조직표
② 안전보건 관리체제
③ 재해발생 현황
④ 산재요양신청서 사본
⑤ 안전교육 실적표
⑥ 그 밖에 필요한 서류

20) 환경관리

① 감리원은 공사업자에게 시공으로 인한 재해를 예방하고 자연환경, 생활환경 사회·경제 환경을 적정하게 관리·보전함으로써 현재와 장래의 모든 국민이 건강하고 쾌적한 환경에서 생활할 수 있도록 「환경영향평가법」에 따른 환경영향평가 내용과 이에 대한 협의내용을 충실히 이행하도록 하여야 한다.

② 감리원은 「환경영향평가법」에 따른 환경영향 조사결과를 조사기간이 만료된 날부터 30일 이내(다만, 조사기간이 1년 이상인 경우에는 매 연도별 조사결과를 다음 해 1월 31일까지 통보하여야 함)에 지방환경청장 및 승인기관의 장에게 통보할 수 있도록 하여야 한다.

04 설계변경 및 계약금액의 조정 관련 감리업무

1) 설계변경 및 계약금액 조정

① 감리원은 설계변경 및 계약금액의 조정업무 흐름을 참조하여 감리업무를 수행하여야 한다.

② 감리원은 시공과정에서 당초 설계의 기본적인 사항인 전압, 변압기 용량, 공급 방식, 접지방식, 계통보호, 간선규격, 시설물의 구조, 평면 및 공법 등의 변경 없이 현지 여건에 따른 위치변경과 연장증감 등으로 인한 수량증감이나 단순 시설물의 추가 또는 삭제 등의 경미한 설계변경 사항이 발생한 경우에는 설계변경 도면, 수량증감 및 증감공사 내역을 공사업자로부터 제출받아 검토·확인하고 우선 변경 시공하도록 지시할 수 있으며 사후에 발주자에게 서면으로 보고하여야 한다. 이 경우 경미한 설계변경의 구체적 범위는 발주자가 정한다.

③ 발주자는 외부적 사업환경의 변동, 사업추진 기본계획의 조정, 민원에 따른 노선변경, 공법변경, 그 밖의 시설물 추가 등으로 설계변경이 필요한 경우에는 다음의 서류를 첨부하여 반드시 서면으로 책임감리원에게 설계변경을 하도록 지시하여야 한다. 다만, 발주자가 설계변경 도서를 작성할 수 없을 경우에는 설계변경 개요서만 첨부하여 설계변경 지시를 할 수 있다.

- 설계변경 개요서
- 설계변경 도면, 설계설명서, 계산서 등
- 수량산출 조서
- 그 밖에 필요한 서류

④ 감리원은 공사업자가 현지여건과 설계도서가 부합되지 않거나 공사비의 절감 및 공사의 품질향상을 위한 개선사항 등 설계변경이 필요하다고 설계변경사유서, 설계변경도면, 개략적인 수량증감내역 및 공사비 증감내역 등의 서류를 첨부하여 제출하면 이를 검토·확인하고 필요시 기술검토 의견서를 첨부하여 발주자에게 실정을 보고하고, 발주자의 방침을 받은 후 시공하도록 조치하여야 한다. 감리원은 공사업자로부터 현장실정보고를 접수 후 기술검토 등을 요하지 않는 단순한 사항은 7일 이내, 그 외의 사항은 14일 이내에 검토처리하여야 하며, 만일 기일 내 처리가 곤란하거나 기술적 검토가 미비한 경우에는 그 사유와 처리 계획을 발주자에게 보고하고 공사업자에게도 통보하여야 한다.

⑤ 감리원은 설계변경 등으로 인한 계약금액 조정 업무처리를 지체함으로써 공사업자가 지급자재 수급 및 기성부분을 인정받지 못하여 공사추진에 지장을 초래하지 않도록 적기에 계약변경이 이루어질 수 있도록 조치하여야 한다. 최종 계약금액의 조정은 예비 준공검사기간 등을 고려하여 늦어도 준공예정일 45일 전까지 발주자에게 제출되어야 한다.

2) 물가변동으로 인한 계약금액의 조정

① 감리원은 공사업자로부터 물가변동에 따른 계약금액 조정요청을 받은 경우에는 다음의 서류를 작성·제출하도록 하고 공사업자는 이에 응하여야 한다.

- 물가변동조정 요청서
- 계약금액조정 요청서
- 품목조정율 또는 지수조정율의 산출근거
- 계약금액 조정 산출근거
- 그 밖에 설계변경에 필요한 서류

② 감리원은 제출된 서류를 검토·확인하여 조정요청을 받은 날부터 14일 이내에 검토의견을 첨부하여 발주자에게 보고하여야 한다.

05 기성 및 준공검사 관련 감리업무

1) 기성 및 준공검사자의 임명

감리원은 기성부분 검사원 또는 준공 검사원을 접수하였을 때에는 신속히 검토·확인하고, 기성부분 감리조서와 다음의 서류를 첨부하여 지체 없이 감리업자에게 제출하여야 한다.

① 주요기자재 검수 및 수불부

② 감리원의 검사기록 서류 및 시공 당시의 사진

③ 품질시험 및 검사성과 총괄표

④ 발생품 정리부

⑤ 그 밖에 감리원이 필요하다고 인정하는 서류와 준공검사원에는 지급기자재 잉여분 조치현황과 공사의 사전검사·확인서류, 안전관리점검 총괄표 추가 첨부

2) 기성 및 준공검사

① 검사자는 해당 공사 검사 시에 상주감리원 및 공사업자 또는 시공관리책임자 등을 입회하게 하여 계약서, 설계설명서, 설계도서, 그 밖의 관계 서류에 따라 다음의 사항을 검사하여야 한다. 다만, 「국가를 당사자로 하는 계약에 관한 법률 시행령」에 따른 약식 기성검사의 경우에는 책임감리원의 감리조사와 기성부분 내역서에 대한 확인으로 갈음할 수 있다.

- 기성검사
  - 기성부분 내역이 설계도서대로 시공되었는지 여부
  - 사용된 가자재의 규격 및 품질에 대한 실험의 실시여부
  - 시험기구의 비치와 그 활용도의 판단
  - 지급기자재의 수불 실태
  - 주요 시공과정을 촬영한 사진의 확인
  - 감리원의 기성검사원에 대한 사전검토 의견서
  - 품질시험 · 검사성과 총괄표 내용
  - 그 밖에 검사자가 필요하다고 인정하는 사항
- 준공검사
  - 완공된 시설물이 설계도서대로 시공되었는지의 여부
  - 시공 시 현장 상주감리원이 작성 비치한 제 기록에 대한 검토
  - 폐품 또는 발생물의 유무 및 처리의 적정여부
  - 지급 기자재의 사용적부와 잉여자재의 유무 및 그 처리의 적정여부
  - 제반 가설시설물의 제거와 원상복구 정리 상황
  - 감리원의 준공 검사원에 대한 검토의견서
  - 그 밖에 검사자가 필요하다고 인정하는 사항

② 검사자는 시공된 부분이 수중 또는 지하에 매몰되어 사후검사가 곤란한 부분과 주요 시설물에 중대한 영향을 주거나 대량의 파손 및 재시공 행위를 요하는 검사는 검사조서와 사전검사 등을 근거로 검사를 시행할 수 있다.

3) 준공검사 등의 절차

① 감리원은 해당 공사 완료 후 준공검사 전에 사전 시운전 등이 필요한 부분에 대하여는 공사업자에게 다음의 사항이 포함된 시운전을 위한 계획을 수립하여 시운전 30일 이내에 제출하도록 하고, 이를 검토하여 발주자에게 제출하여야 한다.

- 시운전 일정
- 시운전 항목 및 종류
- 시운전 절차

- 시험장비 확보 및 보정
- 기계·기구 사용계획
- 운전요원 및 검사요원 선임계획

② 감리원은 공사업자로부터 시운전 계획서를 제출받아 검토, 확정하여 시운전 20일 이내에 발주자 및 공사업자에게 통보하여야 한다.

③ 감리원은 공사업자에게 다음과 같이 시운전 절차를 준비하도록 하여야 하며 시운전에 입회하여야 한다.

- 기기점검
- 예비운전
- 시운전
- 성능보장운전
- 검수
- 운전인도

④ 감리원은 시운전 완료 후에 다음의 성과품을 공사업자로부터 제출받아 검토 후 발주자에게 인계하여야 한다.

- 운전개시, 가동절차 및 방법
- 점검항목 점검표
- 운전지침
- 기기류 단독 시운전 방법 검토 및 계획서
- 실가동 Diagram
- 실험구분, 방법, 사용매체 검토 및 계획서
- 시험성적서
- 성능시험 성적서(성능시험 보고서)

4) 예비준공검사

① 공사현장에 주요공사가 완료되고 현장이 정리단계에 있을 때에는 준공예정일 2개월 전에 준공기한 내 준공가능 여부 및 미진한 사항의 사전 보완을 위해 예비 준공검사를 실시하여야 한다. 다만, 소규모 공사인 경우에는 발주자와 협의하여 생략할 수 있다.

② 감리업자는 전체공사 준공 시에는 책임감리원, 비상주감리원 중에서 고급감리원 이상으로 검사자를 지정하여 합동으로 검사하도록 하여야 하며, 필요시 지원업무담당자 또는 시설물 유지관리 직원 등을 입회하도록 하여야 한다. 연차별로 시행하는 장기계속공사의 예비준공검사의 경우에는 해당 책임감리원을 검사자로 지정할 수 있다.

③ 예비준공검사는 감리원이 확인한 정산설계도서 등에 따라 검사하여야 하며, 그 검사내용은 준공검사에 준하여 철저히 시행되어야 한다.

④ 책임감리원은 예비준공검사를 실시하는 경우에는 공사업자가 제출한 품질시험・검사총괄표의 내용을 검토하여야 한다.

⑤ 예비준공 검사자는 검사를 행한 후 보완사항에 대하여는 공사업자에게 보완을 지시하고 준공검사자가 검사 시 확인할 수 있도록 감리업자 및 발주자에게 검사결과를 제출하여야 한다. 공사업자는 예비준공검사의 지적사항 등을 완전히 보완하고 책임감리원의 확인을 받은 후 준공검사원을 제출하여야 한다.

5) 준공도면 등의 검토・확인

① 감리원은 준공 설계도서 등을 검토・확인하고 완공된 목적물이 발주자에게 차질 없이 인계될 수 있도록 지도・감독하여야 한다. 감리원은 공사업자로부터 가능한 한 준공예정일 2개월 전까지 준공 설계도서를 제출받아 검토・확인하여야 한다.

② 감리원은 공사업자가 작성・제출한 준공도면이 실제 시공된 대로 작성되었는지 여부를 검토・확인하여 발주자에게 제출하여야 한다. 준공도면은 계약서에 정한 방법으로 작성되어야 하며, 모든 준공도면에는 감리원의 확인・서명이 있어야 한다.

06 시설물의 인수・인계 관련 감리업무

1) 시설물 인수・인계

① 감리원은 공사업자에게 해당 공사의 예비준공검사(부분 준공, 발주자의 필요에 따른 기성부분 포함) 완료 후 30일 이내에 다음의 사항이 포함된 시설물의 인수・인계를 위한 계획을 수립하도록 하고 이를 검토하여야 한다.

- 일반사항(공사개요 등)
- 운영지침서(필요한 경우)
  - 시설물의 규격 및 기능점검 항목
  - 기능점검 절차
  - Test 장비 확보 및 보정
  - 기자재 운전지침서
  - 제작도면・절차서 등 관련 자료
- 시운전 결과 보고서(시운전 실적이 있는 경우)
- 예비 준공검사결과
- 특기사항

② 감리원은 공사업자로부터 시설물 인수・인계 계획서를 제출받아 7일 이내에 검토, 확정하여 발주자 및 공사업자에게 통보하여 인수・인계에 차질이 없도록 하여야 한다.

③ 감리원은 발주자와 공사업자 간 시설물 인수・인계의 입회자가 된다.

④ 감리원은 시설물 인수·인계에 대한 발주자 등 이견이 있는 경우, 이에 대한 현상파악 및 필요대책 등의 의견을 제시하여 공사업자가 이를 수행하도록 조치한다.

⑤ 인수·인계서는 준공검사 결과를 포함하는 내용으로 한다.

⑥ 시설물의 인수·인계는 준공검사 시 지적사항에 대한 시정완료일부터 14일 이내에 실시하여야 한다.

2) 현장문서 인수·인계

① 감리원은 해당 공사와 관련한 감리기록서류 중 다음의 서류를 포함하여 발주자에게 인계할 문서의 목록을 발주자와 협의하여 작성하여야 한다.

- 준공사진첩
- 준공도면
- 품질시험 및 검사성과 총괄표
- 지자재 구매서류
- 시설물 인수·인계서
- 그 밖에 발주자가 필요하다고 인정하는 서류

② 감리업자는 해당 감리용역이 완료된 때에는 30일 이내에 공사감리 완료보고서를 협회에 제출하여야 한다.

3) 유지관리 및 하자보수

감리원은 발주자(설계자) 또는 공사업자(주요설비 납품자) 등이 제출한 시설물의 유지관리지침 자료를 검토하여 다음의 내용이 포함된 유지관리지침서를 작성, 공사 준공 후 14일 이내에 발주자에게 제출하여야 한다.

① 시설물의 규격 및 기능설명서

② 시설물 유지관리기구에 대한 의견서

③ 시설물 유지관리방법

④ 특기사항

Chapter 03 옥내배선과 조명설계 및 시퀀스

제1절 옥내배선

01 옥내배선의 그림과 기호

1) 점멸기

명칭	그림기호	적요
점멸기	●	① 용량의 표시 방법은 다음과 같다. • 10[A]는 표기하지 않는다. • 15[A] 이상은 전류값을 표기한다. [보기] ●15A ② 극수의 표시 방법은 다음과 같다. • 단극은 표기하지 않는다. • 2극 또는 3로, 4로는 각각 2P 또는 3, 4의 숫자를 표기한다. [보기] ●2P ●3 ③ 파일럿 램프 내장형은 L을 표기한다. [보기] ●L ④ 방수형은 WP를 표기한다. [보기] ●WP ⑤ 방폭형은 EX를 표기한다. [보기] ●EX ⑥ 타이머 붙이는 T를 표기한다. [보기] ●T

명칭	그림기호	적요
조광기	●↗	용량을 표시하는 경우는 표기한다. [보기] ●↗15A
리모콘 스위치	●R	① 파일럿 램프 붙이는 ○을 병기한다. [보기] ○●R ② 리모콘 스위치임이 명백한 경우는 R을 생략하여도 좋다.
셀렉터 스위치	⊛	① 점멸 회로수를 표기한다. [보기] ⊛9 ② 파일럿 램프 붙이는 L을 표기한다. [보기] ⊛9L
리모콘 릴레이	▲	리모콘 릴레이를 집합하여 부착하는 경우는 ▲▲▲를 사용하고 릴레이 수를 표기한다. [보기] ▲▲▲ 10

2) 등기구

명칭	그림기호	적요
일반용 조명 백열등 HID등	○	① 벽붙이는 벽 옆을 칠한다. ◐ ② 걸림 로제트만 ⓞ ③ 팬던트 ⊖ ④ 실링 · 직접 부착 (CL) ⑤ 샹들리에 (CH) ⑥ 매입 기구 (DL) (◎로 하여도 좋다.) ⑦ 옥외등은 ⊗로 하여도 좋다. ⑧ HID등의 종류를 표시하는 경우는 용량 앞에 다음 기호를 붙인다. 수은등 H 메탈 헬라이드등 M 나트륨등 N [보기] H400
형광등		① 용량을 표시하는 경우는 램프의 크기(형)×램프 수로 표시한다. 또, 용량 앞에 F를 붙인다. [보기] F40 F40×2 ② 용량 외에 기구 수를 표시하는 경우는 램프의 크기(형)×램프 수-기구 수로 표시한다. [보기] F40-2 F40×2-3

명칭	그림기호	적요
비상용 조명 (건축기준법 에 따르는 것) 백열등	●	① 일반용 조명 백열등의 적요를 준용한다. 다만, 기구의 종류를 표시하는 경우는 표기한다. ② 일반용 조명 형광등에 조립하는 경우는 다음과 같다.
형광등		① 일반용 조명 백열등의 적요를 준용한다. 다만, 기구의 종류를 표시하는 경우는 표기한다. ② 계단에 설치하는 통로 유도등과 겸용인 것은 로 한다.
유도등 (소방법에 따르는 것) 백열등	⊗	① 일반용 조명 백열등의 적요를 준용한다. ② 객석 유도등인 경우는 필요에 따라 S를 표기한다. ⊗S

3) 콘센트

명칭	그림기호	적요
콘센트		① 천장에 부착하는 경우는 다음과 같다. ② 바닥에 부착하는 경우는 다음과 같다. ③ 용량의 표시 방법은 다음과 같다. • 15[A]는 표기하지 않는다. • 20[A] 이상은 암페어 수를 표기한다. [보기] $_{\text{20A}}$ ④ 2구 이상인 경우는 구수를 표기한다. [보기] $_{2}$ ⑤ 3극 이상인 것은 극수를 표기한다. [보기] $_{\text{3P}}$ ⑥ 종류를 표시하는 경우는 다음과 같다. 빠짐 방지형 $_{\text{LK}}$ 걸림형 $_{\text{T}}$ 접지극붙이 $_{\text{E}}$ 접지단자붙이 $_{\text{ET}}$ 누전 차단기붙이 $_{\text{EL}}$ ⑦ 방수형은 WP를 표기한다. $_{\text{WP}}$ ⑧ 방폭형은 EX를 표기한다. $_{\text{EX}}$ ⑨ 의료용은 H를 표기한다. $_{\text{H}}$

4) 배선

명칭	그림기호	적요
천장 은폐 배선 바닥 은폐 배선 노출 배선	———— - - - - - - ··············	① 천장 은폐 배선 중 천장 속의 배선을 구별하는 경우는 천장 속의 배선에 —·—·—·— 를 사용하여도 좋다. ② 노출 배선 중 바닥면 노출 배선을 구별하는 경우는 바닥면 노출 배선에 —··—··—··— 를 사용하여도 좋다. ③ 전선의 종류를 표시할 필요가 있는 경우는 기호를 기입한다. ④ 배관은 다음과 같이 표시한다. —//— 2.5mm²(VE16) 전선관의 종류 ↑ ↑ 전선관의 굵기 전선관의 종류 • 강제전선관은 별도의 표기없음 • VE : 경질비닐전선관 • F_2 : 2종 금속제 가요전선관 • PF : 합성수지제 가요관 ⑤ □··········· LD : 라이팅 덕트 ⑥ [MD] : 금속 덕트 ⑦ ---◎--- : 정크션 박스(접속함·조인트 박스) ⑧ - - - - - - - - (F7) : 플로어 덕트
풀박스 및 접속상자	⊠	① 재고의 종류, 치수를 표시한다. ② 박스의 대소 및 모양에 따라 표시한다.
VVF용 조인트 박스	⊘	단자붙이임을 표시하는 경우는 t를 표기한다. ⊘t
접지 단자	⏚	의료용인 것은 H를 표시한다.
접지 센터	[EC]	의료용인 것은 H를 표기한다.

5) 기타 기기

명칭	기호(심벌)	적요
룸에어콘	RC	
소형 변압기	Ⓣ	소형 변압기 종류 및 심벌 Ⓣ$_B$: 벨 변압기 Ⓣ$_R$: 리모콘 변압기 Ⓣ$_N$: 네온 변압기 Ⓣ$_F$: 형광등용 안정기 Ⓣ$_H$: 고효율 방전등용 안정기
개폐기	S	(1) 개폐기 종류 및 심벌 S : 상자개폐기 Ⓢ : 전류계붙이 개폐기 $: 전자개폐기 Ⓢ : 전류계붙이 전자개폐기 (2) 극수, 정격전류, FUSE 정격전류 등을 방기한다. [보기] S 2P 30A f15A (2극 정격전류 30[A], 퓨즈 전류 5[A])
배선용 차단기	B	상자인 경우는 상자의 재질 등을 표기한다. [보기] B 3P 225AF 150A (극수 : 3극, 프레임의 크기 : 225A, 정격전류 150A) ※ 여기서 AF는 프레임의 크기이고 AT는 정격전류를 말한다.

명칭	기호(심벌)	적요
누전 차단기	E	(1) 과전류 소자붙이는 극수, 프레임의 크기, 정격전류, 정격감도전류 등을, 과전류 소자 없음은 극수, 정격전류, 정격감도전류 등을 방기한다. • 과전류 소자붙이의 보기 : E 2P 30AF 15A 30mA • 과전류 소자 없음의 보기 : E 2P 15A 30mA (여기서 2P : 2극, 30AF : 프레임의 크기가 30[A], 15A : 정격전류가 15[A], 30mA : 정격감도전류가 30[mA]이다.) (2) 과전류 소자붙이는 BE 를 사용하여도 좋다.
전력량계	WH	WH : 전력량계(상자들이 또는 후드 붙이)
전류제한기	L	
누전경보기	G	F : 누전화재 경보기
내선전화기	T	: 교환기
벨		• 경보용 : A • 시보용 : T
부저		• 경보용 : A • 시보용 : T

02 전등점멸 기본회로도

1) 1개소 점멸 회로도 2) 2개소 점멸 회로도 3) 3개소 점멸 회로도 4) 3개소 점멸 5) 4개소 점멸

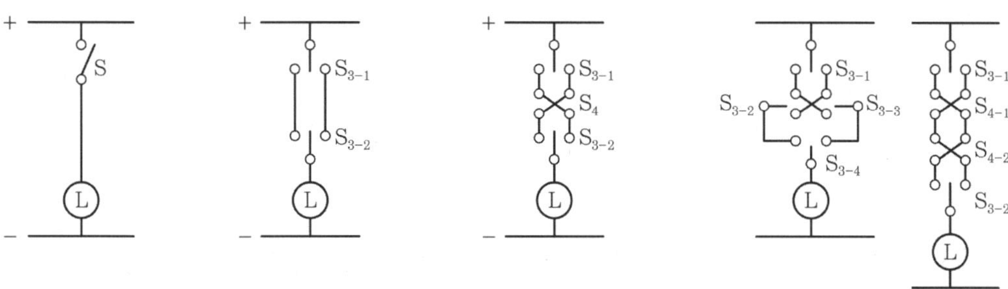

* 가닥수 산출방법

① 단극스위치는 1개소 점멸이고, 3로 2개가 있으면 2개소 점멸이고 3로 2개, 4로 1개 또는 3로 4개가 있으면 3개소 점멸이다.

② 최소가닥수이므로 공통을 조심하고, 전원이 다른 곳으로 가는지, 안 가는지를 잘 보아야만 1가닥을 줄일 수 있다.

③ 단극스위치가 2개 이상 있을 경우는 최대 6등군 이하로 하여 등수를 점멸기 수로 나누어서 분배하여야 한다.

④ 콘센트는 1개든, 2개 이상이든 전원2선이 연결된다.

⑤ 가닥수를 표시할 때 기호(심벌)로 물으면 (예 —///—) 이렇게 표기한다.

예제

01 1개의 전등을 3개소에서 점멸하고자 할 때 3로 스위치를 이용하여 점멸할 수 있도록 회로도를 그리시오.

정답

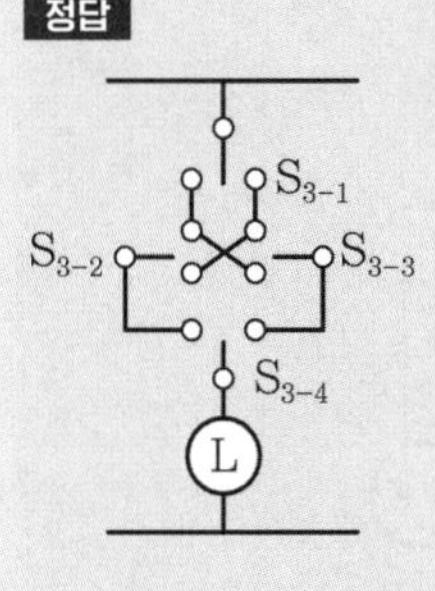

예제

02 전등을 4개소에서 점멸하고자 한다. 3로 스위치와 4로 스위치의 개수는?

정답

- 3로 스위치 : 2개
- 4로 스위치 : 2개

예제

03 그림은 옥내 배선도의 일부를 표시한 것이다. ㉠, ㉡ 전등은 A 스위치로, ㉢, ㉣ 전등은 B 스위치로 점멸되도록 설계하고자 한다. 각 배선에 필요한 최소 전선 가닥 수를 표시하시오(단, 가닥수 표기는 —//—로 한다).

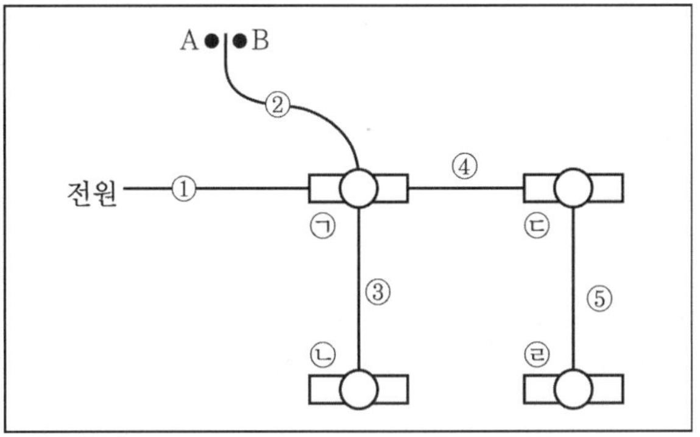

풀이

문제 조건대로 회로도 및 결선도를 그리면 다음과 같다.

[회로도]

+

A

B

−

[결선도]

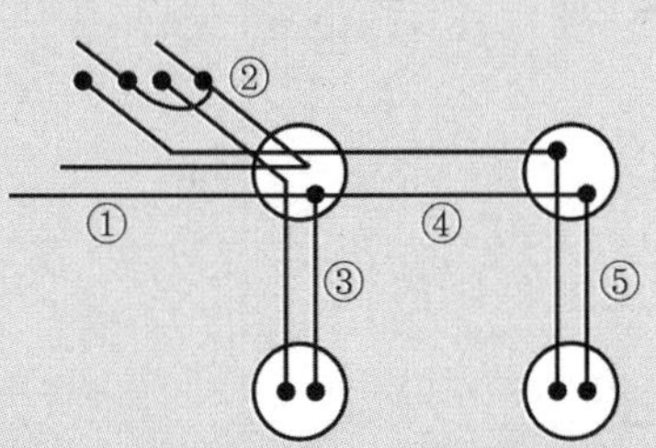

정답

① 

② 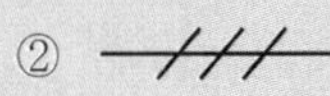

③ 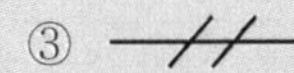

④ 

⑤ 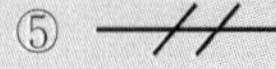

예제

04 다음은 복도조명의 배선도이다. 물음에 답하시오.

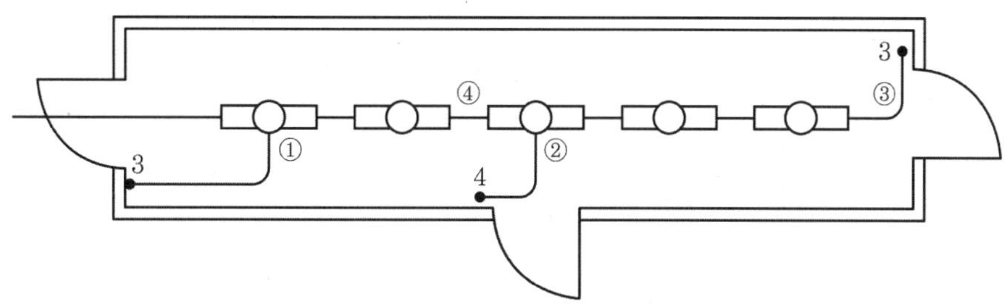

(가) ①, ②, ③, ④의 최소배선수는 얼마인지 순서대로 쓰시오.
(단, 접지도체는 제외한다.)

(나) 사용심벌(, ——, ●3, ●4)의 명칭을 순서대로 쓰시오.

풀이

3로 2개, 4로 1개이고, 출입문이 3개소이므로 3장소에서 점멸하는 3개소 점멸이다. 회로를 그리면 다음과 같다.

• 회로도

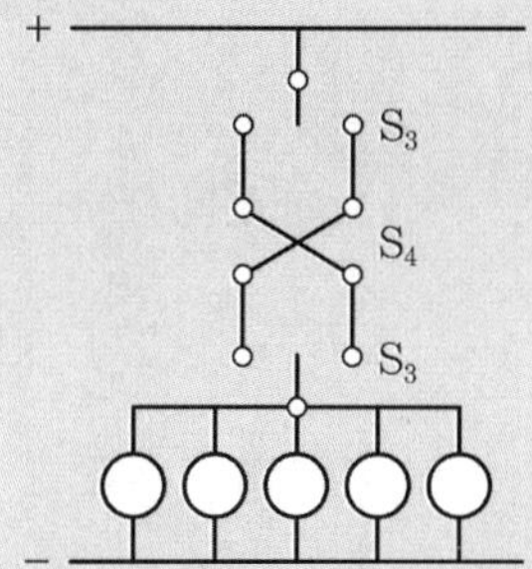

배관, 배선도를 그리면 다음과 같다. 편의상 형광등 심벌은 ○로 표기한다.

• 배선도

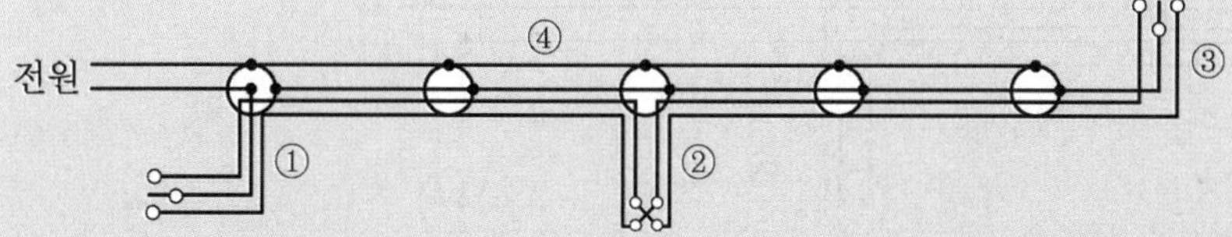

정답

(가) ① 3가닥, ② 4가닥, ③ 3가닥, ④ 4가닥
(나) 형광등, 천장은폐배선, 3로 스위치, 4로 스위치

예제

05 다음의 옥내 조명 배선도를 보고 물음에 답하시오.

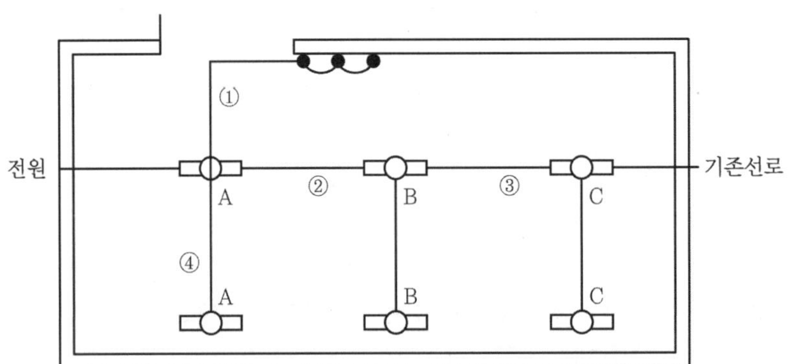

(가) 심벌(, , ——)의 명칭을 순서대로 쓰시오.

(나) 배선 ①, ②, ③, ④의 가닥수를 순서대로 쓰시오(단, 접지선은 제외한다).

풀이

- 회로도(단극스위치가 3개이므로 단극스위치 1개에 형광등 2등씩 점멸한다.)

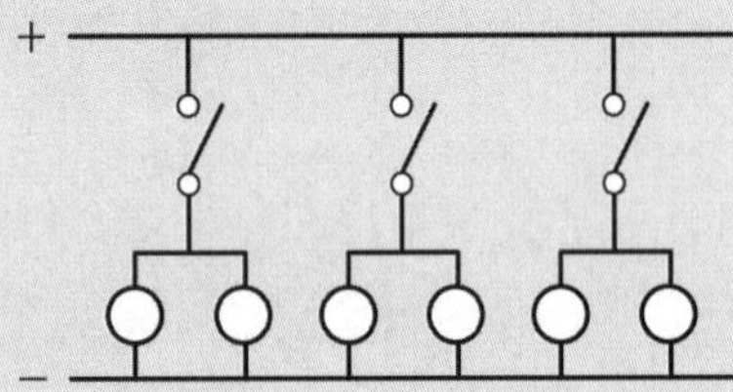

- 배선도

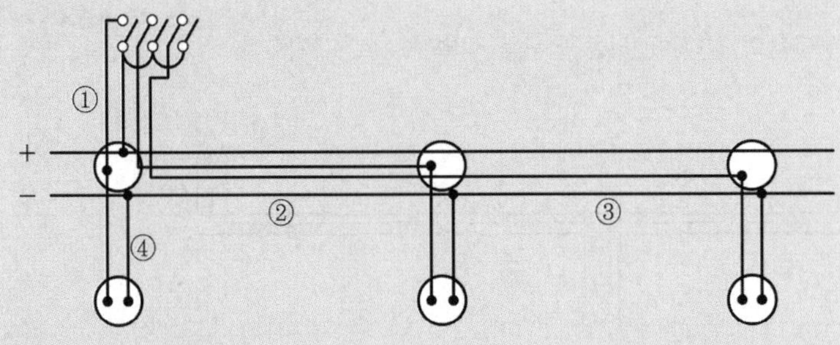

정답

(가) 형광등(1등용), 단극스위치, 천장은폐배선

(나) ① 4가닥, ② 4가닥, ③ 3가닥, ④ 2가닥

제2절 조명설계

01 조명계산의 기본

1) 광속 : F[lm] (정의 : 빛의 양)

광속은 광원에서 나오는 복사속을 눈으로 보아 빛으로 느끼는 크기를 나타낸 것으로서, 단위로는 루멘(lumen, 기호 : lm)을 사용한다.

$$F = \frac{2\pi}{r} \times S\,[\text{lm}] \qquad r \text{ : 반지름}$$

$$F = a \cdot S\,[\text{lm}] \left(a = \frac{2\pi}{r}\right) \qquad S \text{ : 루소선도의 면적}$$

- 구 광원(백열전구) : $F = 4\pi I$ [lm]
- 원통 광원(형광등) : $F = \pi^2 I$ [lm]
- 평판 광원 : $F = \pi I$
- 원뿔 : $F = 2\pi(1 - \cos\theta) I$ [lm]

2) 광도 : I[cd] (정의 : 빛의 세기)

모든 방향으로 광속이 발산되고 있는 점광원에서 어떤 방향의 광도(luminous intensity)라 함은 그 방향의 단위 입체각에 포함되는 광속 수, 즉 발산 광속의 입체각 밀도를 말하며, 단위로는 칸델라(candela, 기호 : cd)를 사용한다.

그림과 같이 입체각 ω스테라디안(steradian, 기호 : sr) 내에서 광속 F[lm]가 고르게 발산되면, 광도 I[cd]는 다음과 같이 된다.

$$I = \frac{F}{\omega}\,[\text{cd}] \qquad \text{구면환산율(확산율)} = \frac{\text{평균구면광도}}{\text{평균수평광도}}$$

모든 방향의 광도가 균등한 점광원을 균등 점광원이라고 한다.

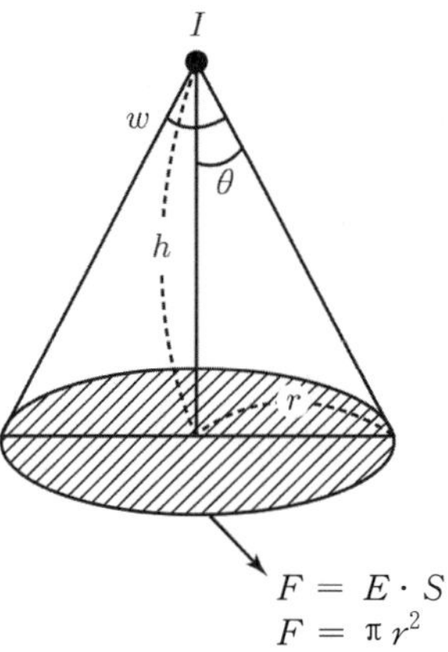

$$I = \frac{F}{\omega}[\mathrm{lm/sr}] = [\mathrm{cd}]$$

$$\omega = 2\pi(1 - \cos\theta)$$

$$I = \frac{E \cdot S}{2\pi(1 - \cos\theta)}$$ 에 의해서 계산된다.

※ $\cos\theta = \dfrac{h}{\sqrt{h^2 + r^2}}$

예 구 광원에서 광도값 $I = \dfrac{F}{4\pi}[\mathrm{cd}]$

예 평판 광원에서 광도값 $I = \dfrac{F}{\pi}[\mathrm{cd}]$

3) 조도 : E [lx] (정의 : 빛의 밝기)

어떤 물체에 광속이 입사하면 그 면은 밝게 빛나게 되고, 그 밝은 정도를 조도(intensity of illumination)라고 한다. 조도의 크기는 어떤 면에 입사되는 광속의 밀도를 나타내고, 단위로는 럭스(lux, 기호 : lx)를 사용한다.

① 거리의 역제곱 법칙 : 일정 광도의 점광원으로부터 떨어져 있는 여러 곳의 조도는 거리에 따라 달라진다. 광도 I[cd]인 균등 점광원을 반지름 R[m]인 구의 중심에 놓을 경우, 구면 위의 모든 점의 조도 E는 다음과 같다.

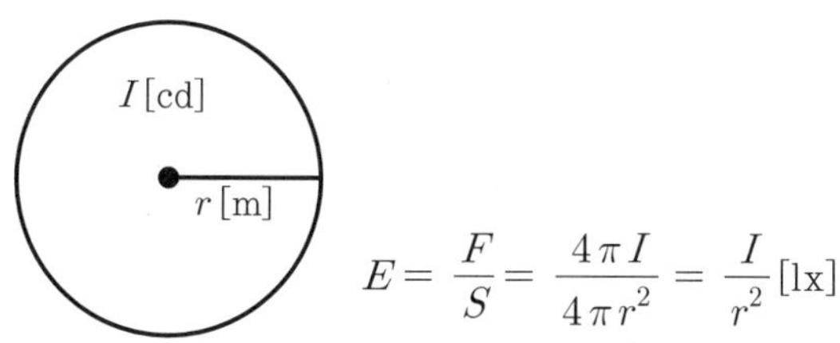

$$E = \frac{F}{S} = \frac{4\pi I}{4\pi r^2} = \frac{I}{r^2}\,[\text{lx}]$$

② **입사각의 코사인 법칙** : 물체의 어떤 면에 평행 광속이 입사될 경우, 조도는 입사되는 평행 광속에 대해 그 피조면이 얼마나 기울어져 있는지의 그 입사각에 따라 달라진다.

그림에서 평행한 광속 $F\,[\text{lm}]$가 면적 $S_1\,[\text{m}^2]$의 피조면에 직각으로 입사할 경우, 이 면의 조도 E_1은 다음과 같다.

$$E_1 = \frac{F}{S_1}\,[\text{lx}]$$

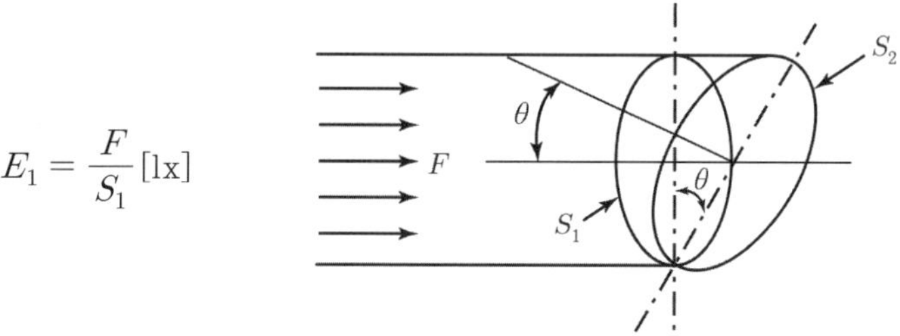

▸조도의 입사각 코사인 법칙

또한, 같은 광속이 면 $S_1\,[\text{m}^2]$으로부터 각이 θ만큼 기울어진 면 $S_2\,[\text{m}^2]$에 입사하면, 면 S_2에서의 조도 E_2는 다음과 같다.

$$E_2 = \frac{F}{S_2}\,[\text{lx}]$$

그런데 $S_2 = \dfrac{S_1}{\cos\theta}$이므로, E_2는 다음과 같이 나타낼 수 있다.

$$E_2 = \frac{F}{S_2} = \frac{F}{\dfrac{S_1}{\cos\theta}} = \frac{F}{S_1}cos\theta = E_1\cos\theta\,[\text{lx}]$$

즉, 입사각 θ인 면의 조도 E_2는 빛의 입사각 θ의 코사인, 즉 $\cos\theta$에 비례하는 것을 알 수 있다. 이 관계를 입사각의 코사인 법칙(cosine law of incident angle)이라고 한다.

$$E = \frac{F}{S} \times u \times n = [\text{lm/m}^2] = [\text{lx}]$$

[u : 조명률(이용률), n : 등수]가 주어질 때만 곱한다.

③ 조도의 분류

• 직하 조도

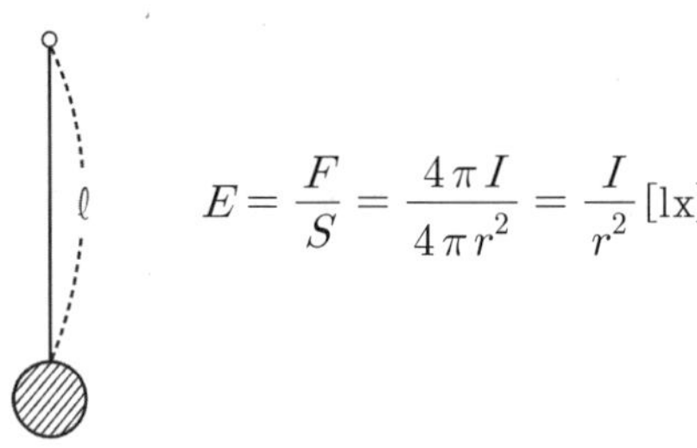

$$E = \frac{F}{S} = \frac{4\pi I}{4\pi r^2} = \frac{I}{r^2}[\text{lx}]$$

• 법선 조도 : E_n • 수평면 조도 : E_h • 수직면 조도 : E_v

• $E_n = \frac{I}{r^2}$ [lx] • $E_h = \frac{I}{r^2}\cos\theta$ [lx] • $E_v = \frac{I}{r^2}\sin\theta$ [lx]

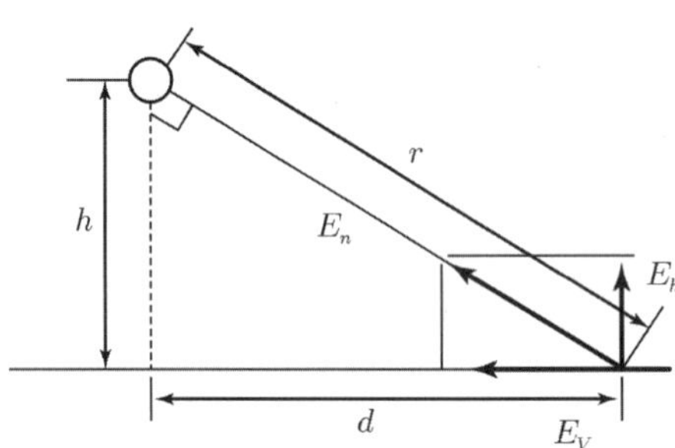

※ [참고] 수평면 조도가 최대가 되기 위한 광원의 높이 h와 거리 d는 다음과 같다.

① h의 높이 $\frac{d}{\sqrt{2}}$ ② d의 거리 $\frac{h}{\sqrt{3}}$

※ 수평면 조도와 수직면 조도가 같게 되는 조건 $h = d$

4) 휘도 : B[nt] (정의 : 눈부심의 정도(표면의 밝기))

광원을 바라볼 때 눈부심, 즉 빛나는 정도가 다른 것으로, 이와 같이 광원의 빛나는 정도를 휘도라 한다.

$$B = \frac{I}{S}[\text{cd/m}^2]$$

휘도는 단위 중에서 [cd/cm^2]는 스틸브(stilb, 기호 : sb)라 하고, [cd/m^2]는 니트(nit, 기호 : nt)라 한다.

$$B=\frac{I}{S}[\text{cd/m}^2] = [\text{nt}],\ \text{단위 환산 } 1[\text{nt}] = 10^{-4}[\text{sb}]$$

$$[\text{cd/cm}^2] = [\text{sb}] \qquad 1[\text{sb}] = 10^4[\text{nt}]$$

5) 광속 발산도 : R[rlx] (정의 : 물체의 밝기)

발광면의 단위 면적으로부터 발산되는 광속, 즉 발산 광속의 밀도를 광속 발산도(luminous emittance)라 하고, 단위로는 래드럭스(radlux, 기호 : rlx)를 사용한다.

$$R=\frac{F}{S}[\text{rlx}] \qquad R=\frac{F}{S}\times\tau\times\eta=[\text{lm/m}^2] = [\text{rlx}]$$

[τ : 투과율, η : 기구 효율]이 나올 때만 곱한다.

S는 발광 면적이므로 구광원 : $S=4\pi r^2$

반구광원 : $S=2\pi r^2$

※ 완전 확산면 : 어느 방향에서나 (눈부심)이 같으면

예 $R=\frac{F}{S}$ 인데 구광원일 때 $R=\frac{4\pi I}{4\pi r^2}=\frac{4\pi B\cdot S}{4\pi r^2}=\frac{B\cdot\pi r^2}{r^2}=\pi B$ 이다.

$$\boxed{\pi B=\rho E=\tau E}$$

※ 효율

- 전등(램프) 효율 : $\eta=\frac{F}{P}$[lm/W] (여기서, F : 광속, P : 소비전력)
- 글로브 효율 : $\eta=\frac{\tau}{1-\rho}\times 100$[%]

02 대형 방전등(고휘도, 고효율)

HID Lamp(High Intensity Discharge Lamp)라고 하며, 형광 램프 이외에 일반 조명용으로 쓰이는 방전 램프는 모두 이 그룹에 포함되어 있다. 이를 크게 나누면 다음 5가지 종류가 된다.

1) HID Lamp(High Intensity Discharge Lamp)의 종류

① **수은 램프** : HID 램프 중에서는 발광효율이 가장 낮고 또 연색성이 사람의 살갗을 불쾌하게 보이게 하므로 특수한 용도에 일부 쓰이는 일은 있으나 최근에는 메탈헬라이드 램프와 고압 나트륨 램프로 대체되고 있다.

② **형광수은 램프** : 비교적 가격이 싸고 범용성이 많으므로 공장, 도로, 각종 옥외 광장 등을 비롯해서 빌딩의 로비층과 천장이 높은 대형점포의 조명에도 널리 쓰이고 있다.

③ **메탈헬라이드 램프** : 연색성이 형광수은 램프보다 뛰어나며 사람의 살갗을 비롯해서 모든 물체의 색채를 아름답게 보이게 한다. 이런 특성 때문에 공항건물 등 공공건축물 내부, 천장이 높은 대형점포, 스포츠시설, 은행 등의 조명에 널리 사용된다.

④ **고압나트륨 램프** : 발광효율은 현존하는 백색광원 중에서 가장 높고 형광등 수은 램프의 1.5~2.5배에 달하는 것도 있다. 종래 형광수은 램프가 쓰이던 대부분의 용도에 같은 조도를 유지하면서 전력사용량을 50[%] 전후 절감하는 램프로서 널리 이용되고 있다.

⑤ **저압나트륨 램프** : 현존하는 인공광원 중에서 가장 효율이 높고 용도에 따라 에너지 절감 효과가 극히 큰 귀중한 광원이다. 또 터널 내의 배기가스 중에서의 투과성이 뛰어나며 색채가 불필요한 저조도의 조명등 즉, 야간의 도로 조명 등에 이용되며, 이랍 조명분야에서는 창고, 공장구내 등에서 이용된다.

2) 형광등이 백열등에 비하여 우수한 점

① 효율이 높다.

② 수명이 길다.

③ 열방사가 적다.

④ 필요로 하는 광색을 쉽게 얻을 수 있다.

3) 열음극 형광등과 슬림라인(Slim line) 형광등의 장단점 비교

열음극 형광등은 음극을 가열시킨 후 기동하나 슬림라인 형광등은 고전압을 가하여 냉음극인 상태에서 기동한다. 그러나 점등을 할 때는 양자가 다 같이 열음극이 되어 있다.

슬림라인의 특징은 다음과 같다.

(1) 장점

① 필라멘트를 예열할 필요가 없어 점등관 등 기동장치가 불필요하다.

② 순시 기동으로 점등에 시간이 걸리지 않는다.

③ 점등 불량으로 인한 고장이 없다.

④ 관이 길어 양광주가 길고 효율이 좋다.

⑤ 전압 변동에 의한 수명의 단축이 없다.

(2) 단점

① 점등 장치가 비싸다.

② 전압이 높아 기동 시에 음극이 손상하기 쉽다.

③ 전압이 높아 위험하다.

4) 백열 전구의 필라멘트 구비 조건

(1) 융해점이 높을 것

(2) 고유저항이 클 것

(3) 선팽창계수가 적을 것

(4) 온도계수가 정확할 것

(5) 가공이 용이할 것

(6) 높은 온도에서 증발(승화)이 적을 것

(7) 고온에서 기계적 강도가 감소하지 않을 것

5) 광원의 효율

램프	효율[lm/W]	램프	효율[lm/W]
나트륨 램프	80~150	수은 램프	35~55
메탈할라이드 램프	75~105	할로겐 램프	20~22
형광 램프	48~80	백열 전구	7~22

03 조명설계

1) 조명의 목적

주어진 동작 내지 작업과 관련하여 어떤 물체를 명확히 보려고 하는 명시 조명과 사람의 심리를 움직이게 하는 분위기를 그때의 생활행동에 알맞도록 하는 분위기 조명으로 구분할 수 있다.

※ **좋은 조명의 조건** : 조도, 휘도, 눈부심, 그림자, 광원의 광색, 기분, 조명기구의 위치, 경제와 보수

2) 조명기구 및 조명방식

① **조명기구** : 반사기, 전등갓, 글로브, 루버, 투광기

※ 루버 : 빛을 아래쪽으로 확산시키면 눈부심을 적게 하는 조명기구

② 조명기구 배광에 의한 분류

조명방식	하향광속[%]	상향광속[%]
직접조명	100~90	0~10
반직접조명	90~60	10~40
전반 확산조명	60~40	40~60
반간접조명	40~10	60~90
간접조명	10~0	90~100

③ 조명기구 배치에 의한 분류

- 전반조명 : 작업면의 전체를 균일한 조도가 되도록 조명(공장, 사무실, 교실)
- 국부조명 : 작업에 필요한 장소마다 그 곳에 맞는 조도를 얻는 방식
- 전반 국부조명 : 작업면 전체는 비교적 낮은 조도의 전반조명을 실시하고 필요한 장소에만 높은 조도가 되도록 국부조명을 하는 방식

3) 전등의 설치 높이와 간격

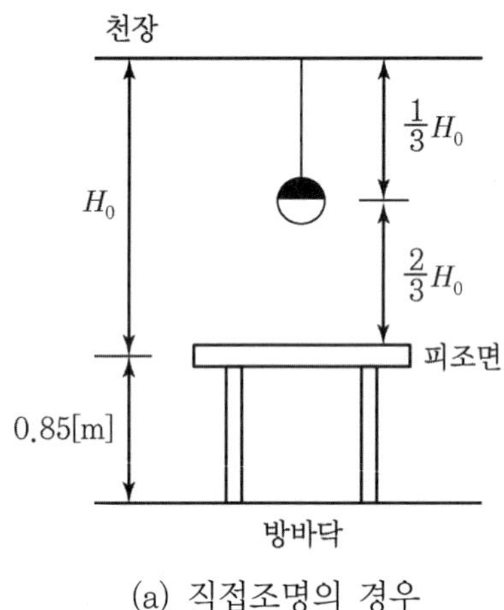

(a) 직접조명의 경우

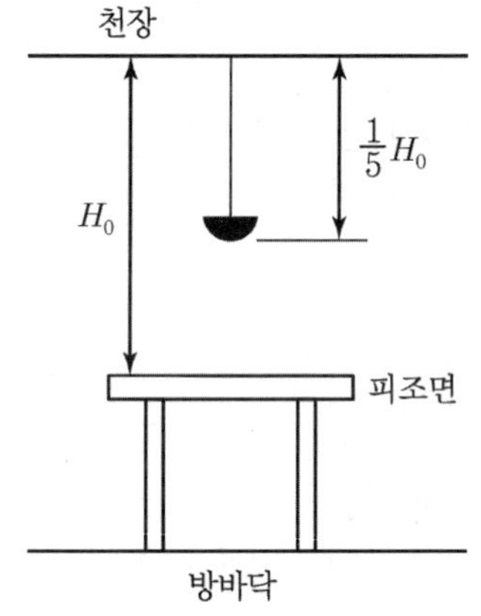

(b) 간접 및 반간접조명의 경우

① 등고

- 직접조명 시 H : 피조면에서 광원까지
- 반간접조명 시 H_0 : 피조면에서 천장까지

② 등간격

- 등기구 간격 : $S \leq 1.5H$
  (단, 컷오프형 $S = 3H$)

- 벽면간격 : $S_w \le \frac{1}{2}H$(벽측을 사용하지 않을 경우)
- 벽면간격 : $S_w \le \frac{1}{3}H$(벽측을 사용하는 경우)

③ **실지수의 결정** : 방의 크기와 모양에 대한 광속의 이용 척도로서 다음과 같은 실지수(room index)를 사용한다.

$$\text{실지수} = \frac{XY}{H(X+Y)}$$

X : 방의 폭
Y : 방의 길이
H : 작업면상에서 광원까지 높이

④ **조명률의 결정** : 방의 크기와 모양에 따른 방지수, 조명 기구의 종류 및 천장, 벽, 바닥 등의 반사율에 의하여 결정된다.

$$\therefore U = \frac{D \cdot E \cdot S}{FN} \times 100[\%]$$

※ 조명률 $U = \frac{\text{입사광속}}{\text{총광속}} \times 100$

⑤ **감광 보상률의 결정** : 조명 시설은 사용함에 따라 피조면의 조도가 점점 떨어진다. 이것은 전구 필라멘트의 증발에 따른 발산 광속의 감소, 유리구 내면의 흑화 등에 의한 것이다.

$$\therefore D = \frac{1}{M} \qquad M = \frac{1}{D}$$

※ 보수율(M) $= \frac{\text{설비조도}}{\text{초기조도}}$

※ **감광 보상률** : 손실에 대한 값을 미리 정해주는 것(여유계수)
- 백열전구 : 1.3 ~ 1.8
- 형광등 : 1.4 ~ 2.0

ex
- 조도 $E = \frac{F \cdot U \cdot N}{D \cdot S} = \frac{F \cdot U \cdot N \cdot M}{S}$[lx]
- 광속 $F = \frac{D \cdot E \cdot S}{U \cdot N} = \frac{E \cdot S}{U \cdot N \cdot M}$[lm]
- 등수 $N = \frac{D \cdot E \cdot S}{F \cdot U} = \frac{ES}{FUM}$[등]

⑥ 실외(옥외 조명)

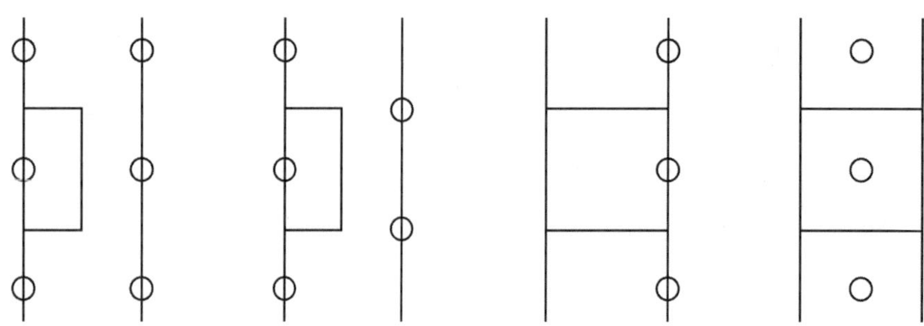

a) 양쪽조명(대치식) $S=\frac{a \cdot b}{2}[\mathrm{m}^2]$

b) 지그재그 $S=\frac{a \cdot b}{2}[\mathrm{m}^2]$

c) 일렬조명(한쪽) $S=ab$

d) 일렬(중앙) $S=ab$

▶ 건축화 조명

① **다운라이트 조명** : 천장에 구멍을 뚫어 그 속에 기구를 매입한 방식(핀홀라이트, 코퍼라이트)

② **광량 조명** : 연속열의 기구를 천장에 넣거나 대들보에 설치하는 방식

③ **광천장 조명** : 건축구조로 천장에 기구를 설치하고 루버나 확산투과 아크릴판으로 천장으로 마감하는 방식이며 천장전면을 낮은 휘도로 비추는 방식

④ **코브라이트** : 간접조명이지만 간접조명기구를 사용하지 않고 천장 또는 벽의 구조로 만든 것

⑤ **코너 조명** : 천장과 벽면의 경계구석이나 또는 동시에 투사하는 실내조명(지하도용)

⑥ **코니스 조명** : 코너와 같은 방식이지만 건축적으로 둘레턱을 만들어 내부에 등기구를 설치하는 방식(형광등을 이용하는 방식)

⑦ **루버천장 조명** : 천장면에 루버판을 부착하고 천장내부에 광원을 배치하는 방식으로 직사 현휘가 없고 밝은 직사광을 얻고 싶은 경우에 채택하는 건축화 조명방식

⑧ **코퍼 조명** : 천장면을 여러 형태로(사각 또는 원) 오려내고 다양한 매입기구를 취부하여 실내의 단조로움을 피한 조명방식으로, 천장면에 매입한 등기구 하부에는 주로 아크릴판을 부탁하고 천장중앙에 반간접기구를 매다는 조명방식(은행, 1층 홀, 백화점 1층 로비)

⑨ **밸런스 조명** : 벽면을 밝은 광원으로 조명하는 방식으로 숨겨진 램프의 직접 광이 아래쪽 벽, 커튼, 위쪽 천장면에 쪼이게 하는 조명방식으로 분위기 조명으로 많이 채택

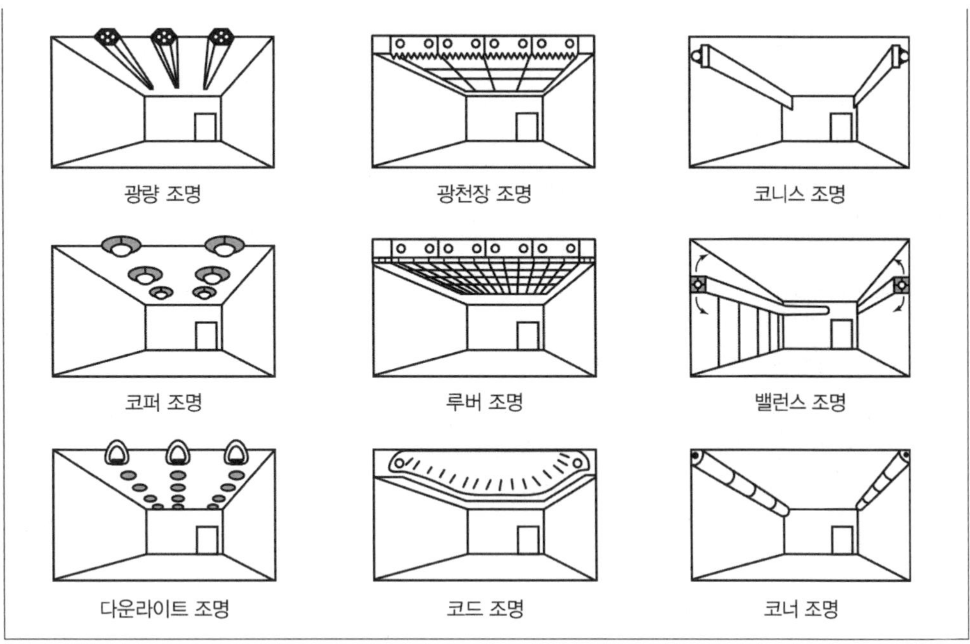

4) 조명 설비에서 에너지 절약 방안

① 고효율 등기구 채용
② 고조도 저휘도 반사갓 채용
③ 슬림라인 형광등 및 전구식 형광등 채용
④ 창측 조명기구 개별점등
⑤ 재실감지기 및 카드키 채용
⑥ 적절한 조광제어실시
⑦ 전반조명과 국부조명의 적절한 병용(TAL 조명)
⑧ 고역률 등기구 채용
⑨ 등기구의 격등제어 회로구성
⑩ 등기구의 보수 및 유지관리

제3절 시퀀스

※ 시퀀스 제어

조작의 순서를 정해두고 어떠한 기계기구를 각 단계별로 조작하는 것을 말한다.

01 시퀀스 제어

1) 릴레이 시퀀스(Relay Sequence)

① 유접점 릴레이에 의한 기계적 제어

② 부하용량과 과부하 내량이 크고 고온에 견디나, 소비 전력과 외형이 크며 동작 속도가 느리고 수명이 짧아 유지 보수가 곤란하다.

2) 로직 시퀀스(Logic Sequence)

① 반도체 스위칭 소자를 사용한 논리회로

② 동작 속도가 빠르고 정밀하여 수명이 길고 소형이나, 온도에 약하고 신뢰도가 떨어지며 입·출력 절연 결합 회로가 필요하다.

3) 논리소자

4) 전동기 운전회로

5) PLC(Programmable Logic Controller) 시퀀스

컴퓨터(CPU)를 사용하여 시퀀스를 프로그램화한 것으로 소형화, 고기능화, 저렴화, 고속화가 쉽고 신뢰도가 높으며 수리 및 유지 보수가 간단하다.

02 접점(Contact)

회로를 열고 닫아 회로 상태를 결정하는 기능을 갖는 기구

1) a **접점** : 원래는 열려 있고 조작하면 닫히는 접점

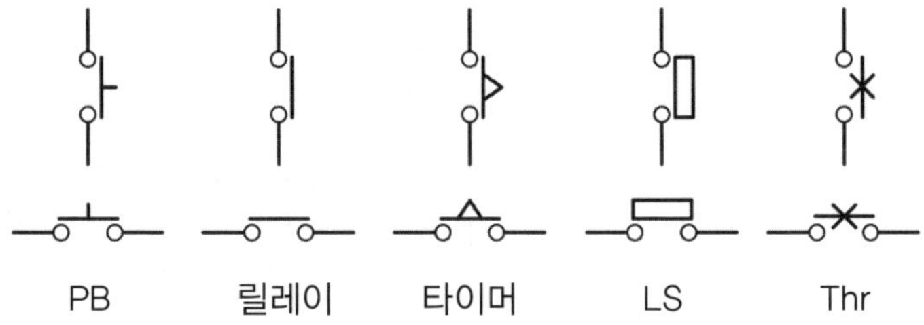

2) b **접점** : 원래는 닫혀 있고 조작하면 열리는 접점

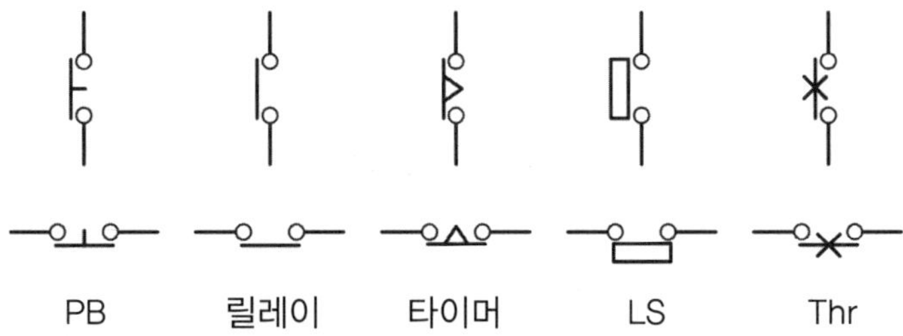

3) c **접점** : a ⇔ b의 변환 접점

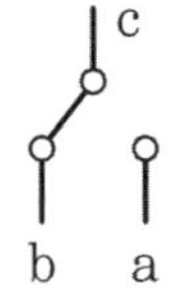

4) ℓ **접점**

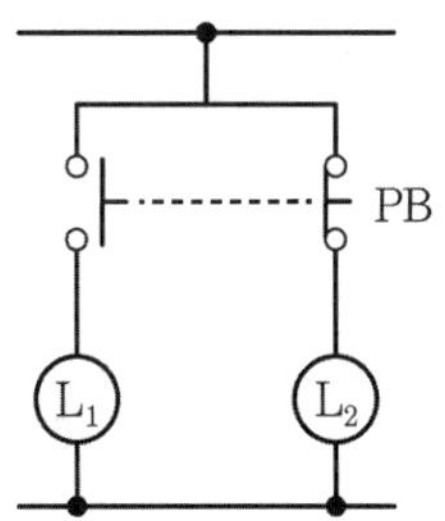

03 릴레이 및 로직 시퀀스

1) 기본회로

(1) 기동우선회로〈SET 우선회로〉

① 유접점 회로

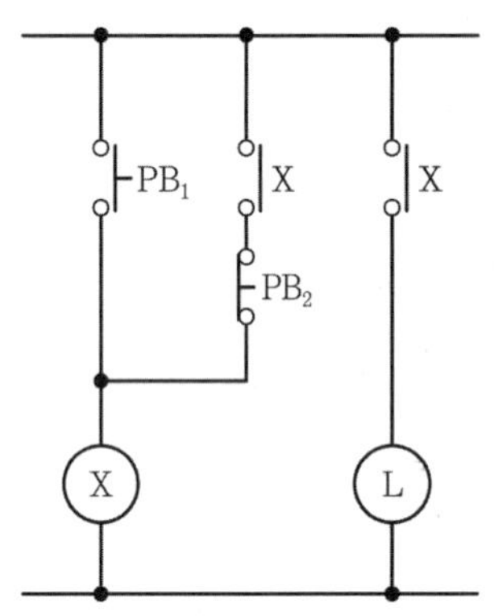

② 타임차트

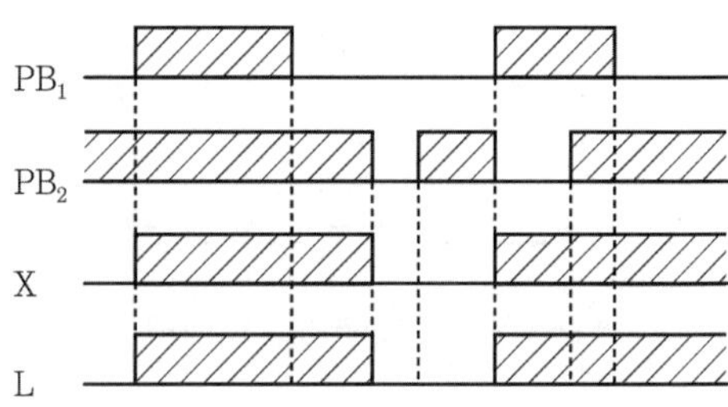

③ 논리식(출력식)

$X = PB_1 + (X \cdot \overline{PB_2})$
$L = X$

(2) 정지우선회로〈RESET 우선회로〉

① 유접점 회로

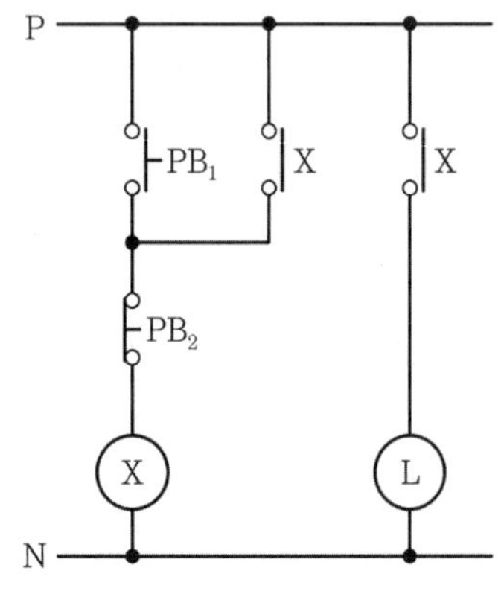

② 타임차트

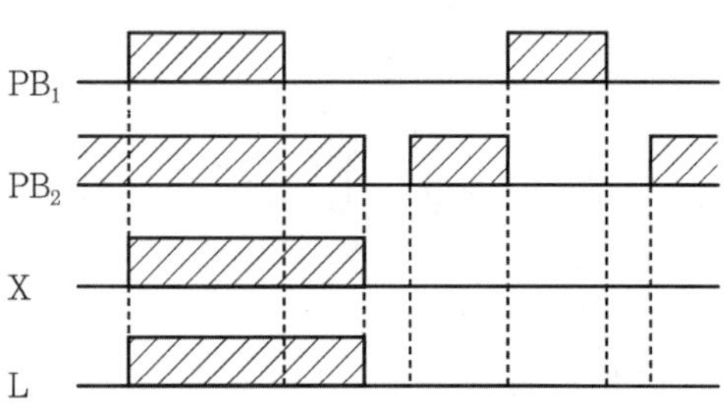

③ 논리식(출력식)

$X = (PB_1 + X) \cdot \overline{PB_2}$
$L = X$

(3) AND 회로

① 유접점 회로

② 타임차트

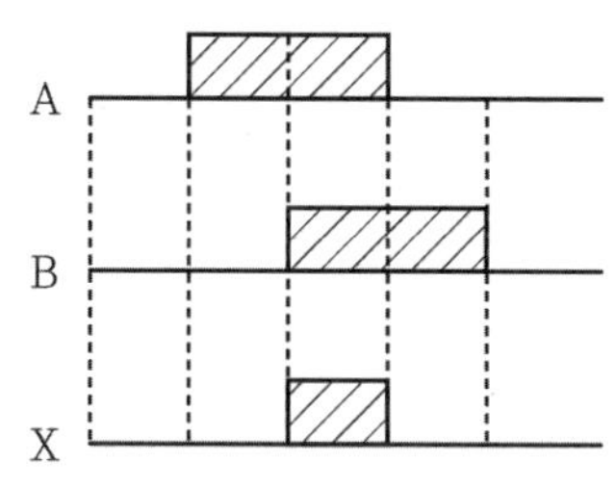

③ 진리표

A	B	X
0	0	0
0	1	0
1	0	0
1	1	1

④ 논리식

X = A · B

⑤ 논리소자

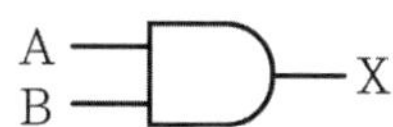

(4) OR 회로

① 유접점 회로

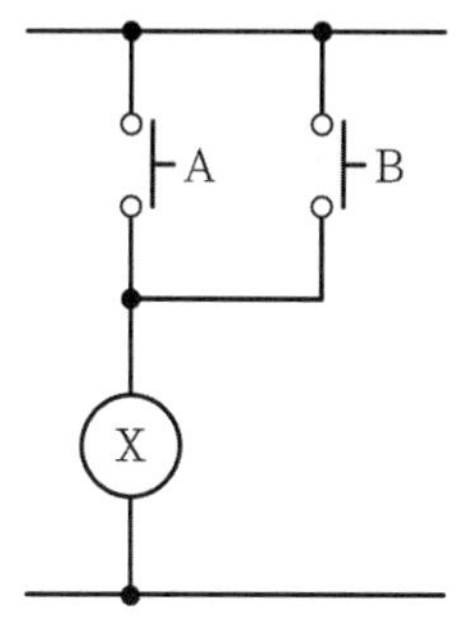

② 타임차트

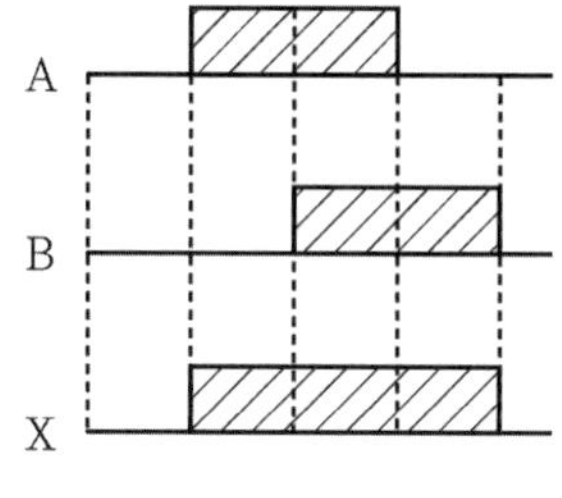

③ 진리표

A	B	X
0	0	0
0	1	1
1	0	1
1	1	1

④ 논리식

X = A + B

⑤ 논리소자

(5) NOT 회로〈부정 · b접점〉

① 유접점 회로

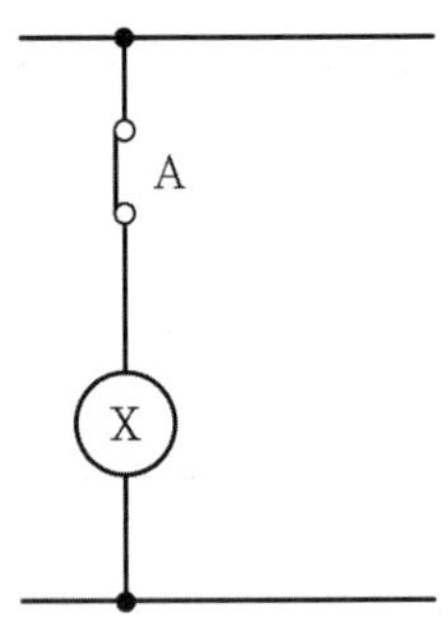

② 타임차트

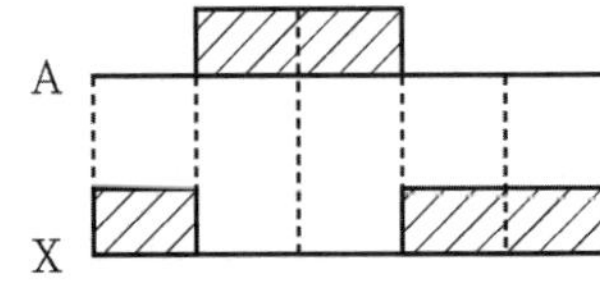

③ 진리표

A	X
0	1
1	0

④ 논리식

$X = \overline{A}$

⑤ 논리소자

※ 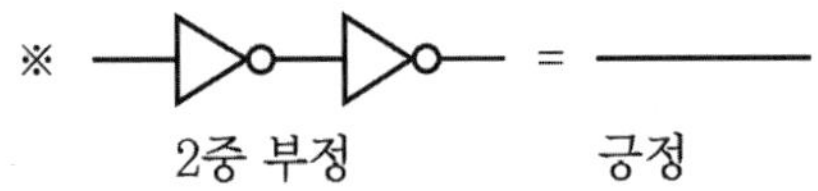

2중 부정 = 긍정

(6) 자기유지회로

① 유접점 회로

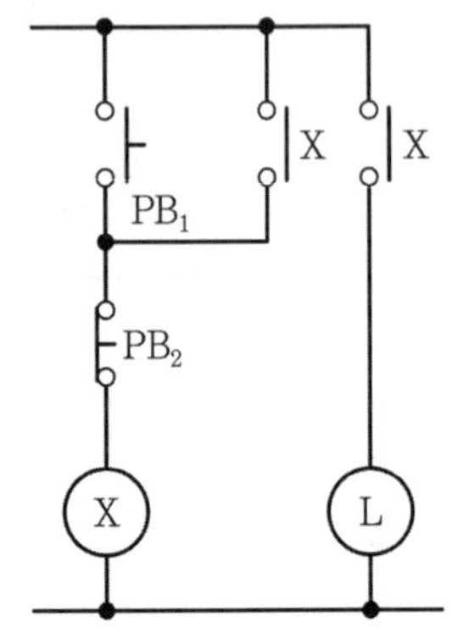

② 타임차트

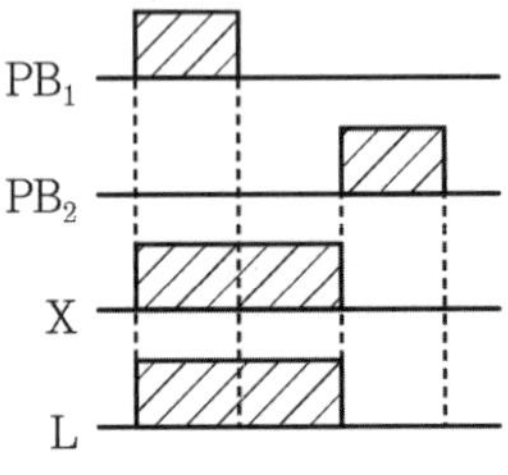

③ 논리식

$X = (PB_1 + X) \cdot \overline{PB_2}$

④ 논리회로

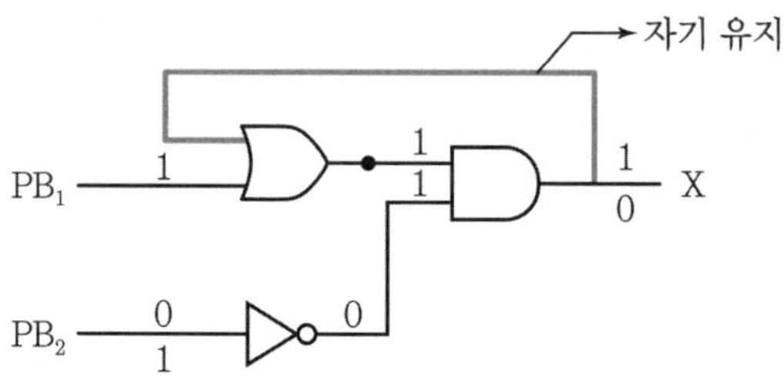

(7) 인터록 회로〈병렬 우선회로, 선입력 우선회로〉

① 유접점 회로

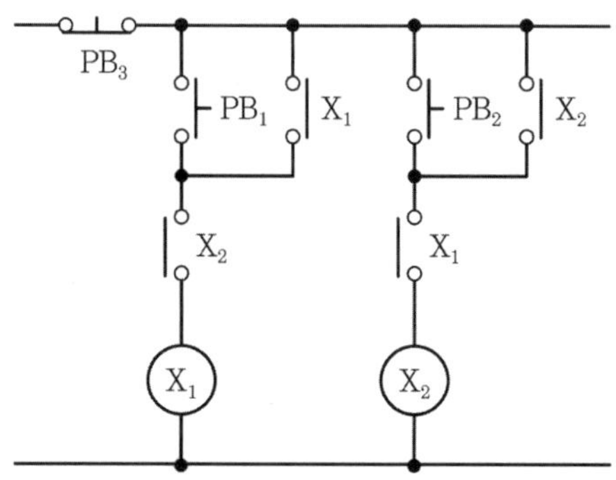

② 선입력 우선회로

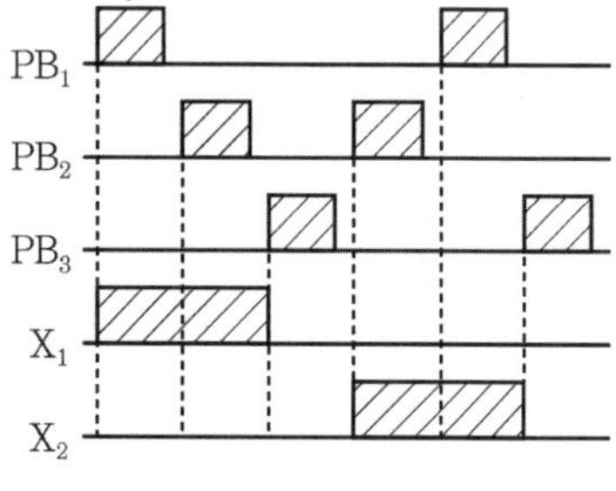

③ 논리식

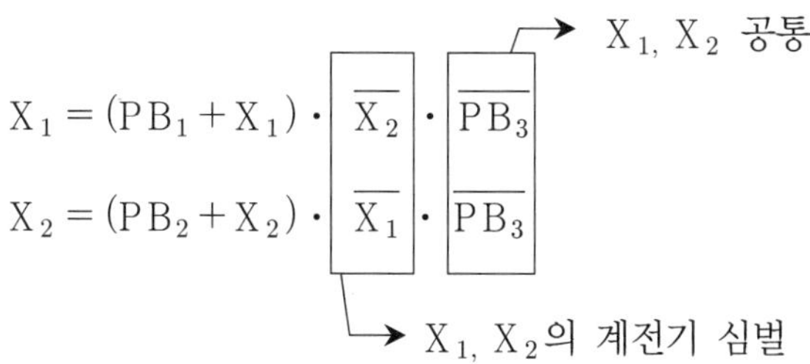

④ 논리회로

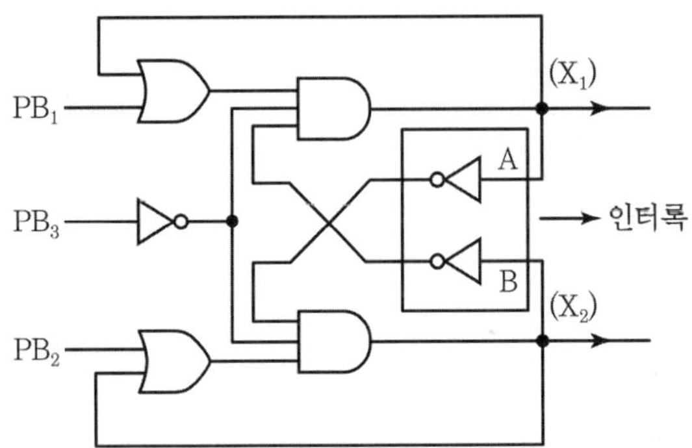

(8) 후입력 우선회로〈신입력 우선회로〉

① 유접점 회로

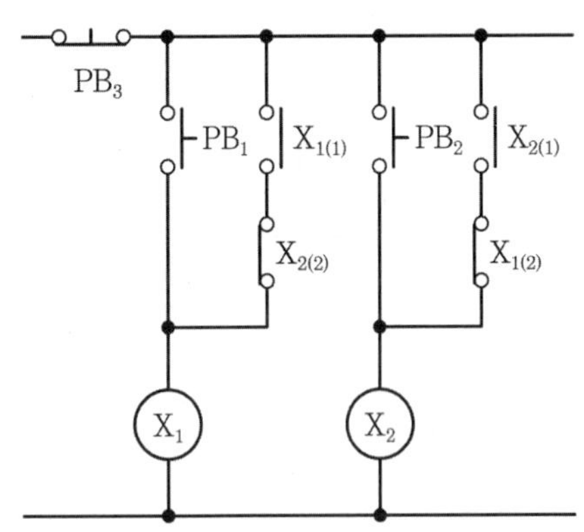

② 타임차트

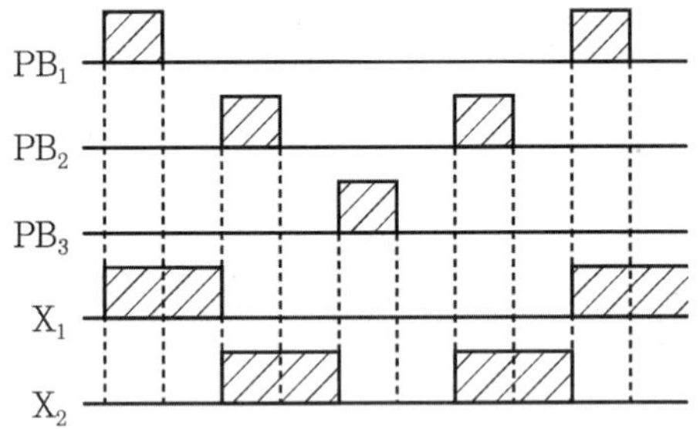

③ 논리식

$$X_1 = \overline{PB_3} \cdot (PB_1 + X_1 \cdot \overline{X_2})$$

$$X_2 = \overline{PB_3} \cdot (PB_2 + X_2 \cdot \overline{X_1})$$

④ 논리회로

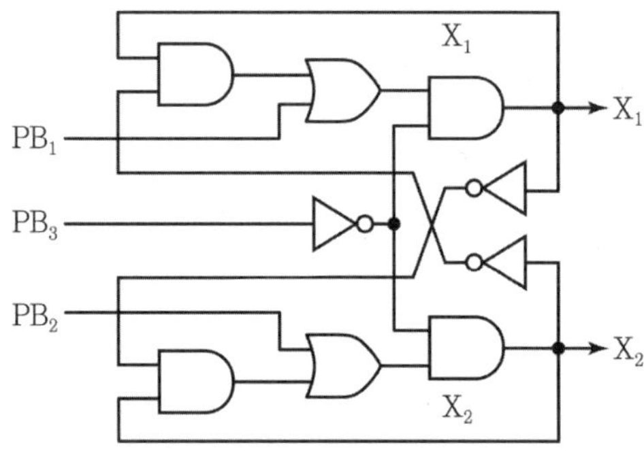

(9) 직렬우선회로〈순차제어회로〉

① 유접점 회로

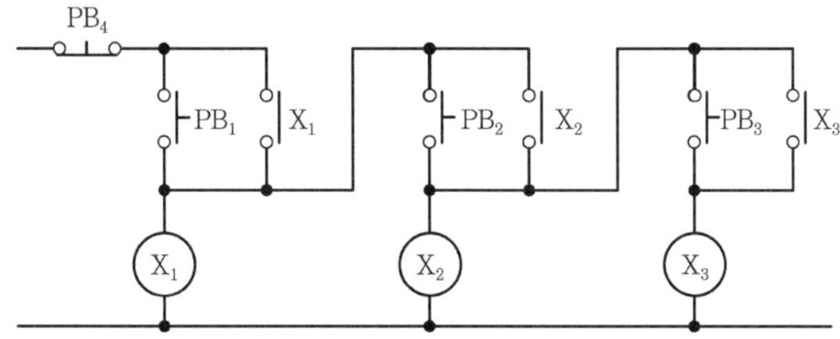

② 타임차트

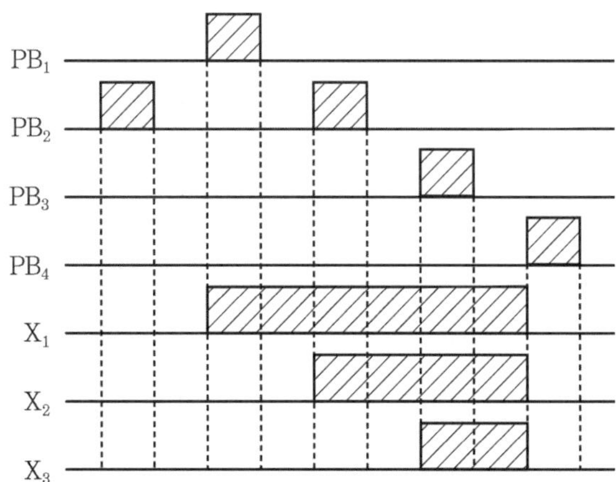

③ 논리식

$X_1 = \overline{PB_4} \cdot (PB_1 + X_1)$

$X_2 = \overline{PB_4} \cdot (PB_1 + X_1) \cdot (PB_2 + X_2)$

$X_3 = \overline{PB_4} \cdot (PB_1 + X_1) \cdot (PB_2 + X_2) \cdot (PB_3 + X_3)$

④ 논리회로

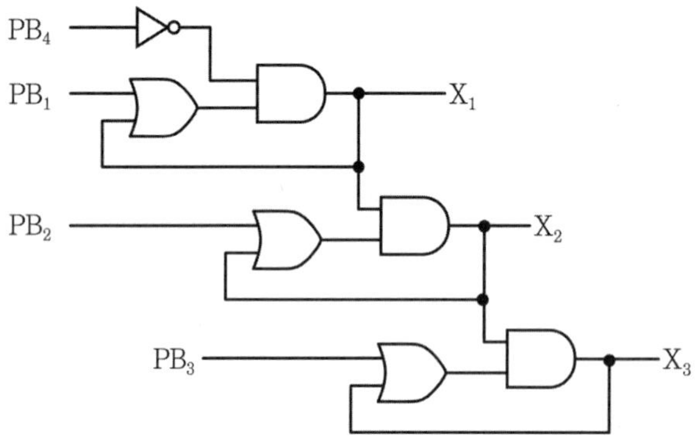

(10) 시한회로〈타이머〉

어떤 일정한 시간차를 가지고 접점을 개폐하기 때문에 시한 동작을 갖는 릴레이라고 한다. 타이머는 동작형식에 따라서 시한 동작형과 시한 복귀형으로 구분한다.

① 한시 계전기 접점 표시

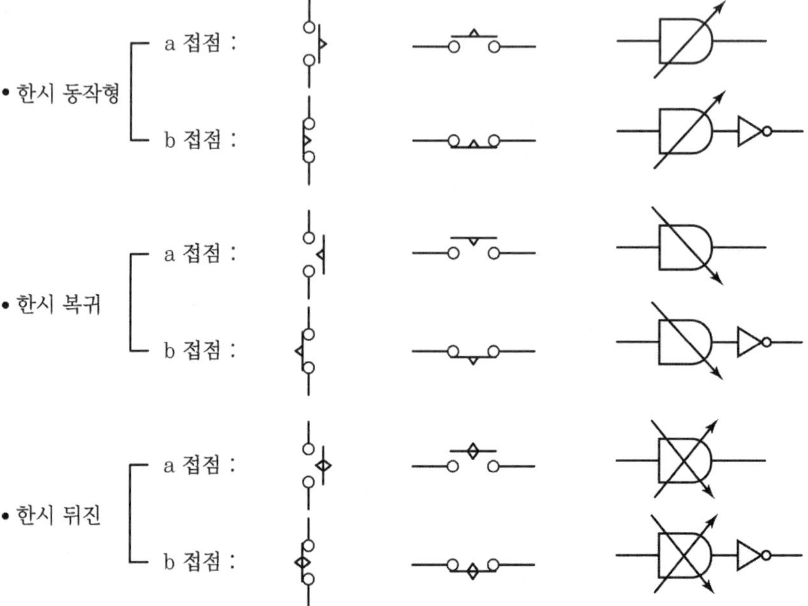

② 설정시간 후 동작형

가) 유접점 회로

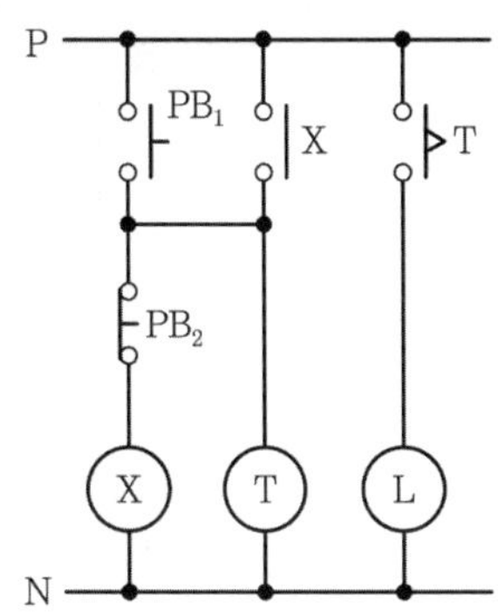

나) 타임차트

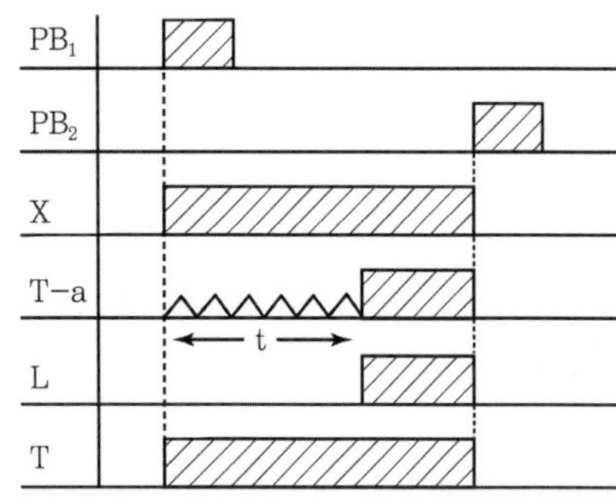

다) 논리식

$X = (PB_1 + X) \cdot \overline{PB_2}$

$T = PB_1 + X$

$L = T$

라) 논리회로

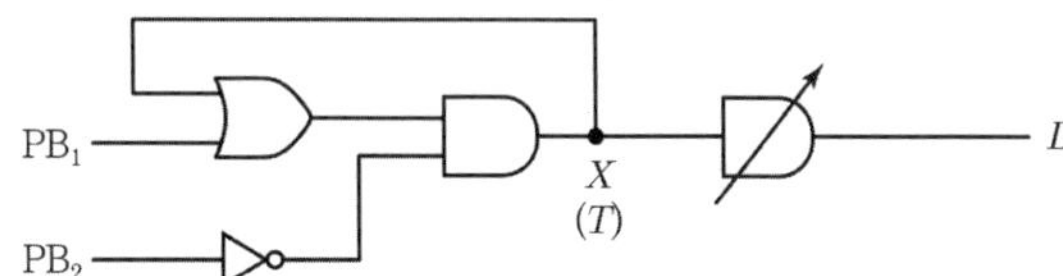

③ 설정시간 후 정지형

가) 유접점 회로

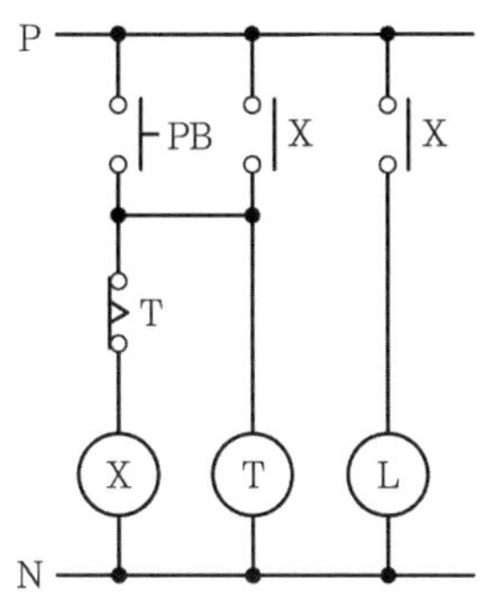

나) 타임차트

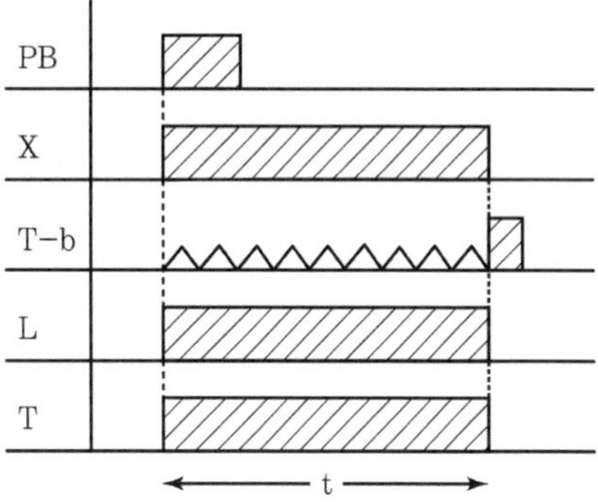

다) 논리식

$X = (PB + X) \cdot \overline{T}$

$T = PB + X$

$L = X$

라) 논리회로

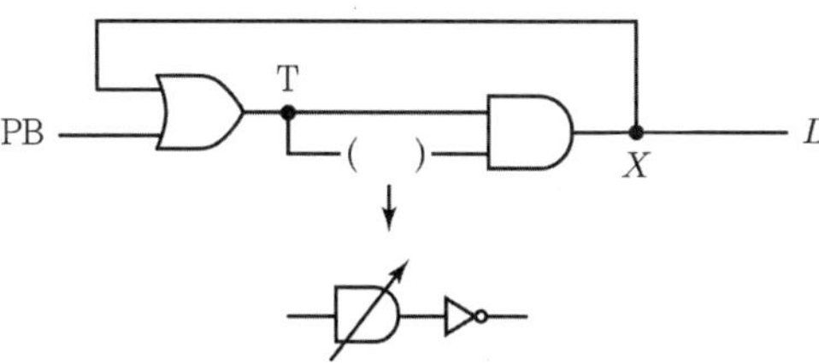

(11) NOR 회로(OR + NOT)

① 유접점 회로 ② 타임차트 ③ 진리표

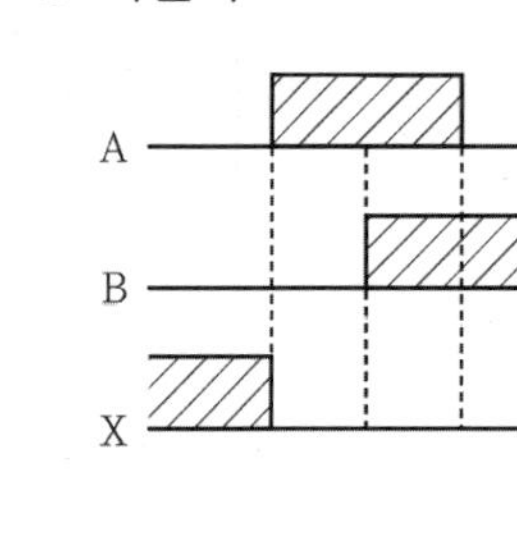

A	B	X
0	0	1
0	1	0
1	0	0
1	1	0

④ 논리식

$X = \overline{A + B} \rightarrow \overline{A} \cdot \overline{B}$

⑤ 논리회로

(12) NAND 회로(AND + NOT)

① 유접점 회로 ② 타임차트 ③ 진리표

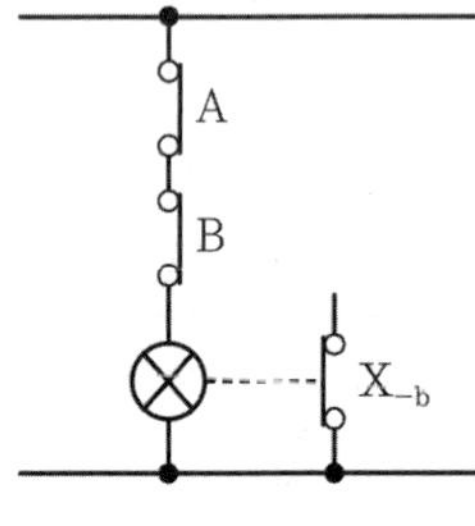

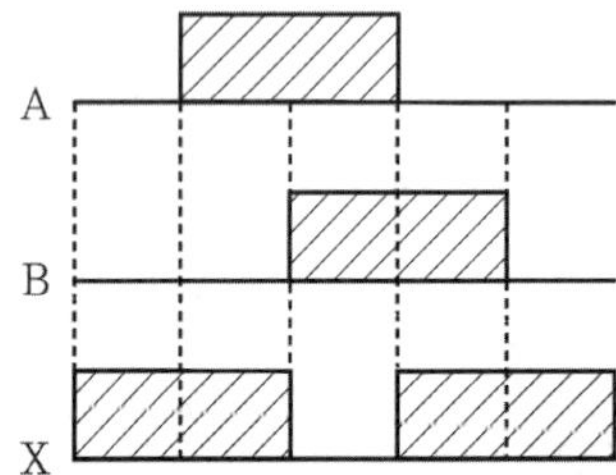

A	B	X
0	0	1
0	1	1
1	0	1
1	1	0

④ 논리식

$X = \overline{A \cdot B} \rightarrow \overline{A} + \overline{B}$

⑤ 논리회로

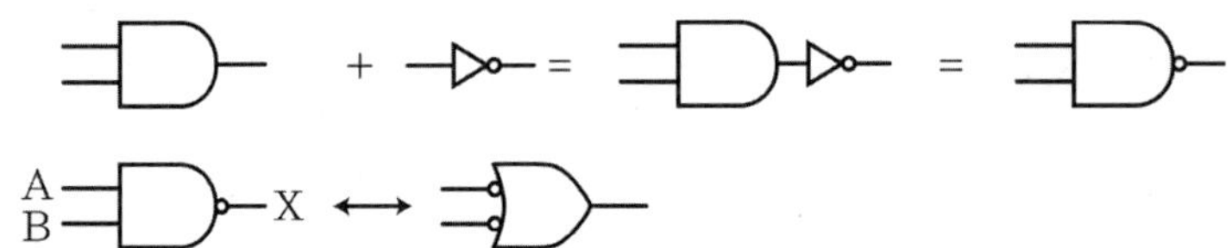

(13) EOR 회로〈배타적 논리합회로〉

① 유접점 회로 ② 타임차트

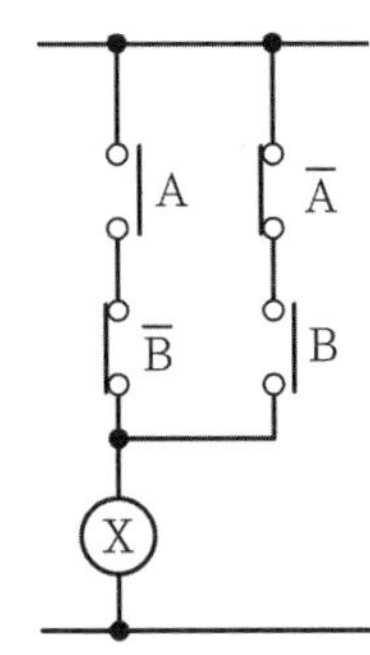

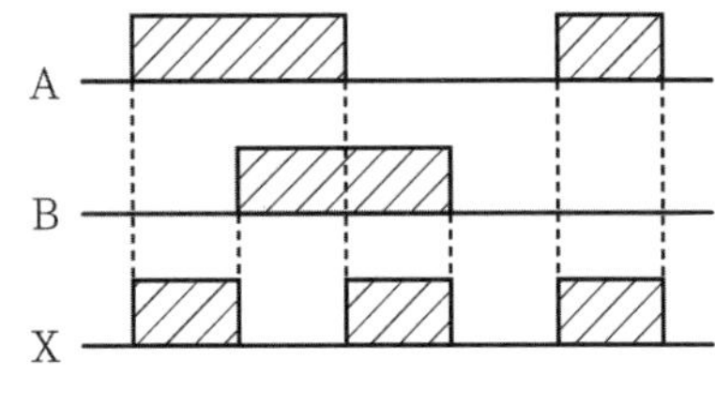

③ 진리표

A	B	X
0	0	0
0	1	1
1	0	1
1	1	0

④ 논리식

$X = A\overline{B} + \overline{A}B$

⑤ 논리회로

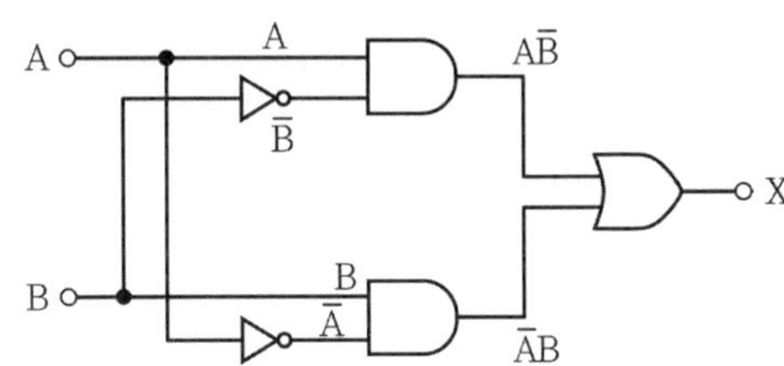

⑥ 논리소자

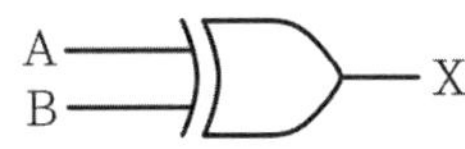

04 논리소자

1) 등가변환

등가변환 시 모든 소자는 (AND → OR, 긍정 → 부정 / OR → AND, 부정 → 긍정)으로 바꾼다.

①

$X = \overline{A} \cdot \overline{B}$ 　　 $X = \overline{A+B} = \overline{A} \cdot \overline{B}$

②

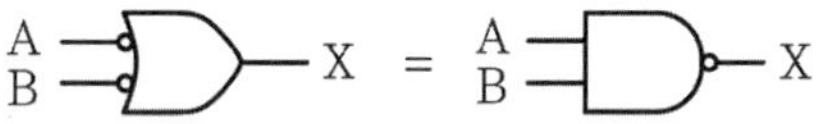

$X = \overline{A} + \overline{B}$ 　　 $X = \overline{A \cdot B} = \overline{A} + \overline{B}$

③

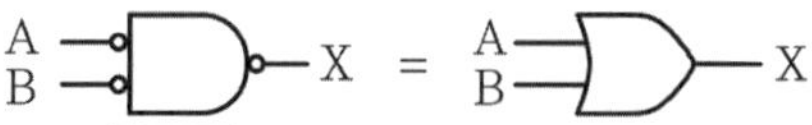

$X = \overline{\overline{A} \cdot \overline{B}} = A + B$

④

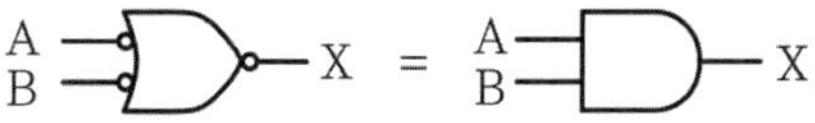

$X = \overline{\overline{A} + \overline{B}} = A \cdot B$

⑤

2중 부정 = 긍정

⑥

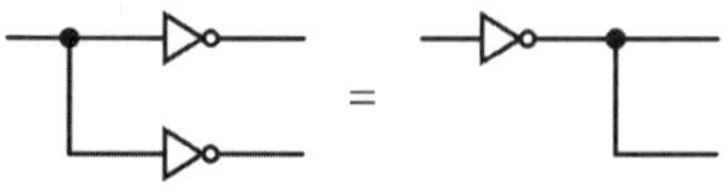

⑦

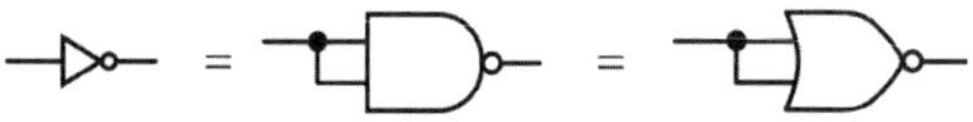

05 논리식의 간소화

1) 곱의 공식

		• (직렬)
$0 \cdot 0 = 0$		$A \cdot 0 = 0$
$0 \cdot 1 = 0$	⇒	$A \cdot 1 = A$
$1 \cdot 0 = 0$		$A \cdot A = A$
$1 \cdot 1 = 1$		$A \cdot \overline{A} = 0$

2) 합의 공식

		+ (병렬)
$0 + 0 = 0$		$A + 0 = A$
$0 + 1 = 1$	⇒	$A + 1 = 1$
$1 + 0 = 1$		$A + A = A$
$1 + 1 = 1$		$A + \overline{A} = 1$

def)

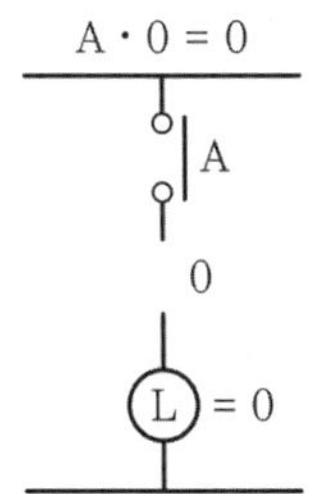

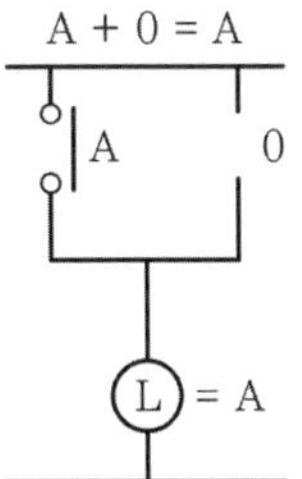

$A \cdot 1 = A$

A

1

L = A

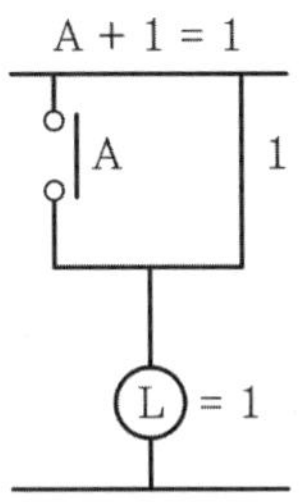

$A \cdot A = A$

A

A

L = A

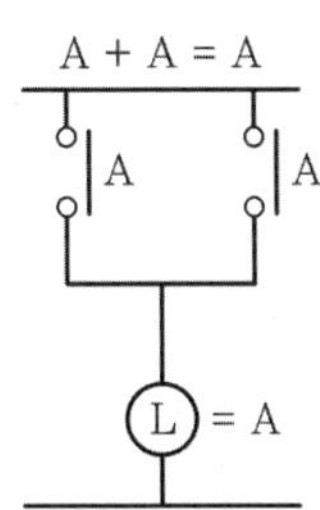

$A \cdot \overline{A} = 0$

A

$\overline{A}$

L = 0

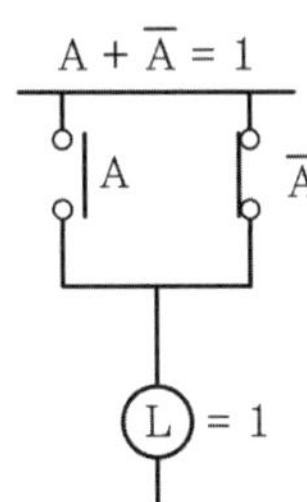

3) $X = A + \overline{A}B = A + B$

$X = A + \overline{A}\,\overline{B} = A + \overline{B}$

$X = \overline{A} + AB = \overline{A} + B$

4) 흡수법칙

$A + AB = A(A + B) = A$

$A \cdot (A + B) = A \cdot A + AB = A + AB = A(1 + B) = A$

06 카르노 도표(Karnaugh Map)

1) 논리식을 도표에 적어 넣는다.

2) 서로 이웃된 식을 2^m개, 즉 2, 4, 8개 …… 등으로 가능한 한 크게 묶어 묶음원(subcube)을 그린다. 이때 중복이 적을수록 식이 간단해진다.

3) 묶어진 부분(subcube) 중 변하지 않는 변수만을 골라 더하면 된다.

A \ B	$\overline{B}$	B
$\overline{A}$		
A		

(a) 2변수

A \ BC	$\overline{B}\ \overline{C}$	$\overline{B}$ C	B C	B $\overline{C}$
$\overline{A}$				
A				

(b) 3변수

AB \ CD	$\overline{C}\ \overline{D}$	$\overline{C}$ D	C D	C $\overline{D}$
$\overline{A}\ \overline{B}$				
$\overline{A}$ B				
A B				
A $\overline{B}$				

(c) 4변수

4) $A + \overline{A} \cdot B = A + B$의 증명

그림 2와 같이 2개의 묶음원에서 변하지 않는 것은 가로원에서 A, 세로원에서 B뿐이므로

A \ B	$\overline{B}$	B
$\overline{A}$		AB
A	A	A

5) $X = \overline{A}BC + \overline{A}B\overline{C} + A\overline{B}C + AB\overline{C}$를 간단히 해보자.

A \ BC	$\overline{B}\ \overline{C}$	$\overline{B}\ C$	$B\ C$	$B\ \overline{C}$
$\overline{A}$			ABC	ABC
A		ABC		ABC

$\therefore X = A\overline{B}C + \overline{A}B + B\overline{C}$

6) $X = \overline{A}\,\overline{B}\,\overline{C} + A\overline{B}\,\overline{C} + \overline{A}B\overline{C} + AB\overline{C}$를 간단히 해보자.

A \ BC	$\overline{B}\ \overline{C}$	$\overline{B}\ C$	$B\ C$	$B\ \overline{C}$
$\overline{A}$	ABC			ABC
A	ABC			ABC

$\therefore X = \overline{C}$

07 전동기 회로

1) Y – Δ 운전 : 기동 시 Y결선, 운전 시 Δ 결선

기동 시 기동전류가 $\frac{1}{3}$로 줄이기 위함

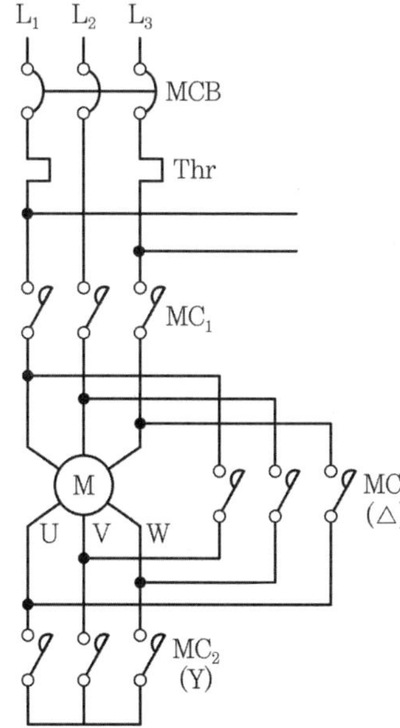

단자	Y기동	Δ운전	
전동기 1차	L_1 L_2 L_3	L_1 L_2 L_3	L_1 L_2 L_3
전동기 2차	x y z	x y z	x y z

2) 정 – 역 운전 : 아무 상이나 두 상 바꿈

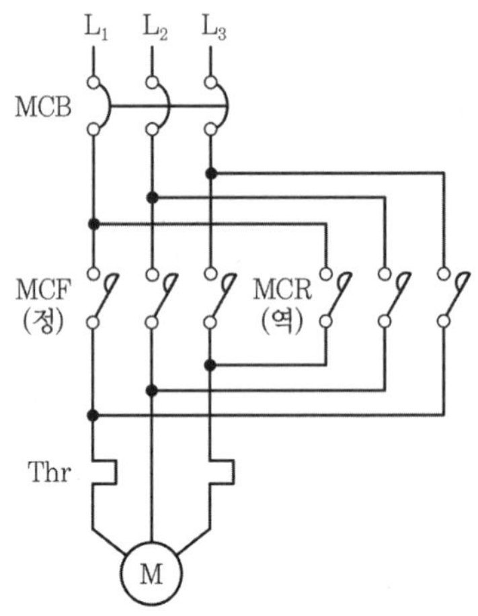

단자	정회전	역회전		
전원단자	L_1 L_2 L_3	L_1 L_2 L_3	L_1 L_2 L_3	L_1 L_2 L_3
전동기단자	x y z	x y z	x y z	x y z

※ MC_1, MC_2 동시 투입금지 → 단락사고 : 인터록 설치

3) 리액터 기동 : 상을 바꾸면 절대 안 됨

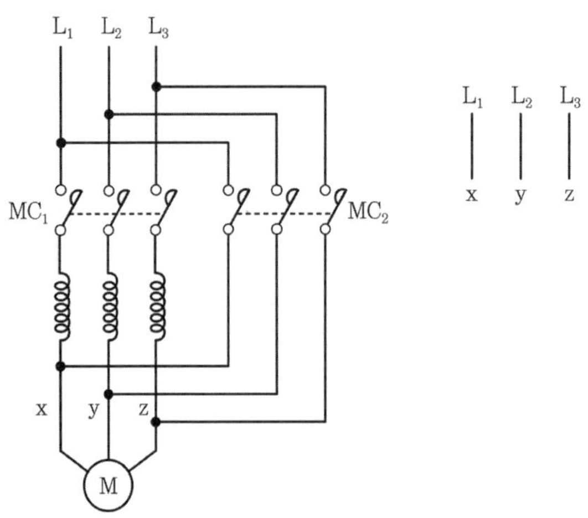

08 PLC 제어

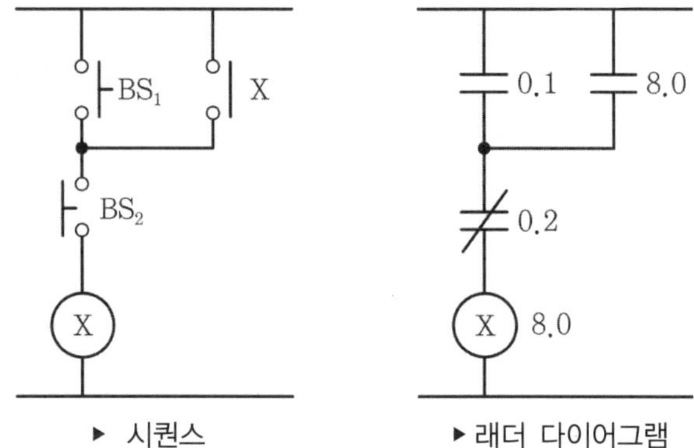

▶ 시퀀스　　▶ 래더 다이어그램

1) 접점의 종류

① a 접점 –

② b 접점 –

2) 시작과 출력

시작명령어 : R　　LOAD.STR

↓　　↓

출력명령어 : W　　OUT

: R(Read), LD(LOAD), STR(STart)

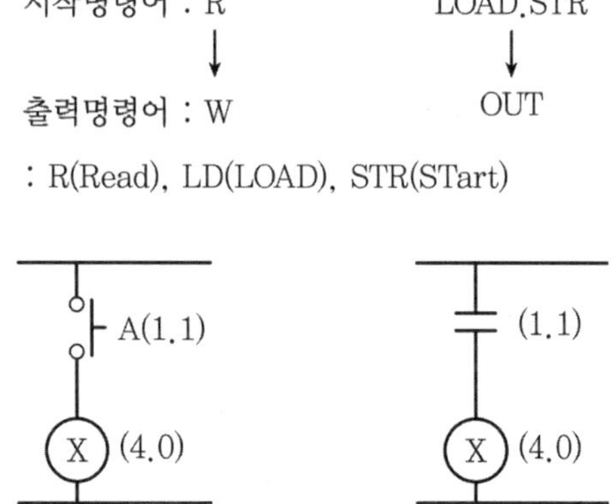

STEP	R	LOAD	STR
10	R–1.1	LOAD–1.1	STR–1.1
20	W–4.0	OUT–4.0	OUT–4.0

3) 직렬(명령어 : AND → A)

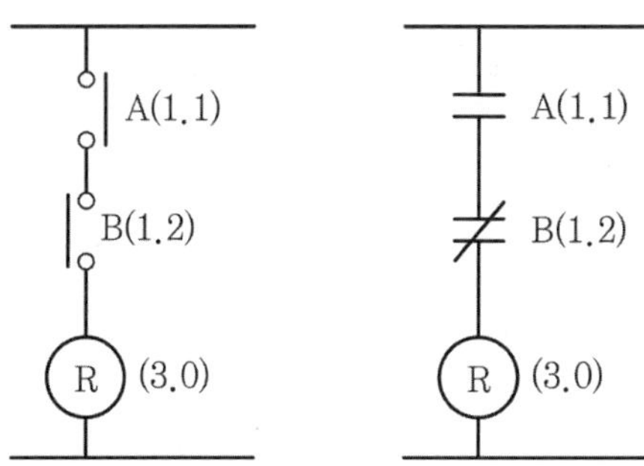

R	LOAD	STR
R-1.1	LOAD-1.1	STR-1.1
AN-1.2	AND NOT-1.2	AND NOT-1.2
W-3.0	OUT-3.0	OUT-3.0

4) 병렬(명령어 : OR → O)

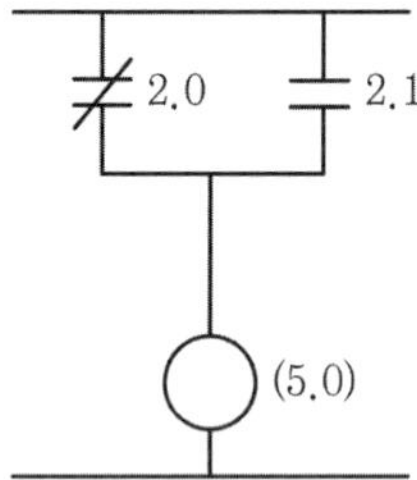

R	LOAD
R-2.0	LOAD NOT-2.0
O-2.1	OR-2.1
W-5.0	OUT-5.0

5) 직렬묶음(명령어 : A-MRG, AND LOAD, AND STR)

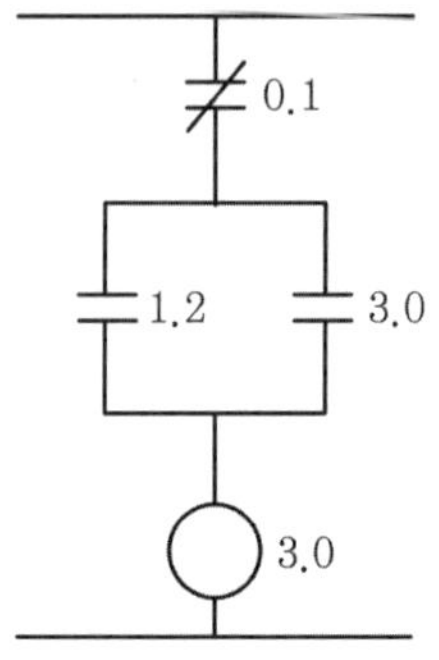

LOAD
LOAD NOT-0.1
LOAD-1.2
OR-3.0
AND LOAD
OUT-3.0

6) 병렬묶음(명령어 : O-MRG, OR LOAD, OR STR)

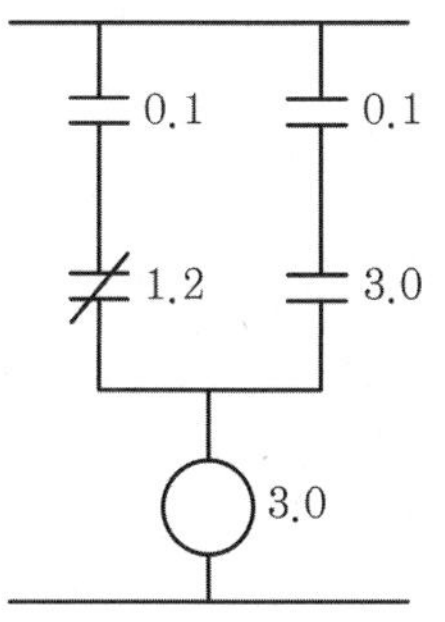

STR	R
SRT-0.1	R-0.1
AND NOT-1.2	AN-1.2
SRT-0.1	R-0.1
AND-3.0	A-3.0
OR STR	O-MRG
OUT-3.0	W-3.0

전기기사
전기산업기사
실기

PART 02

기출문제편

• Electrical • Engineer •

Chapter 01 분기회로 설비불평형

01 단상 2선식 220[V], 28[W]×2등용 형광등 기구 100대를 16[A]의 분기회로로 설치하는 경우 필요 회선 수는 최소 몇 회로인지 구하시오. (단, 형광등의 역률은 80[%]이고, 안정기의 손실은 고려하지 않으며, 1회로의 부하전류는 분기회로 용량의 80[%]로 한다.)

정답

$$\text{분기회로 수} = \frac{\text{상정부하의 합}[VA]}{V \times I(\text{분기회로의 전류})} = \frac{\frac{28 \times 2}{0.8} \times 100}{220 \times 16 \times 0.8} = 2.49[\text{회로}]$$

따라서 16[A] 분기회로 3회로로 선정한다.

02 설비불평형률에 대한 다음 각 물음에 답하시오.

1) 저압, 고압 및 특별 고압 수전의 3상 3선식 또는 3상 4선식에서 불평형 부하의 한도는 단상 접속부하로 계산하여 설비불평형률을 몇 [%] 이하로 하는 것을 원칙으로 하는가?

정답

30[%]

2) 아래 그림과 같은 3상 3선식 380[V] 수전인 경우의 설비불평형률을 구하시오. (단, 전열부하의 역률은 1이며, 전동기의 출력[kW]를 입력[kVA]로 환산하면 5.2[kVA]이다.)

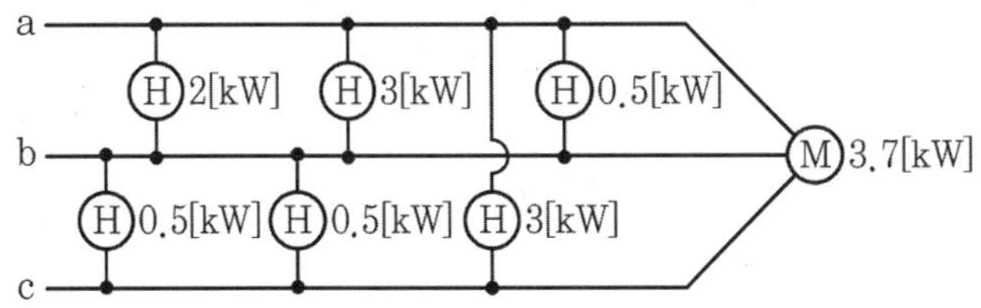

정답

a－b 사이의 부하 : 2 + 3 + 0.5 = 5.5[kW]

b－c 사이의 부하 : 0.5 + 0.5 = 1[kW]

c－a 사이의 부하 : 3[kW]

각 선간에 접속되는 단상부하의 최대와 최소의 차를 말하므로

a－b 사이의 부하와 b－c 사이의 부하의 차가 된다.

따라서 설비불평형률 $= \dfrac{(2+3+0.5)-(0.5+0.5)}{(2+3+0.5+5.2+3+0.5+0.5)\times\dfrac{1}{3}}\times 100[\%] = 91.84[\%]$이다.

03 건축 연면적이 350[m^2]인 주택에 다음 조건과 같은 전기설비를 시설하고자 할 때 분전반에 사용할 20[A]와 30[A]의 분기회로수는 각각 몇 회로로 하여야 하는지 결정하시오. (단, 분전반의 전압은 단상 220[V]이며, 전등 및 전열의 분기회로는 20[A], 에어컨은 30[A] 분기회로이다.)

조건

부하의 조건은 다음과 같다.

- 전등과 전열용 부하는 30[VA/m^2]
- 2,500[VA] 용량의 에어컨 2대
- 예비부하는 3500[VA]

정답

1) 먼저 전등과 전열용 부하를 구하면

상정부하 $= 30\times 350 + 3{,}500 = 14{,}000$[VA]

분기회로 수 $N = \dfrac{\text{상정부하}}{V\times I} = \dfrac{14{,}000}{220\times 20} = 3.18$[회로]

따라서 20[A]의 분기회로 4회로 선정

2) 에어컨 부하를 구하면

분기회로 수 $N = \dfrac{\text{상정부하}}{V\times I} = \dfrac{2{,}500\times 2}{220\times 30} = 0.76$[회로]

따라서 30[A]의 분기회로 1회로 선정

04 3상 4선식에서 역률 100[%]의 부하가 각 상과 중성선 간에 연결되어 있다. a상, b상, c상에 흐르는 전류가 각각 110[A], 86[A], 95[A]이다. 중성선에 흐르는 전류의 크기 $|I_N|$을 구하시오.

정답

중성선에 흐르는 전류 $I_N = I_a + I_b + I_c$

$= 110\angle 0^\circ + 86\angle -120^\circ + 95\angle 120^\circ = 19.5 + j7.79$

$= \sqrt{19.5^2 + 7.79^2} = 21$[A]

05 3상 3선식 배전선로의 각 선간의 전압강하의 근사값을 구하고자 하는 경우에 이용할 수 있는 약산식을 다음 조건을 이용하여 구하시오.

조건

- 배전선로의 길이 : L[m], 배전선의 굵기 : A[mm²], 배전선의 전류 : I[A]
- 표준연동선의 고유저항(20[℃]) : $\frac{1}{58}$[Ω·mm²/m], 동선의 도전율 : 97[%]
- 선로의 리액턴스를 무시하고 역률은 1로 간주해도 무방한 경우임

정답

저항 $R = \rho\frac{L}{A} = \frac{1}{58} \times \frac{100}{C} \times \frac{L}{A} = \frac{1}{56.26} \times \frac{L}{A}$

따라서 전압강하 $e = \sqrt{3}IR = \sqrt{3} \times I \times \frac{1}{56.26} \times \frac{L}{A} = \frac{30.8LI}{1,000A}$[V]가 된다.

06 다음 그림에서 AD는 간선이다. A, B, C, D 중 어느 점에서 전원을 공급할 경우 간선의 전력손실이 최소로 될 수 있는지를 계산하여 선정하시오.

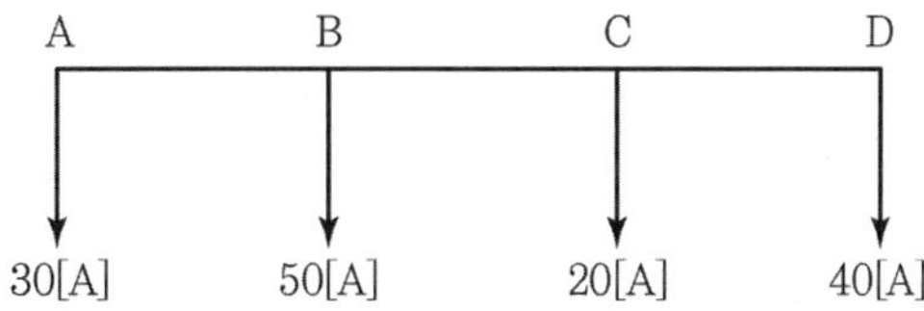

정답

1) A점을 급전점으로 할 경우의 전력손실

$P_{\ell A}=(50+20+40)^2r+(20+40)^2r+40^2r=17{,}300r$[W]

2) B점을 급전점으로 할 경우의 전력손실

$P_{\ell B}=30^2r+(20+40)^2r+40^2r=6{,}100r$[W]

3) C점을 급전점으로 할 경우의 전력손실

$P_{\ell C}=(30+50)^2r+30^2r+40^2r=8{,}900r$[W]

4) D점을 급전점으로 할 경우의 전력손실

$P_{\ell D}=(30+50+20)^2r+(30+50)^2r+30^2r=17{,}300r$[W]

따라서 B점에서 전력공급 시 전력손실이 가장 적어진다.

07 단상 2선식 220[V]의 옥내배선에서 소비전력 40[W], 역률 85[%]의 LED 형광등 85등을 설치할 때 16[A]의 분기회로 수는 최소 몇 회로인지 구하시오. (단, 한 회선의 부하전류는 분기회로 용량의 80[%]로 하고 수용률은 100[%]로 한다.)

정답

분기회로 수 $N=\dfrac{\text{부하용량[VA]}}{\text{전압[V]}\times\text{전류[A]}}=\dfrac{\dfrac{40}{0.85}\times 85}{220\times 16\times 0.8}=1.42$[회로]

따라서 16[A] 분기회로 2회로 선정

08 그림과 같은 분기회로의 전선의 굵기를 표준 공칭 단면적으로 산정하시오. (단, 전압강하는 2[V] 이하이고, 배선방식은 교류 220[V], 단상 2선식이며, 후강전선관 공사로 한다.)

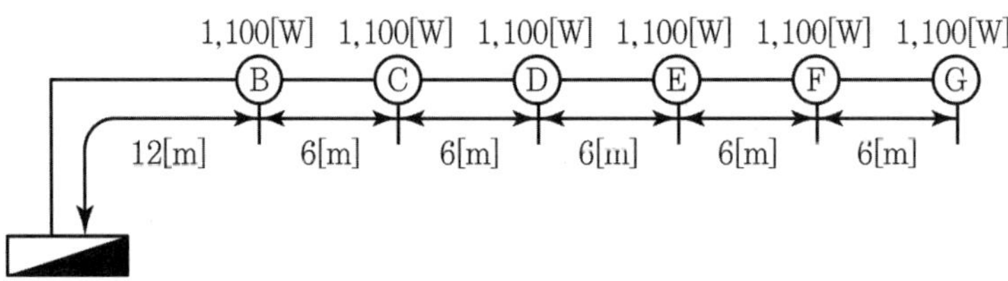

정답

전류 $i = \dfrac{P}{V} = \dfrac{1,100}{220} = 5[\text{A}]$

부하 중심점까지의 거리 $L = \dfrac{i_1\ell_1 + i_2\ell_2 + i_3\ell_3 + \cdots i_n\ell_n}{i_1 + i_2 + i_3 + \cdots + i_n}$

$= \dfrac{5\times12 + 5\times18 + 5\times24 + 5\times30 + 5\times36 + 5\times42}{5+5+5+5+5+5} = 27[\text{m}]$

여기서 전류 $I = \dfrac{1,100\times6}{220} = 30[\text{A}]$가 된다.

전선의 굵기 $A = \dfrac{35.6LI}{1,000e} = \dfrac{35.6\times27\times30}{1,000\times2} = 14.42[\text{mm}^2]$

따라서 16[mm^2] 선정

09 공급점에서 30[m]의 지점에 80[A], 45[m]의 지점에 50[A], 60[m]의 지점에 30[A]의 부하가 걸려있을 때, 부하 중심까지의 거리를 구하시오.

정답

$L = \dfrac{i_1\ell_1 + i_2\ell_2 + i_3\ell_3 + \cdots i_n\ell_n}{i_1 + i_2 + i_3 + \cdots + i_n}$

$= \dfrac{30\times80 + 45\times50 + 60\times30}{80+50+30} = 40.31[\text{m}]$

10 분전반에서 30[m]인 거리에 5[kW]의 단상 교류(2선식) 200[V]의 전열기용 아웃트렛을 설치하여, 그 전압강하를 4[V] 이하가 되도록 하려 한다. 배선방법을 금속관공사로 한다고 할 때 여기에 필요한 전선의 굵기를 계산하고, 실제 사용되는 전선의 굵기를 선정하시오.

정답

부하전류 $I=\frac{P}{V}=\frac{5,000}{200}=25[A]$

전선의 단면적 $A=\frac{35.6LI}{1,000e}=\frac{35.6\times30\times25}{1,000\times4}=6.68[mm^2]$

따라서 $10[mm^2]$ 선정

11 분전반에서 25[m]의 거리에 4[kW]의 교류 단상 200[V] 전열용 아웃트렛을 설치하여 전압강하를 1[%] 이내가 되도록 하고자 한다. 이곳의 배선방법은 금속관공사로 한다고 하면, 전선의 굵기$[mm^2]$를 얼마로 선정하여야 하는가?

정답

부하전류 $I=\frac{P}{V}=\frac{4,000}{200}=20[A]$

전선의 단면적 $A=\frac{35.6LI}{1,000e}=\frac{35.6\times25\times20}{1,000\times(200\times0.01)}=8.9[mm^2]$

따라서 $10[mm^2]$ 선정

12 그림과 같은 3상 3선식 220[V]의 수전회로가 있다. Ⓗ는 전열부하이고, Ⓜ은 전동기 부하이며 역률은 0.8이다. 다음 그림을 보고 각 물음에 답하시오. (단, 전열부하의 역률은 1로 한다.)

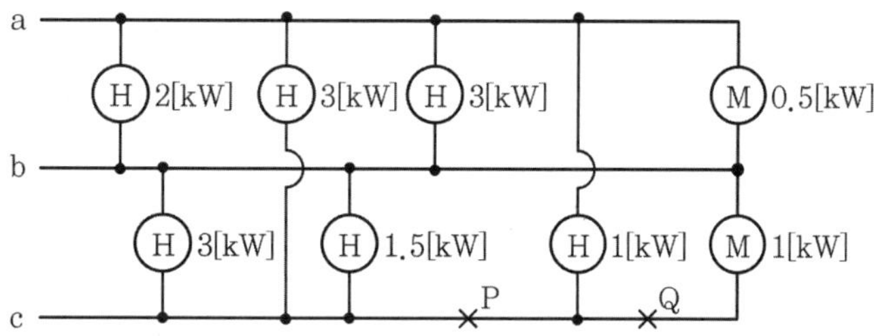

1) 저압 수전의 3상 3선식 선로인 경우에 설비불평형률은 몇 [%] 이하로 하여야 하는가?

정답

30[%]

2) 그림의 설비불평형률은 몇 [%]인가? (단, P, Q점은 단선이 아닌 것으로 한다.)

정답

$$\text{설비불평형률} = \frac{(3+1.5+\frac{1}{0.8})-(3+1)}{(2+3+\frac{0.5}{0.8}+3+1.5+\frac{1}{0.8}+3+1)\times\frac{1}{3}}\times 100 = 34.15[\%]$$

3) P, Q점에서 단선이 되었다면 설비불평형률[%]는 어떻게 되는가?

정답

단선이 되면서 전열기 1[kW], 전동기 1[kW]의 부하가 제외된다.

$$\text{따라서 설비불평형률} = \frac{(2+3+\frac{0.5}{0.8})-3}{(2+3+\frac{0.5}{0.8}+3+1.5+3)\times\frac{1}{3}}\times 100 = 60.09[\%]$$

13

공급 변압기의 2차 측 단자(전기사업자로부터 전기의 공급을 받고 있는 경우 인입선 접속점)에서 최원단의 부하에 이르는 전선의 길이가 60[m]인 경우 전압강하 값을 쓰시오.

설비의 유형	조명[%]	기타[%]
A - 저압으로 수전하는 경우	①	②
B - 고압 이상으로 수전하는 경우	③	④

정답

① 3　② 5　③ 6　④ 8

14 고압 수전의 수용가에서 3상 4선식 교류 380[V], 50[kVA] 부하가 수용가 설비의 인입구로부터 기기까지 270[m] 떨어져 설치되어 있다. 바람직한 허용전압강하는 얼마이며, 이 경우 배전용 케이블의 최소 굵기는 얼마로 하여야 하는가? (단, 케이블은 IEC 규격 6[mm^2], 10[mm^2], 16[mm^2], 25[mm^2], 35[mm^2], 50[mm^2]에 의한다.)

1) 허용전압강하를 계산하시오.

정답

전압강하의 표를 보면

설비의 유형	조명[%]	기타[%]
A – 저압으로 수전하는 경우	3	5
B – 고압 이상으로 수전하는 경우	6	8

따라서 A유형의 값을 적용하면 5[%]가 된다.
수전 설비의 전압강하는 사용자의 배선설비가 100[m]를 넘는 부분에는 0.005[%] 증가할 수 있으나 이러한 0.5[%]를 넘지 않아야 한다.
거리에 따른 증가분을 적용하면 (270 – 100) × 0.005[%] = 0.85[%]이지만 0.5[%]를 넘지 않아야 하므로 0.5[%]를 적용한다.
따라서 허용전압강하는 5 + 0.5 = 5.5[%]이다.

2) 케이블의 굵기를 선정하시오.

정답

$$I = \frac{50 \times 10^3}{\sqrt{3} \times 380} = 75.97[\text{A}]$$

전선의 굵기 $A = \frac{30.8LI}{1{,}000e} = \frac{30.8 \times 270 \times 75.79}{1{,}000 \times 20.9} = 30.23[\text{mm}^2]$

따라서 35[mm^2] 선정

15 그림과 같은 단상 3선식 선로에서 설비불평형률은 몇 [%]인가?

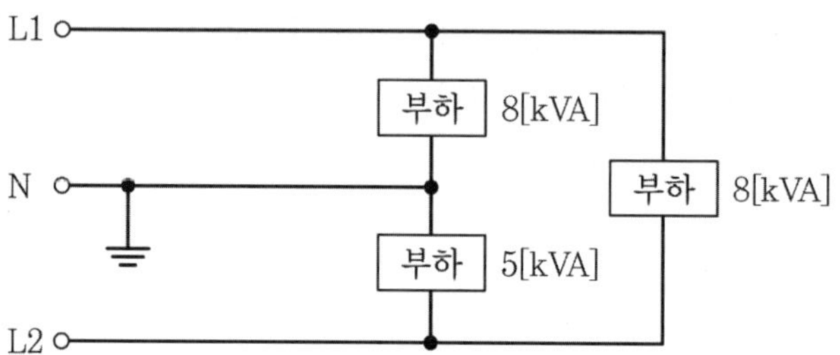

정답

단상 3선식의 설비불평형률 $= \dfrac{8-5}{(8+5+8)\times\dfrac{1}{2}}\times 100 = 28.57[\%]$

16 다음 그림과 같이 3상 3선식 220[V]에 전열 부하와 전동기 부하가 접속된 경우 설비불평형률을 구하시오. (단, H는 전열 부하이고, M은 전동기 부하이다.)

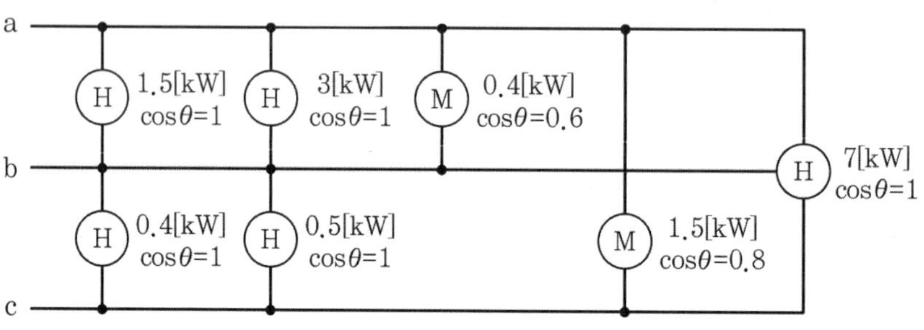

정답

먼저 각 선간에 접속된 단상 부하를 살펴보면

a − b 간 : $1.5+3+\frac{0.4}{0.6}=5.17$[kVA]

b − c 간 : $0.4+0.5=0.9$[kVA]

c − a 간 : $\frac{1.5}{0.8}=1.875$[kVA]

따라서 $\dfrac{(1.5+3+\frac{0.4}{0.6})-(0.4+0.5)}{(1.5+3+\frac{0.4}{0.6}+0.4+0.5+\frac{1.5}{0.8}+7)\times\frac{1}{3}}\times 100=28.57[\%]$

17 건축물의 전기실에서 180[m] 떨어진 기계실의 부하조건이 아래 표와 같다. 전기실에서 기계실까지 케이블 트레이 공사에 의하여 3상 4선식 380/220[V]로 전원을 공급하고 있다. 다음 각 물음에 답하시오.

부하명	규격	대수	역률×효율	수용률[%]
급수펌프	3상 380[V] 7.5[kW]	4	0.7	70
소방펌프	3상 380[V] 20[kW]	2	0.7	70
히터	단상 220[V] 10[kW]	3(각 상 평형배치)	1	50

1) 간선의 허용전류[A]를 구하시오.

정답

부하조건을 고려하여 설계전류를 구하면

(1) 급수펌프 $I_1=\frac{7.5\times10^3\times0.7\times4}{\sqrt{3}\times380\times0.7}=45.58$[A]

(2) 소방펌프 $I_2=\frac{20\times10^3\times2\times0.7}{\sqrt{3}\times380\times0.7}=60.77$[A]

(3) 히터 $I_3=\frac{10\times10^3\times0.5}{220}=22.73$[A]

따라서 전류 설계전류 $I_B=45.58+60.77+22.73=129.08$[A]

허용전류(I_Z)는 $I_B\le I_n\le I_Z$ 조건을 만족하여야 하므로 129.08[A]가 된다.

2) 적용 전선의 굵기[mm^2]를 선정하시오. (단, 간선의 허용전압강하는 3[%]로 하며, 굵기 [mm^2]는 16, 25, 35, 50, 70, 95, 120, 150이다.)

정답

전선의 굵기 $A = \dfrac{30.8LI}{1{,}000e} = \dfrac{30.8 \times 180 \times 129.08}{1{,}000 \times 380 \times 0.03} = 62.77[\text{mm}^2]$

따라서 조건에서 70[mm^2]를 선정한다.

18 380[V], 10[kW](3상 4선식)의 3상 전열기가 수・변전실 배전반에서 50[m] 떨어져 설치되어 있다. 이 경우 배전용 케이블의 최소 규격을 선정하시오. (단, 케이블의 규격[mm^2]의 경우 1.5, 2.5, 4, 6, 10, 16, 25, 35이다.)

참고사항

KEC 232.3.9 수용가 설비에서의 전압강하 기준을 살펴보면 특별한 조건이 없다면 수용가 설비의 인입구로부터 기기까지의 전압강하는 다음 표의 값 이하이어야 한다.

설비의 유형	조명(%)	기타(%)
A - 저압으로 수전하는 경우	3	5
B - 고압 이상으로 수전하는 경우	6	8

정답

전선의 굵기 $A=\frac{17.8LI}{1{,}000e}$[mm²]

여기서 전류를 구하면 $I=\frac{P}{\sqrt{3}\,V}=\frac{10\times10^3}{\sqrt{3}\times380}=15.19$[A]

단, 전압강하는 5[%] 이내가 되어야 하므로 전선의 굵기를 구하면

$A=\frac{17.8LI}{1{,}000e}=\frac{17.8\times50\times15.19}{1{,}000\times220\times0.05}=1.23$[mm²]

따라서 1.5[mm²]를 선정한다.

19 3상 4선식에서 역률 100[%]의 부하가 각 상과 중성선 간에 연결되어 있다. a상, b상, c상에 흐르는 전류가 각각 10[A], 8[A], 9[A]이었다. 중성선에 흐르는 전류(I_n)의 크기는 몇 [A]인가? (단, 각 선전류 간의 위상차는 120°이다.)

정답

$I_a+I_b+I_c=I_n$ 이므로

$I_n=10\angle0+8\angle-120°+9\angle120°$

$=1.5+j0.866$

$=\sqrt{1.5^2+0.866^2}$

$=1.732$

20 단상 2선식 220[V]회로에서 역률 90[%]인 50[W] 형광등 60개와 200[W] 백열등 30개를 시설한 실내 체육관이 있다. 회로의 최소 분기회로 수는 몇 회로인지 구하여라. (단, 분기회로는 16[A]이다.)

정답

먼저 각각의 유효전력과 무효전력을 구하면

1) 50[W] 형광등
   (1) 유효전력 $P_1 = 50 \times 60 = 3{,}000$[W]
   (2) 무효전력 $Q_1 = \frac{50}{0.9} \times \sqrt{1-0.9^2} = 24.22$[Var]
   60등이므로 $24.22 \times 60 = 1{,}453.2$[Var]
2) 200[W] 백열등
   (1) 유효전력 $P_2 = 200 \times 30 = 6{,}000$[W]
   (2) 무효전력 $Q_2 = 0$[Var]
3) 합성 유효전력, 합성 무효전력
   $P_0 = 3{,}000 + 6{,}000 = 9{,}000$[W]
   $Q_0 = 1{,}453.2$[Var]
4) 피상전력
   $P_a = \sqrt{9{,}000^2 + 1{,}453.2^2} = 9{,}116.57$[VA]
5) 분기회로 수
   $n = \frac{9{,}116.57}{220 \times 16} = 2.59$[회로]
   따라서 16[A]분기회로 3회로 선정

21 어느 수용가의 3상 3선식 저압전로에 3상 10[kW], 380[V]인 전열기를 부하로 사용하고 있다. 이때 수용가 설비의 인입구로부터 분전반까지 전압강하가 3[%]이며, 분전반에서 전열기까지의 거리는 10[m]라고 한다면 분전반에서 전열기까지의 전선의 최소단면적은 몇 [mm^2]인지 선정하시오.

▶ 전선의 단면적

2.5	4	6	10	16	25	35	50	70	95	120	150

정답

저압수전의 경우 인입구로부터 기기까지의 전압강하는 5[%] 이하이다. 따라서 분전반에서 전열기까지의 전압강하는 5[%] − 3[%]가 되어 2[%] 이하로 되어야 한다.

부하전류를 구하면 $I = \dfrac{P}{\sqrt{3}\,V} = \dfrac{10 \times 10^3}{\sqrt{3} \times 380} = 15.19[\mathrm{A}]$

따라서 전선의 단면적 $A = \dfrac{30.8LI}{1,000e} = \dfrac{30.8 \times 10 \times 15.19}{1,000 \times 380 \times 0.02} = 0.615[\mathrm{mm^2}]$

따라서 2.5[mm^2] 선정

22 그림과 같은 회로에서 단자전압이 V_0일 때 전압계의 눈금 V로 측정하기 위한 배율기의 저항 R_m을 구하는 관계식의 유도과정과 관계식을 쓰시오. (단, 전압계의 내부저항은 R_v로 한다.)

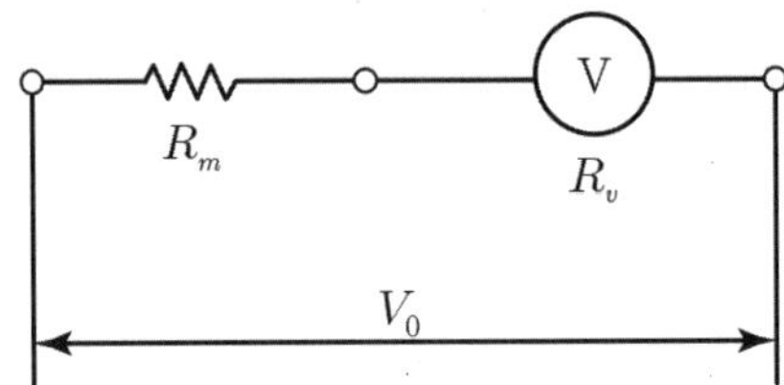

1) 관계식의 유도과정

정답

$V = IR_v$

$V = \dfrac{R_v}{R_m + R_v} V_0$ 따라서 $R_m = R_v(\dfrac{V_0}{V} - 1)$

2) 관계식

정답

$R_m = R_v(\dfrac{V_0}{V} - 1)$

23 가동 코일형의 밀리볼트계가 있다. 이것에 45[mV]의 전압을 가할 때 30[mA]가 흘러 최댓값을 지시하였다. 다음 각 물음에 답하시오.

1) 밀리볼트계의 내부저항[Ω]을 구하시오.

정답

내부저항 $R_v = \dfrac{E}{I} = \dfrac{45}{30} = 1.5[\Omega]$

2) 이것을 100[V] 전압계로 만들려면 몇 [Ω]의 배율기를 써야 하는지 구하시오.

정답

배율기의 저항 $R_m = R_v(\frac{V_0}{V} - 1)$

$= 1.5 \times (\frac{100}{45 \times 10^{-3}} - 1) = 3331.83[\Omega]$

24 한국전기설비규정에 따라 수용가 설비의 인입구로부터 기기까지의 전압강하는 다음 표의 값 이하이어야 한다. 다음 (　　)에 들어갈 내용을 답란에 쓰시오. (단, 한국전기설비규정에 따른 다른 조건을 고려하지 않는 경우이다.)

설비의 유형	조명(%)	기타(%)
A - 저압으로 수전하는 경우	(①)	(②)
B - 고압 이상으로 수전하는 경우*	(③)	(④)

* 가능한 한 최종회로 내의 전압강하가 A 유형의 값을 넘지 않도록 하는 것이 바람직하다. 사용자의 배선설비가 100[m]를 넘는 부분의 전압강하는 미터당 0.005[%] 증가할 수 있으나 이러한 증가분은 0.5[%]를 넘지 않아야 한다.

정답

①	②	③	④
3	5	6	8

25 그림과 같은 교류 100[V] 단상 2선식 분기회로에서 전선의 부하중심까지 거리[m]를 구하시오.

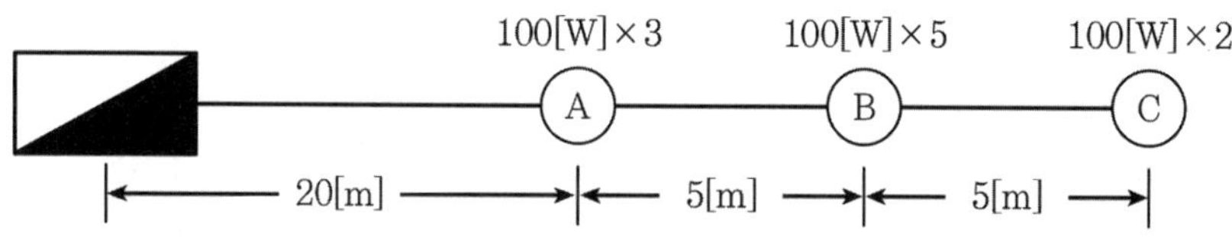

정답

전류를 구하면

$$I=\frac{100\times3}{100}+\frac{100\times5}{100}+\frac{100\times2}{100}=10[A]$$

부하중심점까지의 거리를 구하면

$$L=\frac{i_1\ell_1+i_2\ell_2+i_3\ell_3+\cdots i_n\ell_n}{i_1+i_2+i_3+\cdots+i_n}$$

$$=\frac{\frac{100\times3}{100}\times20+\frac{100\times5}{100}\times25+\frac{100\times2}{100}\times30}{10}=24.5[m]$$

Chapter 02 T-S

01 어느 빌딩의 수용가가 자가용 디젤 발전기 설비를 계획하고 있다. 발전기 용량 산출에 필요한 부하의 종류 및 특성이 다음과 같을 때 주어진 조건과 참고자료를 이용하여 전부하를 운전하는 데 필요한 발전기 용량은 몇 [kVA]인지 표의 빈칸을 채우면서 선정하시오.

부하의 종류	출력[kW]	극수(극)	대수(대)	적용 부하	기동 방법
전동기	37	6	1	소화전 펌프	리액터 기동
	22	6	2	급수 펌프	리액터 기동
	11	6	2	배풍기	$Y-\Delta$ 기동
	5.5	4	1	배수 펌프	직입 기동
전등, 기타	50	–	–	비상 조명	–

조건

- 참고자료의 수치는 최소치를 적용한다.
- 전동기 기동 시에 필요한 용량은 무시한다.
- 수용률 적용예시
  - 동력 : 적용부하에 대한 전동기의 대수가 1대인 경우에는 100[%], 2대인 경우에는 80[%]를 적용한다.
  - 전등, 기타 : 100[%]를 적용한다.
- 부하의 종류가 전등, 기타인 경우의 역률은 100[%]를 적용한다.
- 자가용 디젤 발전기 용량은 50, 100, 150, 200, 300, 400, 500에서 선정한다.

(단위 : kVA)

부하의 종류	출력[kW]	극수	전부하 특성			수용률[%]	수용률을 적용한 용량[kVA]
			역률[%]	효율[%]	입력[kVA]		
전동기	37×1	6					
	22×2	6					
	11×2	6					
	5.5×1	4					
전등, 기타	50	–	100	–			
합계	158.5	–	–	–		–	

∴ 발전기 용량 : (　　)[kVA]

참고자료

▶ [표] 전동기 전부하 특성표

정격 출력 [kW]	극수	동기 회전 속도 [rpm]	전부하 특성		참고값		
			효율 η [%]	역률 pf [%]	무부하 I_0 (각 상의 평균치) [A]	전부하전류 I (각 상의 평균치) [A]	전부하 슬립 s [%]
0.75	2	3,600	70.0 이상	77.0 이상	1.9	3.5	7.5
1.5			76.5 이상	80.5 이상	3.1	6.3	7.5
2.2			79.5 이상	81.5 이상	4.2	8.7	6.5
3.7			82.5 이상	82.5 이상	6.3	14.0	6.0
5.5			84.5 이상	79.5 이상	10.0	20.9	6.0
7.5			85.5 이상	80.5 이상	12.7	28.2	6.0
11			86.5 이상	82.0 이상	16.4	40.4	5.5
15			88.0 이상	82.5 이상	21.8	53.6	5.5
18.5			88.0 이상	83.0 이상	26.4	65.5	5.5
22			89.0 이상	83.5 이상	30.9	76.4	5.0
30			89.0 이상	84.0 이상	40.9	102.7	5.0
37			90.0 이상	84.5 이상	50.0	125.5	5.0
0.75	4	1,800	71.5 이상	70.0 이상	2.5	3.8	8.0
1.5			78.0 이상	75.0 이상	3.9	6.6	7.5
2.2			81.0 이상	77.0 이상	5.0	9.1	7.0
3.7			83.0 이상	78.0 이상	8.2	14.6	6.5
5.5			85.0 이상	77.0 이상	11.8	21.8	6.0
7.5			86.0 이상	78.0 이상	14.5	29.1	6.0
11			87.0 이상	79.0 이상	20.9	40.9	6.0
15			88.0 이상	79.5 이상	26.4	55.5	5.5
18.5			88.5 이상	80.0 이상	31.8	67.3	5.5
22			89.0 이상	80.5 이상	36.4	78.2	5.5
30			89.5 이상	81.5 이상	47.3	105.5	5.5
37			90.0 이상	81.5 이상	56.4	129.1	5.5
0.75	6	1,200	70.0 이상	63.0 이상	3.1	4.4	8.5
1.5			76.0 이상	69.0 이상	4.7	7.3	8.0
2.2			79.5 이상	71.0 이상	6.2	10.1	7.0
3.7			82.5 이상	73.0 이상	9.1	15.8	6.5
5.5			84.5 이상	72.0 이상	13.6	23.6	6.0
7.5			85.5 이상	73.0 이상	17.3	30.9	6.0
11			86.5 이상	74.5 이상	23.6	43.6	6.0
15			87.5 이상	75.5 이상	30.0	58.2	6.0
18.5			88.0 이상	76.0 이상	37.3	71.8	5.5
22			88.5 이상	77.0 이상	40.0	82.7	5.5
30			89.0 이상	78.0 이상	50.9	111.8	5.5
37			90.0 이상	78.5 이상	60.9	136.4	5.5

정답

부하의 종류	출력 [kW]	극수	전부하특성			수용률 [%]	수용률을 적용한 용량[kVA]
			역률 [%]	효율 [%]	입력 [kVA]		
전동기	37×1	6	78.5	90	$\frac{37}{0.785\times0.9}=52.37$	100	52.37
	22×2	6	77.0	88.5	$\frac{22\times2}{0.77\times0.885}=64.57$	80	64.57×0.8 = 51.66
	11×2	6	74.5	86.5	$\frac{11\times2}{0.745\times0.865}=34.14$	80	34.14×0.8 = 27.31
	5.5×1	4	77.0	85.0	$\frac{5.5}{0.77\times0.85}=8.40$	100	8.4
전등, 기타	50	–	100	–	50	100	50
합계	158.5	–	–	–	209.48	–	189.74

∴ 발전기 용량 : 200[kVA]

02 3상 농형 유도 전동기 부하가 다음 표와 같을 때 간선의 굵기를 구하려고 한다. 주어진 참고자료의 해당 부분을 적용시켜 간선의 최소 전선의 굵기를 구하시오. (단, 전선은 PVC 절연전선을 사용하며, 공사방법은 B1에 의하여 시공한다.)

참고자료

▸ 부하내역

상수	전압	용량	대수	기동방법
3상	200[V]	22[kW]	1대	기동기 사용
		7.5[kW]	1대	직입기동
		5.5[kW]	1대	직입기동
		1.5[kW]	1대	직입기동
		0.75[kW]	1대	직입기동

▶ [표] 200[V] 3상 유도전동기의 간선의 굵기 및 기구의 용량

(B종 퓨즈의 경우) (동선)

전동기 kW 수의 총계 [kW] 이하	최대 사용 전류 [A] 이하	배선종류에 의한 간선의 최소 굵기[mm²]						직입기동 전동기 중 최대용량의 것											
		공사방법 A1		공사방법 B1		공사방법 C		0.75 이하	1.5	2.2	3.7	5.5	7.5	11	15	18.5	22	30	37 ~ 55
		3개선		3개선		3개선		기동기 사용 전동기 중 최대용량의 것											
								–	–	–	5.5	7.5	11 15	18.5 22	–	30 37	–	45	55
		PVC	XLPE, EPR	PVC	XLPE, EPR	PVC	XLPE, EPR	과전류차단기 (A) …… (칸 위 숫자) 개폐기용량 (A) …… (칸 아래 숫자)											
3	15	2.5	2.5	2.5	2.5	2.5	2.5	15 30	20 30	30 30	–	–	–	–	–	–	–	–	–
4.5	20	4	2.5	2.5	2.5	2.5	2.5	20 30	20 30	30 30	50 60	–	–	–	–	–	–	–	–
6.3	30	6	4	6	4	4	2.5	30 30	30 30	50 60	50 60	75 100	–	–	–	–	–	–	–
8.2	40	10	6	10	6	6	4	50 60	50 60	50 60	75 100	75 100	100 100	–	–	–	–	–	–
12	50	16	10	10	10	10	6	50 60	50 60	50 60	75 100	75 100	100 100	150 200	–	–	–	–	–
15.7	75	25	25	25	16	16	16	75 100	75 100	75 100	75 100	100 100	100 100	150 200	150 200	–	–	–	–
19.5	90	50	25	35	25	25	16	100 100	100 100	100 100	100 100	100 100	150 200	150 200	200 200	200 200	–	–	–
23.2	100	50	35	35	25	35	25	100 100	100 100	100 100	100 100	100 100	150 200	150 200	200 200	200 200	200 200	–	–
30	125	70	50	50	35	50	35	150 200	150 200	150 200	150 200	150 200	150 200	150 200	200 200	200 200	200 200	–	–
37.5	150	95	70	70	50	70	50	150 200	150 200	150 200	150 200	150 200	150 200	150 200	200 200	300 300	300 300	300 300	–
45	175	120	70	95	50	70	50	200 200	200 200	200 200	200 200	200 200	200 200	200 200	200 200	300 300	300 300	300 300	300 300
52.5	200	150	95	95	70	95	70	200 200	200 200	200 200	200 200	200 200	200 200	200 200	200 200	300 300	300 300	400 400	400 400
63.7	250	240	150	–	95	120	95	300 300	300 300	300 300	300 300	300 300	300 300	300 300	300 300	300 300	400 400	400 400	500 600
75	300	300	185	–	120	185	120	300 300	300 300	300 300	300 300	300 300	300 300	300 300	300 300	300 300	400 400	400 400	500 600
86.2	350	–	240	–	–	240	150	400 400	400 400	400 400	400 400	400 400	400 400	400 400	400 400	400 400	400 400	400 400	600 600

(주) 1. 최소 전선 굵기는 1회선에 대한 것이며, 2회선 이상인 경우는 복수회로 보정계수를 적용하여야 한다.
2. 공사방법 A1은 벽 내의 전선관에 공사한 절연전선 또는 단심케이블, B1은 벽면의 전선관에 공사한 절연전선 또는 단심케이블, 공사방법 C는 벽면에 공사한 단심 또는 다심케이블을 시설하는 경우의 전선 굵기를 표시하였다.
3. 「전동기 중 최대의 것」에는 동시 기동하는 경우를 포함함
4. 과전류차단기의 용량은 해당 조항에 규정되어 있는 범위에서 실용상 거의 최댓값을 표시함
5. 과전류차단기의 선정은 최대용량의 정격전류의 3배에 다른 전동기의 정격전류의 합계를 가산한 값 이하를 표시함
6. 고리퓨즈는 300[A] 이하에서 사용하여야 한다.

정답

전동기의 총화 = 22 + 7.5 + 5.5 + 1.5 + 0.75 = 37.25[kW]
표에서 37.5[kW]이며 공사방법 B1의 PVC인 70[mm^2]를 선정한다.

03 **분전반에서 50[m]의 거리에 380[V], 4극 3상 유도전동기 37[kW]를 설치하였다. 전압강하를 5[V] 이하로 하기 위해서 전선의 굵기[mm^2]를 얼마로 선정하는 것이 적당한가? (단, 전압강하계수는 1.1, 전동기의 전부하 전류는 75[A], 3상 3선식 회로를 말한다.)**

정답

3상 3선식 회로 전선의 단면적 $A = \frac{30.8LI}{1,000e} = \frac{30.8 \times 50 \times 75}{1,000 \times 5} \times 1.1 = 25.41$[mm^2]

04 380[V], 3상 유도전동기 회로의 간선의 굵기와 기구의 용량을 주어진 표에 의하여 간이로 설계하고자 한다. 부하의 조건이 다음과 같을 때 간선의 최소 굵기와 과전류차단기의 용량을 구하시오.

조건

- 설계는 전선관에 3본 이하로 전선을 넣을 경우로 한다.
- 공사방법은 B1, PVC 절연전선을 사용한다.
- 전동기 부하는 다음과 같다.
  - 0.75[kW] 직입기동(사용전류 2.53[A])
  - 1.5[kW] 직입기동(사용전류 4.16[A])
  - 3.7[kW] 직입기동(사용전류 9.22[A])
  - 3.7[kW] 직입기동(사용전류 9.22[A])
  - 7.5[kW] 기동기 사용(사용전류 17.69[A])

참고자료

▶ [표] 380[V] 3상 유도전동기의 간선의 굵기 및 기구의 용량

(배선용 차단기의 경우) (동선)

전동기 kW 수의 총계 [kW] 이하	최대 사용 전류 [A] 이하	배선종류에 의한 간선의 최소 굵기[mm^2]						직입기동 전동기 중 최대용량의 것											
		공사방법 A1		공사방법 B1		공사방법 C1		0.75 이하	1.5	2.2	3.7	5.5	7.5	11	15	18.5	22	30	37
		3개선		3개선		3개선		Y-△ 기동기 사용 전동기 중 최대용량의 것											
								-	-	-	-	5.5	7.5	11	15	18.5	22	30	37
		PVC	XLPE, EPR	PVC	XLPE, EPR	PVC	XLPE, EPR	과전류차단기(배선용 차단기) 용량(A) 직입기동 - (칸 위 숫자), Y-△ 기동 - (칸 아래 숫자)											
3	7.9	2.5	2.5	2.5	2.5	2.5	2.5	15 -	15 -	15 -	-	-	-	-	-	-	-	-	-
4.5	10.5	2.5	2.5	2.5	2.5	2.5	2.5	15 -	15 -	20 -	30 -	-	-	-	-	-	-	-	-
6.3	15.8	2.5	2.5	2.5	2.5	2.5	2.5	20 -	20 -	30 -	30 -	40 30	-	-	-	-	-	-	-
8.2	21	4	2.5	2.5	2.5	2.5	2.5	30 -	30 -	30 -	30 -	40 30	50 30	-	-	-	-	-	-
12	26.3	6	4	4	2.5	4	2.5	40 -	40 -	40 -	40 -	40 40	50 40	75 40	-	-	-	-	-
15.7	39.5	10	6	10	6	6	4	50 -	50 -	50 -	50 -	50 50	60 50	75 50	100 60	-	-	-	-
19.5	47.4	16	10	10	6	10	6	60 -	60 -	60 -	60 -	60 60	75 60	75 60	100 60	125 75	-	-	-

23.2	52.6	16	10	16	10	10	10	75 –	75 –	75 –	75 –	75 75	75 75	100 75	100 75	125 75	125 100	–	–
30	65.8	25	16	16	10	16	10	100 –	100 –	100 –	100 –	100 100	100 100	100 100	125 100	125 100	125 100	–	–
37.5	78.9	35	25	25	16	25	16	100 –	100 –	100 –	100 –	100 100	100 100	100 100	125 100	125 100	125 100	125 125	–
45	92.1	50	25	35	25	25	16	125 –	125 –	125 –	125 –	125 125	125 125	125 125	125 125	125 125	125 125	125 125	125 125
52.5	105.3	50	35	35	25	35	25	125 –	125 –	125 –	125 –	125 125	125 125	125 125	125 125	125 125	125 125	125 125	150 150
63.7	131.6	70	50	50	35	50	35	175 –	175 –	175 –	175 –	175 175	175 175	175 175	175 175	175 175	175 175	175 175	175 175
75	157.9	95	70	70	50	70	50	200 –	200 –	200 –	200 –	200 200	200 200	200 200	200 200	200 200	200 200	200 200	200 200
86.2	184.2	120	95	95	70	95	70	225 –	225 –	225 –	225 –	225 225	225 225	225 225	225 225	225 225	225 225	225 225	225 225

(비고1) 최소 전선 굵기는 1회선에 대한 것이며, 2회선 이상인 경우는 복수회로 보정계수를 적용하여야 한다.

(비고2) 공사방법 A1은 벽 내의 전선관에 공사한 절연전선 또는 단심케이블, B1은 벽면의 전선관에 공사한 절연전선 또는 단심케이블, 공사방법 C는 벽면에 공사한 단심 또는 다심케이블을 시설하는 경우의 전선 굵기를 표시하였다.

(비고3) 「전동기 중 최대의 것」에는 동시 기동하는 경우를 포함함

(비고4) 배선용 차단기의 용량은 해당 조항에 규정되어 있는 범위에서 실용상 거의 최댓값을 표시함

(비고5) 배선용 차단기의 선정은 최대용량의 정격전류의 3배에 다른 전동기의 정격전류의 합계를 가산한 값 이하를 표시함

(비고6) 배선용 차단기를 배・분전반, 제어반 내부에 시설하는 경우는 그 반 내의 온도상승에 주의할 것

1) 간선의 최소 굵기

정답

① 최대사용전류 = 2.53 + 4.16 + (9.22 × 2) + 17.69 = 42.82[A]

② 전동기 용량의 총화 = 0.75 + 1.5 + (3.7 × 2) + 7.5 = 17.15[kW]

따라서 [표]에서 전동기 총화가 19.5[kW]인 난에 최대전류가 47.4[A]의 공사방법 B1, PVC 절연전선인 난의 전선의 굵기 10[mm^2]를 선정한다.

2) 과전류차단기 용량

정답

[표]에서 전동기 총화 19.5[kW] 난과 기동기 사용 7.5[kW] 난이 교차되는 곳의 과전류차단기 60[A]를 선정한다.

05 3상 380[V]의 전동기 부하가 분전반으로부터 300[m]되는 지점에(전선 한 가닥의 길이로 본다) 설치되어 있다. 전동기는 1대로 입력이 78.98[kVA]라 하며, 전압강하를 6[V]로 하고 분기회로의 전선을 정하고자 할 때, 전선의 최소 규격과 전선관 규격을 구하시오. (단, 전선은 450/750[V] 일반용 단심 비닐절연전선으로 하고, 전선관은 후강전선관으로 하며, 부하는 평형되었다고 한다.)

참고자료

▸[표1] 전선 최대 길이(3상 3선식 380[V], 전압강하 3.8[V])

전류[A]	전선의 굵기[mm^2]												
	2.5	4	6	10	16	25	35	50	95	150	185	240	300
	전선 최대 길이[m]												
1	534	854	1,281	2,135	3,416	5,337	7,472	10,674	20,281	32,022	39,494	51,236	64,045
2	267	427	640	1,067	1,708	2,669	3,736	5,337	10,140	16,011	19,747	25,618	32,022
3	178	285	427	712	1,139	1,779	2,491	3,558	6,760	10,674	13,165	17,079	21,348
4	133	213	320	534	854	1,334	1,868	2,669	5,070	8,006	9,874	12,809	16,011
5	107	171	256	427	683	1,067	1,494	2,135	4,056	6,404	7,899	10,247	12,809
6	89	142	213	356	569	890	1,245	1,779	3,380	5,337	6,582	8,539	10,674
7	76	122	183	305	488	762	1,067	1,525	2,897	4,575	5,642	7,319	9,149
8	67	107	160	267	427	667	934	1,334	2,535	4,003	4,937	6,404	8,006
9	59	95	142	237	380	593	830	1,186	2,253	3,558	4,388	5,693	7,116
12	44	71	107	178	285	445	623	890	1,690	2,669	3,291	4,270	5,337
14	38	61	91	152	244	381	534	762	1,449	2,287	2,821	3,660	4,575
15	36	57	85	142	228	356	498	712	1,352	2,135	2,633	3,416	4,270
16	33	53	80	133	213	334	467	667	1,268	2,001	2,468	3,202	4,003
18	30	47	71	119	190	297	415	593	1,127	1,779	2,194	2,846	3,558
25	21	34	51	85	137	213	299	427	811	1,281	1,580	2,049	2,562
35	15	24	37	61	98	152	213	305	579	915	1,128	1,464	1,830
45	12	19	28	47	76	119	166	237	451	712	878	1,139	1,423

(비고1) 전압강하가 2[%] 또는 3[%]의 경우, 전선 길이는 각각 이 표의 2배 또는 3배가 된다. 다른 경우에도 이 예에 따른다.
(비고2) 전류가 20[A] 또는 200[A] 경우의 전선 길이는 각각 이 표 전류 2[A] 경우의 1/10 또는 1/100이 된다. 다른 경우에도 이 예에 따른다.
(비고3) 이 표는 평형부하의 경우에 대한 것이다.
(비고4) 이 표는 역률 1로 하여 계산한 것이다.

▶ [표2] 후강전선관 굵기의 선정

도체 단면적 [mm²]	전선 본수									
	1	2	3	4	5	6	7	8	9	10
	전선관의 최소 굵기[mm]									
2.5	16	16	16	16	22	22	22	28	28	28
4	16	16	16	22	22	22	28	28	28	28
6	16	16	22	22	22	28	28	28	36	36
10	16	22	22	28	28	36	36	36	36	36
16	16	22	28	28	36	36	36	42	42	42
25	22	28	28	36	36	42	54	54	54	54
35	22	28	36	42	54	54	54	70	70	70
50	22	36	54	54	70	70	70	82	82	82
70	28	42	54	54	70	70	70	82	82	92
95	28	54	54	70	70	82	82	92	92	104
120	36	54	54	70	70	82	82	92		
150	36	70	70	82	92	92	104	104		
185	36	70	70	82	92	104				
240	42	82	82	92	104					

(비고1) 전선 1본수는 접지선 및 직류회로의 전선에도 적용한다.
(비고2) 이 표는 실험 결과와 경험을 기초로 하여 결정한 것이다.
(비고3) 이 표는 KS C IEC 60227-3의 450/750[V] 일반용 단심 비닐절연전선을 기준한 것이다.

1) 전선의 최소 규격 선정

정답

부하에 흐르는 전류를 구하면

$I = \dfrac{P}{\sqrt{3}\,V} = \dfrac{78,980}{\sqrt{3} \times 380} = 120$[A]이고,

따라서 전선의 길이 $L = \dfrac{\dfrac{300 \times 120}{12}}{\dfrac{6}{3.8}} = 1,900$[m]가 된다.

그러므로 [표1]의 전류 12[A]에서 전선의 길이가 1,900[m]를 초과하는 2,669[m]에 해당하는 전선 150[mm^2]를 선정한다.

2) 전선관 규격 선정

정답

[표2]에서 150[mm^2] 전선 3본을 넣을 수 있는 전선관 70[mm]를 선정한다.

06 사용전압 380[V]인 3상 직입기동전동기 1.5[kW] 1대, 3.7[kW] 2대와 3상 15[kW] 기동기 사용 전동기 1대를 간선에 연결하였다. 이때의 간선 굵기, 간선의 과전류차단기 용량을 주어진 표를 이용하여 구하시오. (단, 공사방법은 B1, PVC 절연전선을 사용하였다.)

참고자료

▸[표1] 3상 유도 전동기의 규약전류값

출력[kW]	규약전류[A]	
	200[V]용	380[V]용
0.2	1.8	0.95
0.4	3.2	1.68
0.75	4.8	2.53
1.5	8.0	4.21
2.2	11.1	5.84
3.7	17.4	9.16
5.5	26	13.68
7.5	34	17.89
11	48	25.26
15	65	34.21
18.5	79	41.58
22	93	48.95
30	124	65.26
37	152	80
45	190	100
55	230	121
75	310	163
90	360	189.5
110	440	231.6
132	550	263

(비고1) 사용하는 회로의 전압이 220[V]인 경우는 200[V]인 것의 0.9배로 한다.

(비고2) 고효율 전동기는 제작자에 따라 차이가 있으므로 제작자의 기술자료를 참조할 것

▶ [표2] 380[V] 3상 유도전동기의 간선의 굵기 및 기구의 용량(배선용 차단기의 경우)

전동기 kW 수의 총계 [kW] 이하	최대 사용 전류 [A] 이하	배선종류에 의한 간선의 최소 굵기[mm^2]						직입기동 전동기 중 최대용량의 것											
		공사방법 A1		공사방법 B1		공사방법 C1		0.75 이하	1.5	2.2	3.7	5.5	7.5	11	15	18.5	22	30	37
		3개선		3개선		3개선		Y-△ 기동기 사용 전동기 중 최대용량의 것											
								–	–	–	–	5.5	7.5	11	15	18.5	22	30	37
		PVC	XLPE, EPR	PVC	XLPE, EPR	PVC	XLPE, EPR	과전류차단기(배선용 차단기) 용량(A) 직입기동 – (칸 위 숫자), Y-△ 기동 – (칸 아래 숫자)											
3	7.9	2.5	2.5	2.5	2.5	2.5	2.5	15 –	15 –	15 –	–	–	–	–	–	–	–	–	–
4.5	10.5	2.5	2.5	2.5	2.5	2.5	2.5	15 –	15 –	20 –	30 –	–	–	–	–	–	–	–	–
6.3	15.8	2.5	2.5	2.5	2.5	2.5	2.5	20 –	20 –	30 –	30 –	40 30	–	–	–	–	–	–	–
8.2	21	4	2.5	2.5	2.5	2.5	2.5	30 –	30 –	30 –	30 –	40 30	50 30	–	–	–	–	–	–
12	26.3	6	4	4	2.5	4	2.5	40 –	40 –	40 –	40 –	40 40	50 40	75 40	–	–	–	–	–
15.7	39.5	10	6	10	6	6	4	50 –	50 –	50 –	50 –	50 50	60 50	75 50	100 60	–	–	–	–
19.5	47.4	16	10	10	6	10	6	60 –	60 –	60 –	60 –	60 60	75 60	75 60	100 60	125 75	–	–	–
23.2	52.6	16	10	16	10	10	10	75 –	75 –	75 –	75 –	75 75	75 75	100 75	100 75	125 75	125 100	–	–
30	65.8	25	16	16	10	16	10	100 –	100 –	100 –	100 –	100 100	100 100	100 100	125 100	125 100	125 100	–	–
37.5	78.9	35	25	25	16	25	16	100 –	100 –	100 –	100 –	100 100	100 100	100 100	125 100	125 100	125 100	125 125	–
45	92.1	50	25	35	25	25	16	125 –	125 –	125 –	125 –	125 125	125 125	125 125	125 125	125 125	125 125	125 125	150 125
52.5	105.3	50	35	35	25	35	25	250 –	250 –	250 –	250 –	250 250	250 250	250 250	250 250	250 250	250 250	250 250	250 250

(비고1) 최소 전선 굵기는 1회선에 대한 것이며, 2회선 이상일 경우는 부록 500-2의 복수회로 보정계수를 적용하여야 한다.

(비고2) 공사방법 A1은 벽 내의 전선관에 공사한 절연전선 또는 단심케이블, B1은 벽면의 전선관에 공사한 절연전선 또는 단심케이블, 공사방법 C는 벽면에 공사한 단심 또는 다심케이블을 시설하는 경우의 전선 굵기를 표시하였다.

(비고3) 「전동기 중 최대의 것」에는 동시 기동하는 경우를 포함한다.
(비고4) 배선용 차단기의 용량은 해당 조항에 규정되어 있는 범위에서 실용상 거의 최댓값을 표시함
(비고5) 배선용 차단기의 선정은 최대용량의 정격전류의 3배에 다른 전동기의 정격전류의 합계를 가산한 값 이하를 표시함
(비고6) 배선용 차단기를 배・분전반, 제어반 등의 내부에 시설하는 경우는 그 반 내의 온도상승에 주의할 것

1) 간선 굵기

정답

참고자료의 [표1]을 이용하여 전동기의 전류를 구하면
전류 I_M = 4.21 + 9.16 × 2 + 34.21 = 56.74[A]가 되고,
전동기 용량의 총화는 1.5 + 3.7 × 2 + 15 = 23.9[kW]가 된다.
따라서 [표2]에서 전동기[kW]의 총화가 30[kW] 이하이며, 최대사용전류가 65.8[A]인 난과 공사방법 B1, PVC 절연전선인 난의 간선의 굵기 16[mm^2]를 선정한다.

2) 간선의 과전류차단기 용량

정답

[표2]에서 최대사용전류가 65.8[A] 난과 기동기 사용 15[kW] 난이 교차되는 곳의 과전류차단기 용량 100[A]를 선정한다.

07 **어떤 인텔리전트 빌딩에 대한 등급별 추정 전원 용량에 대한 다음 표를 이용하여 각 물음에 답하시오.**

▸ 등급별 추정 전원 용량[VA/m^2]

등급별 / 내용	0등급	1등급	2등급	3등급
조명	22	22	22	30
콘센트	5	13	5	5
사무자동화(OA) 기기	–	2	34	36
일반동력	38	45	45	45
냉방동력	40	43	43	43
사무자동화(OA) 동력	–	2	8	8
합계	105	127	157	167

1) 연면적 10,000[m^2]의 인텔리전트 빌딩 2등급인 사무실 빌딩의 전력설비 부하용량을 다음 표에 의하여 구하시오.

부하 내용	면적을 적용한 부하용량[kVA]	
	계산과정	부하용량
조명		
콘센트		
OA 기기		
일반동력		
냉방동력		
OA 동력		
합계		

정답

부하 내용	면적을 적용한 부하용량[kVA]	
	계산과정	부하용량
조명	$22 \times 10,000 \times 10^{-3} = 220$[kVA]	220[kVA]
콘센트	$5 \times 10,000 \times 10^{-3} = 50$[kVA]	50[kVA]
OA 기기	$34 \times 10,000 \times 10^{-3} = 340$[kVA]	340[kVA]
일반동력	$45 \times 10,000 \times 10^{-3} = 450$[kVA]	450[kVA]
냉방동력	$43 \times 10,000 \times 10^{-3} = 430$[kVA]	430[kVA]
OA 동력	$8 \times 10,000 \times 10^{-3} = 80$[kVA]	80[kVA]
합계	$157 \times 10,000 \times 10^{-3} = 1,570$[kVA]	1,570[kVA]

2) 물음 1)에 대하여 조명, 콘센트, 사무자동화 기기의 적정 수용률은 0.75, 일반동력 및 사무자동화 동력의 적정 수용률은 0.5, 냉방동력의 적정 수용률은 0.9이고, 주변압기의 부등률은 1.3으로 적용한다. 이때 전압방식을 2단 강압방식으로 채택할 경우 변압기 용량에 따른 변전설비의 용량을 산출하시오. (단, 조명, 콘센트, 사무자동화 기기를 3상 변압기 1대로, 일반동력 및 사무자동화 동력을 3상 변압기 1대로, 냉방동력을 3상 변압기 1대로 구성하고, 상기 부하에 대한 주변압기 1대를 사용하도록 하며, 변압기 용량은 아래 표의 표준용량을 활용하여 선정한다.)

변압기 표준용량[kVA]	10, 15, 20, 30, 50, 75, 100, 150, 200, 300, 500, 750, 1,000

(1) 조명, 콘센트, 사무자동화 기기에 필요한 변압기 용량 선정

정답

$TR_1 = (220 + 50 + 340) \times 0.75 = 457.5$[kVA]

따라서 500[kVA] 선정

(2) 일반동력, 사무자동화 동력에 필요한 변압기 용량 선정

정답

$TR_2 = (450 + 80) \times 0.5 = 265$[kVA]

따라서 300[kVA] 선정

(3) 냉방동력에 필요한 변압기 용량 선정

정답

$TR_3 = 430 \times 0.9 = 387$[kVA]

따라서 500[kVA] 선정

(4) 주변압기 용량 선정

정답

$$STR = \frac{457.5 + 265 + 387}{1.3} = 853.46[kVA]$$

따라서 1,000[kVA] 선정

3) 주변압기에서부터 각 부하에 이르는 변전설비의 단선계통도를 간단하게 그리시오.

정답

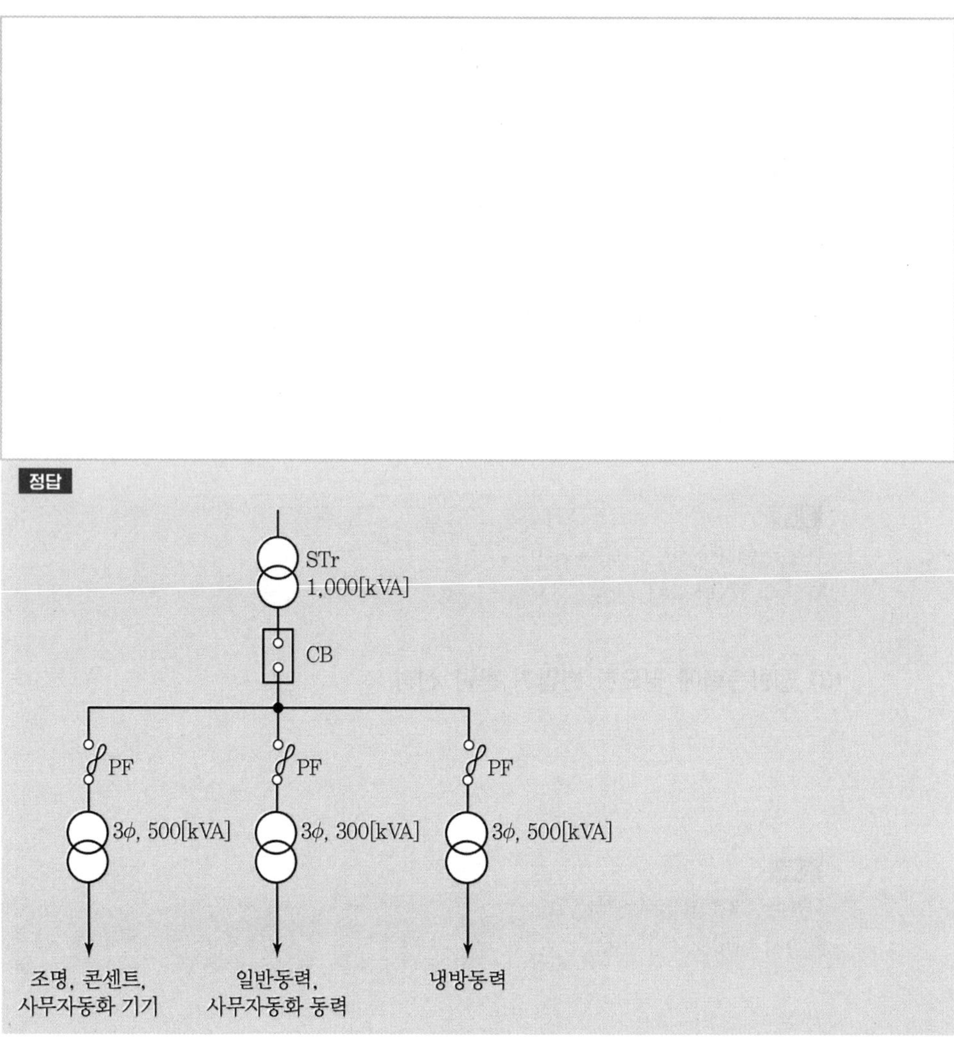

08 어느 공장 구내 건물에 220/440[V] 단상 3선식을 채용하고, 공장 구내 변압기가 설치된 변전실에서 60[m]되는 곳의 부하를 "부하 집계표"와 같이 배분하는 분전반을 시설하고자 한다. 이 건물의 전기설비에 대하여 참고자료를 이용하여 다음 각 물음에 답하시오. (단, 전압강하는 2[%](중성선에서의 전압강하는 무시한다)로 하며 후강전선관으로 시설하고, 간선의 수용률은 100[%]로 한다.)

참고자료

▸[표1] 부하 집계표

※ 전선 굵기 중 상과 중성선(N)의 굵기는 같게 한다.

회로번호 (NO.)	부하 명칭	총부하 [VA]	부하 분담[VA]		MCCB 규격			비고
			A선	B선	극수	AF	AT	
1	전등1	4,920	4,920		1	30	20	
2	전등2	3,920		3,920	1	30	20	
3	전열기1	4,000	4,000(AB간)		2	50	20	
4	전열기2	2,000	2,000(AB간)		2	30	16	
합계		14,840						

▸[표2] 후강전선관 굵기의 선정

도체 단면적 [mm²]	전선 본수									
	1	2	3	4	5	6	7	8	9	10
	전선관의 최소 굵기[mm]									
2.5	16	16	16	16	22	22	22	28	28	28
4	16	16	16	22	22	22	28	28	28	28
6	16	16	22	22	22	28	28	28	36	36
10	16	22	22	28	28	36	36	36	36	36
16	16	22	28	28	36	36	36	42	42	42
25	22	28	28	36	36	42	54	54	54	54
35	22	28	36	42	54	54	54	70	70	70
50	22	36	54	54	70	70	70	82	82	82
70	28	42	54	54	70	70	70	82	82	92
95	28	54	54	70	70	82	82	92	92	104
120	36	54	54	70	70	82	82	92		
150	36	70	70	82	92	92	104	104		
185	36	70	70	82	92	104				
240	42	82	82	92	104					

(비고1) 전선 1본수는 접지선 및 직류회로의 전선에도 적용한다.

(비고2) 이 표는 실험 결과와 경험을 기초로 하여 결정한 것이다.

(비고3) 이 표는 KS C IEC 60227-3의 450/750[V] 일반용 단심 비닐절연전선을 기준한 것이다.

1) 간선의 굵기를 선정하시오.

정답

조건에서 부하가 큰 쪽의 전류를 구하면

$$I=\frac{4,920}{220}+\frac{4,000+2,000}{440}=36[\text{A}]$$

전압강하 $e=220\times0.02=4.4[\text{V}]$

$$A=\frac{17.8LI}{1,000e}=\frac{17.8\times60\times36}{1,000\times4.4}=8.74[\text{mm}^2]$$

따라서 10[mm^2]를 선정한다.

2) 간선 설비에 필요한 후강전선관의 굵기를 선정하시오.

정답

[표2]에서 10[mm^2] 3본의 22[mm] 후강전선관을 선정한다.

3) 분전반의 복선결선도를 작성하시오.

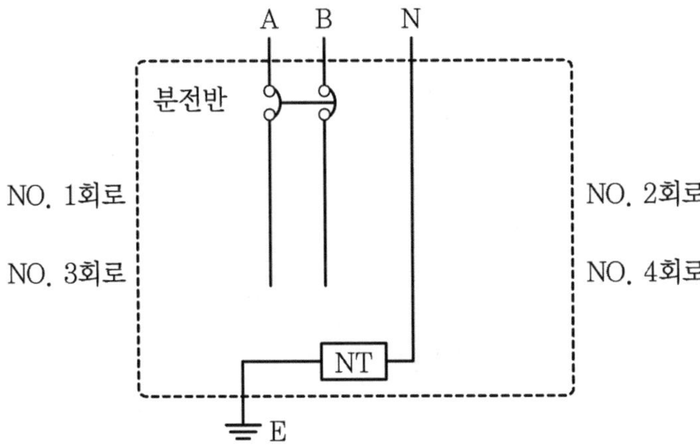

정답

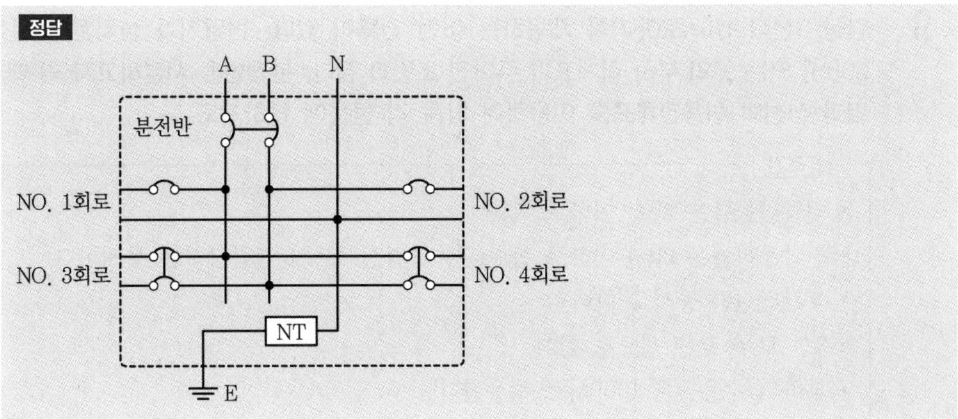

4) 부하 집계표에 의한 설비불평형률을 구하시오.

정답

$$1\phi 3\omega = \frac{4,920-3,920}{(4,920+3,920+4,000+2,000)\times\frac{1}{2}}\times 100[\%] = 13.48[\%]$$

09 단상 3선식 110/220[V]를 채용하는 어떤 건물이 있다. 변압기가 설치된 수전실로부터 50[m] 되는 곳의 부하 집계표가 주어진 조건과 같다. 분전반을 시설하고자 할 때 다음 조건과 전선의 허용전류표를 이용하여 다음 각 물음에 답하시오.

조건

- 전압변동률은 2[%] 이하로 한다.
- 전압강하율은 2[%] 이하로 한다(단, 중성선에서의 전압강하는 무시한다).
- 후강전선관 공사로 한다.
- 3선 모두 같은 선으로 한다.
- 부하의 수용률은 100[%]로 적용한다.
- 후강전선관 내 전선의 점유율은 48[%] 이내를 유지한다.

참고자료

▶ 전선의 허용전류표

단면적[mm^2]	허용전류[A]	전선관 3본 이하 수용 시[A]	피복 포함 단면적[mm^2]
6	54	48	32
10	75	66	43
16	100	88	58
25	133	117	88
35	164	144	104
50	198	175	163

▶ 부하 집계표

회로번호	부하명칭	부하[VA]	부하 분담[VA]		MCCB 크기			비고
			A	B	극수	AF	AT	
1	전등	2,400	1,200	1,200	2	50	16	
2	전등	1,400	700	700	2	50	16	
3	콘센트	1,000	1,000	–	2	50	20	
4	콘센트	1,400	1,400	–	2	50	20	
5	콘센트	600	–	600	2	50	20	
6	콘센트	1,000	–	1,000	2	50	20	
7	팬코일	700	700	–	2	30	16	
8	팬코일	700	–	700	2	30	16	
합계		9,200	5,000	4,200				

1) 간선의 공칭단면적[mm^2]를 선정하시오.

정답

A선과 B선의 전류를 구하면

$I_A = \frac{5,000}{110} = 45.45$[A]

$I_B = \frac{4,200}{110} = 36.18$[A]

두 전선 중 I_A에 흐르는 전류가 크므로 이를 기준하면

$A = \frac{17.8LI}{1,000e} = \frac{17.8 \times 50 \times 45.45}{1,000 \times (110 \times 0.02)} = 18.39$[$mm^2$]

따라서 25[mm^2]를 선정한다.

2) 후강전선관의 굵기[mm]를 선정하시오.

정답

25[mm^2] 전선의 피복 포함 단면적이 88[mm^2]이므로

전선의 총 단면적 $A = 88 \times 3 = 264$[mm^2]이다.

전선관 내의 점유율은 48[%] 이내가 되어야 하므로

$A = \frac{1}{4}\pi d^2 \times 0.48 \geq 264$이고,

$d = \sqrt{\frac{264 \times 4}{0.48 \times \pi}} = 26.46$[mm]가 된다.

따라서 28[mm]를 선정한다.

3) 간선보호용 과전류차단기 용량(AF, AT)을 선정하시오.

정답

설계전류가 45.45[A]이므로 25[mm^2] 전선의 허용전류는 117[A]이고
$I_B \le I_n \le I_Z$의 조건을 만족하는 정격전류 $I_n = 100$[A]가 된다.
따라서 AT : 100[A], AF : 100[A]

4) 분전반의 복선결선도를 완성하시오.

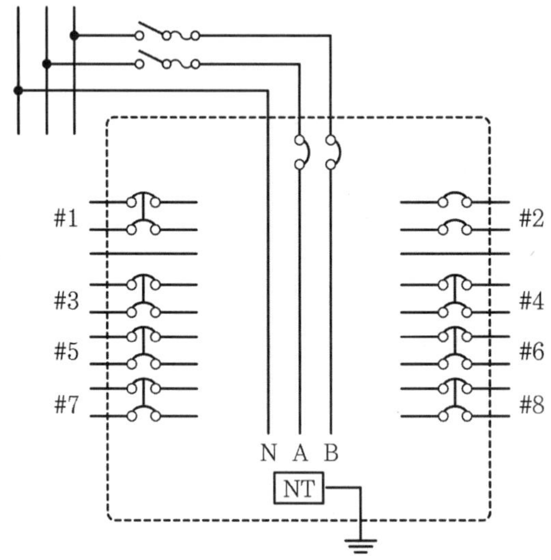

정답

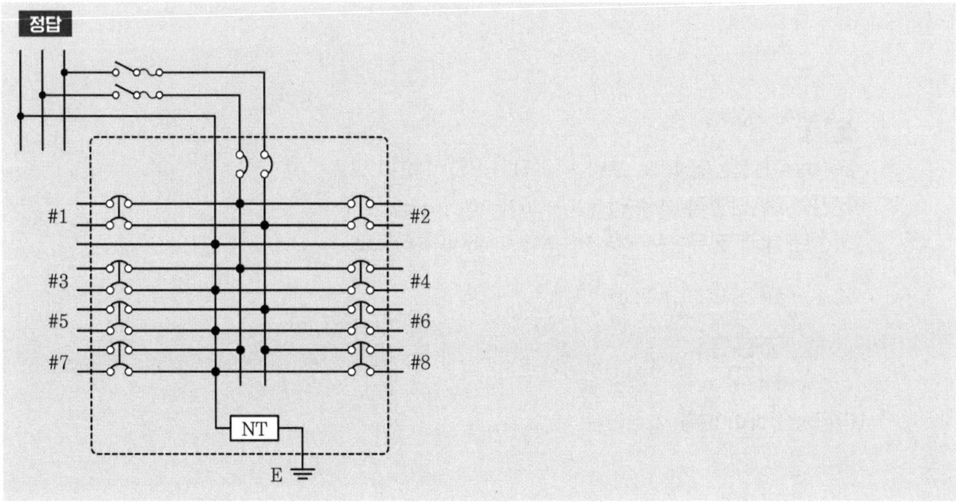

5) 설비불평형률은 몇 [%]인지 구하시오.

정답

단상 3선식의 설비불평형률 $= \dfrac{3,100-2,300}{(5,000+4,200)\times\dfrac{1}{2}}\times 100 = 17.39[\%]$

10 3층 사무실용 건물에 3상 3선식의 6,000[V]를 수전하여 200[V]로 체강하여 수전하는 설비를 하였다. 각종 부하 설비가 표와 같을 때 주어진 조건을 이용하여 다음 각 물음에 답하시오.

참고자료

▶ 동력 부하 설비

사용 목적	용량 [kW]	대수	상용 동력 [kW]	하계 동력 [kW]	동계 동력 [kW]
난방 관계					
• 보일러 펌프	6.7	1			6.7
• 오일 기어 펌프	0.4	1			0.4
• 온수 순환 펌프	3.7	1			3.7
공기 조화 관계					
• 1, 2, 3층 패키지 콤프레셔	7.5	6		45.0	
• 콤프레셔 팬	5.5	3	16.5		
• 냉각수 펌프	5.5	1		5.5	
• 쿨링 타워	1.5	1		1.5	
급수·배수 관계					
• 양수 펌프	3.7	1	3.7		
기타					
• 소화 펌프	5.5	1	5.5		
• 셔터	0.4	2	0.8		
합계			26.5	52.0	10.8

▶ 조명 및 콘센트 부하 설비

사용 목적	와트수 [W]	설치 수량	환산 용량 [VA]	총용량 [VA]	비고
전등 관계					
• 수은등 A	200	2	260	520	200[V] 고역률
• 수은등 B	100	8	140	1,120	100[V] 고역률
• 형광등	40	820	55	45,100	200[V] 고역률
• 백열 전등	60	20	60	1,200	
콘센트 관계					
• 일반 콘센트		70	150	10,500	2P 15[A]
• 환기팬용 콘센트		8	55	440	
• 히터용 콘센트	1,500	2		3,000	
• 복사기용 콘센트		4		3,600	
• 텔레타이프용 콘센트		2		2,400	
• 룸 쿨러용 콘센트		6		7,200	
기타					
• 전화 교환용 정류기		1		800	
계				75,880	

▶ 변압기 용량

상별	제작회사에서 시판되는 표준용량[kVA]
단상 3상	5, 10, 15, 20, 30, 50, 75, 100, 150, 200, 250, 300

조건

- 동력 부하의 역률은 모두 70[%]이며, 기타는 100[%]이다.
- 조명 및 콘센트 부하 설비의 수용률은 다음과 같다.
  - 전등설비 : 60[%]
  - 콘센트설비 : 70[%]
  - 전화 교환용 정류기 : 100[%]
- 변압기 용량 산출 시 예비율은 고려하지 않으며 용량은 표준규격으로 답하시오.
- 변압기 용량 산정 시 필요한 동력 부하 설비의 수용률은 전체 평균 65[%]로 한다.

1) 동계 난방 때 온수 순환 펌프는 상시 운전하고, 보일러용과 오일 기어 펌프의 수용률이 55[%]라면 난방 동력 수용부하는 몇 [kW]인가?

정답

난방 동력 수용부하 = 3.7 + (6.7 + 0.4) × 0.55 = 7.61[kW]

2) 상용 동력, 하계 동력, 동계 동력에 대한 피상전력은 몇 [kVA]인가?

정답

(1) 상용 동력 $= \frac{26.5}{0.7} = 37.86$[kVA]

(2) 하계 동력 $= \frac{52}{0.7} = 74.29$[kVA]

(3) 동계 동력 $= \frac{10.8}{0.7} = 15.43$[kVA]

3) 이 건물의 총 전기설비 용량은 몇 [kVA]를 기준으로 하는가?

정답

총 전기설비 용량 = 37.86 + 74.29 + 75.88 = 188.03[kVA]

4) 조명 및 콘센트 부하 설비에 대한 단상 변압기의 용량은 최소 몇 [kVA]인가?

정답

(1) 전등 $= (520 + 1{,}120 + 45{,}100 + 1{,}200) \times 0.6 \times 10^{-3} = 28.76$[kVA]

(2) 콘센트 $= (10{,}500 + 440 + 3{,}000 + 3{,}600 + 2{,}400 + 7{,}200) \times 0.7 \times 10^{-3} = 19$[kVA]

(3) 기타 $= 800 \times 1 \times 10^{-3} = 0.8$[kVA]

(4) 합계 $= 28.76 + 19 + 0.8 = 48.56$[kVA]

5) 동력 부하용 3상 변압기 용량은 몇 [kVA]인가?

정답

조건에서 동계와 하계 동력 중 큰 부하를 기준으로 하면

$P = \frac{(26.5+52)}{0.7} \times 0.65 = 72.89$[kVA]이다.

따라서 75[kVA]를 선정한다.

6) 단상과 3상 변압기의 전류계용으로 사용되는 변류기의 1차 측 정격전류는 각각 몇 [A] 인가?

정답

(1) 단상 : $I = \frac{50 \times 10^3}{6 \times 10^3} \times (1.25 \sim 1.5) = 10.42 \sim 12.5$[A]

따라서 10[A] 선정

(2) 3상 : $I = \frac{75 \times 10^3}{\sqrt{3} \times 6 \times 10^3} \times (1.25 \sim 1.5) = 9.02 \sim 10.83$[A]

따라서 10[A] 선정

7) 역률 개선을 위하여 각 부하마다 전력용 콘덴서를 설치하려고 할 때 보일러 펌프의 역률을 95[%]로 개선하려면 몇 [kVA]의 전력용 콘덴서가 필요한가?

정답

$$Q_c = P(\tan\theta_1 - \tan\theta_2)$$

$$= P\left(\frac{\sqrt{1-\cos^2\theta_1}}{\cos\theta_1} - \frac{\sqrt{1-\cos^2\theta_2}}{\cos\theta_2}\right)$$

$$= 6.7 \times \left(\frac{\sqrt{1-0.7^2}}{0.7} - \frac{\sqrt{1-0.95^2}}{0.95}\right) = 4.63\text{[kVA]}$$

11 3층 사무실용 건물에 3상 3선식의 6,000[V]를 200[V]로 강압하여 수전하는 설비이다. 각 부하의 설비가 표와 같다면 참고자료를 이용하여 다음 물음에 답하시오.

▸ [표1]

동력 부하 설비					
사용 목적	용량 [kW]	대수	상용 동력 [kW]	하계 동력 [kW]	동계 동력 [kW]
난방 관계					
• 보일러 펌프	6.0	1			6.0
• 오일 기어 펌프	0.4	1			0.4
• 온수 순환 펌프	3.0	1			3.0
공기 조화 관계					
• 1, 2, 3층 패키지 콤프레셔	7.5	6		45.0	
• 콤프레셔 팬	5.5	3	16.5		
• 냉각수 펌프	5.5	1		5.5	
• 쿨링 타워	1.5	1		1.5	
급수·배수 관계					
• 양수 펌프	3.0	1	3.0		
기타					
• 소화 펌프	5.5	1	5.5		
• 셔터	0.4	2	0.8		
합계			25.8	52.0	9.4

▸ [표2]

조명 및 콘센트 부하 설비					
사용 목적	와트수 [W]	설치 수량	환산 용량 [VA]	총용량 [VA]	비고
전등 관계					
• 수은등 A	200	4	260	1,040	200 [V] 고역률
• 수은등 B	100	8	140	1,120	200 [V] 고역률
• 형광등	40	820	55	45,100	200 [V] 고역률
• 백열전등	60	10	60	600	
콘센트 관계					
• 일반 콘센트		80	150	12,000	2P 15[A]
• 환기팬용 콘센트		8	55	440	
• 히터용 콘센트	1,500	2		3,000	
• 복사기용 콘센트		4		3,600	
• 텔레타이프용 콘센트		2		2,400	
• 룸 쿨러용 콘센트		6		7,200	
기타					
• 전화 교환용 정류기		1		800	
계				77,300	

참고자료 1

▶ 변압기 보호용 전력퓨즈의 정격전류

상수	단상				3상			
공칭전압	3.3[kV]		6.6[kV]		3.3[kV]		6.6[kV]	
변압기 용량 [kVA]	변압기 정격전류 [A]	정격전류 [A]	변입기 정격전류 [A]	정격전류 [A]	변압기 정격전류 [A]	정격전류 [A]	변압기 정격전류 [A]	정격전류 [A]
5	1.52	3	0.76	1.5	0.88	1.5	–	–
10	3.03	7.5	1.52	3	1.75	3	0.88	1.5
15	4.55	7.5	2.28	3	2.63	3	1.3	1.5
20	6.06	7.5	3.03	7.5	–	–	–	–
30	9.10	15	4.56	7.5	5.26	7.5	2.63	3
50	15.2	20	7.60	15	8.45	15	4.38	7.5
75	22.7	30	11.4	15	13.1	15	6.55	7.5
100	30.3	50	15.2	20	17.5	20	8.75	15
150	45.5	50	22.7	30	26.3	30	13.1	15
200	60.7	75	30.3	50	35.0	50	17.5	20
300	91.0	100	45.5	50	52.0	75	26.3	30
400	121.4	150	60.7	75	70.0	75	35.0	50
500	152.0	200	75.8	100	87.5	100	43.8	50

참고자료 2

▸ 배전용 변압기의 정격

항목			소형 6[kV] 유입 변압기								중형 6[kV] 유입 변압기					
정격 용량[kVA]			3	5	7.5	10	15	20	30	50	75	100	150	200	300	500
정격 2차 전류[A]	단상	105[V]	28.6	47.6	71.4	95.2	143	190	286	476	714	852	1,430	1,904	2,857	4,762
		210[V]	14.3	23.8	35.7	47.6	71.4	95.2	143	238	357	476	714	952	1,429	2,381
	3상	210[V]	8	13.7	20.6	27.5	41.2	55	82.5	137	206	275	412	550	825	1,376

항목			소형 6[kV] 유입 변압기	중형 6[kV] 유입 변압기
정격 전압	정격 2차 전압		6,300[V] 6/3[kV] 공용 : 6,300[V]/3,150[V]	6,300[V] 6/3[kV] 공용 : 6,300[V]/3,150[V]
	정격 2차 전압	단상	210[V] 및 105[V]	200[kVA] 이하의 것 : 210[V] 및 105[V] 200[kVA] 이하의 것 : 210[V]
		3상	210[V]	210[V]
탭 전압	전용량 탭전압	단상	6,900[V], 6,600[V] 6/3[kV] 공용 : 6,300[V]/3,150[V], 6,600[V]/3,300[V]	6,900[V], 6,600[V]
		3상	6,600[V] 6/3[kV] 공용 : 6,600[V]/3,300[V]	6/3[kV] 공용 : 6,300[V]/3,150[V], 6,600[V]/3,300[V]
	저감 용량 탭전압	단상	6,000[V], 5,700[V] 6/3[kV] 공용 : 6,000[V]/3,300[V], 5,700[V]/2,850[V]	6,000[V], 5,700[V]
		3상	6,600[V] 6/3[kV] 공용 : 6,600[V]/3,300[V]	6/3[kV] 공용 : 6,000[V]/3,000[V], 5,700[V]/2,850[V]
변압기의 결선		단상	2차 권선 : 분할 결선	3상 : 1차 권선 : 성형 권선 2차 권선 : 삼각 권선
		3상	1차 권선 : 성형 권선 2차 권선 : 성형 권선	

참고자료 3

▶ 역률 개선용 콘덴서의 용량 계산표[%]

구분		개선 후의 역률																	
		1.00	0.99	0.98	0.97	0.96	0.95	0.94	0.93	0.92	0.91	0.90	0.89	0.88	0.87	0.86	0.85	0.83	0.80
개선 전의 역률	0.50	173	159	153	148	144	140	137	134	131	128	125	122	119	117	114	111	106	98
	0.55	152	138	132	127	123	119	116	112	108	106	103	101	98	95	92	90	85	77
	0.60	133	119	113	108	104	100	97	94	91	88	85	82	79	77	74	71	66	58
	0.62	127	112	106	102	97	94	90	87	84	81	78	75	73	70	67	65	59	52
	0.64	120	106	100	95	91	87	84	81	78	75	72	69	66	63	61	58	53	45
	0.66	114	100	94	89	85	81	78	74	71	68	65	63	60	57	55	52	47	39
	0.68	108	94	88	83	79	75	72	68	65	62	59	57	54	51	49	46	41	33
	0.70	102	88	82	77	73	69	66	63	59	56	54	51	48	45	43	40	35	27
	0.72	96	82	76	71	67	64	60	57	54	51	48	45	42	40	37	34	29	21
	0.74	91	77	71	68	62	58	55	51	48	45	43	40	37	34	32	29	24	16
	0.76	86	71	65	60	58	53	49	46	43	40	37	34	32	29	26	24	18	11
	0.78	80	66	60	55	51	47	44	41	38	35	32	29	26	24	21	18	13	5
	0.79	78	63	57	53	48	45	41	38	35	32	29	26	24	21	18	16	10	2.6
	0.80	75	61	55	50	46	42	39	36	32	29	27	24	21	18	16	13	8	
	0.81	72	58	52	47	43	40	36	33	30	27	24	21	18	16	13	10	5	
	0.82	70	56	50	45	41	37	34	30	27	24	21	18	16	13	10	8	2.6	
	0.83	67	53	47	42	38	34	31	28	25	22	19	16	13	11	8	5		
	0.84	65	50	44	40	35	32	28	25	22	19	16	13	11	8	5	2.6		
	0.85	62	48	42	37	33	29	25	23	19	16	14	11	8	5	2.7			
	0.86	59	45	39	34	30	28	23	20	17	14	11	8	5	2.6				
	0.87	57	42	36	32	28	24	20	17	14	11	8	6	2.7					
	0.88	54	40	34	29	25	21	18	15	11	8	6	2.8						
	0.89	51	37	31	26	22	18	15	12	9	6	2.8							
	0.90	48	34	28	23	19	16	12	9	6	2.8								
	0.91	46	31	25	21	16	13	9	8	3									
	0.92	43	28	22	18	13	10	8	3.1										
	0.93	40	25	19	14	10	7	3.2											
	0.94	36	22	16	11	7	3.4												
	0.95	33	19	13	8	3.7													
	0.96	29	15	9	4.1														
	0.97	25	11	4.8															
	0.98	20	8																
	0.99	14																	

1) 동계 난방 때 온수 순환 펌프는 상시 운전하고, 온수 순환 펌프는 수용률이 100[%], 보일러용과 오일 기어 펌프의 수용률이 60[%]일 때 난방 동력 수용 부하는 몇 [kW]인가?

정답

동력 수용 부하 = 3 + (6 + 0.4) × 0.6 = 6.84[kW]

2) 동력부하의 역률이 전부 80[%]라 한다면 피상 전력은 각각 몇 [kVA]인가? (단, 상용, 하계, 동계 동력별로 각각 구하시오.)

구분	계산과정	답
상용 동력		
하계 동력		
동계 동력		

정답

구분	계산과정	답
상용 동력	$P = \frac{25.8}{0.8} = 32.25[\text{kVA}]$	32.25[kVA]
하계 동력	$P = \frac{52}{0.8} = 65[\text{kVA}]$	65[kVA]
동계 동력	$P = \frac{9.4}{0.8} = 11.75[\text{kVA}]$	11.75[kVA]

3) 총 전기설비 용량은 몇 [kVA]를 기준으로 하여야 하는가?

정답

총 전기설비 용량 = 32.25 + 65 + 77.3 = 174.55[kVA]

4) 전등의 수용률은 70[%], 콘센트 설비의 수용률은 50[%]라고 한다면 몇 [kVA]의 단상 변압기에 연결하여야 하는가? (단, 전화 교환용 정류기는 100[%] 수용률로써 계산한 결과에 포함시키며 변압기 예비율은 무시한다.)

정답

각 부하의 용량을 구하면

(1) 전등 = (1,040 + 1,120 + 45,100 + 600) × 0.7 × 10^{-3} = 33.5[kVA]

(2) 콘센트 = (12,000 + 440 + 3,000 + 3,600 + 2,400 + 7,200) × 0.5 × 10^{-3}
= 14.32[kVA]

(3) 기타 = 800 × 1 × 10^{-3} = 0.8[kVA]

따라서 총 용량을 구하면 33.5 + 14.32 + 0.8 = 48.62[kVA]

그러므로 50[kVA] 선정

5) 동력 설비 부하의 수용률이 모두 60[%]라면 동력 부하용 3상 변압기의 용량은 몇 [kVA]인가? (단, 동력 부하의 역률은 80[%]로 하며 변압기의 예비율은 무시한다.)

정답

상용 동력에 동계 동력과 하계 동력을 비교 시 하계 동력이 더 크므로

$$P = \frac{(25.8 + 52) \times 0.6}{0.8} = 58.35[\text{kVA}]$$

따라서 3상 변압기 용량은 75[kVA] 선정

6) 상기 건물에 시설된 변압기 총 용량은 몇 [kVA]인가?

정답

총 용량 = 50 + 75 = 125[kVA]

7) 단상 변압기와 3상 변압기의 1차 측의 전력 퓨즈의 정격 전류는 각각 몇 [A]의 것을 선택하여야 하는가?

정답

(1) 단상 변압기 : 15[A]

(2) 3상 변압기 : 7.5[A]

8) 선정된 동력용 변압기 용량에서 역률을 95[%]로 개선하려면 콘덴서 용량은 몇 [kVA]인가?

정답

역률을 0.8에서 0.95로 개선하기 위한 계수는 표의 조건을 참고하면 0.42가 되므로
콘덴서의 소요용량 $Q_c = \text{부하} \times \text{계수} = 75 \times 0.8 \times 0.42 = 25.2$[kVA]이다.

12 3.7[kW]와 7.5[kW]의 직입기동 3상 농형 유도전동기 및 22[kW]의 3상 권선형 유도전동기 등 3대가 그림과 같이 접속되었다. 다음 물음에 답하시오. (단, 공사방법 B1으로 XLPE 절연전선을 사용하였으며, 정격 전압은 200[V]이고, 간선 및 분기회로에 사용되는 전선 도체의 재질 및 종류는 같다.)

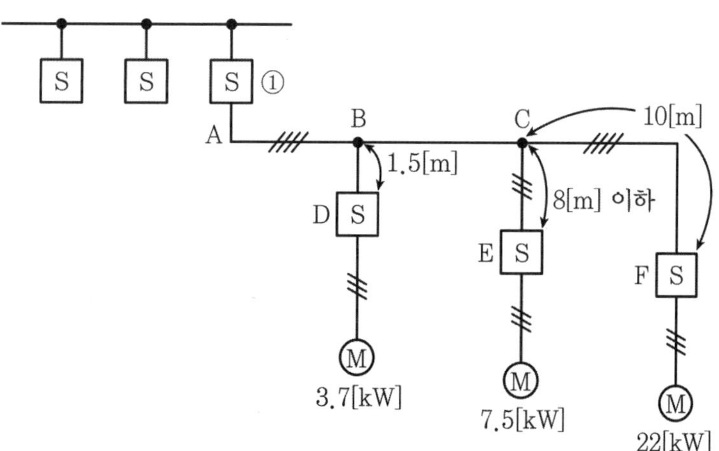

▶ [표1] 200[V] 3상 유도전동기의 간선의 굵기 및 기구의 용량

(B종 퓨즈의 경우) 〈동선〉

전동기 kW 수의 총계 [kW] 이하	최대 사용 전류 [A] 이하	배선종류에 의한 간선의 최소 굵기[mm^2]						직입기동 전동기 중 최대용량의 것											
		공사방법 A1		공사방법 B1		공사방법 C		0.75 이하	1.5	2.2	3.7	5.5	7.5	11	15	18.5	22	30	37~55
		3개선		3개선		3개선		기동기 사용 전동기 중 최대용량의 것											
								−	−	−	5.5	7.5	11 15	18.5 22	−	30 37	−	45	55
		PVC	XLPE, EPR	PVC	XLPE, EPR	PVC	XLPE, EPR	과전류차단기(A) ………… 〈칸 위 숫자〉 개폐기 용량 (A) ………… 〈칸 아래 숫자〉											
3	15	2.5	2.5	2.5	2.5	2.5	2.5	15 30	20 30	30 30	−	−	−	−	−	−	−	−	−
4.5	20	4	2.5	2.5	2.5	2.5	2.5	20 30	20 30	30 30	50 60	−	−	−	−	−	−	−	−
6.3	30	6	4	6	4	4	2.5	30 30	30 30	50 60	50 60	75 100	−	−	−	−	−	−	−
8.2	40	10	6	10	6	6	4	50 60	50 60	50 60	75 100	75 100	100 100	−	−	−	−	−	−
12	50	16	10	10	10	10	6	50 60	50 60	50 60	75 100	75 100	100 100	150 200	−	−	−	−	−
15.7	75	35	25	25	16	16	16	75 100	75 100	75 100	75 100	100 100	100 100	150 200	150 200	−	−	−	−
19.5	90	50	25	35	25	25	16	100 100	100 100	100 100	100 100	100 100	150 200	150 200	200 200	200 200	−	−	−
23.2	100	50	35	35	25	35	25	100 100	100 100	100 100	100 100	100 100	150 200	150 200	200 200	200 200	200 200	−	−
30	125	70	50	50	35	50	35	150 200	150 200	150 200	150 200	150 200	150 200	150 200	200 200	200 200	200 200	−	−
37.5	150	95	70	70	50	70	50	150 200	150 200	150 200	150 200	150 200	150 200	150 200	200 200	300 300	300 300	300 300	−
45	175	120	70	95	50	70	50	200 200	200 200	200 200	200 200	200 200	200 200	200 200	200 200	300 300	300 300	300 300	300 300
52.5	200	150	95	95	70	95	70	200 200	200 200	200 200	200 200	200 200	200 200	200 200	200 200	300 300	300 300	400 400	400 400
68.7	250	240	150	−	95	120	95	300 300	300 300	300 300	300 300	300 300	300 300	300 300	300 300	300 300	400 400	400 400	500 600
75	300	300	185	−	120	185	120	300 300	300 300	300 300	300 300	300 300	300 300	300 300	300 300	300 300	400 400	400 400	500 600
85.2	350	−	240	−	−	240	150	400 400	400 400	400 400	400 400	400 400	400 400	400 400	400 400	400 400	400 400	400 400	600 600

[주] 1. 최소 전선 굵기는 1회선에 대한 것임
2. 공사방법 A1은 벽 내의 전선관에 공사한 절연전선 또는 단심케이블, B1은 벽면의 전선관에 공사한 절연전선 또는 단심케이블, 공사방법 C는 벽면에 공사한 단심 또는 다심케이블을 시설하는 경우의 전선 굵기를 표시하였다.
3. 「전동기 중 최대의 것」에는 동시 기동하는 경우를 포함함
4. 과전류차단기의 용량은 해당 조항에 규정되어 있는 범위에서 실용상 거의 최댓값을 표시함
5. 과전류차단기의 선정은 최대용량의 정격전류의 3배에 다른 전동기의 정격전류의 합계를 가산한 값 이하를 표시함
6. 고리퓨즈는 300[A] 이하에서 사용하여야 한다.

▸ [표2] 200[V] 3상 유도 전동기 1대인 경우의 분기회로(B종 퓨즈의 경우)

정격 출력 [kW]	전부하 전류 [A]	배선종류에 의한 동 전선의 최소 굵기[mm^2]					
		공사방법 A1		공사방법 B1		공사방법 C	
		3개선		3개선		3개선	
		PVC	XLPE, EPR	PVC	XLPE, EPR	PVC	XLPE, EPR
0.2	1.8	2.5	2.5	2.5	2.5	2.5	2.5
0.4	3.2	2.5	2.5	2.5	2.5	2.5	2.5
0.75	4.8	2.5	2.5	2.5	2.5	2.5	2.5
1.5	8	2.5	2.5	2.5	2.5	2.5	2.5
2.2	11.1	2.5	2.5	2.5	2.5	2.5	2.5
3.7	17.4	2.5	2.5	2.5	2.5	2.5	2.5
5.5	26	6	4	4	2.5	4	2.5
7.5	34	10	6	6	4	6	4
11	48	16	10	10	6	10	6
15	65	25	16	16	10	16	10
18.5	79	35	25	25	16	25	16
22	93	50	25	35	25	25	16
30	124	70	50	50	35	50	35
37	152	95	70	70	50	70	50

정격 출력 [kW]	전부하 전류 [A]	개폐기용량[A]				과전류차단기 (B종 퓨즈)[A]				전동기용 초과눈금 전류계의 정격전류 [A]	접지도체의 최소 굵기 [mm²]
		직입기동		기동기 사용		직입기동		기동기 사용			
		현장 조작	분기	현장 조작	분기	현장 조작	분기	현장 조작	분기		
0.2	1.8	15	15			15	15			3	2.5
0.4	3.2	15	15			15	15			5	2.5
0.75	4.8	15	15			15	15			5	2.5
1.5	8	15	30			15	20			10	4
2.2	11.1	30	30			20	30			15	4
3.7	17.4	30	60			30	50			20	6
5.5	26	60	60	30	60	50	60	30	50	30	6
7.5	34	100	100	60	100	75	100	50	75	30	10
11	48	100	200	100	100	100	150	75	100	60	16
15	65	100	200	100	100	100	150	100	100	60	16
18.5	79	200	200	100	200	150	200	100	150	100	16
22	93	200	200	100	200	150	200	100	150	100	16
30	124	200	400	200	200	200	300	150	200	150	25
37	152	200	400	200	200	200	300	150	200	200	25

[주] 1. 최소 전선 굵기는 1회선에 대한 것이며, 2회선 이상인 경우는 복수회로 보정계수를 적용하여야 한다.

2. 공사방법 A1은 벽 내의 전선관에 공사한 절연전선 또는 단심케이블, B1은 벽면의 전선관에 공사한 절연전선 또는 단심케이블, 공사방법 C는 벽면에 공사한 단심 또는 다심케이블을 시설하는 경우의 전선 굵기를 표시하였다.

3. 전동기 2대 이상을 동일회로로 할 경우는 간선의 표를 적용할 것

1) 간선에 사용되는 과전류차단기와 개폐기(①)의 최소 용량은 몇 [A]인가?

(1) 선정과정

정답

전동기의 총화를 구하면 3.7 + 7.5 + 22 = 33.2[kW]이므로 [표1]의 37.5[kW], 기동기 22[kW] 난의 과전류차단기 150[A]와 개폐기 200[A]를 선정한다.

(2) 과전류차단기 용량

정답

150[A]

(3) 개폐기 용량

정답

200[A]

2) 간선의 최소 굵기는 몇 [mm^2]인가?

정답

전동기 총화가 33.2[kW]이므로 [표1]의 37.5[kW]에서 공사방법 B1 난, XLPE 난의 전선 50[mm^2]를 선정한다.

13 다음과 같은 아파트 단지를 계획하고 있다. 주어진 참고자료를 이용하여 다음 각 물음에 답하시오.

참고자료

- 아파트 동수 및 세대수 : 2동, 300세대
- 세대당 면적과 세대수

동별	세대당 면적[m^2]	세대수
1동	50	30
	70	40
	90	50
	110	30
2동	50	50
	70	30
	90	40
	110	30

- 계단, 복도, 지하실 등의 공용면적 1동 : 1,700[m^2], 2동 : 1,700[m^2]
- 면적의 [m^2]에 대한 상정부하는 다음과 같다.
  - 아파트 : 30[VA/m^2]
  - 공용 부분 : 7[VA/m^2]
- 세대당 추가로 가산하여야 하는 상정부하
  - 80[m^2] 이하인 경우 : 750[VA]
  - 150[m^2] 이하의 세대 : 1,000[VA]
- 아파트 동별에 따른 수용률은 다음과 같다.
  - 70세대 이하 65[%]
  - 70세대 초과 100세대 이하 60[%]
  - 100세대 초과 150세대 이하 55[%]
  - 150세대 초과 200세대 이하 50[%]
- 모든 계산은 피상전력을 기준으로 하여야 한다.
- 역률은 100[%]로 보고 계산한다.
- 주변전실로부터 1동까지는 150[m]이며 동 내부에 전압강하는 무시한다.
- 각 세대의 공급 방식은 110/220[V]의 단상 3선식으로 한다.
- 변전실의 변압기는 단상 변압기 3대로 구성한다.
- 동 간 부등률은 1.4로 본다.
- 공용 부분의 수용률은 100[%]로 한다.
- 주변전실에서 각 동까지의 전압강하는 3[%]로 한다.
- 간선의 후강 전선관 배선으로는 NR 전선을 사용하며, 간선의 굵기는 325[mm^2] 이하로 사용하여야 한다.
- 이 아파트 단지의 수전은 13,200/22,900[V]의 Y 3상 4선식의 계통에서 수전한다.
- 사용설비에 의한 계약전력은 사용설비의 개별 입력의 합계에 대하여 다음 표의 계약전력 환산율을 곱한 것으로 한다.

구분	계약전력환산율	비고
처음 75[kW]에 대하여	100[%]	계산의 합계치 단수가 1[kW] 미만일 경우 소수점 이하 첫째 자리에서 반올림한다.
다음 75[kW]에 대하여	85[%]	
다음 75[kW]에 대하여	75[%]	
다음 75[kW]에 대하여	65[%]	
300[kW] 초과분에 대하여	60[%]	

1) 1동의 상정부하는 몇 [VA]인가?

정답

1동에 대한 세대당 면적, 상정부하, 가산부하, 세대수를 고려하여 상정부하를 구하면 다음과 같다.

세대당 면적 [m^2]	상정부하 [VA/m^2]	가산부하 [VA]	세대수	상정부하
50	30	750	30	$\{(50\times30)+750\}\times30 = 67,500$
70	30	750	40	$\{(70\times30)+750\}\times40 = 114,000$
90	30	1,000	50	$\{(90\times30)+1,000\}\times50 = 185,000$
110	30	1,000	30	$\{(110\times30)+1,000\}\times30 = 129,000$

합계를 구하면 $67,500+114,000+185,000+129,000 = 495,500$[VA]

공용면적까지 고려한 상정부하를 구하면 $495,500+(1,700\times7) = 507,400$[$VA/m^2$]

2) 2동의 수용부하는 몇 [VA]인가?

정답

세대당 면적 [m^2]	상정부하 [VA/m^2]	가산부하 [VA]	세대수	상정부하
50	30	750	50	$\{(50\times30)+750\}\times50=112,500$
70	30	750	30	$\{(70\times30)+750\}\times30=85,500$
90	30	1,000	40	$\{(90\times30)+1,000\}\times40=148,000$
110	30	1,000	30	$\{(110\times30)+1,000\}\times30=129,000$

합계를 구하면 $112,500+85,500+148,000+129,000 = 475,000$[VA]

공용면적까지 고려한 수용부하를 구하면 $475,000\times0.55+1,700\times7 = 273,150$[VA]

3) 이 단지의 변압기는 단상 몇 [kVA]짜리 3대를 설치하여야 하는가? (단, 변압기 용량의 여유율은 110[%]로 하며, 단상 변압기의 표준용량은 75, 100, 150, 200, 300[kVA])

정답

변압기 용량[kVA] = $\frac{495{,}500 \times 0.55 + 1{,}700 \times 7 + 273{,}150}{1.4} \times 1.1 \times 10^{-3} = 438.09$[kVA]

1대의 용량 = $\frac{438.09}{3} = 146.03$[kVA]

따라서 150[kVA]를 선정한다.

4) 전력공급사와 변압기 설비에 의하여 계약한다면 몇 [kW]로 계약하여야만 하는가?

정답

150[kVA] 변압기가 3대이므로 450[kW]로 계약한다.

5) 전력공급사와 사용 설비에 의하여 계약한다면 몇 [kW]로 계약하여야만 하는가?

정답

설비용량 = $(507{,}400 + 486{,}900) \times 10^{-3}$ = 994.3[kVA]

계약전력 = $75 + 75 \times 0.85 + 75 \times 0.75 + 75 \times 0.65 + 694.3 \times 0.6$ = 660[kW]

14 배선을 설계하기 위한 전등 및 소형 전기기계기구의 부하용량을 상정하고 분기회로수를 구하려고 한다. 상점에 있는 주택이 다음 그림과 같을 때, 주어진 참고자료를 이용하여 다음 물음에 답하시오. (단, 대형기기(정격소비전력이 공칭전압 220[V]는 3[kW] 이상, 공칭전압 110[V]는 1.5[kW] 이상)인 냉난방 장치 등은 별도로 1회로를 추가하며, 분기회로는 16[A]분기회로를 사용하고, 주어진 참고자료의 수치 적용은 최댓값을 적용한다.)

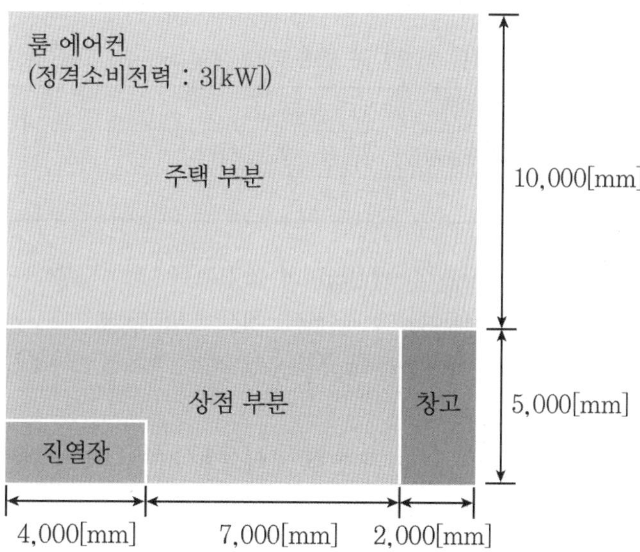

참고자료

• 건축물의 종류에 따른 표준부하

건축물의 종류	표준부하[VA/m²]
공장, 공회당, 사원, 교회, 극장, 영화관, 연회장 등	10
기숙사, 여관, 호텔, 병원, 학교, 음식점, 다방, 대중 목욕탕	20
주택, 아파트, 사무실, 은행, 상점, 이발소, 미장원	30

• 건축물(주택, 아파트를 제외) 중 별도로 계산할 부분의 표준부하

건축물의 부분	표준부하[VA/m²]
복도, 계단, 세면장, 창고, 다락	5
강당, 관람석	10

• 표준 부하에 따라 산출 후 가산하여야 할 [VA]수
- 주택, 아파트(1세대마다)에 대하여는 500~1,000[VA]
- 상점의 진열장에 대하여는 진열장 폭 1[m]에 대하여 300[VA]

1) 배선을 설계하기 위한 전등 및 소형 전기기계기구의 설비부하용량[VA]을 상정하시오.

정답

설비부하용량 = 표준부하 × 바닥면적 + 가산하여야 할 부하

$= (13 \times 10 \times 30) + (11 \times 5 \times 30) + (2 \times 5 \times 5) + (4 \times 300) + 1,000$

$= 7,800$[VA]

2) 규정에 따라 다음 (　　)에 들어갈 내용을 답란에 쓰시오.

사용전압이 220[V]의 15[A]분기회로수는 부하의 상정에 따라 상정한 설비부하용량(전등 및 소형 전기기계기구에 한한다.)을 (①)[VA]로 나눈 값(사용전압이 110[V]인 경우에는 (②)[VA]로 나눈 값)을 원칙으로 한다.

정답

① 3,300 ② 1,650

3) 사용전압이 220[V]인 경우 분기회로수를 구하시오.

정답

분기회로 수 $= \frac{7,800}{220 \times 16} = 2.22$ 회로

따라서 16[A]분기회로 3회로 선정

추가적으로 룸 에어컨 회로 1회로 선정

4) 사용전압이 110[V]인 경우 분기회로 수를 구하시오. (단, 룸 에어컨은 포함하지 않는다.)

정답

분기회로 수 $= \frac{7,800}{110 \times 16} = 4.43$

따라서 16[A]분기회로 5회로 선정

5) 연속부하(상시 3시간 이상 연속사용)가 있는 분기회로의 부하용량은 그 분기회로를 보호하는 과전류차단기의 정격전류의 몇 [%]를 초과하지 않아야 하는지 값을 쓰시오.

정답

80[%]

15 어떤 인텔리전트 빌딩에 대한 등급별 추정 전원 용량에 대한 다음 표를 이용하여 각 물음에 답하시오.

▸ 등급별 추정 전원 용량[VA/m^2]

내용 \ 등급별	0등급	1등급	2등급	3등급
조명	32	22	22	29
콘센트	–	13	5	5
사무자동화(OA) 기기	–	–	34	36
일반동력	38	45	45	45
냉방동력	40	43	43	43
사무자동화(OA) 동력	–	2	8	8
합계	110	125	157	166

1) 연면적 10,000[m^2]인 인텔리전트 2등급인 사무실 빌딩의 전력 설비 부하의 용량을 상기 "등급별 추정 전원 용량[VA/m^2]"을 이용하여 빈칸에 계산과정과 답을 쓰시오.

부하 내용	면적을 적용한 부하용량[kVA]	
조명	• 계산 :	• 답 :
콘센트	• 계산 :	• 답 :
OA 기기	• 계산 :	• 답 :
일반동력	• 계산 :	• 답 :
냉방동력	• 계산 :	• 답 :
OA 동력	• 계산 :	• 답 :
합계	• 계산 :	• 답 :

정답

부하 내용	면적을 적용한 부하용량[kVA]	
조명	• 계산 : $22 \times 10,000 \times 10^{-3} = 220$[kVA]	• 답 : 220[kVA]
콘센트	• 계산 : $5 \times 10,000 \times 10^{-3} = 50$[kVA]	• 답 : 50[kVA]
사무자동화(OA) 기기	• 계산 : $34 \times 10,000 \times 10^{-3} = 340$[kVA]	• 답 : 340[kVA]
일반동력	• 계산 : $45 \times 10,000 \times 10^{-3} = 450$[kVA]	• 답 : 450[kVA]
냉방동력	• 계산 : $43 \times 10,000 \times 10^{-3} = 430$[kVA]	• 답 : 430[kVA]
사무자동화(OA) 동력	• 계산 : $8 \times 10,000 \times 10^{-3} = 80$[kVA]	• 답 : 80[kVA]
합계	• 계산 : $157 \times 10,000 \times 10^{-3} = 1,570$[kVA]	• 답 : 1,570[kVA]

2) 물음 1)에서 조명, 콘센트, 사무자동화 기기의 적정 수용률은 0.7, 일반동력 및 사무자동화 동력의 적정 수용률은 0.5, 냉방동력의 적정 수용률은 0.8이고, 주변압기 용량의 부등률은 1.2로 적용한다. 이때 전압방식을 2단 강압 방식으로 채택할 경우 변압기의 용량에 대한 변전설비의 용량을 산출하시오. (단, 조명, 콘센트, 사무자동화 기기를 3상 변압기 1대로, 일반동력 및 사무자동화 동력을 3상 변압기 1대로, 냉방동력을 3상 변압기 1대로 구성하고, 상기 부하에 대한 주변압기 1대를 사용하도록 하며, 변압기 용량은 일반 규격 용량으로 정하도록 한다. 이때 3상 변압기의 표준용량[kVA]은 100, 150, 200, 250, 300, 500, 750, 1000이다.)

(1) 조명, 콘센트, 사무자동화 기기에 필요한 변압기 용량[kVA] 산정

정답

TR_1의 변압기 용량 $= (220 + 50 + 340) \times 0.7 = 427$[kVA]

따라서 500[kVA] 산정

(2) 일반동력, 사무자동화 동력에 필요한 변압기 용량[kVA] 산정

정답

TR_2의 변압기 용량 $= (450 + 80) \times 0.5 = 265$[kVA]

따라서 300[kVA] 산정

(3) 냉방동력에 필요한 변압기 용량[kVA] 산정

정답

TR_3의 변압기 용량 $= 430 \times 0.8 = 344$[kVA]

따라서 500[kVA] 산정

(4) 주변압기 용량[kVA] 산정

정답

메인변압기 $STr = \frac{427 + 265 + 344}{1.2} = 863.33$[kVA]

따라서 1,000[kVA] 산정

3) 주변압기에서부터 각 부하에 이르기까지에 대한 변전설비의 단선 계통도를 그리시오.

정답

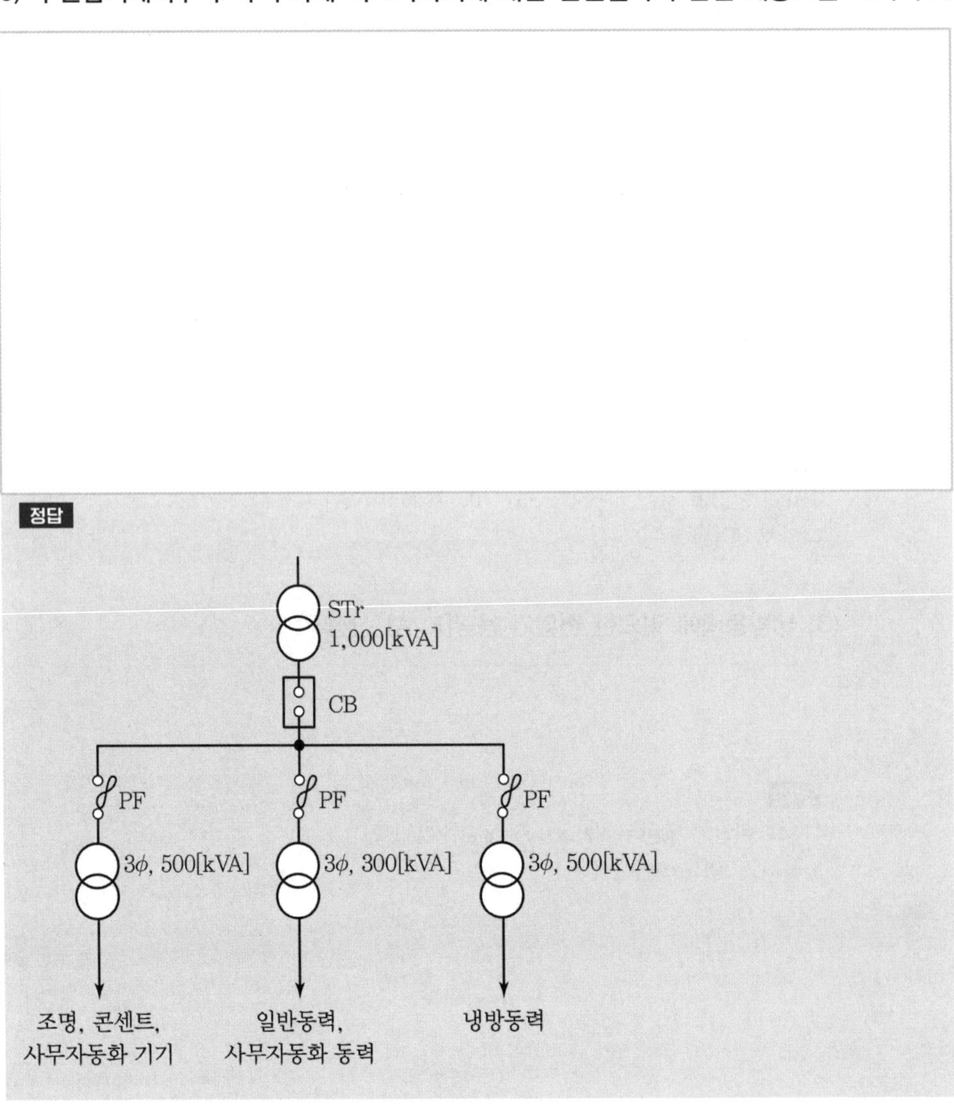

16 다음의 그림, 조건 및 참고표를 이용하여 각 물음에 답하시오.

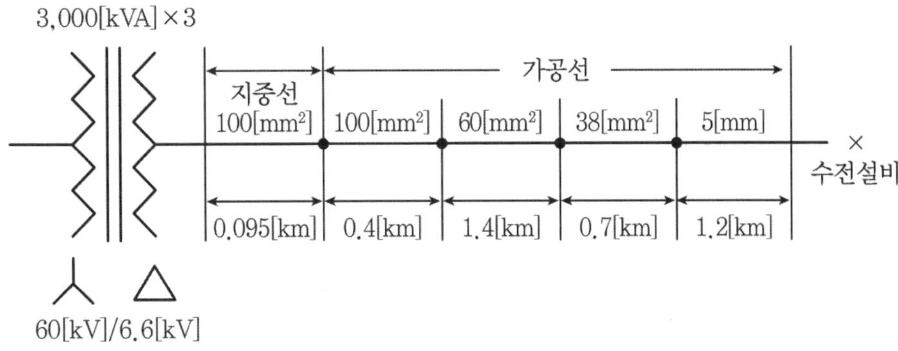

조건

변압기의 1차 측에서 전원 측으로 바라본 1상당의 합성 %리액턴스가 1.5[%](기준용량 10,000[kVA])이고 변압기의 %리액턴스가 7.4[%](기준용량 9,000[kVA])이다.

▸[표1] 유입차단기 및 전력퓨즈의 표준 정격차단용량

정격전압[V]	표준 정격차단용량(3상[MVA])
3,600	10 25 50 (75) 100 150 250
7,200	25 50 (75) 100 150 (200) 250

▸[표2] 가공전선로(경동선) %임피던스(기준용량 10,000[kVA])

배선 방식	선의 굵기 / %r, %x	100 [mm²]	80 [mm²]	60 [mm²]	50 [mm²]	38 [mm²]	30 [mm²]	22 [mm²]	14 [mm²]	5 [mm]	4 [mm]
3상3선 3[kV]	%r	16.5	21.1	27.9	34.8	44.8	57.2	75.7	119.15	83.1	127.8
	%x	29.3	30.6	31.4	32.0	32.9	33.6	34.4	35.7	35.1	36.4
3상3선 6[kV]	%r	4.1	5.3	7.0	8.7	11.2	18.9	29.9	29.9	20.8	32.5
	%x	7.5	7.7	7.9	8.0	8.2	8.4	8.6	8.7	8.8	9.1
3상4선 5.2[kV]	%r	5.5	7.0	9.3	11.6	14.9	19.1	25.2	39.8	27.7	43.3
	%x	10.2	10.5	10.7	10.9	11.2	11.5	11.8	12.2	12.0	12.4

(표 머리: %r, %x의 값[%/km])

[주] 3상 4선식, 5.2[kV]선로에서 전압선 2선, 중앙선 1선인 경우 단락용량의 계산은 3상 3선식 3[kV] 선로에 따른다.

▸[표3] 지중케이블 전선로의 %임피던스(기준용량 10,000[kVA])

배선 방식	선의 굵기 / %r, %x	%r, %x의 값[%/km]										
		250[mm²]	200[mm²]	150[mm²]	125[mm²]	100[mm²]	80[mm²]	60[mm²]	50[mm²]	38[mm²]	30[mm²]	22[mm²]
3상3선 3[kV]	%r	6.6	8.2	13.7	13.4	16.8	20.9	27.6	32.7	43.4	55.9	118.5
	%x	5.5	5.6	5.8	5.9	6.0	6.2	6.5	6.6	6.8	7.1	8.3
3상3선 6[kV]	%r	1.6	2.0	2.7	3.4	4.2	5.2	6.9	8.2	8.6	14.0	29.6
	%x	1.5	1.5	1.6	1.6	1.7	1.8	1.9	1.9	1.9	2.0	–
3상4선 5.2[kV]	%r	2.2	2.7	3.6	4.5	5.6	7.0	9.2	14.5	14.5	18.6	–
	%x	2.0	2.0	2.1	2.2	2.3	2.3	2.4	2.6	2.6	2.7	–

[주] 1. 3상 4선식, 5.2[kV]선로의 %r, %x의 값은 6[kV] 케이블을 사용한 것으로서 계산한 것이다.
2. 3상 3선식 5.2[kV]에서 전압선 2선, 중앙선 1선의 경우 단락용량의 계산은 3상 3선식 3[kV] 선로에 따른다.

1) 수전설비에서 전원 측으로 바라본 합성 %임피던스를 구하시오.

정답

(1) 기준용량(10,000[kVA])으로 환산한 변압기의 %리액턴스를 구하면

$$\%X_T = \frac{10,000}{9,000} \times 7.4 = 8.22[\%]$$

(2) [표3]을 이용하여 지중선로에 대한 %임피던스를 구하면

$$\%Z_{L1} = \%R + j\%X$$
$$= (0.095 \times 4.2) + j(0.095 \times 1.7) = 0.399 + j0.1615$$

(3) [표2]를 이용하여 가공선($\%Z_{L2}$)을 구하면

구분		%r	%x
가공선	100[mm^2]	0.4 × 4.1 = 1.64	0.4 × 7.5 = 3
	60[mm^2]	1.4 × 7 = 9.8	1.4 × 7.9 = 11.06
	38[mm^2]	0.7 × 11.2 = 7.84	0.7 × 8.2 = 5.74
	5[mm]	1.2 × 20.8 = 24.96	1.2 × 8.8 = 10.56
계		44.24	30.36

합성 %임피던스 $= \%X_T + \%Z_{L1} + \%Z_{L12} + \%X_G$

$$= j8.22 + 0.399 + j0.1615 + 44.24 + j30.36 + j1.5$$
$$= (0.399 + 44.24) + j(8.22 + 0.1615 + 30.36 + 1.5)$$
$$= 44.639 + j40.2415$$
$$= 60.1[\%]$$

2) 수전설비에서 3상 단락용량[MVA]을 구하시오.

정답

단락용량 $P_s = \frac{100}{\%Z} P_n = \frac{100}{60.1} \times 10,000 \times 10^{-3} = 16.64$[MVA]

3) 수전설비에서의 3상 단락전류[kA]를 구하시오.

정답

단락전류 $I_s = \frac{100}{\%Z} I_n = \frac{100}{60.1} \times \frac{10,000 \times 10^3}{\sqrt{3} \times 6.6 \times 10^3} \times 10^{-3} = 1.46$[kA]

4) 주어진 [표1]의 표준 정격차단용량으로부터 수전설비의 주차단기를 선정하고자 한다. 수전설비에서 주차단기의 정격차단용량[MVA]을 구하고, [표1]에서 표준 정격차단용량[MVA]을 선정하시오.

정답

차단용량 $P_s = \sqrt{3} \times$ 정격전압 $\times$ 정격차단전류 $= \sqrt{3} \times 7.2 \times 1.46 = 18.21$[MVA]

따라서 25[MVA] 선정

Chapter 03 회로문제

01 3상 3선식 전로에 연결된 3상 평형부하가 있다. L_3상의 P점이 단선되었다고 할 때, 이 부하의 소비전력은 단선 전 소비전력에 비하여 어떻게 되는지 계산식을 이용하여 설명하시오. (단, 선간전압은 E[V]이며, 부하의 저항은 R[Ω]이다.)

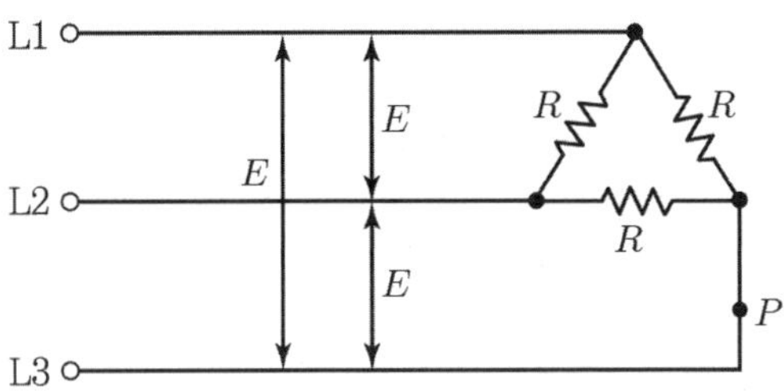

정답

1) 고장 전의 소비전력을 구하면 $P_3 = \dfrac{3E^2}{R}$이며

2) 단선이 되면 단상부하가 되므로 $R = \dfrac{R \cdot 2R}{R+2R} = \dfrac{2R}{3}$이 된다.

3) 단선 후의 소비전력 $P_1 = \dfrac{3E^2}{2R}$이다.

따라서 소비전력의 비를 보면 $\dfrac{P_1}{P_3} = \dfrac{\dfrac{3E^2}{2R}}{\dfrac{3E^2}{R}} = \dfrac{1}{2}$이 되므로 소비전력은 $\dfrac{1}{2}$로 감소한다.

02 그림과 같은 평형 3상 회로에서 운전되는 유도전동기에 전력계, 전압계, 전류계를 접속하고, 각 계기의 지시를 측정하니 전력계 $W_1 = 6.57$[kW], $W_2 = 4.38$[kW], 전압계 $V = 220$[V], 전류계 $I = 30.41$[A]이었을 때, 다음 각 물음에 답하시오. (단, 전압계와 전류계는 회로에 정상적으로 연결되어 있다고 한다.)

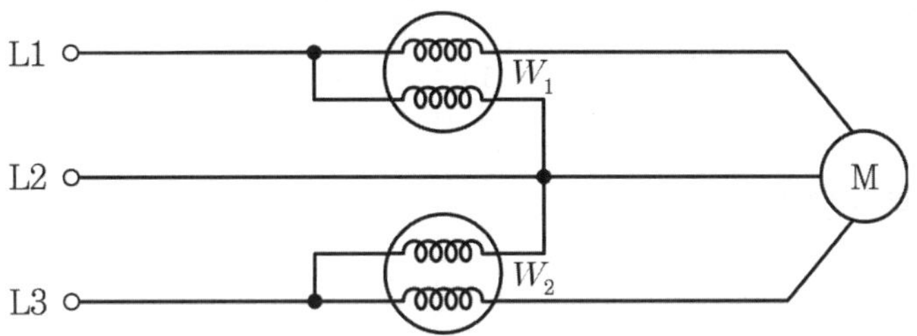

1) 전압계와 전류계를 적당한 위치에 부착하여 도면을 작성하시오.

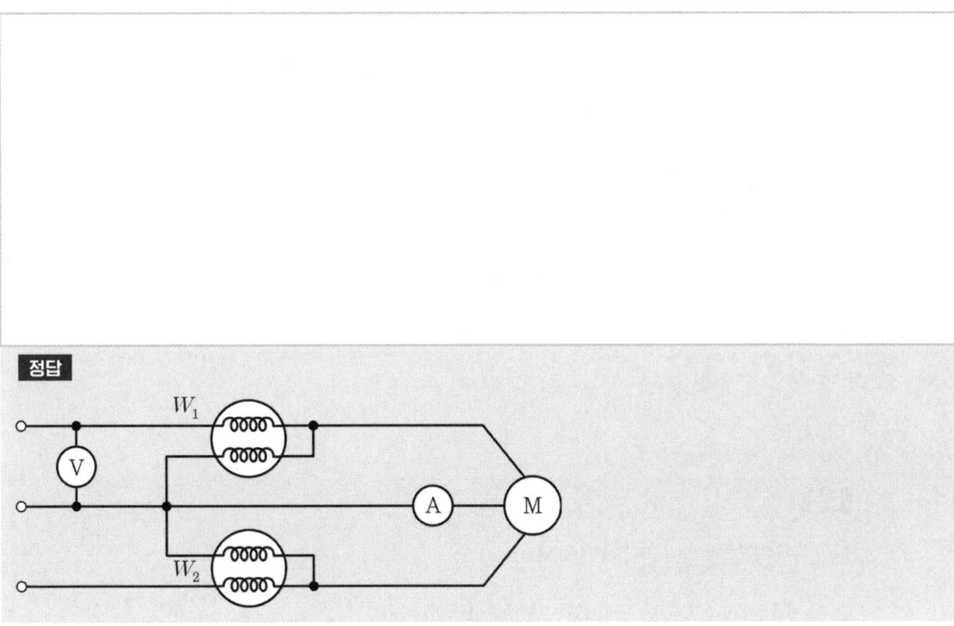

2) 유효전력은 몇 [kW]인가?

정답

전력계의 지시값 $P = W_1 + W_2 = 6.57 + 4.38 = 10.95$[kW]

3) 피상전력은 몇 [kVA]인가?

정답

$P_a = \sqrt{3}\,VI = \sqrt{3} \times 220 \times 30.41 \times 10^{-3} = 11.59[\text{kVA}]$

4) 역률은 몇 [%]인가?

정답

$\cos\theta = \dfrac{P}{P_a} \times 100 = \dfrac{10.95}{11.59} \times 100 = 94.48[\%]$

5) 유도전동기로 30[m/min]의 속도로 물체를 권상한다면 몇 [kg]까지 가능하겠는가? (단, 종합효율은 85[%]이다.)

정답

권상기용량 $P = \dfrac{MV}{6.12\eta}$[kW]에서

$M = \dfrac{6.12\eta \times P \times 10^3}{V} = \dfrac{6.12 \times 0.85 \times 10.95 \times 10^3}{30} = 1,898.73[\text{kg}]$

03 다음 회로에서 소비하는 전력은 몇 [W]인지 구하시오.

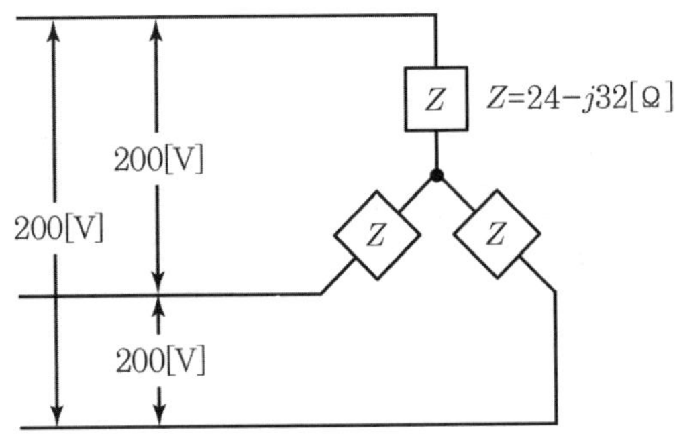

정답

전류 $I = \dfrac{E}{Z} = \dfrac{\dfrac{200}{\sqrt{3}}}{\sqrt{24^2+32^2}} = 2.89[\text{A}]$

따라서 소비전력 $P = 3I_P^2R = 3\times(2.89)^2\times 24 = 601[\text{W}]$

04 그림과 같이 전류계 3대를 가지고 부하전력 및 역률을 측정하려고 한다. 각 전류계의 눈금이 $A_3 = 10$[A], $A_2 = 4$[A], $A_1 = 7$[A]일 때, 부하전력 및 역률은 얼마인가? (단, 저항 R은 25[Ω]이다.)

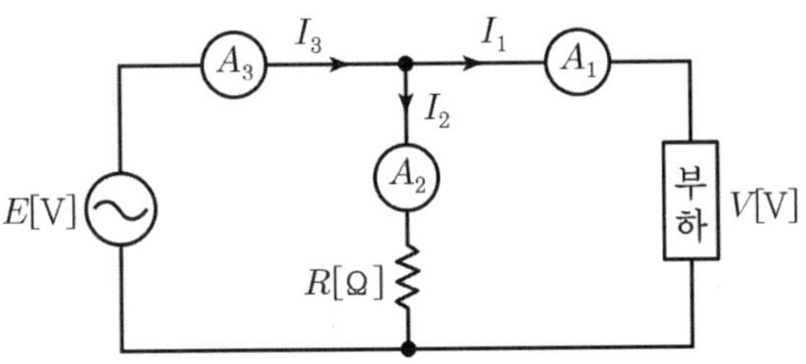

1) 부하전력[W]

정답

$P=\frac{R}{2}(A_3^2-A_1^2-A_2^2)=\frac{25}{2}(10^2-7^2-4^2)=437.5[\text{W}]$

2) 부하역률[%]

정답

$\cos\theta=\frac{A_3^2-A_1^2-A_2^2}{2A_1A_2}=\frac{10^2-7^2-4^2}{2\times7\times4}\times100=62.5[\%]$

05 그림과 같은 Y결선된 평형부하에 전압을 측정 시 전압계의 지시값이 $V_P=150[\text{V}]$, $V_\ell=220[\text{V}]$로 나타났다. 각 물음에 답하시오. (단, 부하 측에 인가된 전압은 각 상 평형전압이며 기본파, 제4고조파분 전압만 포함되어 있다고 한다.)

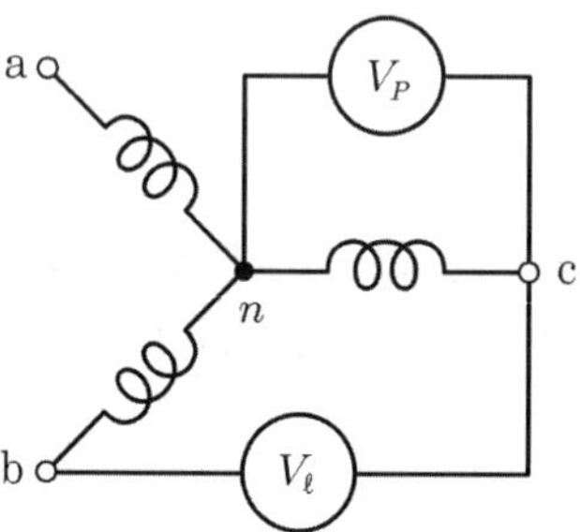

1) 제3고조파 전압[V]를 구하시오.

정답

(1) 상전압을 구하면

$V_P = \sqrt{V_1^2 + V_3^2}$

$150 = \sqrt{V_1^2 + V_3^2}$

(2) 선간전압의 경우

$V_\ell = \sqrt{3}\, V_1$

$V_1 = \dfrac{220}{\sqrt{3}} = 127.02[\mathrm{V}]$

따라서 $V_3 = \sqrt{150^2 - 127.02^2} = 79.79[\mathrm{V}]$이다.

2) 전압의 왜형률[%]을 구하시오.

정답

$$\text{왜형률} = \frac{\text{전고조파의 실효값}}{\text{기본파의 실효값}} \times 100[\%]$$

$$= \frac{79.79}{127.02} \times 100[\%] = 62.82[\%]$$

06 전압 30[V], 저항 4[Ω], 유도 리액턴스 3[Ω]일 때 콘덴서를 병렬로 연결하여 종합역률 1로 만들기 위해 병렬연결하는 용량성 리액턴스는 몇 [Ω]인가?

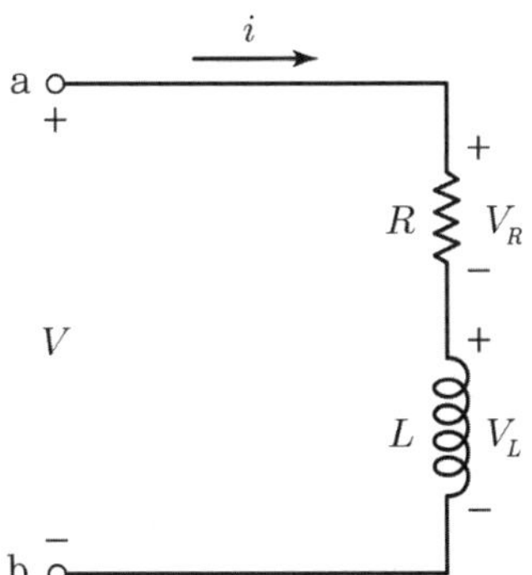

정답

병렬공진으로 역률이 1이 되기 위한 용량성 리액턴스 X_c

$$\frac{1}{\omega C} = \frac{R^2 + (\omega L)^2}{\omega L} = \frac{4^2 + 3^2}{3} = 8.33[\Omega]$$

07 다음과 같은 기자재가 주어졌다. 다음을 답하시오.

1) 전압 전류계법으로 저항값을 측정하기 위한 회로를 완성하시오.

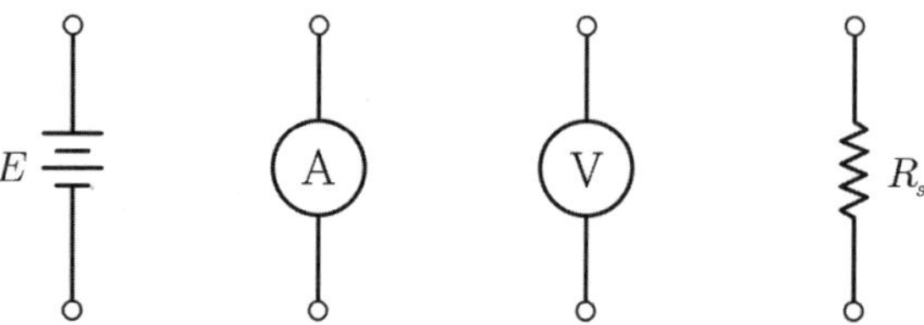

정답

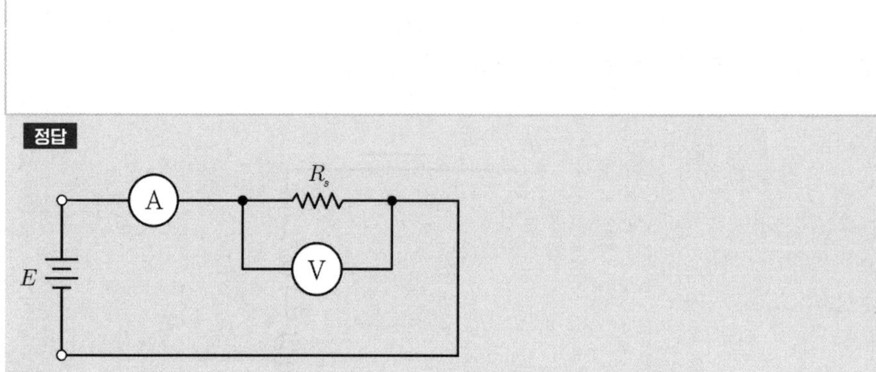

2) 저항 R_s에 대한 식을 쓰시오.

정답

$R_s = \frac{Ⓥ}{Ⓐ}$

08

역률개선용 콘덴서의 주파수를 50[Hz]에서 60[Hz]로 변경하였을 때 콘덴서에 흐르는 전류비를 구하시오. (단, 전압은 일정하다.)

정답

콘덴서에 흐르는 전류 $I_c = \omega CV$로서 $I_c \propto f$의 관계를 갖는다.

따라서 $I_{c60} = \frac{60}{50} I_{c50}$이 된다.

그러므로 $\frac{I_{c60}}{I_{c50}} = 1.2$이다.

09

불평형 3상 전압이 $V_a = 7.3\angle 12.5°$, $V_b = 0.4\angle -100°$, $V_c = 4.4\angle 154°$일 때, 각 대칭분 전압 V_0[V], V_1[V], V_2[V]를 구하시오.

정답

1) 영상 전압 $V_0 = \frac{1}{3}(V_a + V_b + V_c)$

$= \frac{1}{3}(7.3\angle 12.5° + 0.4\angle -100° + 4.4\angle 154°)$

$= 1.03 + j1.04[V]$

$= 1.46\angle 45.28°$

2) 정상 전압 $V_1 = \frac{1}{3}(V_a + aV_b + a^2V_c)$

$= \frac{1}{3}(7.3\angle 12.5° + 1\angle 120° \times 0.4\angle -100° + 1\angle -120° \times 4.4\angle 154°)$

$= 3.72 + j1.39[V]$

$= 3.97\angle 20.49°$

3) 역상 전압 $V_2 = \frac{1}{3}(V_a + a^2V_b + aV_c)$

$= \frac{1}{3}(7.3\angle 12.5° + 1\angle -120° \times 0.4\angle -100° + 1\angle 120° \times 4.4\angle 154°)$

$= 2.38 - j0.85[V]$

$= 2.53\angle -19.65°$

10 오실로스코프의 감쇄 probe는 입력 전압의 크기를 10배의 배율로 감소시키도록 설계되어 있다. 그림에서 오실로스코프의 입력 임피던스 R_s는 1[MΩ]이고, Probe의 내부저항 R_p는 9[MΩ]일 때, 다음 각 물음에 답하시오.

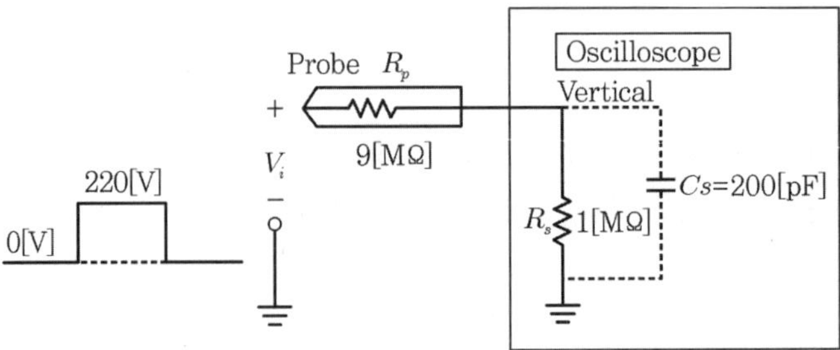

1) 이때 Probe의 입력 전압을 v_i = 220[V]라면 Oscilloscope에 나타나는 전압은?

정답

$V_0 = \frac{220}{10} = 22[V]$

2) Oscilloscope의 내부저항 $R_s = 1$[MΩ]과 $C_s =$ 200[pF]의 콘덴서가 병렬로 연결되어 있을 때 콘덴서 C_s에 대한 테브난의 등가회로가 다음과 같다면 시정수 τ와 $v_i =$ 220[V]일 때의 테브난의 등가전압 E_{th}를 구하시오.

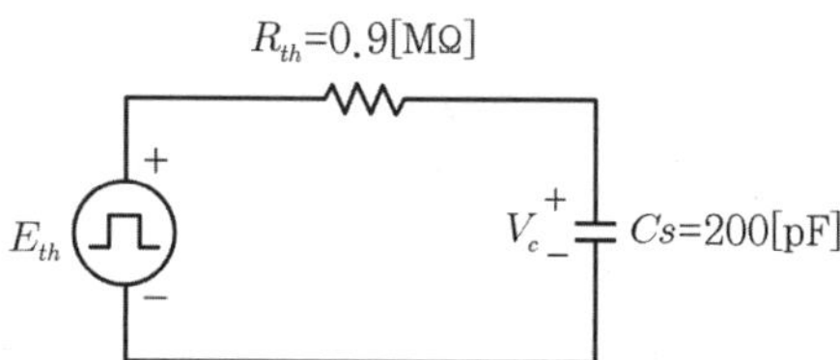

정답

(1) 시정수 $\tau = R_{th} C_s$

$= 0.9 \times 10^6 \times 200 \times 10^{-12} = 180 \times 10^{-6}$[sec]

(2) 등가전압 $E_{th} = \dfrac{R_s}{R_p + R_s} \times v_i = \dfrac{1}{9+1} \times 220 = 22$[V]

3) 인가주파수가 10[kHz]일 때 주기는 몇 [ms]인가?

정답

주기 $T = \dfrac{1}{f} = \dfrac{1}{10 \times 10^3} \times 10^3 = 0.1$[msec]

11 250[V]의 최대 눈금을 가진 2개의 직류전압계 V_1 및 V_2를 직렬로 접속하여 회로의 전압을 측정할 때 각 전압계의 저항이 각각 18[kΩ], 15[kΩ]이라면 측정할 수 있는 회로의 최대 전압은 몇 [V]인지 구하시오.

정답

V_1전압계에 걸리는 전압 $= \dfrac{V}{r_1 + r_2} \times r_1 = 250$[V]

따라서 $V = \dfrac{r_1 + r_2}{r_1} \times 250 = \dfrac{18+15}{18} \times 250 = 458.33$[V]

12 그림과 같은 평형 3상 회로로 운전하는 유도전동기가 있다. 이 회로에 그림과 같이 2개의 전력계 W_1, W_2, 전압계 ⓥ, 전류계 Ⓐ를 접속하였더니 지시값은 $W_1 = 2.9$[kW], $W_2 = 6$[kW], ⓥ = 200[V], Ⓐ = 30[A]이었다. 다음 각 물음에 답하시오.

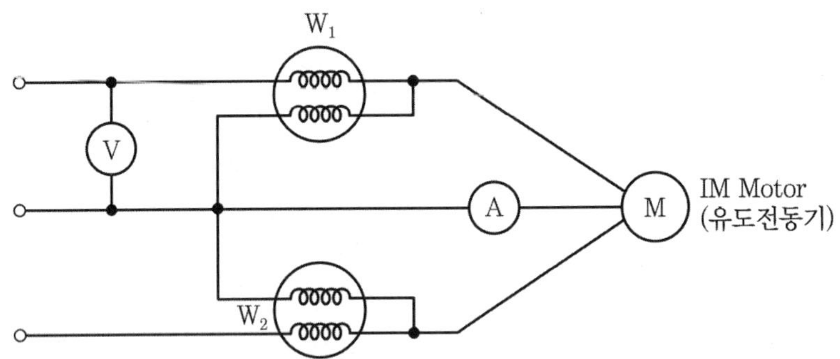

1) 이 유도전동기의 역률은 몇 [%]인가?

정답

먼저 유효전력과 피상전력을 구하면

유효전력 $P = W_1 + W_2 = 2.9 + 6 = 8.9$[kW]

피상전력 $P_a = \sqrt{3}\,VI = \sqrt{3} \times 200 \times 30 \times 10^{-3} = 10.39$[kVA]

따라서 역률 $\cos\theta = \dfrac{P}{P_a} = \dfrac{8.9}{10.39} \times 100 = 85.66$[%]

2) 역률을 90[%]로 개선하고자 한다. 몇 [kVA]용량의 콘덴서가 필요한가?

정답

$Q_c = P(\tan\theta_1 - \tan\theta_2)$

$= P\left(\dfrac{\sqrt{1-\cos^2\theta_1}}{\cos\theta_1} - \dfrac{\sqrt{1-\cos^2\theta_2}}{\cos\theta_2}\right)$

$= 8.9 \times \left(\dfrac{\sqrt{1-0.8566^2}}{0.8566} - \dfrac{\sqrt{1-0.9^2}}{0.9}\right) = 1.05$[kVA]

3) 이 전동기로 만일 매분 20[m]의 속도로 물체를 권상한다면 몇 [ton]까지 가능한지 구하시오. (단, 종합효율은 80[%]로 한다.)

정답

권상용 전동기의 출력 $P=\dfrac{KWV}{6.12\eta}$

$$W=\frac{P\times 6.12\eta}{V}[\text{ton}]$$

$$=\frac{8.89\times 6.12\times 0.8}{20}=2.18[\text{ton}]$$

여기서 K : 여유계수, W : 권상중량[ton], V : 권상속도[m/min], η : 효율

13 옥내 배선의 시설에 있어서 인입구 부근에 전기 저항값이 3[Ω] 이하의 값을 유지하는 수도관 또는 철골이 있는 경우에는 이것을 접지극으로 사용하여 이를 중성점 접지 공사한 저압 전로의 중성선 또는 접지 측 전선에 추가 접지할 수 있다. 이 추가 접지의 목적은 저압 전로에 침입하는 뇌격이나 고 · 저압 혼촉으로 인한 이상 전압에 의한 옥내 배선의 전위 상승을 억제하는 역할을 한다. 또 지락사고 시 단락 전류를 증가시킴으로써 과전류차단기의 동작을 확실하게 하는 것이다. 그림에 있어서 (나)점에서 지락이 발생한 경우 추가 접지가 없는 경우의 지락전류와 추가 접지가 있는 경우의 지락전류값을 구하시오.

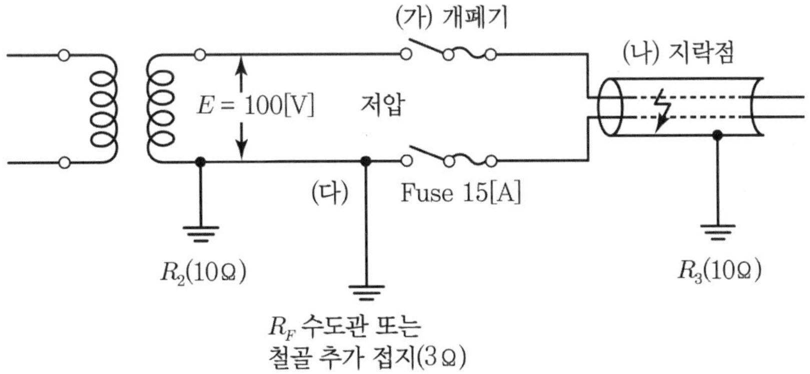

1) 추가 접지가 없는 경우의 지락전류[A]를 구하시오.

정답

지락전류 $I_g = \dfrac{E}{R_2 + R_3} = \dfrac{100}{10+10} = 5$[A]

2) 추가 접지가 있는 경우의 지락전류[A]를 구하시오.

정답

지락전류 $I_g = \dfrac{100}{10 + \dfrac{3 \times 10}{3+10}} = 8.13$[A]

14 고조파 부하가 있는 회로에 전류 $i = 10\sin\omega t + 4\sin(2\omega t + 30^\circ) + 3\sin(3\omega t + 60^\circ)$[A]가 흐를 때, 이 전류의 실횻값[A]을 구하시오.

정답

비정현파의 실횻값

$$I = \sqrt{I_0^2 + I_1^2 + I_2^2 + \cdots + I_n^2}$$
$$= \sqrt{I_1^2 + I_2^2 + I_3^2}$$
$$= \sqrt{(\frac{10}{\sqrt{2}})^2 + (\frac{4}{\sqrt{2}})^2 + (\frac{3}{\sqrt{2}})^2}$$
$$= 7.91[\text{A}]$$

15 그림과 같은 회로에서 최대 눈금 15[A]의 직류 전류계 2개를 접속하고 전류 20[A]를 흘리면 각 전류계의 지시는 몇 [A]인가? (단, 전류계 최대 눈금의 전압강하는 A_1이 75[mV], A_2가 50[mV]이다.)

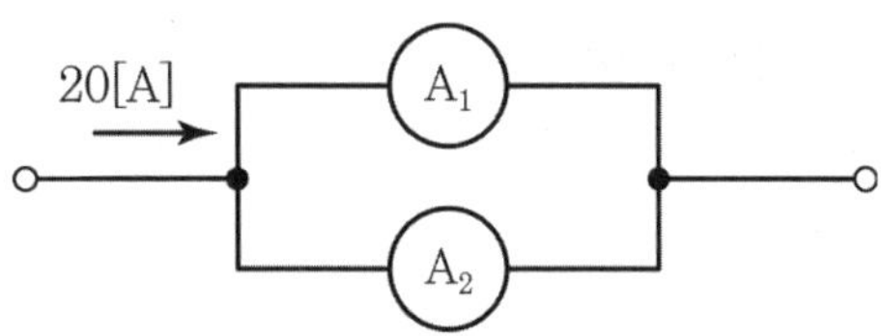

정답

각 전류계의 내부저항을 구하면

A_1 전류계 $R_1 = \dfrac{e_1}{I_1} = \dfrac{75\times10^{-3}}{15} = 5\times10^{-3}[\Omega]$

A_2 전류계 $R_1 = \dfrac{e_2}{I_2} = \dfrac{50\times10^{-3}}{15} = 3.33\times10^{-3}[\Omega]$

따라서 A_1 전류계와 A_2 전류계에 흐르는 전류는

$A_1 = \dfrac{R_2}{R_1+R_2}I = \dfrac{3.33\times10^{-3}}{5\times10^{-3}+3.33\times10^{-3}}\times20 = 8[A]$

$A_2 = \dfrac{R_1}{R_1+R_2}I = \dfrac{5\times10^{-3}}{5\times10^{-3}+3.33\times10^{-3}}\times20 = 12[A]$

Chapter 04 송배전특성

01 3상 3선식 배전선로의 1선당 저항이 7.78[Ω], 리액턴스가 11.63[Ω]이고 수전단 전압이 60[kV], 부하전류가 200[A], 역률 0.8(지상)의 3상 평형 부하가 접속되어 있을 경우에 송전단 전압과 전압강하율을 구하시오.

1) 송전단 전압 V_s

정답

$$V_s = V_r + e$$
$$= V_r + \sqrt{3}I(R\cos\theta + X\sin\theta)$$
$$= 60{,}000 + \sqrt{3} \times 200 \times (7.78 \times 0.8 + 11.63 \times 0.6) = 64{,}573.31[\text{V}]$$

2) 전압강하율 ϵ

정답

$$\epsilon = \frac{V_s - V_r}{V_r} \times 100[\%]$$
$$= \frac{64{,}573.31 - 60{,}000}{60{,}000} \times 100 = 7.62[\%]$$

02 정삼각형 배열의 3상 가공송전선에서 전선의 굵기, 선간거리, 표고, 기온에 의한 코로나 파괴 임계전압이 받는 영향을 쓰시오.

조건	코로나 임계전압의 영향
전선의 굵기	
선간거리	
표고[m]	
기온[℃]	

정답

조건	코로나 임계전압의 영향
전선의 굵기	전선이 굵을수록 임계전압이 커진다.
선간거리	선간거리가 클수록 임계전압이 커진다.
표고[m]	표고가 높으면 기압이 낮아져, 임계전압은 낮아진다.
기온[℃]	기온이 올라갈수록 임계전압이 낮아진다.

코로나 임계전압 $E_m = 24.3 m_0 m_1 \delta d \log_{10}\frac{D}{r}$[kV]

(여기서 m_0 : 전선계수, m_1 : 날씨계수, d : 전선의 지름, D : 전선의 등가 선간거리

δ(상대공기밀도)$= \frac{0.386b}{273+t}$로서 b : 기압[mmhg], t : 기온[℃]을 말한다.)

따라서 전선의 굵기가 굵을수록, 선간거리가 클수록 임계전압은 커진다.

반면 표고는 기압과 반비례하므로 표고가 높으면 기압이 낮아져, 임계전압이 낮아지고, 기온이 올라가면 임계전압도 낮아진다.

03 전압 22,900[V], 주파수 60[Hz], 1회선 3상 지중 송전선로의 3상 무부하 충전전류 및 충전용량을 구하시오. (단, 송전선의 선로길이는 7[km], 케이블 1선당 작용 정전용량은 0.4[μF/km]라고 한다.)

1) 충전전류

정답

$I_c = \omega CE = 2\pi \times 60 \times 0.4 \times 10^{-6} \times 7 \times \frac{22{,}900}{\sqrt{3}} = 13.96$[A]

2) 충전용량

정답

$Q_c = 3\omega CE^2 = 3 \times 2\pi \times 60 \times 0.4 \times 10^{-6} \times 7 \times (\frac{22{,}900}{\sqrt{3}})^2 \times 10^{-3} = 553.55$[kVA]

04 20개의 가로등이 500[m] 거리에 균등하게 배치되어 있다. 한 등의 소요전류가 4[A], 전선(동선)의 단면적이 35[mm^2], 도전율이 97[%]라면 한쪽 끝에서 단상 220[V]로 급전할 때 최종 전등에 가해지는 전압[V]는 얼마인지 구하시오. (단, 표준연동의 고유저항은 1/58 [Ω · mm^2/m]이다.)

정답

전압강하 $e = 2IR = 2 \times I \times \rho \frac{\ell}{A} = 2 \times 4 \times 20 \times \frac{1}{58} \times \frac{100}{97} \times \frac{500}{35} = 40.63$[V]

균등부하는 말단의 전압강하의 $\frac{1}{2}$배가 되므로

전등에 가해지는 전압은 $220 - \frac{40.63}{2} = 199.69$[V]가 된다.

05 초고압 송전전압이 345[kV], 선로거리가 200[km]인 경우 1회선당 가능 송전전력[kW]를 still 식을 이용하여 구하시오.

정답

$V_s = 5.5\sqrt{0.6\ell + \frac{P}{100}}$ [kV]

여기서 ℓ : 송전거리[km], P : 송전전력[kW], V_s : 경제적인 송전전압[kV]이다.

따라서 $P = [(\frac{V_s}{5.5})^2 - 0.6\ell] \times 100 = [(\frac{345}{5.5})^2 - 0.6 \times 200] \times 100 = 381,471.07$[kW]

06 경간 200[m]인 가공 송전선로가 있다. 전선 1[m]당 무게는 2.0[kg]이며 풍압하중은 없다. 인장강도는 4,000[kg]의 전선을 사용할 경우 이도(dip)와 전선의 실제 길이를 구하시오. (단, 전선의 안전율은 2.2로 한다.)

1) 이도(dip)

정답

$$D=\frac{WS^2}{8T}=\frac{2\times 200^2}{8\times\frac{4,000}{2.2}}=5.5[\text{m}]$$

2) 전선의 실제 길이

정답

$$L=S+\frac{8D^2}{3S}=200+\frac{8\times 5.5^2}{3\times 200}=200.4[\text{m}]$$

07 그림과 같은 저압 배전 방식의 명칭과 특징을 4가지만 쓰시오.

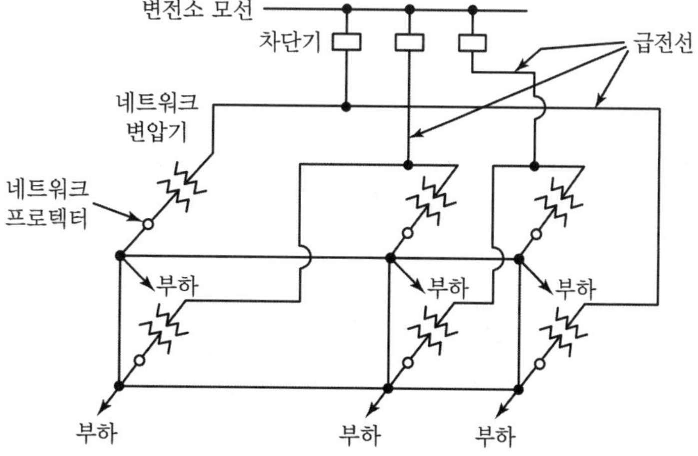

1) 명칭

정답

저압 네트워크 배전 방식

2) 특징

정답

(1) 무정전 공급이 가능하여 공급신뢰도가 높다.
(2) 전력손실이 감소한다.
(3) 부하증가에 대한 적응성이 좋다.
(4) 전압변동률이 적다.

08 그림과 같은 단상 2선식 회로에서 공급점 A의 전압이 220[V]이며, A－B 사이의 1선마다 저항이 0.02[Ω], B－C 사이의 1선마다의 저항이 0.04[Ω]이라 하면 40[A]를 소비하는 B점의 전압 V_B와 20[A]를 소비하는 C점의 전압 V_C를 구하시오. (단, 부하의 역률은 1이라고 한다.)

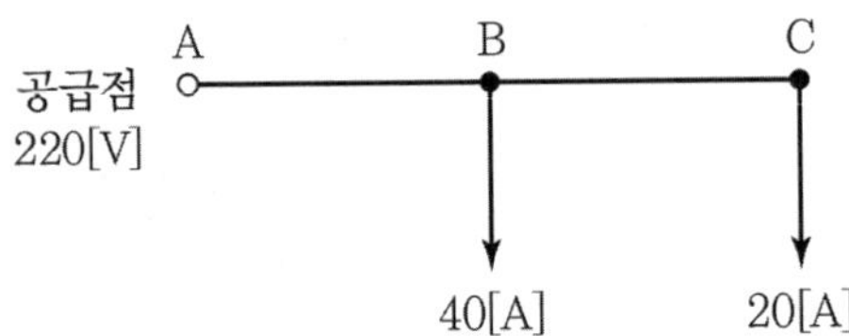

1) B점의 전압 V_B

정답

$$V_B = V_A - e$$
$$= V_A - 2(I_B + I_C) R_{AB}$$
$$= 220 - 2 \times (40 + 20) \times 0.02 = 217.6[V]$$

2) C점의 전압 V_C

정답

$V_C = V_B - e$

$= V_B - 2I_C R_{BC}$

$= 217.6 - 2 \times 20 \times 0.04 = 216[\text{V}]$

09 배전 선로의 전압 조정기를 3가지만 쓰시오.

정답

1) 자동 전압 조정기 2) 고정 승압기 3) 병렬 콘덴서

10 정격전류가 320[A]이며, 역률이 0.85인 3상 유도전동기가 있다. 주어진 조건을 참고하여 전압강하를 구하시오.

조건

- 전선편도 길이 : 150[m]
- 사용전선의 특징 : $R = 0.18[\Omega/\text{km}]$, $\omega L = 0.102[\Omega/\text{km}]$

정답

150[m]에 대하여 저항과 리액턴스를 구하면

1) $R = \dfrac{0.18}{1,000} \times 150 = 0.027[\Omega]$

2) $X = \dfrac{0.102}{1,000} \times 150 = 0.0153[\Omega]$

3) 전압강하 $e = \sqrt{3}\,I(R\cos\theta + X\sin\theta)$

$= \sqrt{3} \times 320 \times (0.027 \times 0.85 + 0.0153 \times \sqrt{1-0.85^2}) = 17.19[\text{V}]$

11 다음 기기의 명칭을 쓰시오.

1) 가공 배전선로 사고의 대부분은 조류 및 수목에 의한 접촉, 강풍 · 낙뢰 등에 의한 플래시 오버 사고로서 이런 사고 발생 시 신속하게 고장구간을 차단하고 사고점의 아크를 소멸시킨 후 즉시 재투입이 가능한 개폐장치를 말한다.

정답

리클로저

2) 보안상 책임 분계점에서 보수 점검 시 전로를 개폐하기 위하여 시설하는 것으로 반드시 무부하 상태에서 개방하여야 한다. 근래에는 이를 대신하여 ASS를 사용하기도 하나 66[kV] 이상의 경우에는 이를 사용한다.

정답

선로개폐기

12 수전전압이 6,000[V]인 2[km] 3상 3선식 선로에서 1,000[kW](늦은 역률 0.8) 부하가 연결되어 있다고 한다. 다음 물음에 답하시오. (단, 1선당 저항은 0.3[Ω/km], 1선당 리액턴스는 0.4[Ω/km]이다.)

1) 선로의 전압강하를 구하시오.

정답

전류 $I = \dfrac{P}{\sqrt{3}\,V\cos\theta} = \dfrac{1{,}000 \times 10^3}{\sqrt{3} \times 6{,}000 \times 0.8} = 120.28[\text{A}]$

전압강하 $e = \sqrt{3}\,I(R\cos\theta + X\sin\theta)$

$= \sqrt{3} \times 120.28 \times (0.3 \times 2 \times 0.8 + 0.4 \times 2 \times 0.6) = 200[\text{V}]$

2) 선로의 전압강하율을 구하시오.

정답

$$\epsilon = \frac{V_s - V_r}{V_r} \times 100 = \frac{e}{V_r} \times 100 = \frac{200}{6{,}000} \times 100 = 3.33[\%]$$

3) 선로의 전력손실[kW]를 구하시오.

정답

$$P_\ell = 3I^2R = 3 \times 120.28^2 \times 0.3 \times 2 \times 10^{-3} = 26.04[\text{kW}]$$

13 수전전압 3,000[V], 역률 0.8의 부하에 지름 5[mm]의 경동선으로 20[km]의 거리에 10[%] 이내 손실률로 보낼 수 있는 3상 전력[kW]를 구하시오.

정답

저항 $R = \rho\frac{\ell}{A} = \frac{1}{58} \times \frac{100}{97} \times \frac{20 \times 10^3}{\pi \times 2.5^2} = 18.11[\Omega]$

전력손실률 $k = \frac{PR}{V^2\cos^2\theta} \times 100$

$$P = \frac{kV^2\cos^2\theta}{R \times 100} = \frac{10 \times 3{,}000^2 \times 0.8^2}{18.11 \times 100} \times 10^{-3} = 31.81[\text{kW}]$$

14 3상 4선식 송전선에서 1선의 저항이 10[Ω], 리액턴스가 20[Ω]이고, 송전단 전압이 6,600[V], 수전단 전압이 6,100[V]이었다. 수전단의 부하를 끊은 경우 수전단 전압이 6,300[V], 부하 역률이 0.8일 때 다음 각 물음에 답하시오.

1) 전압강하율[%]를 구하시오.

정답

$$\epsilon = \frac{V_s - V_r}{V_r} \times 100[\%] = \frac{6,600 - 6,100}{6,100} \times 100 = 8.2[\%]$$

2) 전압변동률[%]를 구하시오.

정답

전압변동률 $\delta = \frac{V_{r0} - V_r}{V_r} \times 100[\%] = \frac{6,300 - 6,100}{6,100} \times 100 = 3.28[\%]$

3) 이 송전선로의 수전 가능한 전력[kW]를 구하시오.

정답

전압강하 $e = V_s - V_r = 6,600 - 6,100 = 500[\text{V}]$

$e = \sqrt{3}\, I(R\cos\theta + X\sin\theta)$

$$I = \frac{e}{\sqrt{3}\,(R\cos\theta + X\sin\theta)} = \frac{500}{\sqrt{3} \times (10 \times 0.8 + 20 \times 0.6)} = 14.43[\text{A}]$$

$\therefore$ 수전전력 $P = \sqrt{3}\, V_r I\cos\theta$

$$= \sqrt{3} \times 6,100 \times 14.43 \times 0.8 \times 10^{-3} = 121.97[\text{kW}]$$

15 그림과 같은 배전 방식의 명칭과 이 배전 방식의 특징을 4가지 쓰시오. (단, 특징은 배전용 변압기 1대 단위로 저압 배전선로를 구성하는 방식과 비교한 경우이다.)

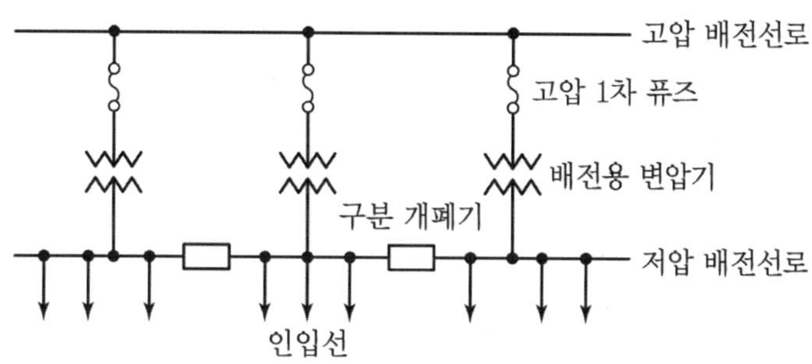

1) 명칭

정답

저압 뱅킹 방식

2) 특징

정답

(1) 변압기 용량이 경감된다.
(2) 전압변동 및 전력손실이 작다.
(3) 부하증가에 대한 탄력성이 향상된다.
(4) 고장 보호방식이 적당하면 공급신뢰도가 향상된다.

16 그림과 같은 단상 3선식의 배전선 a, b, c 각 선간에 부하가 접속되어 있다. 전선의 저항은 3선 모두 같고, 각각 0.06[Ω]이라고 한다. ab, bc, ca 간의 전압을 구하시오. (단, 부하의 역률은 변압기 2차 전압에 대한 것으로 하며, 선로의 리액턴스는 무시한다.)

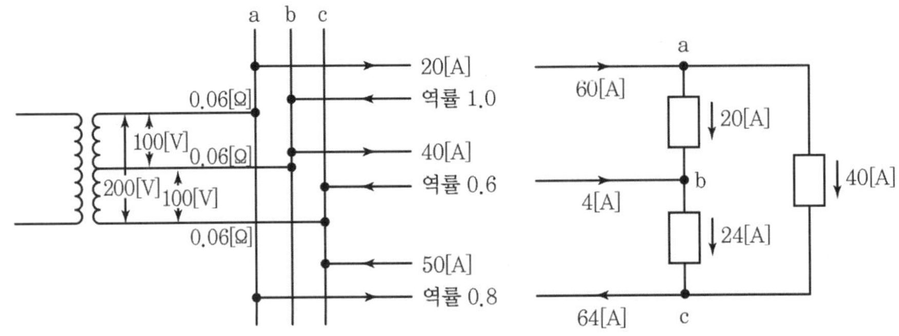

정답

전압 강하 $e=I(R\cos\theta+X\sin\theta)$이나 리액턴스를 무시하므로 $e=IR\cos\theta$가 된다.

1) $V_{ab}=100-(60\times0.06-4\times0.06)=96.64$[V]

2) $V_{bc}=100-(4\times0.06+64\times0.06)=95.92$[V]

3) $V_{ca}=200-(60\times0.06+64\times0.06)=192.56$[V]

17 다음은 가공 송전선로의 코로나 임계전압을 나타낸 식이다. 이 식을 보고 다음 각 물음에 답하시오.

$$E_0=24.3m_0m_1\delta d\log_{10}\frac{D}{r}\,[\text{kV}]$$

1) 기온이 t[℃]에서 기압을 b[mmHg]라 할 때 $\delta=\dfrac{0.386b}{273+t}$라고 한다. 여기서 δ는 무엇을 의미하는가?

정답

상대공기밀도

2) m_1이 날씨계수라면, m_0은 무엇을 의미하는가?

정답

전선의 표면계수

3) 코로나에 의한 장해의 종류를 2가지만 쓰시오.

정답

(1) 코로나 손실 발생 (2) 코로나 잡음 발생

4) 코로나 발생을 방지하기 위한 주요대책을 2가지만 쓰시오.

정답

(1) 굵은 전선을 채용한다. (2) 복도체를 채용한다.

18 공칭 전압이 140[kV]인 송전선이 있다. 이 송전선의 4단자 정수가 $A=0.9$, $B=j70.7$, $C=j0.52\times10^{-3}$, $D=0.9$이고, 무부하시 송전단 전압이 154[kV]라고 한다. 다음 각 물음에 답하시오.

1) 수전단 전압[kV] 및 송전단 전류[A]를 구하시오.

정답

(1) 수전단 전압

전파방정식 $E_s=AE_r+BI_r$

$I_s=CE_r+DI_r$

무부하이므로 $I_r=0$이 된다.

따라서 수전단 전압 $V_r=\dfrac{V_s}{A}=\dfrac{154}{0.9}=171.11$[kV]이다.

(2) 송전단 전류 I_s

$I_s=CE_r$이므로

$I_s=C\times\dfrac{V_r}{\sqrt{3}}=j0.52\times10^{-3}\times\dfrac{171.11\times10^3}{\sqrt{3}}=j51.37$[A]이다.

2) 수전단 전압을 140[kV]로 유지하려고 할 때, 이때 수전단에서 필요로 하는 조상설비의 용량은 몇 [kVA]인가?

정답

$E_s = AE_r + BI_r$로서

$V_s = AV_r + \sqrt{3}BI_r$이 된다.

이때 조상기의 전류 $I_r = \dfrac{V_s - AV_r}{\sqrt{3}B} = \dfrac{154 \times 10^3 - 0.9 \times 140 \times 10^3}{\sqrt{3} \times j70.7} = -j228.65$[A]가 된다.

따라서 조상설비 용량 $Q_c = \sqrt{3}\,V_r I_c \times 10^{-3}$

$= \sqrt{3} \times 140 \times 10^3 \times 228.65 \times 10^{-3} = 55{,}444.68$[kVA]이다.

19

송전선로 전압을 154[kV]에서 345[kV]로 승압할 경우 송전선로에 나타나는 효과에 대하여 다음 물음에 답하시오.

1) 전력손실이 동일한 경우 공급능력은 몇 배 증대되는가?

정답

공급능력의 경우 전압에 비례하므로 $P' = \dfrac{345}{154}P = 2.24P$가 된다.

2) 전력손실의 감소는 몇 [%]인지 구하시오.

정답

전력손실 $P_\ell \propto \dfrac{1}{V^2}$이 되므로 $P_\ell' = (\dfrac{154}{345})^2 P_\ell = 0.199P$이다.

따라서 감소분의 경우 1 - 0.199 = 0.801 = 80.1[%]가 된다.

3) 전압강하율의 감소분은 몇 [%]인가?

정답

$\epsilon \propto \frac{1}{V^2}$ $\epsilon' = (\frac{154}{345})^2 \epsilon = 0.199\epsilon$

따라서 감소분의 경우 1 - 0.199 = 0.801 = 80.1[%]이다.

20

그림과 같이 지지점 A, B, C에는 고저차가 없으며, 경간 AB와 BC 사이에 전선이 가설되었다. 지금 경간 AC중점인 지지점 B점에서 전선이 떨어졌다. 전선의 이도 D_2는 전선이 떨어지기 전 D_1의 몇 배가 되는지 구하시오.

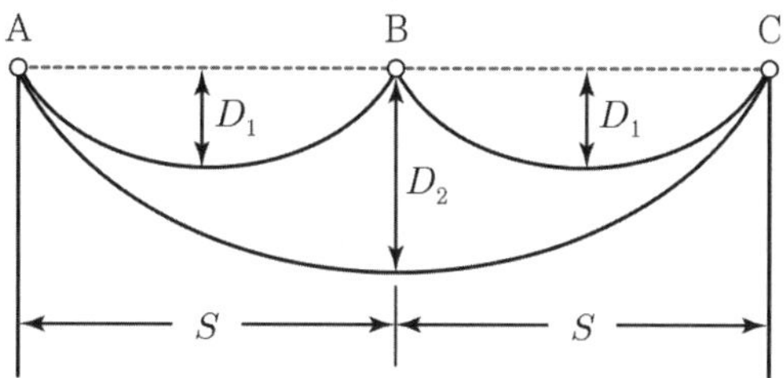

정답

전선의 실제 길이 $L = S + \frac{8D^2}{3S}$ 이므로 $2L_1 = L_2$가 성립한다.

$$2(S + \frac{8D_1^2}{3S}) = 2S + \frac{8D_2^2}{3 \times 2S}$$

$$2S + \frac{2 \times 8D_1^2}{3S} = 2S + \frac{8D_2^2}{3 \times 2S}$$

$$D_2^2 = \frac{2 \times 8D_1^2}{3S} \times \frac{3 \times 2S}{8}$$

따라서 $D_2 = \sqrt{4D_1^2} = 2D_1$이 되어 2배가 된다.

21

수전방식 중 회선 수에 따른 분류에서 1회선 수전방식의 특징을 쓰시오.

정답

1회선 수전방식의 경우 가장 간단하고 경제적이나 정전에 대한 신뢰도가 떨어진다.

22

3상 3선식 1회선 배전선로의 말단에 늦은 역률 80[%]인 평형 3상 부하가 있다. 변전소 인출구 전압이 6,600[V]인 경우 부하의 단자전압을 6,000[V] 이하로 떨어뜨리지 않기 위한 부하전력은 몇 [kW]인지 구하라. (단, 전선 1가닥당 저항은 1.4[Ω], 리액턴스는 1.8[Ω]이며, 기타 선로정수는 무시한다.)

정답

전압강하 $e = V_s - V_r = 6{,}600 - 6{,}000 = 600[\text{V}]$

전압강하 $e = \sqrt{3}\,I(R\cos\theta + X\sin\theta)$

여기서 전류 $I = \dfrac{e}{\sqrt{3}\,(R\cos\theta + X\sin\theta)}$

$= \dfrac{600}{\sqrt{3} \times (1.4 \times 0.8 + 1.8 \times 0.6)} = 157.43[\text{A}]$

수전전력 $P = \sqrt{3}\,V_r I\cos\theta$

$= \sqrt{3} \times 6{,}000 \times 157.43 \times 0.8 \times 10^{-3} = 1{,}308.85[\text{kW}]$

23

스폿 네트워크(Spot Network) 수전방식에 대하여 설명하고 특징 4가지만 쓰시오.

1) 설명

정답

배전용 변전소로부터 2회선 이상을 수전받아 1회선 고장이 발생하더라도 건전회선으로 자동으로 수전할 수 있는 무정전 전원 방식이다.

2) 특징

정답

(1) 무정전 전원 공급이 가능하다.
(2) 전압변동률이 낮다.
(3) 부하증가에 대한 적응성이 좋다.
(4) 사용실적이 적다.

24 다음 그림은 3상 3선식 배전선로이다. 각 물음에 답하시오. (단, 전선 1가닥의 저항은 0.5 [Ω/km]이다.)

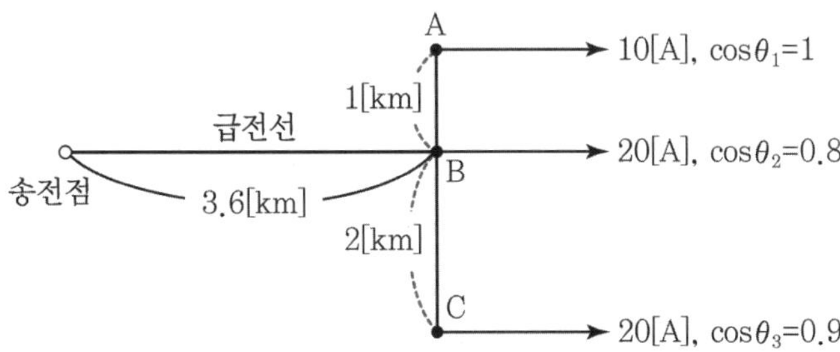

1) 급전선에 흐르는 전류는 몇 [A]인가?

정답

전류 $I = 10 + 20(0.8 - j0.6) + 20(0.9 - j\sqrt{1-0.9^2})$

$= 44 - j20.72 = \sqrt{44^2 + 20.72^2} = 48.63$[A]

2) 전체 선로의 손실은 몇 [kW]인가?

정답

선로의 손실은 급전점의 손실과 A점의 손실, C점의 손실의 합이 된다. 따라서

$P_\ell = 3 \times 48.63^2 \times (0.5 \times 3.6) \times 10^{-3} + 3 \times 10^2 \times (0.5 \times 1) \times 10^{-3} + 3 \times 20^2 \times (0.5 \times 2) \times 10^{-3}$

$= 14.12$[kW]

25 태양광 발전에 대한 다음 각 물음에 답하시오.

1) 태양광 발전의 장점을 4가지만 쓰시오.

정답

(1) 친환경적이며 영구적이다.
(2) 태양빛이 존재하는 곳이면 어떤 곳이나 설치가 가능하다.
(3) 유지보수가 용이하다.
(4) 발전효율이 일정하다.

2) 태양광 발전의 단점을 2가지만 쓰시오.

정답

(1) 초기 투자비용이 높다. (2) 에너지밀도가 낮다.

26 선로의 길이가 30[km]인 3상 2선식 2회선 송전선로가 있다. 수전단에 30[kV], 6,000[kW], 역률 0.8의 3상 부하에 공급할 경우 송전손실을 10[%] 이하로 하기 위해서는 전선의 굵기를 얼마로 하여야 하는가? (단, 사용전선의 고유저항은 $\frac{1}{55}$[Ω·mm²/m]이고, 전선의 굵기는 2.5, 4, 6, 10, 16, 25, 35, 50, 75, 90[mm²]이다.)

정답

먼저 1회선당 손실을 구하면 $P_\ell = 6{,}000 \times 0.1 \times \frac{1}{2} = 300$[kW]이고,

1회선당 전류를 구하면 $I = \frac{6{,}000 \times 10^3}{\sqrt{3} \times 30 \times 10^3 \times 0.8} \times \frac{1}{2} = 72.17$[A]이다.

전력손실 $P_\ell = 3I^2R$이므로

$$P_\ell = 3I^2 \times \rho\frac{\ell}{A}$$

$$A = 3I^2 \times \rho\frac{\ell}{P_\ell} = 3 \times 72.17^2 \times \frac{1}{55} \times \frac{30 \times 10^3}{300 \times 10^3} = 28.41[\text{mm}^2]$$ 이다.

따라서 35[mm²]를 선정한다.

27 3상 3선식 배전선로의 1선당 저항이 3[Ω], 리액턴스가 2[Ω]이고 수전단 전압이 6,000[V], 수전단에 용량 480[kW], 역률 0.8(지상)의 3상 평형 부하가 접속되어 있을 경우 송전단 전압 V_s, 송전단 전력 P_s 및 송전단 역률 $\cos\theta_s$를 구하시오.

정답

전류 $I = \dfrac{P}{\sqrt{3}\,V_r\cos\theta} = \dfrac{480\times10^3}{\sqrt{3}\times6{,}000\times0.8} = 57.74$[A]

1) 송전단 전압 V_s

$V_s = V_r + \sqrt{3}\,I(R\cos\theta + X\sin\theta) = 6{,}000 + \sqrt{3}\times57.74(3\times0.8 + 2\times0.6) = 6{,}360$[V]

2) 송전단 전력 P_s

$P_s = P_r + P_\ell = 480 + (3\times57.74^2\times3\times10^{-3}) = 510.01$[kW]

3) 송전단 역률 $\cos\theta_s$

$\cos\theta_s = \dfrac{P_s}{P_a} = \dfrac{510\times10^3}{\sqrt{3}\times6{,}360\times57.74}\times100 = 80.18$[%]

28 단상 2선식의 교류 배전선이 있다. 전선 1선의 저항은 0.03[Ω], 리액턴스는 0.05[Ω]이고, 부하는 무유도성으로 220[V], 3[kW]일 때 급전점의 전압은 몇 [V]가 되는가?

정답

$V_s = V_r + e$ (여기서 무유도성이므로 $\cos\theta = 1$)

$= V_r + 2IR\cos\theta$

$= 220 + 2\times\dfrac{3{,}000}{220}\times0.03\times1 = 220.82$[V]

29 소선의 직경이 3.2[mm]인 37가닥 연선의 외경은 몇 [mm]인가?

정답

연선의 외경 $D=(1+2n)d[\text{mm}]$

$=(1+2\times3)\times3.2=22.4[\text{mm}]$가 된다.

여기서 n은 전선의 층수로

소선의 총수 $N=3n(n+1)+1=37$이므로 층수 n은 3층이 된다.

30 가공전선로의 ACSR에 Damper를 설치하는 목적은 무엇인가?

정답

전선의 진동을 방지한다.

31 최대전류가 흐를 때 손실전력이 100[kW]인 배전선이 있다. 이 배전선의 부하율이 60[%]인 경우 손실계수를 이용하여 평균전력손실이 몇 [kW]인지 구하시오. (단, 손실계수를 구하는 데 사용하는 α = 0.2이다.)

정답

손실계수 $H=\dfrac{\text{어느 기간 중의 평균손실전력}}{\text{어느 기간 중의 최대손실전력}}\times100[\%]$

여기서 손실계수 $H=\alpha F+(1-\alpha)F^2=0.2\times0.6+(1-0.2)\times0.6^2=0.41$

따라서 평균전력손실 $=H\times$ 최대전력손실 $=0.41\times100=41[\text{kW}]$

32 154[kV] 2회선 송전선이 있다. 1회선만이 운전 중일 때 휴전회선에 대한 정전유도전압[V]을 구하시오. (단, 송전 중의 회선과 휴전 중의 전선과의 상호 정전용량은 C_a = 0.001[μF/km], C_b = 0.0006[μF/km], C_c = 0.0004[μF/km]이고 휴전회선의 1선 대지 정전용량은 C_s = 0.0052[μF/km]이다.)

정답

정전유도전압

$$E_s = \frac{\sqrt{C_a(C_a - C_b) + C_b(C_b - C_c) + C_c(C_c - C_a)}}{C_a + C_b + C_c + C_s} \times \frac{V}{\sqrt{3}}$$

$$= \frac{\sqrt{0.001(0.001 - 0.0006) + 0.0006(0.0006 - 0.0004) + 0.0004(0.0004 - 0.001)}}{0.001 + 0.0006 + 0.0004 + 0.0052} \times \frac{154,000}{\sqrt{3}}$$

$$= 6,534.41[\text{V}]$$

33 3상 3선식 6,600[V]인 변전소에서 저항 6[Ω], 리액턴스 8[Ω]의 송전선을 통하여 역률 0.8의 부하에 전력을 공급할 때 수전단 전압을 6,000[V] 이상으로 유지하기 위해서 걸 수 있는 부하는 최대 몇 [kW]까지 가능하겠는가?

정답

수전단 전력 $P_r = \sqrt{3}\, V_r I \cos\theta$

$$= \sqrt{3} \times 6,000 \times 36.08 \times 0.8 \times 10^{-3} = 299.96[\text{kW}]$$

전압강하 $e = V_s - V_r = 6,600 - 6,000 = 600[\text{V}]$

$$e = \sqrt{3}\, I(R\cos\theta + X\sin\theta)$$

$$I = \frac{e}{\sqrt{3}(R\cos\theta + X\sin\theta)}$$

$$= \frac{600}{\sqrt{3}(6 \times 0.8 + 8 \times 0.6)} = 36.08[\text{A}]$$

34 경간 200[m]인 가공 송전선로가 있다. 전선 1[m]당 무게는 2.0[kg]이며 풍압하중은 없다고 한다. 인장강도 4,000[kg]의 전선을 사용할 때 이도(dip)와 전선의 실제 길이를 구하시오. (단, 전선의 안전율은 2.2로 한다.)

1) 이도(dip)

정답

$$D = \frac{WS^2}{8T} = \frac{2 \times 200^2}{8 \times \frac{4,000}{2.2}} = 5.5[\mathrm{m}]$$

2) 전선의 실제 길이

정답

$$L = S + \frac{8D^2}{3S} = 200 + \frac{8 \times 5.5^2}{3 \times 200} = 200.4[\mathrm{m}]$$

35 다음 그림과 같이 직렬 커패시터를 연결한 교류 배전선에서 부하전류가 15[A], 부하역률이 0.6(뒤짐), 1선당 선로저항 R = 3[Ω], 용량 리액턴스 X_C = 4[Ω]인 경우, 부하의 단자전압을 220[V]로 하기 위해 전원단 ab에 가해지는 전압 E_S는 몇 [V]인지 구하시오. (단, 선로의 유도리액턴스는 무시한다.)

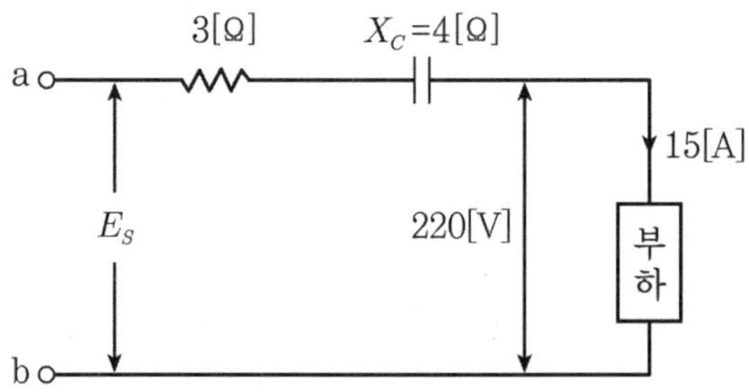

정답

단상 2선식 전압강하 $e = 2I(R\cos\theta - X\sin\theta)$

송전단 전압 $E_s = E_r + 2I(R\cos\theta - X\sin\theta)$

$= 220 + 2 \times 15 \times (3 \times 0.6 - 4 \times 0.8) = 178[\text{V}]$

36 가정용 110[V] 전압을 220[V]로 승압할 경우 저압간선에 나타나는 효과로서 다음 각 물음에 답하시오. (단, 부하가 일정한 경우이다.)

1) 공급능력 증대는 몇 배인지 구하시오. (단, 선로의 손실은 무시한다.)

정답

공급능력 $P \propto V$이므로

$P : 110 = P' : 220$

$P' \times 110 = 220P$

따라서 $P' = \dfrac{220}{110}P$가 되므로 $P' = 2P$가 된다.

2) 전력손실의 감소는 몇 [%]인지 구하시오.

정답

전력손실 $P_\ell = \frac{1}{V^2}$ 이므로

$P_\ell : \frac{1}{110^2} = P_\ell{}' : \frac{1}{220^2}$

$P_\ell{}' \times \frac{1}{110^2} = P_\ell \times \frac{1}{220^2}$

따라서 $P_\ell{}' = (\frac{220}{110})^2 \times P_\ell$이 되므로 $P_\ell{}' = 0.25 P_\ell$이 된다.

감소율은 1 − 0.25 = 0.75로서 75[%] 감소된다.

3) 전압강하율의 감소는 몇 [%]인지 구하시오.

정답

전압강하율 $\epsilon \propto \frac{1}{V^2}$ 이므로

$\epsilon : \frac{1}{110^2} = \epsilon' : \frac{1}{220^2}$

$\epsilon' \times \frac{1}{110^2} = \epsilon \times \frac{1}{220^2}$

따라서 $\epsilon' = (\frac{220}{110})^2 \times \epsilon$이 되므로 $\epsilon' = 0.25\epsilon$이 된다.

감소율은 1 − 0.25 = 0.75로서 75[%] 감소된다.

37 수전단 전압이 3,000[V]인 3상 3선식 배전선로의 수전단에 역률이 0.8(지상)되는 520[kW]의 부하가 접속되어 있다. 이 부하에 동일 역률의 부하 80[kW]를 추가하여 600[kW]로 증가시키되 부하와 병렬로 전력용 커패시터를 설치하여 수전단 전압 및 선로 전류를 일정하게 유지하고자 할 때 다음 각 물음에 답하시오. (단, 전선의 1선당 저항 및 리액턴스는 각각 1.78[Ω], 1.17[Ω]이다.)

1) 이 경우에 필요한 전력용 커패시터의 용량[kVA]을 구하시오.

정답

조건에서 부하 증가 전과 증가 후에 따른 수전단 전압과 선로전류가 불변이므로 전류가 같다. 따라서

$$I = \frac{P_1}{\sqrt{3}\,V\cos\theta_1} = \frac{P_2}{\sqrt{3}\,V\cos\theta_2}$$

$$\cos\theta_2 = \frac{P_2}{P_1}\cos\theta_1 = \frac{600}{520}\times 0.8 = 0.92$$

이에 필요한 커패시터 용량 Q_c

$$Q_c = P(\tan\theta_1 - \tan\theta_2)$$

$$= P\left(\frac{\sqrt{1-\cos^2\theta_1}}{\cos\theta_1} - \frac{\sqrt{1-\cos^2\theta_2}}{\cos\theta_2}\right)$$

$$= 600\times\left(\frac{0.6}{0.8} - \frac{\sqrt{1-0.92^2}}{0.92}\right) = 194.4[\text{kVA}]$$

2) 부하 증가 전 송전단 전압[V]을 구하시오.

정답

송전단 전압 $V_s = V_r + \sqrt{3}\, I(R\cos\theta + X\sin\theta)$

$$= 3{,}000 + \sqrt{3} \times \frac{P_1}{\sqrt{3}\, V\cos\theta_1}(R\cos\theta + X\sin\theta)$$

$$= 3{,}000 + \sqrt{3} \times \frac{520 \times 10^3}{\sqrt{3} \times 3{,}000 \times 0.8} \times (1.78 \times 0.8 + 1.17 \times 0.6)$$

$$= 3{,}460.63[\text{V}]$$

3) 부하 증가 후 송전단 전압[V]을 구하시오.

정답

송전단 전압 $V_s' = V_r + \sqrt{3}\, I(R\cos\theta + X\sin\theta)$

$$= 3{,}000 + \sqrt{3} \times \frac{P_2}{\sqrt{3}\, V\cos\theta_2}(R\cos\theta + X\sin\theta)$$

$$= 3{,}000 + \sqrt{3} \times \frac{600 \times 10^3}{\sqrt{3} \times 3{,}000 \times 0.92} \times (1.78 \times 0.92 + 1.17 \times \sqrt{1 - 0.92^2})$$

$$= 3{,}455.68[\text{V}]$$

38 고압 배전선의 구성과 관련된 환상(루프)식 배전간선의 미완성 단선도를 완성하시오.

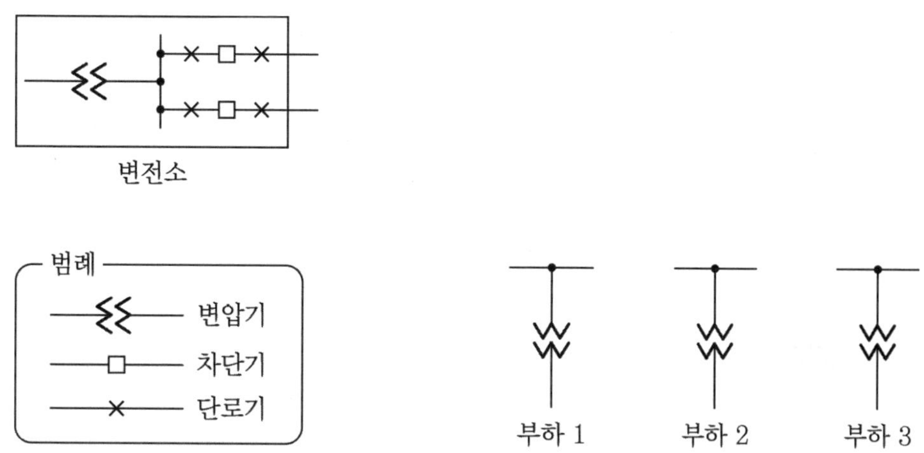

정답

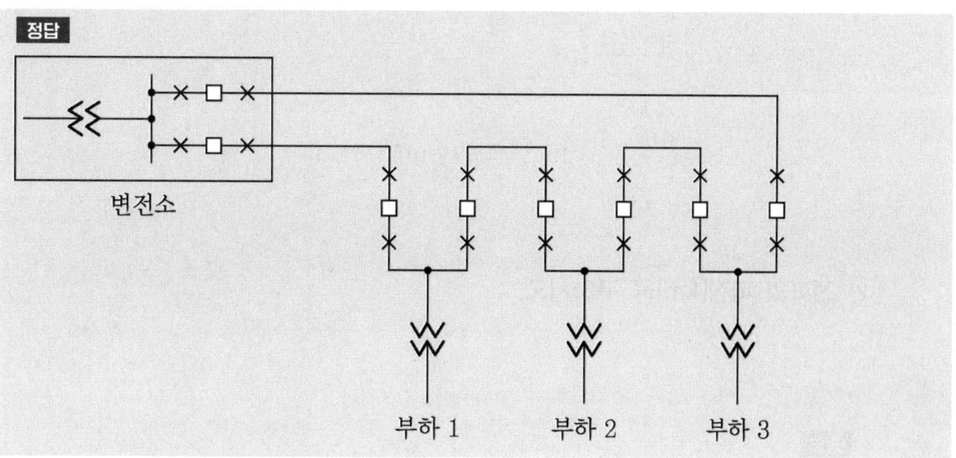

39 주파수 60[Hz], 특성임피던스 Z_0가 600[Ω], 선로길이 L인 무손실 장거리 송전선로에서 수전단에 부하 Z_0를 접속할 때 다음 물음에 답하시오. (단, 전파속도는 3×10^5[km/s]이다.)

1) 송전선로의 인덕턴스[H/km]와 커패시터[F/km]를 각각 구하시오.

정답

특성임피던스를 이용하여 송전선로의 인덕턴스와 커패시터를 구하면

(1) 인덕턴스 $L = 0.4605\frac{Z_0}{138}$[mH/km]

$= 0.4605\times\frac{600}{138}\times10^{-3} = 2.05\times10^{-3}$[H/km]

(2) 커패시터 $C = \frac{0.02413}{\frac{Z_0}{138}}$[$\mu$F]

$= \frac{0.02413}{\frac{600}{138}}\times10^{-6} = 5.55\times10^{-9}$[F/km]

2) 전파의 파장[km]을 구하시오.

정답

파장 $\lambda = \frac{v}{f} = \frac{3\times10^5}{60} = 5\times10^3$[km]

3) 송전단에서 부하 측으로 본 합성임피던스[Ω]을 구하시오.

정답

수전단에 특성임피던스와 같은 부하를 연결하며 선로의 변이점이 없으므로 송전단에서 본 임피던스는 특성임피던스와 같다. 따라서 600[Ω]이다.

40 다음 그림은 345[kV] 송전선로 철탑 및 1상당 소도체를 나타낸 그림이다. 다음 각 물음에 답하시오. (단, 각 수치의 단위는 [mm]이며, 도체 직경은 29.61[mm]이다.)

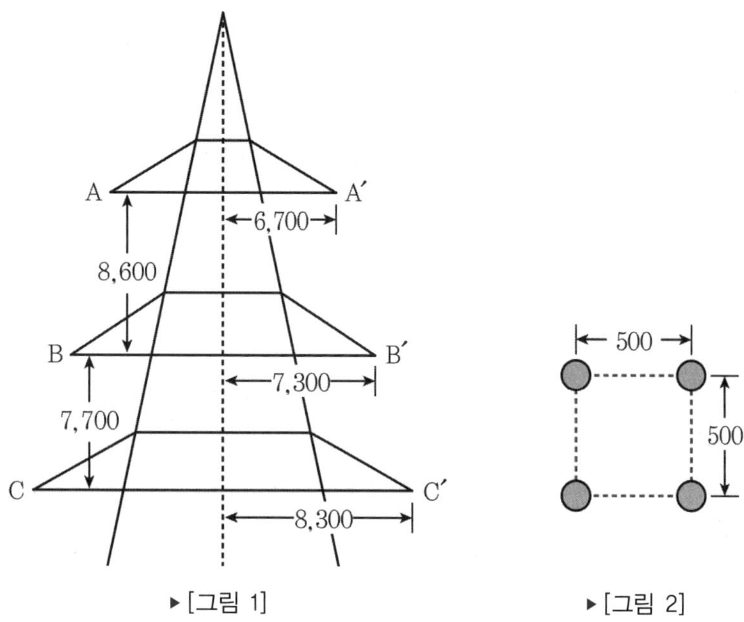

▸[그림 1]　　▸[그림 2]

1) 송전철탑 암의 길이 및 암 간격이 [그림 1]과 같은 경우라면 등가 선간거리[m]를 구하시오.

정답

먼저 각 상 간의 선간거리를 구하면

$D_{ab} = \sqrt{8.6+(7.3-6.7)^2} = 8.62[\mathrm{m}]$

$D_{bc} = \sqrt{7.7+(8.3-7.3)^2} = 7.76[\mathrm{m}]$

$D_{ca} = \sqrt{(8.6+7.7)^2+(8.3-6.7)^2} = 16.38[\mathrm{m}]$

등가 선간거리 $D = \sqrt[3]{D_{ab} \times D_{bc} \times D_{ca}} = \sqrt[3]{8.62 \times 7.76 \times 16.38} = 10.31[\mathrm{m}]$

2) 송전선로 1상당 소도체가 [그림 2]와 같이 구성되어 있다면 기하학적 평균거리[m]를 구하시오.

정답

4도체의 경우 기하학적 평균거리 $D=S\sqrt[6]{2}=0.5\times\sqrt[6]{2}=0.56$[m]

41 3상 배전선로의 말단에 역률 80[%](lag)의 3상 평형 부하가 있다. 변전소 인출구의 전압이 3,300[V]라면, 부하의 단자전압을 최소 3,000[V]로 유지하기 위한 최대 부하전력[kW]을 구하시오. (단, 전선 1선의 저항을 2[Ω], 리액턴스는 1.8[Ω]이라 하고 그 밖의 선로정수는 무시한다.)

정답

수전단 전력 $P_r=\sqrt{3}\,V_r I\cos\theta$

여기서 전압강하 $e=V_s-V_r=3{,}300-3{,}000=300$[V]

$e=\sqrt{3}\,I(R\cos\theta+X\sin\theta)$

$I=\dfrac{e}{\sqrt{3}\,(R\cos\theta+X\sin\theta)}=\dfrac{300}{\sqrt{3}\,(2\times0.8+1.8\times0.6)}=64.63$[A]

따라서 수전단 전력 $P_r=\sqrt{3}\times3{,}000\times64.63\times0.8\times10^{-3}=268.66$[kW]

42 154[kV], 160[Hz]의 3상 송전선로가 있다. 사용전력 19/3.2[mm] 경동연선(지름 1.6[cm])이고, 등가 선간거리 400[cm]의 정삼각형의 정점에 배치되어 있다. 기압 760[mmHg], 기온 30[℃]일 때 코로나 임계전압[kV/phase] 및 코로나 손실[kW/km/phase]을 구하시오. (단, 날씨계수 m_1 = 1, 전선표면상태계수 m_0 = 0.85, 상대공기밀도 δ는 기압 760[mmHg], 기온 25[℃]일 때 1이다.)

1) 코로나 임계전압

정답

코로나 임계전압 $E_m = 24.3 m_0 m_1 \delta d \log_{10}\frac{D}{r}$[kV]

상대공기밀도를 구하면

$$\delta = \frac{b}{760} \times \frac{273+25}{273+t} = \frac{760}{760} \times \frac{273+25}{273+30} = 0.98$$

따라서 $E_m = 24.3 \times 0.85 \times 1 \times 0.98 \times 1.6 \times \log_{10}\frac{400}{0.8} = 87.41$[kV]

2) 코로나 손실(단, Peek의 실험식을 사용한다.)

정답

$$P_W = \frac{241}{\delta}(f+25)\sqrt{\frac{d}{2D}}(E-E_0)^2 \times 10^{-5}$$

$$= \frac{241}{0.98} \times (60+25) \times \sqrt{\frac{1.6}{2 \times 400}} \times (\frac{154}{\sqrt{3}} - 87.41)^2 \times 10^{-5}$$

$= 2.11 \times 10^{-2}$[kW/km/line]

43 송전단 전압이 3,300[V]인 3상 선로에서 수전단 전압을 3,150[V]로 유지하고자 한다. 부하 전력이 1,000[kW], 역률 0.8, 배전선로의 길이 3[km]이며, 선로의 리액턴스를 무시한다면 이에 적당한 경동선의 굵기[mm²]를 선정하시오. (단, 경동선의 고유저항은 1.818×10^{-2} [Ω · mm²/m]이며, 굵기는 95[mm²], 120[mm²], 150[mm²], 185[mm²], 240[mm²]로 선정한다.)

정답

먼저 전압강하 $e = \sqrt{3}\,I(R\cos\theta + X\sin\theta)$

조건에서 선로의 리액턴스를 무시하면 $e = \sqrt{3}\,IR\cos\theta$ (단, $e = 3{,}300 - 3{,}150 = 150$[V])

$$R = \frac{e}{\sqrt{3}\,I\cos\theta} = \frac{150}{\sqrt{3} \times \left(\dfrac{1{,}000 \times 10^3}{\sqrt{3} \times 3{,}150 \times 0.8}\right) \times 0.8} = 0.47[\Omega]$$

$$R = \rho\frac{\ell}{A}$$

$$A = \rho\frac{\ell}{R}[\text{mm}^2] = 1.818 \times 10^{-2} \times \frac{3{,}000}{0.47} = 116.04[\text{mm}^2]$$

따라서 120[mm²] 선정

44 평탄지에서 전선의 지지점의 높이를 같도록 가선한 경간이 100[m]인 가공전선로가 있다. 사용전선으로 인장하중이 1,480[kg], 중량 0.334[kg/m]인 7/2.6[mm](38[mm²])의 경동선을 사용하고, 수평풍압하중이 0.608[kg/m], 전선의 안전율이 2.2이라면 이도(dip)를 구하여라.

정답

이도 $D=\dfrac{WS^2}{8T}$

합성하중 $W=\sqrt{0.334^2+0.608^2}=0.69$[kg/m]

수평장력 $T=\dfrac{1,480}{2.2}=672.73$[kg]

따라서 이도 $D=\dfrac{0.69\times100^2}{8\times672.73}=1.28$[m]

45 3상 3선식 배전선로의 저항이 2.5[Ω]이고, 리액턴스가 5[Ω]일 때 전압강하율을 10[%]로 유지하기 위해서 배전선로의 말단에 접속할 수 있는 최대 3상 평형부하[kW]를 구하시오. (단, 수전단 전압은 3,000[V], 부하 역률은 0.8(지상)이다.)

정답

전압강하율 $\epsilon=\dfrac{V_s-V_r}{V_r}$

$$0.1=\frac{V_s-3,000}{3,000}$$

$$V_s=3,300$$

전압강하 $e=V_s-V_r=3,300-3,000=300$[V]

$e=\sqrt{3}\,I(R\cos\theta+X\sin\theta)$

$I=\dfrac{e}{\sqrt{3}\,(R\cos\theta+X\sin\theta)}=\dfrac{300}{\sqrt{3}\times(2.5\times0.8+5\times0.6)}=34.64$[A]

수전단 전력 $P_r=\sqrt{3}\,V_rI\cos\theta$

$=\sqrt{3}\times3,000\times34.64\times0.8\times10^{-3}=144$[kW]

지중전선로

01 지중선에 대한 장점과 단점을 가공선과 비교하여 각각 4가지씩 쓰시오.

1) 지중선의 장점

정답

(1) 외부 기상여건 등의 영향이 거의 없다.
(2) 보안 유지가 용이하다.
(3) 쾌적한 도심 환경 조성이 가능하다.
(4) 동일 루트에 다회선 공급이 가능하다.

2) 지중선의 단점

정답

(1) 건설비용이 고가이며, 건설기간이 길다.
(2) 고장점 검출이 어렵다.
(3) 송전용량이 작다.
(4) 신규수용가에 대한 탄력성이 결여된다.

02 머레이 루프(Murray loop)법으로 선로의 고장점을 찾고자 한다. 길이는 4[km](0.2[Ω/km])인 선로가 그림과 같이 지락고장이 생겼다면 고장점까지의 거리 X는 몇 [km]인지 구하시오. (단, G는 검류계이며, P = 170[Ω], Q = 90[Ω]에서 브리지가 평형이 되었다고 한다.)

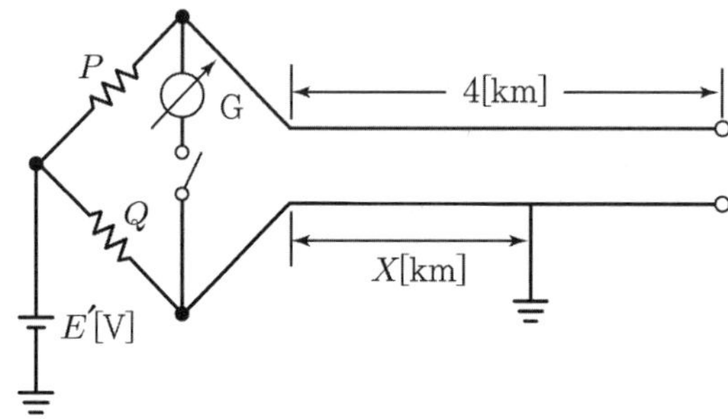

정답

$PX = Q(2L - X)$가 되므로

$X = \frac{Q}{P+Q} \times 2L$이 된다.

따라서 $X = \frac{90}{170+90} \times 2 \times 4 = 2.77$[km]이다.

03 지중 케이블의 고장점 탐지법 3가지와 각각의 사용용도를 쓰시오.

고장점 탐지법	사용용도

정답

고장점 탐지법	사용용도
머레이 루프법	1선 지락 및 선간단락 사고 시 고장점 검출방법
펄스레이더법	지락, 단락 단선 시 고장점 검출방법
정전용량법	단선 검출방법

04 50[mm^2](0.3195[Ω/km]), 전장 3.6[km]인 3심 전력 케이블의 어떤 중간지점에서 1선 지락사고가 발생하여 전기적 사고점 탐지법의 하나인 머레이 루프법으로 측정한 결과 그림과 같은 상태에서 평형이 되었다. 이때 측정점에서 사고점까지의 거리를 구하라.

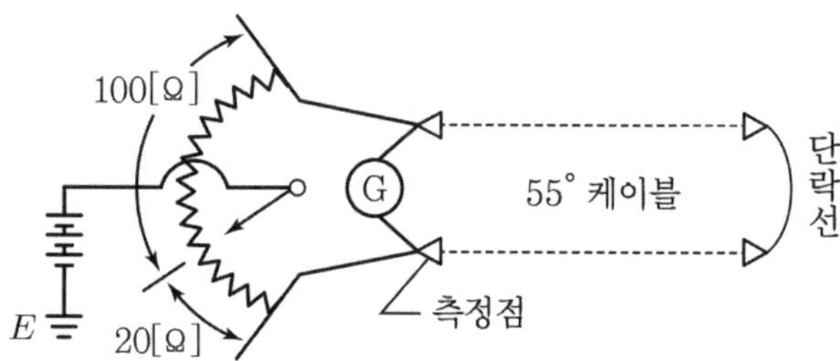

정답

고장점까지의 거리를 x[m]라고 한다면

$20 \times (2L - x) = 100 \times x$가 된다.

따라서 $x = \dfrac{20}{100 + 20} \times 2 \times 3.6 = 1.2$[km]이다.

05 가공전선로와 비교한 지중전선로의 장점과 단점을 각각 4가지씩 쓰시오.

1) 장점

정답

(1) 다회선 공급이 가능하다.
(2) 외부 기상여건 등의 영향이 거의 없다.
(3) 미관상 좋다.
(4) 유도장해가 거의 없다.

2) 단점

정답

(1) 건설비용이 고가이며, 건설기간이 길다.
(2) 송전용량이 작다.
(3) 신규수용가에 대한 탄력성이 결여된다.
(4) 고장점 찾기가 어려우며, 정전의 시간이 길어진다.

06 지중전선로는 전선에 케이블을 사용하고 또한 관로식 · 암거식 또는 직접매설식에 의하여 시설하여야 한다. 관로식에 의하여 시설하는 경우의 매설깊이와 직접매설식에 의하여 시설하는 경우(단, 매설 깊이를 차량 기타 중량물의 압력을 받을 우려가 있는 장소임)의 매설깊이는 얼마 이상으로 하여야 하는지 쓰시오.

시설장소	매설깊이
관로식	①
직접매설식	②

정답

시설장소	매설깊이
관로식	① 1[m]
직접매설식	② 1[m]

07 다음 [보기]는 지중 케이블의 사고점 측정법과 절연 측정법을 말한다. [보기]를 보고 사고점 측정법과 절연 측정법을 각각 구분하시오.

보기

① Megger법　② Tanδ측정법
③ 부분방전측정법　④ Murray Loop법
⑤ Capacity bridge법　⑥ Pulse radar법

1) 사고점 측정법

정답

④, ⑤, ⑥

2) 절연 측정법

정답

①, ②, ③

08 60[mm²](0.3195[Ω/km]), 전장 6[km]인 3심 전력케이블의 어떤 지점에서 1선 지락사고가 발생하여 전기적 사고점 탐지법의 하나인 머레이 루프법으로 측정한 결과 그림과 같은 상태에서 평형이 되었다고 한다. 측정점에서 사고지점까지의 거리[km]를 구하시오.

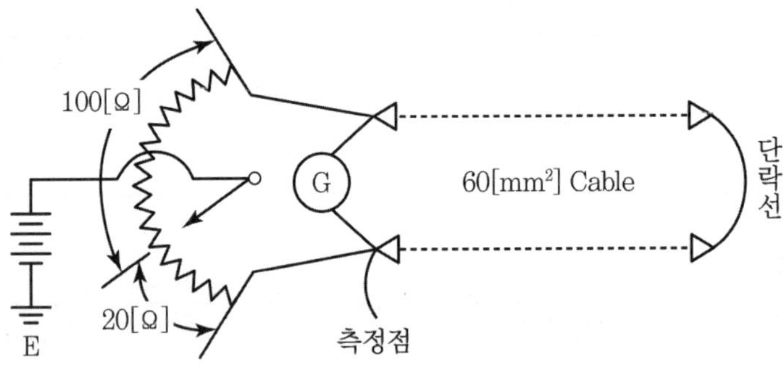

정답

고장점까지의 거리 x

$x = \frac{20}{100+20} \times 2L = \frac{20}{100+20} \times 2 \times 6 = 2$[km]

09 선간전압 22.9[kV], 작용 정전용량 0.03[μF/km], 주파수 60[Hz], 유전체 역률 0.003인 3심 케이블의 유전체 손실[W/km]을 구하시오.

정답

유전체 손실 $P_W = \omega C V^2 \tan\delta$

$= 2\pi \times 60 \times 0.03 \times 10^{-6} \times (22.9 \times 10^3)^2 \times 0.003 = 17.79$[W/km]

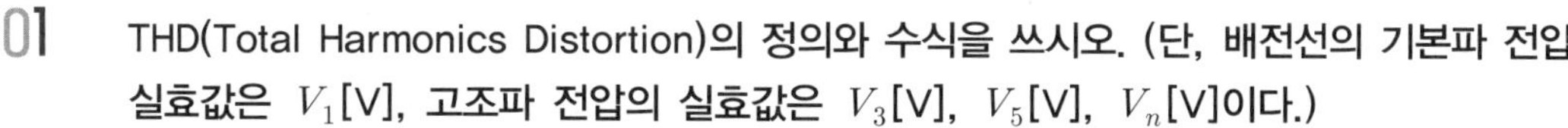

Chapter 06 유도장해

01 THD(Total Harmonics Distortion)의 정의와 수식을 쓰시오. (단, 배전선의 기본파 전압 실효값은 V_1[V], 고조파 전압의 실효값은 V_3[V], V_5[V], V_n[V]이다.)

정답

1) 정의 : 기본파 실효치에 대한 전고조파 실효치의 비율

2) 수식 : $V_{THD} = \frac{\sqrt{V_3^2 + V_5^2 + V_n^2}}{V_1} \times 100[\%]$

02 부하의 특성에 기인하는 전압의 동요현상으로 조명 등이 깜빡거리거나 텔레비전 영상이 일그러지는 등의 현상을 '플리커'라고 한다. 배전계통에서 플리커 발생 부하가 증설될 경우에 이를 미리 예측하고 경감시키기 위해서 수용가 측에서 행할 수 있는 방법을 전원 계통의 리액터 보상에 대한 방법으로 2가지만 쓰시오.

정답

1) 직렬 콘덴서 방식

2) 3권선 보상 변압기 방식

03 고조파 전류는 각종 선로나 간선에 에너지 절약 기기나 무정전 전원장치 등이 증가되면서 선로에 발생하여 전원의 질을 떨어뜨리고 과열 및 이상 상태를 발생시키는 원인이 되고 있다. 이에 고조파 전류를 방지하기 위한 대책을 3가지 기술하시오.

정답

1) 전력변환 장치의 펄스 수를 크게 한다.

2) 고조파 필터를 채용한다.

3) 전력용 콘덴서에 직렬리액터를 설치한다.

04 중성점 직접 접지 계통에 인접한 통신선의 전자유도장해 경감에 관한 대책을 설명하시오.

1) 근본 대책

정답

전자유도전압의 억제

2) 전력선 측 대책(3가지)

정답

(1) 차폐선 시설
(2) 고속도 차단방식 채택
(3) 비접지 또는 소호 리액터 접지 채용

3) 통신선 측 대책(3가지)

정답

(1) 연피케이블 채용
(2) 배류 코일 시설
(3) 통신선에 우수 피뢰기 사용

05 통신선과 평행된 주파수 60[Hz]의 3상 1회선 송전선이 있다. 1선 지락 때문에 영상전류 50[A]가 흐르고 있을 때 통신선에 유기되는 전자유도전압[V]의 크기를 구하시오. (단, 영상전류는 각 상에 걸쳐 있으며, 송전선과 통신선과의 상호 인덕턴스는 0.06[mH/km], 그 평행길이는 30[km]이다.)

정답

전자유도전압 $E_m = -j\omega M\ell 3I_0$

$= 2\pi \times 60 \times 0.06 \times 10^{-3} \times 30 \times 3 \times 50$

$= 101.79[\mathrm{V}]$

Chapter 07 이상전압과 방호

01 피뢰기의 속류와 제한전압에 대하여 설명하시오.

1) 속류

정답

방전전류에 이어 흐르게 되는 전원으로 공급되는 상용주파수 전류로 직렬갭을 통하여 대지로 흐르는 전류를 말한다.

2) 제한전압

정답

피뢰기 동작 중 단자전압의 파고치를 말한다.

02 피뢰기에 대한 다음 각 물음에 답하시오.

1) 현재 사용되고 있는 교류용 피뢰기의 주요 구조는 무엇과 무엇으로 구성되어 있는가?

정답

직렬갭과 특성요소

2) 피뢰기의 정격전압이라고 하는 것은 어떤 전압을 말하는가?

정답

속류를 차단하는 교류의 최곳값

3) 피뢰기 제한전압은 어떤 전압을 말하는가?

정답

피뢰기 동작 중 단자전압에 남게 되는 파고값

4) 피뢰기의 기능상 필요한 구비조건을 4가지만 쓰시오.

정답

(1) 상용주파 방전개시전압이 높을 것
(2) 충격 방전개시전압이 낮을 것
(3) 제한전압이 낮을 것
(4) 속류의 차단능력이 클 것

03 다음 그림에서 피뢰기 시설이 의무화되어 있는 장소에 ⊗로 표시하고, 피뢰기 설치장소 4개소를 쓰시오.

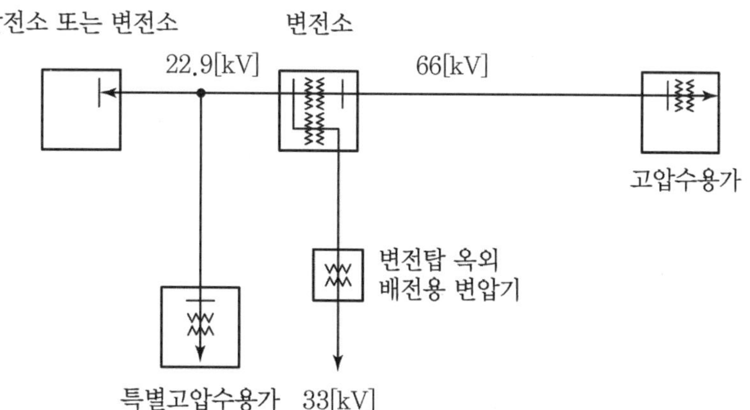

정답

피뢰기의 시설장소는 다음과 같다.

1) 발·변전소 인입구 및 인출구
2) 고·특고압을 수전받는 수용가 인입구
3) 가공전선로와 지중전선로의 접속점
4) 배전용 변압기 고압 및 특고압 측

따라서 피뢰기 시설이 의무화되어 있는 장소를 표시하면 다음과 같다.

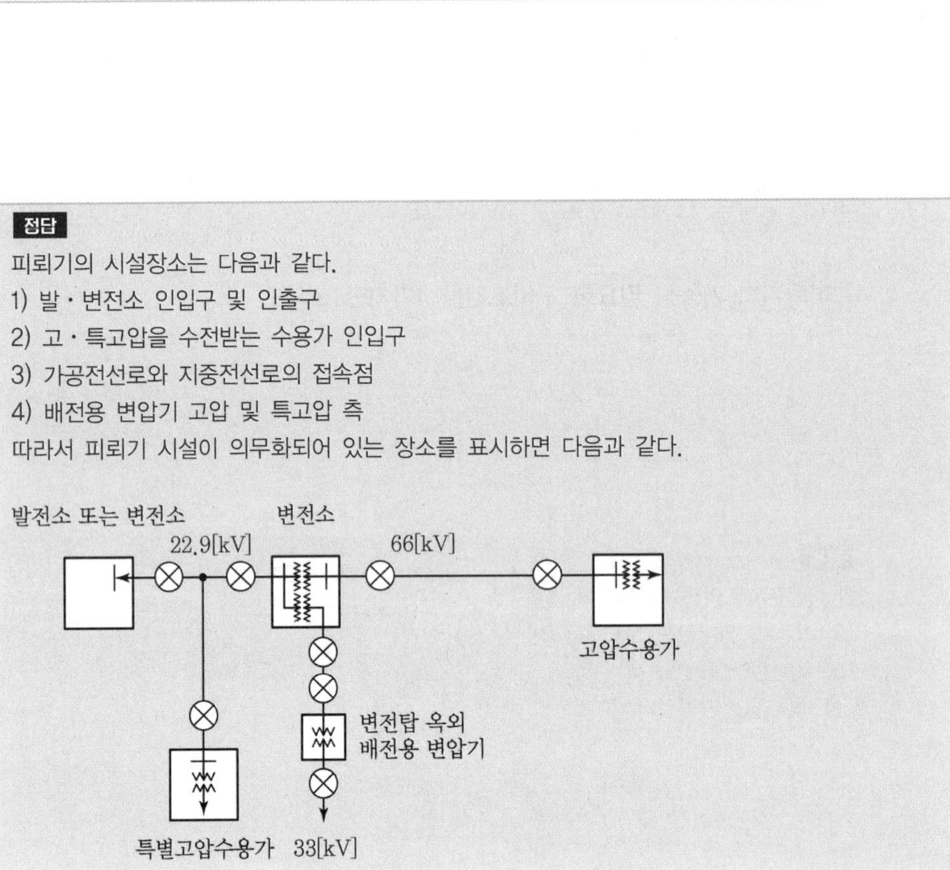

04 전기설비로 유입되는 뇌서지를 피보호물의 절연내력 이하로 제한함으로써 기기를 안전하게 보호하기 위해서 전기기기 전단에 설치되며, 과도적인 과전압을 제한하고 서지전류를 분류하는 것을 목적으로 설치하는 장치는 무엇인가?

정답

서지보호장치(SPD : Surge Protective Device)

05 서지 흡수기(Surge Absorber)의 주요 기능에 대하여 설명하시오.

정답

개폐서지 등에 따른 이상전압으로부터 기기를 보호한다.

06 154[kV] 중성점 직접접지계통에서 접지계수가 0.75이고, 여유도가 1.1인 경우 전력용 피뢰기의 정격전압을 주어진 표에서 선정하시오.

▸ 피뢰기의 정격전압[kV]

126	144	154	168	182	196

정답

피뢰기 정격전압 $V_n = \alpha\beta V_m$

$= 0.75 \times 1.1 \times 170 = 140.25[\text{kV}]$

∴ 144[kV] 선정

07 피뢰기의 정기점검 항목을 4가지만 쓰시오.

정답

1) 피뢰기 애자부분의 손상여부 점검
2) 피뢰기의 절연저항 측정
3) 피뢰기의 접지저항 측정
4) 피뢰기 1, 2차 측 단자와 단자볼트 이상 유무를 점검

08 송전계통에서 가공전선로의 이상전압 방지대책을 3가지만 쓰시오.

정답

1) 가공지선
2) 피뢰기
3) 매설지선

09 과도적인 과전압을 제한하고 서지(Surge)전류를 분류하는 목적으로 사용되는 서지보호장치(SPD : Surge Protective Device)에 대한 다음 물음에 답하시오.

1) 기능에 따라 3가지로 분류하시오.

정답

(1) 전압스위칭형
(2) 전압제한형
(3) 복합형

2) 구조에 따라 2가지로 분류하시오.

정답

(1) 1포트
(2) 2포트

10

피뢰기에 흐르는 정격방전전류는 변전소의 차폐유무와 그 지방의 연간 뇌우발생일수와 관계되나 모든 요소를 고려한 경우 일반적인 시설장소별 적용할 피뢰기의 공칭방전전류를 쓰시오.

공칭방전전류	설치장소	적용조건
①	변전소	• 154[kV] 이상의 계통 • 66[kV] 및 그 이하의 계통에서 Bank 용량이 3,000[kVA]를 초과하거나 특히 중요한 곳 • 장거리 송전케이블(배전선로 인출용 단거리케이블은 제외) 및 정전축전기 Bank를 개폐하는 곳 • 배전선로 인출 측(배전 간선 인출용 장거리케이블은 제외)
②	변전소	• 66[kV] 및 그 이하의 계통에서 Bank 용량이 3,000[kVA] 이하인 곳
③	선로	• 배전선로

정답

① 10,000[A]
② 5,000[A]
③ 2,500[A]

11

피뢰기는 이상전압이 기기에 침입했을 때 그 파고값을 저감시키기 위하여 뇌전류를 대지로 방전시켜 절연파괴를 방지하며, 방전에 의하여 생기는 속류를 차단하여 원래의 상태로 회복시키는 장치이다. 다음 각 물음에 답하시오.

1) 갭(gap)형 피뢰기의 구성요소를 쓰시오.

정답

직렬갭과 특성요소

2) 피뢰기의 구비조건 4가지만 쓰시오.

정답

(1) 상용주파 방전개시전압이 높을 것
(2) 충격 방전개시전압이 낮을 것
(3) 제한전압이 낮을 것
(4) 속류의 차단능력이 클 것

3) 피뢰기의 제한전압이란 무엇인가?

정답

피뢰기 동작 중 단자에 남는 파고값

4) 피뢰기의 정격전압이란 무엇인가?

정답

속류를 차단하는 교류의 최곳값

5) 충격 방전개시전압이란 무엇인가?

정답

피뢰기 단자 간에 충격전압을 인가하였을 경우 방전을 개시하는 전압

12 변압기와 고압 모터에 서지흡수기를 설치하고자 한다. 각각의 경우에 대하여 서지흡수기를 그려 넣고 각각의 공칭전압에 따른 서지흡수기의 정격(정격전압 및 공칭방전전류)도 함께 쓰시오.

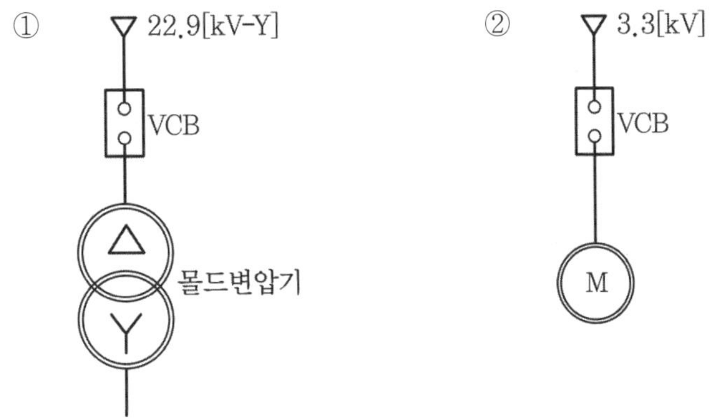

정답

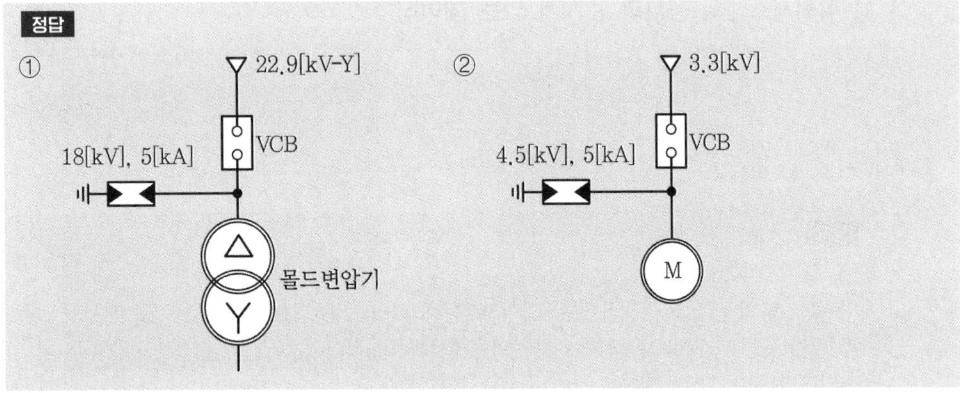

13 고압 및 특고압 가공전선로에는 피뢰기 또는 가공지선 등의 피뢰장치를 시설하여야 한다. 한국전기설비규정(KEC)에서 정의한 피뢰기를 시설하여야 하는 장소를 3개소 쓰시오.

정답

1) 발 · 변전소 인입구 및 인출구
2) 고 · 특고압을 수전받는 수용가 인입구
3) 가공전선로와 지중전선로의 접속점
4) 배전용변압기 고압 및 특고압 측

14 **피뢰시스템 – 제3부 : 구조물의 물리적 손상 및 인명위험(KS C IEC 62305-3 : 2012)에 따른 피뢰시스템의 등급에 대한 내용이다. 다음 데이터 중 피뢰시스템의 등급과 관계가 있는 데이터와 없는 데이터를 구분하여 기호로 모두 쓰시오.**

데이터

① 회전구체의 반지름, 메시의 크기 및 보호각
② 인하도선 사이 및 환상도체 사이의 전형적인 최적거리
③ 수뢰부시스템으로 사용되는 금속판과 금속관의 최소두께
④ 피뢰시스템의 재료 및 사용조건
⑤ 접지극의 최소길이
⑥ 접속도체의 최소치수
⑦ 위험한 불꽃방전에 대비한 이격거리

1) 피뢰시스템의 등급과 관계가 있는 데이터

정답

①, ②, ⑤, ⑦
피뢰시스템의 등급과 관계가 있는 데이터로는 뇌파라미터, 회전구체의 반지름, 메시의 크기 및 보호각, 인하도선 사이 및 환상도체 사이의 전형적인 최적거리, 위험한 불꽃방전에 대비한 이격거리, 접지극의 최소길이가 된다.

2) 피뢰시스템의 등급과 관계가 없는 데이터

정답

③, ④, ⑥
피뢰시스템의 등급과 관계가 없는 데이터로는 피뢰등전위본딩, 수뢰부시스템으로 사용되는 금속판과 금속관의 최소두께, 피뢰시스템의 재료 및 사용조건, 수뢰부시스템, 인하도선, 접지극의 재료, 형상 및 최소치수, 접속도체의 최소지수가 된다.

15 피뢰시스템의 수뢰부시스템에 대한 다음 각 물음에 답하시오.

1) 수뢰부시스템의 구성요소 3가지를 쓰시오.

정답

(1) 돌침

(2) 수평도체

(3) 메시도체

2) 수뢰부시스템의 배치 방법 3가지를 쓰시오.

정답

(1) 보호각법

(2) 회전구체법

(3) 메시법

Chapter 08 접지

01 6.6[kV] 3상 3선식 비접지식 배전선에 접속된 주상 변압기의 중성점 접지저항[Ω]을 구하시오. (단, 고압 측 1선 지락전류는 4[A]라고 한다.)

정답

변압기 중성점 접지저항값 $R_2 = \dfrac{150, 300, 600}{1선\,지락전류}$[Ω]으로서

여기서 아무조건이 없으므로 $R_2 = \dfrac{150}{4} = 37.5$[Ω]이 된다.

(단, 2초 이내에 자동차단하는 장치가 있다면 $R_2 = \dfrac{300}{1선\,지락전류}$[Ω],

1초 이내에 자동차단하는 장치가 있다면 $R_2 = \dfrac{600}{1선\,지락전류}$[Ω]이다.)

02 통합접지는 협소한 면적의 대형 건축물 내에 설치된 여러 설비의 접지를 공통으로 묶어서 사용하는 접지방법이다. 통합접지의 장점 5가지를 쓰시오.

정답

1) 접지극의 수량이 감소한다.
2) 계통접지가 단순해진다.
3) 접지극의 연접으로 인한 합성저항이 저감한다.
4) 접지극의 연접으로 접지극의 신뢰도가 향상된다.
5) 철근, 구조물 등과 연접 시 거대한 접지전극의 효과를 얻을 수 있다.

03 3개의 접지판 상호 간의 저항을 측정한 값이 그림과 같다면 G_3의 접지저항값은 몇 [Ω]이 되겠는가?

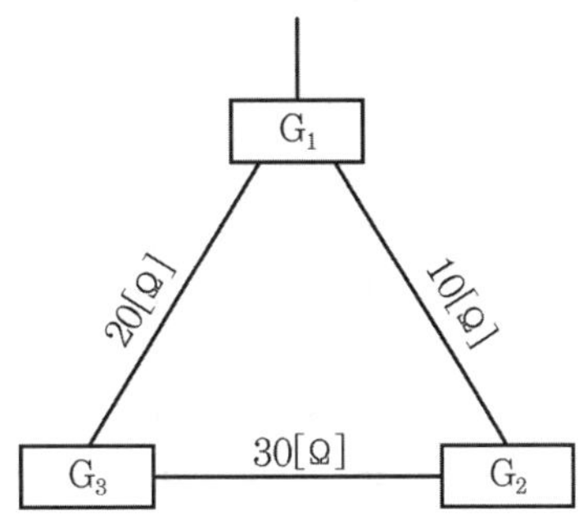

정답

접지저항값 $G_3 = \frac{1}{2}(R_{G23} + R_{G31} - R_{G12}) = \frac{1}{2}(30 + 20 - 10) = 20[\Omega]$

04 접지공사의 목적을 3가지 쓰시오.

정답

1) 인체의 감전사고 방지
2) 기기의 손상 방지
3) 보호계전기의 확실한 동작

05 전기설비의 방폭구조란 무엇인가?

정답

위험한 가스 및 분진으로 인해 폭발할 우려가 있는 곳에 설치하는 전기설비를 말한다.

06 보조접지극 A, B와 접지극 E 상호 간에 접지저항을 측정한 결과 그림과 같은 저항값을 얻었다. E의 접지저항값은 몇 [Ω]인가?

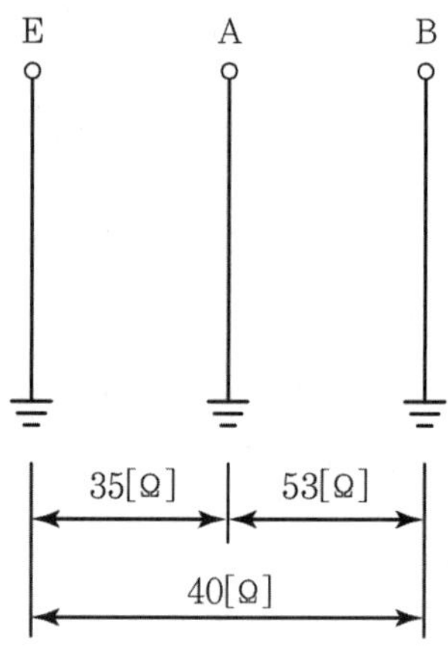

정답

E의 접지저항값 $R_E = \frac{1}{2}(R_{BE} + R_{EA} - R_{AB}) = \frac{1}{2}(40 + 35 - 53) = 11[\Omega]$

07 배전용 변전소에 접지공사를 하고자 한다. 접지공사 목적을 3가지로 요약하여 설명하고 중요한 접지개소를 4가지만 쓰시오.

1) 접지공사 목적

정답

(1) 인체의 감전사고 방지
(2) 기기의 손상 방지
(3) 보호계전기의 확실한 동작

2) 중요접지개소

정답

(1) 기기 및 제어반 외함 접지
(2) 옥외 철구 및 경계책 접지
(3) 피뢰기 및 피뢰침 접지
(4) 케이블 실드선 접지

08 3상 3선식 중성점 비접지식 6,600[V] 가공전선로가 있다. 이 전로에 접속된 주상변압기 220[V] 측 한 단자에 중성점 접지공사를 할 때 접지저항값은 얼마 이하로 유지하여야 하는가? (단, 이 전선로에는 고저압 혼촉사고 시 2초 이내에 자동적으로 전로를 차단하는 장치를 시설한 경우이며, 고압 측 1선 지락전류는 5[A]라고 한다.)

정답

변압기 중성점 접지저항값 $R_2 = \dfrac{150, 300, 600}{1\text{선 지락전류}}[\Omega]$으로서

2초 이내에 자동차단하는 장치가 있으므로

$R_2 = \dfrac{300}{1\text{선 지락전류}}[\Omega] = \dfrac{300}{5} = 60[\Omega]$이다.

09 피뢰기 접지공사를 실시한 후, 접지저항을 보조 접지극 2개(a와 b)를 시설하여 측정하였더니 본 접지와 보조 접지극 a 사이의 저항은 86[Ω], 보조 접지극 a와 보조 접지극 b 사이의 저항은 156[Ω], 보조 접지극 b와 본 접지 사이의 저항은 80[Ω]이었다. 이때 다음 각 물음에 답하시오.

1) 피뢰기의 접지저항을 구하시오.

정답

접지저항 $R = \dfrac{1}{2}(86 + 80 - 156) = 5[\Omega]$이 된다.

2) 접지공사의 적합여부를 판단하고, 그 이유를 설명하시오.

정답

피뢰기의 접지저항은 10[Ω] 이하이므로 적합하다.

10 접지공사에서 접지저항을 저감시키는 방법을 5가지 쓰시오.

정답

1) 접지극의 매설깊이를 길게 한다.
2) 접지극의 길이를 길게 한다.
3) 접지극을 병렬접속한다.
4) 심타공법으로 시공한다.
5) 접지저항 저감제를 사용한다.

11 송전계통의 중성점을 접지하는 목적을 3가지만 쓰시오.

정답

1) 1선지락 고장 시 건전상의 전위상승을 억제하여 전선로 및 기기의 절연레벨을 경감한다.
2) 뇌, 아크지락 등에 이상전압의 경감 및 발생을 방지한다.
3) 보호계전기의 확실한 동작을 확보한다.

12 다음 그림은 TN계통의 TN－C방식의 저압배전선로 접지계통이다. 중성선(N), 보호선(PE) 등의 범례 기호를 활용하여 노출도전성부분의 접지계통 결선도를 완성하시오.

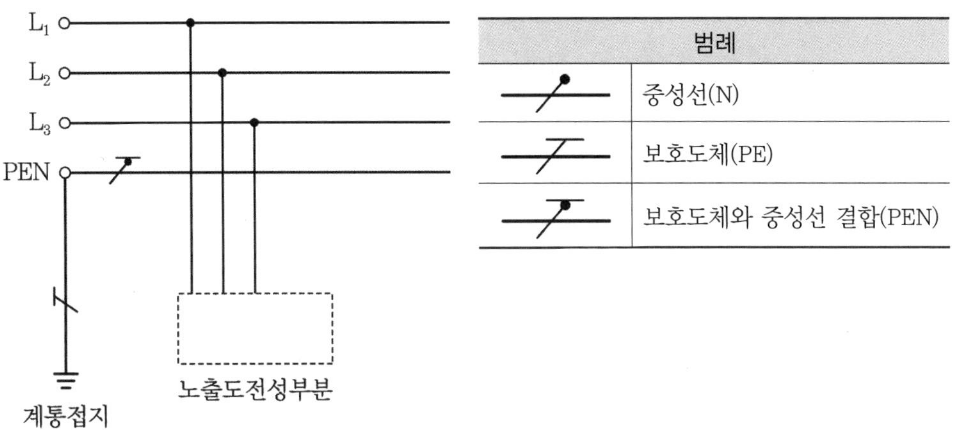

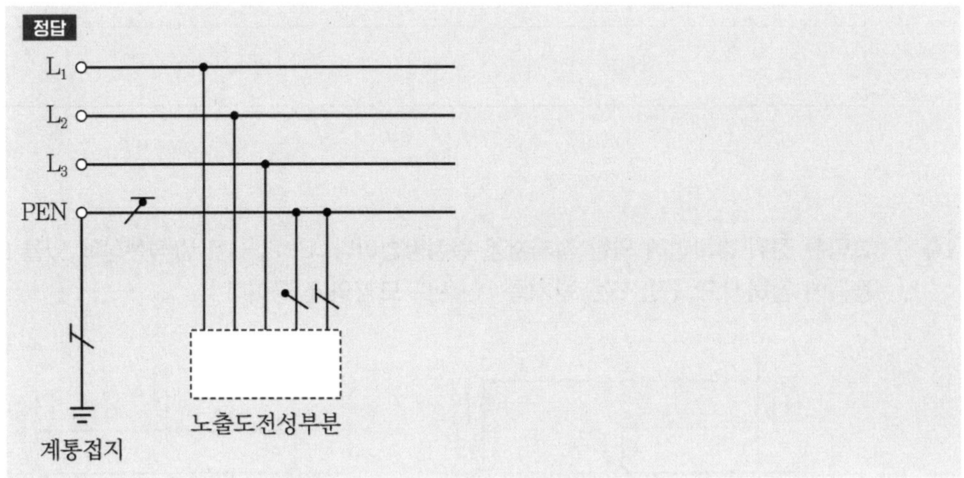

13 접지설비에서 보호도체에 대한 다음 각 물음에 답하시오.

보호도체란 안전을 목적(가령 감전보호)으로 설치된 전선으로 다음 표의 단면적 이상으로 선정하여야 한다. 다음 ①~③에 알맞은 보호도체의 최소단면적의 기준을 각각 쓰시오.

선도체의 단면적 S 단면적[mm^2]	보호도체의 최소단면적[mm^2] (보호도체의 재질이 선도체와 같은 경우이다.)
$S \le 16$	①
$16 < S \le 35$	②
$S > 35$	③

정답

선도체의 단면적 S 단면적[mm^2]	보호도체의 최소단면적[mm^2] (보호도체의 재질이 선도체와 같은 경우이다.)
$S \le 16$	① S
$16 < S \le 35$	② 16
$S > 35$	③ $\frac{S}{2}$

14 그림은 전위 강하법에 의한 접지저항 측정방법이다. E, P, C가 일직선상에 있을 때, 다음 물음에 답하시오. (단, E는 반지름 r인 반구모양의 전극이다.)

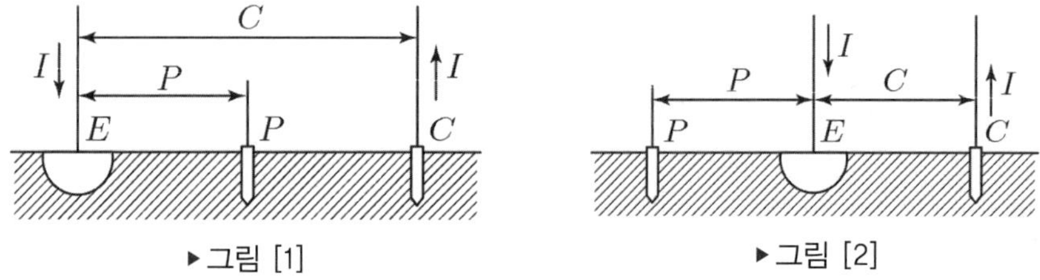

▸그림 [1] ▸그림 [2]

1) 그림 [1]과 [2]의 측정방법 중 접지저항값이 참값에 가까운 측정방법은 무엇인가?

정답

그림 [2]의 경우 참값을 구할 수 있는 P전극의 위치가 존재하지 않기 때문에 그림 [1]이 되어야 한다.

2) 반구모양 접지 전극의 접지저항을 측정할 때 E – C 간의 거리의 몇 [%]인 곳에 전위전극을 설치하면 정확한 접지저항값을 얻을 수 있는가?

정답

61.8[%]

15 1선 지락 고장 시 접지계통별 고장전류의 경로를 주어진 표에 완성하시오.

단일 접지	
중성점 접지계통	
다중 접지계통	

정답

단일 접지	선로 – 지락점 – 대지 – 접지점 – 중성점 – 선로
중성점 접지계통	선로 – 지락점 – 대지 – 접지점 – 중성점 – 선로
다중 접지계통	선로 – 지락점 – 대지 – 다중 접지극의 접지점 – 중성점 – 선로

16 다음의 그림은 TN계통의 TN – C – S 방식의 저압배전선로의 접지계통이다. 결선도를 완성하시오.

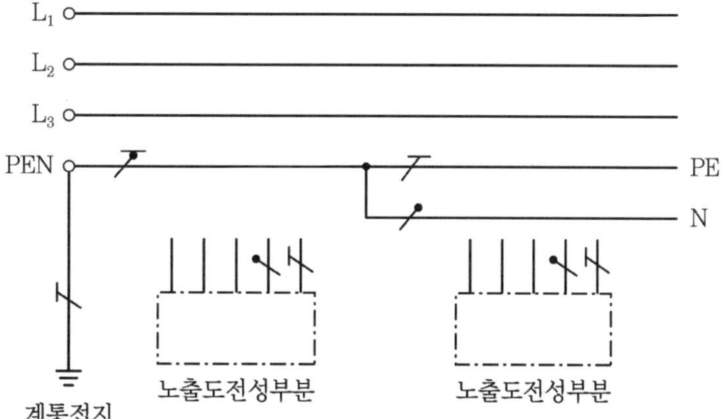

정답

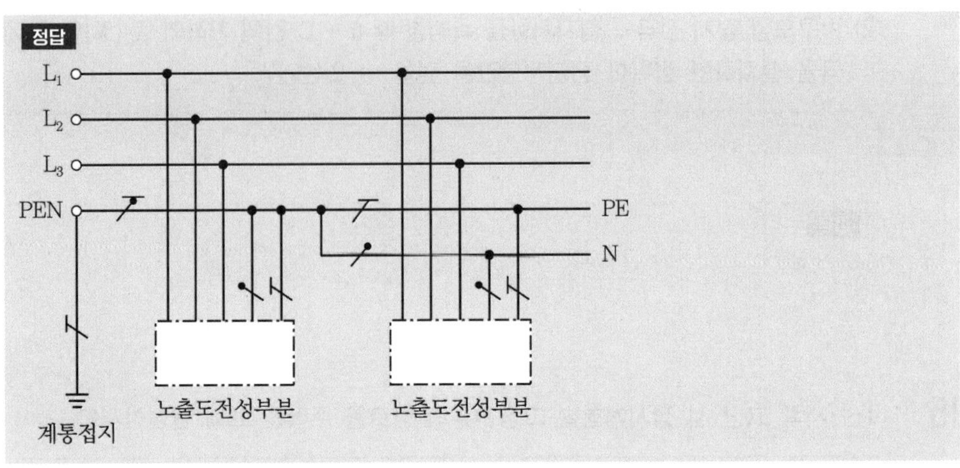

17 변압기 중성점 접지(계통접지)의 목적을 3가지 쓰시오.

정답

1) 이상전압 억제
2) 대지전압 저하
3) 전로의 보호장치의 확실한 동작 확보

18 중성점 접지에 관한 다음 물음에 답하시오.

1) 송전계통에서 중성점 접지방식 4가지를 쓰시오.

정답

(1) 비접지 (2) 직접접지
(3) 저항접지 (4) 소호리액터접지

2) 유효접지는 1선 지락 사고 시 건전상의 전위 상승이 상규 대지전압의 몇 배를 넘지 않도록 접지임피던스를 조절하는 접지를 말하는가?

정답

1.3배

19 다음 그림과 같이 접지저항을 측정하고자 한다. 다음 각 물음에 답하시오.

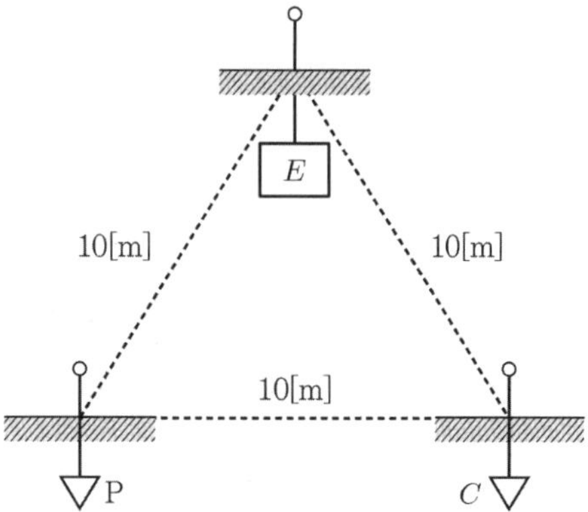

1) 접지저항을 측정하기 위하여 사용되는 계기 및 측정방법의 명칭을 쓰시오.

정답

(1) 계기 : 접지저항계

(2) 측정방법의 명칭 : 콜라우시 브리지에 의한 3극 접지저항 측정법

2) 위의 그림과 같이 본 접지 E에 제1보조접지 P, 제2보조접지 C를 설치하여 본 접지 E의 접지저항을 측정하려고 한다. 본 접지 E의 접지저항은 몇 [Ω]인가? (단, 본 접지와 P 사이의 저항값은 86[Ω], 본 접지와 C 사이의 접지저항값은 92[Ω], P와 C 사이의 접지저항값은 160[Ω]이다.)

정답

접지저항 $R_E = \frac{1}{2}(86 + 92 - 160) = 9[\Omega]$

20

송전계통에서 중성점 접지방식 중 유효접지(effective grounding)방식을 설명하고, 유효접지의 가장 대표적인 접지방식을 쓰시오.

정답

1) 설명 : 1선 지락 사고 시 건전상 전위 상승을 상규 대지전압의 1.3배 이하가 되도록 접지임피던스를 조절한 방식

2) 대표방식 : 직접접지방식

21

3상 3선식 중성점 비접지식 6,600[V] 가공전선로가 있다. 이 전로에 접속된 주상변압기 100[V] 측 그 1단자에 중성점 접지공사를 할 때 접지저항값은 얼마 이하로 유지하여야 하는가? (단, 이 전선로는 고저압 혼촉 시 자동차단장치가 없으며, 고압 측 1선 지락전류는 5[A]라고 한다.)

정답

변압기 중성점 접지저항값 $R_2 = \dfrac{150, 300, 600}{1\text{선 지락전류}}[\Omega]$으로서

여기서 자동차단장치가 없으므로 $R_2 = \dfrac{150}{5} = 30[\Omega]$이 된다.

(단, 2초 이내에 자동차단하는 장치가 있다면 $R_2 = \dfrac{300}{1\text{선 지락전류}}[\Omega]$,

1초 이내에 자동차단하는 장치가 있다면 $R_2 = \dfrac{600}{1\text{선 지락전류}}[\Omega]$이다.)

22 접지저항을 결정하는 3가지 저항 요소를 쓰시오.

정답

1) 접지도체와 접지전극의 자체 저항
2) 전극과 토양 사이의 접촉 저항
3) 매설되는 접지전극 주위의 토양의 저항

23 다음은 한국전기설비규정에 따른 보호등전위본딩 도체에 대한 내용을 말한다. (   ) 안에 들어갈 내용을 답란에 쓰시오.

KEC 143.3 등전위본딩 도체

KEC 143.3.1 보호등전위본딩 도체

1. 주접지단자에 접속하기 위한 등전위본딩 도체는 설비 내에 있는 가장 큰 보호 접지도체 단면적의 1/2 이상의 단면적을 가져야 하고 다음의 단면적 이상이어야 한다.
   가. 구리도체 (①)[mm^2]
   나. 알루미늄 도체 (②)[mm^2]
   다. 강철 도체 (③)[mm^2]
2. 주접지단자에 접속하기 위한 보호본딩 도체의 단면적은 구리도체 (④)[mm^2] 또는 다른 재질의 동등한 단면적을 초과할 필요는 없다.

정답

① 6 ② 16 ③ 50 ④ 25

24 어느 전력계통에서 보호장치를 통해 흐를 수 있는 예상 고장전류가 25[kA], 자동차단을 위한 보호장치의 동작시간이 0.5초이며, 보호도체, 절연, 기타 부위의 재질 및 초기 온도와 최종온도에 따라 정해지는 계수가 159일 때 이 계통의 보호도체 단면적[mm^2]을 선정하시오. (단, 보호도체, 절연, 기타 부위의 재질 및 초기온도와 최종온도에 따라 정해지는 계수는 KS C IEC 60364-5-54의 부속서 A에 의한다.)

정답

보호도체의 단면적 $S=\dfrac{\sqrt{I^2t}}{k}=\dfrac{\sqrt{25{,}000^2\times0.5}}{159}=111.18[\text{mm}^2]$

따라서 120[mm^2] 선정

25 대지저항률 500[Ω · m], 반경 0.01[m], 길이 2[m]인 접지봉을 전부 매입하는 경우 접지저항값[Ω]을 구하시오. (단, Tagg식으로 구한다.)

정답

Tagg식 $=\dfrac{\rho}{2\pi\ell}\ln\dfrac{2\ell}{r}=\dfrac{500}{2\pi\times2}\times\ln\dfrac{2\times2}{0.01}=238.39[\Omega]$

Chapter 09 변압기효율 용량

01 철손이 1.2[kW], 전부하시의 동손이 2.4[kW]인 변압기가 하루 중 7시간 무부하운전, 11시간 1/2운전, 그리고 나머지 전부하운전할 때 하루의 총 손실은 얼마인가?

정답

변압기의 전손실은 철손 + 동손이므로

1) 철손 $P_i = 1.2 \times 24 = 28.8$[kWh]

2) 동손 $P_c = (\frac{1}{2})^2 \times 2.4 \times 11 + (\frac{1}{1})^2 \times 2.4 \times 6 = 21$[kWh]

3) 전손실 $= P_i + P_c = 28.8 + 21 = 49.8$[kWh]이다.

02 ACB가 설치되어 있는 배전반 전면에 전압계, 전류계, 전력계, CTT, PTT가 설치되어 있고 수변전단선도가 없어 CT비를 알 수 없는 상태이다. 전류계의 지시값은 L_1, L_2, L_3 모두 240[A]이며, CTT 측 단자의 전류를 측정한 결과 2[A]이었다면 CT비를 계산하시오. (단, CT 2차 측 전류는 5[A]라고 한다.)

정답

변류비를 먼저 계산하면 $a = \frac{I_2}{I_1} = \frac{2}{240} = \frac{1}{120}$이 된다.

여기서 CT 2차 측이 5[A]이므로 변류비는 $\frac{600}{5}$($\frac{120}{1}$ 비율)이 된다.

03 그림은 어느 공장의 하루의 전력부하곡선이다. 이 그림을 보고 다음 각 물음에 답하시오. (단, 이 공장의 부하설비용량은 80[kW]라고 한다.)

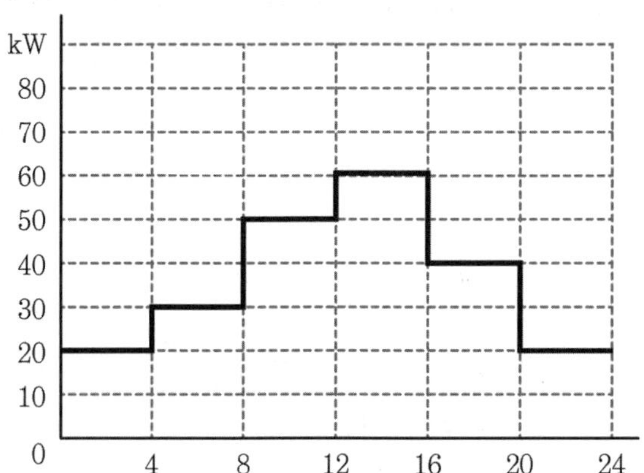

1) 이 공장의 평균전력은 몇 [kW]인가?

정답

$$\text{평균전력} = \frac{\text{사용전력량[kWh]}}{\text{시간[h]}}$$

$$= \frac{20 \times 4 + 30 \times 4 + 50 \times 4 + 60 \times 4 + 40 \times 4 + 20 \times 4}{24} = 36.67[\text{kW}]$$

2) 이 공장의 일 부하율은 얼마인가?

정답

$$\text{부하율} = \frac{\text{평균전력[kW]}}{\text{최대전력[kW]}} \times 100[\%] = \frac{36.67}{60} \times 100 = 61.12[\%]$$

3) 이 공장의 수용률은 얼마인가?

정답

수용률 $= \frac{\text{최대전력[kW]}}{\text{설비용량[kW]}} \times 100[\%] = \frac{60}{80} \times 100 = 75[\%]$

04 200[kVA]의 단상 변압기가 있다. 철손은 1.6[kW]이고 전부하 동손은 2.4[kW]이다. 역률 80[%]에서의 최대효율은 얼마인가?

정답

변압기의 효율이 최대가 되는 부하 $\frac{1}{m} = \sqrt{\frac{P_i}{P_c}} = \sqrt{\frac{1.6}{2.4}} = 0.8165$

최대효율 $\eta = \frac{200 \times 0.8 \times 0.8165}{200 \times 0.8 \times 0.8165 + 1.6 + 0.8165^2 \times 2.4} \times 100 = 97.61[\%]$

05 출력 100[kW]의 디젤 발전기를 발열량 10,000[kcal/kg]의 연료 215[kg]를 사용하여 8시간 운전할 때 발전기의 종합효율은 몇 [%]인가?

정답

화력발전기의 열효율 $\eta = \frac{860Pt}{BH} \times 100[\%] = \frac{860 \times 100 \times 8}{215 \times 10,000} \times 100 = 32[\%]$

06 배전용 변압기의 고압 측(1차 측)에 몇 개의 tap을 설치하는 이유는 무엇인가?

정답

변압기 2차 측의 전압을 조정하기 위하여

07 6,000[V], 3상 전기설비에 변압비 30인 계기용 변압기(PT)를 그림과 같이 잘못 접속하였다. 각 전압계 V_1, V_2, V_3에 나타나는 단자 전압은 몇 [V]인가?

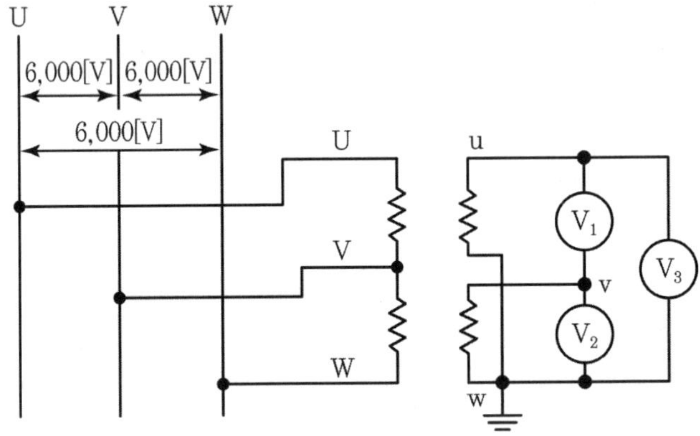

정답

각 전압계의 지시값

1) V_1의 경우 V_2와 V_3의 차전압을 지시하므로 $V_1 = \sqrt{3}\,V_2$ 또는 $\sqrt{3}\,V_3$값과 같다.

따라서 $V_1 = \sqrt{3} \times \dfrac{6,000}{30} = 346.41$[V]가 된다.

2) $V_2 = \dfrac{6,000}{30} = 200$[V]가 된다.

3) $V_3 = \dfrac{6,000}{30} = 200$[V]가 된다.

08 변압기 용량이 500[kVA], 1 뱅크인 200세대 아파트가 있다. 전등, 전열설비 부하가 600[kW], 동력설비 부하가 350[kW]라면 전부하에 대한 수용률은 얼마인가? (단, 전등, 전열설비 부하의 역률은 1이며, 동력설비 부하의 역률은 0.7, 효율은 무시한다.)

정답

수용률 $= \frac{\text{최대전력}}{\text{설비용량}} \times 100[\%]$에서

1) 설비용량을 구해 보면 $P_a = \sqrt{P^2 + Q^2}$ 이 되므로

(1) $P = 600 + 350 = 950$[kW]

(2) $Q = \frac{350}{0.7} \times \sqrt{1 - 0.7^2} = 357.0.7$[kVar]

따라서 $P_a = \sqrt{950^2 + 357.07^2} = 1{,}014.89$[kVA]이다.

2) 최대수용전력의 경우 변압기 용량을 초과할 수 없으므로 변압기 용량을 최대수용전력으로 선정한다.

3) 따라서 수용률 $= \frac{500}{1{,}014.89} \times 100 = 49.27[\%]$이다.

09 변압기의 임피던스 전압에 대하여 설명하시오.

정답

정격의 전류가 흐를 때 변압기 내의 전압강하를 말한다.

10 어느 수용가의 총설비 부하 용량은 전등 800[kW], 동력 1,200[kW]라고 한다. 각 수용가의 수용률은 60[%]이고, 각 수용가 간의 부등률은 전등 1.2, 동력 1.5, 전등과 동력 상호 간은 1.4라고 하면 여기에 공급되는 변전시설용량은 몇 [kVA]인가? (단, 부하의 전력손실은 5[%]로 하며, 역률은 1이다.)

정답

1) 전등부하의 용량 $P_{전} = \frac{800 \times 0.6}{1.2} = 400[\text{kVA}]$

2) 동력부하의 용량 $P_{동} = \frac{1,200 \times 0.6}{1.5} = 480[\text{kVA}]$

3) 변전시설용량 $P = \frac{400 + 480}{1.4} \times 1.05 = 660[\text{kVA}]$

11 그림과 같은 단상 변압기 3대가 있다. 이 변압기에 대하여 다음 각 물음에 답하시오.

1) 이 변압기를 주어진 그림에 $\Delta - \Delta$ 결선하시오.

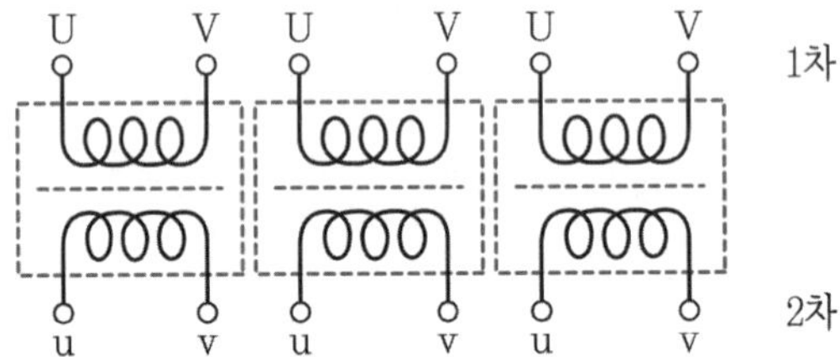

정답

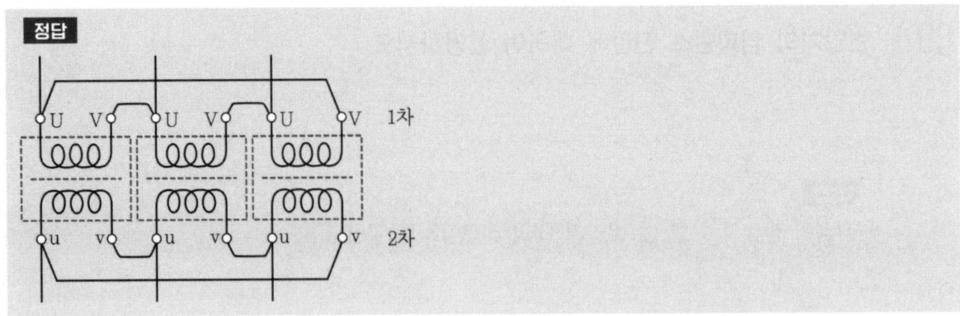

2) $\Delta-\Delta$ 결선으로 운전하던 중 S상 변압기에 고장이 생겨 이것을 분리하고 나머지 2대로 3상 전력을 공급하고자 한다. 이때의 결선도를 그리고, 이 결선의 명칭을 쓰시오.

(1) 결선도

정답

(2) 명칭

정답

V–V결선

3) (2)문항에서 같이 결선한 변압기 2대의 3상 출력은 $\Delta-\Delta$ 결선 시의 변압기 3대의 3상 출력과 비교할 때 몇 [%] 정도 되는가?

정답

고장 전 출력비 $= \dfrac{\sqrt{3}\,P_1}{3P_1} \times 100[\%] = 57.7[\%]$

12

그림과 같은 탭(tap)전압이 1차 측 3,150[V], 2차 측 210[V]인 단상 변압기에서 전압 V_1을 V_2로 승압하고자 한다. 이때 다음 각 물음에 답하시오.

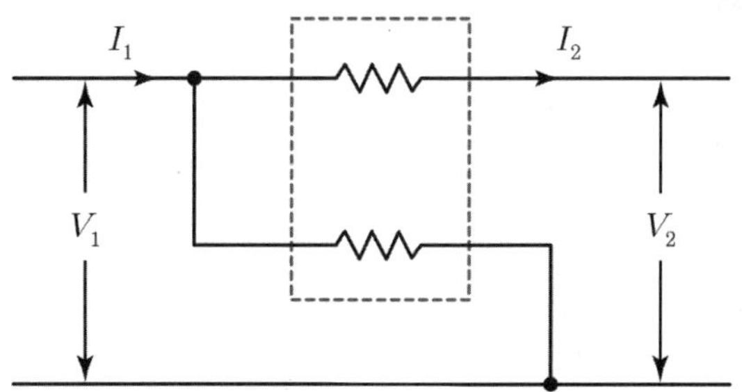

1) V_1이 3,000[V]인 경우, V_2는 몇 [V]가 되는가?

정답

승압 후 전압 $V_2 = V_1(1+\frac{e_2}{e_1}) = 3{,}000(1+\frac{210}{3{,}150}) = 3{,}200[\text{V}]$

2) I_1이 25[A]인 경우 I_2는 몇 [A]인가? (단, 변압기의 임피던스, 여자전류 및 손실은 무시한다.)

정답

$P = V_1 I_1 = 3{,}000 \times 25 = 75{,}000[\text{VA}]$

$P = V_2 I_2$이므로 $I_2 = \frac{P_2}{V_2} = \frac{75{,}000}{3{,}200} = 23.44[\text{A}]$가 된다.

13 변압기의 고장 원인을 5가지만 쓰시오.

정답

1) 고・저압의 혼촉
2) 권선의 상간단락
3) 층간단락
4) 지락 및 단락사고
5) 절연물 및 절연유의 열화에 의한 절연내력의 저하

14 정격출력 37[kW], 역률 0.8, 효율 0.82인 3상 유도 전동기가 있다. 변압기를 V결선하여 전원을 공급하고자 한다면 변압기 1대의 최소용량은 몇 [kVA]이어야 하는가?

정답

V결선 시 출력 $P_V = \sqrt{3}\,P_n$이므로

$P_n = \dfrac{P_V}{\sqrt{3}} = \dfrac{37}{\sqrt{3} \times 0.8 \times 0.82} = 32.56$[kVA]이다.

15 다음의 그림은 변압기 절연유의 열화 방지를 위한 습기 제거 장치로서 실리카겔(흡습제)과 절연유가 주입되는 2개의 용기로 이루어져 있다. 하부에 부착된 용기는 외부공기와 직접적인 접촉을 막아주기 위한 용기로, 표시된 눈금(용기의 2/3 정도)까지 절연유를 채워 관리되어야 한다. 이 변압기 부착물의 명칭을 쓰시오.

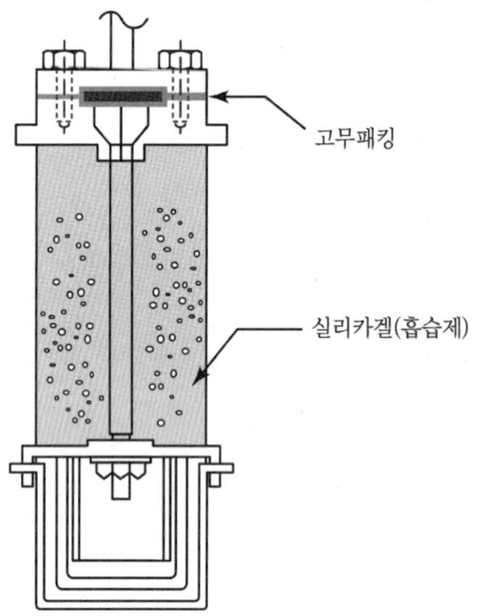

정답

호흡기

16 어떤 변전소의 공급구역 내의 총 부하용량은 전등 600[W], 동력 800[kW]이다. 각 수용가의 수용률은 전등 60[%], 동력 80[%], 각 수용가 간의 부등률은 전등 1.2, 동력 1.6이며, 또한 변전소에서 전등부하와 동력부하 간의 부등률은 1.4라 하고, 배전선(주상변압기 포함)의 전력손실을 전등부하, 동력부하 각각 10[%]라 할 때 다음 각 물음에 답하시오.

1) 전등의 최대수용전력은 몇 [kW]인가?

정답

$$\text{최대수용전력} = \frac{\text{설비용량} \times \text{수용률}}{\text{부등률}} = \frac{600 \times 0.6}{1.2} = 300[\text{kW}]$$

2) 동력의 최대수용전력은 몇 [kW]인가?

정답

$$최대수용전력 = \frac{설비용량 \times 수용률}{부등률} = \frac{800 \times 0.8}{1.6} = 400[kW]$$

3) 변전소에 공급하는 최대전력은 몇 [kW]인가?

정답

$$P = \frac{300+400}{1.4} \times 1.1 = 550[kW]$$

17 어느 전등 수용가의 총부하는 120[kW]이고, 각 수용가의 수용률은 어느 곳이나 0.5라고 한다. 이 수용가군을 설비용량 50[kW], 40[kW] 및 30[kW]의 3군으로 나누어 그림처럼 변압기 T_1, T_2 및 T_3으로 공급할 때 다음 각 물음에 답하시오.

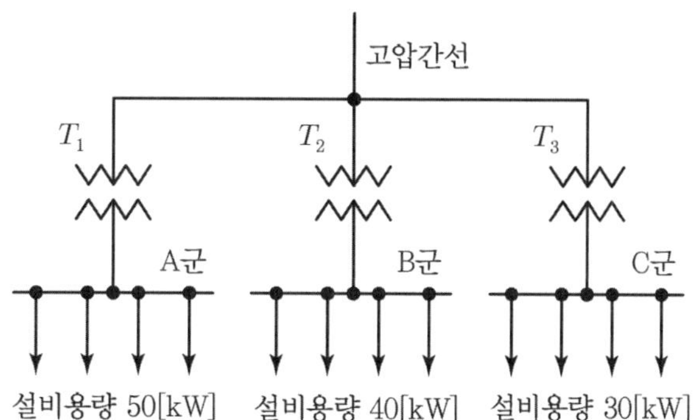

조건

부하 조건은 다음과 같다.

- 각 변압기마다의 수용가 상호 간의 부등률은 T_1 : 1.2, T_2 : 1.1, T_3 : 1.2
- 각 변압기마다의 종합 부하율은 T_1 : 0.6, T_2 : 0.5, T_3 : 0.4
- 각 변압기 부하 상호 간의 부등률은 1.3이라 하고, 전력손실은 무시하는 것으로 한다.

1) 각 군(A군, B군, C군)의 종합적인 최대수용전력[kW]를 구하시오.

구분	계산	답
A군		
B군		
C군		

정답

구분	계산	답
A군	$\frac{50 \times 0.5}{1.2} = 20.83[\text{kW}]$	20.83[kW]
B군	$\frac{40 \times 0.5}{1.1} = 18.18[\text{kW}]$	18.18[kW]
C군	$\frac{30 \times 0.5}{1.2} = 12.5[\text{kW}]$	12.5[kW]

2) 고압간선에 걸리는 최대부하[kW]를 구하시오.

정답

변압기 부하 상호 간의 부등률이 1.3이므로

최대부하 $= \frac{20.83 + 18.18 + 12.5}{1.3} = 39.62[\text{kW}]$이다.

3) 각 변압기의 평균수용전력[kW]를 구하시오.

구분	계산	답
A군		
B군		
C군		

정답

구분	계산	답
A군	$20.83 \times 0.6 = 12.5[kW]$	$12.5[kW]$
B군	$18.18 \times 0.5 = 9.09[kW]$	$9.09[kW]$
C군	$12.5 \times 0.4 = 5[kW]$	$5[kW]$

4) 고압간선의 종합부하율[%]을 구하시오.

정답

$$부하율 = \frac{평균전력}{최대전력} \times 100[\%] = \frac{12.5 + 9.09 + 5}{39.62} \times 100[\%] = 67.11[\%]$$

18 변압기 특성과 관련된 다음 각 물음에 답하시오.

1) 변압기의 호흡작용이란 무엇인지 쓰시오.

정답

변압기에서 발생하는 열에 의해 변압기 내부의 절연유의 부피가 수축 팽창하여 외부의 공기가 변압기 내부로 출입하는데 이를 변압기의 호흡작용이라 한다.

2) 호흡작용으로 인하여 발생되는 현상 및 방지대책에 대하여 설명하시오.

(1) 발생현상

정답

호흡작용에 따른 변압기 내부에 수분 및 불순물이 혼입되어 절연유의 절연내력을 저하시킨다.

(2) 방지대책

정답

호흡기를 설치한다.

19 단권변압기는 1차, 2차 양 회로에 공통된 권선부분을 가진 변압기이다. 이러한 단권변압기의 장점, 단점, 사용용도를 쓰시오.

1) 장점을 3가지 쓰시오.

정답

(1) 1차와 2차의 공통권선을 사용함으로써 동량을 줄일 수 있어 경제적이다.
(2) 동손이 작아져 변압기 효율이 좋아진다.
(3) 부하용량이 자기용량에 비하여 커서 경제적이다.

2) 단점을 2가지 쓰시오.

정답

(1) 임피던스가 작아 단락전류가 크다.
(2) 1차와 2차 절연이 어렵다.

3) 사용용도를 2가지 쓰시오.

정답

(1) 초고압 전력용 변압기
(2) 전동기 기동보상용

20

정격출력 500[kW]의 디젤엔진 발전기를 발열량 10,000[kcal/L]인 중유 250[L]을 사용하여 1/2부하에서 운전하는 경우 몇 시간 동안 운전이 가능한지 구하시오. (단, 발전기의 열효율은 34.4[%]로 한다.)

정답

화력발전소의 열효율 $\eta = \frac{860Pt}{BH} \times 100[\%]$

$t = \frac{BH\eta}{860P} = \frac{250 \times 10{,}000 \times 0.344}{860 \times 500 \times \frac{1}{2}} = 4[\text{h}]$

따라서 4시간 동안 운전이 가능하다.

21

변압기 손실과 효율에 대하여 다음 각 물음에 답하시오.

1) 변압기 손실에 대하여 설명하시오.

정답

(1) 무부하손 : 부하의 유무와 관계없는 손실로서 전원만 공급되면 발생되는 손실을 말한다. 히스테리시스손과 와류손으로 구분한다.
(2) 부하손 : 부하전류에 대한 저항손을 말하며 동손이 대표적인 손실이다.

2) 변압기 효율을 구하는 공식을 쓰시오.

정답

변압기의 효율 $\eta_t = \frac{\text{출력}}{\text{출력} + \text{손실}} \times 100[\%]$

3) 최고 효율 조건을 쓰시오.

정답

효율이 최대가 되는 조건은 철손 = 동손이 되는 때를 말한다.

22 어느 변전소에서 그림과 같은 일부하곡선을 가진 3개의 부하 A, B, C의 수용가가 있을 때, 다음 각 물음에 답하시오. (단, 부하 A, B, C의 평균전력은 각각 4,500[kW], 2,400[kW] 및 900[kW]라고 한다. 역률은 각각 100[%], 80[%], 60[%]이다.)

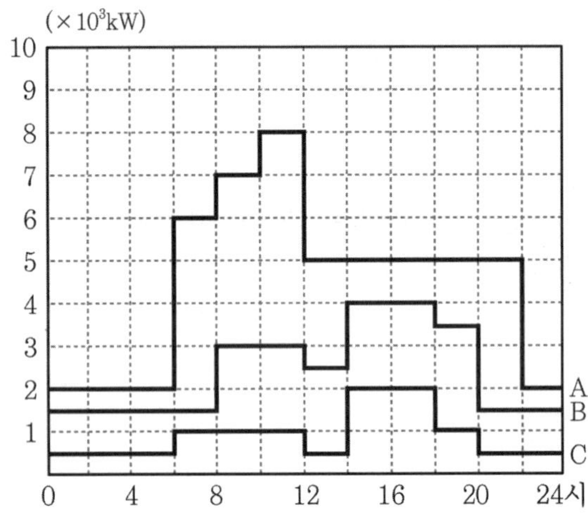

1) 합성 최대전력[kW]를 구하시오.

정답

각 수용가가 합성 최대전력이 되는 시점은 10시 ~ 12시가 된다.

따라서 합성 최대전력 $P=(8+3+1)\times 10^3=12\times 10^3$[kW]이다.

2) 종합부하율[%]를 구하시오.

정답

$$\text{종합부하율} = \frac{A, B, C \text{ 수용가의 평균전력의 합계}}{\text{합성 최대전력}} \times 100[\%]$$

$$= \frac{4{,}500 + 2{,}400 + 900}{12{,}000} \times 100 = 65[\%]$$

3) 부등률을 구하시오.

정답

$$\text{부등률} = \frac{A, B, C \text{ 수용가의 최대전력의 합}}{\text{합성 최대전력}}$$

$$= \frac{(8+4+2) \times 10^3}{12 \times 10^3} = 1.17$$

4) 최대 부하 시의 종합 역률[%]를 구하시오.

정답

역률 $\cos\theta = \frac{P}{P_a}$

각 수용가의 무효전력을 구하면

A수용가 $Q_A = 0$

B수용가 $Q_B = \frac{P_B}{\cos\theta_B} \times \sin\theta_B = \frac{3 \times 10^3}{0.8} \times 0.6 = 2{,}250[\text{kVar}]$

C수용가 $Q_B = \frac{P_C}{\cos\theta_C} \times \sin\theta_C = \frac{1 \times 10^3}{0.6} \times 0.8 = 1{,}333.33[\text{kVar}]$

따라서 무효전력 $Q = 0 + 2{,}250 + 1{,}333.33 = 3{,}583.33[\text{kVar}]$이다.

$\therefore$ 역률 $\cos\theta = \frac{P}{P_a} = \frac{12{,}000}{\sqrt{12{,}000^2 + 3{,}583.33^2}} \times 100 = 95.82[\%]$

5) A수용가에 관한 사항이다. 다음을 답하시오.

(1) 첨두부하는 몇 [kW]인가?

정답

8×10^3

(2) 첨두부하가 지속되는 시간은 몇 시부터 몇 시까지인가?

정답

10 ~ 12시

(3) 하루 공급된 전력량은 몇 [MWh]인가?

정답

$(2 \times 6 + 6 \times 2 + 7 \times 2 + 8 \times 2 + 5 \times 10 + 2 \times 2) \times 10^3 = 108$[MWh]

23 어떤 부하설비의 최대수용전력이 각각 200[W], 300[W], 800[W], 1,200[W], 2,500[W]이다. 각 부하 간의 부등률이 1.14이며 종합 부하 역률은 90[%]라고 한다면 변압기 용량을 조건을 참고하여 결정하시오.

조건

변압기 표준 용량[kVA]
1, 2, 3, 5, 7.5, 10, 15, 20, 30, 50, 100, 150, 200

정답

$$\text{변압기 용량[kVA]} = \frac{\text{개별수용 최대전력의 합[kW]}}{\text{부등률} \times \cos\theta}$$

$$= \frac{(200 + 300 + 800 + 1{,}200 + 2{,}500)}{1.14 \times 0.9} \times 10^{-3} = 4.87\text{[kVA]}$$

따라서 조건에서 5[kVA]를 선정한다.

24 어느 공장의 수전 설비에서 100[kVA] 단상 변압기 3대를 Δ 결선하여 273[kW] 부하에 전력을 공급하고 있다. 단상 변압기 1대에 고장이 발생하여 단상 변압기 2대로 V결선해 전력을 공급할 경우 다음 물음에 답하시오. (단, 부하역률은 1로 계산한다.)

1) V결선으로 하여 공급할 수 있는 최대전력[kW]를 구하시오.

정답

$P_V = \sqrt{3}\,P_n \cos\theta = \sqrt{3} \times 100 \times 1 = 173.21[\text{kW}]$

2) V결선된 상태에서 273[kW] 부하 전체를 연결할 경우 과부하율[%]를 구하시오.

정답

$\text{과부하율} = \dfrac{273}{173.21} \times 100[\%] = 157.61[\%]$

25 변압기 2차 측 단락전류 억제 대책을 고압회로와 저압회로로 나누어 쓰시오.

1) 고압회로의 억제 대책(2가지)

정답

(1) 계통분할방식
(2) 계통전압의 격상

2) 저압회로의 억제 대책(3가지)

정답

(1) 고임피던스 기기 채용
(2) 한류리액터 채용
(3) 계통 연계기 채용

26 단상 변압기 3대를 $\Delta - \Delta$ 결선으로 완성 후, 단상 변압기 1대 고장으로 2대를 이용하여 V결선하여 사용할 경우 결선도를 그리고, 장점과 단점을 각각 2가지만 기술하시오.

1) 결선도

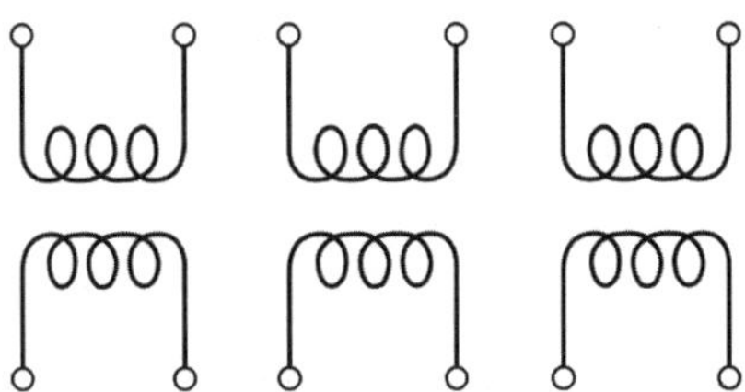

정답

2) 장점

정답

(1) 단상 변압기 2대로 3상 부하에 전력을 공급할 수 있다.

(2) 소용량의 경우 가격이 저렴하다.

3) 단점

정답

(1) 이용률이 86.6[%]로 저하한다.

(2) Δ 결선 시보다 출력이 57.7[%]로 저하한다.

27 총설비 부하가 250[kW], 수용률 65[%], 부하역률 85[%]인 수용가에 전력을 공급하기 위한 변압기 용량[kVA]를 계산하고 변압기를 규격용량으로 선정하시오.

정답

변압기 용량 $P = \frac{\text{설비용량} \times \text{수용률}}{\text{역률}} = \frac{250 \times 0.65}{0.85} = 191.18$[kVA]

따라서 200[kVA]를 선정한다.

28 다음과 같은 전등부하 계통에 전력을 공급하고 있다. 다음 각 물음에 답하시오. (단, 부하의 역률은 1이라 한다.)

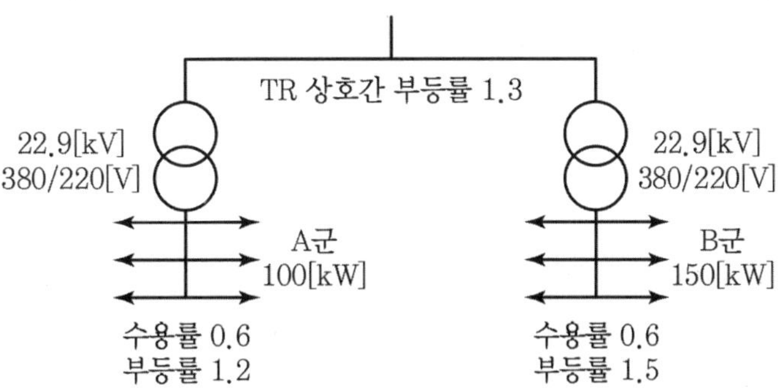

1) 수용가의 변압기 용량[kVA]를 각각 구하시오.

정답

(1) A군 수용가

$$\text{TR}_A = \frac{\text{설비용량} \times \text{수용률}}{\text{부등률} \times \text{역률}} = \frac{100 \times 0.6}{1.2 \times 1} = 50[\text{kVA}]$$

(2) B군 수용가

$$\text{TR}_B = \frac{\text{설비용량} \times \text{수용률}}{\text{부등률} \times \text{역률}} = \frac{150 \times 0.6}{1.5 \times 1} = 60[\text{kVA}]$$

2) 고압간선에 걸리는 최대부하[kW]를 구하시오.

정답

$$최대부하 = \frac{\frac{100\times0.6}{1.2}+\frac{150\times0.6}{1.5}}{1.3} = 84.62[\text{kW}]$$

29

다음은 수용률, 부등률, 부하율을 나타낸 것이다. (　) 안의 알맞은 내용을 답란에 쓰시오.

1) 수용률 = $\frac{최대수용전력}{(①)}\times100[\%]$

2) 부등률 = $\frac{(②)}{합성최대수용전력}$

3) 부하율 = $\frac{부하의 평균수용전력}{(③)}\times100[\%]$

정답

① 설비용량
② 개별수용 최대전력의 합
③ 최대전력

30

22.9[kV]/380-220[V] 변압기 결선은 보통 Δ-Y결선 방식을 사용한다. 이 결선에 대한 장점과 단점을 각각 2가지만 쓰시오.

1) 장점

정답

(1) 제3고조파를 제거하여 기전력의 파형이 왜곡되지 않는다.
(2) Y결선으로 중성점 접지가 가능하다.

2) 단점

정답

(1) 1차와 2차 선간전압 사이에 30° 위상차가 있다.
(2) 변압기 1상 고장 시 전원공급이 불가능하다.

31 입력설비용량 20[kW] 2대, 30[kW] 2대의 3상 380[V] 유도전동기군이 있다. 그 부하곡선이 아래 그림과 같을 경우 최대수용전력[kW], 수용률[%], 일 부하율[%]를 각각 구하시오.

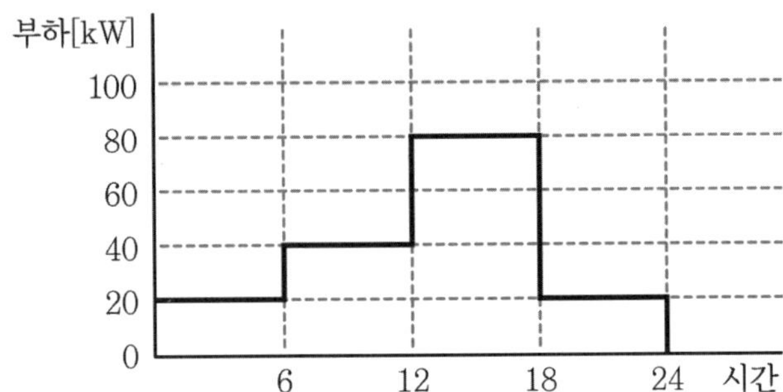

1) 최대수용전력

정답

80[kW]

2) 수용률

정답

수용률 $= \dfrac{80}{20 \times 2 + 30 \times 2} \times 100 = 80[\%]$

3) 일 부하율

정답

$$\text{일 부하율} = \frac{\dfrac{20\times6+40\times6+80\times6+20\times6}{24}}{80}\times100[\%]=50[\%]$$

32 특고압 수전 설비에 대한 다음 각 물음에 답하시오.

1) 동력용 변압기에 연결된 동력부하 설비용량이 350[kW], 부하역률은 85[%], 효율 85[%], 수용률은 60[%]라고 할 때 동력용 3상 변압기의 용량을 주어진 표를 이용하여 몇 [kVA]인지 선정하시오.

▸ 동력용 3상 변압기 표준용량[kVA]

200	250	300	400	500	600

정답

변압기용량 $P=\dfrac{\text{설비용량}\times\text{수용률}}{\text{역률}\times\text{효율}}=\dfrac{350\times0.6}{0.85\times0.85}=290.66[\text{kVA}]$

따라서 표에서 300[kVA]를 선정한다.

2) 3상 농형 유도전동기에 전용 차단기를 설치할 때 전용 차단기의 정격전류[A]를 구하시오. (단, 전동기는 160[kW]이고 정격전압은 3,300[V], 역률은 85[%], 효율은 85[%]이며, 차단기의 정격전류는 전동기 정격전류의 3배로 한다.)

정답

정격전류 $I=\dfrac{P}{\sqrt{3}\,V\cos\theta\eta}=\dfrac{160\times10^3}{\sqrt{3}\times3{,}300\times0.85\times0.85}=38.74[\text{A}]$

차단기의 정격전류는 전동기 정격전류의 3배이므로

$I_n=38.74\times3=116.22[\text{A}]$이다.

33 다음 표의 수용가(A, B, C) 사이의 부등률을 1.1로 한다면 합성최대전력은 몇 [kW]인가?

수용가	설비용량[kW]	수용률[%]
A	300	80
B	200	60
C	100	80

정답

$$합성최대전력 = \frac{개별수용\ 최대전력의\ 합}{부등률}$$

$$= \frac{300 \times 0.8 + 200 \times 0.6 + 100 \times 0.8}{1.1} = 400[\text{kW}]$$

34 변압기의 1일 부하 곡선이 그림과 같은 분포일 때 다음 물음에 답하시오. (단, 변압기의 전부하 동손은 130[W], 철손은 100[W]이다.)

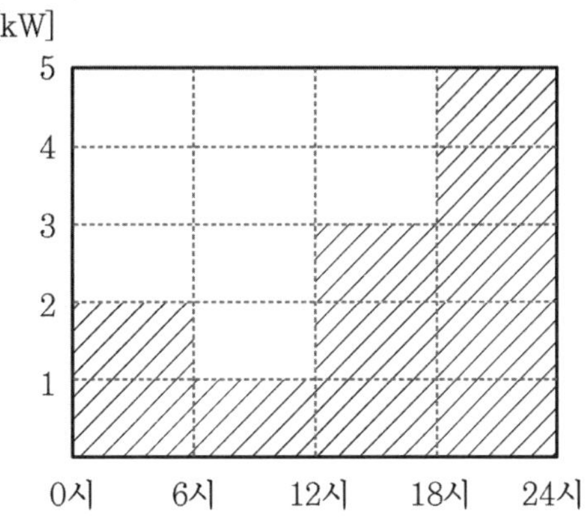

1) 1일 중의 사용 전력량은 몇 [kWh]인가?

정답

$W = 2 \times 6 + 1 \times 6 + 3 \times 6 + 5 \times 6 = 66[\text{kWh}]$

2) 1일 중의 전손실 전력량은 몇 [kWh]인가?

정답

(1) 철손 $P_i = 0.1 \times 24 = 2.4$[kWh]

(2) 동손 $P_c = (\frac{2}{5})^2 \times 0.13 \times 6 + (\frac{1}{5})^2 \times 0.13 \times 6 + (\frac{3}{5})^2 \times 0.13 \times 6 + (\frac{5}{5})^2 \times 0.13 \times 6$

$= 1.22$[kWh]

(3) 전손실 = 철손 + 동손 = 2.4 + 1.22 = 3.62[kWh]

3) 1일 중 전일효율은 몇 [%]인가?

정답

$\eta = \frac{66}{66 + 3.62} \times 100 = 94.8$[%]

35 부하율을 식으로 표시하고 부하율이 높다는 의미에 대해 설명하시오.

1) 부하율

정답

$\text{부하율} = \frac{\text{평균전력}}{\text{최대전력}} \times 100$[%]

2) 부하율이 높다는 의미

정답

공급설비를 유용하게 사용하고 있다.

36 500[kVA]의 변압기가 그림과 같은 부하로 운전되고 있다, 오전에는 역률 85[%]로, 오후에는 100[%]로 운전된다고 할 때 전일효율은 몇 [%]가 되겠는가? (단, 이 변압기의 철손은 6[kW], 전부하시 동손은 10[kW]이다.)

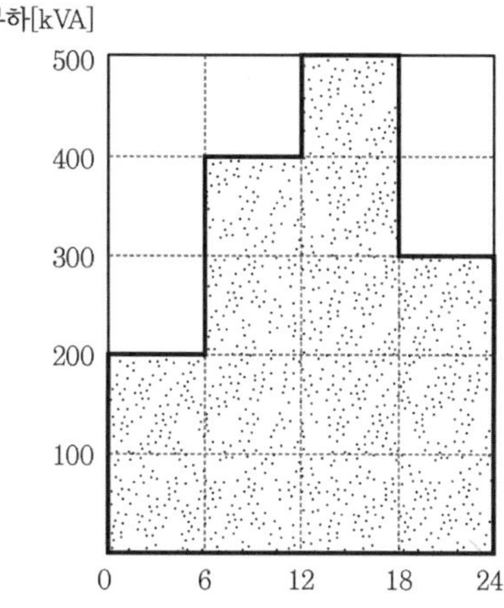

정답

1) 사용전력량 $P = (200 \times 6 \times 0.85) + (400 \times 6 \times 0.85) + (500 \times 6 \times 1) + (300 \times 6 \times 1)$
$= 7,860$[kWh]

2) 철손 $P_i = 6 \times 24 = 144$[kWh]

3) 동손 $P_c = (\frac{200}{500})^2 \times 10 \times 6 + (\frac{400}{500})^2 \times 10 \times 6 + (\frac{500}{500})^2 \times 10 \times 6 + (\frac{300}{500})^2 \times 10 \times 6$
$= 129.6$[kWh]

4) 전일효율 $\eta = \frac{7,860}{7,860 + 144 + 129.6} \times 100 = 96.64$[%]

37 200[kW] 설비용량 수용가의 부하율이 70[%], 수용률이 80[%]라면 1개월(30일) 동안의 사용전력량[kWh]를 구하시오.

정답

사용전력량[kWh] = 설비용량 × 수용률 × 부하율 × 시간
= 200 × 0.8 × 0.7 × 24 × 30 = 80,640[kWh]

38 어느 단상 변압기의 2차 정격전압은 2,300[V], 2차 정격전류는 43.5[A], 2차 측으로부터 본 합성저항이 0.66[Ω], 무부하손이 1,000[W]이다. 전부하시의 역률이 100[%], 80[%]일 때의 효율을 각각 구하라.

1) 전부하시 역률 100[%]일 때 효율[%]

정답

$$\eta = \frac{2{,}300 \times 43.5 \times 1}{2{,}300 \times 43.5 \times 1 + 1{,}000 + 43.5^2 \times 0.66} \times 100[\%] = 97.8[\%]$$

2) 전부하시 역률 80[%]일 때 효율[%]

정답

$$\eta = \frac{2{,}300 \times 43.5 \times 0.8}{2{,}300 \times 43.5 \times 0.8 + 1{,}000 + 43.5^2 \times 0.66} \times 100[\%] = 97.27[\%]$$

39 변압기의 병렬운전 조건을 4가지만 쓰시오.

정답

1) 극성이 같을 것
2) 정격전압(권수비)이 같을 것
3) %임피던스 강하가 같을 것
4) 내부저항과 누설리액턴스의 비가 같을 것

40

다음 표와 같이 어느 수용가 A, B, C에 공급되는 배전선로의 최대전력은 600[kW]이다. 이때 수용가의 부등률을 구하시오.

수용가	설비용량[kW]	수용률[%]
A	400	70
B	400	60
C	500	60

정답

$$\text{부등률} = \frac{(400\times 0.7)+(400\times 0.6)+(500\times 0.6)}{600} = 1.37$$

41

다음 그림은 어느 공장의 수전 설비의 계통도이다. 이 계통도와 뱅크의 부하 용량표, 변류기 규격표를 참고하여 다음 각 물음에 답하시오. (단, 용량산출 시 제시되지 않은 조건은 무시한다.)

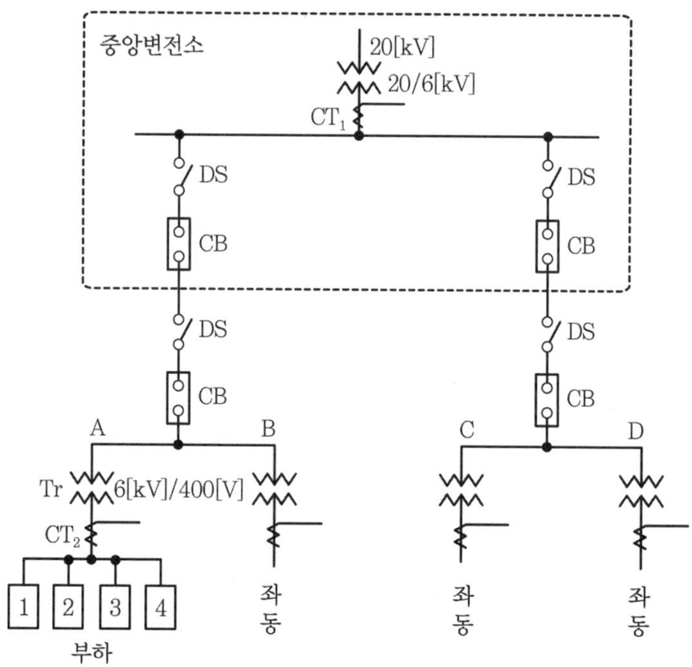

▶ 뱅크의 부하 용량표

피더	부하설비용량[kW]	수용률[%]
1	125	80
2	125	80
3	500	60
4	600	84

▶ 변류기 규격표

항목	변류기
정격 1차 전류[A]	5, 10, 15, 20, 30, 40, 50, 75, 100, 150, 200, 300, 400, 500, 600, 750, 1,000, 1,500, 2,000, 2,500
정격 2차 전류[A]	5

1) A, B, C, D 뱅크에 같은 부하가 걸려 있으며, 각 뱅크의 부등률은 1.1이고, 전부하 합성 역률은 0.8이다. 중앙변전소 변압기 용량을 구하시오. (단, 변압기 용량은 표준규격으로 답한다.)

정답

$$STr = \frac{(125\times0.8+125\times0.8+500\times0.6+600\times0.84)}{1.1\times0.8}\times4 = 4{,}563.64[kVA]$$

따라서 5,000[kVA] 선정

2) 변류기 CT_1과 CT_2의 변류비를 구하시오. (단, 1차 수전전압은 20,000/6,000[V], 2차 수전전압은 6,000/400[V]이며, 변류비는 1.25배로 한다.)

정답

(1) CT_1

$$I_1 = \frac{5{,}000\times10^3}{\sqrt{3}\times6\times10^3}\times1.25 = 601.41[A]$$

따라서 600/5 선정

(2) CT_2

$$TR_A = \frac{(125\times0.8+125\times0.8+500\times0.6+600\times0.84)}{0.8} = 1{,}140.91[kVA]$$

$$I_1 = \frac{1{,}140.91\times10^3}{\sqrt{3}\times400}\times1.25 = 2{,}058.45[A]$$

따라서 2,000/5 선정

42 몰드 변압기의 열화의 원인을 4가지 쓰시오.

정답

1) 전계 열화
2) 열적 열화
3) 환경적 열화
4) 응력 열화

43 그림과 같은 부하 곡선을 보고 다음 각 물음에 답하시오.

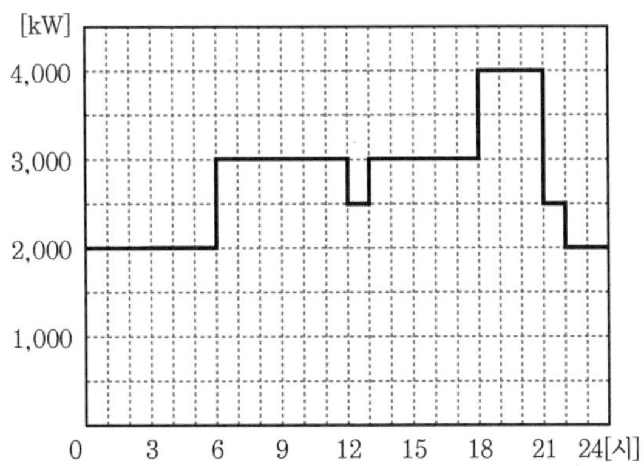

1) 일 공급 전력량은 몇 [kWh]인가?

정답

사용전력량

$W = 2,000 \times 6 + 3,000 \times 6 + 2,500 \times 1 + 3,000 \times 5 + 4,000 \times 3 + 2,500 \times 1 + 2,000 \times 2$

$= 66,000[\text{kWh}]$

2) 일 부하율은 몇 [%]인가?

정답

부하율 $= \dfrac{\dfrac{66,000}{24}}{4,000} \times 100 = 68.75[\%]$

44

고압 자가용 수용가가 있다. 이 수용가의 부하는 역률 1.0이며 부하 50[kW]와 역률 0.8(지상)의 부하 100[kW]가 있다. 이 부하에 공급하는 변압기에 대하여 물음에 답하시오.

▸ 변압기 정격용량

20	30	50	75	100	150	200	300

1) Δ 결선 시 필요한 변압기 1대당 최저용량[kVA]를 구하시오.

정답

(1) 합성 유효전력 $P_0 = 50 + 100 = 150[\text{kW}]$

(2) 합성 무효전력 $Q_0 = \dfrac{100}{0.8} \times 0.6 = 75[\text{kVar}]$

(3) 합성 피상전력 $P_a = \sqrt{150^2 + 75^2} = 167.71[\text{kVA}]$

(4) 변압기 1대의 용량 $P_\Delta = 3P_1$

따라서 $P_1 = \dfrac{P_\Delta}{3} = \dfrac{167.71}{3} = 55.9[\text{kVA}]$

∴ 75[kVA] 선정

2) 1대 고장에 따른 V결선 시 과부하율[%]를 구하시오.

정답

(1) V결선 출력 $P_V = \sqrt{3}\, P_1 = 167.71[\text{kVA}]$이므로

$P_1 = \dfrac{167.71}{\sqrt{3}} = 96.83[\text{kVA}]$가 된다.

(2) 과부하율 $= \dfrac{96.83}{75} \times 100 = 129.11[\%]$

45 권수비 30인 단상 변압기의 1차에 6.6[kV]를 가할 때 다음 각 물음에 답하시오. (단, 변압기의 손실은 무시한다.)

1) 2차 전압[V]

정답

$$a = \frac{V_1}{V_2}$$

$$V_2 = \frac{V_1}{a} = \frac{6{,}600}{30} = 220[\text{V}]$$

2) 2차에 50[kW], 뒤진 역률 80[%]의 부하를 걸었을 때 2차 및 1차 전류[A]를 구하시오.

정답

$$I_2 = \frac{P}{V_2 \cos\theta} = \frac{50 \times 10^3}{220 \times 0.8} = 284.09[\text{A}]$$

$$I_1 = \frac{I_2}{a} = \frac{284.09}{30} = 9.47[\text{A}]$$

3) 1차 입력[kVA]를 구하시오.

정답

$$P = V_1 I_1 = 6{,}600 \times 9.47 \times 10^{-3} = 62.5[\text{kVA}]$$

46

어느 건물의 부하는 하루에 240[kW]로 5시간, 100[kW]로 8시간, 75[kW]로 나머지 시간을 사용한다. 이에 따른 수전 설비의 450[kVA]로 하였을 때, 부하의 평균역률이 0.8인 경우 다음 각 물음에 답하시오.

1) 이 건물의 수용률[%]를 구하시오.

정답

$$수용률 = \frac{최대전력}{설비용량} \times 100[\%]$$

$$= \frac{240}{450 \times 0.8} \times 100 = 66.67[\%]$$

2) 이 건물의 일 부하율[%]를 구하시오.

정답

$$부하율 = \frac{평균전력}{최대전력} \times 100[\%]$$

$$= \frac{\frac{240 \times 5 + 100 \times 8 + 75 \times 11}{24}}{240} \times 100 = 49.05[\%]$$

47

200[kVA]인 단상 변압기 2대를 V결선하여 부하를 걸었을 때, 계약 수전 설비에 의한 계약 최대전력은 얼마인지 구하시오.

정답

계약 최대전력의 계산 시

동일 용량의 변압기를 V결선하였다면 결선된 단상 변압기 용량의 합계의 86.6[%]가 된다.

따라서 $(200+200) \times 0.866 = 346.4$[kVA]이다.

48 변압기 모선방식의 종류 3가지를 쓰시오.

정답

1) 단모선
2) 복모선
3) 환상모선

49 유입변압기와 비교하였을 때 몰드변압기가 갖는 장점을 5가지만 쓰시오.

정답

1) 전력손실이 감소한다.
2) 소형 경량화할 수 있다.
3) 보수, 점검이 용이하다.
4) 코로나 특성 및 임펄스 강도가 높다.
5) 자기 소화성이 우수하므로 화재의 염려가 없다.

50 그림은 어느 공장의 일부하곡선이다. 이 공장의 일 부하율은 몇 [%]인가?

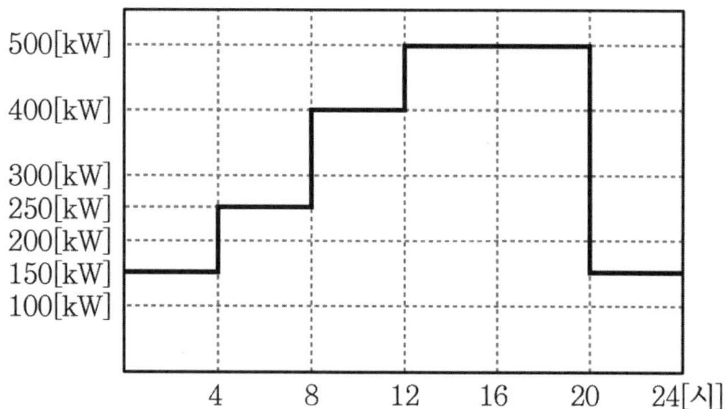

정답

$$\text{부하율} = \frac{\text{평균전력}}{\text{최대전력}} \times 100[\%]$$

$$= \frac{\frac{(150\times4)+(250\times4)+(400\times4)+(500\times8)+(150\times4)}{24}}{500} \times 100 = 65[\%]$$

51 그림은 어느 생산공장의 수전 설비의 계통도이다. 이 계통도와 뱅크의 부하 용량표, 변류기 규격표를 보고 다음 물음에 답하시오. (단, 용량산출 시 제시되지 않은 조건은 무시한다.)

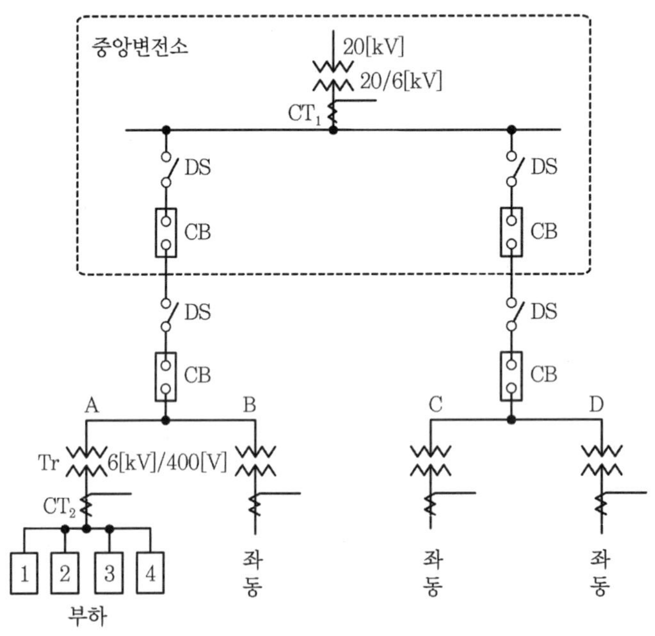

▶ 뱅크의 부하 용량표

피더	부하설비용량[kW]	수용률[%]
1	125	80
2	125	80
3	500	70
4	600	84

▶ 변류기 규격표

항목	변류기
정격 1차 전류[A]	5, 10, 15, 20, 30, 40, 50, 75, 100, 150, 200, 300, 400, 500, 600, 750, 1,000, 1,500, 2,000, 2,500
정격 2차 전류[A]	5

1) A, B, C, D 뱅크에 같은 부하가 걸려 있으며, 각 뱅크 간의 부등률은 1.3이고, 전부하 합성역률은 0.8이다. 중앙변전소 변압기 용량을 구하시오. (단, 변압기 용량은 표준규격으로 답한다.)

정답

$$STr = \frac{(125 \times 0.8 + 125 \times 0.8 + 500 \times 0.7 + 600 \times 0.84)}{1.3 \times 0.8} \times 4 = 4{,}053.85[kVA]$$

따라서 5,000[kVA] 선정

2) 변류기 CT_1의 변류비를 구하시오. (단, 변류비는 1.2배로 결정한다.)

정답

CT_1

$$I_1 = \frac{5{,}000 \times 10^3}{\sqrt{3} \times 6 \times 10^3} \times 1.2 = 577.35[A]$$

따라서 600/5 선정

3) A뱅크 변압기의 용량을 선정하고 CT_2의 변류비를 구하시오. (단, 변류비는 1.15배로 결정한다.)

정답

$$TR_A = \frac{(125 \times 0.8 + 125 \times 0.8 + 500 \times 0.7 + 600 \times 0.84)}{0.8} = 1{,}317.5[kVA]$$

따라서 1,500[kVA] 선정

$$I_1 = \frac{1{,}500 \times 10^3}{\sqrt{3} \times 400} \times 1.15 = 2{,}489.82[A]$$

따라서 2,500/5 선정

52 미완성 부분인 단상 변압기 3대를 $\Delta - Y$결선하시오.

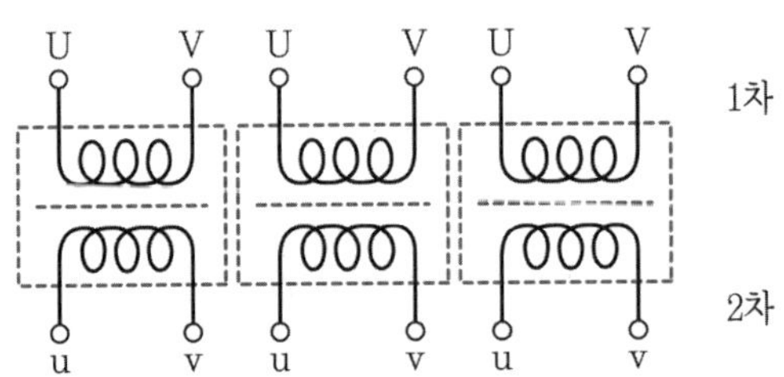

1ϕTr×3대

정답

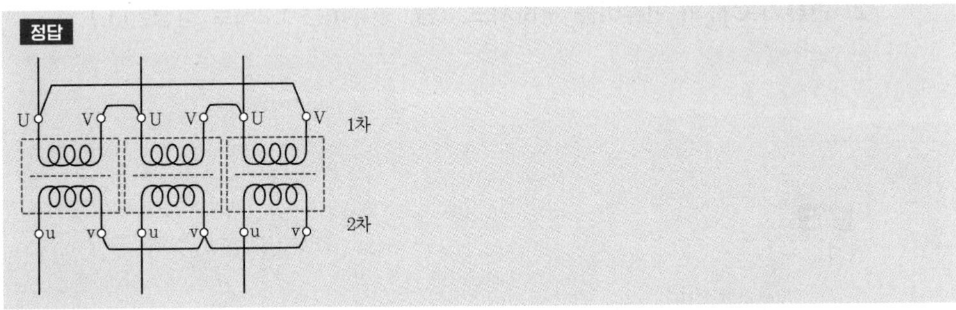

53 정격출력 11[kW], 역률 0.8, 효율 0.85인 3상 유도전동기를 단상 변압기 2대로 V결선하여 운전하려는 경우 단상 변압기 1대 용량은 몇 [kVA] 이상의 것을 선정하여야 하는가? (단, 단상 변압기 표준용량[kVA]는 3, 5, 7.5, 10, 15, 20이다.)

정답

3상 유도전동기의 입력 $P_a = \dfrac{P}{\cos\theta \times \eta} = \dfrac{11}{0.85 \times 0.8} = 16.18$[kVA]

변압기 2대로 V결선하여 공급할 경우 $P_V = \sqrt{3}\,P_1$

따라서 $P_1 = \dfrac{P_a}{\sqrt{3}} = 9.34$[kVA]

∴ 10[kVA] 선정

54 그림과 같은 부하에 전력을 공급하기 위한 변압기 용량은 몇 [kVA]로 하여야 하는지 변압기 표준용량에서 선정하시오. (단, 종합부하의 역률은 90[%], 각 부하 간의 부등률은 1.35이며, 변압기는 최대부하의 15[%] 정도의 여유도를 갖는 용량으로 하고, 변압기 표준용량[kVA]는 100, 150, 200, 300, 500이다.)

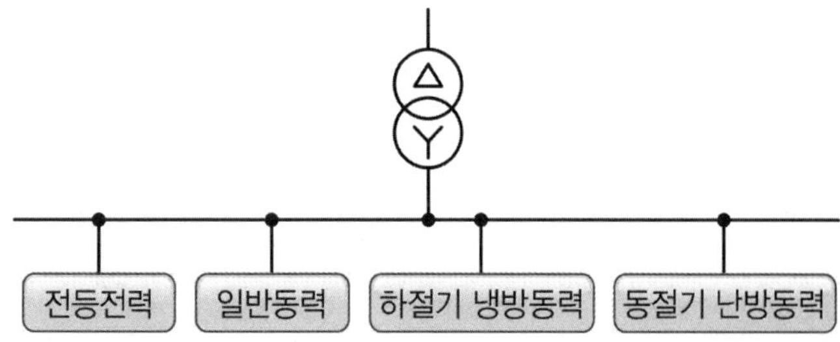

부하명	전등전력	일반동력	하절기 냉방동력	동절기 난방동력
설비용량	100[kW]	250[kW]	140[kW]	60[kW]
수용률	70[%]	50[%]	80[%]	60[%]

정답

1) 전등전력 : 100 × 0.7 = 70[kW]
2) 일반동력 : 250 × 0.5 = 125[kW]
3) 하절기 냉방동력 : 140 × 0.8 = 112[kW]
4) 동절기 난방동력 : 60 × 0.6 = 36[kW]

하절기가 동절기보다 크므로 하절기를 기준으로 변압기 용량을 설계하면

$$P = \frac{70+125+112}{1.35 \times 0.9} \times 1.15 = 290.58[\text{kVA}]$$

∴ 300[kVA] 선정

55 단자전압 3,000[V]인 선로에 3,000/210[V]인 승압기 2대를 V결선하여 40[kW], 역률 0.75인 3상 부하에 전력을 공급하는 경우 승압기 1대의 용량은 몇 [kVA]를 사용하여야 하는가?

정답

1) 승압전압 $V_2 = V_1(1+\frac{1}{a}) = 3{,}000 \times (1+\frac{210}{3{,}000}) = 3{,}210[V]$

2) 부하전류 $I_2 = \frac{P}{\sqrt{3}\, V_2 \cos\theta} = \frac{40 \times 10^3}{\sqrt{3} \times 3{,}210 \times 0.75} = 9.59[A]$

3) 승압기 1대의 용량 $P = e \times I_2 = 210 \times 9.59 \times 10^{-3} = 2.01[kVA]$

56 그림과 같이 50[kW], 30[kW], 15[kW], 25[kW] 부하 설비에 수용률이 각각 50[%], 65[%], 75[%], 60[%]로 할 경우 변압기 용량은 몇 [kVA]가 필요한지 선정하시오. (단, 부등률 1.2, 종합 부하 역률은 80[%]이다.)

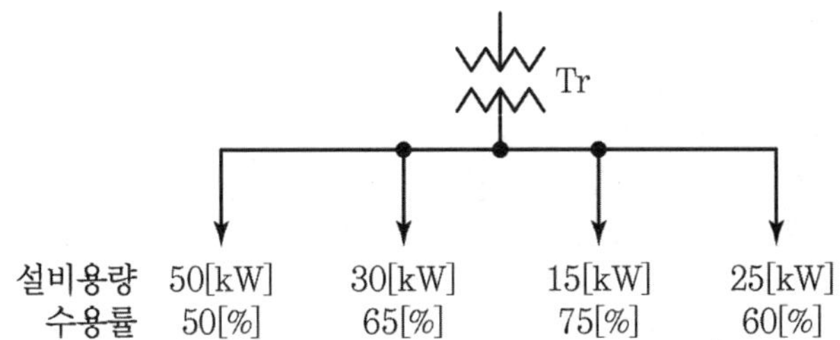

▸ 변압기 표준용량[kVA]

25	30	50	75	100	150

정답

변압기 용량 $= \dfrac{50\times0.5+30\times0.65+15\times0.75+25\times0.6}{1.2\times0.8} = 73.7$[kVA]

따라서 75[kVA] 선정

57 어떤 상가의 설비 부하가 역률 0.6인 동력부하 30[kW], 역률 1인 전열기 24[kW]일 때, 변압기 용량은 최소 몇 [kVA] 이상이어야 하는지 선정하시오.

변압기 표준 용량[kVA]						
30	50	75	100	150	200	300

정답

먼저 유효전력과 무효전력을 각각 구하면

1) 전열기의 유효전력 24[kW]

2) 동력부하의 유효전력 30[kW]

3) 합성 유효전력 $P = 24 + 30 = 54$[kW]

3) 동력부하의 무효전력 $Q = \dfrac{30}{0.6} \times 0.8 = 40$[kVar]

4) 합성용량 $P_a = \sqrt{P^2 + Q^2} = \sqrt{54^2 + 40^2} = 67.2$[kVA]

따라서 75[kVA] 선정

58 용량 30[kVA]의 단상 주상 변압기가 있다. 이 변압기의 어떤 날의 부하가 30[kW]로 4시간, 24[kW]로 8시간, 8[kW]로 10시간이었다고 할 경우, 이 변압기의 일 부하율 및 전일효율을 계산하시오. (단, 부하의 역률은 1, 변압기의 전부하시 동손은 500[W], 철손은 200[W]이다.)

1) 일 부하율

정답

$$부하율 = \frac{평균전력}{최대전력} \times 100[\%]$$

$$= \frac{\frac{30 \times 4 + 24 \times 8 + 8 \times 10}{24}}{30} \times 100 = 54.44[\%]$$

2) 전일효율

정답

(1) 사용전력량 $P = 30 \times 4 + 24 \times 8 + 8 \times 10 = 392$[kWh]

(2) 철손 $P_i = 0.2 \times 24 = 4.8$[kWh]

(3) 동손 $P_c = (\frac{30}{30})^2 \times 4 \times 0.5 + (\frac{24}{30})^2 \times 8 \times 0.5 + (\frac{8}{30})^2 \times 10 \times 0.5 = 4.92$[kW]

(4) 전일효율 $\eta = \frac{392}{392 + 4.8 + 4.92} \times 100 = 97.58[\%]$

59 신설 공장의 부하 설비가 다음 표와 같다면 다음 각 물음에 답하시오.

변압기군	부하의 종류	출력[kW]	수용률[%]	부등률	역률[%]
A	플라스틱 압출기(전동기)	50	60	1.3	80
A	일반 동력 전동기	85	40	1.3	80
B	전등 조명	60	80	1.1	90
C	플라스틱 압출기	100	60	1.3	80

1) 각 변압기군의 최대 수용전력은 몇 [kW]인가?

정답

(1) A변압기 $P_A = \dfrac{50 \times 0.6 + 85 \times 0.4}{1.3} = 49.23$[kW]

(2) B변압기 $P_B = \dfrac{60 \times 0.8}{1.1} = 43.64$[kW]

(3) C변압기 $P_C = \dfrac{100 \times 0.6}{1.3} = 46.15$[kW]

2) 변압기의 효율이 98[%]라면 각 변압기의 최소용량은 몇 [kVA]인가?

정답

(1) A변압기 용량 $\text{TR}_A = \dfrac{49.23}{0.8 \times 0.98} = 62.79$[kVA]

(2) B변압기 용량 $\text{TR}_B = \dfrac{43.64}{0.9 \times 0.98} = 49.47$[kVA]

(3) C변압기의 용량 $\text{TR}_C = \dfrac{46.15}{0.8 \times 0.98} = 58.87$[kVA]

60 수용률, 부하율, 부등률의 관계식을 정확하게 쓰고, 부하율이 수용률 및 부등률과 일반적으로 어떤 관계인지 비례, 반비례 등으로 설명하시오.

정답

1) 수용률 $= \frac{\text{최대전력}}{\text{설비용량}} \times 100[\%]$

2) 부하율 $= \frac{\text{평균전력}}{\text{최대전력}} \times 100[\%]$

3) 부등률 $= \frac{\text{개별수용 최대전력의 합}}{\text{합성최대전력}}$

4) 부하율은 부등률에 비례하고, 수용률에 반비례한다.

61 어떤 공장의 어느 날 부하실적이 1일 사용전력량 100[kWh]이며, 1일 최대전력이 7[kW]이었다. 최대전력일 경우 전류값은 20[A]였다고 하면 다음 물음에 답하시오. (단, 이 공장은 220[V], 11[kW]인 3상 유도전동기를 부하설비로 두고 있다.)

1) 일 부하율은 몇 [%]인가?

정답

부하율 $= \frac{\text{평균전력}}{\text{최대전력}} \times 100[\%] = \frac{\frac{100}{24}}{7} \times 100 = 59.52[\%]$

2) 최대 공급전력일 경우 역률은 몇 [%]인가?

정답

역률 $\cos\theta = \frac{P}{P_a} = \frac{7 \times 10^3}{\sqrt{3} \times 220 \times 20} \times 100 = 91.85[\%]$

62 60[Hz], 6,300/210[V], 50[kVA]의 단상 변압기에 있어서 임피던스 전압은 170[V], 임피던스와트는 700[W]이다. 이 변압기에 지역률 0.8인 정격부하를 건 상태에서의 전압변동률은 몇 [%]인지 구하시오.

정답

임피던스 전압이 주어졌으므로

1) $\%Z = \frac{IZ(\text{임피던스전압})}{E} \times 100[\%] = \frac{170}{6{,}300} \times 100 = 2.7[\%]$

2) %저항강하 $= \frac{\text{임피던스와트}}{P} \times 100 = \frac{700}{50 \times 10^3} \times 100 = 1.4[\%]$

3) $\%Z = \sqrt{\%\text{저항강하}^2 + \%\text{리액턴스강하}^2}$ 이므로

%리액턴스 강하 $= \sqrt{\%\text{임피던스강하}^2 - \%\text{저항강하}^2} = \sqrt{2.7^2 - 1.4^2} = 2.31[\%]$

4) 전압변동률 $\epsilon = \%p\cos\theta + \%q\sin\theta = 1.4 \times 0.8 + 2.31 \times 0.6 = 2.51[\%]$

63 500[kVA]의 단상 변압기 3대로 $\Delta - \Delta$ 결선되어 있고, 예비 변압기로서 단상 500[kVA] 1대를 갖고 있는 어느 변전소가 있다. 갑작스러운 부하의 증가에 따라 예비 변압기까지 사용하여 최대 몇 [kVA]의 전력을 공급할 수 있는가?

정답

변압기 4대로 운전가능한 최대 3상 출력은 V결선의 2배가 되므로

$P = 2 \times P_V$

$= 2 \times \sqrt{3}\, P_1$

$= 2 \times \sqrt{3} \times 500 = 1{,}732.05$[kVA]

64 그림과 같이 20[kVA]의 단상 변압기 3대를 사용하여 45[kW], 역률 0.8(지상)인 3상 전동기 부하에 전력을 공급하는 배전선이 있다. a, b 사이에 60[W]의 전구를 사용하여 점등하고자 할 때, 변압기가 과부하되지 않는 한도 내에서 몇 등까지 점등할 수 있겠는가?

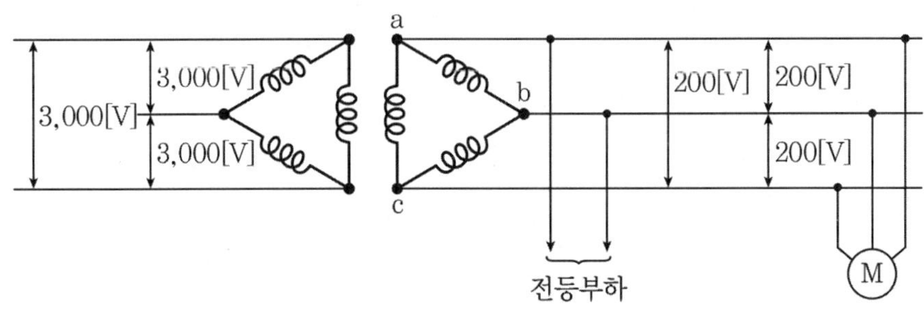

정답

먼저 현재의 부하에 따른 변압기 1상의 유효전력과 무효전력을 구하면

1상의 유효전력 $P = \frac{45}{3} = 15$[kW]

1상의 무효전력 $Q = 15 \times \frac{0.6}{0.8} = 11.25$[kVar]

1대의 용량이 20[kVA]이므로 이에 따른 용량의 여유분(ΔP)을 구하면

$P_a = \sqrt{(P + \Delta P)^2 + Q^2}$

$20 = \sqrt{(15 + \Delta P)^2 + (11.25)^2}$

$20^2 = (15 + \Delta P)^2 + 11.25^2$이 된다.

여기서 $\Delta P = 1.54$[kW]가 된다.

따라서 여기에 연결 가능한 단상 부하의 경우 $\Delta P \times 1.5 = 2.31$[kW]이 된다.

(Δ 결선된 변압기에 단상부하를 연결 시 1.5배의 부하를 더 연결할 수 있다.)

60[W]의 등을 사용한다고 하였으므로 $n = \frac{2.31 \times 10^3}{60} = 38.5$이다.

그러므로 38등이 된다.

65 200[V], 15[kVA]인 3상 유도전동기를 부하로 사용하는 공장이 있다. 이 공장이 어느 날 1일 사용전력량이 90[kWh]이고, 1일 최대전력이 10[kW]일 경우 다음 각 물음에 답하시오. (단, 최대전력일 때의 전류값은 43.3[A]라고 한다.)

1) 일 부하율은 몇 [%]인가?

정답

부하율 $F = \frac{\text{평균전력}}{\text{최대전력}} \times 100[\%]$

$= \frac{\frac{\text{사용전력량}}{\text{시간}}}{\text{최대전력}} \times 100[\%]$

$= \frac{\frac{90}{24}}{10} \times 100 = 37.5[\%]$

2) 최대전력일 때의 역률은 몇 [%]인가?

정답

역률 $\cos\theta = \frac{P}{P_a} \times 100[\%] = \frac{P}{\sqrt{3}\,VI} = \frac{10 \times 10^3}{\sqrt{3} \times 200 \times 43.3} \times 100 = 66.67[\%]$

66 어떤 변전실에서 그림과 같은 일부하 곡선 A, B, C인 부하에 전기를 공급하고 있다. 이 변전실의 총 부하에 대한 다음 각 물음에 답하시오. (단, A, B, C의 역률은 시간에 관계없이 각각 80[%], 100[%] 및 60[%]이며, 그림에서 부하 전력은 부하 곡선의 수치에 10^3을 한다는 의미이다. 즉 수직 축의 5는 5×10^3[kW]라는 의미이다.)

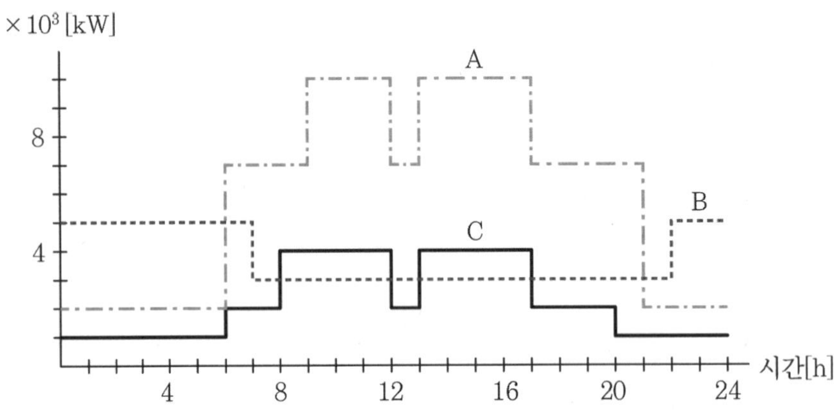

1) 합성 최대전력은 몇 [kW]인가?

정답

도면상 합성 최대전력이 발생하는 시점은 9 ~ 12시, 13 ~ 17시에 발생하므로

$P = (10 + 4 + 3) \times 10^3 = 17 \times 10^3$[kW]

2) A, B, C 각 부하에 대한 평균전력은 몇 [kW]인가?

정답

(1) A부하 평균전력

$$A=\frac{[(2\times6)+(7\times3)+(10\times3)+(7\times1)+(10\times4)+(7\times4)+(2\times3)]\times10^3}{24}$$

$=6\times10^3$[kW]

(2) B부하 평균전력

$$B=\frac{[(5\times7)+(3\times15)+(5\times2)]\times10^3}{24}$$

$=3.75\times10^3$[kW]

(3) C부하 평균전력

$$C=\frac{[(1\times6)+(2\times2)+(4\times4)+(2\times1)+(4\times4)+(2\times3)+(1\times4)]\times10^3}{24}$$

$=2.25\times10^3$[kW]

3) 총부하율은 몇 [%]인가?

정답

$$\text{종합부하율}=\frac{A, B, C\ \text{평균전력의 합계}}{\text{합성 최대전력}}\times100$$

$$=\frac{(6+3.75+2.25)\times10^3}{17\times10^3}\times100=70.59[\%]$$

4) 부등률은 얼마인가?

정답

$$\text{부등률}=\frac{A, B, C\ \text{최대전력의 합}}{\text{합성 최대전력}}$$

$$=\frac{(10+5+4)\times10^3}{17\times10^3}=1.12$$

5) 최대부하일 때의 합성 총 역률은 몇 [%]인가?

정답

역률 $\cos\theta = \dfrac{P}{P_a}$

$= \dfrac{P}{\sqrt{P^2+Q^2}}$

$= \dfrac{17,000}{\sqrt{17,000^2+12,833.33^2}} \times 100 = 79.81[\%]$

(1) 유효전력 $P = 17 \times 10^3$[kW]

(2) A, B, C부하의 무효전력을 구하면

① A부하의 무효전력 $Q_A = \dfrac{10 \times 10^3}{0.8} \times 0.6 = 7,500$[kVar]

② B부하의 무효전력 $Q_B = 0$

③ C부하의 무효전력 $Q_C = \dfrac{4 \times 10^3}{0.6} \times 0.8 = 5,333.33$[kVar]

∴ 합성 무효전력 $Q_0 = Q_A + Q_B + Q_C = 7,500 + 5,333.33 = 12,833.33$[kVar]

67

100[kVA]의 단상 변압기 3대를 Y-Δ로 접속하고 2차 Δ의 1상에만 전등부하를 접속하여 사용할 때 몇 [kVA]까지 부하를 걸 수 있는가?

정답

Δ결선된 변압기에 단상부하를 걸면 1대 용량에 1.5배의 부하를 걸 수 있으므로
$P = 1.5 \times 100 = 150$[kVA]가 된다.

68 200[V], 10[kVA]인 3상 유도전동기를 부하설비로 사용하는 곳이 있다. 이 곳의 어느 날 부하 실적이 1일 사용전력량 60[kWh], 1일 최대사용전력 8[kW], 최대전류일 때의 전류값이 30[A]이었을 경우, 각 물음에 답하시오.

1) 1일 부하율[%]은 얼마인가?

정답

$$부하율 = \frac{평균전력}{최대전력} \times 100[\%]$$

$$= \frac{\frac{사용전력량}{시간}}{최대전력} \times 100[\%]$$

$$= \frac{\frac{60}{24}}{8} \times 100 = 31.25[\%]$$

2) 최대사용전력일 때의 역률[%]은 얼마인가?

정답

$$역률\ \cos\theta = \frac{P}{P_a} = \frac{P}{\sqrt{3}\,VI} = \frac{8 \times 10^3}{\sqrt{3} \times 200 \times 30} \times 100 = 76.98[\%]$$

69 단상변압기의 2차 측 탭전압이 105[V] 단자에 1[Ω]의 저항을 접속하고 1차 측에 1[A]의 전류를 흘렸을 때 1차 측의 단자전압이 900[V]이었다. 다음 각 물음에 답하시오.

1) 1차 측 탭전압 V_1을 구하시오.

정답

1차 측 전압과 1차 측 전류를 이용하여 1차 측 저항을 구할 수 있다.

$R_1 = \frac{V_1}{I_1} = \frac{900}{1} = 900[\Omega]$

권수비 $a = \sqrt{\frac{R_1}{R_2}} = \sqrt{\frac{900}{1}} = 30$

1차 측 탭전압 $V_1 = aV_2 = 30 \times 105 = 3{,}150[\text{V}]$

2) 2차 전류 I_2를 구하시오.

정답

$a = \frac{I_2}{I_1}$ 이므로

$I_2 = aI_1 = 30 \times 1 = 30[\text{A}]$

70 용량 10[kVA], 철손 120[W], 전부하 동손 200[W]인 단상 변압기 2대를 V결선하여 부하를 걸었을 때, 전부하 효율은 약 몇 [%]인가? (단, 부하의 역률은 0.5이다.)

정답

단상 변압기가 2대로 V결선하므로 손실이 모두 2배로 해석된다.

$$\eta = \frac{\text{출력}}{\text{출력} + 2 \times \text{철손} + 2 \times \text{동손}} \times 100$$

$$= \frac{\sqrt{3} \times 10 \times 0.5 \times 10^3}{\sqrt{3} \times 10 \times 0.5 \times 10^3 + 2 \times 120 + 2 \times 200} \times 100$$

$$= 93.12[\%]$$

71 정격전압 1차 6,600[V], 2차 210[V], 10[kVA]의 단상 변압기 2대를 승압기로 V결선하여 6,300[V]의 3상 전원에 접속하였다. 다음 물음에 답하시오.

1) 승압된 전압은 몇 [V]인가?

정답

승압된 전압 $V_h = V_\ell(1 + \frac{1}{a}) = 6{,}300 \times (1 + \frac{210}{6{,}600}) = 6{,}500.45[V]$

2) 다음 3상 V결선 승압기의 결선도를 완성하시오.

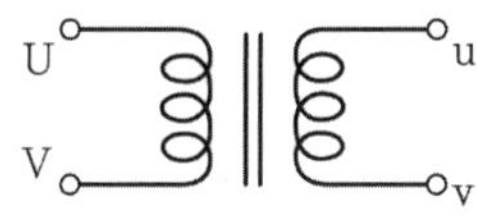

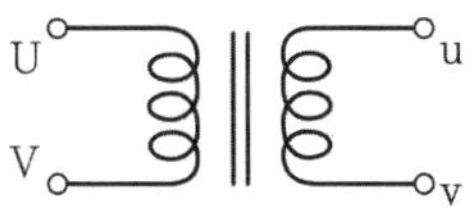

정답

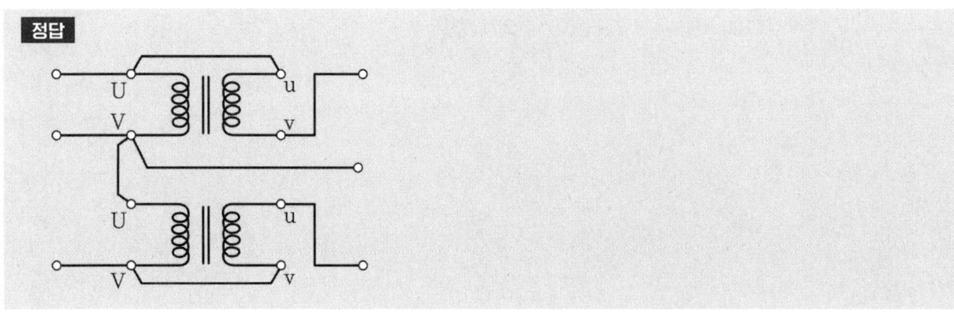

72 그림과 같이 V결선과 Y결선된 변압기 한 상의 중심 0에서 110[V]를 인출하여 사용하고자 한다. 다음 물음에 답하시오.

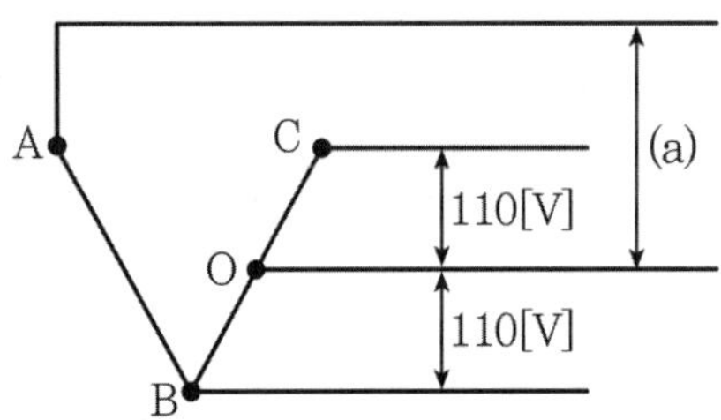

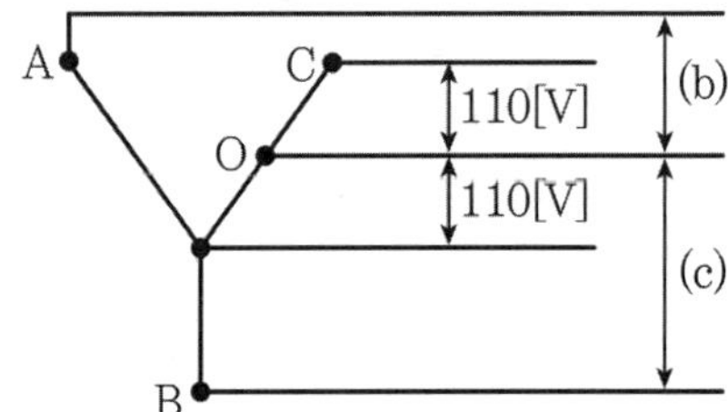

1) 위 그림에서 (a)의 전압을 구하시오.

정답

$V_{A0} = \sqrt{220^2 - 110^2} = 190.53[\text{V}]$

2) 위 그림에서 (b)의 전압을 구하시오.

정답

$V_{B0} = \sqrt{(220+55)^2 + (55\sqrt{3})^2} = 291.03[\text{V}]$

3) 위 그림에서 (c)의 전압을 구하시오.

정답

$V_{C0} = \sqrt{(220+55)^2 + (55\sqrt{3})^2} = 291.03[\text{V}]$

73

부하집계 결과 A상 부하는 25[kVA], B상 부하 33[kVA], C상 부하 19[kVA]로 나타났다. 여기에 3상 부하 20[kVA]를 연결하여 사용할 경우, 3상 변압기 표준용량을 선정하도록 하시오.

3상 변압기 표준용량[kVA]							
50	75	100	150	200	300	400	500

정답

먼저 A상 부하를 보면 $25+\frac{20}{3}=31.66[\text{kVA}]$

B상 부하를 보면 $33+\frac{20}{3}=39.67[\text{kVA}]$

C상 부하를 보면 $19+\frac{20}{3}=25.66[\text{kVA}]$

이 중 1상당 가장 큰 부하를 부담하는 B상을 기준으로

$P_3=3P_1=3\times 39.67=119.01[\text{kVA}]$

따라서 150[kVA]를 선정한다.

74

특고압용 변압기의 내부고장 검출방법을 3가지만 쓰시오.

정답

1) 비율차동계전기
2) 부흐홀쯔계전기
3) 충격압력계전기

Chapter 10 PT와 CT

01 변류기(CT)에 관한 다음 각 물음에 답하시오.

1) $Y-\Delta$로 결선한 주변압기의 보호로 비율차동계전기를 사용한다면 CT의 결선은 어떻게 하여야 하는지 설명하시오.

정답

변압기 결선과 반대로 결선하여야 하므로 $\Delta-Y$로 결선하여야 한다.

2) 통전 중에 있는 변류기 2차 측에 접속된 기기를 교체하고자 할 때 가장 먼저 취하여야 할 사항을 설명하시오.

정답

2차 측을 단락시킨다.

3) 수전전압이 22.9[kV], 수전 설비의 부하전류가 65[A]라고 한다. 100/5[A]의 변류기를 통하여 과부하계전기를 시설하였다. 120[%]의 과부하에서 차단기를 차단시키려면 과부하계전기의 tap은 몇 [A]로 설정해야 하는가?

정답

OCR tap 전류 $= I_1 \times \dfrac{1}{CT\text{비}} \times \text{비율} = 65 \times \dfrac{5}{100} \times 1.2 = 3.9[\text{A}]$

∴ 4[A] tap을 설정해야 한다.

02 발전소 및 변전소에 사용되는 다음 각 모선보호방식에 대하여 설명하시오.

1) 전류차동계전방식

정답

각 모선에 설치된 CT의 2차측 회로를 차동접속하고, 과전류 계전기를 접속한 것을 말한다. 고장시 모선에 유입되는 전류의 총계와 유출되는 전류의 총계를 비교하여 고장을 검출하는 방식을 말한다.

2) 전압차동계전방식

정답

각 모선에 설치된 CT의 2차 회로를 차동접속 후, 임피던스가 큰 전압계전기를 설치한 것으로서 모선 내 고장시 계전기에 큰 전압이 인가되어 동작하는 방식을 말한다.

3) 위상비교계전방식

정답

모선에 접속된 각 회선의 전류의 위상을 비교함으로써 모선의 고장과 외부고장을 판별하는 방식을 말한다.

4) 방향비교계전방식

정답

모선에 접속된 각 회선에 거리방향계전기를 설치하여 어느 회선으로부터 고장전류의 유입이 있는지를 파악하여 내부고장과 외부고장을 판별하는 방식을 말한다.

03 그림과 같은 차동계전기에 의해 보호되고 있는 3상 $\Delta - Y$결선 30[MVA], 33/11[kV] 변압기가 있다. 고장전류가 정격전류의 200[%] 이상에서 동작하는 계전기의 전류 i_r의 값은 얼마인지 구하시오. (단, 변압기 1차 측 및 2차 측의 CT의 변류비는 각각 500/5[A], 2,000/5[A]이다.)

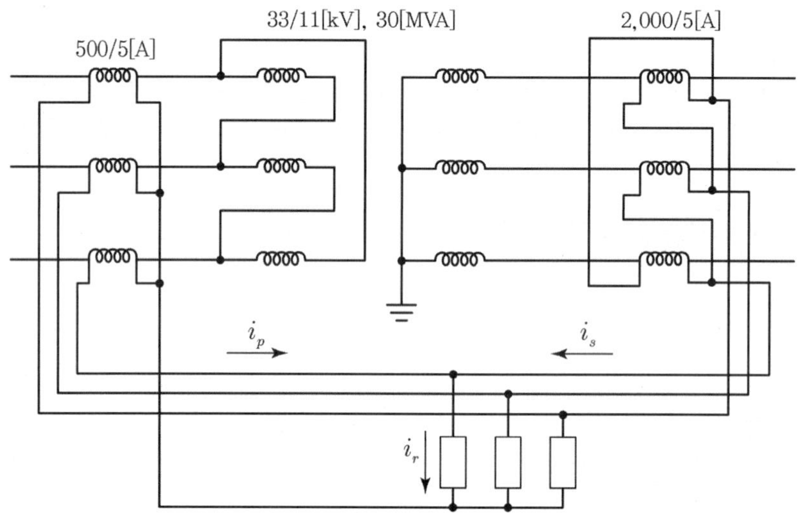

정답

1차 측 전류 $i_p = I_1 \times \dfrac{1}{CT_1\text{비}} = \dfrac{30 \times 10^6}{\sqrt{3} \times 33 \times 10^3} \times \dfrac{5}{500} = 5.25$[A]

2차 측 전류 $i_s = I_2 \times \dfrac{1}{CT_2\text{비}} \times \sqrt{3} = \dfrac{30 \times 10^6}{\sqrt{3} \times 11 \times 10^3} \times \dfrac{5}{2{,}000} \times \sqrt{3} = 6.82$[A]

(2차 측 변류기는 Δ결선이므로 $\sqrt{3}$ 배가 된다.)

따라서 계전기의 전류 $i_r = (i_s - i_p) \times 2 = (6.82 - 5.25) \times 2 = 3.14$[A]

04 과전류계전기와 수전용 차단기 연동시험 시 시험전류를 가하기 전에 준비하여야 하는 기기 3가지를 쓰시오.

정답

1) 수저항기
2) 전류계
3) 사이클카운터

05 변류기(CT) 2대를 V결선하여 OCR 3대를 그림과 같이 연결하여 사용할 경우 다음 각 물음에 답하시오.

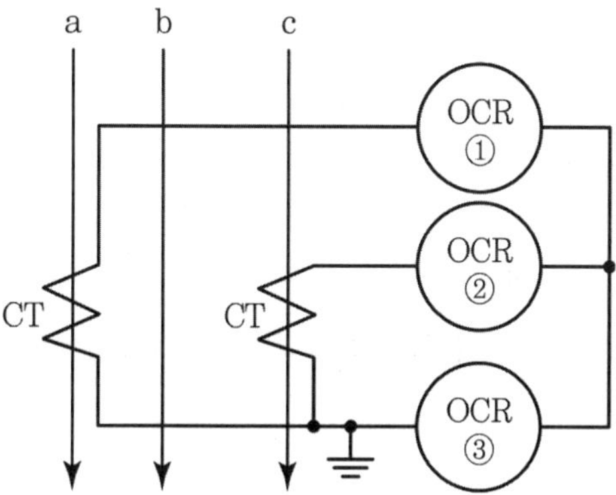

1) 우리나라에서 사용하는 변류기(CT)의 극성은 일반적으로 어떤 극성을 사용하는가?

정답

감극성

2) 변류기 2차 측에 접속하는 외부 부하 임피던스를 무엇이라고 하는가?

정답

부담

3) ③번 OCR에 흐르는 전류는 어떤 상의 전류인가?

정답

b상 전류

4) OCR은 주로 어떤 사고가 발생하였을 때 동작하는가?

정답

단락사고

5) 이 전로는 어떤 배전 방식을 취하고 있는가? (단, 배전 방식 및 접지식, 비접지식 등으로 구분하여 쓰도록 한다.)

정답

3상 3선식 비접지 방식

6) 그림에서 CT의 변류비를 30/5라고 하며, 변류기 2차 측에 전류가 3[A]였다고 한다. 그렇다면 수전전력은 약 몇 [kW]인가? (단, 수전전압은 22,900[V]이며, 역률은 90[%]이다.)

정답

수전전력 $P = \sqrt{3}\, V_1 I_1 \cos\theta = \sqrt{3} \times 22{,}900 \times 3 \times \dfrac{30}{5} \times 0.9 \times 10^{-3} = 642.56[\text{kW}]$

06 그림은 22.9[kV] 수전 설비에서 접지형 계기용 변압기(GPT)의 미완성 결선도이다. 다음 각 물음에 답하시오. (단, GPT의 1차 및 2차 보호 퓨즈는 생략한다.)

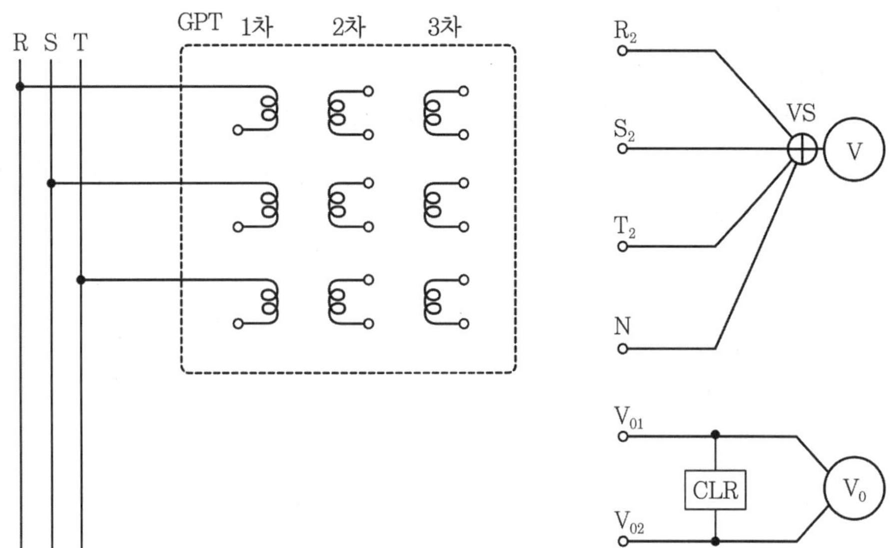

1) GPT를 활용하여 주회로의 전압 등을 나타내는 회로이다. 회로도에서 활용 목적에 알맞도록 미완성 부분을 직접 그리시오. (단, 접지 개소는 반드시 표시하여야 한다.)

정답

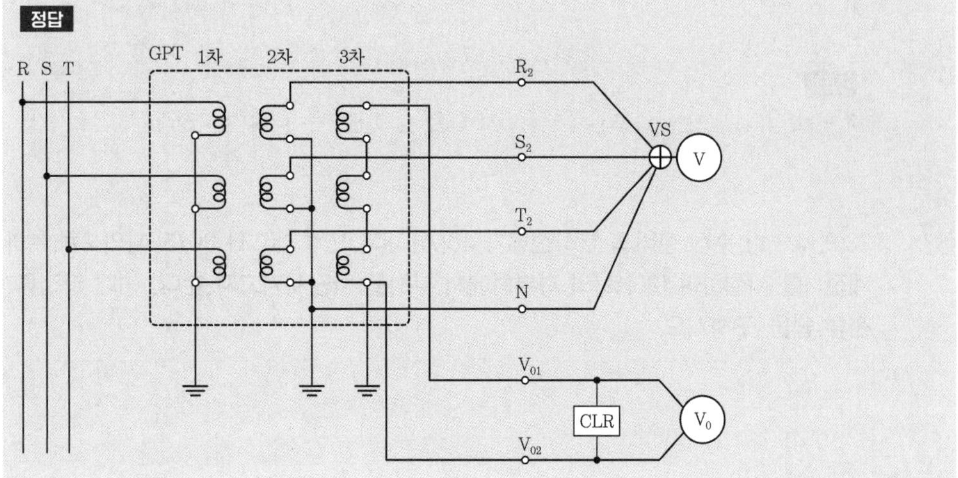

2) GPT의 사용 용도를 쓰시오.

정답

비접지 회로의 영상전압을 검출

3) GPT의 정격 1차 전압, 2차 전압, 3차 전압을 각각 쓰시오.

정답

(1) 1차 : $\frac{22,900}{\sqrt{3}}$[V]

(2) 2차 : $\frac{110}{\sqrt{3}}$[V]

(3) 3차 : $\frac{190}{3}$[V]

4) GPT의 3차 권선 각 상에 전압 110[V] 램프를 접속하였을 때, 어느 한 상에서 지락사고가 발생하였다면 램프의 점등 상태는 어떻게 변화하는지 설명하시오.

정답

지락된 상의 램프는 소등되나, 지락되지 않은 상의 램프는 더욱 밝아진다.

07

22.9[kV-Y] 수전 설비의 부하전류가 40[A]이다. 변류기(CT) 60/5[A]의 2차 측에 과전류계전기를 시설하여 120[%]의 과부하에서 부하를 차단시키고자 한다. 이때 과전류계전기의 전류 탭을 구하시오.

정답

OCR tap 전류 $= I_1 \times \frac{1}{CT\text{비}} \times \text{비율} = 40 \times \frac{5}{60} \times 1.2 = 4$[A]

08 변류기의 1차 측에 전류가 흐르는 상태에서 2차 측 개방 시 어떤 문제점이 있는지를 2가지만 쓰시오.

정답

1) 2차 측 고전압 유기
2) 2차 측 절연 파괴

09 부하 용량이 900[kW]이고, 전압이 3상 380[V]인 수용가 전기설비의 계기용 변류기를 결정하고자 한다. 다음 조건에 알맞은 변류기를 주어진 표에서 선정하시오.

▸ 변류기의 정격

1차 정격전류[A]	400	500	600	750	1,000	1,500	2,000	2,500
2차 정격전류[A]	5							

조건

- 수용가의 인입 회로에 설치하는 것으로 한다.
- 부하역률은 0.9이다.
- 실제 사용하는 정도의 1차 전류용량으로 하여 여유율은 1.25배로 한다.

정답

CT비 $I_1 \times 1.25$가 되므로

$$I_1 = \frac{P}{\sqrt{3}\,V\cos\theta} = \frac{900 \times 10^3}{\sqrt{3} \times 380 \times 0.9} = 1{,}519.34[\text{A}]$$

따라서 $1{,}519.34 \times 1.25 = 1{,}899.18[\text{A}]$가 된다.

그러므로 표에서 변류비 $\frac{2{,}000}{5}[\text{A}]$를 선정한다.

10 그림과 같이 접속된 3상 3선식 고압 수전 설비의 변류기 2차 전류가 언제나 4.2[A]라고 한다. 이때 수전전력[kW]를 구하시오. (단, 수전전압은 6600[V], 변류비는 50/5[A], 역률은 100[%]이다.)

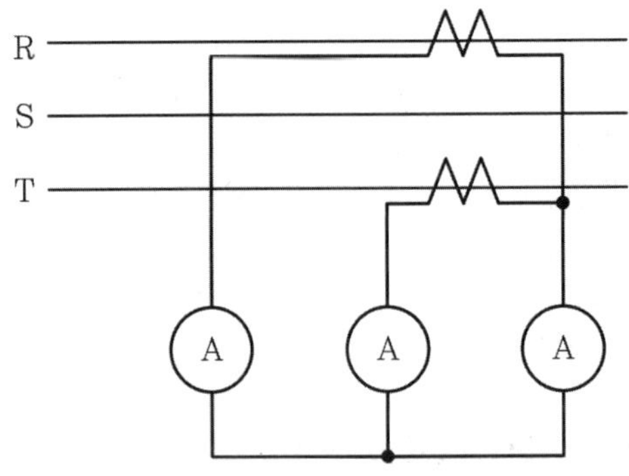

정답

수전전력 $P=\sqrt{3}\,V_1 I_1 \cos$

$=\sqrt{3}\times 6600\times 4.2\times \frac{50}{5}\times 1\times 10^{-3}=480.12[\mathrm{kW}]$

11 22.9[kV] 수전 설비의 부하전류가 30[A]이다. 변류기(CT) 60/5[A]의 2차 측에 과전류계전기를 시설하여 120[%]의 과부하에서 부하를 차단시키고자 한다. 이때 과전류계전기의 전류 탭을 구하시오.

정답

OCR tap 전류 $=I_1\times \frac{1}{CT\text{비}}\times$ 비율

$=30\times \frac{5}{60}\times 1.2=3[\mathrm{A}]$

12 전력설비 점검 시 보호계전 계통의 오동작의 원인 3가지만 쓰시오.

정답

1) 진동 및 충격
2) 전자파, 서지 및 노이즈에 의한 영향
3) 허용 범위를 초과한 제어전원의 과도한 전압변동

13 평형 3상 회로에 변류비 100/5인 변류기 2대를 그림과 같이 접속하였을 때 전류계에 4[A]의 전류가 흘렀다고 한다. 1차 측의 전류는 몇 [A]인가?

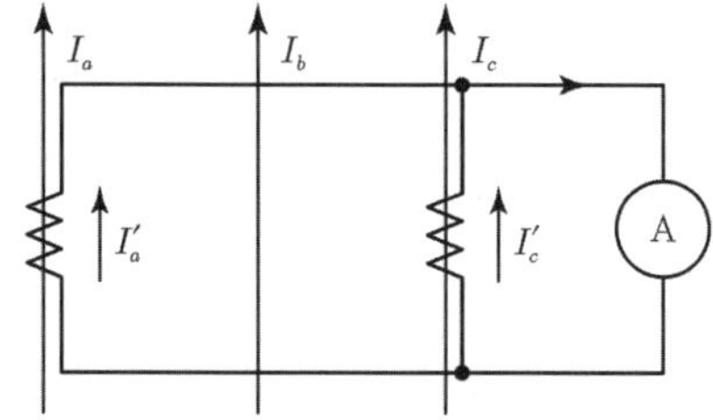

정답

가동결선으로 $I_1 = I_2 \times CT$ 비 $= 4 \times \frac{100}{5} = 80$[A]

14 다음 그림은 3상 4선식 전력량계의 결선도를 나타낸 것이다. PT와 CT를 사용하여 미완성 부분의 결선도를 완성하시오.

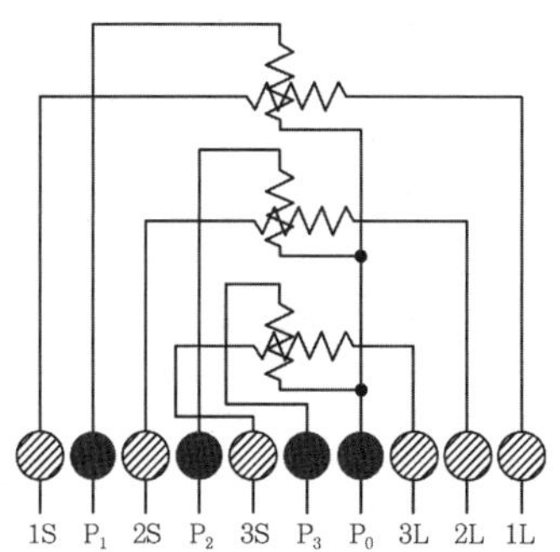

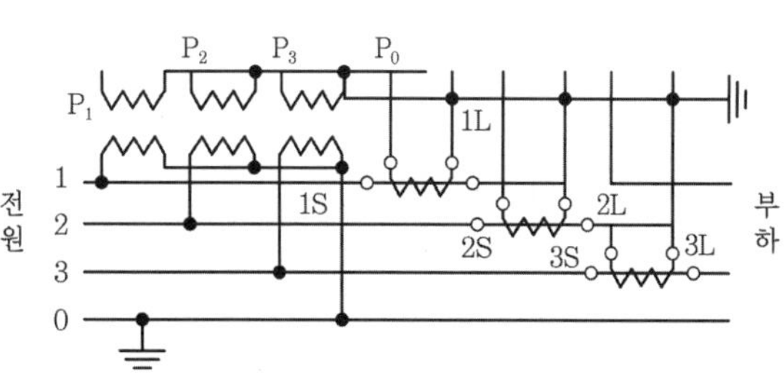

정답

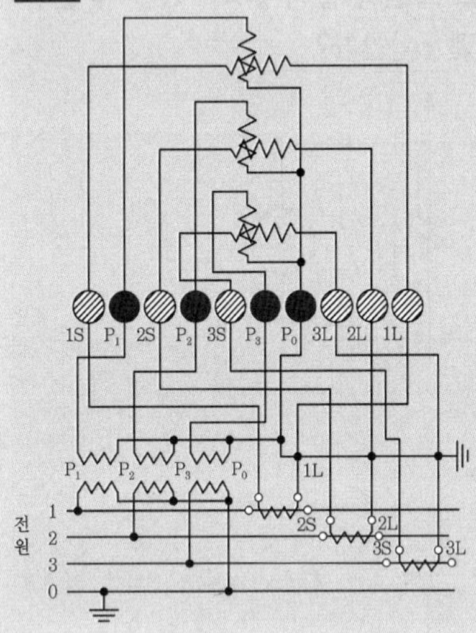

15

비접지 선로의 접지전압을 검출하기 위하여 그림과 같은 (Y−Y−개방Δ) 결선을 한 GPT가 있다. 다음 물음에 답하시오.

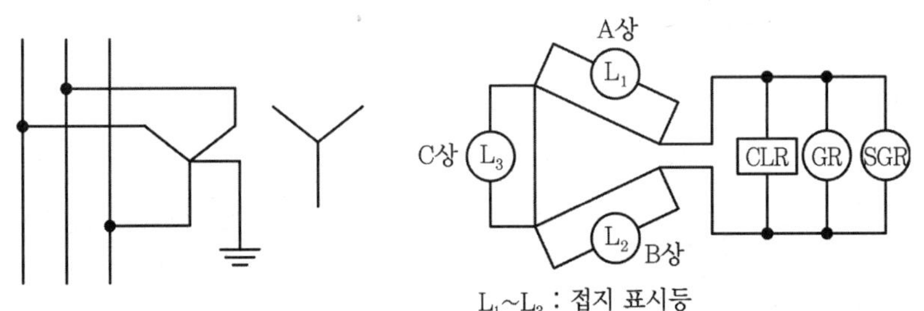

▶ GPT 결선

1) A상 완전 지락 시 2차 접지표시등 L_1, L_2, L_3의 점멸과 밝기를 비교 설명하시오.

정답

(1) L_1 : 소등

(2) L_2, L_3 : 더욱 밝아진다.

2) 1선 지락사고 시 건전상의 대지 전위의 변화를 간단히 설명하시오.

정답

평상시보다 전위가 $\sqrt{3}$ 배 증가한다.

3) GR, SGR의 명칭을 우리말로 쓰시오.

정답

(1) GR : 지락계전기

(2) SGR : 선택지락계전기

16 변류비가 30/5[A]인 CT 2개를 그림과 같이 접속하였을 때 전류계에 2[A]가 흘렀다고 한다. CT 1차 측에 흐르는 전류는 몇 [A]인가?

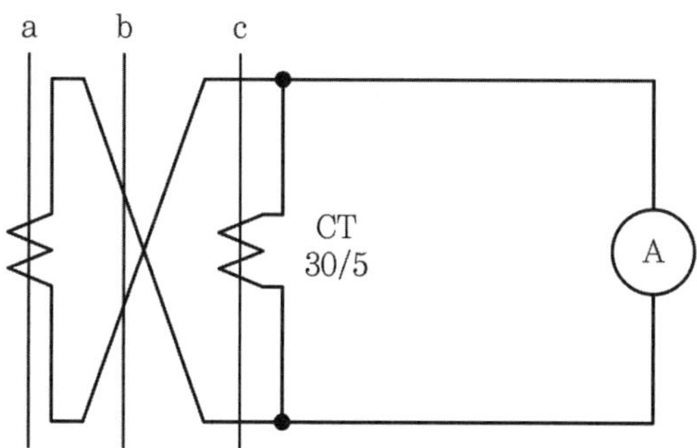

정답

차동결선으로서

$I_1 = I_2 \times CT비 \times \frac{1}{\sqrt{3}} = 2 \times \frac{30}{5} \times \frac{1}{\sqrt{3}} = 6.93[A]$

17 **부하용량이 300[kW]이고, 전압이 3상 380[V]인 전기설비의 계기용 변류기의 1차 전류를 계산하고 그 값을 기준으로 변류기의 1차 전류를 규격으로 선정하시오.**

조건

- 수용가의 인입 회로나 전력용 변압기의 1차 측에 설치
- 실제 사용하는 정도의 1차 전류용량을 산정
- 부하 역률은 1로 계산
- 계기용 변류기 1차 전류[A] 규격은 다음과 같다.

300	400	600	800	1000

정답

변류기 1차 전류 $I_1 = \frac{P}{\sqrt{3}\, V\cos\theta} \times 계수$

$= \frac{300 \times 10^3}{\sqrt{3} \times 380 \times 1} \times (1.25 \sim 1.5) = 569.75 \sim 683.7[A]$

따라서 600[A] 선정

18 그림은 발전기의 상간 단락 보호 계전 방식을 도면화한 것이다. 이 도면을 보고 다음 각 물음에 답하시오.

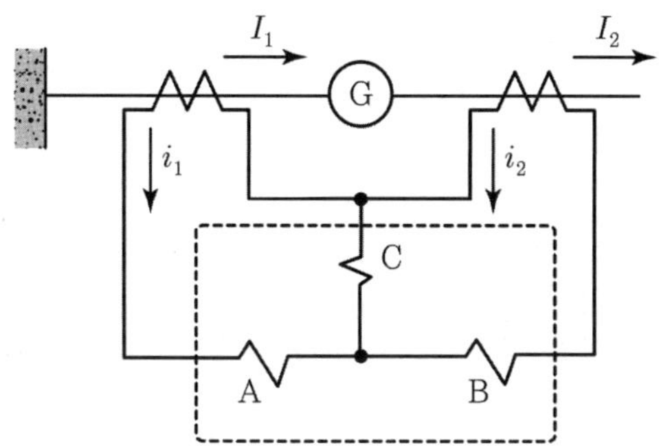

1) 점선 안의 계전기의 명칭은?

정답
비율차동계전기

2) 동작코일은 A, B, C 코일 중 어느 것인가?

정답
C 코일

3) 발전기에 상간 단락이 생길 때 코일 C에 흐르는 전류 i_d는 어떻게 되는가?

정답
$i_d = |i_1 - i_2|$

4) 동기발전기를 병렬운전시키기 위한 조건을 4가지 쓰시오.

정답

(1) 기전력의 크기가 같을 것
(2) 기전력의 위상이 같을 것
(3) 기전력의 주파수가 같을 것
(4) 기전력의 파형이 같을 것

19 다음의 결선도는 PT 및 CT의 미완성 결선도이다. 그림기호를 그리며 약호를 이용하여 결선도를 완성하시오.

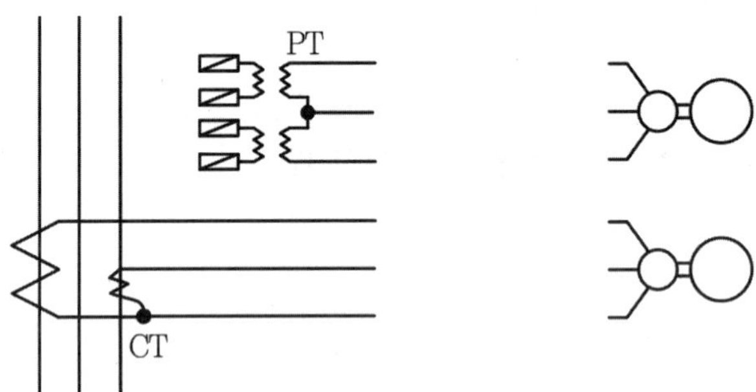

정답

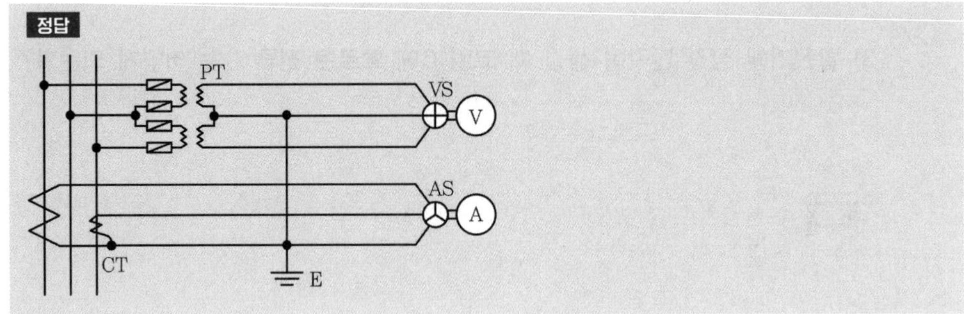

20 다음 그림을 참고하여 계전기의 명칭을 쓰시오.

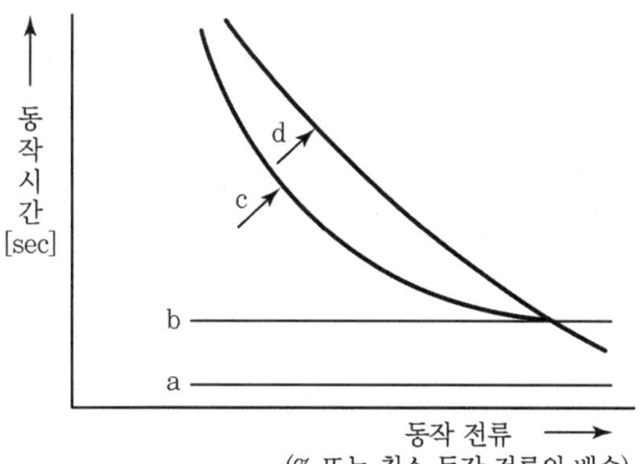

정답

1) a : 순한시 계전기
2) b : 정한시 계전기
3) c : 반한시 정한시 계전기
4) d : 반한시 계전기

21 CT 및 PT에 대한 다음 각 물음에 답하시오.

1) CT는 운전 중 개방하여서는 아니 된다. 그 이유는 무엇인가?

정답

2차 측 과전압에 따른 절연 파괴를 방지한다.

2) PT의 2차 측 정격전압과 CT의 2차 측 정격전류는 일반적으로 얼마로 하여야 하는가?

정답

(1) PT의 2차 측 정격전압 : 110[V]
(2) CT의 2차 측 정격전류 : 5[A]

3) 고압 3상 간선의 전압 및 전류를 측정하기 위하여 PT와 CT를 설치하고자 한다. 다음 그림의 결선도를 완성하시오. (단, 접지가 필요한 곳에는 접지 표시를 하시오.)

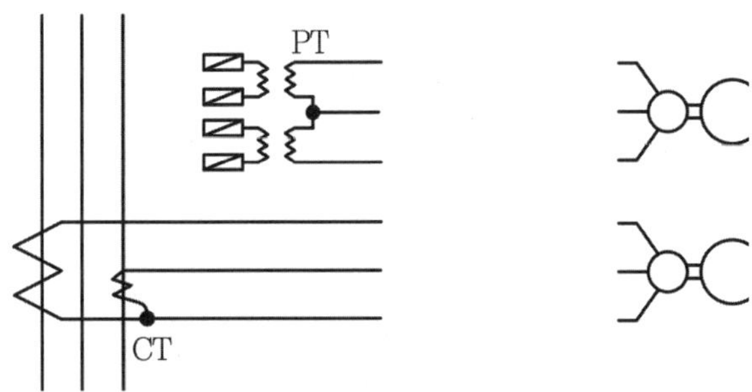

정답

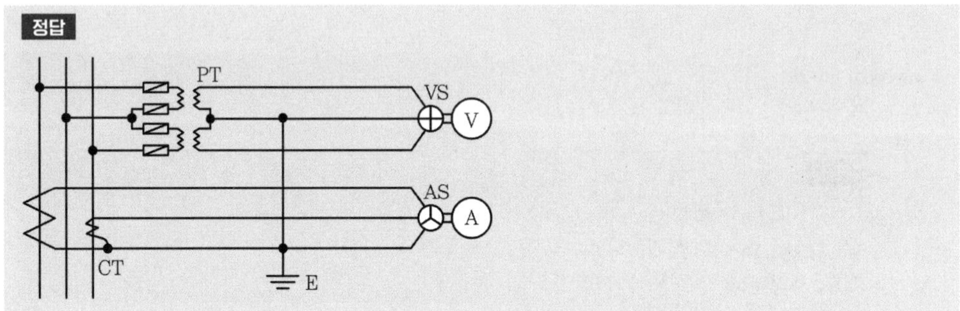

22 교류용 적산전력계에 대한 다음 각 물음에 답하시오.

1) 잠동(creeping)현상에 대하여 설명하고 잠동현상을 막기 위한 유효한 방법을 2가지만 쓰시오.

정답

(1) 잠동현상 : 무부하 상태에서 정격 주파수 및 정격전압의 110[%]를 인가 시 계기의 원판이 1회전 이상 회전하는 현상을 말한다.

(2) 대책

① 원판에 조그만 구멍을 뚫는다.

② 원판에 소 철편을 붙인다.

2) 적산전력계가 구비해야 할 전기적, 기계적 및 성능상 특성을 3가지만 쓰시오.

정답

(1) 과부하 내량이 클 것

(2) 온도나 주파수 변화에 보상이 되도록 할 것

(3) 부하특성이 좋을 것

23

3상 3선식 6.6[kV]로 수전하는 수용가의 수전점에서 100/5[A] CT 2대와 6,600/110[V] PT 2대를 사용하여 CT와 PT의 2차 측에서 측정한 전력이 300[W]이었다. 수전전력은 몇 [kW]인가?

정답

$$\text{수전전력} = \text{측정전력} \times PT\text{비} \times CT\text{비}$$

$$= 300 \times \frac{6,600}{110} \times \frac{100}{5} \times 10^{-3} = 360[\text{kW}]$$

24

계전기의 동작에 필요한 지락 시의 영상전류를 검출하는 방법을 3가지만 쓰시오.

정답

1) 영상변류기에 의한 검출방법

2) Y결선의 잔류회로 이용법

3) 3권선 CT 이용법

25 CT의 비오차에 대하여 다음 물음에 답하시오.

1) 비오차에 대하여 설명하시오.

정답

공칭변류비와 측정변류비 차에 얻어진 백분율 오차를 말한다.

2) 관계식을 쓰시오. (단, ϵ : 비오차(%), K_n : 공칭변류비, K : 실제변류비이다.)

정답

$$\epsilon = \frac{K_n - K}{K} \times 100[\%]$$

26 변압비 $\frac{3,300}{\sqrt{3}} / \frac{110}{\sqrt{3}}$ [V]인 GPT의 오픈델타결선에서 1상이 완전 지락인 경우 나타나는 영상전압은 몇 [V]인지 구하시오.

정답

지락고장 시 오픈델타결선에 나타나는 영상전압

$$\frac{110}{\sqrt{3}} \times 3 = 190.53[\text{V}]$$

27 고압 동력 부하의 사용전력량을 측정하려고 한다. CT 및 PT 부착 3상 적산전력량계를 그림과 같이 오결선(1S와 1L 및 P1과 P3가 바뀌었다)을 하였을 경우 어느 기간 동안 사용전력량이 3,000[kWh]이었다면 그 기간 동안의 실제 사용전력량은 몇 [kWh]이겠는가? (단, 부하의 역률은 0.8이라 한다.)

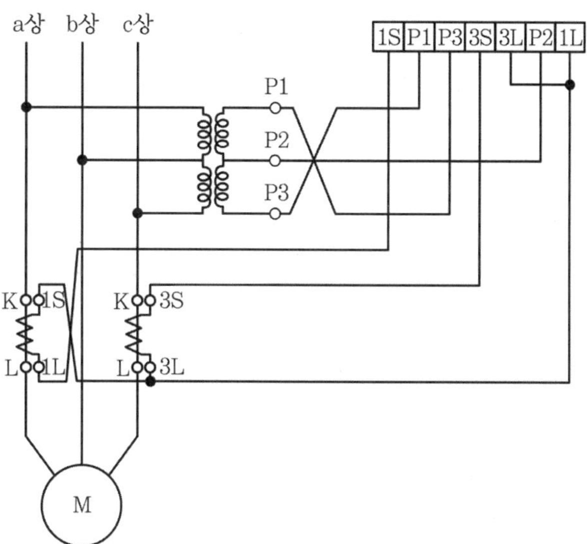

정답

전력 $W = W_1 + W_2 = 2VI\sin\theta$가 된다.

여기서 $VI = \dfrac{W}{2\sin\theta} = \dfrac{3,000}{2\times0.6}$

따라서 실제 사용전력량 $W' = \sqrt{3}\,VI\cos\theta$

$= \sqrt{3}\times\dfrac{3,000}{2\times0.6}\times0.8 = 3,464.10$[kWh]이다.

28 계기용 변류기(CT, Current Transformer) 목적과 정격부담에 대하여 설명하시오.

정답

1) CT 목적 : 대전류를 소전류로 변류하여 계기나 계전기에 공급한다.
2) 정격부담 : 변류기 2차 측 단자에 접속되는 부하의 한도를 말하며 [VA]로 표시된다.

29 거리계전기의 설치점에서 고장점까지의 임피던스를 70[Ω]이라고 하면 계전기 측에서 본 임피던스는 몇 [Ω]인가? (단, PT의 비는 154,000/110[V], CT의 변류비는 500/5[A]이다.)

정답

계전기 임피던스 $Z_{Ry} = Z_1 \times \frac{1}{PT\text{비}} \times CT\text{비}$

$$= 70 \times \frac{110}{154,000} \times \frac{500}{5} = 5[\Omega]$$

30 계기용 변류기(CT)를 선정할 때 열적 과전류강도와 기계적 과전류강도를 고려하여야 한다. 이때 열적 과전류강도와 기계적 과전류강도의 관계식에 대하여 답하시오.

1) 열적 과전류강도 관계식(단, S_n : 정격과전류강도[kA], S : 통전시간 t초에 대한 열적 과전류강도, t : 통전시간[sec])

정답

$$S = \frac{S_n}{\sqrt{t}}$$

2) 기계적 과전류강도 관계식

정답

통상 기계적 과전류강도의 경우 열적 과전류강도의 2.5배가 되므로

기계적 과전류강도 $= S \times 2.5 = \dfrac{S_n}{\sqrt{t}} \times 2.5$

31 다음 그림은 선로에 변류기 3대를 접속시키고 그 잔류회로에 지락계전기(DG)를 삽입시킨 것이다. 변압기 2차 측의 선로전압은 66[kV]이고, 중성점에 300[Ω]의 저항접지를 시켰으며, 변류기의 변류비는 300/5이다. 송전전력 20,000[kW], 역률 0.8(지상)이고, a상이 완전 지락고장이 발생하였다면 다음 각 물음에 답하시오.

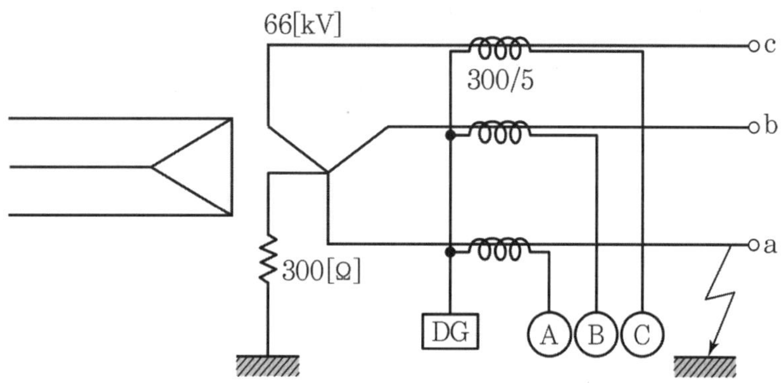

1) 지락계전기 DG에 흐르는 전류는 몇 [A]인가?

정답

지락전류 $I_g = \dfrac{E}{R} = \dfrac{\dfrac{66,000}{\sqrt{3}}}{300} = 127.02[\mathrm{A}]$

따라서 계전기 DG에 흐르는 전류 $= I_g \times \dfrac{1}{CT\text{비}} = 127.02 \times \dfrac{5}{300} = 2.12[\mathrm{A}]$

2) a상 전류계인 A에 흐르는 전류는 몇 [A]인가?

정답

지락고장에 따라 전류계 A에 흐르는 전류는 부하전류와 지락전류의 합이 된다.

$$I_a = \frac{20{,}000 \times 10^3}{\sqrt{3} \times 66 \times 10^3 \times 0.8} \times (0.8 - j0.6) + 127.02$$
$$= 301.97 - j131.21$$
$$= \sqrt{310.97^2 + 131.21^2}$$
$$= 329.24[\text{A}]$$

전류계 A에 흐르는 전류 $I_A = I_a \times \frac{1}{CT\text{비}} = 329.24 \times \frac{5}{300} = 5.49[\text{A}]$

3) b상 전류계인 B에 흐르는 전류는 몇 [A]인가?

정답

b상에는 부하전류만 흐르게 되므로

$$I_b = \frac{20{,}000 \times 10^3}{\sqrt{3} \times 66 \times 10^3 \times 0.8} = 218.69[\text{A}]$$

전류계 B에 흐르는 전류 $I_B = I_b \times \frac{1}{CT\text{비}} = 218.69 \times \frac{5}{300} = 3.64[\text{A}]$

4) c상 전류계인 C에 흐르는 전류는 몇 [A]인가?

정답

c상에는 부하전류만 흐르게 되므로

$$I_c = \frac{20{,}000 \times 10^3}{\sqrt{3} \times 66 \times 10^3 \times 0.8} = 218.69[\text{A}]$$

전류계 C에 흐르는 전류 $I_C = I_c \times \frac{1}{CT\text{비}} = 218.69 \times \frac{5}{300} = 3.64\,[\text{A}]$

32 공칭변류비가 $\frac{100}{5}$ 인 변류비(CT)의 1차에 250[A]가 흘렀을 경우 2차 전류가 10[A]였다. 비오차[%]를 구하시오.

정답

$$비오차 = \frac{공칭변류비 - 측정변류비}{측정변류비} \times 100[\%]$$

$$= \frac{\frac{100}{5} - \frac{250}{10}}{\frac{250}{10}} \times 100 = -20[\%]$$

33 고압 선로에서의 접지사고 검출 및 경보장치를 그림과 같이 시설하였다고 한다. A선에 지락사고가 발생하였을 경우 다음 물음에 답하시오. (단, 전원은 인가상태이고 경보벨의 스위치는 닫혀있는 상태라 한다.)

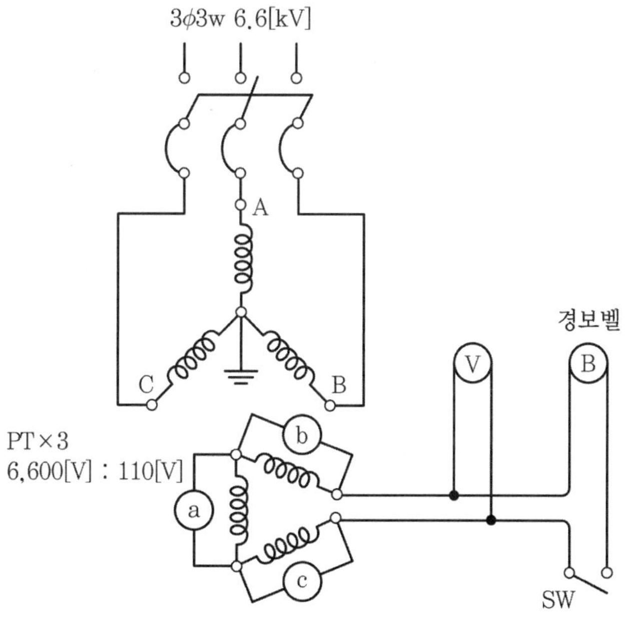

1) 1차 측 A선의 대지전압이 0[V]인 경우 B선 및 C선의 대지전압은 각각 몇 [V]인가?

(1) B선의 대지전압

정답

비접지방식의 전위상승은 $\sqrt{3}$ 배가 되므로 $\frac{6,600}{\sqrt{3}} \times \sqrt{3} = 6,600[V]$

(2) C선의 대지전압

정답

비접지방식의 전위상승은 $\sqrt{3}$ 배가 되므로 $\frac{6,600}{\sqrt{3}} \times \sqrt{3} = 6,600[V]$

2) 2차 측 전구 ⓐ의 전압이 0[V]인 경우 ⓑ, ⓒ 전구의 전압과 전압계 ⓥ의 지시전압, 경보벨 Ⓑ에 걸리는 전압은 각각 몇 [V]인가?

(1) ⓑ 전구의 전압

정답

$V_2 = \frac{V_1}{a} = 6,600 \times \frac{110}{6,600} = 110[V]$

(2) ⓒ 전구의 전압

정답

$V_2 = \frac{V_1}{a} = 6,600 \times \frac{110}{6,600} = 110[V]$

(3) 전압계 ⓥ의 지시전압

정답

ⓥ $= \frac{110}{\sqrt{3}} \times 3 = 190.53[V]$

(4) 경보벨 Ⓑ에 걸리는 전압

정답

Ⓑ $= \frac{110}{\sqrt{3}} \times 3 = 190.53[V]$

34 계기용 변성기(변류기 KSC IEC 60044 – 1 : 2003)에 따른 옥내용 변류기에 대한 내용이다. 다음 ( ) 안에 들어갈 내용은 무엇인가?

3.1.4 옥내용 변류기의 다른 사용 상태
a) 태양열 복사 에너지의 영향은 무시해도 좋다.
b) 주위의 공기는 먼지, 연기, 부식 가스, 증기 및 염분에 의해 심각하게 오염되지 않는다.
c) 습도의 상태는 다음과 같다.
  1) 24시간 동안 측정한 상대 습도의 평균값은 (①)[%]를 초과하지 않는다.
  2) 24시간 동안 측정한 수증기압의 평균값은 (②)[kPa]를 초과하지 않는다.
  3) 1달 동안 측정한 상대 습도의 평균값은 (③)[%]를 초과하지 않는다.
  4) 1달 동안 측정한 수증기압의 평균값은 (④)[kPa]를 초과하지 않는다.

정답

① 95 ② 2.2 ③ 90 ④ 1.8

35 그림은 모선의 단락보호 계전방식을 도면화한 것이다. 이 도면을 보고 다음 각 물음에 답하시오.

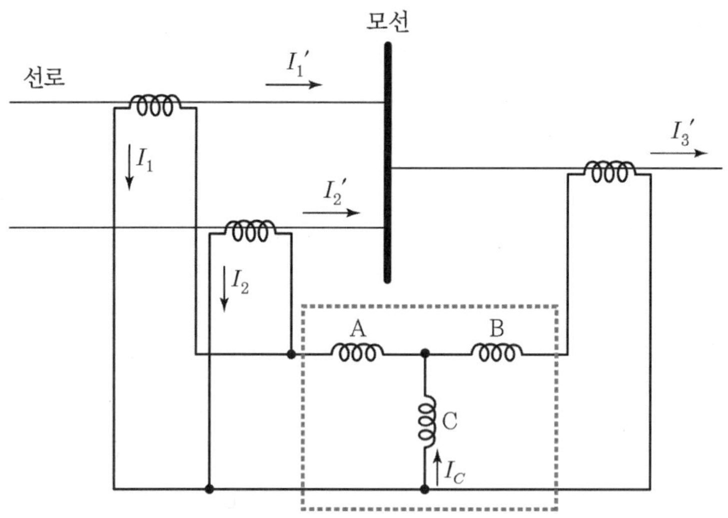

1) 점선 안의 계전기 명칭을 쓰시오.

정답

비율차동계전기

2) 계전기 코일 A, B, C의 명칭을 쓰시오.

정답

A : 억제코일, B : 억제코일, C : 동작코일

3) 모선에 단락고장이 생길 때 코일 C의 전류 I_C의 크기를 구하는 관계식을 쓰시오.

정답

$I_C = |(I_1 + I_2) - I_3|$

36 주변압기가 3상 Δ 결선(6.6[kV] 계통)일 때 지락사고에 대하여 답하시오.

1) 지락보호에 사용하는 변성기 및 계전기의 명칭을 쓰시오.

(1) 변성기

(2) 계전기

정답

(1) 변성기

① 계기용 변류기 : 영상 변류기(ZCT)

② 계기용 변압기 : 접지형 계기용 변압기(GPT)

(2) 방향 지락 계전기

2) 영상전압을 얻기 위하여 단상 PT 3대를 사용하는 경우 접속방법을 간단하게 설명하시오.

정답

1차 측을 Y결선하여 중성점을 접지하고, 2차 측은 오픈(개방) Δ결선한다.

37 자가용전기설비의 수 · 변전설비 단선도 일부이다. 과전류계전기와 관련된 다음 각 물음에 답하시오.

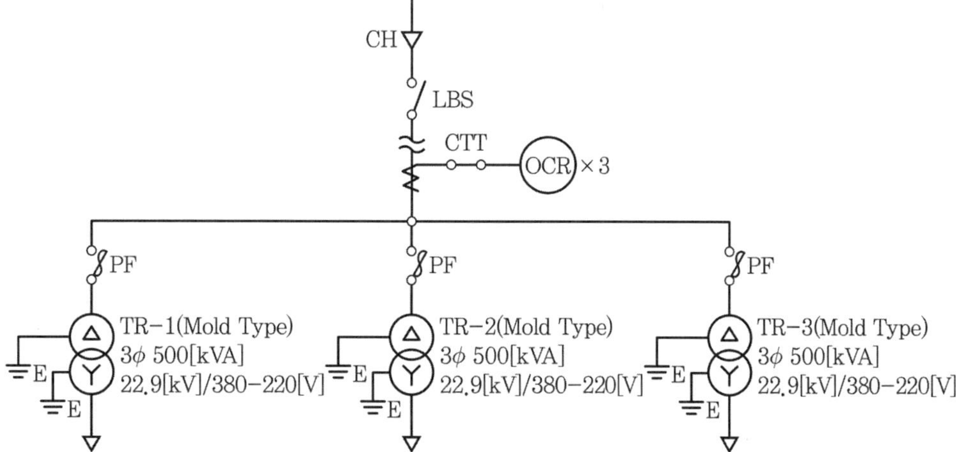

- 계전기 Type : 유도원판형
- 동작특성 : 반한시
- Tap Range : 한시 3~9[A](3, 4, 5, 6, 7, 8, 9)
- Lever : 1~10

계기용 변류기 정격	
1차 정격전류[A]	20, 25, 30, 40, 50, 75
2차 정격전류[A]	5

1) OCR의 한시 Tap을 선정하시오. (단, CT비는 최대부하전류의 125[%], 정정기준은 변압기 정격전류의 150[%]이다.)

정답

(1) 먼저 CT비를 선정하면

$$I_1 = \frac{P}{\sqrt{3}\,V} \times 1.25 = \frac{1500 \times 10^3}{\sqrt{3} \times 22.9 \times 10^3} \times 1.25 = 47.27[A]$$

따라서 50/5[A]를 선정한다.

(2) OCR 한시 Tap의 전류값

$$I_1 = \frac{P}{\sqrt{3}\,V} \times 1.5 = \frac{1500 \times 10^3}{\sqrt{3} \times 22.9 \times 10^3} \times 1.5 = 56.73[A]$$

따라서 OCR 한시 tap $= I_1 \times \frac{1}{CT비} = 56.73 \times \frac{5}{50} = 5.67[A]$

그러므로 6[A]를 선정한다.

2) OCR의 순시 Tap을 선정하시오. (단, 정정기준은 변압기 1차 측 단락사고에 동작하고, 변압기 2차 측 단락사고 및 여자돌입전류에는 동작하지 않도록 변압기 2차 3상 단락전류의 150[%] Setting, 변압기 2차 3상 단락전류는 20,087[A]이다.)

정답

주어진 조건이 2차 측 단락전류가 주어지고 1차 측 단락전류에 동작하여야 한다고 하였으므로

1차 측 단락전류는 $20{,}087 \times 1.5 \times \dfrac{380}{22{,}900} = 499.98[\mathrm{A}]$

따라서 OCR 순시 tap $= 499.98 \times \dfrac{5}{50} = 50[\mathrm{A}]$

3) 유도원판형계전기의 Lever는 무슨 의미인지 쓰시오.

정답

과전류계전기의 동작시간을 조정한다.

4) OCR의 동작특성 중 반한시 특성이란 무엇인지 쓰시오.

정답

크기와 시간이 반대의 특성으로 동작전류가 클수록 시간은 짧게 되는 특성을 말한다.

38 Δ－Y 결선방식의 주 변압기 보호에 사용되는 비율차동계전기를 간략화한 회로도이다. 주 변압기 1차 및 2차 측 변류기(CT)의 미결선된 2차 회로를 완성하시오. (단, 결선과 함께 접지가 필요한 곳은 접지 그림기호를 표시하시오.)

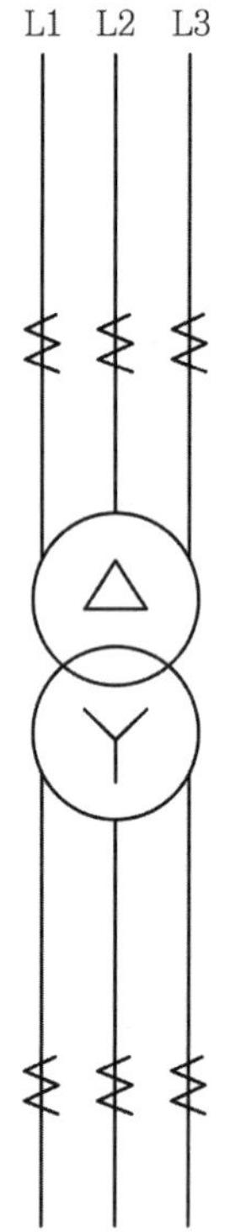

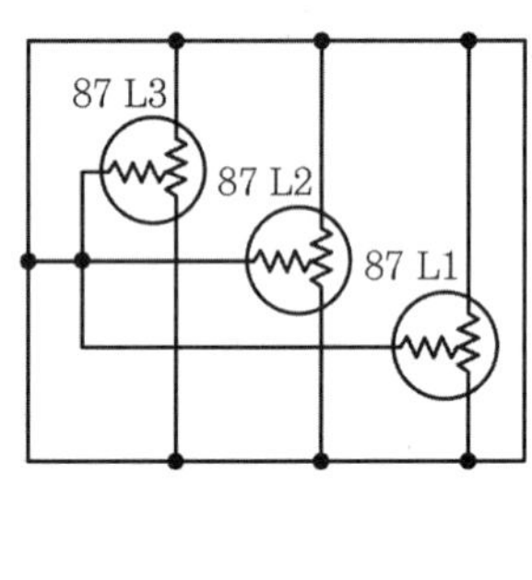

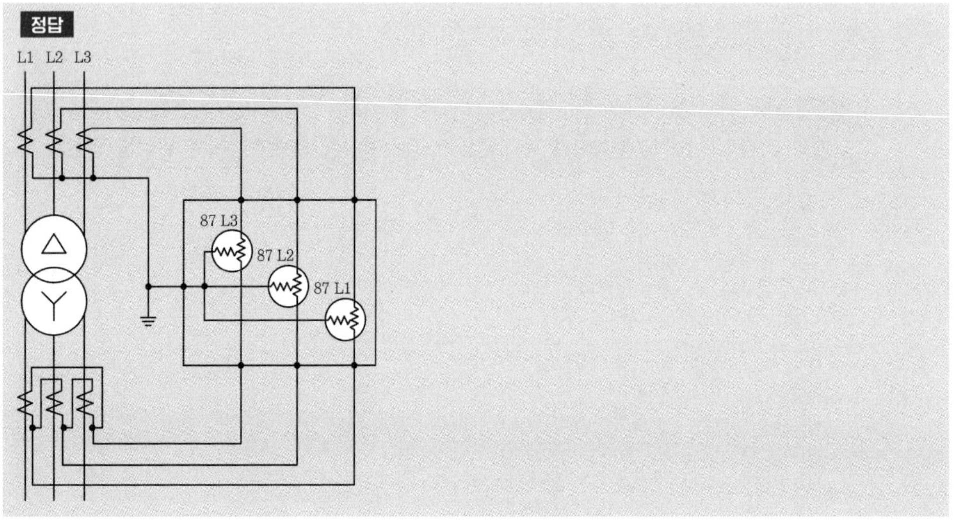

39 도면은 CT 2대를 V결선하고, OCR 3대를 연결한 도면이다. 이 도면을 보고 다음 각 물음에 답하시오.

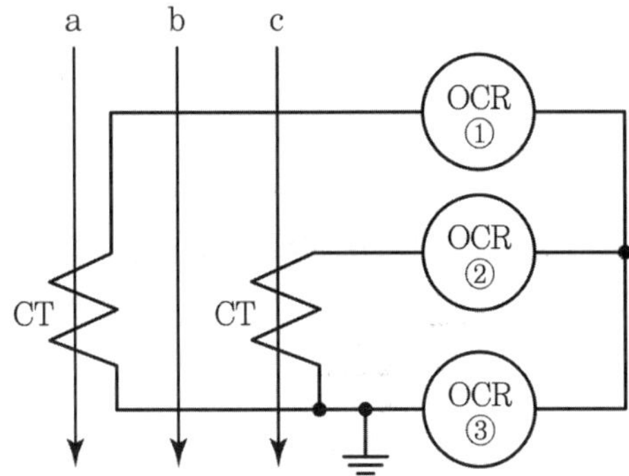

1) 국내에서 사용되는 CT는 일반적으로 어떤 극성을 사용하는지 쓰시오.

정답

감극성

2) 그림에서 CT의 변류비가 40/5이고, 변류기 2차 측 전류를 측정하였더니 3[A]의 전류가 흘렀다면 수전전력은 약 몇 [kW]인가? (단, 수전전압은 22,900[V]이고, 역률은 90[%]이다.)

정답

$$P = \sqrt{3}\,V_1 I_1 \cos\theta$$

$$= \sqrt{3} \times 22{,}900 \times 3 \times \frac{40}{5} \times 0.9 \times 10^{-3} = 856.74[\mathrm{kW}]$$

3) ③번 OCR에 흐르는 전류는 어떤 상의 전류와 크기가 같은지 쓰시오.

정답

b상 전류

4) OCR은 주로 어떤 고장(사고)에 의하여 동작하는지 쓰시오.

정답

단락사고

5) 통전 중인 변류기 2차 측 기기를 교체하고자 할 때 가장 먼저 취하여야 할 조치는 무엇인지 설명하시오.

정답

변류기 2차 측 개방 시 1차 전류가 모두 여자전류가 되어 2차 측에 과전압 유기 및 절연파괴 우려가 있으므로 반드시 CT 2차 측을 단락하여야 한다.

40

다음 그림은 3상 4선식 선로에 전력량계를 접속하기 위한 미완성 결선도이다. 이 결선도를 이용하여 다음 각 물음에 답하시오.

1) 전력량계가 정상적으로 동작이 가능하도록 PT와 CT를 추가하여 결선도를 완성하시오. (단, 결선과 함께 접지가 필요한 곳은 함께 표시하시오.)

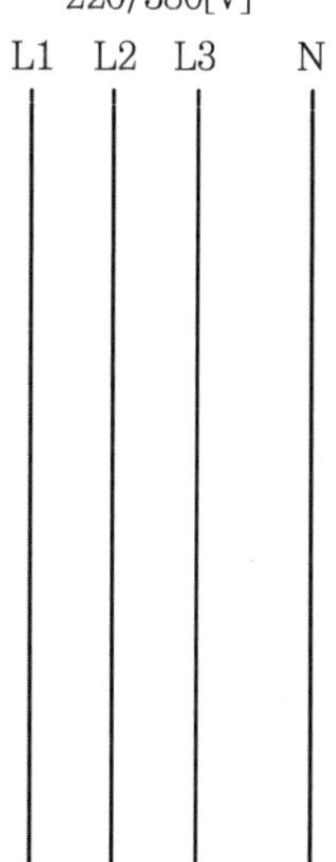

P_1 P_2 P_3 P_0

1S 2S 3S 1L 2L 3L

110/190[V]

5(2.5)[A]

2,400[Rev/kWh]

정답

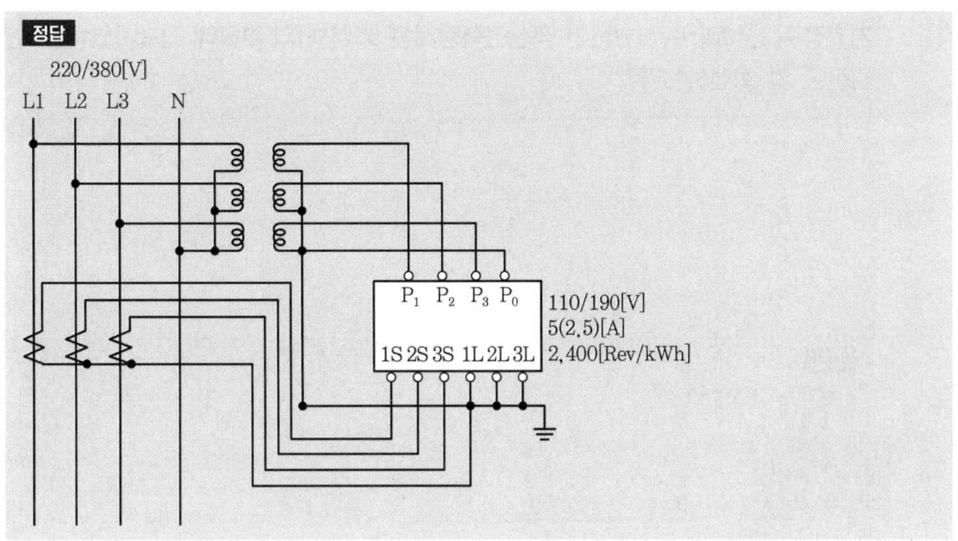

2) 전력량계의 형식표기 중 5(2.5)[A]는 어떤 전류를 의미하는지 각 수치에 대하여 각각 상세히 설명하시오.

(1) 5[A]

정답

정격전류

(2) 2.5[A]

정답

기준전류

3) PT비는 220/110[V], CT비는 300/5[A]라 한다. 전력량계의 승률은 얼마인지 구하시오.

정답

전력량계 승률 $= \text{PT비} \times \text{CT비} = \frac{220}{110} \times \frac{300}{5} = 120$배

41 계기정수 2,400[rev/kWh]인 적산전력량계를 500[W]의 부하에 접속하였다면 1분 동안에 원판은 몇 회전하는가?

정답

전력량계 측정전력 P

$$P=\frac{3,600n}{tk}$$

$$n=\frac{P\times t\times k}{3,600}=\frac{0.5\times 60\times 2,400}{3,600}=20[\text{rev}]$$

Chapter 11 차단기용량 계산

01 그림과 같은 22[kV], 3상 1회선 선로의 F점에서 3상 단락고장이 발생하였을 경우 고장전류[A]를 구하시오.

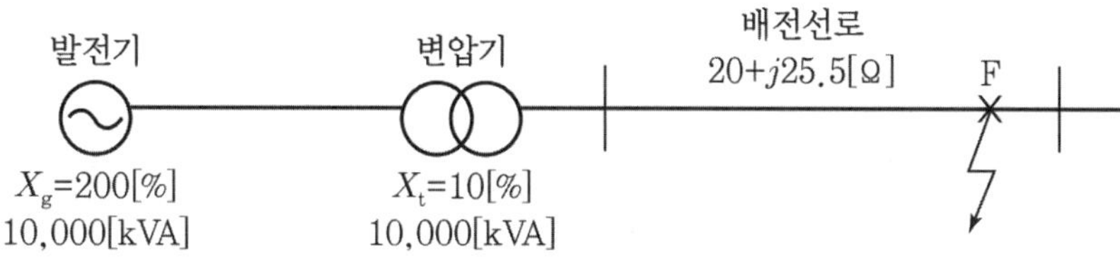

정답

1) 기준용량을 10,000[kVA]를 기준으로 선로의 임피던스를 구하면

$$\%R_\ell = \frac{PR}{10V^2} = \frac{10{,}000 \times 20}{10 \times 22^2} = 41.32[\%]$$

$$\%X_\ell = \frac{PX}{10V^2} = \frac{10{,}000 \times 22.5}{10 \times 22^2} = 52.69[\%]$$

2) 고장점까지의 합성 $\%Z$를 구하면

$$\%R = R_\ell = 41.32[\%]$$

$$\%X = \%X_g + \%X_t + \%X_\ell = 20 + 10 + 52.69 = 82.69[\%]$$

3) $Z = \sqrt{41.32^2 + 82.69^2} = 92.44[\%]$

∴ 단락전류 $I_s = \frac{100}{\%Z} I_n = \frac{100}{92.44} \times \frac{10{,}000 \times 10^3}{\sqrt{3} \times 22 \times 10^3} = 283.89[A]$

02 다음 그림은 어느 수전 설비의 단선계통도이다. 각 물음에 답하시오. (단, KEPCO 측의 전원 측 용량은 500,000[kVA]이고, 선로손실 등 제시되지 않은 조건은 무시한다.)

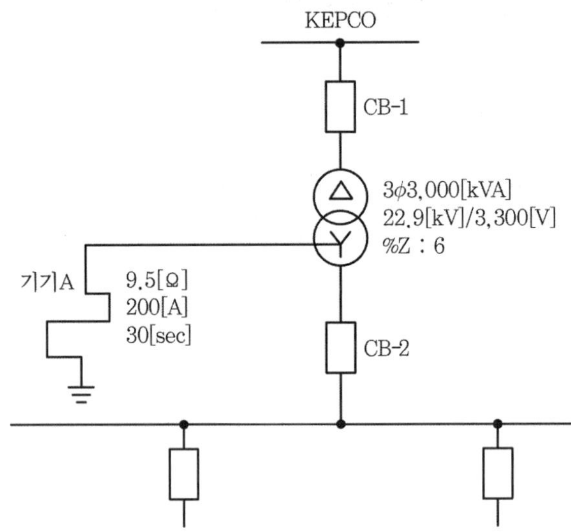

1) CB-2의 정격을 계산하시오. (단, 차단용량은 [MVA]로 표기하시오.)

정답

기준용량을 변압기 용량을 기준(3,000[kVA])으로 하여 $\%Z_s$를 구하면

$\%Z_s = \dfrac{3,000}{500,000} \times 100 = 0.6$이 된다.

합성 $\%Z = \%Z_s + \%Z_t = 0.6 + 6 = 6.6[\%]$

$P_s = \dfrac{100}{\%Z} P_n = \dfrac{100}{6.6} \times 3,000 \times 10^{-3} = 45.45[\text{MVA}]$

2) 기기 A의 명칭과 기능을 쓰시오.

정답

(1) 명칭 : 중성점 접지저항기

(2) 기능 : 지락 시 지락전류를 억제하여 건전상 전위상승을 억제한다.

03 다음 그림의 A점에서 고장이 발생하였을 경우 이 지점에서의 3상 단락전류를 옴법에 의하여 구하시오. (단, 발전기 G_1, G_2 및 변압기의 %리액턴스는 자기용량 기준으로 각각 30[%], 30[%], 8[%]이며, 선로의 저항은 0.5[Ω/km]이다.)

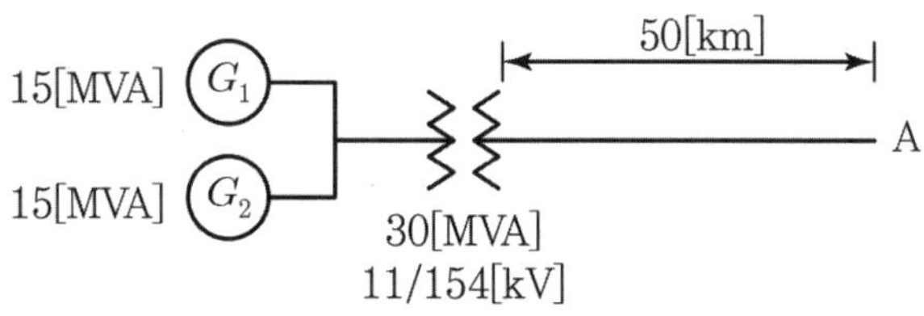

정답

1) 고장점까지의 임피던스

(1) 발전기 리액턴스

$$\%X_{g1} = \frac{PX_{g1}}{10V^2} \text{ 이므로}$$

$$X_{G1} = \frac{10V^2 \times \%X_g}{P} = \frac{10 \times 154^2 \times 30}{15{,}000} = 474.32[\Omega] \text{이 된다.}$$

$$X_{G1} = X_{G2}$$

(2) 변압기 리액턴스

$$\%X_t = \frac{PX_t}{10V^2} \text{ 이므로}$$

$$X_t = \frac{10V^2 \times \%X_t}{P} = \frac{10 \times 154^2 \times 8}{30{,}000} = 63.24[\Omega] \text{이 된다.}$$

(3) 선로의 저항 $R = 0.5 \times 50 = 25[\Omega]$

(4) 고장점까지의 전체 임피던스

$$Z = R + j\left(X_t + \frac{X_{G1} \times X_{G2}}{X_{G1} + X_{G2}}\right) = 25 + j\left(63.24 + \frac{474.32}{2}\right) = 25 + j300.4[\Omega]$$

따라서 $Z = \sqrt{R^2 + X^2} = \sqrt{25^2 + 300.4^2} = 301.44[\Omega]$이다.

2) 3상 단락전류 I_s

$$I_s = \frac{E}{Z} = \frac{\frac{154{,}000}{\sqrt{3}}}{301.44} = 294.96[\text{A}]$$

04 수전전압 22.9[kV], 가공전선로의 %임피던스가 5[%]일 때 수전점의 단락전류가 3,000[A]인 경우 기준용량과 수전용 차단기의 차단용량을 구하고, 다음 표에서 차단기의 정격용량을 선정하시오.

▸ 차단기의 정격용량[MVA]

50	75	100	150	250	300	400	500

1) 기준용량

정답

$P_n = \sqrt{3}\, V_n I_n$으로서

단락전류가 주어졌으므로 $I_s = \dfrac{100}{\%Z} I_n$에서 I_n을 구할 수 있다.

$I_n = \dfrac{\%Z}{100} I_s = \dfrac{5}{100} \times 3{,}000 = 150[\text{A}]$

따라서 $P_n = \sqrt{3} \times 22{,}900 \times 150 \times 10^{-6} = 5.95[\text{MVA}]$가 된다.

2) 차단용량

정답

$P_s = \sqrt{3} \times \text{차단기 정격전압} \times I_s$ (22.9[kV] 계통의 차단기 정격전압은 25.8[kV]가 된다.)

$= \sqrt{3} \times 25{,}800 \times 3{,}000 \times 10^{-6} = 134.06[\text{MVA}]$

3) 차단기 정격용량

정답

표에서 150[MVA] 선정

05 고압차단기의 종류 3가지와 각각의 소호매체를 답란에 기술하시오.

고압차단기	소호매체

정답

고압차단기	소호매체
유입차단기	절연유
공기차단기	압축공기
가스차단기	SF_6 가스

06 조명용 변압기의 주요 사양은 다음과 같다. 전원 측 %임피던스를 무시할 경우 변압기 2차 측 단락전류는 몇 [kA]인가?

조건

- 상수 : 단상
- 용량 : 50[kVA]
- 전압 : 3.3[kV]/220[V]
- %임피던스 : 3[%]

정답

단락전류 $I_s = \frac{100}{\%Z} I_n = \frac{100}{3} \times \frac{50 \times 10^3}{220} \times 10^{-3} = 7.58$[kA]

07

LS, DS, CB가 그림과 같이 설치되었을 때의 조작 순서를 차례로 쓰시오.

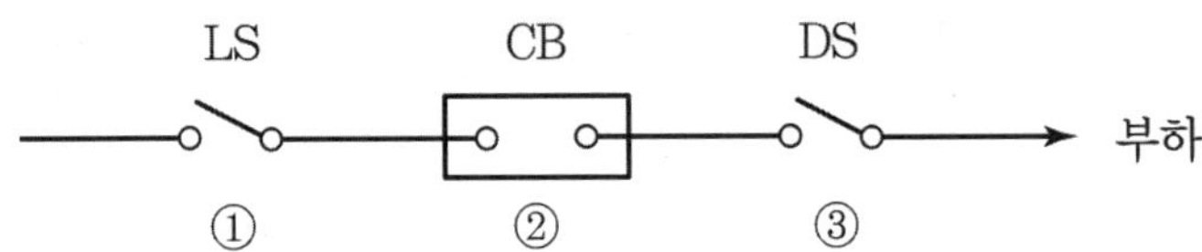

1) 전원투입(ON) 시 조작순서

정답

③ - ① - ②

2) 전원차단(OFF) 시 조작순서

정답

② - ③ - ①

08

어떤 건축물의 변전설비가 22.9[kV-y], 용량 500[kVA]이다. 변압기 2차 측 모선에 연결되어 있는 배선용 차단기(MCCB)에 대하여 다음 각 물음에 답하시오. (단, 변압기의 $\%Z = 5[\%]$, 2차 전압은 380[V]이고, 선로의 임피던스는 무시한다.)

1) 변압기 2차 측 정격전류[A]

정답

정격전류 $I_n = \dfrac{P}{\sqrt{3}\,V} = \dfrac{500 \times 10^3}{\sqrt{3} \times 380} = 759.67[\text{A}]$

2) 변압기 2차 측 단락전류[A]

정답

단락전류 $I_s = \frac{100}{\%Z} I_n = \frac{100}{5} \times 759.67 = 15{,}193.4[\mathrm{A}]$

3) 차단용량[MVA]

정답

차단용량 $P_s = \frac{100}{\%Z} P_n = \frac{100}{5} \times 500 \times 10^3 \times 10^{-6} = 10[\mathrm{MVA}]$

09 변압기와 모선 또는 이를 지지하는 애자는 어떤 전류에 의하여 생기는 기계적 충격에 견디어야 하는 강도를 가져야 하는가?

정답

단락전류

10 전력용 퓨즈에서 퓨즈에 대한 역할과 기능에 대해서 다음 각 물음에 답하시오.

1) 퓨즈의 역할을 크게 2가지로 대별하여 설명하시오.

정답

(1) 평상시 부하전류를 안전하게 흐르게 한다.
(2) 사고 시 차단하여 전로나 기기를 보호한다.

2) 표와 같은 각종 기구의 능력 비교표에서 관계(동작)되는 해당란에 ○표로 표시하시오.

능력 / 기구	회로 분리		사고 차단	
	무부하시	부하시	과부하시	단락시
퓨즈				
차단기				
개폐기				
단로기				
전자 접촉기				

정답

능력 / 기구	회로 분리		사고 차단	
	무부하시	부하시	과부하시	단락시
퓨즈	○			○
차단기	○	○	○	○
개폐기	○	○	○	
단로기	○			
전자 접촉기	○	○	○	

3) 퓨즈의 특성을 3가지 쓰시오.

정답

(1) 단시간 허용 특성
(2) 용단 특성
(3) 전차단 특성

11 다음 그림과 같은 발전소에서 각 차단기의 차단용량을 구하시오.

조건

- 발전기 G_1 : 용량 10,000[kVA], $X_{G1} = 10[\%]$
- 발전기 G_2 : 용량 20,000[kVA], $X_{G2} = 14[\%]$
- 변압기 T : 용량 30,000[kVA], $X_T = 12[\%]$
- 그림상 S_1, S_2, S_3는 단락사고 발생지점이며, 선로 측으로부터의 단락전류는 고려하지 않는다.

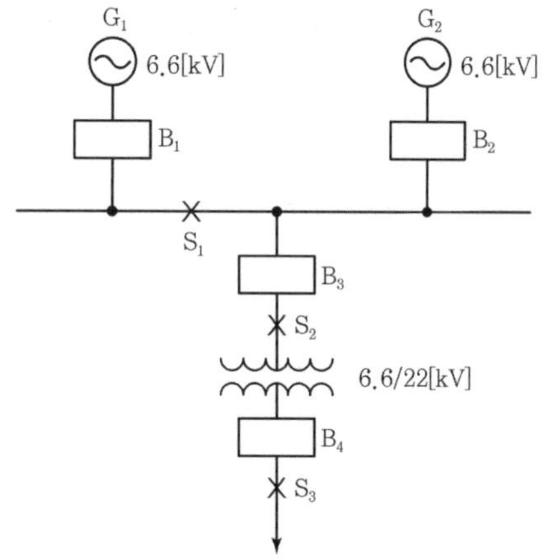

1) S_1지점에서 단락사고가 발생하였을 때, B_1, B_2 차단기의 차단용량[MVA]를 계산하시오.

정답

기준용량을 30[MVA]를 기준으로 한다면

(1) 발전기 G_1 $\%X_{G1} = \frac{30}{10} \times 10 = 30[\%]$

따라서 B_1 차단기의 차단용량을 구하면

$P_s = \frac{100}{\%Z} P_n = \frac{100}{30} \times 30 = 100[\text{MVA}]$

(2) 발전기 G_2 $\%X_{G2} = \frac{30}{20} \times 14 = 21[\%]$

따라서 B_2 차단기의 차단용량을 구하면

$P_s = \frac{100}{\%Z} P_n = \frac{100}{21} \times 30 = 142.86[\text{MVA}]$

2) S_2 지점에서 단락사고가 발생하였을 때, B_3 차단기의 차단용량[MVA]을 계산하시오.

정답

S_2 지점을 기준으로 합성 리액턴스를 구하면

$$\%X = \frac{\%X_{G1} \times \%X_{G2}}{\%X_{G1} + \%X_{G2}} = \frac{30 \times 21}{30 + 21} = 12.35[\%]$$

따라서 B_3 차단기의 차단용량을 구하면

$$P_s = \frac{100}{\%Z} P_n = \frac{100}{12.35} \times 30 = 242.91[\text{MVA}]$$

3) S_3 지점에서 단락사고가 발생하였을 때, B_4 차단기의 차단용량[MVA]을 계산하시오.

정답

S_3 지점을 기준으로 합성 리액턴스를 구하면

$$\%X_0 = \%X + \%X_T = 12.35 + 12 = 24.35[\%]$$

따라서 B_4 차단기의 차단용량을 구하면

$$P_s = \frac{100}{\%Z} P_n = \frac{100}{24.35} \times 30 = 123.20[\text{MVA}]$$

12 **다음 그림과 같은 3상 교류회로에서 차단기 a, b, c의 차단용량을 각각 구하시오.**

조건

- %리액턴스 : 발전기 10[%], 변압기 7[%]
- 발전기 용량 : $G_1 = 18,000$[kVA]
  $G_2 = 30,000$[kVA]
- 변압기 용량 T의 경우 40,000[kVA]이다.

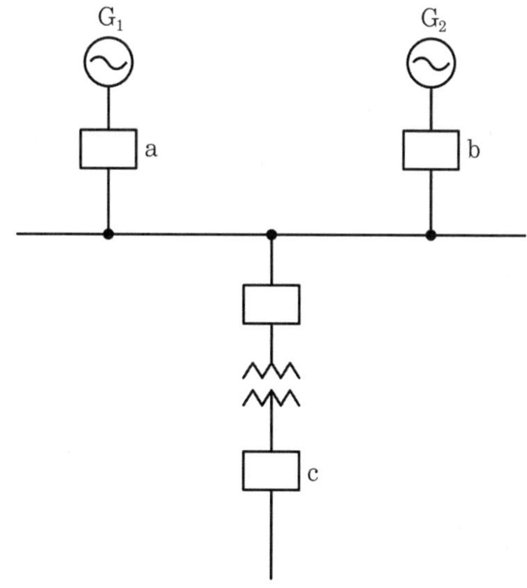

1) 차단기 a의 차단용량을 구하시오.

정답

먼저 기준용량을 40[MVA]로 환산하면

$$\%Z_{G1} = \frac{40}{18} \times 10 = 22.22[\%]$$

따라서 $P_a = \frac{100}{\%Z} P_n = \frac{100}{22.22} \times 40 = 180$[MVA]

2) 차단기 b의 차단용량을 구하시오.

정답

기준용량을 40[MVA]로 환산하면

$\%Z_{G2} = \dfrac{40}{30} \times 10 = 13.33[\%]$

따라서 $P_b = \dfrac{100}{\%Z} P_n = \dfrac{100}{13.33} \times 40 = 300[\text{MVA}]$

3) 차단기 c의 차단용량을 구하시오.

정답

먼저 합성 $\%Z$를 구하면

$\%Z = \dfrac{\%Z_{G1} \times \%Z_{G2}}{\%Z_{G1} + \%Z_{G2}} + \%Z_T = \dfrac{22.22 \times 13.33}{22.22 + 13.33} + 7 = 15.33[\%]$

따라서 $P_c = \dfrac{100}{\%Z} P_n = \dfrac{100}{15.33} \times 40 = 260.92[\text{MVA}]$

13 그림과 같은 수전 설비에서 변압기나 부하설비에 사고가 발생하였을 때 가장 먼저 개로하여야 하는 기기의 명칭을 쓰시오.

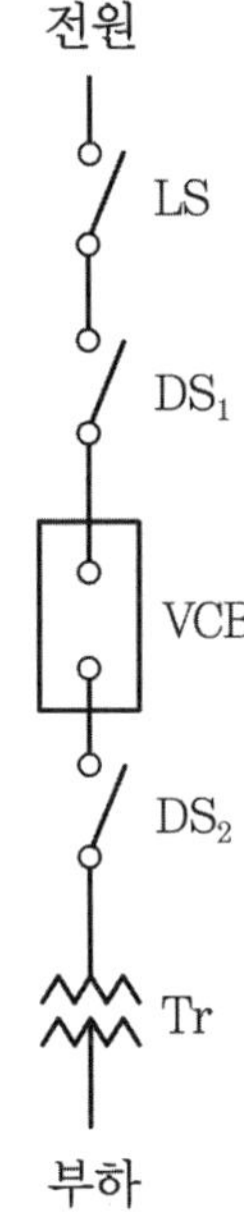

정답

단로기의 경우 부하전류를 개폐할 수 없기 때문에 VCB(진공차단기)를 먼저 개로하여야 한다.

14 부하개폐기(LBS : Load Breaker Switch)의 기능을 설명하시오.

정답

변압기 또는 계통의 운전, 정지 등 부하전류가 흐르고 있는 회로의 개폐를 목적으로 사용한다.

15 차단기와 비교하였을 때 전력용 퓨즈의 장점 4가지를 쓰시오.

정답

1) 보수가 용이하다.
2) 차단용량이 크다.
3) 고속도 차단이 가능하다.
4) 별도의 릴레이나 변성기를 필요로 하지 않는다.

16 전력 퓨즈의 역할을 쓰시오.

정답

평상시 부하전류를 안전하게 흐르게 하고, 사고 시 과전류를 차단하여 전로나 기기를 보호한다.

17 수전전압 6,600[V], 가공전선로의 %임피던스가 58.5[%]일 때, 수전점의 3상 단락전류가 8,000[A]인 경우 기준용량을 구하고, 수전용 차단기의 차단용량을 표에서 선정하시오.

▸ 차단기의 정격용량[MVA]

10	20	30	50	75	100	150	250	300	400	500

1) 기준용량

정답

기준용량 $P = \sqrt{3}\,V_n I_n = \sqrt{3} \times 6{,}600 \times 4{,}680 \times 10^{-6} = 53.5$[MVA]

여기서 단락전류 $I_s = \dfrac{100}{\%Z} I_n$

$I_n = \dfrac{\%Z}{100} I_s = \dfrac{58.5}{100} \times 8{,}000 = 4{,}680$[A]

2) 차단용량

정답

차단용량 $P_s = \sqrt{3} \times 7{,}200 \times 8{,}000 \times 10^{-6} = 99.77$[MVA]

따라서 100[MVA] 선정

18 그림과 같은 송전계통 S점에서 3상 단락사고가 발생하였다. 주어진 도면과 조건을 참고하여 다음 각 물음에 답하시오.

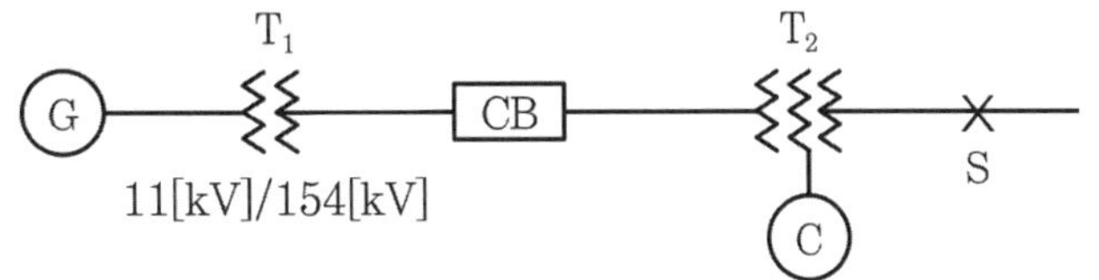

조건

번호	기기명	용량	전압	%X
1	발전기(G)	50,000[kVA]	11[kV]	25
2	변압기(T_1)	50,000[kVA]	11/154[kV]	10
3	송전선		154[kV]	8(10,000[kVA] 기준)
4	변압기(T_2)	1차 25,000[kVA]	154[kV]	12(25,000[kVA] 기준, 1차 ~ 2차)
		2차 30,000[kVA]	77[kV]	16(25,000[kVA] 기준, 2차 ~ 3차)
		3차 10,000[kVA]	11[kV]	9.5(10,000[kVA] 기준, 3차 ~ 1차)
5	조상기(C)	10,000[kVA]	11[kV]	15

1) 변압기(T_2)의 각각의 %리액턴스를 기준용량 10[MVA]로 환산하시오.

정답

(1) 먼저 1 ~ 2차 간의 %리액턴스를 기준용량 10[MVA]로 환산하면

$$\%X_{P-T} = \frac{10}{25} \times 12 = 4.8[\%]$$

(2) 2 ~ 3차 간의 %리액턴스를 기준용량 10[MVA]로 환산하면

$$\%X_{T-S} = \frac{10}{25} \times 16 = 6.4[\%]$$

(3) 3 ~ 1차 간의 %리액턴스를 기준용량 10[MVA]로 환산하면

$$\%X_{S-P} = \frac{10}{10} \times 9.5 = 9.5[\%]$$

2) 변압기(T_2)의 1차(P), 2차(T), 3차(S)의 %리액턴스를 구하시오.

정답

(1) 1차 $\%X_P = \frac{4.8 + 9.5 - 6.4}{2} = 3.95[\%]$

(2) 2차 $\%X_T = \frac{4.8 + 6.4 - 9.5}{2} = 0.85[\%]$

(3) 3차 $\%X_S = \frac{9.5 + 6.4 - 4.8}{2} = 5.55[\%]$

3) 발전기에서 고장점까지 10[MVA] 기준, 합성 %리액턴스를 구하시오.

정답

먼저 각 %리액턴스를 10[MVA] 기준으로 환산하면

(1) 발전기 $\%X_G = \dfrac{10}{50} \times 25 = 5[\%]$

(2) 변압기 $\%T_1 = \dfrac{10}{50} \times 10 = 2[\%]$

(3) 송전선 $\%X_l = \dfrac{10}{10} \times 8 = 8[\%]$

(4) 조상기 $\%X_C = \dfrac{10}{10} \times 15 = 15[\%]$

(5) 발전기에서 T_2변압기의 1차까지 %리액턴스를 구하면

$\%X_{01} = 5 + 2 + 8 + 3.95 = 18.95[\%]$

(6) 조상기에서 T_2변압기의 3차까지 %리액턴스를 구하면

$\%X_{02} = 15 + 5.55 = 20.55[\%]$

(7) 따라서 합성 $\%X = \dfrac{\%X_{01} \times \%X_{02}}{\%X_{01} + \%X_{02}} + X_T$

$= \dfrac{18.95 \times 20.55}{18.95 + 20.55} + 0.85 = 10.71[\%]$가 된다.

해당 부분을 임피던스 맵으로 그려보면 다음과 같다.

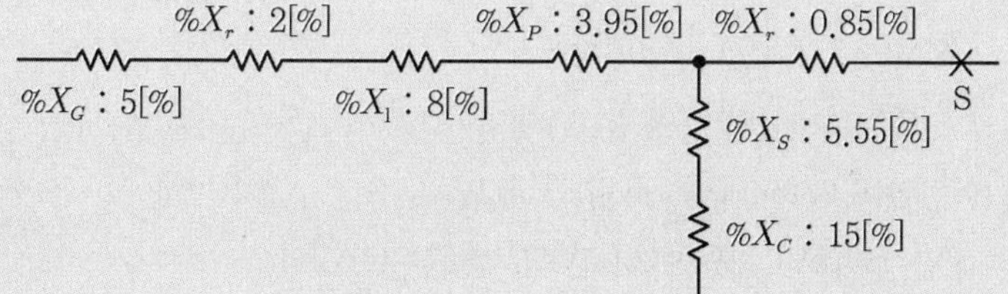

4) 고장점의 단락용량은 몇 [MVA]인지 구하시오.

정답

$P_s = \frac{100}{\%Z}P_n = \frac{100}{10.71} \times 10 = 93.37[\text{MVA}]$

5) 고장점의 단락전류는 몇 [A]인지 구하시오.

정답

단락전류 $I_s = \frac{100}{\%Z}I_n = \frac{100}{10.71} \times \frac{10 \times 10^6}{\sqrt{3} \times 77 \times 10^3} = 700.1[\text{A}]$

19 3상 154[kV] 회로도가 그림과 같다. 조건을 이용하여 F점에서 3상 단락고장이 발생하였을 때 단락전류 등을 154[kV], 100[MVA] 기준으로 계산하시오.

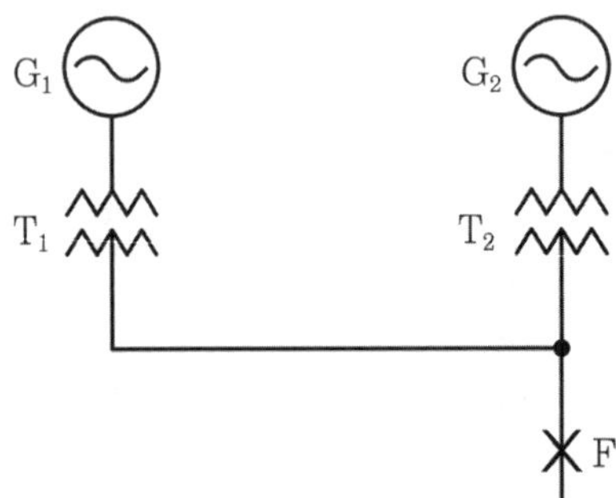

조건

- 발전기 G_1 : 20[MVA], $\%Z_{G1} = 30[\%]$
  G_2 : 5[MVA], $\%Z_{G2} = 30[\%]$
- 변압기 T_1 : 전압 11/154[kV], 용량 : 20[MVA], $\%Z_{T1} = 10[\%]$
  T_2 : 전압 6.6/154[kV], 용량 : 5[MVA], $\%Z_{T2} = 10[\%]$
- 송전선로 : 전압 154[kV], 용량 20[MVA], $\%Z_{TL} = 5[\%]$

1) 정격전압과 정격용량을 각각 154[kV], 100[MVA]로 할 때 정격전류(I_n)를 구하시오.

정답

정격전류 $I_n = \frac{P}{\sqrt{3}\,V} = \frac{100 \times 10^6}{\sqrt{3} \times 154 \times 10^3} = 374.9$[A]

2) 발전기(G_1, G_2), 변압기(T_1, T_2) 및 송전선로의 %임피던스 $\%Z_{G1}$, $\%Z_{G2}$, $\%Z_{T1}$, $\%Z_{T2}$, $\%Z_{TL}$을 구하시오.

정답

(1) $\%Z_{G1} = \frac{100}{20} \times 30 = 150[\%]$

(2) $\%Z_{G2} = \frac{100}{5} \times 30 = 600[\%]$

(3) $\%Z_{T1} = \frac{100}{20} \times 10 = 50[\%]$

(4) $\%Z_{T2} = \frac{100}{5} \times 10 = 200[\%]$

(5) $\%Z_{TL} = \frac{100}{20} \times 5 = 25[\%]$

3) F점에서의 합성 %임피던스를 구하시오.

정답

F점까지의 합성 %임피던스를 구하면

$$\%Z = \%Z_{TL} + \frac{(\%Z_{G1} + \%Z_{T1}) \times (\%Z_{G2} + \%Z_{T2})}{(\%Z_{G1} + \%Z_{T1}) + (\%Z_{G2} + \%Z_{T2})}$$

$$= 25 + \frac{(150+50) \times (600+200)}{(150+50)+(600+200)} = 185[\%]$$

4) F점에서의 3상 단락전류 I_s를 구하시오.

정답

단락전류 $I_s = \frac{100}{\%Z} I_n = \frac{100}{185} \times 374.9 = 202.65[\text{A}]$

5) F점에 설치할 차단기의 용량을 구하시오.

정답

$P_s = \sqrt{3} \times 170 \times 10^3 \times 202.65 \times 10^{-6} = 59.67[\text{MVA}]$

20 어떤 발전소의 발전기가 13.2[kV], 용량 93,000[kVA], %임피던스가 95[%]일 때, 임피던스는 몇 [Ω]인가?

정답

$\%Z = \frac{PZ}{10V^2}$ 가 되므로

$Z = \frac{\%Z \times 10V^2}{P} = \frac{95 \times 10 \times 13.2^2}{93 \times 10^3} = 1.78[\Omega]$이다.

21 전력퓨즈(Power Fuse)는 고압, 특고압 기기의 단락전류의 차단 목적으로 사용되며, 소호방식에 따라 한류형(PF)과 비한류형(COS)이 있다. 다른 개폐기와 비교한 퓨즈의 장점과 단점을 각각 3가지씩 쓰시오. (단, 가격, 크기, 무게 등의 것은 제외한다.)

1) 장점

정답

(1) 차단용량이 크다.
(2) 고속도 차단된다.
(3) 별도의 릴레이나 변성기가 불필요하다.

2) 단점

정답

(1) 재투입이 불가능하다
(2) 전류 – 동작시간특성의 조정이 불가능하다.
(3) 고임피던스 접지사고는 보호할 수 없다.

22 진공차단기의 특징을 3가지만 쓰시오.

정답

1) 차단시간이 짧다.
2) 소음이 작다.
3) 개폐 시 개폐서지가 발생한다.

23 진공차단기(VCB)와 2차 보호기기를 조합하여 사용할 시 반드시 서지흡수기를 설치하여야 하는 경우 "적용", 설치하지 않아도 되는 경우 "불필요"로 구분하여 표의 빈칸을 쓰시오.

▶ 서지흡수기의 적용

구분	차단기 종류	전압 등급	2차 보호기기				
			전동기	변압기			콘덴서
				유입식	몰드식	건식	
적용여부	VCB	6[kV]					

정답

구분	차단기 종류	전압 등급	2차 보호기기				
			전동기	변압기			콘덴서
				유입식	몰드식	건식	
적용여부	VCB	6[kV]	적용	불필요	적용	적용	불필요

24 가스절연 개폐장치(GIS)에 대한 다음 각 물음에 답하시오.

1) 가스절연 개폐장치(GIS)의 장점 4가지를 쓰시오.

정답

(1) 충전부가 밀폐되어 안정성이 높다.
(2) 신뢰도가 높다.
(3) 소음이 적다.
(4) 소형화할 수 있다.

25 차단기의 정격 사항에 대하여 주어진 표의 빈칸을 채워 넣으시오.

계통의 공칭전압[kV]	22.9	154	345
정격전압[kV]	①	②	③
정격차단시간(Cycle)	④	⑤	⑥

정답

계통의 공칭전압[kV]	22.9	154	345
정격전압[kV]	① 25.8	② 170	③ 362
정격차단시간(Cycle)	④ 5	⑤ 3	⑥ 3

26 주어진 조건을 참조하여 다음 각 물음에 답하시오.

조건

차단기 명판(name plate)에 BIL 150[kV], 정격 차단전류 20[kA], 차단시간 8사이클, 솔레노이드(solenoid)형이라고 기재되어 있다. 단, BIL은 절연계급 20호 이상의 비유효 접지계에서 계산하는 것으로 한다.

1) BIL이란 무엇인가?

정답

기준충격절연강도

2) 이 차단기의 정격전압은 몇 [kV]인가?

정답

BIL = 절연계급 × 5 + 50[kV]이므로

절연계급 = $\dfrac{150-50}{5}=20[\text{kV}]$

공칭전압 = 절연계급 $\times 1.1=20\times 1.1=22[\text{kV}]$

∴ 정격전압 = 공칭전압 $\times \dfrac{1.2}{1.1}=22\times \dfrac{1.2}{1.1}=24[\text{kV}]$

3) 이 차단기의 정격 차단용량은 몇 [MVA]인가?

정답

$P_s=\sqrt{3}\times 24\times 10^3\times 20\times 10^3\times 10^{-6}=831.38[\text{MVA}]$

27 다음 (　　)에 가장 알맞은 내용을 답란에 쓰시오.

교류변전소용 자동제어기구 번호에서 52C는 (①)이고, 52T는 (②)이다.

정답

① 차단기 투입코일 ② 차단기 트립코일

28 전력 퓨즈에서 퓨즈에 대한 그 역할과 기능에 대해서 다음 각 물음에 답하시오.

1) 퓨즈의 역할을 크게 2가지로 대별하여 간단하게 설명하시오.

정답

평상시 부하전류를 안전하게 흐르게 하며, 사고 시 신속히 차단하여 전로나 기기를 보호한다.

2) 퓨즈의 가장 큰 단점은 무엇인가?

정답

재투입 불가

3) 주어진 표는 개폐장치(기구)의 동작 가능한 곳에 ○표를 한 것이다. ①～③은 어떤 개폐장치인가?

기구 \ 능력	회로 분리		사고 차단	
	무부하	부하	과부하	단락
퓨즈	○			○
①	○	○	○	○
②	○	○	○	
③	○			

정답

① 차단기 ② 개폐기 ③ 단로기

4) 큐비클의 종류 중 PF－S형 큐비클은 주 차단장치로서 어떤 것들을 조합하여 사용하는 것을 말하는가?

정답

전력 퓨즈와 개폐기

29 그림과 같은 송전계통에서 S점에서 3상 단락사고가 발생하였다. 주어진 도면과 조건을 참고하여 변압기(T_2)의 %리액턴스를 100[MVA] 기준으로 환산하고, 1차(P), 2차(S), 3차(T) 각각의 100[MVA] 기준 %리액턴스를 구하시오.

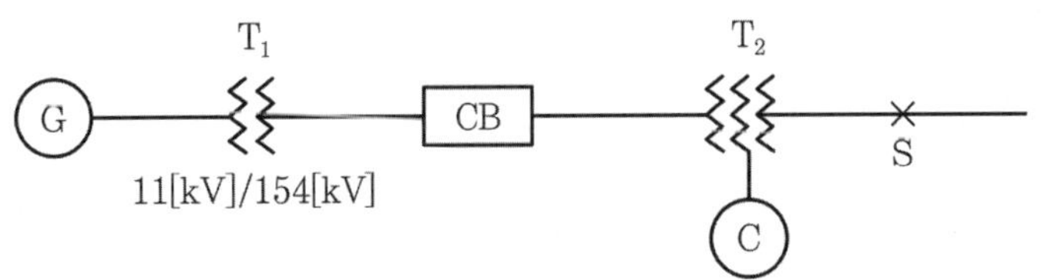

조건

번호	기기명	용량	전압	%X
1	G : 발전기	50,000[kVA]	11[kV]	30
2	T_1 : 변압기	50,000[kVA]	11/154[kV]	12
3	송전선		154[kV]	10(10,000[kVA])
4	T_2 : 3권선 변압기	1차 25,000[kVA]	154[kV](1차~2차)	12(25,000[kVA])
		2차 30,000[kVA]	77[kV](2차~3차)	15(25,000[kVA])
		3차 10,000[kVA]	11[kV](3차~1차)	10.8(10,000[kVA])
5	C : 조상기	10,000[kVA]	11[kV]	20(10,000[kVA])

정답

먼저 T_2변압기의 리액턴스를 100[MVA] 기준으로 환산하면

1) $\%X_{P-S} = \frac{100}{25} \times 12 = 48[\%]$

2) $\%X_{S-T} = \frac{100}{25} \times 15 = 60[\%]$

3) $\%X_{T-P} = \frac{100}{10} \times 10.8 = 108[\%]$

이를 이용하여 각각의 임피던스를 구하면

$$\%X_P = \frac{\%X_{P-S} + \%X_{T-P} - \%X_{S-T}}{2} = \frac{48 + 108 - 60}{2} = 48[\%]$$

$$\%X_S = \frac{\%X_{P-S} + \%X_{S-T} - \%X_{T-P}}{2} = \frac{48 + 60 - 108}{2} = 0[\%]$$

$$\%X_T = \frac{\%X_{S-T} + \%X_{T-P} - \%X_{P-S}}{2} = \frac{60 + 108 - 48}{2} = 60[\%]$$

30 **수전전압 6,600[V], 가공전선로의 %임피던스가 60.5[%]라면, 수전점의 3상 단락전류가 7,000[A]인 경우 기준용량을 구하고, 수전용 차단기의 차단용량을 선정하시오.**

▸ 차단기의 정격용량[MVA]

10	20	30	50	75	100	150	250	300	400	500

1) 기준용량[MVA]를 구하시오.

정답

기준용량 $P = \sqrt{3}\, VI_n$

단락전류가 주어졌으므로

$I_s = \frac{100}{\%Z} I_n$

$I_n = \frac{\%Z}{100} I_s = \frac{60.5}{100} \times 7{,}000 = 4{,}235[\text{A}]$

따라서 $P = \sqrt{3} \times 6{,}600 \times 4{,}235 \times 10^{-6} = 48.41[\text{MVA}]$

2) 1)의 기준용량을 사용하여 차단기의 차단용량[MVA]을 선정하시오.

정답

$P_s = \frac{100}{\%Z} P_n = \frac{100}{60.5} \times 48.41 = 80.01$[MVA]

따라서 표에서 100[MVA]를 선정한다.

31 퓨즈의 정격사항에 대하여 주어진 표의 빈 칸에 쓰시오.

계통전압[kV]	퓨즈 정격	
	퓨즈 정격전압[kV]	최대 설계전압[kV]
6.6	①	8.25
13.2	15	②
22 또는 22.9	③	25.8
66	69	④
154	⑤	169

정답

① 7.5 ② 15.5 ③ 23 ④ 72.5 ⑤ 161

32 현재 사용되고 있는 차단기 약호와 명칭을 각 물음에 맞게 쓰시오.

1) 특고압용 차단기

차단기 약호	명칭

정답

차단기 약호	명칭
OCB	유입차단기
GCB	가스차단기
VCB	진공차단기

2) 저압용 차단기

차단기 약호	명칭

정답

차단기 약호	명칭
ACB	기중차단기
MCCB	배선용차단기
ELB	누전차단기

33 100[kVA], 6,300/210[V]의 단상변압기 2대를 1차 측과 2차 측에 병렬접속하였다. 2차 측 단락 시 전원으로 유입하는 단락전류는 몇 [A]인가? (단, 변압기의 %임피던스는 6[%]이다.)

정답

단락전류 $I_s = \dfrac{100}{\%Z} I_n$ (%Z의 경우 병렬연결이므로 $\dfrac{6}{2} = 3[\%]$이다.)

$= \dfrac{100}{3} \times \dfrac{100 \times 10^3}{6,300} = 529.1$[A]

34 전력계통에 발전기, 변압기 등의 증설 또는 송전선의 신 · 증설로 인하여 단락 · 지락전류가 증가하여 송변전 기기에 손상이 증대되며 부근에 있는 통신선의 유도장해가 증가하고 있는 등의 문제점이 예상된다. 단락용량 경감대책 3가지만 쓰시오.

정답

1) 한류 리액터를 채택한다.
2) 고 임피던스 기기를 채택한다.
3) 직류 연계한다.

35 다음 표는 우리나라에서 통용되고 있는 계통의 공칭전압이다. 이에 따른 정격전압을 쓰시오.

계통의 공칭전압[kV]	정격전압[kV]
22.9	
154	
345	
765	

정답

계통의 공칭전압[kV]	정격전압[kV]
22.9	25.8
154	170
345	362
765	800

36 차단기 명판에 BIL 150[kV], 정격차단전류 20[kA], 차단시간 5[Hz], 솔레노이드형이라고 기재되어 있다. 이것을 보고 다음 각 물음에 답하시오.

1) BIL이란 무엇인가?

정답

기준충격절연강도

2) 이 차단기의 정격전압이 25.8[kV]라면 정격용량은 몇 [MVA]가 되겠는가?

정답

차단기의 차단용량 $P_s = \sqrt{3}\, V_n I_s$

$= \sqrt{3} \times 25.8 \times 10^3 \times 20 \times 10^3 \times 10^{-6} = 893.74$[MVA]

3) 차단기를 트립(Trip)시키는 방식을 3가지만 쓰시오.

정답

(1) 직류전압 트립방식
(2) 부족전압 트립방식
(3) 과전류 트립방식

37

다음 그림과 같은 변전설비에서 무정전 상태로 차단기를 점검하고자 할 때 조작순서를 기구 기호를 이용하여 설명하시오. (단, S_1, R_1은 단로기, T_1은 By-pass 단로기, TR은 변압기이며, T_1은 평상시 개방되어 있는 상태이다.)

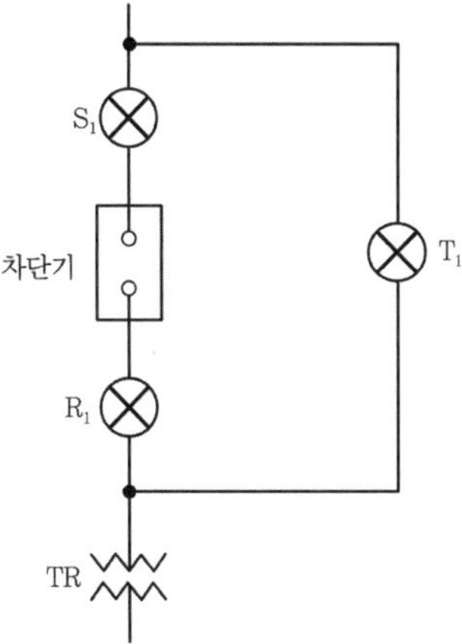

정답

T_1(On) → 차단기(Off) → R_1(OFF) → S_1(OFF)

38

주변압기 단상 22,900/380[V], 500[kVA] 3대를 Y-Y결선으로 사용하고자 하는 경우 2차 측에 설치해야 할 차단기 용량은 몇 [MVA]가 되는가? (단, 변압기의 %Z는 3[%]로 하며, 그 외의 임피던스는 고려하지 않는다.)

정답

$P_s = \frac{100}{\%Z}P_n = \frac{100}{3} \times 500 \times 3 \times 10^3 \times 10^{-6} = 50$[MVA]

39

아래 그림과 같은 전선로의 단락용량[MVA]을 구하시오. (단, 그림의 %Z는 10[MVA]를 기준으로 한 것이다.)

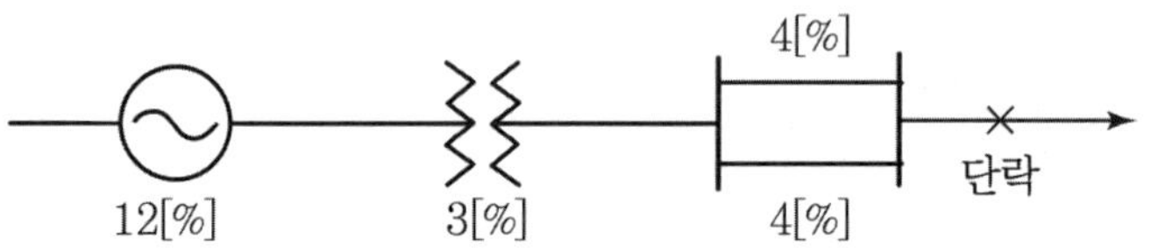

정답

고장점을 기준으로 합성 퍼센트 임피던스를 구하면

선로의 %임피던스 $\%Z_\ell = \frac{4 \times 4}{4+4} = 2[\%]$

변압기의 %임피던스 3[%]

발전기의 %임피던스 12[%]가 되므로

합성 퍼센트 임피던스는 2 + 3 + 12 = 17[%]

단락용량 $P_s = \frac{100}{\%Z} \times P_n = \frac{100}{17} \times 10 = 58.82$[MVA]

40 전원 전압이 100[V]인 회로에 600[W]의 전기밥솥 1대, 350[W]의 전기다리미 1대, 150[W]의 텔레비전 1대를 사용한다. 사용되는 부하는 모두 역률이 1이라고 할 때 이 회로에 연결된 10[A]의 고리퓨즈는 어떻게 되는가? (단, 용단되면 용단되는 이유와 용단되지 않으면 용단되지 않는 이유를 간단히 설명하시오.)

정답

먼저 이 회로에 흐르는 전류를 구하면

$$I = \frac{P}{V} = \frac{600+350+150}{100} = 11[\text{A}]$$

10[A]의 저압용 퓨즈를 사용하므로 용단되어서는 안 된다. 즉, 4[A]를 초과하고 16[A] 미만에 해당하는 저압용 퓨즈의 경우 정격전류의 1.5배를 견디어야만 하므로 이 퓨즈는 용단되어서는 안 된다.

▸ 저압용 퓨즈의 특성

정격전류의 구분	시간	정격전류의 배수	
		불용단전류	용단전류
4[A] 이하	60분	1.5배	2.1배
4[A] 초과 16[A] 미만	60분	1.5배	1.9배
16[A] 이상 63[A] 이하	60분	1.25배	1.6배
63[A] 초과 160[A] 이하	120분	1.25배	1.6배
160[A] 초과 400[A] 이하	180분	1.25배	1.6배
400[A] 초과	240분	1.25배	1.6배

41 다음 그림과 같이 차단기 B의 정격차단용량 100[MVA]로 제한하기 위한 한류리액터(X_L)의 %리액턴스는 몇 [%]인지 구하시오. (단, 10[MVA]를 기준으로 한다.)

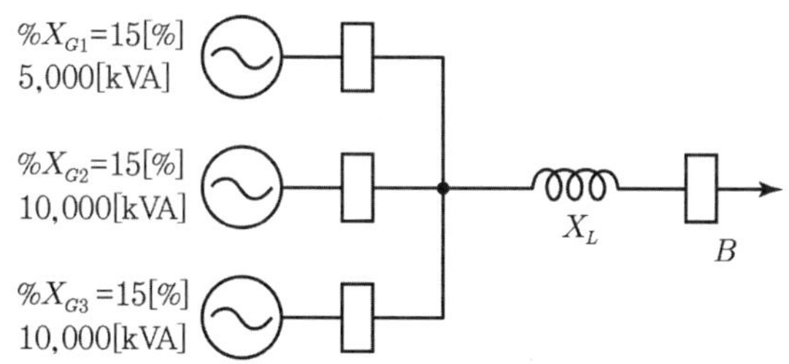

정답

먼저 기준용량으로 %리액턴스를 환산하면

1) $\%X_{G1} = \frac{10}{5} \times 15 = 30[\%]$

2) $\%X_{G2} = 15[\%]$

3) $\%X_{G3} = 15[\%]$

4) 발전기의 합성 %리액턴스

$$\%X_{G0} = \frac{1}{\frac{1}{30} + \frac{1}{15} + \frac{1}{15}} = 6[\%]$$

5) 단락용량 $P_s = \frac{100}{\%X} P_n$

$$100 = \frac{100}{\%X_{G0} + \%X_L} \times 10$$

$$100 = \frac{100}{6 + \%X_L} \times 10$$

$$100(6 + \%X_L) = 1{,}000$$

$$600 + 100\%X_L = 1{,}000$$

따라서 $\%X_L = \frac{400}{100} = 4[\%]$

42 수용가 인입구의 전압이 22.9[kV], 주차단기의 차단용량이 200[MVA]이다. 10[MVA], 22.9/3.3[kV] 변압기의 임피던스가 4.5[%]일 때 변압기 2차 측에 필요한 차단기 정격차단 용량을 다음 표에서 선정하시오.

차단기의 정격차단용량[MVA]							
100	160	250	310	410	520	600	750

정답

먼저 전원 측 임피던스를 기준용량인 10[MVA]로 하면

$$P_s = \frac{100}{\%Z_s} P_n$$

$$\%Z_s = \frac{100}{P_s} \times P_n = \frac{100}{200} \times 10 = 5[\%]$$

단락용량 $P_s = \dfrac{100}{5+4.5} \times 10 = 105.26[\text{MVA}]$

차단용량은 단락용량보다 커야 하므로 표에서 160[MVA]를 선정한다.

43 그림과 같은 수전 설비에서 변압기의 내부 고장이 발생하였을 때 가장 먼저 개방되어야 하는 기기의 명칭을 쓰시오.

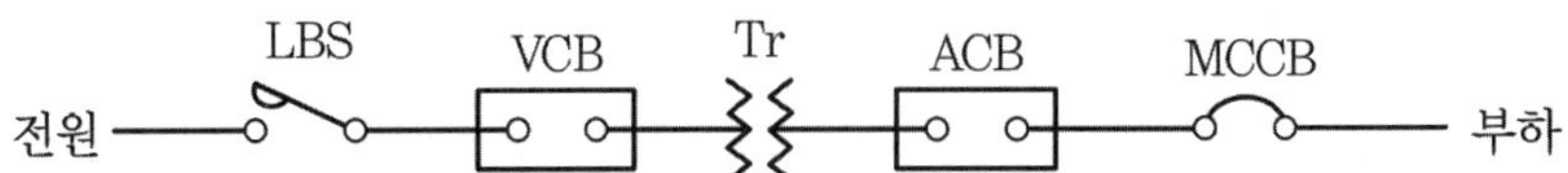

정답

진공차단기(VCB)

변압기 내부고장 시 가장 먼저 동작해야 하는 차단기는 VCB로서 변압기 고장에 따른 사고가 전원 측으로 확대되는 것을 방지하여야 한다.

44 어느 발전소의 발전기 단자전압이 13.2[kV], 용량이 93,000[kVA]이고, %동기임피던스($\%Z_s$)는 95[%]이다. 이 발전기의 Z_s는 몇 [Ω]인지 구하시오.

정답

$$\%Z_s = \frac{PZ_s}{10V^2}$$

$$Z_s = \frac{\%Z_s \times 10V^2}{P} = \frac{95 \times 10 \times 13.2^2}{93{,}000} = 1.78[\Omega]$$

45 다음 [조건]을 참고하여 차단기에 대한 물음에 답하시오. (단, 한국전기설비규정에 따른다.)

조건

- 전압 : 3상 380[V]
- 부하의 종류 : 전동기(역률과 효율은 고려하지 않는다.)
- 부하용량 : 30[kW]
- 전동기 기동시간에 따른 차단기의 규약동작배율 : 5
- 전동기 기동전류 : 8배
- 전동기 기동방법 : 직입기동

[차단기의 정격전류(A)]

32, 40, 50, 63, 80, 100, 125, 150, 175, 200, 225, 250, 300, 400

1) 부하의 정격전류[A]를 구하시오.

정답

부하전류 $I = \frac{P}{\sqrt{3}\,V} = \frac{30 \times 10^3}{\sqrt{3} \times 380} = 45.58$[A]

2) 차단기의 정격전류[A]를 선정하시오.

정답

차단기 정격전류 $I_n = \frac{I \times \text{기동배율}}{\text{규약동작배율}} = \frac{45.58 \times 8}{5} = 72.93$[A]

따라서 [조건]에서 80[A]를 선정한다.

Chapter 12 전력용콘덴서

01 정격용량 500[kVA]의 변압기에서 배전선의 전력손실을 40[kW]로 유지하면서 부하 L_1, L_2에 전력을 공급하고 있다. 지금 그림과 같이 전력용 콘덴서를 기존 부하와 병렬로 연결하여 합성역률을 90[%]로 개선하려고 할 때 다음 각 물음에 답하시오. (단, 여기서 부하 L_1은 역률 60[%], 180[kW]이며, 부하 L_2의 전력은 120[kW], 160[kVar]이다.)

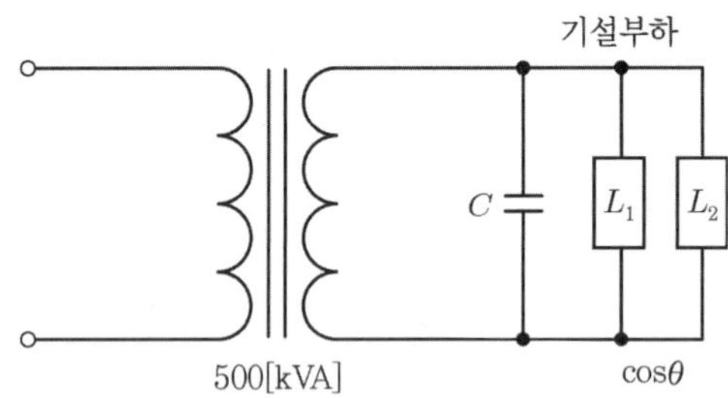

1) 부하 L_1과 L_2의 합성용량[kVA]을 구하시오.

정답

(1) 두 부하의 합성 유효전력 $P = P_1 + P_2 = 180 + 120 = 300$[kW]

(2) 두 부하의 합성 무효전력 $Q = Q_1 + Q_2 = \dfrac{180}{0.6} \times 0.8 + 160 = 400$[kVar]

(3) 합성용량 $P_a = \sqrt{300^2 + 400^2} = 500$[kVA]

2) 부하 L_1과 L_2의 합성역률을 구하시오.

정답

$\cos\theta = \dfrac{P}{P_a} = \dfrac{300}{500} \times 100 = 60[\%]$

3) 합성역률을 90[%]로 개선하는 데 필요한 콘덴서 용량(Q_c)은 몇 [kVA]인가?

정답

$Q_c = P(\tan\theta_1 - \tan\theta_2) = 300 \times (\frac{0.8}{0.6} - \frac{\sqrt{1-0.9^2}}{0.9}) = 254.7$[kVA]

02 6[kW], 200[V], 역률 0.6(늦음)의 부하에 전력을 공급하고 있는 단상 2선식의 배전선이 있다. 전선 1가닥의 저항을 0.15[Ω], 리액턴스가 0.1[Ω]이라 한다면, 지금 부하의 역률을 1로 개선하고자 한다. 역률 개선 전과 후의 전력손실의 차이는 몇 [W]인지 계산하시오.

정답

1) 역률 개선 전 전류 I

$I = \frac{P}{V\cos\theta_1} = \frac{6 \times 10^3}{200 \times 0.6} = 50$[A]

개선 전 전력손실 $P_\ell = 2I^2R = 2 \times 50^2 \times 0.15 = 750$[W]

2) 역률 개선 후 전류 I'

$I' = \frac{P}{V\cos\theta_2} = \frac{6 \times 10^3}{200 \times 1} = 30$[A]

개선 후 전력손실 $P_\ell{}' = 2I'^2R = 2 \times 30^2 \times 0.15 = 270$[W]

3) 개선 전과 개선 후의 전력손실의 차이

$P_{\ell 0} = P_\ell - P_\ell{}' = 750 - 270 = 480$[W]

03 역률 과보상 시 발생하는 현상에 대하여 3가지만 쓰시오.

정답

1) 전력손실 증가
2) 전압의 상승
3) 보호계전기 오동작

04 역률 80[%], 10,000[kVA]의 부하를 가진 변전소에 2,000[kVA]의 콘덴서를 설치하여 역률을 개선하면 변압기에 걸리는 부하는 몇 [kVA]인가?

정답

개선 전 유효전력과 무효전력을 구하면

유효전력 $P = 10{,}000 \times 0.8 = 8{,}000$[kW]

무효전력 $Q = 10{,}000 \times 0.6 = 6{,}000$[kVar]이 된다.

콘덴서는 무효분이므로 설치 후 무효전력 $Q' = Q - Q_c = 6{,}000 - 2{,}000 = 4{,}000$[kVar]가 된다.

따라서 $P_a = \sqrt{8{,}000^2 + 4{,}000^2} = 8{,}944.27$[kVA]이다.

05 다음 내용에서 ①～③에 알맞은 내용을 답란에 쓰시오.

회로의 전압은 주로 변압기의 자기포화에 의하여 변형이 일어나는데 (①)을(를) 접속함으로써 이 변형이 확대되는 경우가 있어 전동기, 변압기 등의 소음 증대, 계전기의 오동작 또는 기기의 손실이 증대되는 등의 장해를 일으키는 경우가 있다. 그렇기 때문에 이러한 장해의 발생 원인이 되는 전압파형의 찌그러짐을 개선할 목적으로 (①)와(과) (②)로 (③)을(를) 설치한다.

정답

① 진상 콘덴서
② 직렬
③ 리액터

06 역률 개선에 대한 효과를 4가지만 쓰시오.

정답

1) 전력손실이 경감한다. $(P_\ell \propto \frac{1}{\cos^2\theta})$

2) 전압강하가 경감한다. $(e = \frac{P}{V}(R + X\tan\theta))$

3) 설비용량의 여유가 증가한다(콘덴서 설치에 따른 피상전력 감소로 더 많은 부하를 사용할 수 있다).

4) 전기요금이 감소된다.

07 실부하 6,000[kW], 역률 85[%]로 운전하는 공장에서 역률을 95[%]로 개선하는 데 필요한 콘덴서 용량을 구하시오.

정답

역률 개선용 콘덴서 용량 Q_c

$$Q_c = P(\tan\theta_1 - \tan\theta_2)$$

$$= P\left(\frac{\sqrt{1-\cos^2\theta_1}}{\cos\theta_1} - \frac{\sqrt{1-\cos^2\theta_2}}{\cos\theta_2}\right)$$

$$= 6{,}000 \times \left(\frac{\sqrt{1-0.85^2}}{0.85} - \frac{\sqrt{1-0.95^2}}{0.95}\right)$$

$$= 1{,}746.36[\text{kVA}]$$

08 어떤 공장의 전기설비로 역률 0.8, 용량 200[kVA]인 3상 평형 유도부하가 사용되고 있다. 이 부하에 병렬로 전력용 콘덴서를 설치하여 합성역률을 0.95로 개선할 경우 각 물음에 답하시오.

1) 전력용 콘덴서의 용량은 몇 [kVA]가 필요한가?

정답

역률 개선용 콘덴서 용량 Q_c

$$Q_c = P(\tan\theta_1 - \tan\theta_2)$$

$$= P\left(\frac{\sqrt{1-\cos^2\theta_1}}{\cos\theta_1} - \frac{\sqrt{1-\cos^2\theta_2}}{\cos\theta_2}\right)$$

$$= 200 \times 0.8\left(\frac{0.6}{0.8} - \frac{\sqrt{1-0.95^2}}{0.95}\right)$$

$$= 67.41[\text{kVA}]$$

2) 전력용 콘덴서에 직렬 리액터를 설치할 때 용량은 몇 [kVA]를 설치하여야 하는지를 구하시오.

정답

(1) 이론상 4[%]가 되므로 $67.41 \times 0.04 = 2.7[\text{kVA}]$

(2) 실제 6[%]가 되므로 $67.41 \times 0.06 = 4.04[\text{kVA}]$

09 전력계통에 이용되는 다음 리액터의 설치목적을 쓰시오.

명칭	설치목적
직렬 리액터	
분로(병렬) 리액터	
소호 리액터	
한류 리액터	

정답

명칭	설치목적
직렬 리액터	제5고조파 제거
분로(병렬) 리액터	페란티 현상 방지
소호 리액터	지락전류 제한
한류 리액터	단락전류 제한

10 전력용 진상콘덴서의 정기점검(육안검사) 항목 3가지를 쓰시오.

정답

1) 용기의 이상 변형 유무점검
2) 용기의 발청 유무점검
3) 유의 누설 유무점검

11 콘덴서 회로에 고조파의 유입으로 인한 사고를 방지하기 위하여 콘덴서 용량의 13[%]인 직렬 리액터를 설치하고자 한다. 이 경우의 투입전류는 콘덴서 정격전류의 몇 배의 전류가 흐르게 되는가?

정답

콘덴서 투입 시 돌입전류 $I_{c\max}$

$$I_{c\max} = (1 + \sqrt{\frac{X_c}{X_L}})I_n = (1 + \sqrt{\frac{X_c}{0.13X_c}})I_n = 3.77I_n$$

12 부하설비가 100[kW]이며, 뒤진 역률이 85[%]인 부하를 100[%]로 개선하기 위한 전력용 콘덴서의 용량은 몇 [kVA]가 필요한지 구하시오.

정답

역률 개선용 콘덴서 용량 Q_c

$$Q_c = P(\tan\theta_1 - \tan\theta_2)$$

$$= P(\frac{\sqrt{1-\cos^2\theta_1}}{\cos\theta_1} - \frac{\sqrt{1-\cos^2\theta_2}}{\cos\theta_2})$$

$$= 100 \times (\frac{\sqrt{1-0.85^2}}{0.85} - \frac{\sqrt{1-1^2}}{1})$$

$$= 67.97[\text{kVA}]$$

13 3상 전원에 Δ 결선으로 접속된 콘덴서를 성형(Y)결선으로 바꿀 경우 진상 용량은 어떻게 되는지를 관계식으로 설명하시오.

정답

1) Δ결선 시 콘덴서 용량 $Q_\Delta = 3\omega CV^2$

2) Y결선 시 콘덴서 용량 $Q_Y = \omega CV^2$

따라서 $\dfrac{Q_Y}{Q_\Delta} = \dfrac{\omega CV^2}{3\omega CV^2}$

$Q_Y = \dfrac{1}{3} Q_\Delta$가 된다.

14 수전단 전압이 3,000[V]인 3상 3선식 배전선로의 수전단에 역률 0.8(지상)인 520[kW]의 부하가 접속되어 있다. 이 부하에 동일 역률의 부하 80[kW]를 추가하여 600[kW]로 증가시키되 부하와 병렬로 전력용 콘덴서를 설치하여 수전단 전압 및 선로전류를 일정하게 불변으로 유지하고자 할 때, 이 경우에 필요한 전력용 콘덴서 용량[kVA]를 구하시오.

정답

조건에서 부하증가 전과 부하증가 후의 수전단 전압과 선로전류가 불변이라 하였으므로 다음 식이 성립한다.

$$\frac{P_1}{\sqrt{3}\,V\cos\theta_1} = \frac{P_2}{\sqrt{3}\,V\cos\theta_2}$$

$$\cos\theta_2 = \frac{P_2}{P_1}\cos\theta_1 = \frac{600}{520} \times 0.8 = 0.92$$

역률 개선용 콘덴서 용량 Q_c

$$Q_c = P(\tan\theta_1 - \tan\theta_2)$$

$$= P(\frac{\sqrt{1-\cos^2\theta_1}}{\cos\theta_1} - \frac{\sqrt{1-\cos^2\theta_2}}{\cos\theta_2})$$

$$= 600 \times (\frac{0.6}{0.8} - \frac{\sqrt{1-0.92^2}}{0.92})$$

$$= 194.4[\text{kVA}]$$

15 콘덴서 회로에 직렬 리액터를 반드시 넣어야 하는 경우를 2가지 쓰고 그 효과를 설명하시오.

정답

직렬 리액터를 반드시 넣어야 하는 경우	효과
부하 설비로 인한 고조파가 존재하는 경우	제5고조파 제거
콘덴서 투입 시 발생하는 큰 돌입전류에 의한 악영향 우려	투입 시 돌입전류 방지

16 10[kVar]의 전력용 콘덴서를 설치하고자 할 때 필요한 콘덴서의 정전용량[μF]을 각각 구하시오. (단, 사용전압은 380[V]이고, 주파수는 60[Hz]이다.)

1) 단상 콘덴서 3대를 Y결선할 때 콘덴서의 정전용량[μF]

정답

Y결선 시 콘덴서 용량 $Q_Y = \omega CV^2$

$$C = \frac{Q_Y}{\omega V^2} = \frac{10 \times 10^3}{2\pi \times 60 \times 380^2} \times 10^6 = 183.7[\mu\text{F}]$$

2) 단상 콘덴서 3대를 Δ 결선할 때 콘덴서의 정전용량[μF]

정답

Δ결선 시 콘덴서 용량 $Q_\Delta = 3\omega CV^2$

$$C = \frac{Q_\Delta}{3\omega V^2} = \frac{10 \times 10^3}{3 \times 2\pi \times 60 \times 380^2} \times 10^6 = 61.23[\mu\text{F}]$$

3) 콘덴서는 어떤 결선으로 하는 것이 유리한지를 설명하시오.

정답

Y결선을 하였을 경우보다 Δ결선하였을 경우 필요한 정전용량이 $\frac{1}{3}$배가 되므로 Δ결선이 유리하다.

17 콘덴서 회로에서 고조파를 감소시키기 위한 직렬 리액터 회로에 대하여 다음 각 물음에 답하시오.

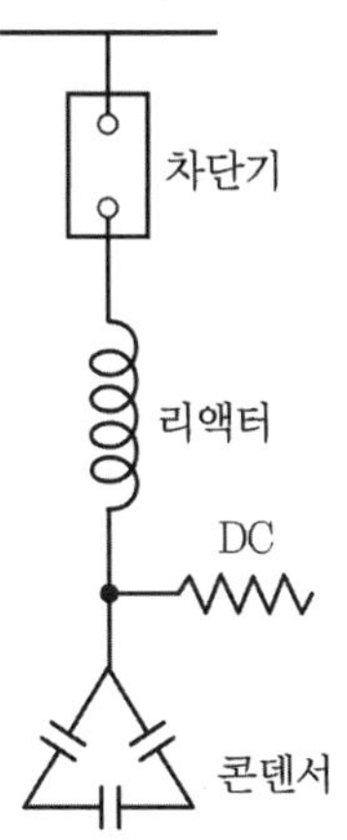

1) 제5고조파를 감소시키기 위한 리액터 용량은 콘덴서의 몇 [%] 이상이어야 하는가?

정답

4[%]

2) 설계 시 주파수 변동이나 경제성을 고려하여 리액터의 용량은 콘덴서의 몇 [%] 정도를 표준으로 하는가?

정답

6[%]

3) 제3고조파를 감소시키기 위한 리액터의 용량은 콘덴서 용량의 몇 [%] 이상이어야만 하는가?

정답

$3\omega L = \frac{1}{3\omega C}$가 되고

$\omega L = \frac{1}{9} \times \frac{1}{\omega C} = 0.11 \times \frac{1}{\omega C}$이므로

11[%] 이상이어야만 한다.

18 역률을 과보상 시 발생하는 현상을 3가지 쓰시오.

정답

1) 전력손실의 증가
2) 단자전압 상승
3) 보호계전기 오동작

19 40[kVA], 3상 380[V], 60[Hz]용 전력용 콘덴서의 결선방식에 따른 용량을 [μF]으로 구하시오.

1) Δ 결선인 경우 $C_1[\mu\text{F}]$

정답

$Q_\Delta = 3\omega CV^2$

$C = \dfrac{Q_\Delta}{3\omega V^2} = \dfrac{40 \times 10^3}{3 \times 2\pi \times 60 \times 380^2} \times 10^6 = 244.93[\mu\text{F}]$

2) Y결선인 경우 $C_2[\mu\text{F}]$

정답

$Q_Y = \omega CV^2$

$C = \dfrac{Q_Y}{\omega V^2} = \dfrac{40 \times 10^3}{2\pi \times 60 \times 380^2} \times 10^6 = 734.79[\mu\text{F}]$

20 부하설비의 역률이 90[%] 이하로 낮아지는 경우 수용자가 볼 수 있는 손해를 4가지만 쓰시오. (단, 역률은 지상이다.)

정답

1) 전력손실이 증가한다.
2) 전압강하가 증가한다.
3) 전기요금이 증가한다.
4) 전원설비의 용량이 증가한다.

21 지상역률 80[%]인 60[kW] 부하에 지상역률 60[%]인 40[kW]의 부하를 연결하였다. 이때 합성역률을 90[%]로 개선하는 데 필요한 콘덴서 용량은 몇 [kVA]인가?

정답

1) 합성 유효전력 $P_0 = 60 + 40 = 100$[kW]

2) 합성 무효전력 $Q_0 = 45 + 53.33 = 98.33$[kVar]

(1) $Q_1 = \dfrac{60}{0.8} \times 0.6 = 45$[kVar]

(2) $Q_2 = \dfrac{40}{0.6} \times 0.8 = 53.33$[kVar]

3) 합성역률 $\cos\theta = \dfrac{P}{P_a} = \dfrac{100}{\sqrt{100^2 + 98.33^2}} = 0.713$

4) 역률을 90[%]로 개선하기 위한 콘덴서 용량 Q_c

$Q_c = P(\tan\theta_1 - \tan\theta_2)$

$= P(\dfrac{\sqrt{1-\cos^2\theta_1}}{\cos\theta_1} - \dfrac{\sqrt{1-\cos^2\theta_2}}{\cos\theta_2})$

$= 100 \times (\dfrac{\sqrt{1-0.713^2}}{0.713} - \dfrac{\sqrt{1-0.9^2}}{0.9}) = 49.93$[kVar]

22 부하의 최대수요전력을 억제하는 방법을 3가지만 쓰시오.

정답

1) 부하의 피크 컷 제어
2) 부하의 피크 시프트 제어
3) 설비의 프로그램에 의한 제어

23

지상역률 80[%]인 100[kW] 부하에 지상역률 60[%]인 70[kW]의 부하를 연결하였다. 이때 합성역률을 90[%]로 개선하는 데 필요한 콘덴서 용량은 몇 [kVA]인가?

정답

1) 합성 유효전력 $P_0 = 100 + 70 = 170[\text{kW}]$

2) 합성 무효전력 $Q_0 = 75 + 93.33 = 168.33[\text{kVar}]$

(1) $Q_1 = \dfrac{100}{0.8} \times 0.6 = 75[\text{kVar}]$

(2) $Q_2 = \dfrac{70}{0.6} \times 0.8 = 93.33[\text{kVar}]$

3) 합성역률 $\cos\theta = \dfrac{P}{P_a} = \dfrac{170}{\sqrt{170^2 + 168.33^2}} = 0.71$

4) 역률을 90[%]로 개선하기 위한 콘덴서 용량 Q_c

$$Q_c = P(\tan\theta_1 - \tan\theta_2)$$

$$= P\left(\frac{\sqrt{1-\cos^2\theta_1}}{\cos\theta_1} - \frac{\sqrt{1-\cos^2\theta_2}}{\cos\theta_2}\right)$$

$$= 170 \times \left(\frac{\sqrt{1-0.71^2}}{0.71} - \frac{\sqrt{1-0.9^2}}{0.9}\right) = 86.33[\text{kVar}]$$

24

제5고조파 전류의 확대 방지 및 스위치 투입 시 돌입전류 억제를 목적으로 역률 개선용 콘덴서에 직렬 리액터를 설치하고자 한다. 콘덴서의 용량이 500[kVA]라고 할 때 다음 각 물음에 답하시오.

1) 이론상 필요한 직렬 리액터 용량[kVA]를 구하시오.

정답

이론상 콘덴서 용량의 4[%]가 되므로
이론상 필요한 직렬 리액터 용량은 $500 \times 0.04 = 20[\text{kVA}]$이다.

2) 실제적으로 설치하는 직렬 리액터의 용량[kVA]를 구하고 그 이유를 설명하시오.

정답

(1) 용량 : 실제의 경우 콘덴서 용량의 6[%]가 되므로 $500 \times 0.06 = 30$[kVA]이다.

(2) 이유 : 주파수 변동을 고려하여

25 부하의 역률 개선에 대한 다음 각 물음에 답하시오.

1) 역률을 개선하는 원리를 간단히 설명하시오.

정답

부하에 병렬로 콘덴서를 설치하여 진상전류를 흘려줌으로써 지상무효전력을 감소시켜 역률을 개선한다.

2) 부하설비의 역률이 저하하는 경우 수용가가 볼 수 있는 손해를 두 가지만 쓰시오.

정답

(1) 전력손실이 커진다.

(2) 전압강하가 커진다.

3) 어느 공장에 3상 부하가 30[kW]이고, 역률이 65[%]이다. 역률을 90[%]로 개선하려면 전력용 콘덴서는 몇 [kVA]가 필요한가?

정답

$$Q_c = P(\tan\theta_1 - \tan\theta_2)$$

$$= P\left(\frac{\sqrt{1-\cos^2\theta_1}}{\cos\theta_1} - \frac{\sqrt{1-\cos^2\theta_2}}{\cos\theta_2}\right)$$

$$= 30 \times \left(\frac{\sqrt{1-0.65^2}}{0.65} - \frac{\sqrt{1-0.9^2}}{0.9}\right)$$

$$= 20.54[\text{kVA}]$$

26

제3고조파의 유입으로 인한 사고를 방지하기 위하여 콘덴서 회로에 콘덴서 용량의 11[%]인 직렬 리액터를 설치하였다. 이 경우에 콘덴서의 정격전류가 10[A]라면 콘덴서 투입 시의 전류는 몇 [A]가 되겠는가?

정답

콘덴서 투입 시 돌입전류 I_{cmax}

$$I_{cmax} = (1+\sqrt{\frac{X_c}{X_L}})I_n = (1+\sqrt{\frac{1}{0.11}})\times 10 = 40.15[\text{A}]$$

27

3상 380[V], 60[Hz]에 사용되는 Y결선된 역률 개선용 진상콘덴서 1[kVA]에 적합한 표준규격 [μF]의 3상 콘덴서를 선정하시오. (단, 3상 콘덴서 표준규격[μF]은 10, 15, 20, 30, 40, 50, 75이다.)

정답

Y결선 시 콘덴서 용량 $Q_Y = \omega C V^2$

따라서 $C = \frac{Q_Y}{\omega V^2} = \frac{1\times 10^3}{2\pi\times 60\times 380^2}\times 10^6 = 18.37[\mu\text{F}]$이다.

$\therefore$ 20[μF] 선정

28

전동기에 개별로 콘덴서를 설치할 경우 발생할 수 있는 자기여자현상의 발생 원인과 현상을 설명하시오.

1) 발생 원인

정답

전동기의 무부하시 전류보다 콘덴서 전류가 더 큰 경우 발생한다.

2) 현상

정답

전동기에 단자전압이 일시적으로 정격전압보다 상승하는 현상이 일어난다.

29 변압기 용량이 1,000[kVA]인 변전소에서 현재 200[kW], 500[kVar]의 부하와 역률 0.8 (지상), 400[kW]의 부하에 전력을 공급하고 있다. 여기에 350[kVar]의 커패시터를 설치할 경우 다음 각 물음에 답하시오.

1) 커패시터 설치 전 부하의 합성역률을 구하시오.

정답

각각의 부하의 합성 유효전력과 합성 무효전력을 구하면

(1) 합성 유효전력 $P_0 = 200 + 400 = 600[\text{kW}]$

(2) 합성 무효전력 $Q_0 = 500 + \dfrac{400}{0.8} \times 0.6 = 800[\text{kVar}]$

(3) 따라서 합성역률 $\cos\theta_0 = \dfrac{P_0}{P_a} = \dfrac{600}{\sqrt{600^2 + 800^2}} \times 100 = 60[\%]$

2) 커패시터 설치 후 변압기를 과부하로 하지 않으면서 200[kW]의 전동기 부하를 새로 추가할 때 전동기의 역률은 얼마 이상 되어야 하는지 구하시오.

정답

커패시터를 설치하여 변압기의 용량을 넘어서지 않으며 200[kW]의 부하를 추가하는 조건이므로

$1000 = \sqrt{(600+200)^2 + (800 - 350 + Q_M)^2}$

$1000^2 = 800^2 + (450 + Q_M)^2$

$Q_M = 150[\text{kVar}]$

그러므로 전동기의 역률 $\cos\theta = \dfrac{P}{P_a} = \dfrac{200}{\sqrt{200^2 + 150^2}} \times 100 = 80[\%]$

3) 부하 추가 후의 종합역률을 구하시오.

정답

역률 $\cos = \frac{P}{P_a} = \frac{800}{1,000} \times 100 = 80[\%]$

30

역률 개선용 커패시터와 직렬로 연결하여 사용하는 직렬 리액터의 사용 목적을 3가지만 쓰시오.

정답

1) 콘덴서 투입 시 돌입전류를 억제한다.
2) 콘덴서 사용에 의한 고조파에 전압파형의 왜곡을 방지한다.
3) 고조파 전류의 유입 억제와 계전기 오동작을 방지한다.

31

어느 수용가가 당초 역률(지상) 80[%]로 100[kW]의 부하를 사용하고 있었는데 새로이 역률(지상) 60[%], 70[kW]의 부하를 증가하여 사용하게 되었다. 이때 커패시터로 합성역률을 90[%]로 개선하는 데 필요한 용량[kVA]을 구하시오.

정답

1) 합성 유효전력 $P_0 = P_1 + P_2$

$$= 100 + 70 = 170[\text{kW}]$$

2) 합성 유효전력 $Q_0 = \frac{P_1}{\cos\theta_1} \times \sin\theta_1 + \frac{P_2}{\cos\theta_2} \times \sin\theta_2$

$$= \frac{100}{0.8} \times 0.6 + \frac{70}{0.6} \times 0.8 = 168.33[\text{kVar}]$$

3) 합성역률 $\cos\theta = \frac{P}{P_a} = \frac{170}{\sqrt{170^2 + 168.33^2}} = 0.71$

4) 역률 개선용 콘덴서 용량

$$Q_c = P(\tan\theta_1 - \tan\theta_2)$$

$$= P(\frac{\sqrt{1-\cos^2\theta_1}}{\cos\theta_1} - \frac{\sqrt{1-\cos^2\theta_2}}{\cos\theta_2})$$

$$= 170 \times (\frac{\sqrt{1-0.71^2}}{0.71} - \frac{\sqrt{1-0.9^2}}{0.9}) = 86.28[\text{kVA}]$$

32 정전기 대전의 종류 3가지와 정전기 방지 대책 2가지를 쓰시오.

1) 정전기 대전의 종류 3가지를 쓰시오.

정답

전기저항이 큰 물건에 인간의 압착 또는 마찰 등이 생기면 정전기를 대전하게 한다.

정전기 대전의 종류

(1) 마찰대전

(2) 박리대전

(3) 충돌대전

2) 정전기 방지 대책 2가지를 쓰시오.

정답

(1) 제전기를 사용한다.

(2) 대전되는 물체를 접지한다.

33 송전용량 5,000[kVA]인 설비가 있을 때 공급 가능한 용량은 부하 역률 80[%]에서 4,000[kW]까지이다. 만약 여기서 부하의 역률을 95[%]로 개선할 경우 역률 개선 전(80[%])에 비하여 공급 가능한 용량[kW]은 얼마나 증가되는지를 구하시오.

정답

1) 역률 개선 전 공급 전력 $P_1 = 4{,}000$[kW]

2) 역률 개선 후 공급 전력 $P_2 = P_a \cos\theta_2 = 5{,}000 \times 0.95 = 4{,}750$[kW]

3) 역률 개선에 따른 공급 가능용량 $\Delta P = P_2 - P_1 = 4{,}750 - 4{,}000 = 750$[kW]

34 단상 커패시터 3개를 선간전압 3,300[V], 주파수 60[Hz]의 선로에 Δ로 접속하여 60[kVA]가 되도록 하려면 커패시터 1개의 정전용량[μF]은 약 얼마로 하면 되는가?

정답

콘덴서 용량 $Q = 3\omega CE^2$

여기서 Δ결선이므로

$Q_\Delta = 3\omega CE^2$

$C = \dfrac{Q_\Delta}{3\omega E^2}$ 이 된다.

따라서 $C = \dfrac{60 \times 10^3}{3 \times 2\pi \times 60 \times 3{,}300^2} \times 10^6 = 4.87[\mu\text{F}]$

35 3상 380[V], 60[Hz], 18.5[kW]의 유도전동기가 역률 70[%]로 운전하고 있다. 여기에 전력용 커패시터를 Y결선 후 병렬로 설치하여 역률을 90[%]로 개선하고자 한다. 다음 각 물음에 답하시오.

1) 3상 전력용 커패시터의 용량[kVA]을 구하시오.

정답

$$Q_c = P(\tan\theta_1 - \tan\theta_2)$$

$$= P\left(\frac{\sqrt{1-\cos^2\theta_1}}{\cos\theta_1} - \frac{\sqrt{1-\cos^2\theta_2}}{\cos\theta_2}\right)$$

$$= 18.5 \times \left(\frac{\sqrt{1-0.7^2}}{0.7} - \frac{\sqrt{1-0.9^2}}{0.9}\right) = 9.91[\text{kVA}]$$

2) 1상당 전력용 커패시터의 정전용량[μF]을 구하시오.

정답

$$Q_Y = 3\omega CE^2$$

$$C = \frac{Q_Y}{3\omega E^2}$$

$$= \frac{9.91 \times 10^3}{3 \times 2\pi \times 60 \times \left(\frac{380}{\sqrt{3}}\right)^2} \times 10^6 = 182.04[\mu\text{F}]$$

Chapter 13 감리

01

감리원은 해당공사 완료 후 준공검사 전에 공사업자로부터 시운전 절차를 준비하도록 하여 시운전에 입회할 수 있다. 이에 따른 시운전 완료 후에 성과품을 공사업자로부터 제출받아 검토한 후 발주자에게 인계하여야 할 사항(서류 등)을 5가지만 쓰시오.

정답

1) 운전개시, 가동절차 및 방법
2) 점검항목 점검표
3) 운전지침
4) 기기류 단독 시운전 방법 검토 및 계획서
5) 실가동 Diagram

그 외 6) 시험구분, 방법, 사용매체 검토 및 계획서, 7) 시험성적서, 8) 성능시험 성적서가 있다.

02

감리원은 매 분기마다 공사업자로부터 안전관리 결과보고서를 제출받아 이를 검토하고 미비한 사항이 있을 때에는 시정조치를 하여야 한다. 안전관리 결과보고서에 포함되어야 하는 서류 5가지를 쓰시오.

정답

1) 안전관리 조직표
2) 재해발생 현황
3) 안전보건 관리체제
4) 안전교육 실적표
5) 산재요양신청서 사본

03 다음은 전력시설물 공사감리업무 수행지침 중 감리원의 공사 중지명령과 관련된 사항이다. ①~⑤의 알맞은 내용을 답란에 쓰시오.

감리원은 시공된 공사가 품질확보 미흡 또는 중대한 위해를 발생시킬 우려가 있다고 판단되거나, 안전상 중대한 위험이 발견된 경우에는 공사 중지를 지시할 수 있으며 공사 중지는 부분중지와 전면중지로 구분한다. 부분중지의 경우는 다음 각 호와 같다.

1) (①)이(가) 이행되지 않은 상태에서는 다음 단계의 공정이 진행됨으로써 (②)이(가) 될 수 있다고 판단될 때
2) 안전시공상 (③)이(가) 예상되어 물적, 인적 중대한 피해가 예견될 때
3) 동일 공정에 있어 (④)이(가) 이행되지 않을 때
4) 동일 공정에 있어 (⑤)이(가) 있었음에도 이행되지 않을 때

정답

① 재시공 지시
② 하자발생
③ 중대한 위험
④ 3회 이상 시정지시
⑤ 2회 이상 경고

04 감리원은 공사시작 전에 설계도서의 적정여부를 검토하여야 한다. 설계도서 검토 시 포함하여야 하는 주요 검토내용을 5가지만 쓰시오.

정답

1) 현장요건에 부합하는지 여부
2) 시공의 실제가능 여부
3) 설계도서의 누락, 오류 등 불명확한 부분의 존재 여부
4) 시공상의 예상 문제점 및 대책
5) 다른 사업 또는 다른 공정과의 상호부합 여부

05 설계감리업무 수행지침의 용어 정의 중 전력시설물의 현장적용 적합성 및 생애주기비용 등을 검토하는 것을 무엇이라 하는지 쓰시오.

정답

설계의 경제성 검토

06 다음을 읽고 ( ) 안에 공통으로 들어갈 내용을 답란에 쓰시오.

- 감리원은 공사업자로부터 ( )을(를) 사전에 제출받아 다음 각 호의 사항을 고려하여 공사업자가 제출한 날부터 7일 이내에 검토·확인하여 승인한 후 시공할 수 있도록 하여야 한다. 다만, 7일 이내에 검토·확인이 불가능한 때에는 사유 등을 명시하여 통보하고, 통보사항이 없는 때에는 승인한 것으로 본다.
  1. 설계도면, 설계설명서 또는 관계 규정이 일치하는지 여부
  2. 현장의 시공기술자가 명확하게 이해할 수 있는지 여부
  3. 실제시공 가능 여부
  4. 안정성의 확보 여부
  5. 계산의 정확성
  6. 제도의 품질 및 선명성, 도면작성 표준에 일치 여부
  7. 도면으로 표시 곤란한 내용은 시공 시 유의사항으로 작성되었는지 등의 검토
- ( )은(는) 설계도면 및 설계설명서 등에 불명확한 부분을 명확하게 해줌으로써 시공상의 착오방지 및 공사의 품질을 확보하기 위한 수단으로 사용한다.

정답

시공상세도

07 다음은 전력시설물 공사감리업무 수행지침과 관련된 사항이다. ( ) 안에 알맞은 내용을 답란에 쓰시오.

감리원은 설계도서 등에 대하여 공사계약문서 상호 간의 모순되는 사항, 현장 실정과의 부합여부 등 현장 시공을 주안으로 하여 해당 공사 시작 전에 검토하여야 하며 검토내용에는 다음 각 호의 사항 등이 포함되어야 한다.

1. 현장조건에 부합 여부
2. 시공의 (①) 여부
3. 다른 사업 또는 다른 공정과의 상호부합 여부
4. (②), 설계설명서, 기술계산서, (③) 등의 내용에 대한 상호일치 여부
5. (④), 오류 등 불명확한 부분의 존재 여부
6. 발주자가 제공한 (⑤)와(과) 공사업자가 제출한 산출내역서의 수량일치 여부
7. 시공상의 예상 문제점 및 대책 등

정답

①	②	③	④	⑤
실제가능	설계도면	산출내역서	설계도서의 누락	물량 내역서

08 전력시설물 공사감리업무 수행지침에서 정하는 발주자는 외부 사업환경의 변동, 사업 추진 기본계획의 조정, 민원에 따른 노선변경, 공법변경, 그 밖의 시설물 추가 등으로 설계변경이 필요한 경우에는 다음의 서류를 첨부하여 반드시 서면으로 책임감리원에게 설계 변경을 지시하도록 하여야 하는데 이 경우 첨부하여야 하는 서류를 5가지 쓰시오. (단, 그 밖에 필요한 서류는 제외한다.)

정답

1) 설계변경 개요서　2) 설계설명서　3) 설계변경 도면
4) 수량산출 조서　5) 계산서

09 전력시설물 공사감리업무 수행 시 비상주 감리원의 업무를 5가지만 쓰시오.

정답

1) 설계도서 등의 검토　2) 설계변경에 대한 기술 검토
3) 설계변경 및 계약금액 조정심사　4) 기성 및 준공검사
5) 공사와 관련하여 발주자(지원업무수행자 포함)가 요구한 기술적 사항 등에 대한 검토

10 책임 설계감리원이 설계감리의 기성 및 준공을 처리한 때에 발주자에게 제출하는 준공서류 중 감리기록서류 5가지를 쓰시오. (단, 설계감리업무 수행지침을 따른다.)

정답

1) 설계감리일지
2) 설계감리지시부
3) 설계감리요청서
4) 설계감리기록부
5) 설계자와 협의사항 기록부

11 전기안전관리자의 공사의 감리업무 중 공사종류 2가지를 쓰시오.

정답

1) 비상용 예비발전설비의 설치·변경공사로서 총 공사비가 1억원 미만인 공사
2) 전기수용설비의 증설 또는 변경공사로서 총 공사비가 5천만원 미만인 공사

12 전력시설물 공사감리업무 수행지침에서 정하는 전기공사업자가 해당 공사현장에서 공사업무 수행상 비치하고 기록·보관하여야 하는 서식 5가지를 쓰시오.

정답

1) 하도급 현황
2) 안전관리비 사용실적 현황
3) 주요인력 및 장비 투입 현황
4) 기자재 공급원 승인 현황
5) 주간 공정계획 및 실적보고서

13

책임감리원은 감리업무 수행 중 긴급하게 발생되는 사항 또는 불특정하게 발생하는 중요사항에 대하여 발주자에게 수시로 보고하여야 하며, 감리기간 종료 후 최종감리보고서를 발주자에게 제출하여야 한다. 최종감리보고에 포함될 서류 중 안전관리 실적 3가지를 쓰시오.

정답

1) 교육실적
2) 안전점검실적
3) 안전관리비 사용실적

14

전력시설물 공사감리업무 수행지침에 따른 착공신고서 검토 및 보고에 대한 내용이다. 다음 ( )에 들어갈 내용을 답란에 쓰시오. (단, 반드시 전력시설물 공사감리업무 수행지침에 표현된 문구를 활용하여야 한다.)

감리원은 공사가 시작된 경우에는 공사업자로부터 다음 각 호의 서류가 포함된 착공 신고서를 제출받아 적정성 여부를 검토하여 7일 이내에 발주자에게 보고하여야 한다.
1. 시공관리책임자 지정통지서(현장관리조직, 안전관리자)
2. (①)
3. (②)
4. 공사도급 계약서 사본 및 산출내역서
5. 공사 시작 전 사진
6. 현장기술자 경력사항 확인서 및 자격증 사본
7. (③)
8. 작업인원 및 장비투입 계획서
9. 그 밖에 발주자가 지정한 사항

정답

① 공사 예정 공정표
② 품질관리 계획서
③ 안전관리계획서

15 **설계감리업무 수행지침에 따른 설계감리의 기성 및 준공에 대한 내용이다. 다음 (   )에 들어갈 내용을 답란에 쓰시오. (단, 순서에 관계없이 ① ~ ⑤를 작성하되, 동 지침에서 표현하는 단어로 쓰시오.)**

> 책임 설계감리원이 설계감리의 기성 및 준공을 처리한 때에는 다음 각 호의 준공서류를 구비하여 발주자에게 제출하여야 한다.
> 1) 설계용역 기성 부분 검사원 또는 설계용역 준공검사원
> 2) 설계용역 기성부분 내역서
> 3) 설계감리 결과보고서
> 4) 감리기록서류
> 가. (①)
> 나. (②)
> 다. (③)
> 라. (④)
> 마. (⑤)
> 5) 그 밖에 발주자가 과업지시서상에서 요구한 사항

정답

① 설계감리일지
② 설계감리지시부
③ 설계감리기록부
④ 설계감리요청서
⑤ 설계자와 협의사항 기록부

16 전력시설물 공사감리업무 수행지침에서 정하는 감리원은 해당 공사완료 후 준공검사 전에 사전 시운전 등이 필요한 부분에 대하여는 공사업자에게 시운전을 위한 계획을 수립하여 시운전 30일 이내에 제출하도록 하고, 이를 검토하여 발주자에게 제출하여야 한다. 시운전을 위한 계획 수립 시 포함되어야 하는 사항을 3가지만 쓰시오. (단, 반드시 전력시설물 공사감리업무 수행지침에 표현된 문구를 활용하여 쓰시오.)

정답

1) 시운전 일정
2) 시운전 절차
3) 시운전 항목 및 종류
그 외 시험장비 확보 및 보정, 기계·기구 사용계획 등이 있다.

17 전력기술관리법에 따른 종합설계업의 기술인력 등록 기준을 3가지 쓰시오.

정답

종합설계업 등록을 위한 기준의 경우 기술인력은 전기분야 기술사 2명, 설계사 2명, 설계보조자 2명이 된다.
참고로 자본금의 경우 1억원 이상이어야 한다.

18 전력시설물 공사감리업무 수행지침에 따른 검사절차에 대한 내용이다. 다음 (   )에 들어갈 내용을 답란에 쓰시오. (단, 반드시 전력시설물 공사감리업무 수행지침에 표현된 문구를 활용하여 쓰도록 한다.)

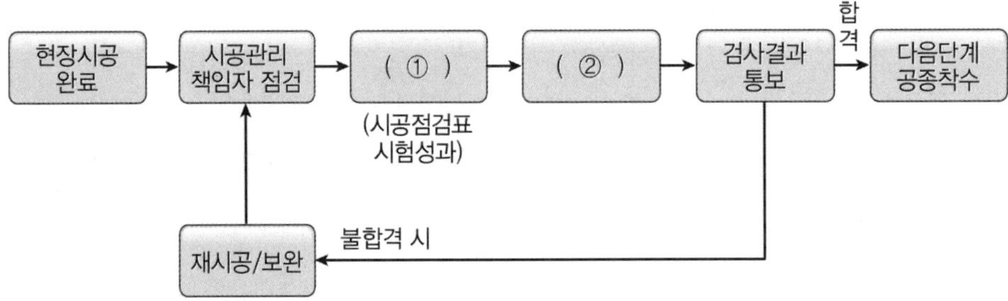

정답

① 검사 요청서 제출
② 감리원 현장검사

19

설계감리업무 수행지침에 따라 설계감리원은 설계용역 착수 및 수행단계에서 필요한 경우 문서를 비치하고, 그 세부양식은 발주자의 승인을 받아 설계감리과정을 기록하여야 하며, 설계감리 완료와 동시에 발주자에게 제출하여야 한다. 다음 참고조건에서 설계감리원이 필요한 경우 비치하는 문서가 아닌 항목을 답란에 쓰시오.

참고조건

1) 근무상황부
2) 공사예정공정표
3) 해당 용역관련 수·발신 공문서 및 서류
4) 설계자와 협의사항 기록부
5) 공사 기성신청서
6) 설계감리 검토의견 및 조치 결과서
7) 설계감리 주요검토결과
8) 설계도서 검토의견서
9) 설계도서(내역서, 수량산출 및 도면 등)를 검토한 근거서류
10) 설계수행계획서

정답

2), 5), 10)

20

전력시설물 공사감리업무 수행지침에 따른 부진공정 만회대책에 대한 내용이다. 다음 (　　)에 들어갈 내용을 답란에 쓰시오.

감리원은 공사 진도율이 계획공정 대비 월간 공정실적이 (①)[%] 이상 지연되거나, 누계공정 실적이 (②)[%] 이상 지연될 때에는 공사업자에게 부진사유 분석, 만회대책 및 만회공정표를 수립하여 제출하도록 지시하여야 한다.

정답

① 10　② 5

Chapter 14

예비전원

01 교류 발전기에 대한 다음 각 물음에 답하시오.

1) 정격전압 6,000[V], 정격출력 5,000[kVA]인 3상 교류 발전기에서 계자전류가 300[A], 무부하 단자전압이 6,000[V]이고, 이 계자전류에 있어서의 3상 단락전류가 700[A]라고 한다. 이 발전기의 단락비를 구하시오.

정답

단락비 $K_s = \dfrac{I_s}{I_n} = \dfrac{700}{\dfrac{5{,}000 \times 10^3}{\sqrt{3} \times 6{,}000}} = 1.45$

2) 다음 ①～⑥에 알맞은 (   ) 안의 내용을 크다(고), 적다(고), 높다(고), 낮다(고) 등으로 표시하시오.

단락비가 큰 교류발전기는 일반적으로 기계의 치수가 (①), 가격이 (②), 풍손, 마찰손, 철손이 (③), 효율은 (④), 전압변동률은 (⑤), 안정도는 (⑥).

정답

① 크고 ② 높고 ③ 크고 ④ 낮고 ⑤ 적고 ⑥ 높다

3) 비상용 동기발전기의 병렬 운전 조건 4가지를 쓰시오.

정답

(1) 기전력의 크기가 같을 것
(2) 기전력의 위상이 같을 것
(3) 기전력의 주파수가 같을 것
(4) 기전력의 파형이 같을 것

02 그림과 같은 방전 특성을 갖는 부하에 필요한 축전지 용량은 몇 [Ah]인가?
(단, 방전전류 : $I_1=200$[A], $I_2=300$[A], $I_3=150$[A], $I_4=100$[A],
방전시간 : $T_1=130$[분], $T_2=120$[분], $T_3=40$[분], $T_4=5$[분],
용량환산시간 : $K_1=2.45$, $K_2=2.45$, $K_3=1.46$, $K_4=0.45$,
보수율은 0.7로 적용한다.)

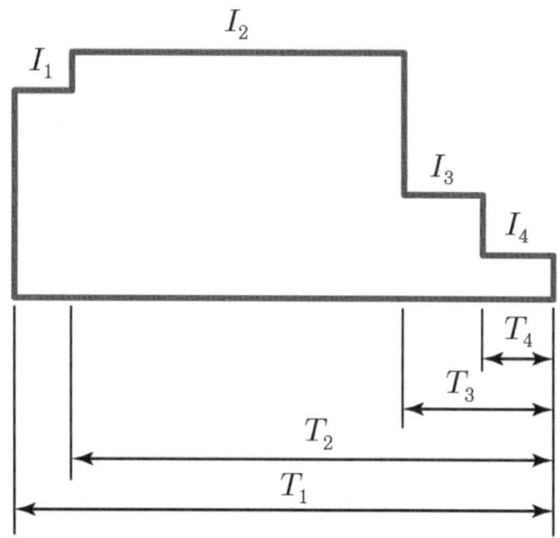

정답

$$C=\frac{1}{L}KI$$
$$=\frac{1}{L}[(K_1I_1)+K_2(I_2-I_1)+K_3(I_3-I_2)+K_4(I_4-I_3)]$$
$$=\frac{1}{0.7}[(2.45\times200)+2.45\times(300-200)+1.46\times(150-300)+0.45\times(100-150)]$$
$$=705\text{[Ah]}$$

03 비상용 조명부하 110[V]용 100[W] 18등, 60[W] 25등이 있다. 방전시간 30분, 축전지 HS형 54[cell], 허용 최저전압 100[V], 최저 축전지 온도 5[℃]일 때 축전지 용량은 몇 [Ah]인가? (단, 경년 용량 저하율은 0.8이며, 용량환산시간 계수 $K=1.2$이다.)

정답

축전지 용량 $C=\frac{1}{L}KI=\frac{1}{0.8}\times1.2\times30=45$[Ah]

여기서 부하전류 $I=\frac{P}{V}=\frac{100\times18+60\times25}{110}=30$[A]가 된다.

04 다음 물음에 답하시오.

1) 정류기가 축전지의 충전에만 사용되지 않고 평상시 다른 직류부하의 전원으로 병행하여 사용되는 충전방식의 명칭을 쓰시오.

정답

부동충전방식(축전지의 자기방전을 보충함과 동시에 평상시 사용부하에 대한 전력공급은 충전기가 부담하되 일시적인 대전류는 축전지가 부담하는 방식을 말한다.)

2) 축전지의 각 전해조에 일어나는 전위차를 보정하기 위해 1~3개월마다 1회 정전압으로 10~12시간 충전하는 충전방식의 명칭을 쓰시오.

정답

균등충전방식(각 전해조에 일어나는 전위차를 보정하기 위해 1~3개월마다 1회 정전압으로 10~12시간 충전하는 충전방식을 말한다.)

05 사용 중인 UPS의 2차 측에 단락사고 등이 발생했을 경우 UPS와 고장회로를 분리하는 방식 3가지를 쓰시오.

정답

1) 배선용 차단기에 의한 방식
2) 반도체 차단기에 의한 방식
3) 반도체용 한류형 퓨즈에 의한 방식

06 동기발전기를 병렬로 접속하여 운전 시 발생하는 횡류의 종류를 3가지 쓰고, 어떤 작용을 하는지 설명하시오.

정답

1) 무효횡류 : 양 발전기의 역률을 변화시킨다.
2) 유효횡류 : 양 발전기의 유효전력의 분담을 변화시킨다.
3) 고조파 무효횡류 : 전기자 권선의 저항손을 증가시킨다.

07 일정 기간 사용한 연축전지를 점검하였더니 전 셀의 전압이 불균일하게 나타났다면, 어떤 충전방식으로 하여야 하는지 충전방식의 명칭과 그 충전방식에 대하여 설명하시오.

정답

1) 명칭 : 균등충전방식
2) 설명 : 축전지의 각 전해조에서 일어나는 전위차를 보정하기 위하여 1~3개월마다 1회씩 정전압으로 10~12시간 충전하여 각 전해조의 용량을 균일하게 하는 충전방식을 말한다.

08 비상용 조명부하 110[V]용 100[W] 77등, 60[W] 55등이 있다. 방전시간 30분, 축전지 HS형 54[cell], 허용 최저전압 100[V], 최저 축전지 온도 5[℃]일 때 축전지 용량은 몇 [Ah]인지 계산하시오. (단, 경년 용량 저하율 0.8, 용량환산시간 계수 $K=1.2$이다.)

정답

축전지 용량 $C=\frac{1}{L}KI=\frac{1}{0.8}\times 1.2\times 100=150[\text{Ah}]$

여기서 부하전류 $I=\frac{P}{V}=\frac{100\times 77+60\times 55}{110}=100[\text{A}]$

09 부하가 유도전동기이고, 기동용량이 500[kVA]이다. 기동 시 전압강하는 20[%]이며, 발전기의 과도리액턴스가 25[%]이다. 이 전동기를 운전할 수 있는 자가발전기의 최소용량은 몇 [kVA]인지 구하시오.

정답

발전기 용량 P_G

$P_G=\frac{1}{\text{허용전압강하}}\times \text{과도리액턴스}\times \text{기동용량}$

$=\frac{1}{0.2}\times 0.25\times 500=500[\text{kVA}]$

10 비상용 자가발전기를 구입하고자 한다. 부하는 단일부하로서 유도전동기이며, 기동용량이 1,800[kVA]이고, 기동 시의 전압강하는 20[%]까지 허용한다. 발전기의 과도리액턴스는 26[%]로 한다면 자가발전기의 용량은 이론상 몇 [kVA] 이상의 것을 구입하여야 하는가?

정답

발전기 용량 $P=(\frac{1}{\text{허용전압강하}}-1)\times \text{과도리액턴스}\times \text{기동용량}$

$=(\frac{1}{0.2}-1)\times 0.26\times 1,800=1,872[\text{kVA}]$

11 다음과 같은 특성의 축전지 용량 C를 구하시오. (단, 축전지 사용 시의 보수율은 0.8, 축전지 온도 5[℃], 허용 최저전압은 90[V], 셀당 전압 1.06[V/cell], K_1 =1.15, K_2 =0.92이다.)

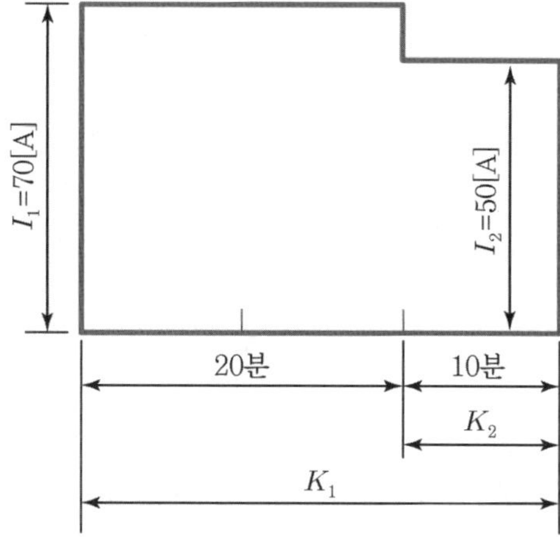

정답

축전지 용량 $C=\frac{1}{L}KI$

$$=\frac{1}{L}[(K_1I_1)+K_2(I_2-I_1)]$$

$$=\frac{1}{0.8}[(1.15\times 70)+0.92\times(50-70)]$$

$$=77.63[\text{Ah}]$$

12 발전기실의 위치선정 시 고려하여야 하는 사항을 4가지 쓰시오.

정답

1) 엔진기초는 건물의 기초와 관계가 없는 장소일 것
2) 급·배기가 잘 될 것
3) 엔진 및 배기관의 소음 등이 주위에 영향을 미치지 말 것
4) 발전기의 보수 점검 등이 용이하도록 충분한 면적과 층고를 확보할 것

13 축전지를 사용 중 충전하는 방식을 4가지만 쓰시오.

정답

1) 보통충전
2) 급속충전
3) 부동충전
4) 균등충전

14 부하의 허용 최저전압이 DC 115[V]이며, 축전지와 부하 간의 전선에 의한 전압강하가 5[V]이다. 직렬로 접속한 축전지가 55셀일 때 축전지 셀당 허용 최저전압을 구하시오.

정답

셀당 허용 최저전압 $V = \dfrac{\text{허용최저전압} + \text{전압강하}}{\text{축전지수}} = \dfrac{115+5}{55} = 2.18[\text{V/cell}]$

15 그림과 같은 방전 특성을 갖는 부하에 필요한 축전지 용량[Ah]을 구하시오.

(단, 방전전류 $I_1 = 500[\text{A}]$, $I_2 = 300[\text{A}]$, $I_3 = 100[\text{A}]$. $I_4 = 200[\text{A}]$이며,
방전시간 $T_1 = 120[\text{분}]$, $T_2 = 119.9[\text{분}]$, $T_3 = 60[\text{분}]$, $T_4 = 1[\text{분}]$,
용량환산시간 $K_1 = 2.49$, $K_2 = 2.49$, $K_3 = 1.46$, $K_4 = 0.57$이며,
보수율은 0.8이다.)

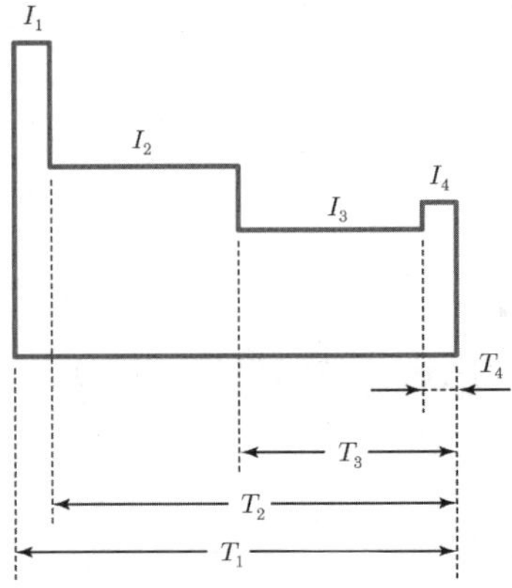

정답

$$C=\frac{1}{L}KI$$
$$=\frac{1}{L}[(K_1I_1)+K_2(I_2-I_1)+K_3(I_3-I_2)+K_4(I_4-I_3)]$$
$$=\frac{1}{0.8}[(2.49\times500)+2.49\times(300-500)+1.46\times(100-300)+0.57\times(200-100)]$$
$$=640[\text{Ah}]$$

16 알칼리축전지의 정격용량이 100[Ah]이고, 상시부하가 5[kW], 표준전압이 100[V]인 부동충전방식이 있다. 이 부동충전방식에 대해서 다음 각 물음에 답하시오.

1) 부동충전방식의 충전기의 2차 전류는 몇 [A]인가?

정답

$$\text{부동충전방식의 충전기의 2차 전류}=\frac{\text{축전지 용량[Ah]}}{\text{정격방전율[h]}}+\frac{\text{상시 부하용량[VA]}}{\text{표준전압[V]}}$$
$$=\frac{100}{5}+\frac{5\times10^3}{100}=70[\text{A}]$$

2) 부동충전방식의 회로도를 전원, 축전지, 부하, 충전기 등을 이용하여 간단히 답란에 그리시오. (단, 심벌은 일반적인 심벌로 표시하며, 심벌 부근에 명칭을 기술하시오.)

정답

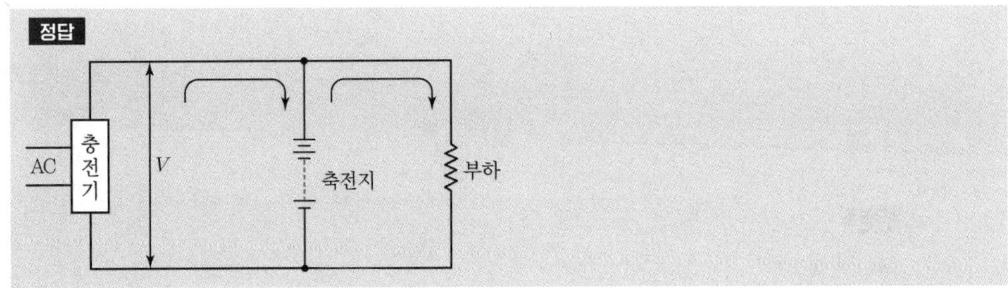

17 다음은 컴퓨터 등의 중요한 부하에 무정전 전원을 공급하기 위한 그림이다. 여기서 (가) ~ (마)에 적당한 전기 시설물의 명칭을 쓰시오.

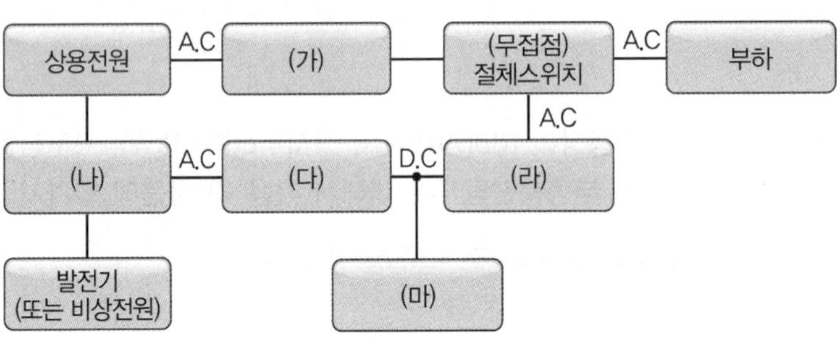

정답

(가) 자동전압조정기　　(나) 절체개폐기
(다) 정류기　　(라) 인버터　　(마) 축전지

18 축전지를 충전하는 방식을 3가지만 쓰고 충전방식에 대하여 다음 표를 완성하시오.

충전방식	설명

정답

충전방식	설명
보통충전	필요할 때마다 표준시간으로 하는 소정의 충전을 말한다.
균등충전	각 전해조에서 일어나는 전위차를 보정하기 위하여 1~3개월마다 1회씩 정전압으로 10~12시간 충전하는 방식이다.
부동충전	축전지의 자기 방전을 보충함과 동시에 상시 일정부하는 충전기가 부담하고 일시적인 대전류는 축전지가 부담하는 방식이다.

19 변전소에 200[Ah]의 연축전지가 55개 설치되어 있다. 각 물음에 답하시오.

1) 묽은 황산의 농도는 표준이고, 액면이 저하하여 극판이 노출되어 있다. 어떤 조치를 하여야 하는가?

정답

증류수를 보충한다.

2) 부동충전 시 알맞은 전압은?

정답

셀당 부동충전전압은 2.15[V/cell]이므로 $V = 2.15 \times 55 = 118.25$[V]이다.

3) 충전 시에 발생하는 가스의 종류는?

정답

수소

4) 충전이 부족할 때 극판에 발생하는 현상을 무엇이라 하는가?

정답

설페이션 현상

20 인텔리전트 빌딩(Intelligent building)은 빌딩 자동화시스템, 사무자동화시스템, 정보통신시스템, 건축환경을 총 망라한 건설과 유지관리의 경제성을 추구하는 빌딩이라 할 수 있다. 이러한 빌딩의 전산시스템을 유지하기 위하여 비상전원으로 사용하고 있는 UPS에 대해서 다음 각 물음에 답하시오.

1) UPS를 우리말로 표현하시오.

정답

무정전 전원 공급 장치

2) UPS AC → DC부와 DC → AC부로 변환하는 부분의 명칭을 각각 무엇이라 부르는지 쓰시오.

정답

(1) AC → DC : 컨버터

(2) DC → AC : 인버터

3) UPS가 동작되면 전력공급을 위한 축전지가 필요한데, 그 때의 축전지 용량을 구하는 공식을 쓰시오. (단, 기호를 사용할 경우, 사용 기호에 대한 그 의미를 쓰시오.)

정답

$$C = \frac{1}{L}KI$$

C : 축전지 용량[Ah], L : 보수율, K : 용량환산시간 계수, I : 방전전류[A]

21 다음은 상용전원과 예비전원 운전 시 유의하여야 할 사항이다. ( ) 안에 알맞은 내용을 쓰시오.

> 상용전원과 비상용 예비전원 사이에는 병렬 운전을 하지 않는 것이 원칙이므로 수전용 차단기와 발전용 차단기 사이에는 전기적 또는 기계적 (①)을(를) 시설해야 하며 적절한 연동기능을 갖춘 (②)을(를) 사용해야 한다.

정답

① 인터록

② 자동 절환 개폐장치

22 주어진 표는 어떤 부하 데이터의 예이다. 이 부하 데이터를 수용할 수 있는 발전기 용량을 구하시오.

부하의 종류	출력[kW]	전부하 특성			
		역률[%]	효율[%]	입력[kVA]	입력[kW]
유도전동기	37×6	87	81	52.5×6	45.7×6
유도전동기	11	84	77	17	14.3
전등・전열기 등	30	100		30	30
합계		88			

1) 전부하 정상 운전 시의 정격용량은 몇 [kVA]인지 구하시오.

정답

정격용량 $P = \frac{45.7 \times 6 + 14.3 + 30}{0.88} = 361.93$[kVA]

2) 이때 필요한 엔진 출력은 몇 [PS]인지 구하시오. (단, 효율은 92[%]이다.)

정답

1[PS]는 735.5[W]이므로

엔진 출력 $P = \frac{\text{발전기출력}}{\text{발전기효율}} = \frac{45.7 \times 6 + 14.3 + 30}{0.92} \times 1.36 = 470.83$[PS]

23 예비전원설비에 이용되는 연축전지와 알칼리축전지에 대하여 다음 각 물음에 답하시오.

1) 연축전지와 비교할 때 알칼리축전지의 장점과 단점을 1가지씩만 쓰시오.

정답

(1) 장점 : 수명이 길다.

(2) 단점 : 연축전지보다 공칭전압이 낮다.

2) 연축전지와 알칼리축전지의 공칭전압은 각각 몇 [V]인지 쓰시오.

정답

(1) 연축전지 : 2[V]

(2) 알칼리축전지 : 1.2[V]

3) 축전지의 일상적인 충전방식 중 부동충전방식에 대하여 설명하시오.

정답

충전기와 축전지를 병렬로 접속하여 축전지의 자기 방전을 보충함과 동시에 상시 일정부하는 충전기가 부담하고 일시적인 대전류는 축전지가 부담하는 방식이다.

4) 연축전지의 정격용량이 200[Ah]이고, 상시부하가 15[kW], 표준전압이 100[V]인 부동충전방식의 충전기의 2차 전류는 몇 [A]인지 구하시오. (단, 상시부하의 역률은 1로 한다.)

정답

부동충전방식의 충전기의 2차 전류 $= \dfrac{\text{축전지 용량[Ah]}}{\text{정격방전율[h]}} + \dfrac{\text{상시 부하용량[VA]}}{\text{표준전압[V]}}$

$= \dfrac{200}{10} + \dfrac{15 \times 10^3}{100} = 170[\text{A}]$

24

부하가 유도전동기이며, 기동용량이 2000[kVA]이다. 기동 시 전압강하는 20[%]이며, 발전기의 과도리액턴스가 25[%]이다. 이 전동기를 운전할 수 있는 자가발전기의 최소용량은 몇[kVA]인가?

정답

발전기 용량 $P = (\dfrac{1}{\text{허용전압강하}} - 1) \times \text{과도리액턴스} \times \text{기동용량}$

$= (\dfrac{1}{0.2} - 1) \times 0.25 \times 2{,}000 = 2{,}000[\text{kVA}]$

25

축전지에 대한 다음 각 물음에 답하시오.

1) 축전지의 과방전 및 방치상태, 가벼운 Sulfation(설페이션) 현상 등이 생겼을 때 기능 회복을 위해 실시하는 충전방식은?

정답

회복충전방식

2) 연축전지의 공칭전압은 2.0[V/cell]이다. 알칼리축전지의 공칭전압은 몇 [V/cell]인가?

정답

1.2[V/cell]

3) 부하의 허용 최저전압이 직류 115[V], 축전지와 부하 사이의 전압강하가 5[V]일 때 직렬로 접속된 축전지의 수가 55개라면 축전지 한 조(cell)당 허용 최저전압은 몇 [V]인가?

정답

셀당 허용 최저전압 $V = \frac{\text{허용최저전압} + \text{전압강하}}{\text{축전지수}} = \frac{115+5}{55} = 2.18$[V/cell]

4) 묽은 황산의 농도는 표준이며, 액면이 저하하여 극판이 노출되어 있다. 어떤 조치를 하여야 하는가?

정답

증류수를 보충한다.

26 비상용 조명으로 40[W] 120등, 60[W] 50등을 30분간 사용하려 한다. 납 급방전형 축전지(HS형), 1.7[V/cell]을 사용하여 허용 최저전압 90[V], 최저 축전지 온도를 5[℃]로 할 경우 참고자료를 사용하여 물음에 답하시오. (단, 비상용 조명 부하의 전압은 100[V]로 한다.)

참고자료

▸ 납축전지 용량환산시간[K]

형식	온도 [℃]	10분			30분		
		1.6[V]	1.7[V]	1.8[V]	1.6[V]	1.7[V]	1.8[V]
CS	25	0.9 0.8	1.15 1.06	1.6 1.42	1.41 1.34	1.6 1.55	2.0 1.88
	5	1.15 1.1	1.35 1.25	2.0 1.8	1.75 1.75	1.85 1.8	2.45 2.35
	−5	1.35 1.25	1.6 1.5	2.65 2.25	2.05 2.05	2.2 2.2	3.1 3.0
HS	25	0.58	0.7	0.93	1.03	1.14	1.38
	5	0.62	0.74	1.05	1.11	1.22	1.54
	−5	0.68	0.82	1.15	1.2	1.35	1.68

상단은 900[Ah]를 넘는 것(2,000[Ah]까지), 하단은 900[Ah] 이하인 것

1) 비상용 조명 부하의 전류는?

정답

$$I = \frac{40 \times 120 + 60 \times 50}{100} = 78[\text{A}]$$

2) HS형 납축전지의 셀 수는? (단, 1셀의 여유를 준다.)

정답

$$n = \frac{\text{허용 최저 전압}}{\text{1셀당 전압}} = \frac{90}{1.7} = 52.94[\text{cell}]$$

1셀의 여유를 주므로 54[cell]이 된다.

3) HS형 납축전지의 용량[Ah]은? (단, 경년 용량 저하율은 0.8이다.)

정답

$C = \frac{1}{L}KI = \frac{1}{0.8} \times 1.22 \times 78 = 118.95$[Ah]

27 축전지 설비에 대하여 다음 각 물음에 답하시오.

1) 연축전지의 전해액이 변색되어, 충전하지 않고 방치된 상태에서 다량으로 가스가 발생하고 있다. 어떤 원인의 고장으로 추정되는가?

정답

전해액의 불순물 혼입

2) 거치용 축전설비에서 가장 많이 사용되는 충전방식으로 자기방전을 보충함과 동시에 상용부하에 대한 전력공급은 충전기가 부담하도록 하되 충전기가 부담하기 어려운 일시적인 대전류 부하는 축전지로 하여금 부담하게 하는 충전방식은?

정답

부동충전방식

3) 연축전지와 알칼리축전지의 공칭전압은 몇 [V/cell]인가?

정답

(1) 연축전지 : 2[V/cell]
(2) 알칼리축전지 : 1.2[V/cell]

4) 다음은 축전지 용량을 구하는 식이다. 여기에서 L은 무엇을 나타내는가?

$$C = \frac{1}{L}[(K_1 I_1) + K_2(I_2 - I_1) + K_3(I_3 - I_2) + \cdots + K_n(I_n - I_{n-1})]\,[\text{Ah}]$$

정답

보수율

28 축전지용량이 200[Ah], 상시부하 10[kW], 표준전압 100[V]인 부동충전방식의 충전기 2차 충전전류[A]를 연축전지와 알칼리축전지에 대하여 각각 구하시오. (단, 축전지 용량이 재충전되는 시간은 연축전지는 10시간, 알칼리축전지는 5시간이다.)

1) 연축전지

정답

부동충전방식의 충전기의 2차 전류 $= \dfrac{\text{축전지 용량[Ah]}}{\text{정격방전률[h]}} + \dfrac{\text{상시 부하용량[VA]}}{\text{표준전압[V]}}$

$= \dfrac{200}{10} + \dfrac{10 \times 10^3}{100} = 120$[A]

2) 알칼리축전지

정답

부동충전방식의 충전기의 2차 전류 $= \dfrac{\text{축전지 용량[Ah]}}{\text{정격방전률[h]}} + \dfrac{\text{상시 부하용량[VA]}}{\text{표준전압[V]}}$

$= \dfrac{200}{5} + \dfrac{10 \times 10^3}{100} = 140$[A]

29 아래와 같은 방전특성을 갖는 축전지 설비가 있다. 다음 물음에 답하시오.

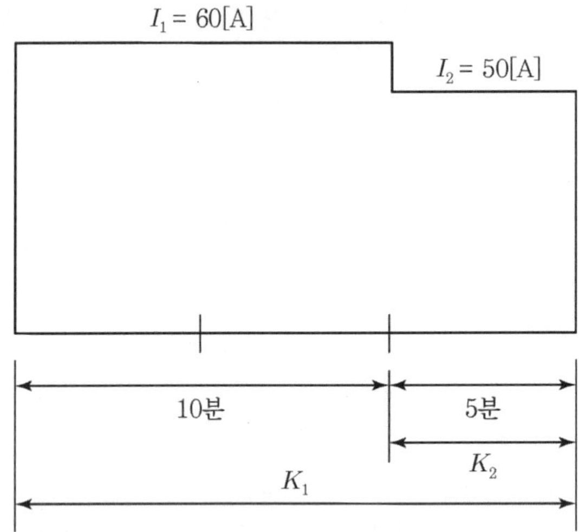

1) 축전지 온도 5[℃], 허용최저전압 90[V]일 때의 축전지 용량[Ah]을 구하시오. (단, K_1 = 1.15, K_2 = 0.91, 셀(cell)당 전압은 1.06[V/cell], 보수율 0.8이다.)

정답

$$C = \frac{1}{L}KI$$

$$= \frac{1}{L}[(K_1 I_1) + K_2(I_2 - I_1)]$$

$$= \frac{1}{0.8} \times [1.15 \times 60 + 0.91(50 - 60)] = 74.88[\text{Ah}]$$

2) 납축전지와 알칼리축전지의 공칭전압은 각각 몇 [V]인가?

(1) 납축전지

(2) 알칼리축전지

정답

(1) 2[V]

(2) 1.2[V]

30

기동용량이 2,000[kVA]인 3상 유도전동기를 기동할 때 허용 전압강하는 20[%]이며, 발전기의 과도리액턴스가 25[%]이면, 이 전동기를 운전할 수 있는 자가발전기의 최소 용량은 몇 [kVA]인지 계산하시오.

정답

발전기용량 $P=(\frac{1}{\text{허용전압강하}}-1)\times \text{과도리액턴스}\times \text{기동용량}$[kVA]

$=(\frac{1}{0.2}-1)\times 0.25\times 2{,}000=2{,}000$[kVA]

31

선간전압이 200[V], 효율과 역률이 각각 100[%]인 6펄스의 3상 무정전 전원장치(UPS)가 정격용량 200[kVA]에서 운전 중이다. 이때 제5고조파 저감계수(K_5)가 0.5인 경우 기본파와 제5고조파 전류[A]를 구하시오.

1) 기본파 전류[A]

정답

기본파 전류 $I=\frac{P}{\sqrt{3}\,V}=\frac{200\times 10^3}{\sqrt{3}\times 200}=577.35$[A]

2) 제5고조파 전류[A]

n차 고조파 전류 $I_n = K_n \times \frac{I}{n}[\text{A}] = 0.5 \times \frac{577.35}{5} = 57.74[\text{A}]$

여기서 K_n : 고조파 저감계수, n : 고조파 차수, I : 기본파 전류

32 예비전원설비에 이용되는 연축전지와 알칼리축전지에 대하여 다음 각 물음에 답하시오.

1) 연축전지와 비교할 때 알칼리축전지의 장점과 단점을 1가지씩만 쓰시오.

(1) 장점

(2) 단점

정답

(1) 장점 : 수명이 길다.
(2) 단점 : 연축전지보다 공칭전압이 낮다.

2) 연축전지와 알칼리축전지의 공칭전압은 각각 몇 [V/cell]인지 쓰시오.

(1) 연축전지

(2) 알칼리축전지

정답

(1) 연축전지 : 2[V/cell]
(2) 알칼리축전지 : 1.2[V/cell]

3) 축전지의 일상적인 충전방식 중 부동충전방식에 대하여 설명하시오.

정답

충전기와 충전기를 병렬로 접속하여 축전지의 자기 방전을 보충함과 동시에 상시 일상적인 부하는 충전기가 부담하고, 일시적인 대전류는 축전지가 부담하는 방식을 말한다.

4) 연축전지의 정격용량이 200[Ah]이고, 상시부하가 10[kW]이며, 표준전압이 100[V]인 부동충전방식 충전기의 2차 전류는 몇 [A]인지 구하시오. (단, 상시부하의 역률은 1로 간주한다.)

정답

$$\text{부동충전방식의 충전기의 2차 전류} = \frac{\text{축전지 용량[Ah]}}{\text{정격방전률[h]}} + \frac{\text{상시 부하용량[VA]}}{\text{표준전압[V]}}$$

$$= \frac{200}{10} + \frac{10 \times 10^3}{100} = 120[\text{A}]$$

Chapter 15 수변전설비

01 다음은 $3\phi 4\omega$ 22.9[kV] 수전 설비 단선결선도이다. 다음 각 물음에 답하시오.

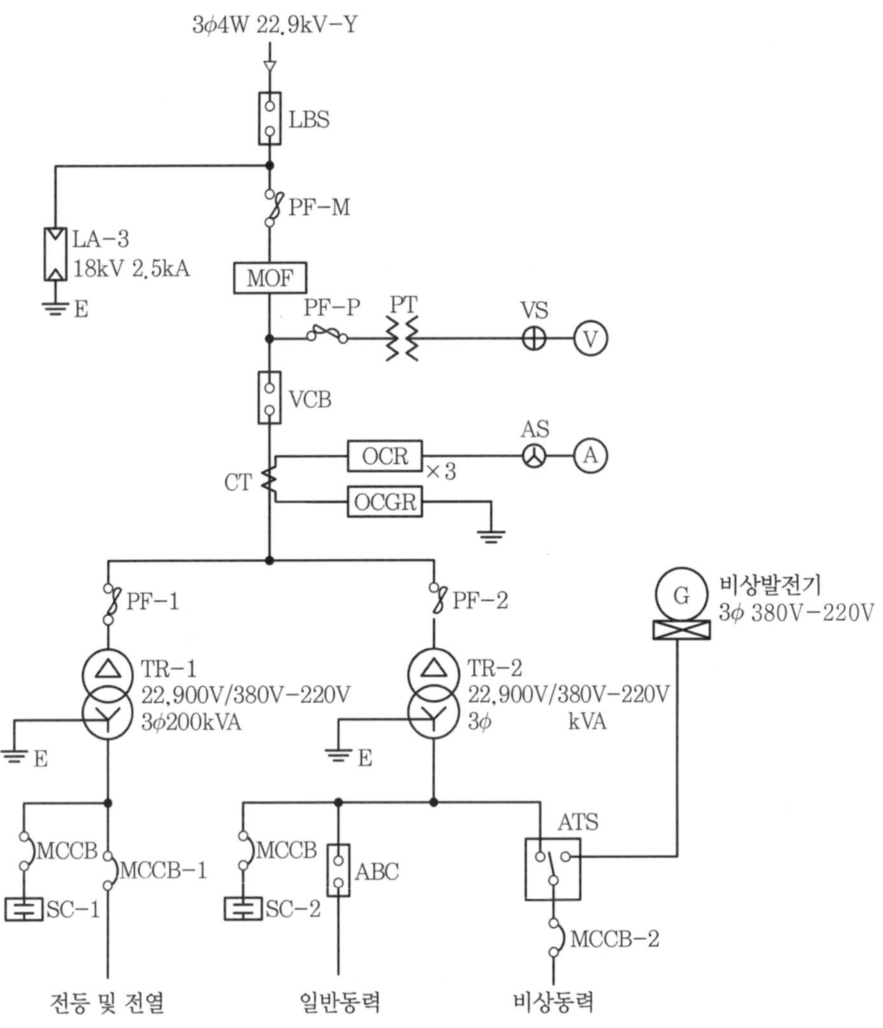

1) 단선결선도상에서 LA에 대한 물음에 답하시오.

(1) 우리말 명칭을 쓰시오.

정답

피뢰기

(2) 기능과 역할에 대해 설명하시오.

정답

이상전압이 내습 시 즉시 방전하여 전압 상승을 억제하고, 속류를 차단한다.

(3) 성능조건 4가지를 쓰시오.

정답

① 상용주파 방전개시전압은 높을 것
② 충격방전 개시전압은 낮을 것
③ 제한전압은 낮을 것
④ 속류의 차단능력이 클 것

2) 수전 설비 단선결선도의 부하집계 및 입력표를 완성하시오. (단, 입력환산[kVA]은 계산값의 소수점 둘째 자리에서 반올림하시오.)

구분	전등 및 전열	일반동력	비상동력
설비용량 및 효율	합계 350[kW] 100[%]	합계 635[kW] 85[%]	유도전동기1 7.5[kW] 2대 85[%] 유도전동기2 11[kW] 1대 85[%] 유도전동기3 15[kW] 1대 85[%] 비상조명 8000[W] 100[%]
평균(종합)역률	80[%]	90[%]	90[%]
수용률	60[%]	45[%]	100[%]

구분		설비용량[kW]	효율[%]	역률[%]	입력환산[kVA]
전등 및 전열		350			
일반동력		635			
비상동력	유도전동기1	7.5×2			
	유도전동기2				
	유도전동기3	15			
	비상조명				
	소계	–	–	–	

정답

구분		설비용량[kW]	효율[%]	역률[%]	입력환산[kVA]
전등 및 전열		350	100	80	$\frac{350}{1\times0.8}=437.5$
일반동력		635	85	90	$\frac{635}{0.85\times0.9}=830.1$
비상동력	유도전동기1	7.5×2	85	90	$\frac{7.5\times2}{0.85\times0.9}=19.6$
	유도전동기2	11	85	90	$\frac{11}{0.85\times0.9}=14.4$
	유도전동기3	15	85	90	$\frac{15}{0.85\times0.9}=19.6$
	비상조명	8	100	90	$\frac{8}{1\times0.9}=8.9$
	소계	–	–	–	62.5

3) 단선결선도상 TR-2 적정용량은 몇 [kVA]인지 단선결선도와 2)의 부하집계표를 참고하여 구하시오.

참고사항

- 일반동력군과 비상동력군 간의 부등률은 1.3이다.
- 변압기 용량은 15[%] 정도의 여유를 갖는다.
- 변압기의 표준규격[kVA]은 200, 300, 400, 500, 600이다.

정답

변압기 용량 $=\frac{(830.1\times0.45)+[(19.6+14.4+19.6+8.9)\times1]}{1.3}\times1.15=385.73$[kVA]

따라서 400[kVA] 선정

4) 단선결선도에서 TR-2의 2차 측 중성점 접지공사의 접지선의 굵기[mm^2]는?

참고사항

- 접지선은 GV전선을 사용하고 표준굵기[mm^2]는 6, 10, 16, 25, 35, 50, 70으로 한다.
- GV전선의 허용최고온도는 150[℃]이고 고장전류가 흐르기 전의 접지선의 온도는 30[℃]로 한다.
- 고장전류는 정격전류의 20배로 본다.
- 변압기 2차의 과전류 보호차단기는 고장전류에서 0.1초 이내에 차단되는 것이다.
- 변압기 2차의 과전류 차단기의 정격전류는 변압기 정격전류의 1.5배로 한다.

정답

온도 상승을 고려한 접지선의 굵기를 계산하여 보면

$\theta = 0.008(\frac{I}{A})^2 \times t$로서

여기서 θ : 온도상승 $\theta = 150 - 30 = 120$[℃]

I : 고장전류 $20I_n$

t : 통전시간 0.1[sec]이므로, 이를 대입하여 보면

$120 = 0.008 \times (\frac{20I_n}{A})^2 \times 0.1$이다.

따라서 $A = 0.0516I_n = 0.0516 \times \frac{400 \times 10^3}{\sqrt{3} \times 380} \times 1.5 = 47.04$[mm^2]가 되므로

50[mm^2]를 선정한다.

02 주어진 도면을 보고 다음 각 물음에 답하시오. (단, 변압기의 2차 측은 고압이다.)

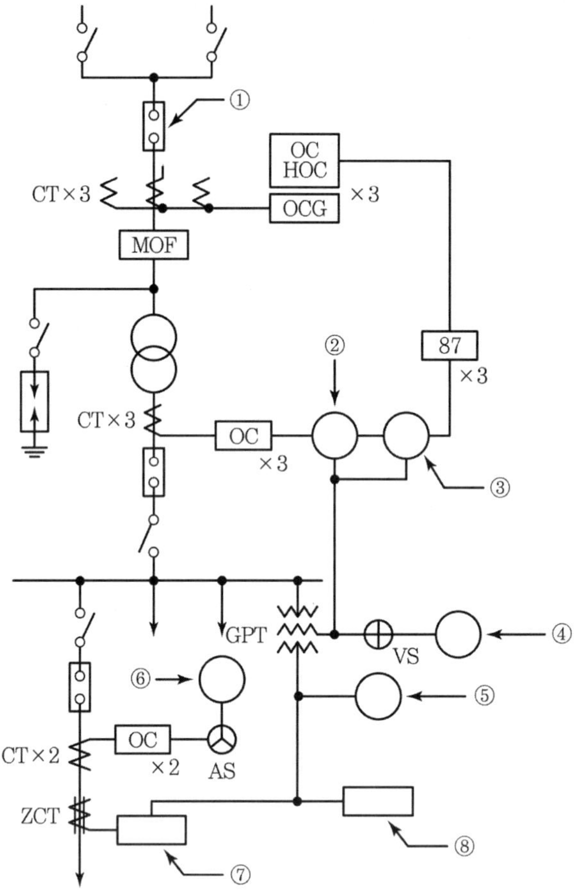

1) 도면의 ① ~ ⑧까지의 약호와 우리말 명칭을 쓰시오.

정답

① 약호 : CB　　명칭 : 차단기
② 약호 : 51V　　명칭 : 전압억제 과전류계전기
③ 약호 : TLR　　명칭 : 한시계전기
④ 약호 : V　　명칭 : 전압계
⑤ 약호 : V_0　　명칭 : 영상전압계
⑥ 약호 : A　　명칭 : 전류계
⑦ 약호 : SG　　명칭 : 선택지락계전기
⑧ 약호 : OVGR　　명칭 : 지락과전압계전기

2) 변압기 결선이 $\Delta - Y$결선일 경우 비율차동계전기(87)의 결선을 완성하시오. (단, 위상 보정이 되지 않는 계전기이며, 변류기 결선에 의하여 위상을 보정한다.)

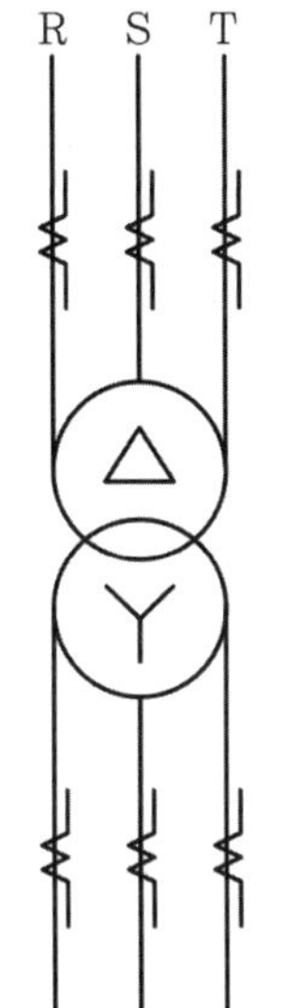

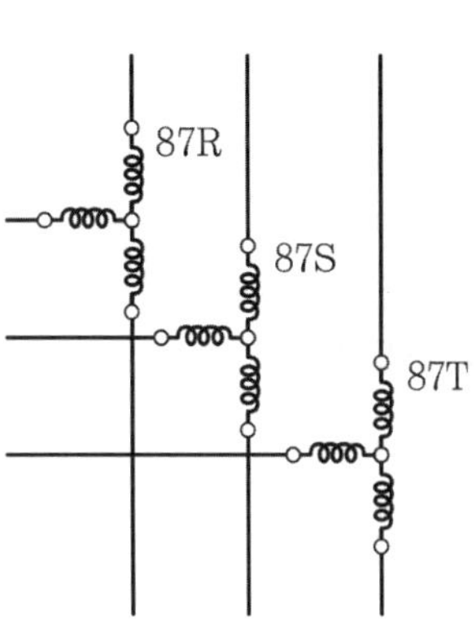

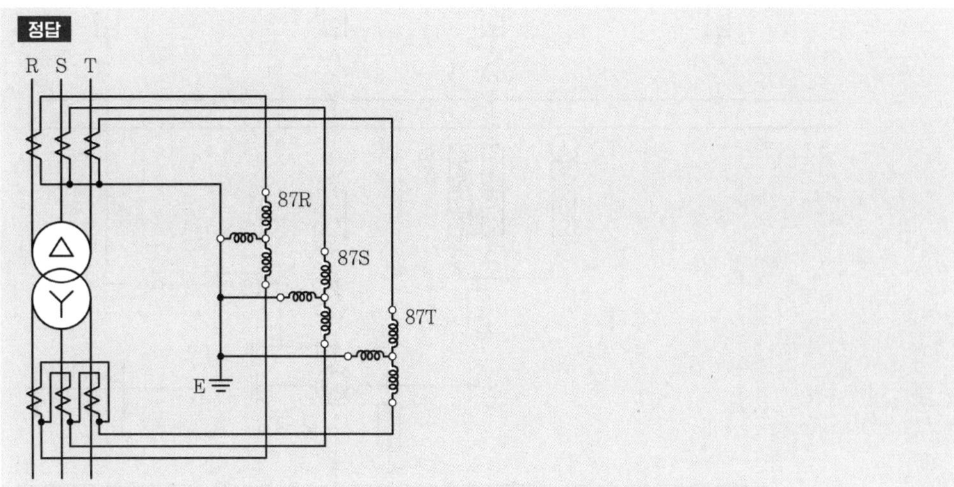

3) 도면상의 약호 중 AS와 VS의 명칭 및 용도를 간단히 설명하시오.

(1) AS

정답

① 명칭 : 전류계용 전환개폐기

② 용도 : 3상 각 상의 전류를 1대의 전류계로 측정하기 위한 전환개폐기를 말한다.

(2) VS

정답

① 명칭 : 전압계용 전환개폐기

② 용도 : 3상 각 상의 전압을 1대의 전압계로 측정하기 위한 전환개폐기를 말한다.

03 **도면과 같은 345[kV] 변전소의 단선도와 변전소에 사용되는 주요 제원을 이용하여 다음 각 물음에 답하시오.**

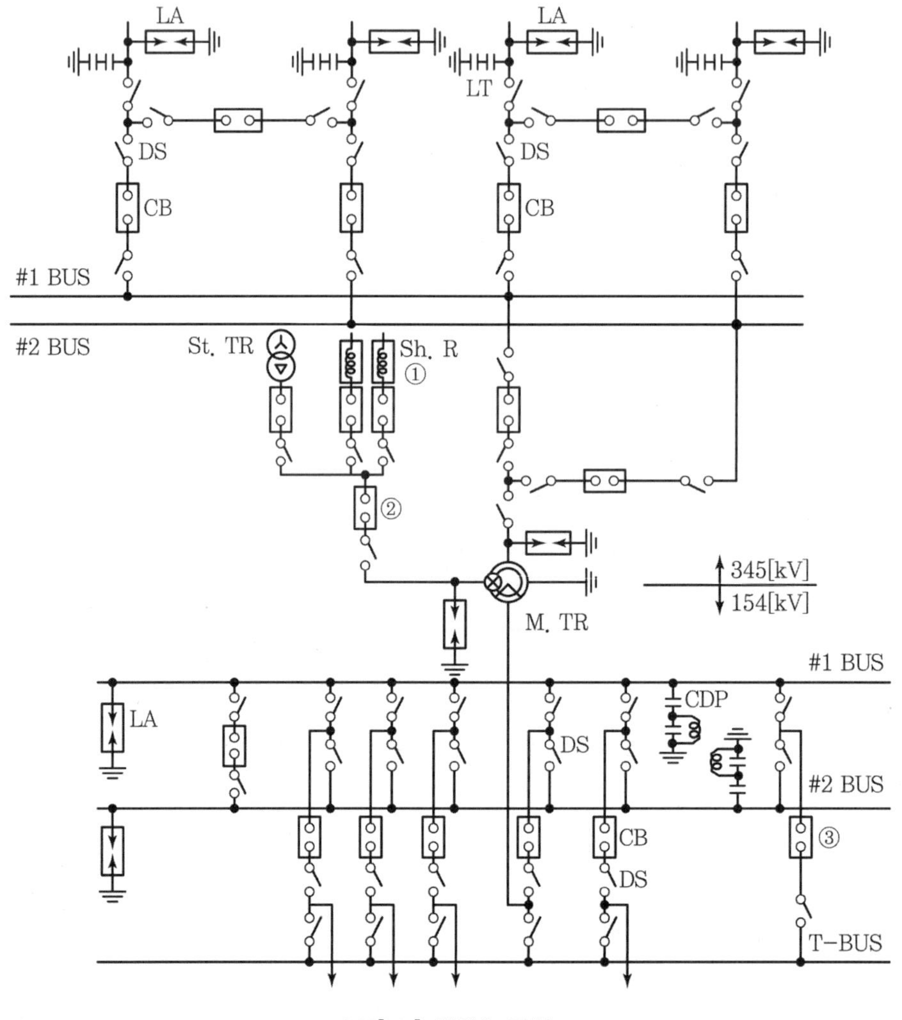

▸345[kV] 변전소 단선도

주요 제원

[주변압기]

단권변압기 345[kV]/154[kV]/23[kV]($Y-Y-\Delta$)

166.7[MVA]×3대 ≒ 500[MVA], OLTC부

%임피던스(500[MVA] 기준) : 1차 ~ 2차 : 10[%], 1 ~ 3차 : 78[%], 2차 ~ 3차 : 67[%]

[차단기]

362[kV] GCB 25[GVA] 4,000[A] ~ 2,000[A]

170[kV] GCB 15[GVA] 4,000[A] ~ 2,000[A]

25.8[kV] VCB (   )[MVA] 2,500[A] ~ 1,200[A]

[단로기]

362[kV] DS 4,000[A] ~ 2,000[A]

170[kV] DS 4,000[A] ~ 2,000[A]

25.8[kV] DS 2,500[A] ~ 1,200[A]

[분로 리액터]

23[kV] Sh.R 30[MVAR]

[주모선]

Al-Tube 200ϕ

1) 도면의 345[kV] 측 모선 방식은 어떤 모선 방식인가?

정답

2중 모선 방식

2) 도면에서 ①번 기기의 설치 목적은 무엇인가?

정답

페란티 현상 방지

3) 도면에 주어진 제원을 참조하여 주변압기에 대한 등가 %임피던스(Z_H, Z_M, Z_L)를 구하고, ②번 23[kV] VCB의 차단용량을 계산하시오. (단, 그림과 같은 임피던스 회로는 100[MVA] 기준이다.)

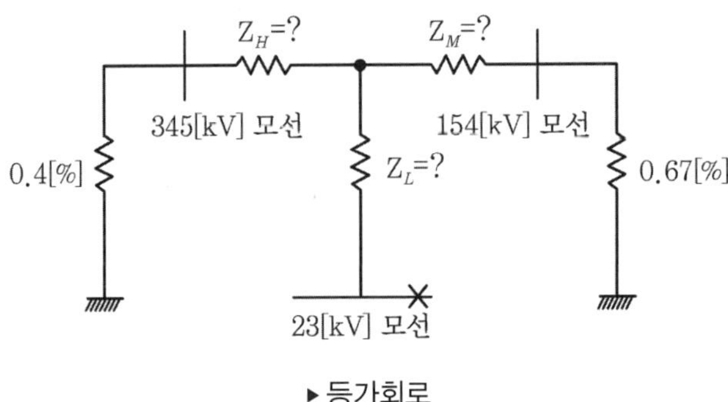

▶등가회로

(1) 등가 %임피던스(Z_H, Z_M, Z_L)

정답

조건에서 주어진 500[MVA] 변압기의 %Z를 보면

1차 ~ 2차 $Z_{HM} = 10[\%]$

2차 ~ 3차 $Z_{ML} = 67[\%]$

1차 ~ 3차 $Z_{HL} = 78[\%]$가 된다.

이를 100[MVA] 기준으로 재환산하면

$Z_{HM} = 10 \times \frac{100}{500} = 2[\%]$

$Z_{ML} = 67 \times \frac{100}{500} = 13.4[\%]$

$Z_{HL} = 78 \times \frac{100}{500} = 15.6[\%]$이 된다.

이를 통하여 등가 임피던스를 구하면 다음과 같다.

① $Z_H = \frac{1}{2}(Z_{HM} + Z_{HL} - Z_{ML}) = \frac{1}{2}(2 + 15.6 - 13.4) = 2.1[\%]$

② $Z_M = \frac{1}{2}(Z_{HM} + Z_{ML} - Z_{HL}) = \frac{1}{2}(2 + 13.4 - 15.6) = -0.1[\%]$

③ $Z_L = \frac{1}{2}(Z_{HL} + Z_{ML} - Z_{HM}) = \frac{1}{2}(15.6 + 13.4 - 2) = 13.5[\%]$

(2) 23[kV] VCB의 차단용량

정답

고장점을 기준으로 등가회로를 그려보면 다음과 같다.

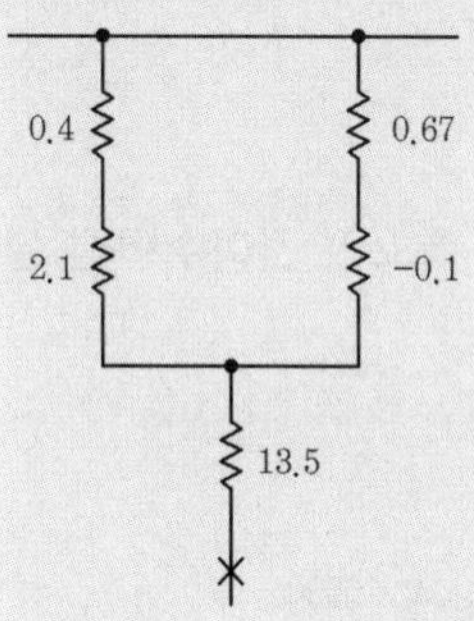

고장점까지의 합성 $\%Z$를 구하면

$\%Z = 13.5 + \dfrac{(2.1+0.4)\times(-0.1+0.67)}{(2.1+0.4)+(-0.1+0.67)} = 13.96$[%]이다.

따라서 VCB의 차단용량을 구하면 $P_s = \dfrac{100}{\%Z}P_n = \dfrac{100}{13.96}\times 100 = 716.33$[MVA]가 된다.

4) 도면의 345[kV] GCB에 내장된 계전기용 BCT의 오차계급은 C800이다. 부담은 몇 [VA]인가?

정답

오차계급이 C800이므로 임피던스는 8[Ω]이다.

따라서 변류기의 부담 $I^2R = 5^2 \times 8 = 200$[VA]가 된다.

5) 도면의 ③번 차단기의 설치 목적을 설명하시오.

정답

모선 절체 시 무정전으로 점검하기 위하여

6) 도면의 주변압기 1 Bank(단상×3대)을 증설하여 병렬 운전시키고자 한다. 이때 병렬 운전을 할 수 있는 조건 4가지를 쓰시오.

정답

(1) 극성이 같을 것
(2) 정격전압(권수비)이 같을 것
(3) %임피던스가 같을 것
(4) 내부 저항과 누설 리액턴스의 비가 같을 것

04

그림은 22.9[kV-Y] 1,000[kVA] 이하를 시설하는 경우 특고압 간이수변전 설비의 결선도이다. [주1] ~ [주5]의 ① ~ ⑤에 알맞은 내용을 쓰시오.

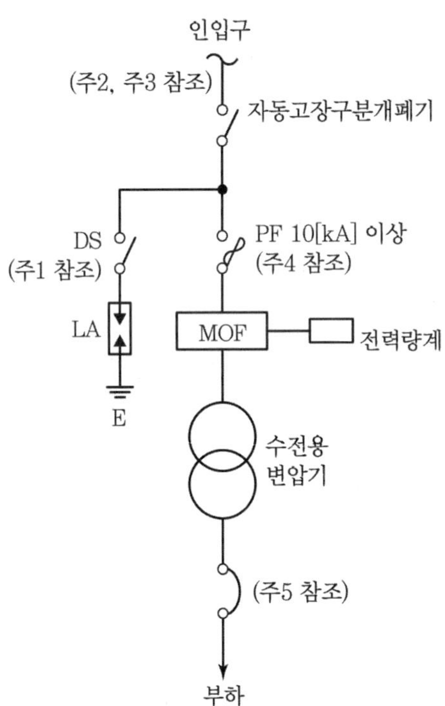

[주1] LA용 DS는 생략할 수 있으며 22.9[kV-Y]용의 LA는 Disconnector (또는 Isolator) 붙임형을 사용하여야 한다.

[주2] 인입선을 지중선으로 시설하는 경우로 공동주택 등 고장 시 정전피해가 큰 경우는 예비 지중선을 포함하여 (①)으로 시설하는 것이 바람직하다.

[주3] 지중 인입선의 경우에 22.9[kV-Y]계통은 CNCV-W 케이블(수밀형) 또는 (②)을 사용하여야 한다. 다만, 전력구·공동구·덕트·건물구내 등 화재의 우려가 있는 장소에서는 (③)을 사용하는 것이 바람직하다.

[주4] 300[kVA] 이하인 경우는 PF 대신 (④)을 사용할 수 있다.

[주5] 특고압 간이수전설비는 PF의 용단 등의 결상사고에 대한 대책이 없으므로 변압기 2차 측에 설치되는 주차단기에는 (⑤) 등을 설치하여 결상사고에 대한 보호능력이 있도록 함이 바람직하다.

정답

① 2회선 ② TR CNCV-W(트리억제형) ③ FR CNCO-W(난연)
④ COS(비대칭 차단전류) 10[kA] 이상의 것 ⑤ 결상 계전기

05 어느 공장에서 예비전원을 얻기 위한 전기시동방식 수동제어장치의 디젤엔진 3상 교류 발전기를 시설하게 되었다. 발전기는 사이리스터식 정지 자여자 방식을 채택하고 전압은 자동과 수동으로 조정 가능하게 하였을 경우, 다음 각 물음에 답하시오.

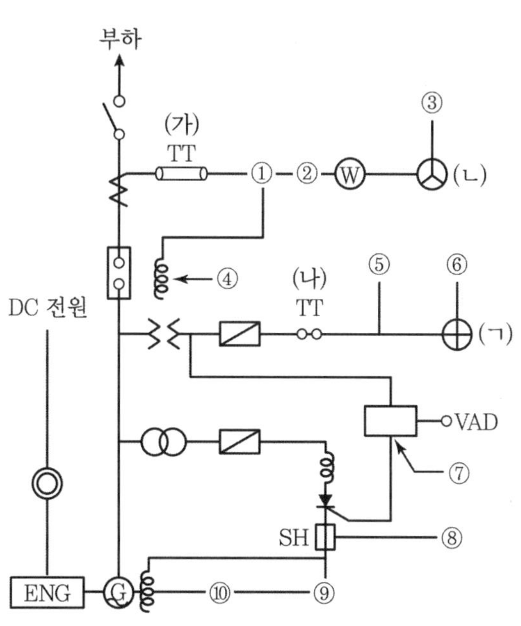

【약호】

ENG : 전기기동식 디젤 엔진
G : 정지여자식 교류 발전기
TG : 타코제너레이터
AVR : 자동전압 조정기
VAD : 전압 조정기
AV : 교류 전압계
CR : 사이리스터 정류기
SR : 가포화리액터
AA : 교류 전류계
CT : 변류기
PT : 계기용 변압기
W : 지시 전력계
Fuse : 퓨즈
F : 주파수계
TrE : 여자용 변압기
RPM : 회전수계
CB : 차단기
DA : 직류전류계
TC : 트립 코일
OC : 과전류 계전기
DS : 단로기
Wh : 전력량계
SH : 분류기
※ ◎ 엔진기동용 푸시 버튼

1) 도면에서 ①～⑩에 해당되는 부분의 명칭을 주어진 약호로 답하시오.

정답

① OC ② Wh ③ AA ④ TC ⑤ F
⑥ AV ⑦ AVR ⑧ DA ⑨ RPM ⑩ TG

2) 도면에서 (가) —(TT)— 와 (나) —○—○— (TT) 는 무엇을 의미하는가?

정답

(1) (가) : 전류 시험 단자
(2) (나) : 전압 시험 단자

3) 도면에서 (ㄱ)과 (ㄴ)은 무엇을 의미하는가?

정답

(1) (ㄱ) : 전압계용 전환개폐기
(2) (ㄴ) : 전류계용 전환개폐기

06 그림과 같은 수전계통을 보고 다음 각 물음에 답하시오.

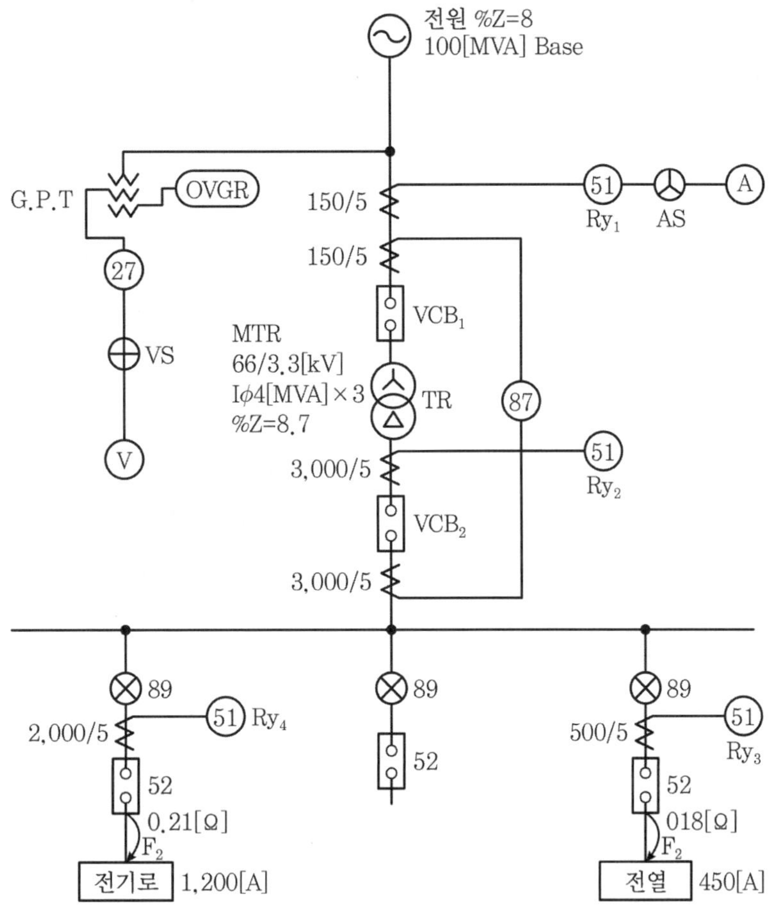

1) "27"과 "87" 계전기의 명칭과 용도를 설명하시오.

기기	명칭	용도
27		
87		

정답

기기	명칭	용도
27	부족전압 계전기	전압이 정정치 이하로 저하할 경우 경보 또는 회로를 차단한다.
87	전류차동 계전기	발전기나 변압기의 내부고장을 보호한다.

2) 다음의 조건에서 과전류계전기 Ry_1, Ry_2, Ry_3, Ry_4의 탭(tap) 설정값은 몇 [A]가 가장 적정한지를 계산하시오.

조건

- Ry_1, Ry_2의 탭 설정값은 부하전류 160[%]에서 설정한다.
- Ry_3의 탭 설정값은 부하전류 150[%]에서 설정한다.
- Ry_4는 부하가 변동 부하이므로, 탭 설정값은 부하전류 200[%]에서 설정한다.
- 과전류 계전기의 tap전류는 2, 3, 4, 5, 6, 7, 8[A]가 있다.

계전기	계산	tap
Ry_1		
Ry_2		
Ry_3		
Ry_4		

정답

OCR tap전류 $= I_1 \times \dfrac{1}{CT\text{비}} \times$ 여유율이 되므로 이를 계산하면 다음과 같다.

계전기	계산	tap
Ry_1	$I = \dfrac{4 \times 10^6 \times 3}{\sqrt{3} \times 66 \times 10^3} \times \dfrac{5}{150} \times 1.6 = 5.6[A]$	6[A]
Ry_2	$I = \dfrac{4 \times 10^6 \times 3}{\sqrt{3} \times 3.3 \times 10^3} \times \dfrac{5}{3,000} \times 1.6 = 5.6[A]$	6[A]
Ry_3	$I = 450 \times \dfrac{5}{500} \times 1.5 = 6.75[A]$	7[A]
Ry_4	$I = 1,200 \times \dfrac{5}{2,000} \times 2 = 6[A]$	6[A]

3) 차단기 VCB_1의 정격전압은 몇 [kV]인가?

정답

66[kV]의 차단기 정격전압은 72.5[kV]이다.

4) 전원 측 차단기 VCB_1의 정격용량을 계산하고, 다음의 표에서 가장 적당한 것을 선정하시오.

▶ 차단기의 정격표준용량[MVA]

1,000	1,500	2,500	3,500

정답

$P_s = \frac{100}{\%Z}P_n = \frac{100}{8} \times 100 = 1,250$[MVA]가 되므로

표에서 1,500[MVA]를 선정한다.

07 다음 그림은 어느 수용가의 수전 설비 계통도이다. 다음 각 물음에 답하시오.

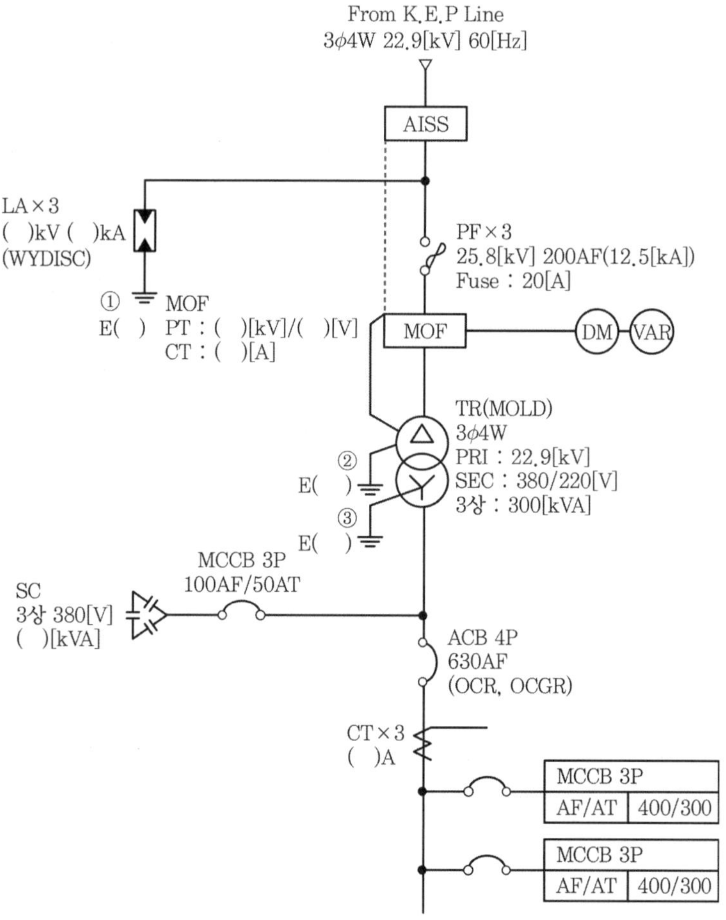

1) AISS의 명칭을 쓰고, 기능을 2가지만 쓰시오.

정답

(1) 명칭 : 기중형 고장구간 자동개폐기

(2) 기능

① 고장구간을 자동으로 개방하여 사고의 파급을 방지

② 전부하 상태 시 자동으로 개방하여 과부하 보호

2) 피뢰기의 정격전압 및 공칭방전전류를 쓰고, DISC 기능을 간단히 설명하시오.

정답

(1) 피뢰기의 정격전압 : 18[kV]

(2) 공칭방전전류 : 2.5[kA]

(3) DISC의 기능 : 피뢰기 고장에 따라 DISC가 개방되어 피뢰기를 대지로부터 분리한다.

3) MOF의 정격을 구하시오.

정답

(1) PT비를 구하면 13,200/110

(2) CT비를 구하면 $I_1 = \dfrac{P}{\sqrt{3}\,V} = \dfrac{300 \times 10^3}{\sqrt{3} \times 22.9 \times 10^3} = 7.56[A]$가 된다.

따라서 10/5를 선정한다.

4) MOLD TR의 장점 및 단점을 각각 2가지만 쓰시오.

(1) 장점

정답

① 난연성이 우수하다.
② 절연유를 사용하지 않아 유지보수가 용이하다.

(2) 단점

정답

① 충격파 내전압이 낮다.
② 가격이 비싸다.

5) ACB의 명칭을 쓰시오.

정답

기중차단기

6) CT의 정격(변류비)을 구하시오.

정답

$$I_1 = \frac{P}{\sqrt{3}\,V} \times 여유(1.25 \sim 1.5)$$

$$= \frac{300 \times 10^3}{\sqrt{3} \times 380} \times (1.25 \sim 1.5) = 569.75 \sim 683.7[\text{A}]$$

따라서 600/5를 선정한다.

08 도면은 고압 수전 설비의 단선결선도이다. 이 도면을 보고 다음 각 물음에 답하시오. (단, 인입선은 케이블이다.)

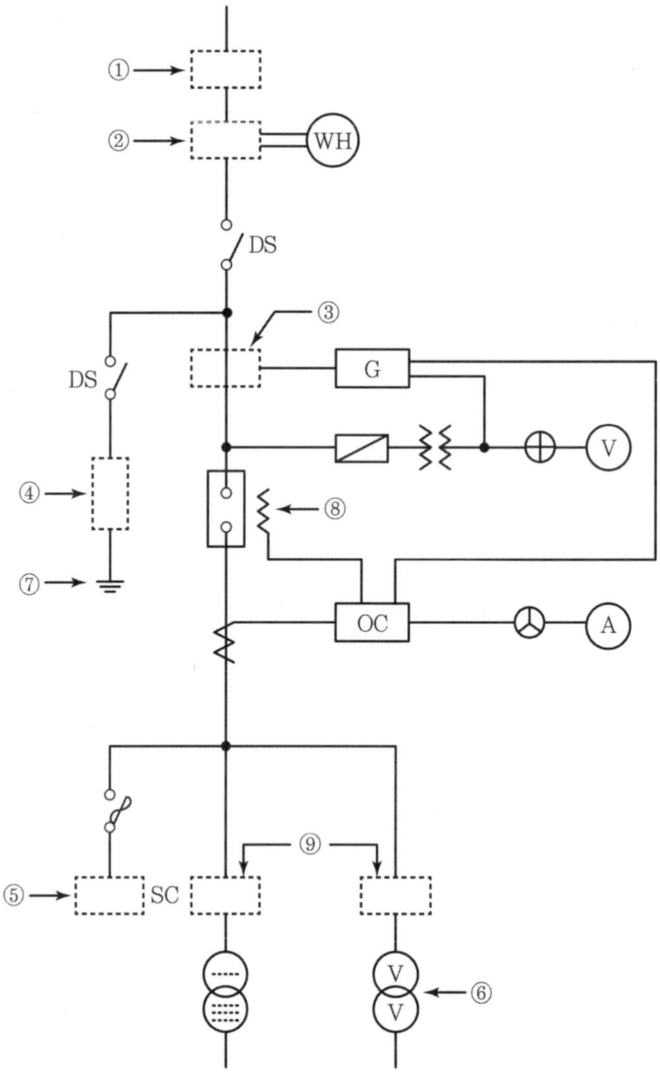

1) 그림 ① ~ ③까지의 그림기호를 단선도로 그리고, 그림기호에 대한 우리말 명칭을 쓰시오.

구분	①	②	③
그림기호			
명칭			

정답

구분	①	②	③
그림기호		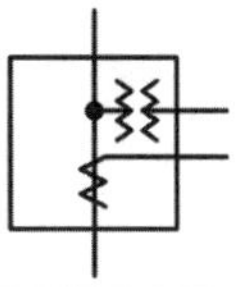	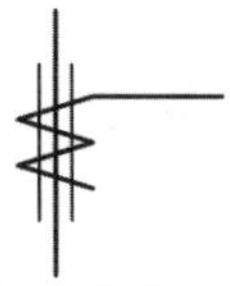
명칭	케이블 헤드	전력수급용 계기용변성기	영상 변류기

2) ④ ~ ⑥까지의 그림기호를 복선도로 그리고, 그림기호에 대한 우리말 명칭을 쓰시오.

구분	④	⑤	⑥
그림기호			
명칭			

정답

구분	④	⑤	⑥
그림기호	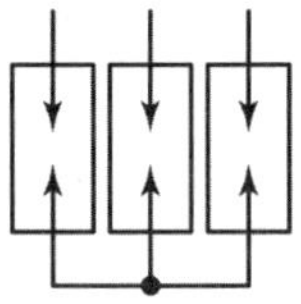	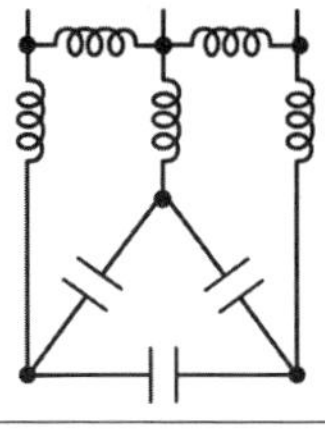	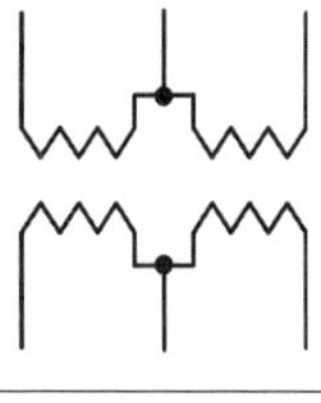
명칭	피뢰기	전력용 콘덴서	V결선 변압기

3) 장치 ⑧의 약호와 이것을 설치하는 목적을 쓰시오.

정답

(1) 약호 : TC

(2) 설치 목적 : 차단기 개로 시 트립기구를 동작하기 위한 목적으로 설치한 코일을 말한다.

4) ⑨에 사용되는 보호장치로는 어떤 것이 가장 적당한지 쓰시오.

정답

COS 또는 PF

09 그림은 고압 수전 설비의 단선결선도이다. 다음 각 물음에 답하시오.

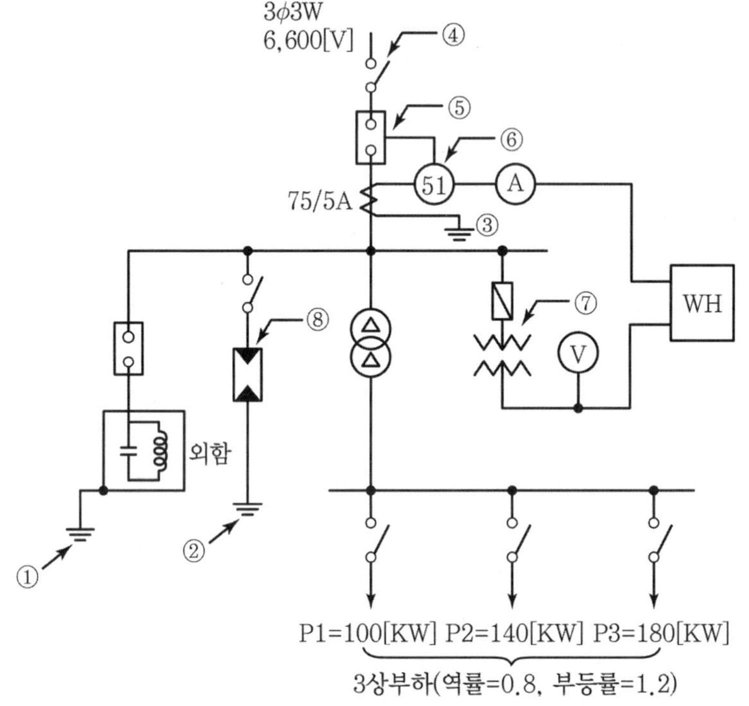

1) 그림에서 ④ ~ ⑧의 명칭을 한글로 쓰시오.

④	⑤	⑥	⑦	⑧

정답

④	⑤	⑥	⑦	⑧
단로기	차단기	과전류계전기	계기용 변압기	피뢰기

2) 각 부하의 최대전력이 그림과 같고 역률이 0.8이며, 부등률이 1.2라면,

(1) 변압기 1차 측의 전류계 Ⓐ에 흐르는 전류의 최댓값을 구하시오.

정답

전력을 구하면 $P=\dfrac{100+140+180}{1.2}=350[\text{kW}]$가 된다.

따라서 전류 $I=\dfrac{350\times10^3}{\sqrt{3}\times6{,}600\times0.8}\times\dfrac{5}{75}=2.55[\text{A}]$이다.

(2) 동일한 조건에서 합성역률을 0.9 이상으로 유지하기 위한 전력용 콘덴서의 최소용량[kVA]을 구하시오.

정답

역률 개선용 콘덴서 용량 Q_c

$$Q_c=P(\tan\theta_1-\tan\theta_2)$$

$$=P\left(\frac{\sqrt{1-\cos^2\theta_1}}{\cos\theta_1}-\frac{\sqrt{1-\cos^2\theta_2}}{\cos\theta_2}\right)$$

$$=350\times\left(\frac{0.6}{0.8}-\frac{\sqrt{1-0.9^2}}{0.9}\right)=92.99[\text{kVA}]$$

3) 단선도상의 피뢰기 정격전압과 방전전류는 얼마인지 쓰시오.

정답

① 피뢰기 정격전압 : 7.5[kV]

② 방전전류 : 2.5[kA]

4) DC(방전코일)의 설치 목적을 쓰시오.

정답

콘덴서 회로 개방 시 잔류전하를 방전하여 인체의 감전사고를 방지한다.

10 그림의 단선결선도를 보고 ①~⑤에 들어갈 기기에 대하여 표준심벌을 그리고 약호, 명칭, 용도 또는 역할에 대하여 답란에 기술하시오.

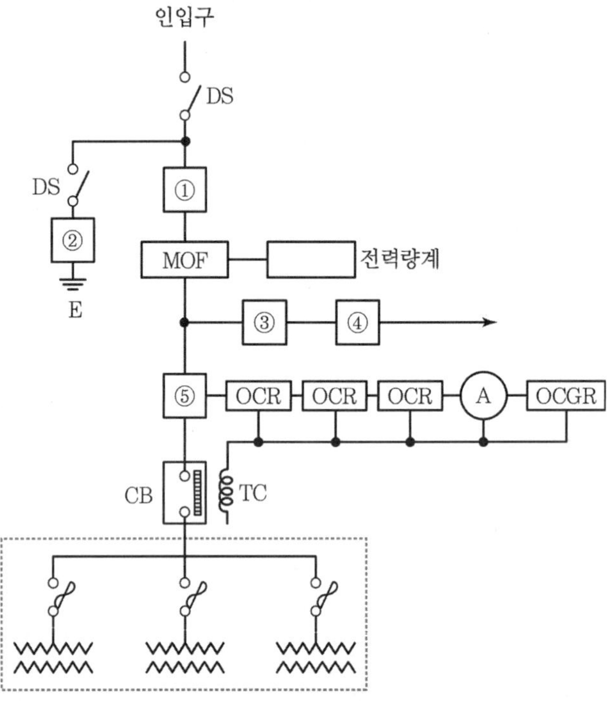

번호	심벌	약호	명칭	용도 및 역할
①				
②				
③				
④				
⑤				

정답

번호	심벌	약호	명칭	용도 및 역할
①		PF	전력용 퓨즈	단락전류 및 고장전류 차단
②	LA	LA	피뢰기	이상전압 내습 시 즉시 방전하여 기기를 보호
③		COS	컷아웃 스위치	계기용 변압기의 고장에 따른 사고의 파급 방지
④		PT	계기용 변압기	고전압을 저전압으로 변성
⑤	CT	CT	계기용 변류기	대전류를 소전류로 변류

11 그림은 어떤 변전소의 도면이다. 변압기 상호 간의 부등률이 1.3이고, 부하의 역률이 90[%]이다. STr의 %임피던스가 4.5[%], Tr_1, Tr_2, Tr_3의 %임피던스가 각각 10[%], 154[kV] BUS의 %임피던스는 10[MVA] 기준 0.4[%]이며, 부하는 표와 같다. 주어진 조건을 참고하여 다음 물음에 답하시오.

▸ 부하집계표

부하	용량[kW]	수용률[%]	부등률
A	5,000	80	1.2
B	3,000	84	1.2
C	7,000	92	1.2

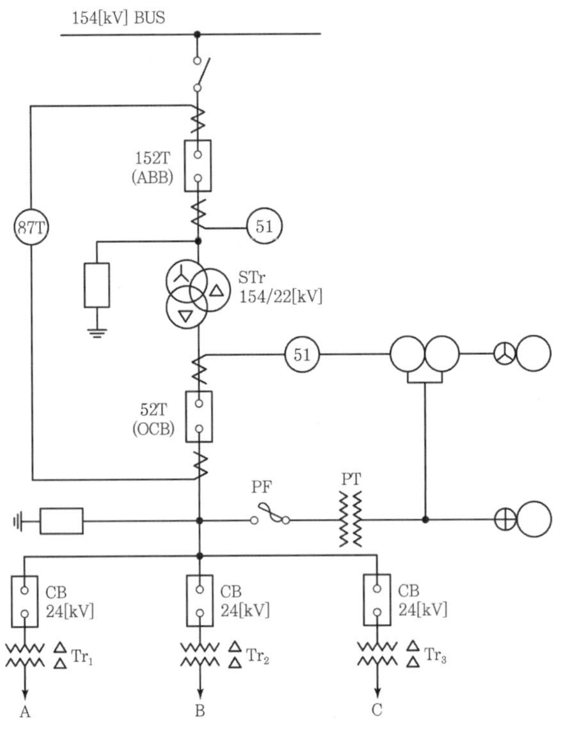

조건

▸ 152T ABB 용량표[MVA]

100	200	300	500	750	1,000	2,000	3,000	4,000	5,000	6,000	7,000

▸ 52T OCB 용량표[MVA]

100	200	300	500	750	1,000	2,000	3,000	4,000	5,000	6,000	7,000

▸ 154[kV] 변압기 용량표[kVA]

5,000	6,000	7,000	8,000	10,000	15,000	20,000	30,000	40,000	50,000

▸ 22[kV] 변압기 용량표[kVA]

200	250	500	750	1,000	1,500	2,000	3,000	4,000	5,000	6,000	7,000	8,000	9,000	10,000

1) 변압기 Tr_1, Tr_2, Tr_3의 용량[kVA]를 산정하시오.

정답

(1) $Tr_1 = \frac{5,000 \times 0.8}{1.2 \times 0.9} = 3,703.7$[kVA] $\therefore$ 4,000[kVA]

(2) $Tr_2 = \frac{3,000 \times 0.84}{1.2 \times 0.9} = 2,333.33$[kVA] $\therefore$ 3,000[kVA]

(3) $Tr_3 = \frac{7,000 \times 0.92}{1.2 \times 0.9} = 5,962.96$[kVA] $\therefore$ 6,000[kVA]

2) 변압기 STr의 용량[kVA]를 산정하시오.

정답

$STr = \frac{3,703.7 + 2,333.33 + 5,962.96}{1.3} = 9,230.76$[kVA]

따라서 10,000[kVA] 선정

3) 차단기 152T의 용량[MVA]을 산정하시오.

정답

단락용량 $P_s = \frac{100}{\%Z} P_n = \frac{100}{0.4} \times 10 = 2,500$[MVA]

따라서 3,000[MVA] 선정

4) 차단기 52T의 용량[MVA]을 산정하시오.

정답

단락용량 $P_s = \frac{100}{\%Z} P_n = \frac{100}{0.4 + 4.5} \times 10 = 204.08$[MVA]

따라서 300[MVA] 선정

5) 약호 87T의 우리말 명칭을 쓰고 그 역할에 대하여 쓰시오.

정답

(1) 명칭 : 주변압기 차동계전기

(2) 역할 : 주변압기의 내부고장을 보호한다.

6) 약호 51의 우리말 명칭을 쓰고 그 역할에 대하여 쓰시오.

정답

(1) 명칭 : 과전류계전기

(2) 역할 : 설정값 이상의 전류가 흘렀을 경우 동작한다.

12 그림은 고압 전동기 100[HP] 미만을 사용하는 고압 수전 설비 결선도이다. 이 그림을 보고 다음 각 물음을 답하시오.

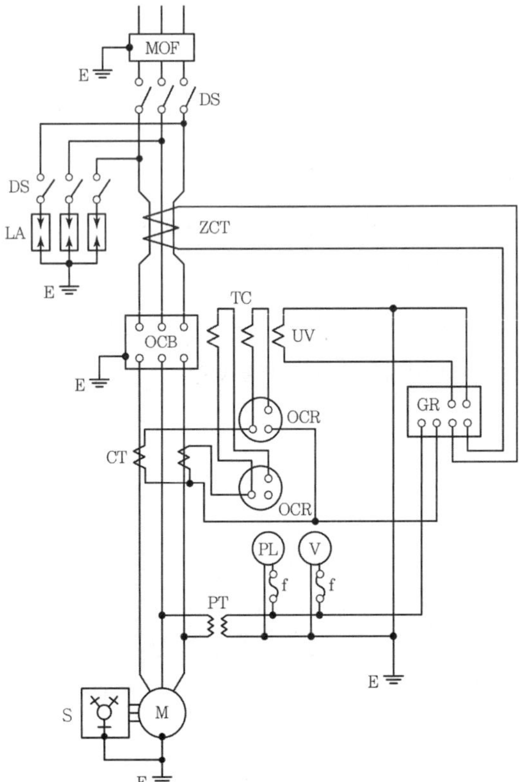

1) 다음의 명칭과 용도 또는 역할을 쓰시오.

번호	약호	명칭	역할
①	MOF		
②	LA		
③	ZCT		
④	OCB		
⑤	OC		
⑥	G		

정답

번호	약호	명칭	역할
①	MOF	전력 수급용 계기용 변성기	고전압을 저전압, 대전류를 소전류로 변류하여 전력량계에 공급한다.
②	LA	피뢰기	이상전압 내습 시 즉시 방전하여 기기를 보호한다.
③	ZCT	영상변류기	지락사고 시 영상전류를 검출한다.
④	OCB	유입차단기	부하전류 개폐 및 고장전류를 차단한다.
⑤	OC	과전류계전기	설정치 이상의 전류 인가 시 동작하는 계전기이다.
⑥	G	지락계전기	지락사고 시 동작하는 계전기이다.

2) 본 도면에서 생략할 수 있는 부분은?

정답

피뢰기용 단로기

3) 전력용 콘덴서에 고조파 전류가 흐를 때 사용하는 기기는 무엇인가?

정답

직렬 리액터

13 다음 도면을 보고 물음에 답하시오.

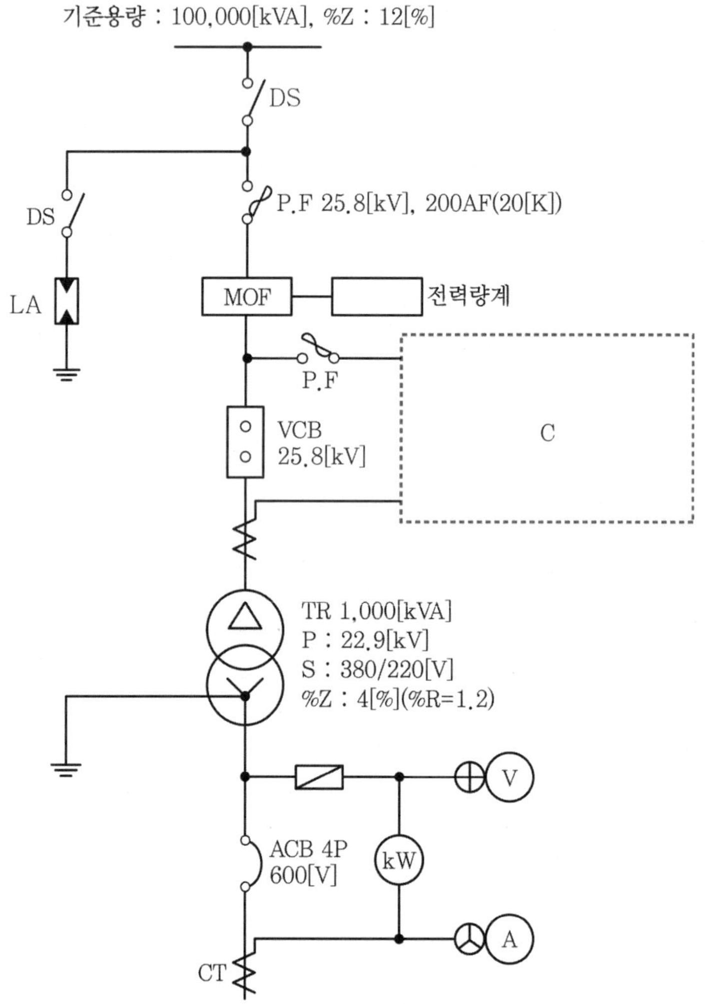

1) LA의 명칭과 그 기능을 설명하시오.

정답

(1) 명칭 : 피뢰기

(2) 기능 : 이상전압 내습 시 즉시 방전하여 기기를 보호한다.

2) VCB의 필요한 최소 차단용량[MVA]을 구하시오.

정답

$P_s = \frac{100}{\%Z}P_n = \frac{100}{12} \times 100 = 833.33$[MVA]

3) 도면 C 부분의 계통도에 그려져야 할 것들 중에서 그 종류를 5가지만 쓰시오.

정답

① 계기용 변압기 ② 과전류계전기 ③ 지락과전류계전기 ④ 전압계 ⑤ 전류계

4) ACB의 최소 차단전류[kA]를 구하시오.

정답

기준용량을 100[MVA]로 하여 변압기의 $\%Z$를 환산하면

$\%Z_T = \frac{100,000}{1,000} \times 4 = 400[\%]$

합성 $\%Z = 12 + 400 = 412[\%]$

단락전류 $I_s = \frac{100}{\%Z}I_n = \frac{100}{412} \times \frac{100 \times 10^6}{\sqrt{3} \times 380} \times 10^{-3} = 36.88$[kA]

5) 최대 부하 800[kVA], 역률 80[%]인 경우 변압기의 전압변동률[%]을 구하시오.

정답

(1) 최대 부하 800[kVA]일 경우 %저항강하를 구하면 $\%p = \frac{800}{1,000} \times 1.2 = 0.96[\%]$

(2) 최대 부하 800[kVA]일 경우 %리액턴스강하를 구하면 $q = \sqrt{4^2 - 1.2^2} \times \frac{800}{1,000} = 3.05[\%]$

(3) 전압변동률 $\epsilon = \%p\cos\theta + \%q\sin\theta$

$= 0.96 \times 0.8 + 3.05 \times 0.6 = 2.6[\%]$

14 그림은 154[kV]를 수전하는 어느 공장의 수전 설비 도면의 일부분이다. 이 도면을 보고 다음 각 물음에 답하시오.

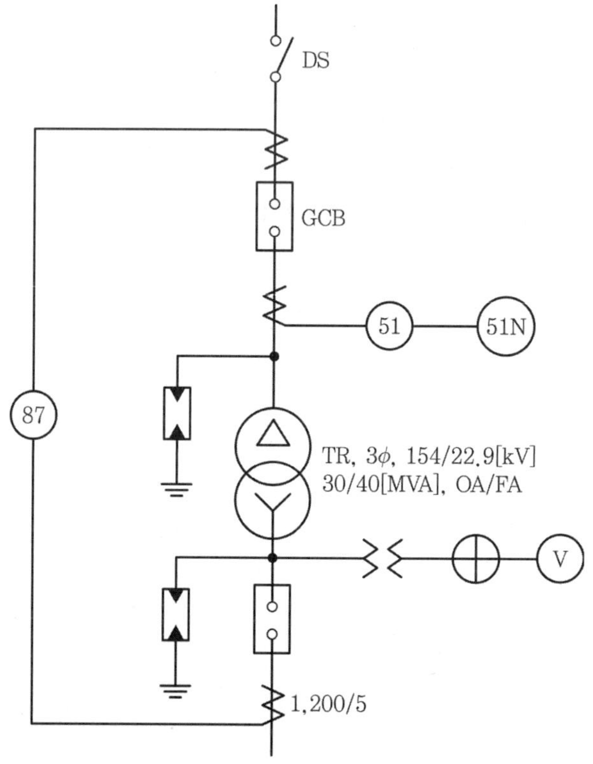

1) 그림에서 87과 51N의 명칭을 쓰시오.

정답

(1) 87 : 전류차동계전기

(2) 51N : 중성점 과전류계전기

2) 154/22.9[kV] 변압기에서 FA 용량 기준으로 154[kV] 측의 전류와 22.9[kV] 측의 전류는 몇 [A]인가?

정답

FA 기준으로 용량은 40[MVA]이므로

(1) 154[kV] 측 $I = \frac{40 \times 10^6}{\sqrt{3} \times 154 \times 10^3} = 149.96$[A]

(2) 22.9[kV] 측 $I = \frac{40 \times 10^6}{\sqrt{3} \times 22.9 \times 10^3} = 1{,}008.47$[A]

3) GCB에는 주로 절연재료로 어떤 가스를 사용하는지 쓰시오.

정답

SF_6가스

4) $\Delta - Y$ 변압기의 복선도를 완성하시오.

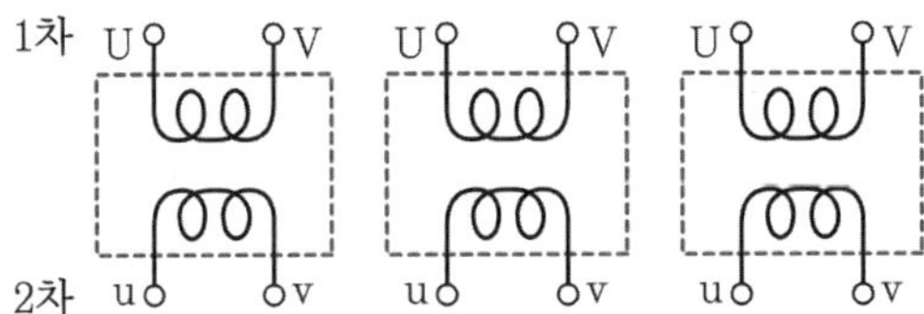

정답

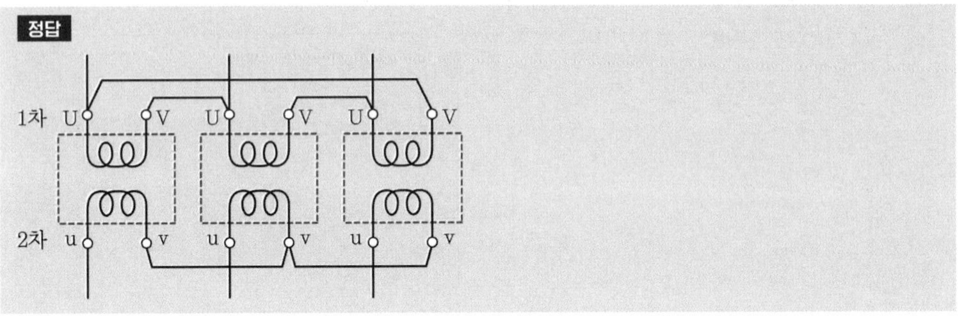

15 그림은 특고압 수변전설비 중 지락보호회로의 복선도의 일부분이다. ① ~ ⑤까지에 해당되는 부분의 각 명칭을 쓰시오.

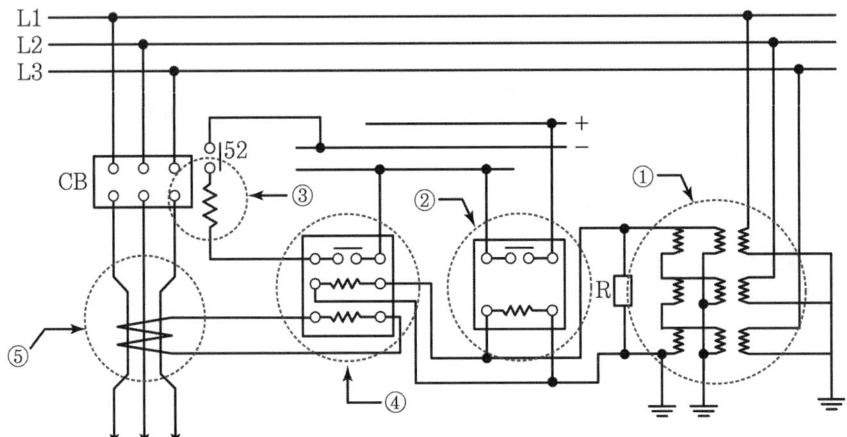

정답

① 접지형 계기용 변압기 ② 지락과전압계전기
③ 트립코일 ④ 선택지락계전기
⑤ 영상변류기

16 그림과 같은 22.9[kV-Y] 간이 수전 설비에 대한 단선결선도를 보고 다음 각 물음에 답하시오.

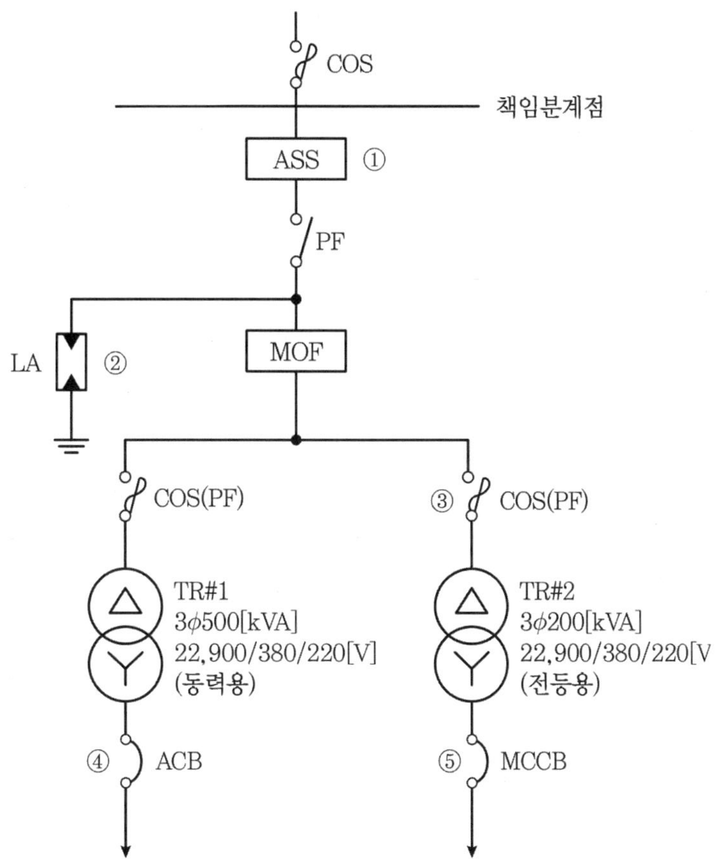

1) 수변전설비의 형태를 Cubicle Type으로 할 경우 고압반(HV) 4면과 저압반(LV) 2면으로 구성되어 있다. 수용되는 수배전반과 기기의 명칭을 쓰시오.

정답

(1) 고압반 4면의 기기 : 피뢰기, 전력퓨즈, 전력수급용 계기용 변성기, 컷아웃스위치, 전등용 변압기, 동력용 변압기

(2) 저압반 2면의 기기 : 기중차단기, 배선용 차단기

2) 도면에 표시된 ①, ②, ③ 기기의 최대 설계전압과 정격전류를 쓰시오.

정답

(1) ① ASS
- 최대 설계전압 : 25.8[kV]
- 정격전류 : 200[A]

(2) ② LA
- 최대 설계전압 : 18[kV]
- 정격전류 : 2,500[A]

(3) ③ COS
- 최대 설계전압 : 25[kV]
- 정격전류 : 100[AF], 8[A]

3) ④, ⑤ 차단기의 용량(AF, AT)을 구하여 산정하시오.

정답

(1) ④ ACB

$$I = \frac{500 \times 10^3}{\sqrt{3} \times 380} = 759.67[A]$$

따라서 AT : 800[A], AF : 800[A]

(2) ⑤ MCCB

$$I = \frac{200 \times 10^3}{\sqrt{3} \times 380} = 303.87[A]$$

따라서 AT : 350[A], AF : 400[A]

17 도면은 어떤 배전용 변전소의 단선결선도이다. 이 도면과 주어진 조건을 이용하여 다음 각 물음에 답하시오.

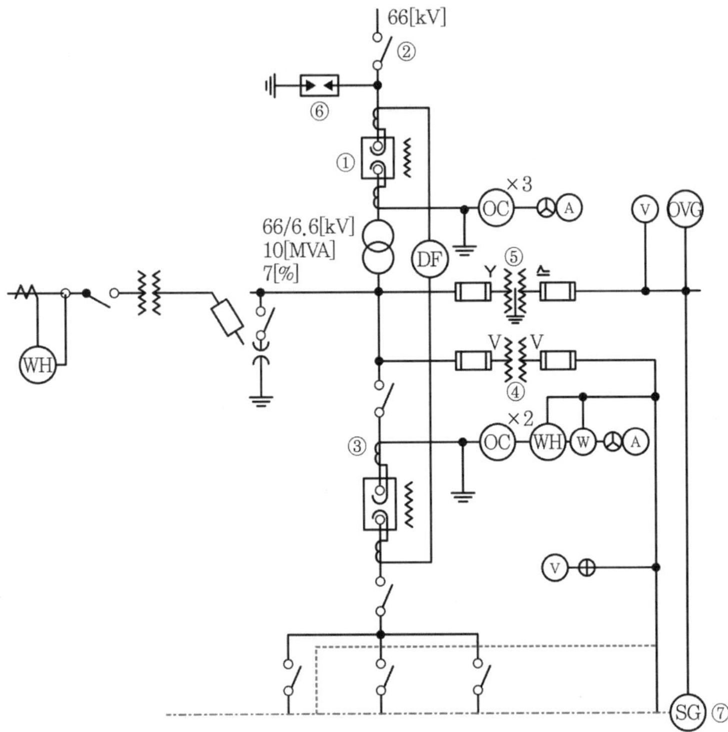

조건

① 주변압기의 정격은 1차 정격전압 66[kV], 2차 정격전압 6.6[kV], 정격용량은 3상 10[MVA]라고 한다.

② 주변압기의 1차 측(1차 모선)에서 본 전원 측 등가 임피던스는 100[MVA] 기준으로 16[%]이고, 변압기의 내부 임피던스는 자기 용량 기준으로 7[%]라고 한다.

③ 각 Feeder에 연결된 부하는 거의 동일하다.

④ 차단기의 정격차단용량, 정격전류, 단로기의 정격전류, 변류기의 1차 정격전류표준은 다음과 같다.

정격전압 [kV]	공칭전압 [kV]	정격차단용량 [MVA]	정격전류 [A]	정격차단시간 [Hz]
7.2	6.6	25	200	5
		50	400, 600	5
		100	400, 600, 800, 1,200	5
		150	400, 600, 800, 1,200	5
		200	600, 800, 1,200	5
		250	600, 800, 1,200, 2,000	5
72	66	1,000	600, 800	3
		1,500	600, 800, 1,200	3
		2,500	600, 800, 1,200	3
		3,500	800, 1,200	3

- 단로기와 선로개폐기의 정격전류의 표준규격
  - 72[kV] : 600[A], 1,200[A]
  - 7.2[kV] 이하 : 400[A], 600[A], 1,200[A], 2,000[A]
- CT 1차 정격전류 표준규격[A]
  50, 75, 100, 150, 200, 300, 400, 600, 800, 1,200, 1,500, 2,000
- CT 2차 정격전류는 5[A], PT의 2차 정격전압은 110[V]이다.

1) 차단기 ①에 대한 정격차단용량과 정격전류를 산정하시오.

정답

(1) 정격차단용량

$$P_s = \frac{100}{\%Z}P_n = \frac{100}{16} \times 100 = 625[\text{MVA}]$$

따라서 표에서 1,000[MVA]를 선정한다.

(2) 정격전류

$$I_n = \frac{P}{\sqrt{3}\,V} = \frac{10 \times 10^6}{\sqrt{3} \times 66 \times 10^3} = 87.48[\text{A}]$$

따라서 표에서 600[A]를 선정한다.

2) 선로개폐기 ②에 대한 정격전류를 산정하시오.

정답

선로개폐기의 정격전류

$$I_n = \frac{P}{\sqrt{3}\,V} = \frac{10 \times 10^6}{\sqrt{3} \times 66 \times 10^3} = 87.48[\text{A}]$$

따라서 표에서 600[A]를 선정한다.

3) 변류기 ③에 대한 1차 정격전류를 산정하시오.

정답

변류기의 1차 정격전류 $I \times 1.25 \sim 1.5$이므로

$$I = \frac{10 \times 10^6}{\sqrt{3} \times 6.6 \times 10^3} \times (1.25 \sim 1.5) = 1{,}093.46 \sim 1{,}312.16[\text{A}]$$

따라서 변류기 1차 정격전류는 1,200[A]를 선정한다.

4) PT ④에 대한 정격전압은 얼마인가?

정답

6,600[V]

5) ⑤로 표시된 기기의 명칭은 무엇인가?

정답

접지형 계기용 변압기

6) 피뢰기 ⑥에 대한 정격전압은 얼마인가?

정답

72[kV]

7) ⑦의 역할을 간단히 설명하시오.

정답

다회선 선로의 지락 시 지락회선을 선택차단할 수 있다.

18 도면은 어느 154[kV] 수용가의 수전 설비 단선결선도의 일부분이다. 주어진 표와 도면을 이용하여 다음 각 물음에 답하시오.

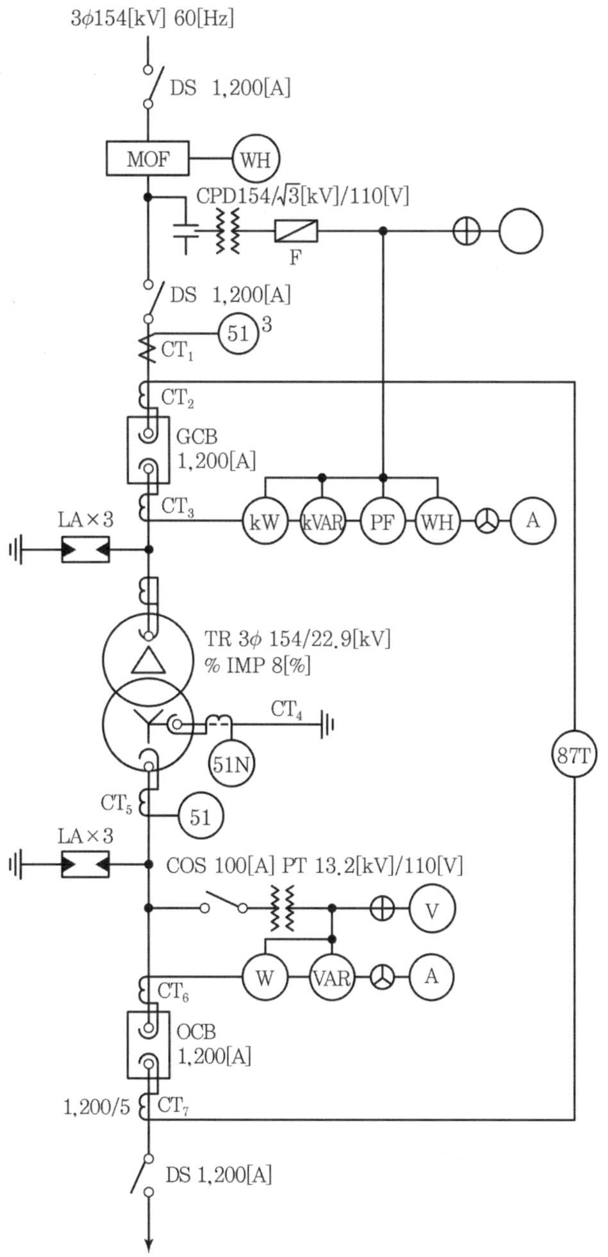

▸ CT의 정격

1차 정격전류[A]	200	400	600	800	1,200	1,500
2차 정격전류[A]	5					

1) 변압기 2차 부하설비용량이 51[MW], 수용률이 70[%], 부하역률이 90[%]일 때 도면의 변압기 용량은 몇 [MVA]가 되는가?

정답

$P = \frac{\text{설비용량} \times \text{수용률}}{\text{역률}} = \frac{51 \times 0.7}{0.9} = 39.67$[MVA]

2) 변압기 1차 측 DS의 정격전압은 몇 [kV]인가?

정답

170[kV]

3) CT_1의 비는 얼마인지 계산하고 표에서 선정하시오.

정답

CT의 1차 전류 $I \times (12.5 \sim 1.5)$이므로

$I = \frac{39.67 \times 10^6}{\sqrt{3} \times 154 \times 10^3} \times (1.25 \sim 1.5) = 185.9 \sim 223.08$[A]

따라서 표에서 200/5를 선정한다.

4) GCB 내에 사용되는 가스는 주로 어떤 가스를 사용하는지 그 가스의 명칭을 쓰시오.

정답

SF_6

5) OCB의 정격 차단전류가 23[kA]일 때, 이 차단기의 차단용량은 몇 [MVA]인가?

정답

$P_s = \sqrt{3}\, V_n I_s = \sqrt{3} \times 25.8 \times 23 = 1{,}027.8$[MVA]

6) 과전류 계전기의 정격부담이 9[VA]일 때 이 계전기의 임피던스는 몇 [Ω]인가?

정답

변류기의 부담 $P = I^2 Z$이며, 여기서 $I = 5$[A]가 되므로

$Z = \frac{P}{I^2} = \frac{9}{5^2} = 0.36$[Ω]이 된다.

7) CT_7 1차 전류가 600[A]일 때 CT_7의 2차에서 비율차동계전기의 단자에 흐르는 전류는 몇 [A]인가?

정답

$I_2 = I_1 \times \frac{1}{CT비}$ 가 된다. 다만 변압기가 $\Delta - Y$결선이므로 변류기의 결선은 반대가 되어야 한다.

따라서 Δ결선이기 때문에 비율차동계전기에 흐르는 전류는 선전류이므로

$I_2 = I_1 \times \frac{1}{CT비} \times \sqrt{3} = 600 \times \frac{5}{1{,}200} \times \sqrt{3} = 4.33$[A]이다.

19 ALTS의 명칭과 용도를 쓰시오.

정답

1) 명칭 : 자동부하 전환개폐기
2) 용도 : 주전원과 예비전원을 확보하여 주전원의 정전 또는 설정치 이하로 전압이 떨어질 경우 예비전원으로 자동 전환하여 수용가에 전원을 공급하는 개폐기를 말한다.

20 다음 수전 설비의 단선결선도를 보고 다음 각 물음에 답하시오.

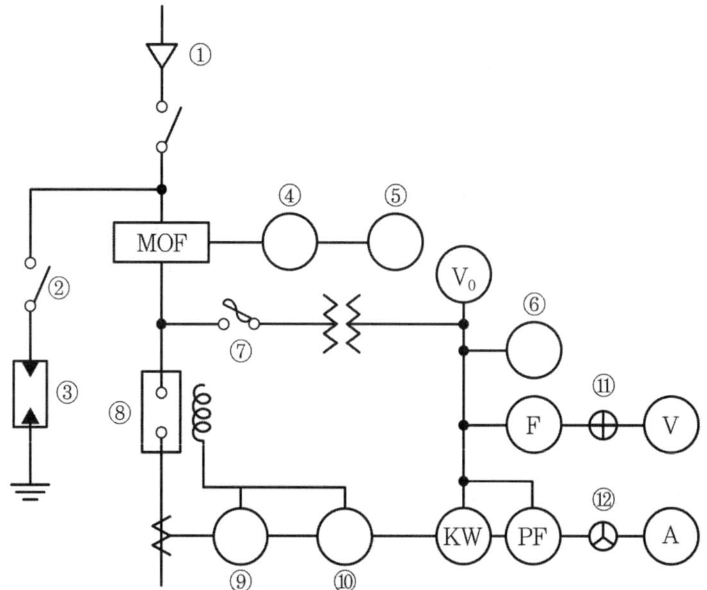

1) ①의 용도를 간단하게 설명하시오.

정답

케이블 헤드로 가공전선과 케이블 단말 접속 시 사용한다.

2) ②로 표시된 전기기계 기구의 명칭과 용도를 설명하시오.

정답

(1) 명칭 : 단로기

(2) 용도 : 부하전류를 개폐할 수 없으며 회로를 변경하거나 점검 시 사용한다.

3) ③으로 표시된 전기기계 기구의 명칭과 용도를 설명하시오.

정답

(1) 명칭 : 피뢰기

(2) 용도 : 이상전압 내습 시 즉시 방전하여 기계기구를 보호한다.

4) ④ ~ ⑫로 표시된 전기기계 기구의 명칭을 쓰시오.

정답

④ 최대수요전력량계
⑤ 무효전력량계
⑥ 지락과전압계전기
⑦ 컷아웃스위치
⑧ 차단기
⑨ 과전류계전기
⑩ 지락과전류계전기
⑪ 전압계용 전환개폐기
⑫ 전류계용 전환개폐기

21 도면은 어느 수용가의 수전 설비 결선도이다. 이 결선도를 보고 다음 각 물음에 답하시오.

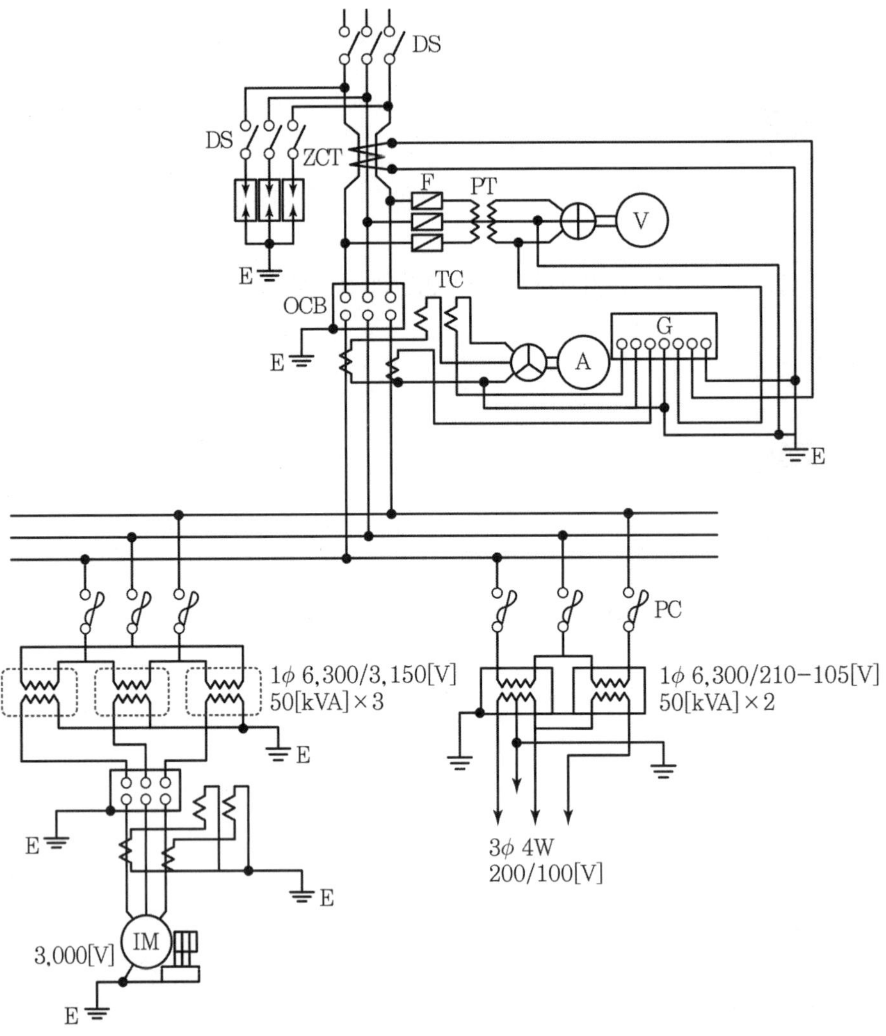

1) ZCT의 명칭과 역할은 무엇인가?

정답

(1) 명칭 : 영상변류기

(2) 역할 : 지락사고 시 영상전류 검출

2) 도면에서 ⊕은 무엇을 말하는가?

정답

전압계용 전환개폐기

3) 도면에서 ⊗은 무엇을 말하는가?

정답

전류계용 전환개폐기

4) 6,300/3150[V] 단상 변압기 3대의 2차 측 결선이 잘못되었다. 이 부분을 올바르게 고쳐 그리시오.

정답

전동기의 인가전압이 3,000[V]이며, 단상 변압기의 2차 전압이 3,150[V]이므로 변압기의 결선은 $\Delta - \Delta$가 되어야만 한다.

따라서 올바르게 고치면 다음과 같다.

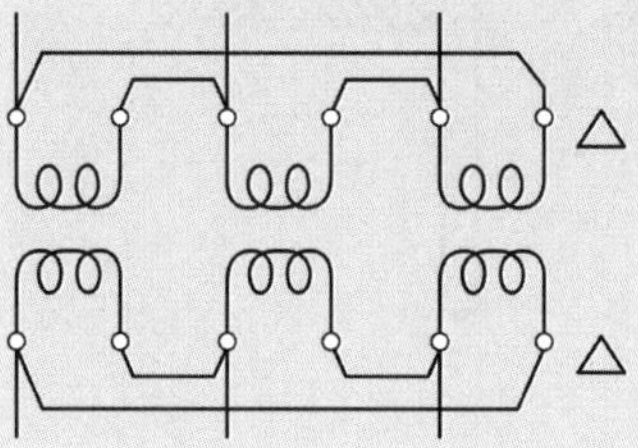

△

△

5) 도면에서 TC는 무엇을 나타내는가?

정답

트립코일

22 그림은 인입변대에 22.9[kV] 수전 설비를 설치하여 380/220[V]를 사용하고자 한다. 다음 물음에 답하시오.

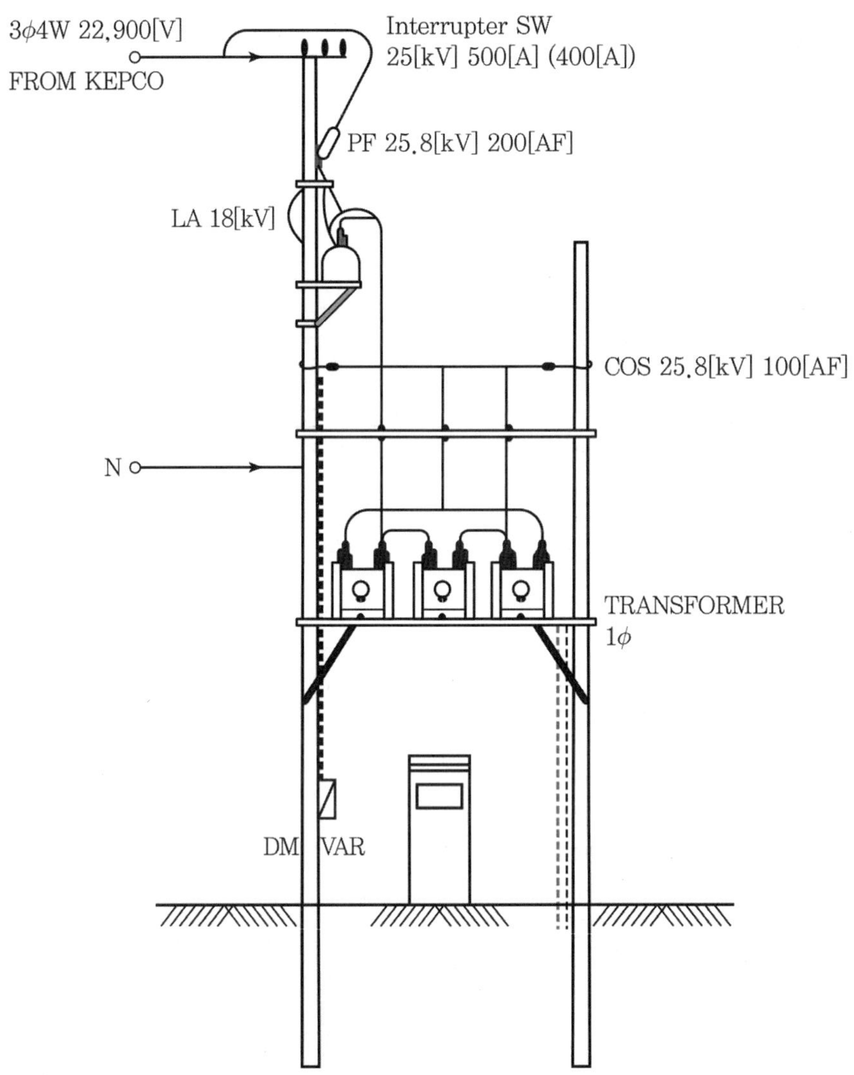

1) DM 및 VAR의 명칭은 무엇인가?

정답

(1) DM : 최대수요전력량계

(2) VAR : 무효전력계

2) 도면에 사용된 LA의 수량은 몇 개가 되며 정격전압은 몇 [kV]가 되는가?

정답

(1) 수량 : 3개

(2) 정격전압 : 18[kV]

3) 22.9[kV-Y] 계통에서 주로 사용하는 케이블은 무엇인가?

정답

CNCV-W(수밀형)

4) 주어진 도면을 단선결선도로 그리시오.

정답

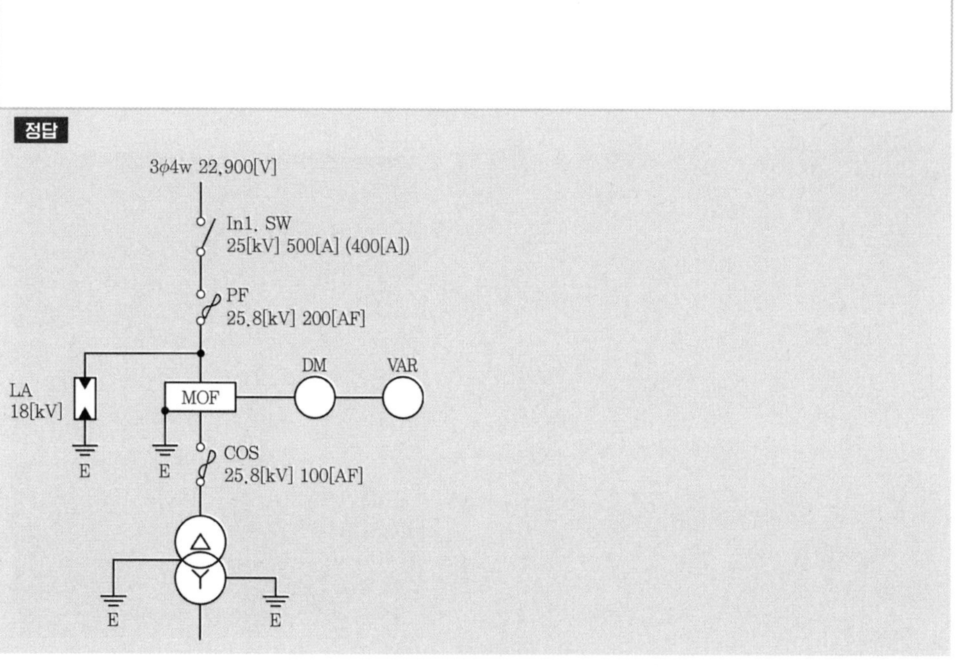

23 수전실 등의 시설과 관련하여 변압기, 배전반 등 수전 설비는 보수 점검에 필요한 공간 및 방화상 유효한 공간을 유지하기 위하여 주요부분이 유지하여야 할 거리를 정한다. 다음 표를 보고 기기별 최소유지거리를 쓰시오.

위치별 / 기기별	앞면 또는 조작·계측면	뒷면 또는 점검면	열상호간 (점검하는 면)
특별고압 배전반	[m]	[m]	[m]
저압 배전반	[m]	[m]	[m]

정답

위치별 / 기기별	앞면 또는 조작·계측면	뒷면 또는 점검면	열상호간 (점검하는 면)
특별고압 배전반	1.7[m]	0.8[m]	1.4[m]
저압 배전반	1.5[m]	0.6[m]	1.2[m]

24 그림은 통상적인 단락, 지락보호에 쓰이는 방식으로 주보호와 후비보호의 기능을 지니고 있다. 도면을 보고 다음 각 물음에 답하시오.

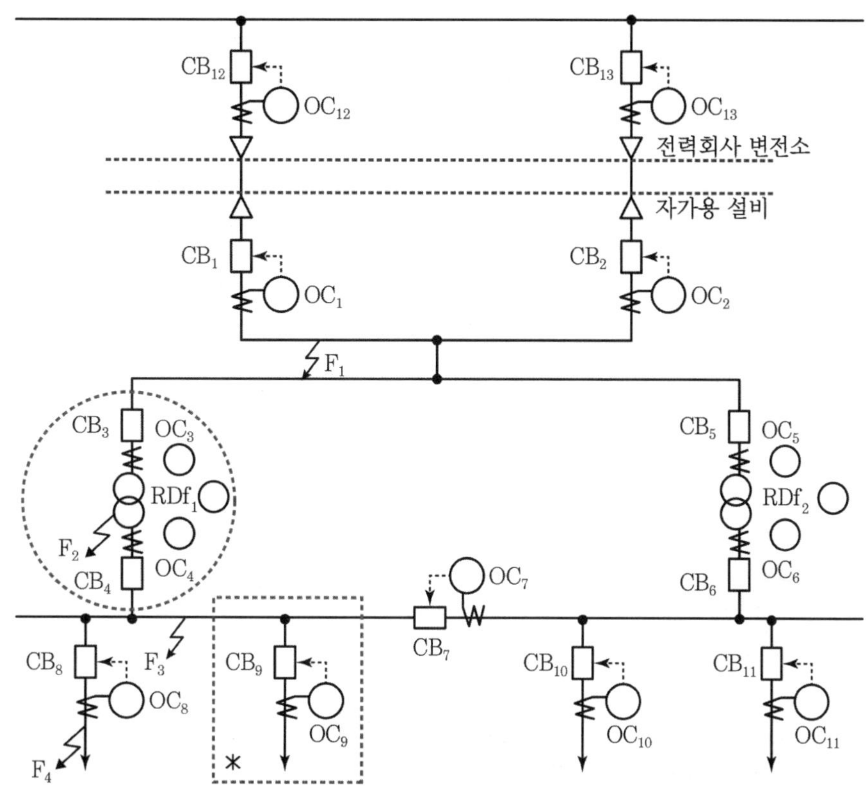

1) 사고점이 F_1, F_2, F_3, F_4라고 할 때 주보호와 후비보호에 대한 다음 표의 ①, ②를 쓰시오.

사고점	주보호	후비보호
F_1	OC_1+CB_1 And OC_2+CB_2	①
F_2	②	OC_1+CB_1 And OC_2+CB_2
F_3	OC_4+CB_4 And OC_7+CB_7	OC_3+CB_3 And OC_6+CB_6
F_4	OC_8+CB_8	OC_4+CB_4 And OC_7+CB_7

정답

① $OC_{12}+CB_{12}$ AND $OC_{13}+CB_{13}$

② $RDf_1+OC_4+CB_4$ AND OC_3+CB_3

2) 그림은 도면의 ＊표 부분을 좀 더 상세하게 나타낸 도면이다. 각 부분 ①～④에 대한 명칭을 쓰고, 보호 기능 구성상 ⑤～⑦의 부분을 검출부, 판정부, 동작부로 나누어 표현하시오.

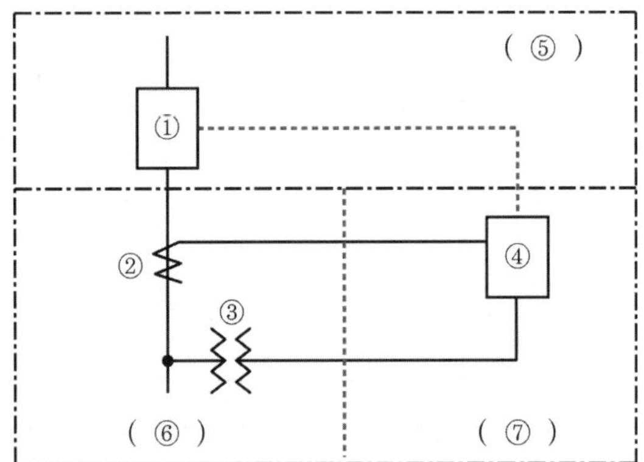

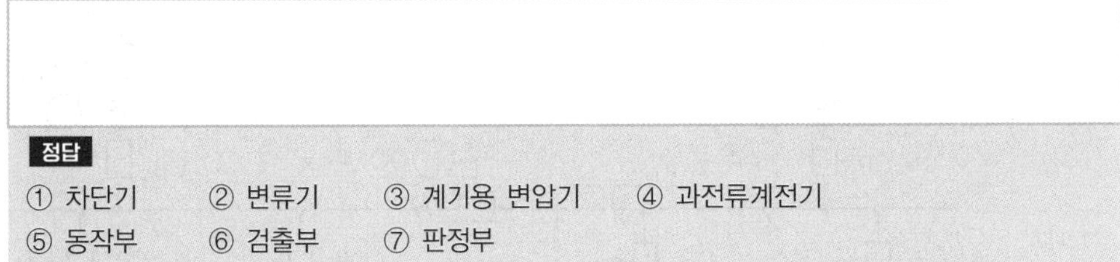

정답

① 차단기　② 변류기　③ 계기용 변압기　④ 과전류계전기
⑤ 동작부　⑥ 검출부　⑦ 판정부

3) 답란에 그림 F_2사고와 관련된 검출부, 판정부, 동작부의 도면을 완성하시오. (단, 질문 2)의 도면을 참고하시오.)

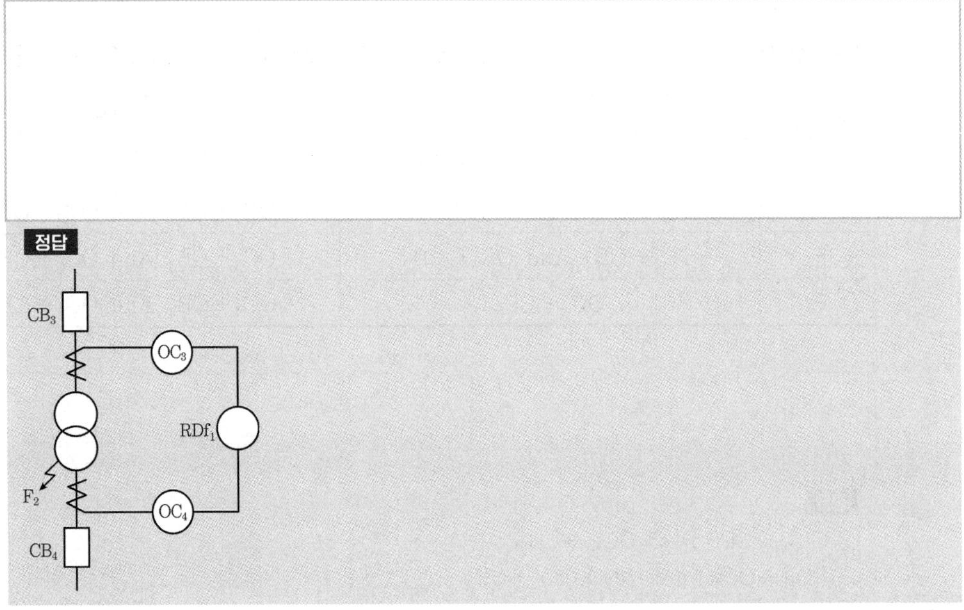

4) 자가용 전기설비에 발전 시설이 구비되어 있을 경우 자가용 수용가에 설치되어야 할 계전기는 어떤 계전기인가?

정답

(1) 과전류계전기
(2) 과전압계전기
(3) 부족전압계전기

25 그림과 같은 수전 설비 계통도의 미완성 도면을 보고 다음 각 물음에 답하시오.

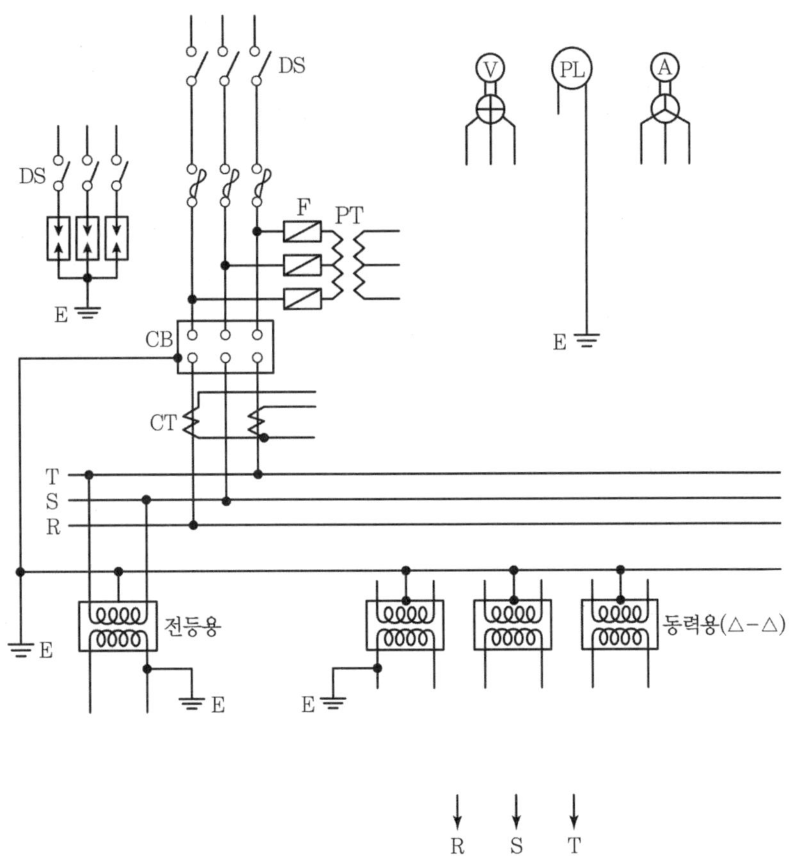

1) 계통도를 완성하시오.

정답

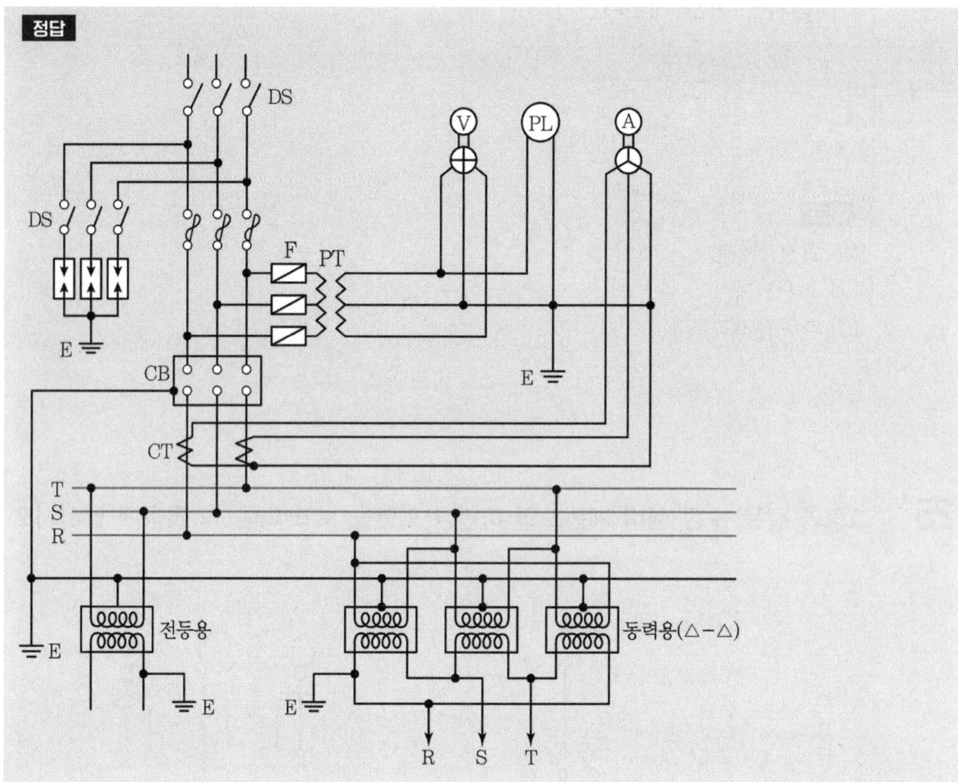

2) 통전 중에 있는 변류기 2차 측 기기를 교체하고자 할 때 가장 먼저 취하여야 할 조치사항과 이유를 쓰시오.

정답

(1) 조치사항 : 2차 측을 단락

(2) 이유 : 2차 측 개방 시 과전압에 따른 절연파괴를 방지한다.

3) 인입개폐기로 DS로 많이 쓰는 기기의 명칭과 약호를 쓰시오.

정답

(1) 명칭 : 자동고장 구분개폐기

(2) 약호 : ASS

4) CB를 진공차단기(VCB)로 적용하고 몰드변압기를 사용하는 경우

(1) 적용하여야 하는 보호기기

(2) 보호기기 설치 위치

정답

(1) 서지흡수기

(2) 개폐서지를 발생하는 차단기 2차 측과 보호대상이 되는 기기의 1차 측에 설치

26 다음은 어느 수용가의 수 · 변전설비도이다. 도면을 이해하고 다음 물음에 답하시오.

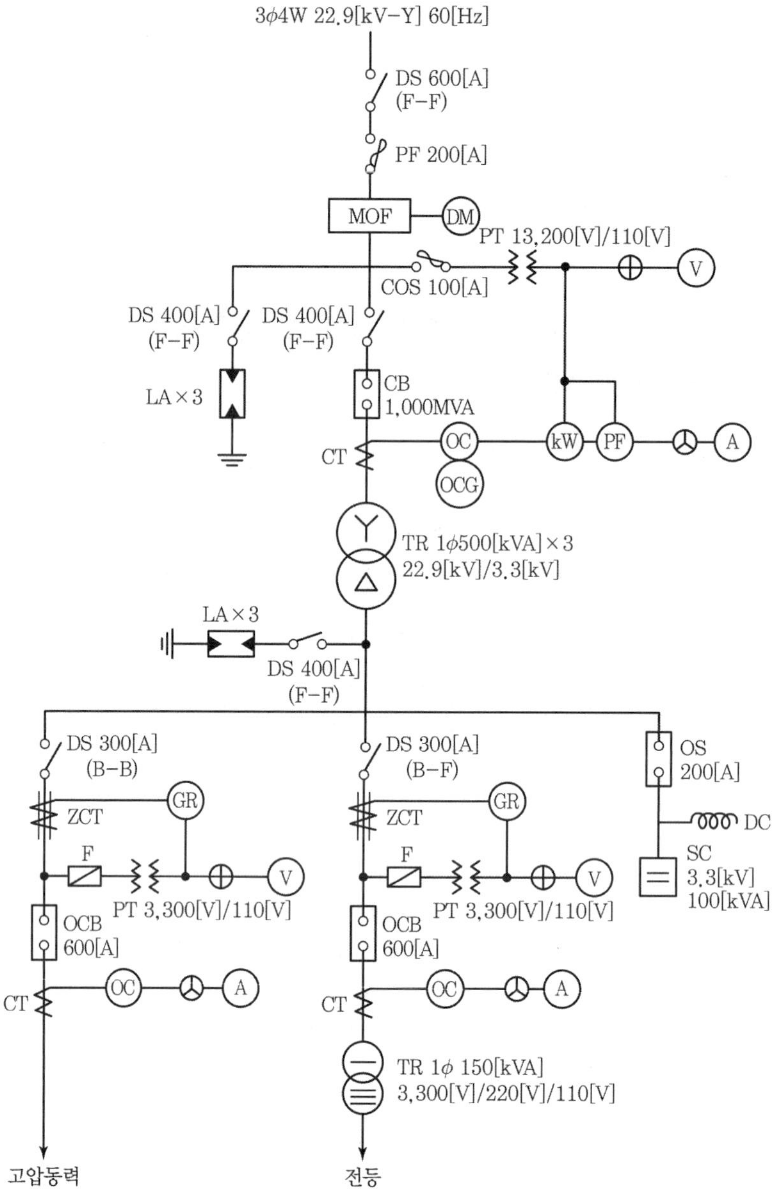

1) 22.9[kV] 측의 DS 정격전압을 쓰시오. (단, 정격전압의 계산과정을 생략하고 답만 쓰시오.)

정답

25.8[kV]

2) MOF의 역할을 쓰시오.

정답

고전압을 저전압으로 변성, 대전류를 소전류로 변류하여 전력량계에 공급한다.

3) PF의 역할을 쓰시오.

정답

단락전류 차단

4) 22.9[kV]의 LA의 정격전압을 쓰시오.

정답

18[kV]

5) MOF에 연결되어 있는 DM의 명칭을 쓰시오.

정답

최대수요전력량계

6) 하나의 전압계로 3상의 상전압이나 선간전압을 측정할 수 있는 스위치를 약호로 쓰시오.

정답

VS

7) 하나의 전류계로 3상 전류를 측정할 수 있는 스위치를 약호로 쓰시오.

정답

AS

8) CB의 역할을 쓰시오.

정답

평상시 부하전류를 개폐하며, 고장 시 신속히 동작하여 전로나 기기를 보호한다.

9) 3.3[kV] 측의 ZCT의 역할을 쓰시오.

정답

지락사고 시 영상전류를 검출한다.

10) ZCT에 연결된 GR의 역할을 쓰시오.

정답

지락 시 지락사고를 보호한다.

11) SC의 역할을 쓰시오.

정답

부하의 역률을 개선한다.

12) 3.3[kV] 측의 CB에서 600[A]는 무엇을 의미하는지 쓰시오.

정답

정격전류

13) OS의 명칭을 쓰시오.

정답

유입개폐기

27 그림은 22.9[kV] 특고압 수전 설비의 단선도이다. 이 도면을 보고 다음 각 물음에 답하시오.

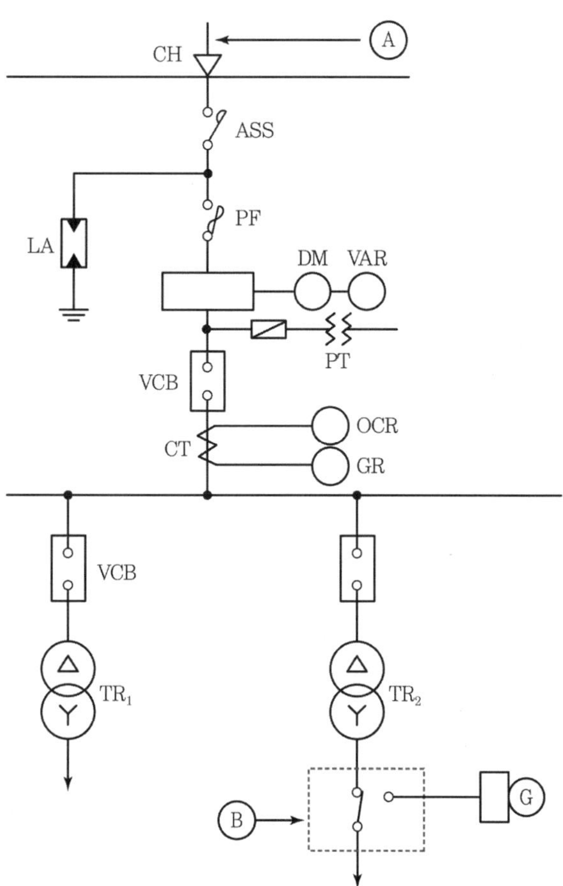

1) 도면에서 표시되어 있는 다음 약호의 우리말 명칭을 쓰시오.

(1) ASS (2) LA

(3) VCB (4) DM

정답

(1) ASS : 자동고장 구분개폐기 (2) LA : 피뢰기

(3) VCB : 진공차단기 (4) DM : 최대수요전력량계

2) TR_1 쪽의 부하용량의 합이 300[kW]이고, 역률과 효율이 각각 0.8, 수용률이 0.6이라면 TR_1 변압기의 용량은 몇 [kVA]가 적당한지 계산하여 규격용량으로 답하시오. (단, 변압기의 규격용량[kVA]은 100, 150, 225, 300, 500이다.)

정답

$$TR_1 = \frac{300 \times 0.6}{0.8 \times 0.8} = 281.25[\text{kVA}]$$

따라서 300[kVA] 선정

3) Ⓐ에는 어떤 종류의 케이블이 사용되는가?

정답

CNCV-W(수밀형)

4) Ⓑ의 명칭은 무엇인가?

정답

자동전환개폐기(ATS)

5) 변압기의 결선도를 복선도로 그리시오.

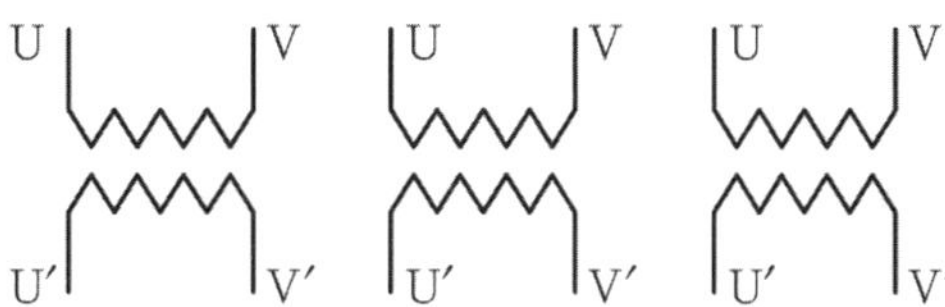

정답

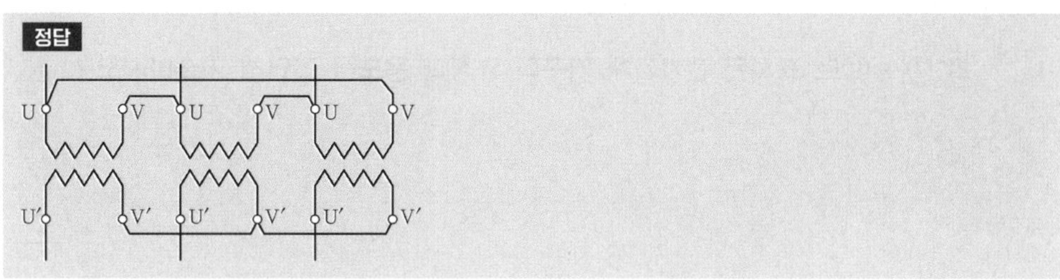

28

다음 회로도는 펌프용 3.3[kV] 모터 및 GPT의 단선결선도이다. 이 회로도를 보고 다음 각 물음에 답하시오.

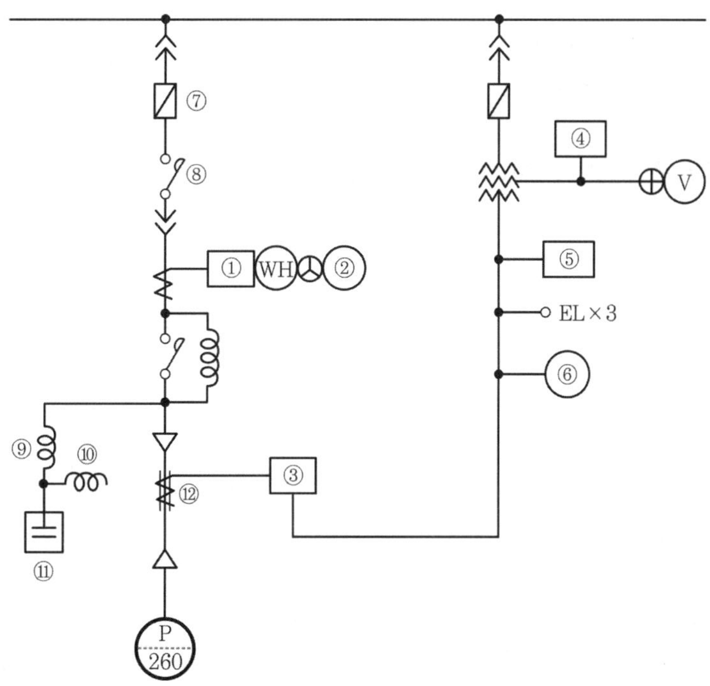

1) ①～⑥으로 표시된 보호계전기 및 기기의 명칭을 쓰시오.

정답

① 과전류계전기　② 전류계　③ 방향지락계전기
④ 부족전압계전기　⑤ 지락과전압계전기　⑥ 영상 전압계

2) ⑦～⑪로 표시된 전기기계 기구의 명칭과 용도를 간단히 기술하시오.

정답

⑦ 전력퓨즈 : 단락전류 차단
⑧ 개폐기 : 전동기의 기동 및 정지
⑨ 직렬리액터 : 제5고조파 제거
⑩ 방전코일 : 잔류전하를 방전하여 인체의 감전사고 방지
⑪ 전력용 콘덴서 : 부하의 역률 개선

3) 펌프용 모터의 출력이 260[kW], 뒤진 역률 85[%]인 부하를 95[%]로 개선하는 데 필요한 전력용 콘덴서의 용량을 계산하시오.

정답

$$Q_c = P(\tan\theta_1 - \tan\theta_2)$$

$$= P\left(\frac{\sqrt{1-\cos^2\theta_1}}{\cos\theta_1} - \frac{\sqrt{1-\cos^2\theta_2}}{\cos\theta_2}\right)$$

$$= 260 \times \left(\frac{\sqrt{1-0.85^2}}{0.85} - \frac{\sqrt{1-0.95^2}}{0.95}\right) = 75.68[\text{kVA}]$$

29 고압 수용가의 큐비클식 수전 설비의 주차단기 종류에 따른 분류 3가지를 쓰시오.

정답

1) PF − CB형
2) PF − S형
3) CB형

30 다음은 간이수변전설비의 단선도 일부이다. 각 물음에 답하시오.

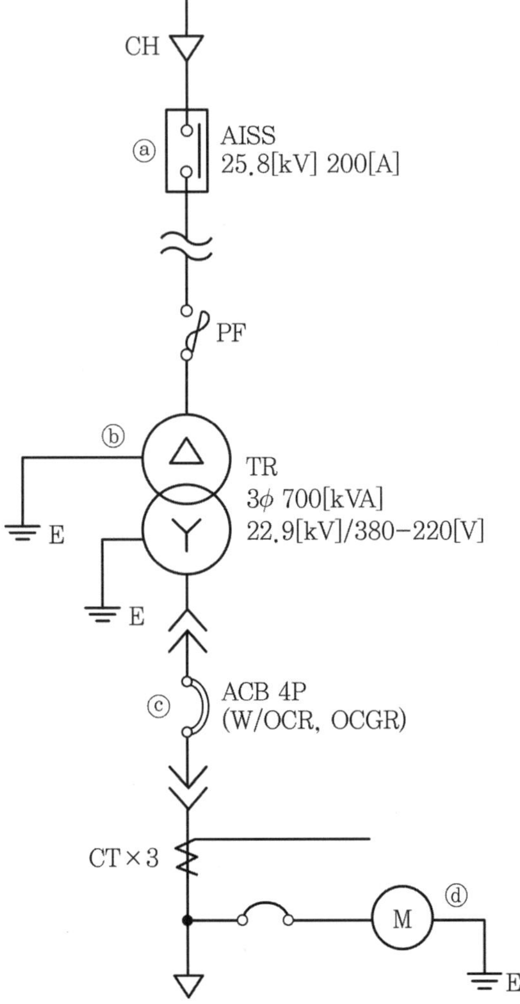

1) 간이수변전설비의 단선도에서 ⓐ는 인입구 개폐기인 자동고장 구분개폐기이다. 다음 (   ) 안에 들어갈 내용을 답란에 쓰시오.

22.9[kV-y] (①)[kVA] 이하에 적용이 가능하며, 300[kVA] 이하의 경우에는 자동고장 구분개폐기 대신에 (②)를 사용할 수 있다.

정답

① 1000 ② 인터럽트 스위치

2) 간이수변전설비의 단선도에서 ⓑ에 설치된 변압기에 대하여 다음 (   ) 안에 들어갈 내용을 답란에 쓰시오.

과전류강도는 최대부하전류의 (①)배 전류를 (②)초 동안 흘릴 수 있어야 한다.

정답

① 25 ② 2

3) 간이수변전설비의 단선도에서 ⓒ는 ACB이다. 보호요소를 3가지만 쓰시오.

정답

(1) 과전류
(2) 부족전압
(3) 결상

4) 간이수변전설비의 단선도에서 ⓓ에 설치된 저압기기에 대하여 다음 (   ) 안에 들어갈 내용을 답란에 쓰시오.

접지선의 굵기를 결정하기 위한 계산 조건에서 접지선에 흐르는 고장전류의 값은 전원 측 과전류차단기의 정격전류의 (①)배의 고장전류로 과전류차단기가 최대 (②)초 이하에서 차단완료했을 때 접지선의 허용온도는 최대 (③)[℃] 이하로 보호되어야 한다.

정답

① 20 ② 0.1 ③ 160

5) 간이수변전설비의 단선도에서 변류기의 변류비를 선정하시오. (단, CT의 정격전류는 부하전류의 125[%]로 하며, 표준규격[A]는 1차 : 1,000, 1,200, 1,500, 2,000이며 2차는 5로 한다.)

정답

$$I = \frac{700 \times 10^3}{\sqrt{3} \times 380} \times 1.25 = 1329.42[A]$$

따라서 1500/5를 선정한다.

31 아래 도면은 어느 수전 설비의 단선결선도이다. 물음에 답하시오.

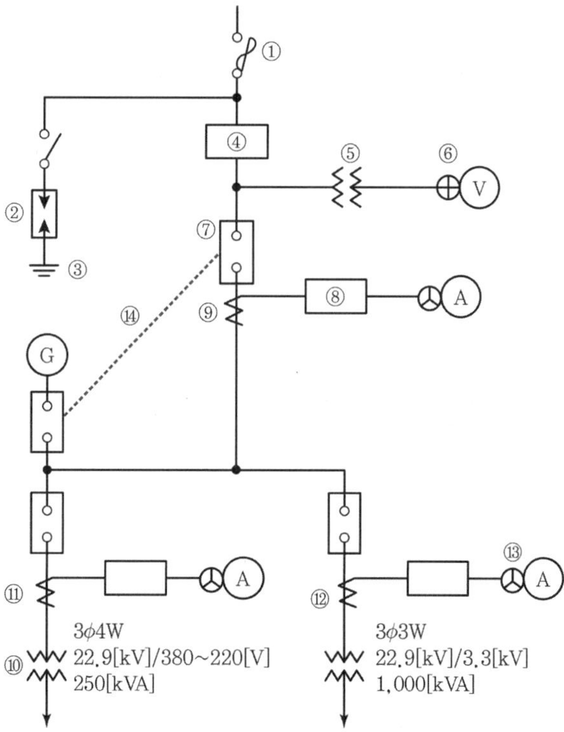

1) ①～②, ④～⑨, ⑬에 해당되는 부분의 명칭과 용도를 쓰시오.

정답

① 전력퓨즈 : 단락전류를 차단한다.
② 피뢰기 : 이상전압 내습 시 즉시 대지로 방전하며, 기기를 보호한다.
④ 전력수급용 계기용 변성기 : 고전압을 저전압으로, 대전류를 소전류로 변류하여 전력량계에 공급한다.
⑤ 계기용 변압기 : 고전압을 저전압으로 변성하여 계기나 계전기에 공급한다.
⑥ 전압계용 전환개폐기 : 1대의 전압계로 3상 각 상의 전압을 측정하기 위한 전환개폐기를 말한다.
⑦ 차단기 : 부하전류 개폐 및 사고 시 신속히 동작하여 전로나 기기를 보호한다.
⑧ 과전류계전기 : 설정치 이상의 과전류가 흐를 경우 동작하여 차단기의 트립코일을 여자한다.
⑨ 계기용 변류기 : 대전류를 소전류로 변류하여 계기나 계전기에 공급한다.
⑬ 전류계용 전환개폐기 : 1대의 전류계로 3상 각 상의 전류를 측정하기 위한 전환개폐기를 말한다.

2) ⑤의 1차, 2차 전압은?

정답

(1) 1차 : 13,200[V]
(2) 2차 : 110[V]

3) ⑩의 2차 측 결선 방법은?

정답

Y결선

4) ⑪, ⑫의 1차, 2차 전류는? (단, CT 정격전류는 부하 정격전류의 1.5배로 한다.)

정답

(1) ⑪ 1차 전류 $I = \frac{250 \times 10^3}{\sqrt{3} \times 22.9 \times 10^3} \times 1.5 = 9.45[A]$ 따라서 10/5 선정

2차 전류 $I_2 = \frac{250 \times 10^3}{\sqrt{3} \times 22.9 \times 10^3} \times \frac{5}{10} = 3.15[A]$

(2) ⑫ 1차 전류 $I = \frac{1,000 \times 10^3}{\sqrt{3} \times 22.9 \times 10^3} \times 1.5 = 37.82[A]$ 따라서 40/5 선정

2차 전류 $I_2 = \frac{1,000 \times 10^3}{\sqrt{3} \times 22.9 \times 10^3} \times \frac{5}{40} = 3.15[A]$

5) ⑭의 목적은?

정답

상용전원과 예비전원의 동시투입을 방지한다.

32 다음 수전 설비 단선도를 보고 물음에 답하시오.

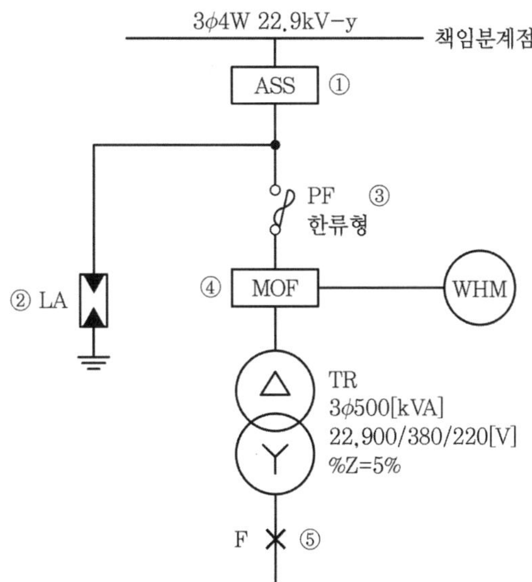

1) 단선도에 표시된 ① ASS의 최대과전류 Lock 전류값과 과전류 Lock 기능을 설명하시오.

정답

(1) 최대 과전류 Lock 전류
현재 사용되는 22.9[kV] ASS의 경우 과전류 Lock 전류는 880[A]가 된다.

(2) 과전류 Lock 기능
ASS의 경우 배전선로의 Recloser와 협조하여 수용가에서 Lock 전류 이상의 사고가 발생 시 ASS는 Lock이 되어 차단하지 않고 Recloser가 개방되어 전원을 차단한다. 이후 무전압 상태에서 ASS가 개방되어 고장구간을 분리한다.

2) 단선도에 표시된 ② 피뢰기의 정격전압[kV]과 제1보호대상을 쓰시오.

정답

(1) 정격전압[kV] : 18[kV]
(2) 제1보호대상 : 변압기

3) 단선도에 표시된 ③ 한류형 PF의 단점을 2가지 쓰시오.

정답

(1) 재투입이 불가능하다.
(2) 차단 시 과전압이 발생한다.

4) 단선도에 표시된 ④ MOF에 대한 과전류 강도 적용기준으로 다음 ( )에 들어갈 내용을 답란에 기술하시오.

MOF의 과전류 강도는 기기 설치점에서 단락전류에 의하여 적용하되, 22.9[kV]급으로서 60[A] 이하의 MOF 최소 과전류 강도는 전기사업자 규격에 의한 (①)배로 하고, 계산한 값이 75배 이상인 경우에는 (②)배를 적용하며, 60[A]를 초과 시 MOF의 과전류 강도는 (③)배로 적용한다.

정답

① 75 ② 150 ③ 40

5) 단선도에 표시된 ⑤ 변압기 2차 F점에서 3상 단락전류와 선간단락전류를 각각 구하시오. (단, 변압기 임피던스만 고려하고 기타의 정수는 무시하도록 한다.)

정답

(1) 3상 단락전류

$$I_s = \frac{100}{\%Z} I_n = \frac{100}{5} \times \frac{500 \times 10^3}{\sqrt{3} \times 380} = 15{,}193.43[\text{A}]$$

(2) 선간단락전류

선간단락전류는 3상 단락전류의 86.6[%]이므로

선간단락전류 $= 15{,}193.43 \times 0.866 = 13{,}157.9[\text{A}]$

33 다음 도면은 어떤 수용가의 수전 설비에 대한 단선결선도이다. 도면과 참고자료를 이용하여 물음에 답하시오.

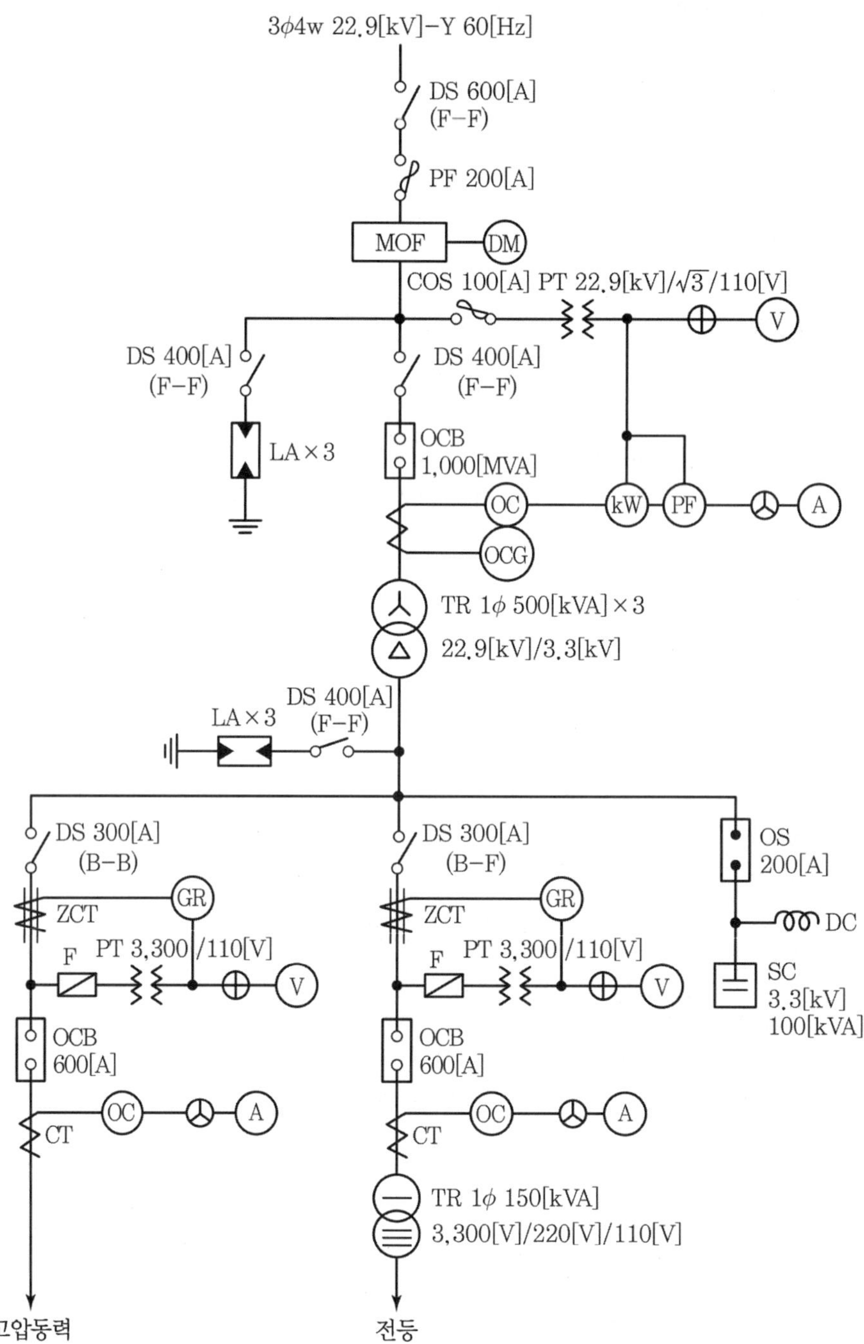

참고자료

▸ 계기용 변성기 정격(일반 고압용)

종별	정격	
PT	1차 정격전압[V] 2차 정격전압[V] 정격부담[VA]	3,300, 6,000 110 50, 100, 200, 400
CT	1차 정격전류[A] 2차 정격전류[A] 정격부담[VA]	10, 15, 20, 30, 40, 50, 75, 100, 150, 200, 300, 400, 500, 600 5 15, 40, 100 일반적으로 고압 회로는 40[VA] 이하, 저압 회로는 15[VA] 이상

1) 22.9[kV] 측에 대하여 다음 각 물음에 답하시오.

(1) MOF에 연결된 (DM)은 무엇인가?

정답

최대수요전력량계

(2) DS의 정격전압은 몇 [kV]인가?

정답

22.9[kV]의 DS 정격전압은 25.8[kV]이다.

(3) LA의 정격전압은 몇 [kV]인가?

정답

22.9[kV]의 LA 정격전압은 18[kV]이다.

(4) OCB의 정격전압은 몇 [kV]인가?

정답

22.9[kV] 계통의 차단기 정격전압은 25.8[kV]이다.

(5) OCB의 정격차단용량의 선정은 무엇을 기준으로 하는가?

정답

차단기의 차단용량은 단락용량을 기준으로 선정한다.

(6) CT의 변류비는? (단, 1차 전류의 여유는 25[%]로 한다.)

정답

1차 전류 $I_1 = \dfrac{500 \times 10^3 \times 3}{\sqrt{3} \times 22.9 \times 10^3} \times 1.25 = 47.27$[A]가 된다.

따라서 주어진 조건에 따라 50/5[A]를 선정한다.

(7) DS에 표시된 F–F는 무엇을 의미하는가?

정답

접속 단자의 접속의 방법이 표면접속을 의미한다.

(8) 그림과 같은 결선에서 단상 변압기가 2부싱형 변압기이면 1차 중성점의 접지는 어떻게 하여야 하는가? (단, "접지를 한다." "접지를 하지 않는다."로 답한다.)

정답

접지를 하지 않는다.

(9) OCB의 차단용량이 1,000[MVA]일 때 정격차단전류는 몇 [A]인가?

정답

차단용량 $P_s = \sqrt{3}\,V_n I_s$ 이므로

정격차단전류 $I_s = \dfrac{P_s}{\sqrt{3}\,V_n} = \dfrac{1{,}000 \times 10^6}{\sqrt{3} \times 25.8 \times 10^3} = 22{,}377.92$[A]

2) 3.3[kV] 측에 대하여 다음 각 물음에 답하시오.

(1) 옥내용 PT의 경우 주로 어떤 형을 사용하는가?

정답

몰드형

(2) 고압 동력용 OCB에 표시된 600[A]는 무엇을 의미하는가?

정답

정격전류

(3) 콘덴서에 내장된 DC의 역할은?

정답

콘덴서에 축적된 잔류전하를 방전하여 인체의 감전사고를 방지한다.

(4) 전등 부하의 수용률이 70[%]라 한다면 전등용 변압기에 걸 수 있는 부하의 용량은 몇 [kW]인가?

정답

전등용 변압기의 용량이 150[kVA]이므로

부하용량 $= \dfrac{150}{0.7} = 214.29$[kW]이다.

34 다음은 $3\phi 4\omega$ 22.9[kV] 수전 설비 단선결선도이다. 다음 각 물음에 답하시오.

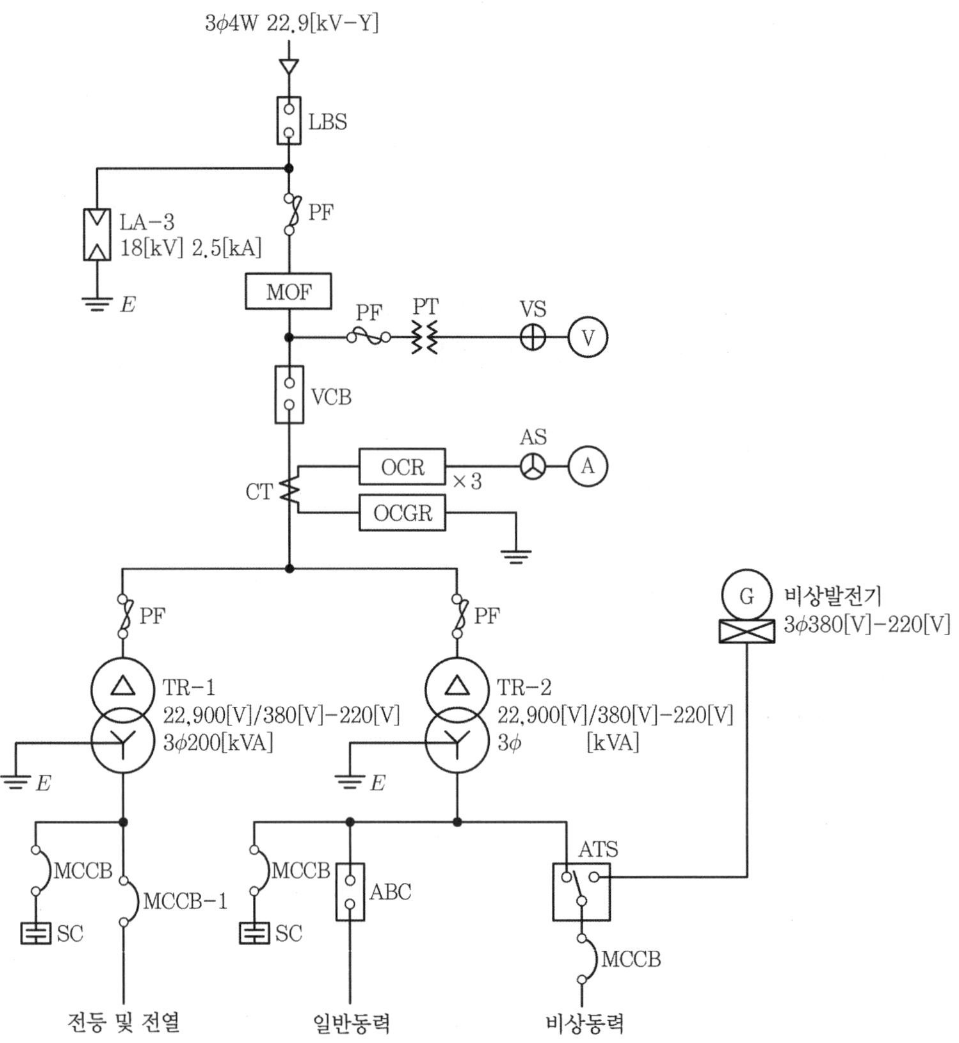

1) 위 수전 설비 단선결선도의 LA에 대하여 다음 각 물음에 답하시오.

(1) 한글 명칭을 쓰시오.

정답

피뢰기

(2) 기능과 역할에 대해 간단히 설명하시오.

정답

이상전압 내습 시 즉시 방전하고 속류를 차단하여 기기를 보호한다.

(3) 요구되는 성능조건을 2가지만 쓰시오.

정답

① 상용주파 방전개시전압이 높을 것
② 충격방전 개시전압이 높을 것
그 외 제한전압이 낮을 것, 속류의 차단능력이 클 것 등이 있다.

2) 수전 설비 단선결선도의 부하집계 및 입력환산표의 ①～③을 구하시오.

구분	전등 및 전열	일반동력	비상동력
설비용량 및 효율	합계 350[kW] 100[%]	합계 635[kW] 85[%]	유도전동기1 7.5[kW] 2대 85[%] 유도전동기2 11[kW] 1대 85[%] 유도전동기3 15[kW] 1대 85[%] 비상조명 8,000[W] 100[%]
평균(종합)역률	80[%]	90[%]	90[%]
수용률	60[%]	45[%]	100[%]

▸ 부하집계 및 입력환산표

구분		설비용량[kW]	효율[%]	역률[%]	입력[kVA]
전등 및 전열		350			(①)
일반동력		635			
비상동력	유도전동기1				(②)
	유도전동기2	11			
	유도전동기3				(③)
	비상조명	8			
	소계	–	–	–	

(1) ①에 들어갈 입력[kVA]을 구하시오.

정답

입력[kVA] $= \frac{350}{1 \times 0.8} = 437.5$[kVA]

(2) ②에 들어갈 입력[kVA]을 구하시오.

정답

입력[kVA] $= \frac{7.5 \times 2}{0.85 \times 0.9} = 19.61$[kVA]

(3) ③에 들어갈 입력[kVA]을 구하시오.

정답

입력[kVA] $= \frac{15}{0.85 \times 0.9} = 19.61$[kVA]

3) 단선결선도와 2)의 부하집계표를 참고하여 TR-2의 적정용량은 몇 [kVA]인지 선정하도록 하시오.

참고사항

- 일반동력군과 비상동력군 간의 부등률은 1.3으로 본다.
- 변압기 용량은 15[%] 정도의 여유를 갖게 한다.
- 변압기의 표준규격[kVA]은 200, 300, 400, 500, 600 등으로 한다.

정답

Tr_2의 경우 일반동력과 비상동력 부하를 부담하므로

(1) 일반동력[kVA] $= \dfrac{635}{0.85 \times 0.9} = 830.07$[kVA]

(2) 비상동력[kVA]

① 유도전동기1 $= \dfrac{7.5 \times 2}{0.85 \times 0.9} = 19.61$[kVA]

② 유도전동기2 $= \dfrac{11}{0.85 \times 0.9} = 14.38$[kVA]

③ 유도전동기3 $= \dfrac{15}{0.85 \times 0.9} = 19.61$[kVA]

④ 비상조명 $= \dfrac{8}{1 \times 0.9} = 8.89$[kVA]

비상동력의 입력 $= 19.61 + 14.38 + 19.61 + 8.89 = 62.49$[kVA]

그러므로 Tr_2 용량 $= \dfrac{830.07 \times 0.45 + 62.49 \times 1}{1.3} \times 1.15 = 385.71$[kVA]

따라서 조건에서 400[kVA]를 선정한다.

4) 단선결선도에서 TR-2의 2차 측 중성점 접지도체 굵기[mm^2]를 선정하시오.

참고사항

- 접지도체는 GV전선을 사용하고 표준굵기[mm^2]는 6, 10, 16, 25, 35, 50, 70 중에서 선정한다.
- GV전선의 표준굵기[mm^2]의 선정은 전기기기의 선정 및 설치, 접지설비 및 보호도체(KS C IEC 60364-5-54)에 따른다.
- 과전류차단기를 통해 흐를 수 있는 예상 고장전류는 변압기 2차 정격전류의 20배로 본다.
- 도체, 절연물, 그 밖의 부분의 재질 및 초기온도와 최종온도에 따라 정해지는 계수는 143(구리도체)으로 한다.
- 변압기 2차의 과전류차단기는 고장전류에서 0.1초에 차단되는 것이다.

정답

접지도체의 굵기 S= $\frac{\sqrt{I^2 t}}{k}$ [mm^2]

여기서 Tr_2 2차 측의 정격전류를 구하면

$I_2 = \frac{P}{\sqrt{3}\,V_2} = \frac{400 \times 10^3}{\sqrt{3} \times 380} = 607.74$[A]

예상 고장전류 I는 변압기의 2차 정격전류에 20배로 본다 하였으므로

$I = 20 I_2 = 20 \times 607.74 = 12{,}154.8$[A]

접지도체의 굵기 $S = \frac{\sqrt{12{,}154.8^2 \times 0.1}}{143} = 26.88$[$mm^2$]

따라서 35[mm^2] 선정

35 어느 빌딩의 수용가가 자가용 디젤 발전기 설비를 계획하고 있다. 발전기 용량 산출에 필요한 부하의 종류 및 특성이 다음과 같을 때 주어진 조건과 참고자료를 이용하여 부하 용량표의 빈칸을 채우고, 전체 부하를 운전하는 데 필요한 발전기 용량[kVA]을 선정하시오.

조건

- 참고자료의 수치는 최소치를 적용한다.
- 전동기 기동 시에 필요한 용량은 무시한다.
- 수용률의 적용
  - 동력 : 적용 부하에 대한 전동기의 대수가 1대인 경우에는 100[%], 2대인 경우 80[%] 적용한다.
  - 전등, 기타 : 100[%]를 적용한다.
- 부하의 종류가 전등, 기타인 경우의 역률은 100[%], 효율은 100[%]를 적용한다.
- 수용률을 적용한 용량[kVA]의 합계는 유효분과 무효분을 고려하여 구분토록 한다.
- 자가용 디젤 발전기 용량[kVA]은 50, 100, 150, 200, 300, 400, 500이다.

▸ 부하자료

부하의 종류	출력[kW]	극수(극)	대수(대)	적용 부하	기동 방법
전동기	37	6	1	소화전 펌프	리액터 기동
	22	6	2	급수 펌프	리액터 기동
	11	6	2	배풍기	Y-Δ 기동
	5.5	4	1	배수 펌프	직입 기동
전등, 기타	50	-	-	비상 조명	-

▸ 부하 용량

부하의 종류	출력[kw]	극수	전부하 특성			수용률[%]	수용률을 적용한 용량[kVA]
			역률[%]	효율[%]	입력[kVA]		
전동기	37×1	6					
	22×2	6					
	11×2	6					
	5.5×1	4					
전등, 기타	50	-	100	100			
합계	-	-	-	-	-	-	

• 발전기 용량 : (   )[kVA]

참고자료

▶ 전동기 전부하 특성표

정격 출력 [kW]	극수	동기회전 속도 [rpm]	전부하 특성		참고값		
			효율 η [%]	역률 pf [%]	무부하 I_0 (각 상의 평균치) [A]	전부하전류 I (각 상의 평균치) [A]	전부하 슬립 s[%]
0.75	4	1,800	71.5 이상	70.0 이상	2.5	3.8	8.0
1.5			78.0 이상	75.0 이상	3.9	6.6	7.5
2.2			81.0 이상	77.0 이상	5.0	9.1	7.0
3.7			83.0 이상	78.0 이상	8.2	14.6	6.5
5.5			85.0 이상	77.0 이상	11.8	21.8	6.0
7.5			86.0 이상	78.0 이상	14.5	29.1	6.0
11			87.0 이상	79.0 이상	20.9	40.9	6.0
15			88.0 이상	79.5 이상	26.4	55.5	5.5
18.5			88.5 이상	80.0 이상	31.8	67.3	5.5
22			89.0 이상	80.5 이상	36.4	78.2	5.5
30			89.5 이상	81.5 이상	47.3	105.5	5.5
37			90.0 이상	81.5 이상	56.4	129.1	5.5
0.75	6	1,200	70.0 이상	63.0 이상	3.1	4.4	8.5
1.5			76.0 이상	69.0 이상	4.7	7.3	8.0
2.2			79.5 이상	71.0 이상	6.2	10.1	7.0
3.7			82.5 이상	73.0 이상	9.1	15.8	6.5
5.5			84.5 이상	72.0 이상	13.6	23.6	6.0
7.5			85.5 이상	73.0 이상	17.3	30.9	6.0
11			86.5 이상	74.5 이상	23.6	43.6	6.0
15			87.5 이상	75.5 이상	30.0	58.2	6.0
18.5			88.0 이상	76.0 이상	37.3	71.8	5.5
22			88.5 이상	77.0 이상	40.0	82.7	5.5
30			89.0 이상	78.0 이상	50.9	111.8	5.5
37			90.0 이상	78.5 이상	60.9	136.4	5.5

정답

부하의 종류	출력 [kw]	극수	전부하 특성			수용률 [%]	수용률을 적용한 [kVA] 용량
			역률 [%]	효율 [%]	입력 [kVA]		
전동기	37×1	6	78.5	90.0	$\frac{37}{0.785 \times 0.9} = 52.37$	100	$41.11 + j32.44 = 52.37$
	22×2	6	77.0	88.5	$\frac{22 \times 2}{0.77 \times 0.885} = 64.57$	80	$39.78 + j32.96 = 51.66$
	11×2	6	74.5	86.5	$\frac{11 \times 2}{0.745 \times 0.865} = 34.14$	80	$20.35 + j18.22 = 27.31$
	5.5×1	4	77.0	85.0	$\frac{5.5}{0.77 \times 0.85} = 8.40$	100	$6.47 + j5.36 = 8.4$
전등, 기타	50	–	100	100	50	100	50
합계	–	–	–	–	–	–	$157.71 + j88.98 = 181.08$

따라서 발전기 용량은 200[kVA]가 된다.

36 다음은 3상 4선식 22.9[kV] 수전 설비의 단선결선도의 일부이다. 다음 각 물음에 답하시오.

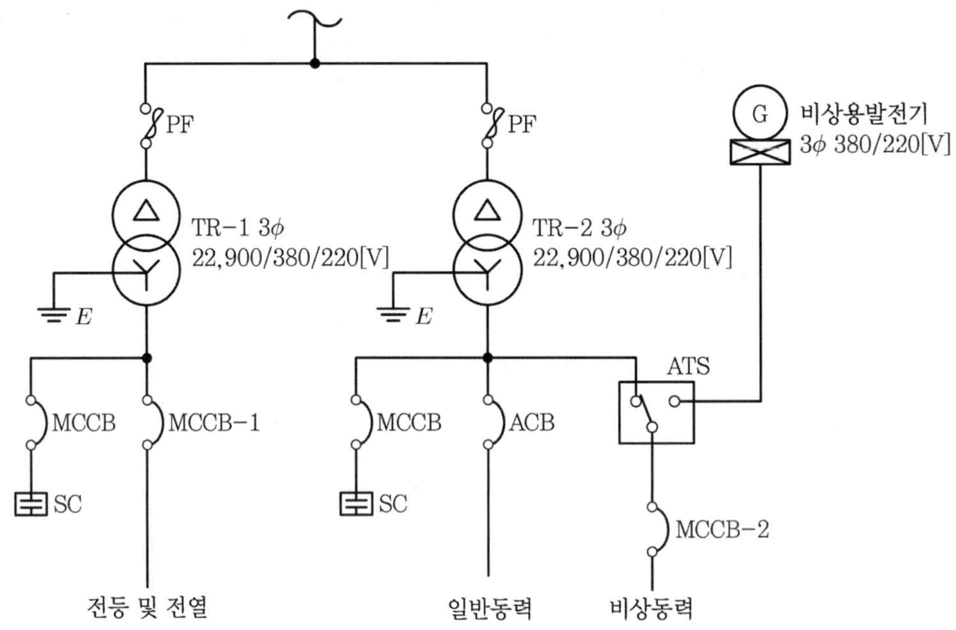

참고사항

- 변압기의 표준사항[kVA]은 200, 300, 400, 500, 600이다.
- TR-1 변압기 및 TR-2 변압기의 효율은 90[%]이다.
- TR-2 변압기 용량은 15[%] 여유를 갖는다.
- 전등 및 전열의 부하합계[kVA]에 역률과 수용률을 반영한 수용부하 합계가 390.42[kVA]이다.
- 일반동력의 부하합계[kVA]에 역률과 수용률을 반영한 수용부하의 합계가 110.3[kVA]이며, 비상동력의 부하합계[kVA]에 역률과 수용률을 반영한 수용부하 합계가 75.5[kVA]이다.

1) TR-1 변압기의 적정용량은 몇 [kVA]인지 선정하시오. (단, 제시되지 않은 조건은 무시한다.)

정답

TR-1 변압기는 전등 및 전열용 부하의 변압기이므로

$P = \frac{390.42}{0.9} = 433.8$[kVA]

따라서 500[kVA]를 선정한다.

2) TR-2 변압기의 적정용량은 몇 [kVA]인지 선정하시오. (단, 제시되지 않은 조건은 무시한다.)

정답

TR-2 변압기의 경우 일반동력, 비상동력에 부하를 부담하는 변압기이므로

$$P = \frac{110.3 + 75.5}{0.9} \times 1.15 = 237.41[\text{kVA}]$$

따라서 300[kVA]를 선정한다.

3) TR-1 변압기 2차 측 정격전류[A]를 구하시오. (단, 제시되지 않은 조건은 무시한다.)

정답

$$I_2 = \frac{P}{\sqrt{3}\,V_2} = \frac{500 \times 10^3}{\sqrt{3} \times 380} = 759.67[\text{A}]$$

4) ATS의 사용목적에 대하여 설명하시오.

정답

주전원에 정전 등에 의한 전압 저하 시 비상용 발전기의 전원으로 자동전환시킴으로써 부하에 전원을 공급한다.

5) 변압기 2차 측 중성점에 실시하는 접지의 목적을 설명하시오.

정답

고・특고압 전로와 저압 전로와 혼촉 시 저압 측의 전위상승을 억제하기 위함이다.

Chapter 16 측정과 시험

01 **변압기의 절연내력 시험전압에 대한 ① ~ ⑦에 알맞은 내용을 빈칸에 쓰시오.**

구분	종류(최대사용전압을 기준으로)	시험전압
①	최대사용진입 7[kV] 이하의 권선 (단, 시험전압이 500[V] 미만으로 되는 경우에는 500[V])	최대사용전압×(　　)배
②	7[kV]를 넘고 25[kV] 이하의 권선으로 중성선 다중접지식에 접속되는 것	최대사용전압×(　　)배
③	7[kV]를 넘고 60[kV] 이하의 권선(중성선 다중접지 제외) (단, 시험전압이 10,500[V] 미만으로 되는 경우에는 10,500[V])	최대사용전압×(　　)배
④	60[kV]를 넘는 권선으로서 중성점 비접지식 전로에 접속되는 것	최대사용전압×(　　)배
⑤	60[kV]를 넘는 권선으로서 중성점 접지식 전로에 접속하고 또한 성형결선의 권선의 경우에는 그 중성점에 T좌 권선과 주좌 권선의 접속점에 피뢰기를 시설하는 것 (단, 시험전압이 75[kV] 미만으로 되는 경우에는 75[kV])	최대사용전압×(　　)배
⑥	60[kV]를 넘는 권선으로서 중성점 직접접지식 전로에 접속하는 것(다만 170[kV]를 초과하는 권선에는 그 중성점에 피뢰기를 시설할 것)	최대사용전압×(　　)배
⑦	170[kV]를 넘는 권선으로 중성점 직접접지식 전로에 접속하고 또는 그 중성점을 직접접지하는 것	최대사용전압×(　　)배
(예시)	기타의 권선	최대사용전압×(　　)배

정답

① 1.5 ② 0.92 ③ 1.25 ④ 1.25 ⑤ 1.1 ⑥ 0.72 ⑦ 0.64 (예시) 1.1

02 **전로의 절연저항에 대하여 다음 각 물음에 답하시오.**

1) 다음 표에서 전로의 사용전압의 구분에 따른 절연저항값은 몇 [MΩ] 이상이어야 하는지 그 값을 표에 써 넣으시오.

전로의 사용전압[V]	절연저항[MΩ]
SELV 및 PELV	
FELV, 500[V] 이하	
500[V] 초과	

정답

전로의 사용전압[V]	절연저항[MΩ]
SELV 및 PELV	0.5
FELV, 500[V] 이하	1
500[V] 초과	1

2) 물음 1)의 표에 써 있는 대지전압은 접지식 전로와 비접지식 전로에서 어느 개소 간의 전압인지를 설명하시오.

정답

(1) 접지식 전로 : 전선과 대지 사이의 전압
(2) 비접지식 전로 : 전선과 그 전로의 임의의 다른 전선 사이의 전압

03 400[V] 이하의 옥내 저압 배선을 설계하고자 한다. 이때 시설 장소의 조건에 관계없이 한 가지 배선 방법으로 배선하고자 할 때 옥내에는 건조한 장소, 습기진 장소, 노출배선 장소, 은폐배선을 하여야 할 장소, 점검이 불가능한 장소 등으로 되어 있다고 한다면 적용 가능한 공사 방법에는 어떤 방법이 있는지 그 방법을 4가지만 쓰시오.

정답

1) 금속관 공사
2) 케이블 공사
3) 합성수지관 공사(CD관 제어)
4) 비닐피복 2종가요전선관 공사

04 욕실 등 인체가 물에 젖어있는 상태에서 물을 사용하는 장소에 콘센트를 시설하는 경우 설치해야 하는 인체감전보호용 누전차단기의 정격감도전류와 동작시간은 얼마 이하를 사용하여야 하는가?

정답

1) 정격감도전류 : 15[mA] 이하
2) 동작시간 : 0.03초 이하

05 다음과 같은 값을 측정하는 데 가장 적당한 것은?

1) 전선의 굵기(단선)
2) 옥내전등선의 절연저항
3) 접지저항

정답

1) 와이어 게이지 2) 절연저항 측정기 3) 접지저항 측정기

06 다음의 A, B전등 중 어느 것을 사용하는 편이 유리한지 다음 표를 이용하여 산정하시오. (단, 1시간당 점등 비용으로 산정할 것)

전등의 종류	전등의 수명	1[cd]당 소비전력[W] (수명 중의 평균)	평균 구면광도 [cd]	1[kWh]당 전력요금[원]	전등의 단가 [원]
A	1,500시간	1.0	38	70	1,900
B	1,800시간	1.1	40	70	2,000

전구	전력비[원/시간]	전구비[원/시간]	계산[원/시간]
A			
B			

정답

전구	전력비[원/시간]	전구비[원/시간]	계산[원/시간]
A	$1.0\times38\times10^{-3}\times70=2.66$	$\frac{1,900}{1,500}=1.27$	$2.66+1.27=3.93$
B	$1.1\times40\times10^{-3}\times70=3.08$	$\frac{2,000}{1,800}=1.11$	$3.08+1.11=4.19$

따라서 A전구를 사용하는 것이 유리하다.

07 전기설비기술기준 및 한국전기설비규정에 따라 사용전압이 154[kV]인 중성점 직접접지식 전로의 절연내력 시험을 시험하고자 할 때, 시험전압[V]와 시험방법에 대하여 설명하시오.

1) 절연내력 시험전압

정답

직접접지로서 170[kV]가 되므로

$V=154,000\times0.72=110,880$[V]이다.

2) 절연내력 시험방법

정답

시험할 부분에 결정된 시험전압을 연속하여 10분간 가하여 견디어야만 한다.

08 주어진 조건에 의하여 1년 이내 최대전력 3,000[kW], 월 기본요금 6,490[원/kW], 월간 평균 역률이 95[%]일 때 1개월의 기본요금을 구하시오. 또한 1개월의 사용 전력량이 54만[kWh], 전력요금이 89[원/kWh]라 할 때 1개월의 총 전력요금은 얼마인지를 계산하시오. (단, 역률값에 따라 전력요금은 할인 또는 할증되며, 역률 90[%]를 기준으로 하여 역률이 1[%] 늘 때마다 기본요금이 1[%] 할인되며, 1[%] 감소될 때마다 1[%]의 할인요금을 지불하여야 한다.)

1) 1개월의 기본요금

정답

최대전력이 3,000[kW], 월 기본요금이 6,490[원/kW]이므로

$3{,}000 \times 6{,}490 \times (1 - 0.05) = 18{,}496{,}500$[원]이다.

2) 1개월의 총 전력요금

정답

사용 전력량이 54만[kWh]이며, 이에 대한 전력요금은 89[원/kWh]이므로

$540{,}000 \times 89 + 18{,}496{,}500 = 66{,}556{,}500$[원]이다.

09 전기사용장소의 사용전압이 500[V] 이하인 경우, 전로의 전선 상호간 및 전로와 대지 간의 절연저항은 개폐기 또는 과전류차단기로 구분할 수 있는 전로마다 얼마 이상을 유지하여야 하는가?

정답

1[MΩ]

10

전기사업자는 그가 공급하는 전기의 품질(표준전압, 표준주파수)을 허용오차 범위 안에서 유지하도록 전기사업법에 규정되어 있다. 다음 표의 ( ) 안에 표준전압 또는 표준주파수에 대한 허용오차를 정확하게 쓰시오.

표준전압 또는 표준주파수	허용오차
110볼트	110볼트의 상하로 (①)볼트 이내
220볼트	220볼트의 상하로 (②)볼트 이내
380볼트	380볼트의 상하로 (③)볼트 이내
60헤르츠	60헤르츠의 상하로 (④)헤르츠 이내

정답

① 6 ② 13 ③ 38 ④ 0.2

11

그림은 최대 사용전압 6,900[V]인 변압기의 절연내력 시험을 위한 회로도이다. 그림을 보고 다음 각 물음에 답하시오.

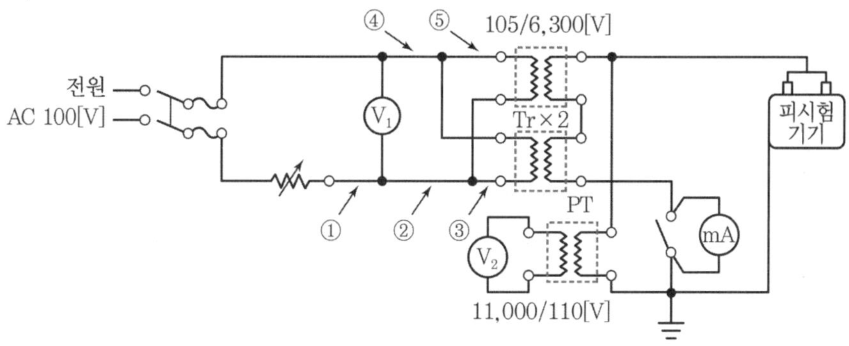

1) 전원 측 회로에 전류계 Ⓐ를 설치하고자 할 때 ①~⑤ 중 어느 곳이 적당한가?

정답

①

2) 시험 시 전압계 Ⓥ₁로 측정되는 전압은 몇 [V]인가? (단, 소수점 이하는 반올림할 것)

정답

7[kV] 이하로서 시험배수는 1.5배가 된다.

따라서 시험전압 $V = 6{,}900 \times 1.5 = 10{,}305[\mathrm{V}]$이다.

전압계 $\mathrm{V_1}$로 측정되는 전압 $= 10{,}350 \times \dfrac{1}{2} \times \dfrac{105}{6{,}300} = 86.25[\mathrm{V}]$

3) 시험 시 전압계 $\mathrm{V_2}$로 측정되는 전압은 몇 [V]인가?

정답

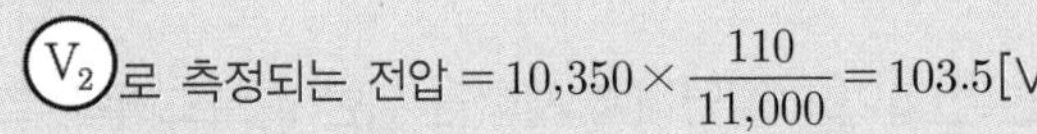

$\mathrm{V_2}$로 측정되는 전압 $= 10{,}350 \times \dfrac{110}{11{,}000} = 103.5[\mathrm{V}]$

4) PT의 설치 목적은 무엇인가?

정답

시험기기의 절연내력 시험전압을 측정하기 위함이다.

5) 전류계[mA]의 설치 목적은 어떤 전류를 측정하기 위함인가?

정답

누설전류의 측정

12 다음의 절연내력 시험전압을 구하여 답란에 작성토록 하시오.

공칭전압[V]	최대사용전압[V]	절연내력 시험전압[V]
6,600	6,900(비접지)	①
13,200	13,800(중성점 다중접지)	②
22,900	24,000(중성점 다중접지)	③

정답

공칭전압[V]	최대사용전압[V]	절연내력 시험전압[V]
6,600	6,900(비접지)	① 6,900 × 1.5 = 10,350
13,200	13,800(중성점 다중접지)	② 13,800 × 0.92 = 12,696
22,900	24,000(중성점 다중접지)	③ 24,000 × 0.92 = 22,080

13 다음 주어진 조건의 항목을 측정하는 가장 알맞은 계측기 또는 측정방법을 쓰시오.

1) 변류기의 절연저항

정답

메거

2) 검류계의 내부저항

정답

휘트스톤 브리지법

3) 전해액의 저항

정답

콜라우시 브리지법

4) 배전선의 전류

정답

후크온 메터

5) 절연 재료의 고유저항

정답

메거

14 전압 1.0183[V]를 측정하는 데 측정값이 1.0092[V]이었다. 이 경우의 다음 각 물음에 답하시오. (단, 소수점 이하 넷째 자리까지 구하시오.)

1) 오차

정답

오차 = 측정값 − 참값
= 1.0092 − 1.0183
= − 0.0091

2) 오차율

정답

$$\text{오차율} = \frac{\text{측정값} - \text{참값}}{\text{참값}} = \frac{-0.0091}{1.0183} = -0.0089$$

3) 보정

정답

보정 = 참값 − 측정값
= 1.0183 − 1.0092
= 0.0091

4) 보정률

정답

$$보정률 = \frac{참값 - 측정값}{측정값} = \frac{0.0091}{1.0092} = 0.0090$$

15 다음은 변압기의 단락시험 회로도이다. 괄호 안에 알맞은 답을 기술하시오.

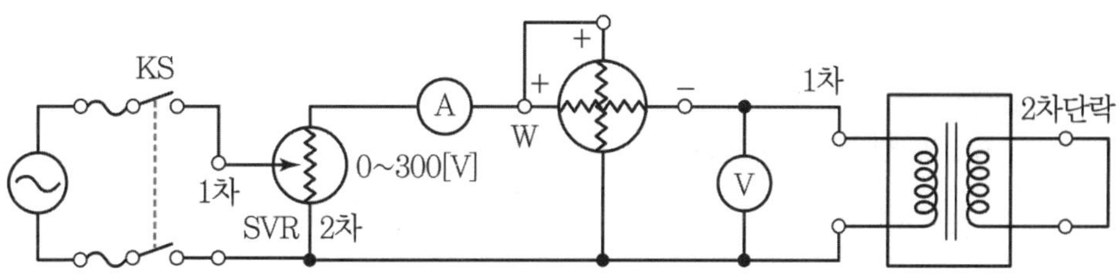

1) KS 투입 전 전압조정기의 핸들은 (①)에 위치하도록 한다.

정답

① 0[V]

2) 시험용 변압기의 2차 측을 단락한 상태에서 슬라이닥스를 조정하여 1차 측 단락 전류가 (②)와 같게 흐를 때 1차 측 단자전압을 임피던스전압이라 하며, 이때 교류전력계의 지시값을 (③)라고 한다.

정답
② 1차 정격전류 ③ 임피던스와트

3) %임피던스 $= \dfrac{\text{임피던스전압}}{(\text{④})} \times 100$[%]

정답
④ 1차 정격전압

16 3상 4선식 22.9[kV] 중성선 다중접지방식의 가공전선로와 대지 간의 절연내력 시험전압은 얼마인지 계산하고, 몇 분간 견디어야 하는가?

1) 절연내력 시험전압

정답
다중접지방식으로 $V \times 0.92$배가 된다.
따라서 $V = 22{,}900 \times 0.92 = 21{,}068$[V]이다.

2) 인가하는 시간

정답
10분

17 건물의 보수공사를 하는 데 32[W]×2 매입하면(下面)개방형 형광등 30등을 32[W]×3 매입루버형 형광등으로 교체하고, 20[W]×2 팬던트 하면(下面)개방형 형광등 20등을 20[W]×2 직부하면(下面)개방형 형광등으로 교체하였다. 철거되는 20[W]×2 팬던트 하면(下面)개방형 형광등은 재사용할 것이다. 천장 구멍 뚫기 및 취부테 설치와 등기구 보강작업은 계상하지 않으며, 공구손료 등을 제외한 직접노무비만을 구하시오. (단, 인공계산은 소수점 셋째 자리까지 구하고, 직접노무비는 소수점 첫째 자리에서 반올림 하시오. 내선전공에 대한 노임은 225,408원으로 한다.)

▸형광등 기구 설치

(단위 : 등, 적용직종 : 내선전공)

종별	직부형	펜던트형	매입 및 반매입형
10[W] 이하 × 1	0.123	0.150	0.182
20[W] 이하 × 1	0.141	0.168	0.214
20[W] 이하 × 2	0.177	0.215	0.273
20[W] 이하 × 3	0.223	–	0.335
20[W] 이하 × 4	0.323	–	0.489
30[W] 이하 × 1	0.150	0.177	0.227
30[W] 이하 × 2	0.189	–	0.310
40[W] 이하 × 1	0.223	0.268	0.340
40[W] 이하 × 2	0.277	0.332	0.415
40[W] 이하 × 3	0.359	0.432	0.545
40[W] 이하 × 4	0.468	–	0.710
110[W] 이하 × 1	0.414	0.495	0.627
110[W] 이하 × 2	0.505	0.601	0.764

조건

① 하면(下面)개방형 기준임. 루버 또는 아크릴 커버형일 경우 해당 등기구 설치 품의 110[%]
② 등기구 조립・설치, 결선, 지지금구류 설치, 장내 소운반 및 잔재정리 포함
③ 매입 또는 반매입 등기구의 천정 구멍 뚫기 및 취부테 설치 별도 가산
④ 매입 및 반매입 등기구에 등기구 보강대를 별도로 설치할 경우 이 품의 20[%] 별도 계상
⑤ 광천장 방식은 직부형 품을 적용
⑥ 방폭형 200[%]
⑦ 높이 1.5[m] 이하의 Pole형 등기구는 직부형 품의 150[%] 적용(기초대 설치는 별도)
⑧ 형광등 안정기 교환 해당 등기구 신설품의 110[%]. 다만, 팬던트형은 90[%]
⑨ 아크릴간판의 형광등 안정기 교환은 매입형 등기구 설치 품의 120[%]
⑩ 공동주택 및 교실 등과 같이 동일 반복공정으로 비교적 쉬운 공사의 경우 90[%]
⑪ 형광램프만 교체 시 해당 등기구 1등용 설치 품의 10[%]
⑫ T-5(28[W]) 및 FPL(36[W], 55[W])은 FL 40[W] 기준품 적용
⑬ 팬던트형은 파이프 팬던트형 기준, 체인 팬던트는 90[%]
⑭ 등의 증가 시 매 증가 1등에 대하여 직부형은 0.005[인], 매입 및 반매입형은 0.008[인] 가산
⑮ 고조도반사판 청소 시 형별 관계 없이 내선전공 20[W] 이하 0.03, 40[W] 이하 0.05를 가산
⑯ 철거 30[%], 재사용 철거 50[%]

정답

1) 먼저 32[W]×2 매입하면개방형 형광등을 철거 후 32[W]×3 매입루버형 형광등을 신설하면
$0.415 \times 30 \times 0.3 + 0.545 \times 30 \times 1.1 = 21.72$[인]

2) 이후 20[W]×2 팬던트 하면개방형 형광등을 재사용 철거 후 20[W]×2 직부하면개방형 형광등으로 신설하면
$0.215 \times 20 \times 0.5 + 0.177 \times 20 = 5.69$[인]

3) 총 공량 $= 21.72 + 5.69 = 27.41$[인]

4) 직접노무비 $= 27.41 \times 225{,}408 = 6{,}178{,}433$[원]

18 아래의 표에서 금속관 부품의 특징에 해당하는 부품명을 쓰시오.

부품명	특징
①	관과 박스를 접속할 경우 파이프 나사를 죄어 고정시키는 데 사용되며 6각형과 기어형이 있다.
②	전선 관단에 끼우고 전선을 넣거나 빼는 데 있어서 전선의 피복을 보호하여 전선이 손상되지 않게 하는 것으로 금속제와 합성수지제의 2종류가 있다.
③	금속관 상호 접속 또는 관과 노멀밴드와의 접속에 사용되며 내면에 나사가 나 있으며 관의 양측을 돌리어 사용할 수 없는 경우 유니온 커플링을 사용한다.
④	노출 배관에서 금속관을 조영재에 고정시키는 데 사용되며 합성수지 전선관, 가요 전선관, 케이블 공사에도 사용된다.
⑤	배관의 직각 굴곡에 사용하며 양단에 나사가 나있어 관과의 접속에는 커플링을 사용한다.
⑥	금속관을 아웃렛 박스의 노크아웃에 취부할 때 노크아웃의 구멍이 관의 구멍보다 클 때 사용된다.
⑦	매입형의 스위치나 콘센트를 고정하는 데 사용되며 1개용, 2개용, 3개용 등이 있다.
⑧	전선관 공사에 있어 전동 기구나 점멸기 또는 콘센트의 고정, 접속함으로 사용되며 4각 및 8각이 있다.

정답

① 로크너트 ② 부싱 ③ 커플링
④ 새들 ⑤ 노멀밴드 ⑥ 링리듀셔
⑦ 스위치박스 ⑧ 아웃렛 박스

19 60[W] 전구 8개를 점등하는 수용가가 있다. 정액제의 경우 60[W] 1등당 1개월(30일)에 205원, 종량제 요금은 기본요금 100원에 1[kWh]당 10원이 추가되며, 전구값은 수용가의 부담이다. 정액제 요금과 같은 점등료를 종량제 요금으로 지불하기 위한 일 평균 점등시간을 구하시오. (단, 전구 값은 1개 65원이며, 수명은 1,000[h]이며, 정액제의 경우 수용가가 전구 값을 부담하지 않는다.)

정답

1) 먼저 정액제에 해당하는 금액을 구하면
$8 \times 205 = 1{,}640[원]$

2) 종량제 요금
(1) 기본요금
100[원]
(2) 사용량 요금(H : 점등시간)
0.06×8×10×H = 4.8H
(3) 전구 값
$\frac{8 \times 65}{1{,}000} = 0.52[원]$

3) 정액제 요금과 종량제 요금이 같아지는 1일 점등시간을 구하면
1,640 = 100 + 4.8H + 0.52H
1,540 = 5.32H
1개월간 총 점등시간 H $= \frac{1{,}540}{5.32} = 289.47[h]$
여기서 일 점등시간을 구하면 h $= \frac{289.47}{30} = 9.65[h]$

20 계약전력 3,000[kW]인 자가용설비 수용가가 있다. 1개월간 사용 전력량이 540[MWh], 1개월간 무효전력량이 350[MVarh]이다. 기본요금이 4,045[원/kWh], 전력량 요금이 51[원/kWh]라 할 때 1개월간의 사용 전기요금을 구하시오. (단, 역률에 따른 요금의 추가 또는 감액은 시간대에 관계없이 역률 90[%]에 미달되는 경우, 미달하는 역률 60[%]까지 매 1[%]당 기본요금의 0.2[%]를 추가하고, 90[%]를 초과하는 경우에는 95[%]까지 초과하는 매 1[%]당 기본요금의 0.2[%]를 감액한다.)

정답

전기요금 = 기본요금 + 사용요금

1) 기본요금 $=3,000\times4,045=12,135,000[\text{원}]$

2) 사용요금 $=540,000\times51=27,540,000[\text{원}]$

3) 역률 $\cos\theta=\dfrac{P}{P_a}=\dfrac{540}{\sqrt{540^2+350^2}}\times100=83.92[\%]$

기본에 따른 역률 미달분 $90-83.92=6.08[\%]$이 된다. 따라서 역률 미달분은 7[%]이다.

미달분에 따른 기본요금의 추가분 $=12,135,000\times0.002\times7=169,890[\text{원}]$

전기요금 $=12,135,000+27,540,000+169,890=39,844,890[\text{원}]$

21 절연저항 측정에 대하여 다음 각 물음에 답하시오.

1) 사용전압이 저압인 전로에서 정전이 어려운 경우 등 절연저항 측정이 곤란한 경우에는 누설전류를 몇 [mA] 이하로 유지하여야 하는가?

정답

1[mA] 이하

2) 다음과 같은 전로의 절연저항값을 표에 쓰시오.

전로의 사용전압[V]	절연저항[MΩ]
SELV 및 PELV	
FELV, 500[V] 이하	
500[V] 초과	

정답

전로의 사용전압[V]	절연저항[MΩ]
SELV 및 PELV	0.5
FELV, 500[V] 이하	1.0
500[V] 초과	1.0

22 22,900/380-220[V], 30[kVA] 변압기에서 공급되는 전선로가 있다. 다음 각 물음에 답하시오.

1) 1선당 허용 누설전류의 최댓값[A]을 구하시오.

정답

$$\text{누설전류} = \text{최대공급전류} \times \frac{1}{2,000} = 45.58 \times \frac{1}{2,000} = 0.02[\text{A}]$$

$$\text{여기서 최대공급전류 } I = \frac{30 \times 10^3}{\sqrt{3} \times 380} = 45.58[\text{A}]$$

2) 이때 절연저항의 최솟값[Ω]을 구하시오.

정답

$$\text{절연저항 } R = \frac{V}{\text{누설전류}} = \frac{380}{0.02} = 19,000[\Omega]$$

23 저압 케이블 회로의 누전점을 HOOK-ON 미터로 탐지하고자 한다. 다음 각 물음에 답하시오.

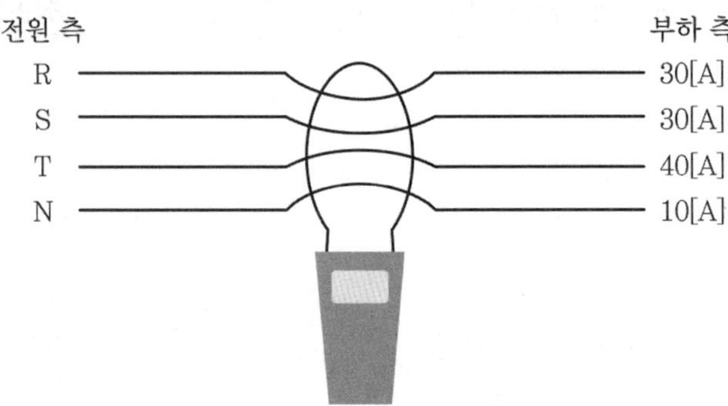

1) 저압 3상 4선식 선로의 합성전류를 HOOK-ON 미터로 위 그림과 같이 측정하였다. 부하 측에서 누전이 없는 경우 HOOK-ON 미터 지시값은 몇 [A]를 지시하는지 쓰시오.

정답

0[A]

2) 만약 다른 곳에는 누전이 없고 "G"지점에서 3[A]의 누전이 되었다면 "S"지점에서 HOOK-ON 미터의 검출전류는 몇 [A]가 되며, "K"지점에서의 HOOK-ON 미터의 검출전류는 몇 [A]가 검출되는가?

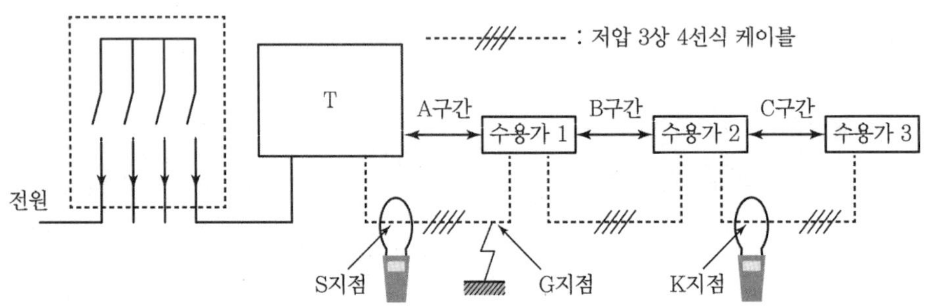

정답

(1) "S"지점의 검출전류 : 3[A]

(2) "K"지점의 검출전류 : 0[A]

여기서 "K"지점의 경우 누전점 "G"지점보다 부하 측이므로 0이 된다.

24 어느 회로의 전압을 전압계로 측정해서 103[V]를 얻었다. %보정이 −0.8[%]인 경우 회로의 전압[V]을 구하시오.

정답

$$\text{보정} = \frac{\text{참값} - \text{측정값}}{\text{측정값}} \times 100$$

$$-0.8 = \frac{\text{참값} - 103}{103} \times 100$$

$$-0.008 = \frac{\text{참값} - 103}{103}$$

$$-0.008 \times 103 = \text{참값} - 103$$

$$\text{참값} = 102.18[\text{V}]$$

25 전기설비기술기준에서 전기사용 장소의 사용전압이 저압인 전로의 전선 상호간 및 전로와 대지 사이의 절연저항은 개폐기 또는 과전류차단기로 구분할 수 있는 전로마다 다음 표에서 정한 값 이상이어야 한다. 다음 ( )에 들어갈 내용을 답란에 쓰시오.

전로의 사용전압[V]	DC 시험전압[V]	절연저항[MΩ]
SELV 및 PELV	(①)	(②)
FELV, 500[V] 이하	(③)	(④)
500[V] 초과	(⑤)	(⑥)

[주] 특별저압(extra low votage : 2차 전압이 AC 50[V], DC 120[V] 이하)으로 SELV(비접지회로 구성) 및 PELV(접지회로 구성)는 1차와 2차가 전기적으로 절연된 회로, FELV는 1차와 2차가 전기적으로 절연되지 않은 회로

정답

① 250 ② 0.5 ③ 500 ④ 1.0 ⑤ 1,000 ⑥ 1.0

26 100[V], 20[A]용 단상 적산 전력량계에 어느 부하를 가할 때 원판의 회전수 20회에 대하여 40.3[회] 걸렸다. 만일 이 계기의 20[A]에 있어서 오차가 +2[%]라면 부하전력은 몇 [kW]인가? (단, 이 계기의 계기정수는 1,000[Rev/kWh]이다.)

정답

전력량계의 측정값 $P = \frac{3,600n}{tk} = \frac{3,600 \times 20}{40.3 \times 1,000} = 1.79[\text{kW}]$

오차율 $= \frac{\text{측정값} - \text{참값}}{\text{참값}} \times 100[\%]$

$0.02 = \frac{1.79 - \text{참값}}{\text{참값}}$

$= (0.02 + 1)\text{참값} = 1.79$

참값 $= \frac{1.79}{1.02}$

$= 1.75[\text{kW}]$

27 다음은 한국전기설비규정에서 정하는 기구 등의 전로의 절연내력 시험전압[V]에 대한 내용이다. (　　)에 들어갈 내용을 답란에 쓰시오.

공칭전압	최대사용전압	시험전압
6,600[V]	6,900[V]	(①)
13,200[V](중성점 다중 접지식 전로)	13,800[V]	(②)
22,900[V](중성점 다중 접지식 전로)	24,000[V]	(③)

정답

KEC 136 기구 등의 절연내력의 시험전압에 대한 기준은 다음과 같다.

종류	접지방식	시험전압 (최대사용전압의 배수)	최저 시험전압
1. 7[kV] 이하		1.5배	500[V]
2. 7[kV] 초과 25[kV] 이하	다중접지	0.92배	
3. 7[kV] 초과 60[kV] 이하 (2란의 것 제외)		1.25배	10.5[kV]
4. 60[kV] 초과	비접지	1.25배	
5. 60[kV] 초과(7란의 것 제외)	접지식	1.1배	75[kV]
6. 170[kV] 초과(7란의 것 제외)	직접접지	0.72배	
7. 170[kV] 초과(발전소 또는 변전소 혹은 이에 준하는 장소에 시설하는 것)	직접접지	0.64배	

따라서

① $6{,}900 \times 1.5 = 10{,}350$[V]

② $13{,}800 \times 0.92 = 12{,}696$[V]

③ $24{,}000 \times 0.92 = 22{,}080$[V]

28 다음은 전기안전관리자의 직무에 관한 고시에 따른 계측장비의 권장 교정주기(년)에 대한 표이다. 다음 표의 빈칸을 채워 완성하시오.

구분		권장 교정주기(년)
계측장비교정	계전기 시험기	
	적외선 열화상 카메라	
	회로시험기	
	절연저항 측정기(500[V], 100[MΩ])	
	클램프미터	

정답

구분		권장 교정주기(년)
계측장비교정	계전기 시험기	1
	적외선 열화상 카메라	1
	회로시험기	1
	절연저항 측정기(500[V], 100[MΩ])	1
	클램프미터	1

29 다음은 케이블공사의 시설장소에 대한 표이다. 다음 빈칸에 시설가능에 대한 여부를 "○", "×"를 사용하여 완성하시오.

▸ 케이블공사 시설장소

옥내						옥측/옥외	
노출 장소		은폐 장소					
		점검 가능		점검 불가능			
건조한 장소	습기가 많은 장소 또는 물기가 있는 장소	건조한 장소	습기가 많은 장소 또는 물기가 있는 장소	건조한 장소	습기가 많은 장소 또는 물기가 있는 장소	우선 내	우선 외
○		○				○	

○ : 시설할 수 있다.　× : 시설할 수 없다.
[비고 1] 점검가능장소 예시 : 건물의 빈 공간 등
[비고 2] 점검불가능장소 예시 : 구조체 매입, 케이블채널, 지중 매설, 창틀 및 처마도리 등

정답

옥내						옥측/옥외	
노출 장소		은폐 장소					
		점검 가능		점검 불가능			
건조한 장소	습기가 많은 장소 또는 물기가 있는 장소	건조한 장소	습기가 많은 장소 또는 물기가 있는 장소	건조한 장소	습기가 많은 장소 또는 물기가 있는 장소	우선 내	우선 외
○	○	○	○	○	○	○	○

○ : 시설할 수 있다.　× : 시설할 수 없다.
[비고 1] 점검가능장소 예시 : 건물의 빈 공간 등
[비고 2] 점검불가능장소 예시 : 구조체 매입, 케이블채널, 지중 매설, 창틀 및 처마도리 등

30 **합성수지관공사 시설장소에 대한 표이다. 다음 표에 시설가능 여부를 "○", "×"를 사용하여 완성하도록 하시오.**

▸ 합성수지관공사 시설장소

옥내						옥측/옥외	
노출 장소		은폐 장소					
		점검 가능		점검 불가능			
건조한 장소	습기가 많은 장소 또는 물기가 있는 장소	건조한 장소	습기가 많은 장소 또는 물기가 있는 장소	건조한 장소	습기가 많은 장소 또는 물기가 있는 장소	우선 내	우선 외
○		○				○	

○ : 시설할 수 있다.　　　× : 시설할 수 없다.
[비고 1] 점검가능장소 예시 : 건물의 빈 공간 등
[비고 2] 점검불가능장소 예시 : 구조체 매입, 케이블채널, 지중 매설, 창틀 및 처마도리 등

정답

옥내						옥측/옥외	
노출 장소		은폐 장소					
		점검 가능		점검 불가능			
건조한 장소	습기가 많은 장소 또는 물기가 있는 장소	건조한 장소	습기가 많은 장소 또는 물기가 있는 장소	건조한 장소	습기가 많은 장소 또는 물기가 있는 장소	우선 내	우선 외
○	○	○	○	○	○	○	○

○ : 시설할 수 있다.　　　× : 시설할 수 없다.
[비고 1] 점검가능장소 예시 : 건물의 빈 공간 등
[비고 2] 점검불가능장소 예시 : 구조체 매입, 케이블채널, 지중 매설, 창틀 및 처마도리 등

31 **공동주택에 전력량계 1ϕ2W용 35개를 신설하고, 3ϕ4W용 7개는 사용이 종료되어 신품으로 교체하였다. 소요되는 공구손료 등을 제외한 직접노무비를 계산하시오. (단, 인공계산은 소수 셋째 자리까지 구하며, 내선전공의 노임은 95,000원이다.)**

▸ 전력량계 및 부속장치 설치

(단위 : 대)

종별	내선전공
전력량계 1ϕ2W용	0.14
전력량계 1ϕ3W용 및 3ϕ3W용	0.21
전력량계 3ϕ4W용	0.32
전류변성기 CT(저 · 고압)	0.40
전압변성기 PT(저 · 고압)	0.40
영상전류변류기(ZCT)	0.40
현수용 전압전류변성기(MOF)(고압 · 특고압)	3.00
설치용 전압전류변성기(MOF)(고압 · 특고압)	2.00
계기함	0.30
특수계기함	0.45
변성기함(저압 · 고압)	0.60

[해설]

① 방폭 200[%]

② 아파트 등 공동주택 및 기타 이와 유사한 동일 장소 내에서 10대를 초과하는 전력량계 설치 시 추가 1대당 해당품의 70[%]

③ 특수계기함은 3종 계기함, 농사용 계기함, 집합 계기함 및 저압 변류기용 계기함 등임.

④ 고압변성기함, 현수용 전압전류변성기(MOF) 및 설치용 전압전류변성기(MOF)(설치대 조립품 포함)를 주상설치 시 배전전공 적용

⑤ 철거 30[%], 재사용 철거 50[%]

정답

1) 1ϕ2W 전력량계 신설

기본 10대 설치 : $10 \times 0.14 = 1.4$[인]

10대를 초과하는 인공에 대해서는 해설 ②에서 해당품의 70[%]라고 하였으므로

25대의 설치 인공 : $25 \times 0.14 \times 0.7 = 2.45$[인]

2) 3ϕ4W용 전력량계 철거

$7 \times 0.32 \times 0.3 = 0.672$[인]

3) 3ϕ4W용 전력량계 신설

$7 \times 0.32 = 2.24$[인]

4) 내선전공 $= (1.4 + 2.45 + 0.672 + 2.24) = 6.762$[인]

5) 직접노무비 $= 6.762 \times 95{,}000 = 642{,}390$[원]

32 전기안전관리자의 직무에 관한 고시에 따라 전기안전관리자는 전기설비의 유지 · 운용업무를 위해 국가표준기본법 제14조 및 교정대상 및 주기설정을 위한 지침 제4조에 따라 다음의 계측장비를 주기적으로 교정하여야 한다. 다음 계측장비의 권장 교정주기를 답란에 쓰시오.

구분		권장 교정주기(년)
계측장비교정	절연저항 측정기(1,000[V], 2,000[MΩ])	(①)
	접지저항 측정기	(②)
	클램프미터	(③)
	회로시험기	(④)
	계전기 시험기	(⑤)

정답

① 1 ② 1 ③ 1 ④ 1 ⑤ 1

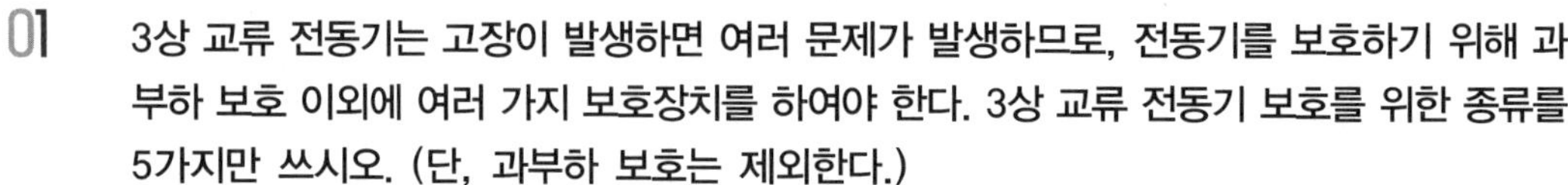

Chapter 17 전동기

01 3상 교류 전동기는 고장이 발생하면 여러 문제가 발생하므로, 전동기를 보호하기 위해 과부하 보호 이외에 여러 가지 보호장치를 하여야 한다. 3상 교류 전동기 보호를 위한 종류를 5가지만 쓰시오. (단, 과부하 보호는 제외한다.)

정답

1) 저전압 보호
2) 단락 보호
3) 지락 보호
4) 불평형 보호
5) 회전자 구속 보호

02 어느 공장에서 기중기의 권상하중 50[t], 12[m] 높이를 4분에 권상하려고 한다. 이에 필요한 권상 전동기의 출력을 구하시오. (단, 권상기구의 효율은 75[%]이다.)

정답

권상용 전동기의 출력 $P=\dfrac{KWV}{6.12\eta}=\dfrac{50\times 3}{6.12\times 0.75}=32.68$[kW]

K : 여유계수, W : 권상 중량[ton], V : 권상속도[m/min], η : 효율

03 농형 유도전동기의 일반적인 속도제어 방법 3가지를 쓰시오.

정답

1) 주파수 제어
2) 극수 제어
3) 전압 제어

04 권선하중이 2.5톤이며, 매분 25[m]의 속도로 끌어 올리는 권상용 전동기의 용량[kW]를 구하시오. (단, 전동기를 포함한 권상기의 효율은 80[%], 여유계수는 1.1이다.)

정답

권상용 전동기의 출력 $P = \frac{KWV}{6.12\eta}[\text{kW}] = \frac{1.1\times 2.5\times 25}{6.12\times 0.8} = 14.04[\text{kW}]$

05 3상 3선식 380[V] 회로에 그림과 같이 부하가 연결되어 있다. 간선의 허용전류[A]를 구하시오. (단, 전동기의 평균 역률은 80[%]이다.)

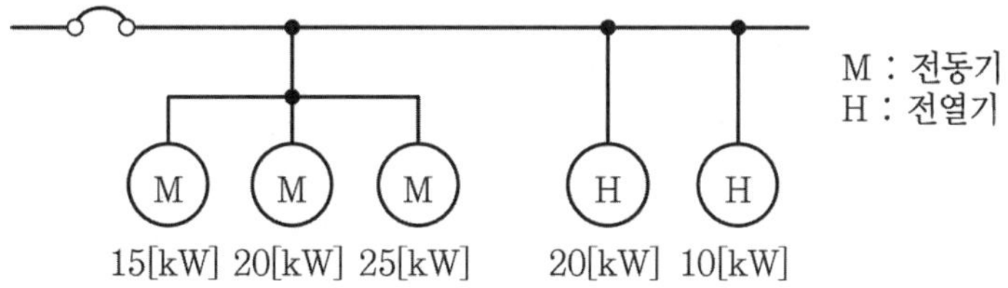

정답

1) 전동기의 정격전류 $I_M = \frac{(15+20+25)\times 10^3}{\sqrt{3}\times 380\times 0.8} = 113.95[\text{A}]$

전동기의 유효전류 $I_{유} = 113.95\times 0.8 = 91.16[\text{A}]$

전동기의 무효전류 $I_{무} = 113.95\times\sqrt{1-0.8^2} = 68.37[\text{A}]$

2) 전열기의 정격전류 $I_H = \frac{(20+10)\times 10^3}{\sqrt{3}\times 380\times 1} = 45.58[\text{A}]$

3) 회로의 설계전류 $I_Z = \sqrt{(91.16+45.58)^2 + 68.37^2} = 152.88[\text{A}]$

$I_B \le I_n \le I_Z$의 조건을 만족하여야 하므로 $I_Z = 152.88[\text{A}]$가 된다.

06

지표면상 15[m] 높이에 수조가 있다. 이 수조에 초당 0.2[m^3]의 물을 양수하려고 한다. 여기에 사용되는 펌프용 전동기에 3상 전력을 공급하기 위하여 단상 변압기 2대를 사용하였다. 펌프 효율이 55[%]이면, 변압기 1대의 용량은 몇 [kVA]이며, 이때 변압기 결선방법은 무엇인가? (단, 펌프용 3상 농형 유도전동기의 역률은 90[%]이며, 여유계수는 1.1로 한다.)

1) 변압기 1대의 용량[kVA]

정답

양수 펌프에 소요되는 전동기 용량

$P = \dfrac{9.8KQH}{\eta} = \dfrac{9.8 \times 1.1 \times 0.2 \times 15}{0.55} = 58.8[\text{kW}]$

피상전력을 구하면 $P_a = \dfrac{P}{\cos} = \dfrac{58.8}{0.9} = 65.33[\text{kVA}]$

V결선 출력 $P_V = \sqrt{3}\,P_n$

1대 용량을 구하면 $P_n = \dfrac{P_V}{\sqrt{3}} = \dfrac{65.33}{\sqrt{3}} = 37.72[\text{kVA}]$가 된다.

2) 변압기 결선방법

정답

V결선

07

15[℃]의 물 4[ℓ]를 용기에 넣고 1[kW]의 전열기로 90[℃]로 가열하는 데 30분이 소요되었다. 이 장치의 효율[%]은 얼마인가? (단, 증발이 없는 경우 $q = 0$이다.)

정답

$mc(t_2 - t_1) = 860\eta Pt$

$\eta = \dfrac{mc(t_2 - t_1)}{860Pt} = \dfrac{4 \times 1(90 - 15)}{860 \times 1 \times \dfrac{30}{60}} \times 100[\%] = 69.77[\%]$

08 정격전류 15[A]인 전동기 두 대, 정격전류 10[A]인 전열기 한 대에 공급하는 간선이 있다. 옥내 간선을 보호하는 과전류차단기의 정격전류 최댓값은 몇 [A]인지 구하시오. (단, 간선의 허용전류는 61[A]이며, 간선의 수용률은 100[%]로 한다.)

정답

설계전류를 구하면 $I_B = (15 \times 2) + 10 = 40$[A]가 된다.

$I_B \le I_n \le I_Z$의 조건을 만족하여야 하므로 $40 \le I_n \le 61$이고,

따라서 최댓값은 61[A]이다.

09 단상 유도전동기에서 기동기 사용 이유와 종류 4가지를 쓰시오.

1) 기동기 사용 이유

정답

단상 유도전동기는 회전자계가 생기지 않기 때문에 자기기동을 할 수 없다. 따라서 기동기를 통하여 회전자계를 발생하여야만 한다.

2) 종류

정답

(1) 반발기동형
(2) 콘덴서기동형
(3) 분상기동형
(4) 세이딩코일형

10

10[kW] 전동기를 사용하여 지상 5[m], 용량 500[m^3]의 저수조에 물을 가득 채우려면, 시간은 몇 분이 소요되는지 구하시오. (단, 펌프의 효율은 70[%], 여유계수 $K=1.2$이다.)

정답

양수 펌프에 소요되는 전동기 용량

$P=\dfrac{KQH}{6.12\eta}$ 여기서 유량 $Q=\dfrac{V}{t}$가 되므로

$=\dfrac{K\dfrac{V}{t}H}{6.12\eta}$가 된다.

따라서 $t=\dfrac{KVH}{6.12\eta\times P}=\dfrac{1.2\times500\times5}{6.12\times0.7\times10}=70.03[\text{분}]$이다.

11

지표면상 5[m] 높이에 수조가 있다. 이 수조에 초당 1[m^3]의 물을 양수하는 데 펌프 효율이 70[%]이고, 펌프 축동력에 20[%]의 여유를 줄 경우 펌프용 전동기의 용량[kW]을 구하시오. (단, 펌프용 3상 농형 유도전동기의 역률은 100[%]로 한다.)

정답

양수 펌프에 소요되는 전동기 용량

$P=\dfrac{9.8KQH}{\eta}=\dfrac{9.8\times1.2\times1\times5}{0.7}=84[\text{kW}]$

12 4극 60[Hz] 펌프 전동기를 회전계로 측정한 결과 1,710[rpm]이었다. 이 전동기의 슬립은 몇 [%]인지 구하시오.

정답

$$s = \frac{N_s - N}{N_s} \times 100[\%] = \frac{1,800 - 1,710}{1,800} \times 100[\%] = 5[\%]$$

동기속도 $N_s = \frac{120}{P}f = \frac{120}{4} \times 60 = 1,800[\text{rpm}]$

13 3상 농형 유도전동기의 기동방식 중 리액터 기동방식에 대하여 설명하시오.

정답

전동기 기동 시 고정자 권선에 직렬로 리액터를 삽입하여 감전압 기동하는 방식을 말한다.

14 전동기의 진동과 소음이 발생되는 원인에 대하여 다음 각 물음에 답하시오.

1) 진동이 발생하는 원인을 5가지 쓰시오.

정답

(1) 기계적 언밸런스
(2) 전동기의 설치 불량
(3) 부하기계와의 직결 불량
(4) 부하기계로부터 오는 영향
(5) 베어링의 불량

2) 전동기의 소음을 크게 3가지로 분류 후 각각에 대해 설명하시오.

정답

(1) 기계적 소음 : 진동, 베어링 등에 기인하는 소음
(2) 전자적 소음 : 자력, 전자력에 의해 진동하며 발생되는 소음
(3) 통풍 소음 : 팬, 회전자 에어 덕트 등의 팬 작용으로 발생되는 소음

15

에너지 절약을 위한 동력설비의 대응 방안을 5가지 쓰시오.

정답

1) 고효율 전동기의 채용
2) 부하의 역률 개선
3) 전동기의 제어시스템 적용
4) 에너지 절약형 공조기기 채택
5) 엘리베이터의 효율적인 군 관리

16

양수량 15[m^3/min], 양정 20[m]의 양수 펌프용 전동기의 소요전력[kW]를 구하시오. (단, $K=1.1$, 펌프 효율은 80[%]로 한다.)

정답

양수 펌프에 소요되는 전동기 용량

$$P=\frac{KQH}{6.12\eta}=\frac{1.1\times15\times20}{6.12\times0.8}=67.4[\text{kW}]$$

17 단상 2선식 220[V]의 전원을 사용하는 간선에 전등부하의 전류 합계가 8[A], 정격전류 5[A]의 전열기가 2대 그리고 정격전류 24[A]인 전동기 1대를 접속하는 부하설비가 있다. 다음 물음에 답하시오. (단, 전동기의 기동 계급은 고려하지 않는다.)

조건

차단기 규격	50[A], 75[A], 100[A], 125[A], 150[A], 175[A], 200[A]

1) 간선에 설치하여야 하는 과전류차단기를 조건을 참고하여 선정하시오.

정답

설계전류 $I_B = 8+5\times2+24 = 42$[A]

$I_B \le I_n \le I_Z$의 조건을 만족하는 과전류차단기의 정격은 50[A]를 선정한다.

2) 전원을 공급하는 간선의 굵기를 선정하기 위한 전류의 최솟값은 몇 [A]인가?

정답

허용전류 $I_Z \ge I_n$이 되므로 50[A]가 된다.

18 매분 18[m^3]의 물을 높이 15[m]인 탱크에 양수하는 데 필요한 전력을 V결선한 변압기로 공급한다면, 여기에 필요한 단상 변압기 1대의 용량은 몇 [kVA]인가? (단, 펌프와 전동기의 합성효율은 68[%]이고, 전동기의 전부하 역률은 89[%]이며, 펌프 축동력은 15[%]의 여유를 준다.)

정답

1) 양수 펌프에 소요되는 전동기 용량

$$P=\frac{KQH}{6.12\eta}=\frac{1.15\times18\times15}{6.12\times0.68\times0.89}=83.83[\text{kVA}]$$

2) V결선 시 용량 $P_V=\sqrt{3}\,P_n$이므로

$$P_n=\frac{P_V}{\sqrt{3}}=\frac{83.83}{\sqrt{3}}=48.4[\text{kVA}]$$

19 건축물의 전기설비 중 간선의 설계 시 고려사항을 5가지 쓰시오.

정답

1) 전기방식, 배선방식
2) 장래 증축의 여부
3) 간선이 설비배관 등과 시설되는 경우 상호 간섭 및 점검구 사항
4) 간선경로에 대한 위치와 공간
5) 부하의 사용 상태, 수용률 등 각종 Factor

20 다음과 같이 전열기 Ⓗ와 전동기 Ⓜ이 간선에 접속되어 있을 때 간선 허용전류의 최솟값은 몇 [A]인지 구하시오.

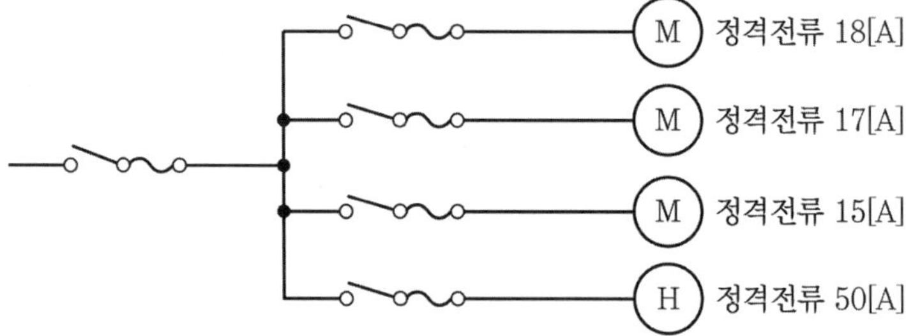

정답

1) 전동기의 합의 전류 I_M = 18 + 17 + 15 = 50[A]

2) 전열기의 전류 I_H = 50[A]

3) 따라서 설계전류 $I_B = 50 + 50 = 100$[A]가 된다.

$I_B \le I_n \le I_Z$를 만족하여야 하므로 간선의 허용전류 $I_Z \ge 100$[A]가 되어야 한다.

21 전기설비에 사용되는 다음 용어의 정의를 쓰시오.

1) 중성선

2) 분기회로

3) 등전위본딩

정답

1) 중성선 : 다선식 전로에서 전원의 중성극에 접속된 전선을 말한다.

2) 분기회로 : 간선에서 분기하여 분기과전류차단기를 거쳐 부하에 이르는 회로를 말한다.

3) 등전위본딩 : 등전위를 얻기 위해 전선 간을 전기적으로 접속하는 것을 말한다.

22 60[Hz]로 설계된 3상 유도전동기를 동일 전압으로 50[Hz]에 사용할 경우 다음 각 요소는 어떻게 변화하는지 수치를 이용하여 설명하시오.

1) 무부하전류

2) 온도 상승

3) 속도

정답

1) 무부하전류

여자전류와 주파수는 반비례한다. 따라서 무부하전류는 $\frac{6}{5}$으로 증가한다.

2) 온도 상승

주파수와 히스테리시스손은 반비례하므로 주파수가 감소하면 히스테리시스손은 증가하고 온도는 증가한다. 따라서 $\frac{6}{5}$으로 증가한다.

3) 속도

$N_s = \frac{120}{P}f$로서 주파수와 속도는 비례한다. 따라서 $\frac{5}{6}$로 감소한다.

23 다음은 분전반 설치에 관한 내용이다. 다음 (   )에 들어갈 내용을 답란에 쓰시오.

1) 공급범위

(1) 분전반은 각 층마다 설치한다.

(2) 분전반은 분기회로의 길이가 최대 (①)[m] 이하가 되도록 설계하며, 사무실 용도인 경우 하나의 분전반에 담당하는 면적은 일반적으로 1000[m^2] 내외로 한다.

2) 예비회로

(1) 1개 분전반 또는 개폐기함 내에 설치할 수 있는 과전류장치는 예비회로(10~20[%])를 포함하여 42개 이하(주개폐기 제외)로 한다.

(2) 회로가 많은 경우는 2개 분전반으로 분리하거나 (②)으로 한다. 다만, 2극, 3극 배선용 차단기는 과전류장치 소자 수량의 합계로 계산한다.

3) 분전반의 설치 높이

(1) 일반적으로 분전반 상단을 기준하여 바닥 위 (③)[m]로 한다.

(2) 크기가 작은 경우는 분전반의 중간을 기준으로 하여 바닥 위 (④)[m]로 하거나 하단을 기준하여 바닥 위 (⑤)[m] 정도로 한다.

4) 안전성 확보

(1) 분전반과 분전반은 도어의 열림 반경 이상으로 이격한다.

(2) 2개 이상의 전원이 하나의 분전반에 수용되는 경우에는 각각의 전원 사이에는 해당하는 분전반과 동일한 재질로 (⑥)을 설치해야 한다.

정답

① 30　② 자립형　③ 1.8
④ 1.4　⑤ 1.0　⑥ 격벽

24 다음 전동기의 회전방향 변경 방법에 대하여 설명하시오.

1) 3상 농형 유도전동기
2) 단상 유도전동기(분상기동형)
3) 직류 직권전동기

정답

1) 3상 농형 유도전동기 : 전원 3선 중 임의의 2선의 접속을 바꾼다.
2) 단상 유도전동기(분상기동형) : 주권선 또는 기동권선 중 어느 한 권선의 단자의 접속을 반대로 한다.
3) 직류 직권전동기 : 계자와 전기자 중 어느 한 쪽의 접속을 반대로 한다.

25 주어진 단상 유도전동기의 역회전 방법을 다음 보기를 참고하여 그 기호를 (　) 안에 쓰시오.

보기

(ㄱ) 역회전 불가
(ㄴ) 2개의 브러시 위치를 반대로 한다.
(ㄷ) 전원에 대하여 주권선이나 기동권선 중 어느 한 권선만 접속을 반대로 한다.

1) 분상기동형 : (　)　2) 반발기동형 : (　)　3) 셰이딩코일형 : (　)

정답

1) ㄷ
2) ㄴ
3) ㄱ

26 그림과 같은 2 : 1 로핑의 기어레스 엘리베이터에서 적재하중은 1,000[kg], 속도는 140[m/min]이다. 구동 로프 바퀴의 직경은 760[mm]이며, 기체의 무게는 1,500[kg]인 경우 다음 각 물음에 답하시오. (단, 평형률은 0.6, 엘리베이터의 효율은 기어레스에서 1 : 1 로핑인 경우는 85[%], 2 : 1 로핑인 경우는 80[%]이다.)

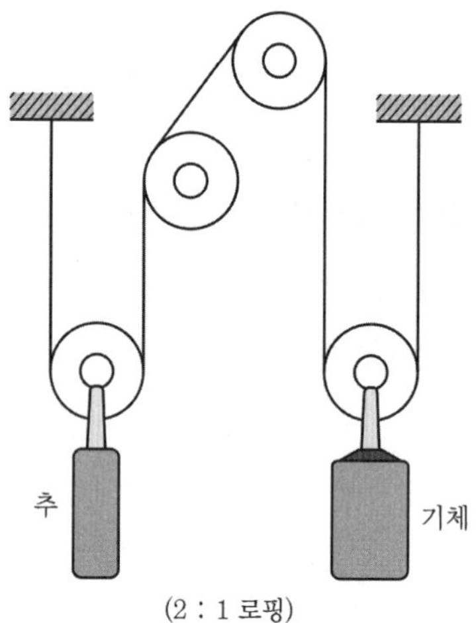

(2 : 1 로핑)

1) 권상소요 동력은 몇 [kW]인지 구하시오.

정답

권상기의 출력 $P = \frac{KWV}{6.12\eta}$[kW] $= \frac{0.6 \times 1 \times 140}{6.12 \times 0.8} = 17.16$[kW]

2) 전동기의 회전수는 몇 [rpm]인지 계산하시오.

정답

속도 $v = \pi DN$

회전수 $N = \frac{v}{\pi D} = \frac{280}{\pi \times 0.76} = 117.27$[rpm]

27 다음 전동기의 결선도를 보고 다음 각 물음에 답하시오. (단, 수용률은 0.65, 역률은 0.9, 효율은 0.8이다.)

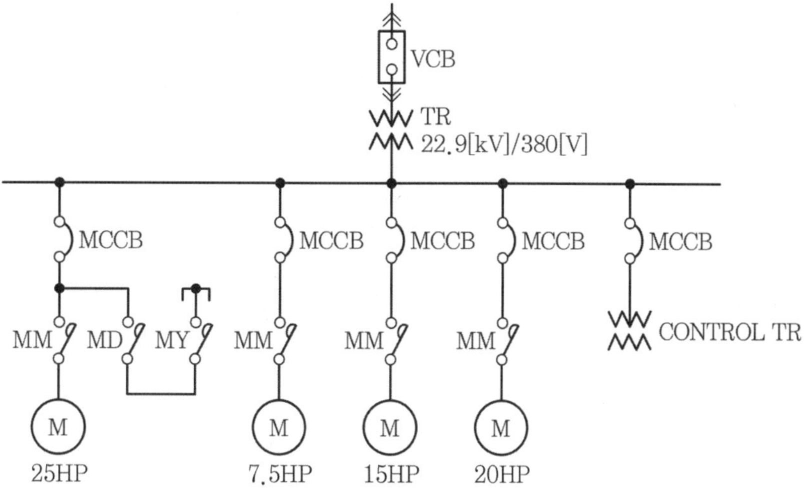

3상 변압기 표준용량[kVA]				
50	75	100	150	200

1) 3상 유도전동기 20[HP] 전동기의 분기회로의 케이블 선정 시 허용전류[A]를 구하시오. (단, 전동기의 역률은 0.9, 효율은 0.8이다.)

정답

먼저 전동기의 용량을 구하면

$$P = \frac{0.746 \times 20}{0.9 \times 0.8} = 20.72[\text{kVA}]$$

따라서 전류 $I = \frac{P}{\sqrt{3}\,V} = \frac{20.72 \times 10^3}{\sqrt{3} \times 380} = 31.48[\text{A}]$

$I_B \le I_n \le I_Z$를 만족하여야 하므로 간선의 허용전류 $I_Z \ge 31.48[\text{A}]$가 되어야 한다.

2) 상기 결선도의 3상 유도전동기의 변압기 표준용량을 선정하시오.

정답

변압기 용량 $P_a = \dfrac{(25+7.5+15+20)\times 0.746\times 0.65}{0.9\times 0.8} = 45.46[\text{kVA}]$

따라서 50[kVA] 선정

3) 25[HP] 3상 유도전동기의 결선도를 완성하시오. (단, MM은 Main MC, MD는 델타결선 MC, MY는 와이결선 MC이다.)

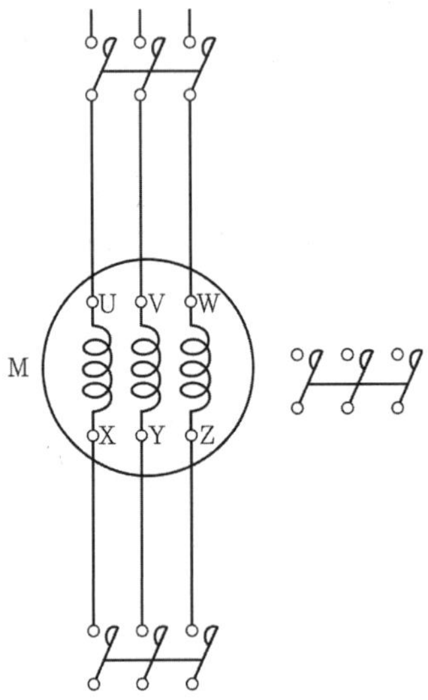

정답

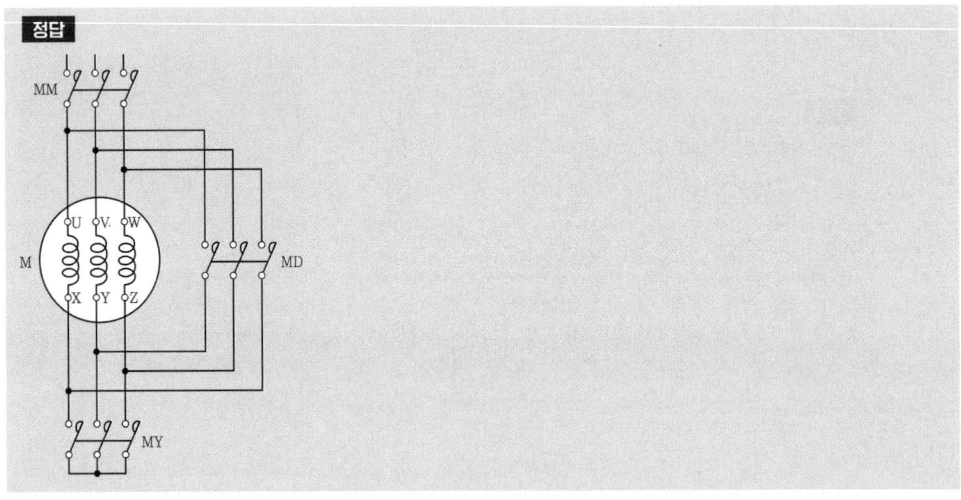

4) CONTROL TR(제어용 변압기)의 사용목적을 쓰시오.

정답

고전압을 저전압으로 변성하여 제어기기의 조작 전원을 공급한다.

28 3상 3선식 380[V] 전원에 그림과 같이 전동기 용량이 3.75[kW], 2.2[kW], 7.5[kW]의 전동기 3대와 정격전류가 20[A]인 전열기 1대가 접속되어 있다. 이 회로의 동력 간선 A점에는 몇 [A] 이상의 허용전류를 갖는 전선을 사용해야 하는지 구하시오. (단, 전동기의 역률은 3.75[kW]는 88[%], 2.2[kW]는 85[%], 7.5[kW]는 90[%]이다.)

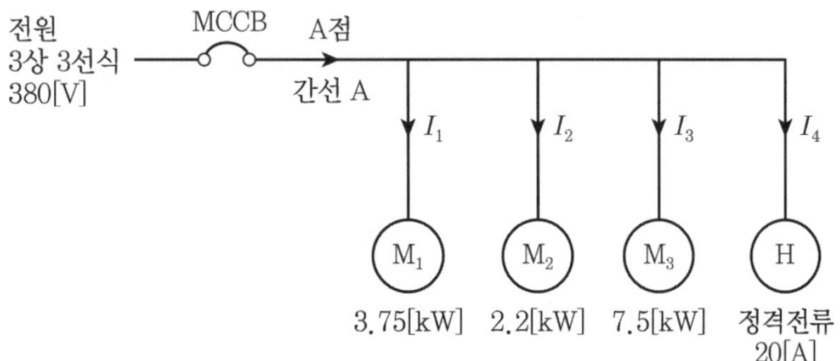

정답

먼저 각 전동기의 유효전류와 무효전류를 분리하여 구해 보면

1) 3.75[kW] 전동기

(1) $I_1 = \dfrac{P_1}{\sqrt{3}\, V_1 \cos\theta_1} = \dfrac{3.75 \times 10^3}{\sqrt{3} \times 380 \times 0.88} = 6.47[\text{A}]$

(2) 유효전류를 구하면 $I_{유} = 6.47 \times 0.88 = 5.69[\text{A}]$

무효전류를 구하면 $I_{무} = 6.47 \times \sqrt{1-0.88^2} = 3.07[\text{A}]$

2) 2.2[kW] 전동기

(1) $I_2 = \dfrac{P_2}{\sqrt{3}\, V_2 \cos\theta_2} = \dfrac{2.2 \times 10^3}{\sqrt{3} \times 380 \times 0.85} = 3.93[\text{A}]$

(2) 유효전류를 구하면 $I_{유} = 3.93 \times 0.85 = 3.34[\text{A}]$

무효전류를 구하면 $I_{무} = 3.93 \times \sqrt{1-0.85^2} = 2.07[\text{A}]$

3) 7.5[kW] 전동기

(1) $I_3 = \dfrac{P_3}{\sqrt{3}\, V_3 \cos\theta_3} = \dfrac{7.5 \times 10^3}{\sqrt{3} \times 380 \times 0.9} = 12.66[\text{A}]$

(2) 유효전류를 구하면 $I_{유} = 12.66 \times 0.9 = 11.39[\text{A}]$

무효전류를 구하면 $I_{무} = 12.66 \times \sqrt{1-0.9^2} = 5.52[\text{A}]$

4) 전열기의 경우 유효전류가 20[A]이므로

$I_{유0} = 5.69 + 3.34 + 11.39 + 20 = 40.42[\text{A}]$

$I_{무0} = 3.07 + 2.07 + 5.52 = 10.66[\text{A}]$

그러므로 $I = \sqrt{40.42^2 + 10.66^2} = 41.8[\text{A}]$

$I_B \le I_n \le I_Z$를 만족하여야 하므로 전선의 허용전류 $I_Z \ge 41.8[\text{A}]$가 되어야 한다.

29 면적 100[m^2]의 강당에 분전반을 설치하려고 한다. 단위 면적당 부하가 10[VA/m^2]이고 공사 시공법에 의한 전류 감소율이 0.7이라면 간선의 최소 허용전류는 몇 [A]인가? (단, 전압은 단상 220[V]이다.)

정답

면적에 대한 부하용량을 구하면

$P = 100 \times 10 = 1{,}000[\text{VA}]$가 된다.

전류를 구하면 $I = \dfrac{P}{V \times \text{감소율}} = \dfrac{1{,}000}{220 \times 0.7} = 6.49[\text{A}]$

$I_B \leq I_n \leq I_Z$를 만족하여야 하므로 전선의 허용전류 $I_Z \geq 6.49[\text{A}]$가 되어야 한다.

30 방폭형 전동기란 어떤 것인지 설명하고, 방폭구조의 종류를 3가지만 쓰시오.

1) 방폭형 전동기

정답

폭발하는 가스 중에서 사용하는 전동기로서, 전동기 내부에서 폭발이 일어나도 그 피해가 외부로 가지 않도록 만든 것을 말한다.

2) 방폭구조의 종류

정답

(1) 내압방폭구조
(2) 유입방폭구조
(3) 압력방폭구조

31 단상 유도전동기의 기동방식을 3가지만 쓰시오.

정답

1) 반발 기동형
2) 콘덴서 기동형
3) 분상 기동형

32 양수량 18[m^3/min], 전양정 20[m]의 펌프를 구동하는 전동기의 소요출력[kW]을 구하시오. (단, 펌프의 효율은 70[%]로 하고, 여유계수는 10[%]로 한다.)

정답

양수펌프 소요전력 $P=\dfrac{KQH}{6.12\eta}=\dfrac{1.1\times18\times20}{6.12\times0.7}=92.44[\text{kW}]$

33 4[ℓ]의 물을 15[℃]에서 90[℃]로 온도를 높이는 데 1[kW]의 전열기로 25분간 가열하였다. 이 전열기의 효율[%]을 구하시오. (단, 비열은 1[kcal/kg · ℃]이며, 온도변화에 관계없이 일정하다.)

정답

전열공학에서 $mc(T_2-T_1)=860\eta Pt$가 된다.

따라서 $\eta=\dfrac{mC(T_2-T_1)}{860Pt}\times100=\dfrac{4\times1\times(90-15)}{860\times1\times\dfrac{25}{60}}\times100=83.72[\%]$이다.

여기서 m : 질량[kg], C : 비열[kcal/kg · °C], T_2 : 나중온도, T_1 : 처음온도
t : 시간, P : 전력[kW]

34 전열기를 사용하여 5[℃]의 순수한 물 15[ℓ]를 60[℃]로 상승시키는 데 1시간이 소요되었다. 이때 필요한 전열기의 용량[kW]을 구하시오. (단, 전열기의 효율은 76[%]로 한다.)

정답

전열공학에서 $mc(T_2 - T_1) = 860\eta Pt$가 된다.

여기서 $\eta = \dfrac{mC(T_2 - T_1)}{860Pt} \times 100$

$$P = \frac{mC(T_2 - T_1)}{860\eta t} = \frac{15 \times 1 \times (60 - 5)}{860 \times 1 \times 0.76} = 1.26[\text{kW}]$$

시퀀스

01 다음 회로를 이용하여 각 물음에 답하시오.

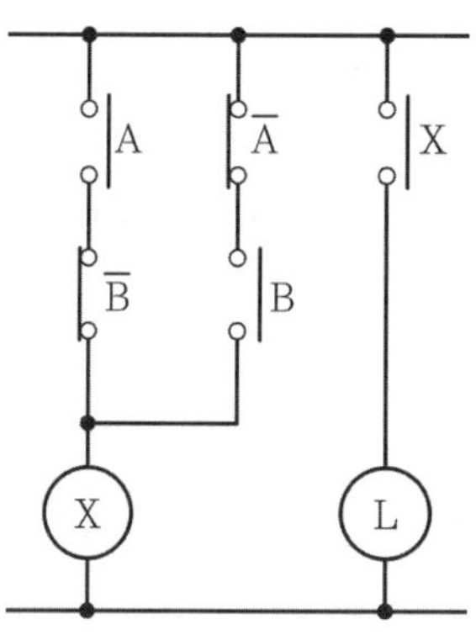

1) 그림과 같은 회로의 명칭을 쓰시오.

정답

배타적 논리합 회로

2) 논리식을 쓰시오.

정답

$X = A\overline{B} + \overline{A}B = A \oplus B \quad L = X$

3) 무접점 논리회로를 그리시오.

정답

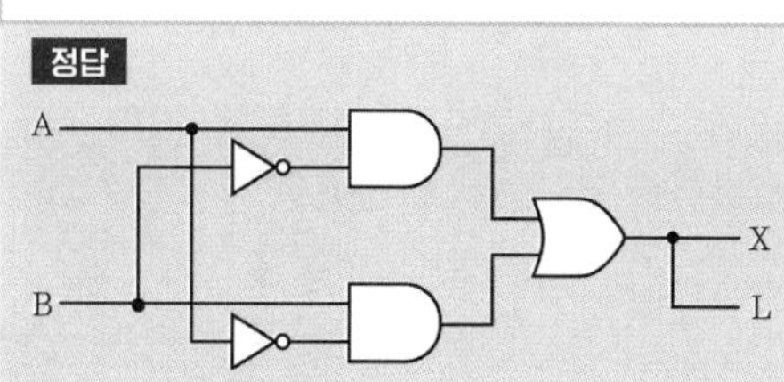

02 다음 그림은 3상 유도전동기의 직입기동 제어회로의 미완성 부분이다. 주어진 동작설명과 보기의 명칭 및 접점의 수를 기준하여 회로를 완성하시오.

동작설명

- PB_2(기동)를 누른 후 놓으면, MC는 자기유지되며, MC에 의하여 전동기가 운전된다.
- PB_1(정지)을 누르면, MC는 소자되며, 운전 중인 전동기는 정지된다.
- 과부하에 의하여 전자식 과전류계전기(EOCR)가 동작되면, 운전 중인 전동기는 동작을 멈추며, X_1 릴레이가 여자되고, X_1 릴레이 접점에 의하여 경보벨이 동작한다.
- 경보벨 동작 중 PB_3을 눌렀다 놓으면, X_2 릴레이가 여자되어 경보벨의 동작은 멈추지만 전동기는 기동되지 않는다.
- 전자식 과전류계전기(EOCR)가 복귀되면 X_1, X_2 릴레이가 소자된다.
- 전동기가 운전 중이면 RL(적색), 정지되면 GL(녹색) 램프가 점등된다.

약호	명칭	약호	명칭
MCCB	배선용 차단기(3P)	PB_1	누름버튼 스위치 (전동기 정지용, 1b)
MC	전자개폐기 (주접점 3a, 보조접점 2a1b)	PB_2	누름버튼 스위치 (전동기 기동용, 1a)
EOCR	전자식 과전류계전기 (보조접점 1a1b)	PB_3	누름버튼 스위치 (경보벨 정지용, 1a)
X_1	경보 릴레이(1a)	RL	적색 표시등
X_2	경보 정지 릴레이(1a1b)	GL	녹색 표시등
M	3상 유도전동기	B(벨 기호)	경보벨

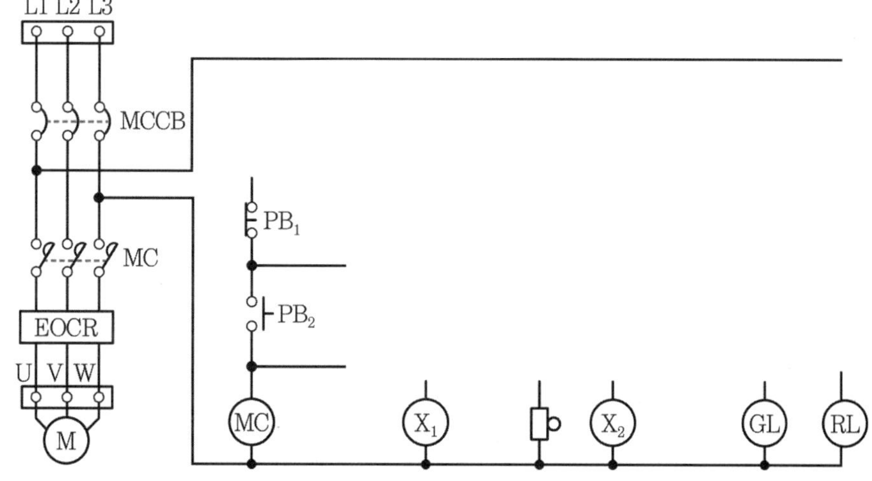

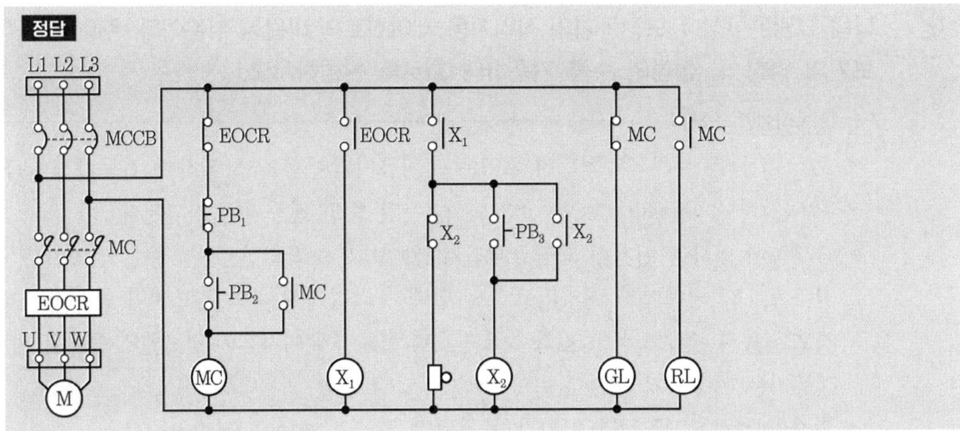

03 다음 그림의 출력 Z에 대한 논리식을 입력요소가 모두 나타나도록 전개하시오. (단, A, B, C, D는 모두 푸시버튼 스위치 입력이다.)

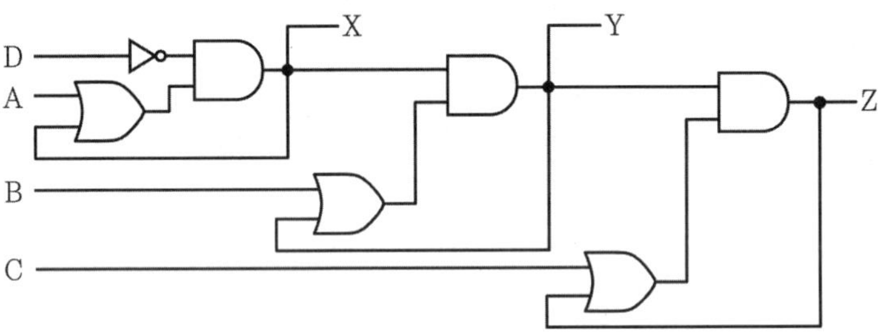

정답

$X=(A+X)\cdot\overline{D}$

$Y=(B+Y)\cdot X$

$Z=(C+Z)\cdot Y$

$\therefore\ Z=(C+Z)\cdot(B+Y)\cdot(A+X)\cdot\overline{D}$

04 3상 유도전동기 $Y-\Delta$ 기동방식의 주회로 그림을 보고, 다음 각 물음에 답하시오.

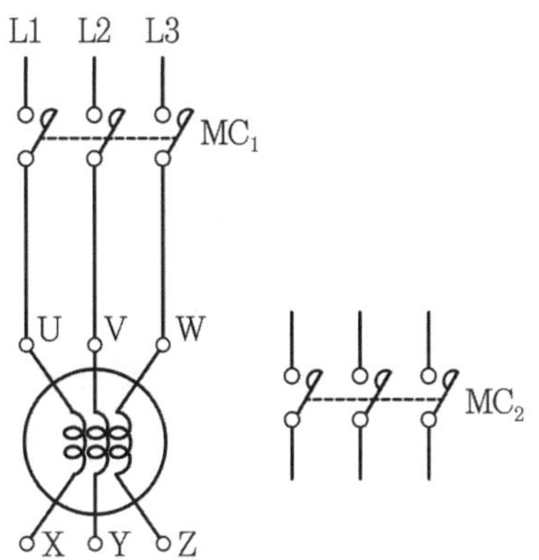

1) 주회로 부분의 미완성 회로에 대한 결선을 완성하시오.

정답

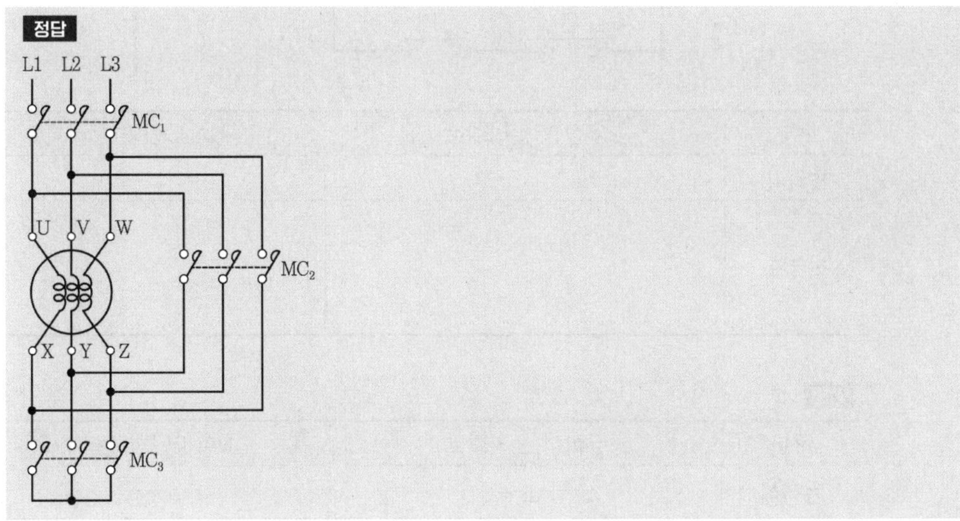

2) $Y-\Delta$ 기동 시와 전전압 기동 시의 기동전류를 수치를 제시하면서 비교 설명하시오.

정답

$Y-\Delta$기동 시 기동전류는 전전압 기동전류에 비해 $\frac{1}{3}$배가 된다.

3) 3상 유도전동기를 $Y-\Delta$로 기동하여 운전하기 위한 제어회로의 동작사항을 설명하시오.

정답

MC_1과 MC_3가 여자되어 Y결선으로 기동한 후, 타이머 설정시간 후 MC_3가 소자 MC_1과 MC_2가 여자되어 Δ결선으로 운전한다. 이때 Y와 Δ는 동시 투입될 수 없다.

05 다음의 유접점 회로를 무접점 회로로 바꾸고, NAND만의 회로로 변환하시오.

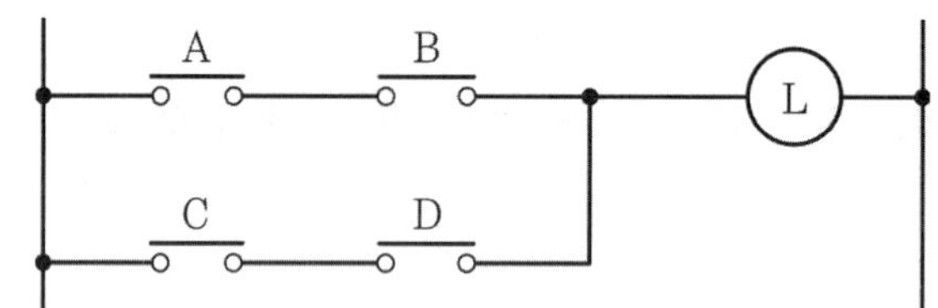

구분	무접점 논리회로	NAND만의 논리회로
논리식		
회로도		

정답

구분	무접점 논리회로	NAND만의 논리회로
논리식	$L = AB + CD$	$L = \overline{\overline{AB} \cdot \overline{CD}}$
회로도	A, B, C, D, L	A, B, C, D, L

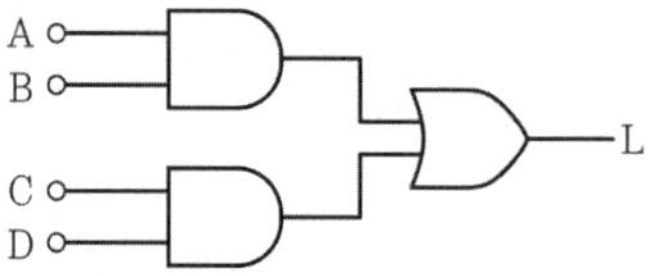

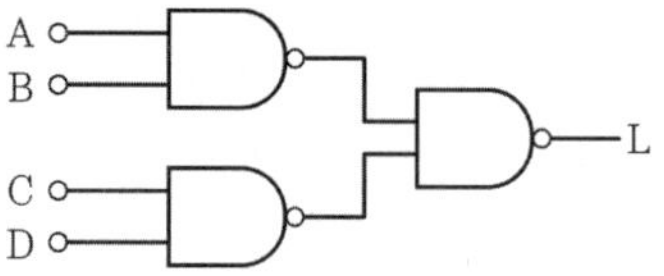

06 다음 미완성 시퀀스도는 누름버튼 스위치 하나로 전동기를 기동, 정지를 제어하는 회로이다. 동작사항과 회로를 보고 각 물음에 답하시오. (단, X_1, X_2 : 8핀 릴레이, MC : 5a 2b 전자접촉기, PB : 누름버튼 스위치, RL : 적색램프이다.)

동작사항

- 누름버튼 스위치(PB)를 한 번 누르면 X_1에 의하여 MC 동작(전동기 운전), RL램프 점등
- 누름버튼 스위치(PB)를 한 번 더 누르면 X_2에 의하여 MC 소자(전동기 정지), RL램프 소등
- 누름버튼 스위치(PB)를 반복하여 누르면 전동기가 기동과 정지를 반복하여 동작

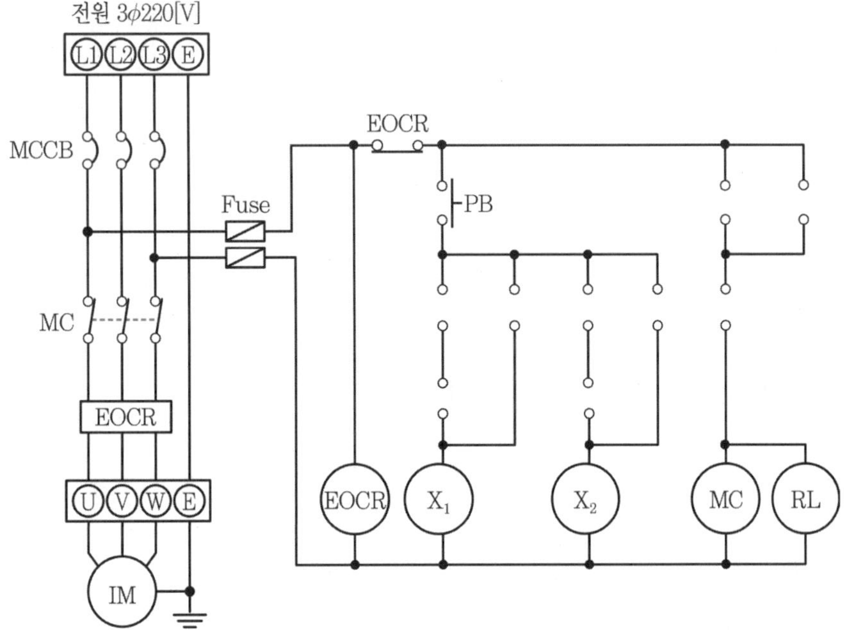

1) 동작사항에 맞도록 미완성 시퀀스도를 완성하시오. (단, 회로도에 접점의 그림기호를 직접 그리고, 접점의 명칭을 정확히 표시하시오.)

예시 X_1 릴레이의 a접점이라면 X_1

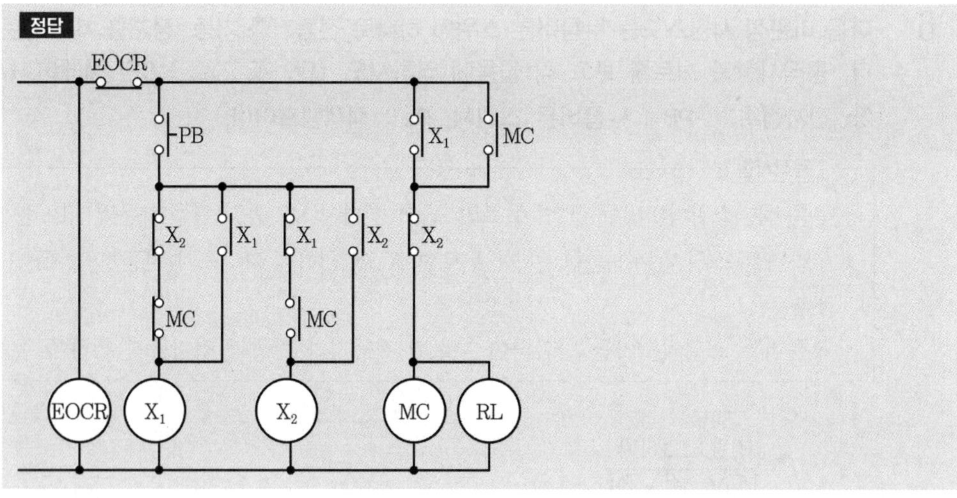

2) MCCB의 명칭은?

정답

배선용 차단기

3) EOCR의 명칭과 목적을 기술하시오.

정답

(1) 명칭 : 전자식 과전류계전기

(2) 목적 : 전동기에 과전류가 흐르게 되면 MC가 트립되어 전동기를 보호한다.

07 다음 그림은 3상 유도전동기의 무접점 회로도이다. 다음 각 물음에 답하시오.

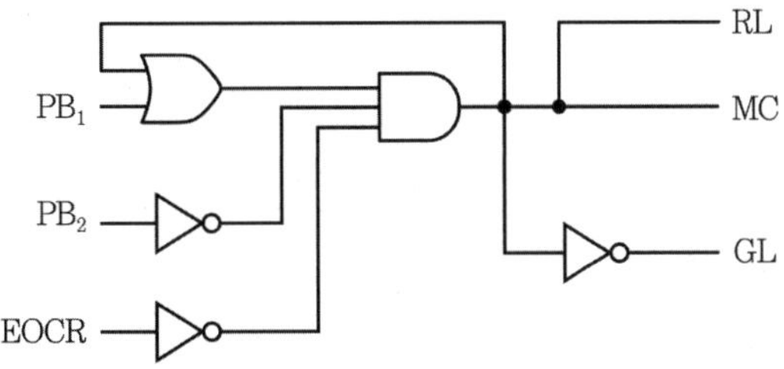

1) 다음 유접점 회로를 완성하시오.

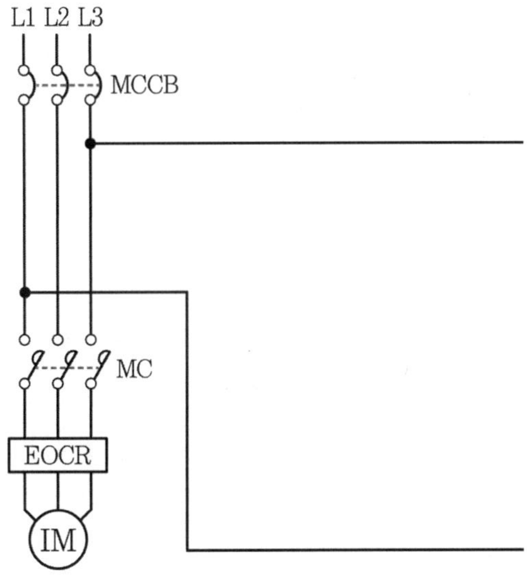

정답

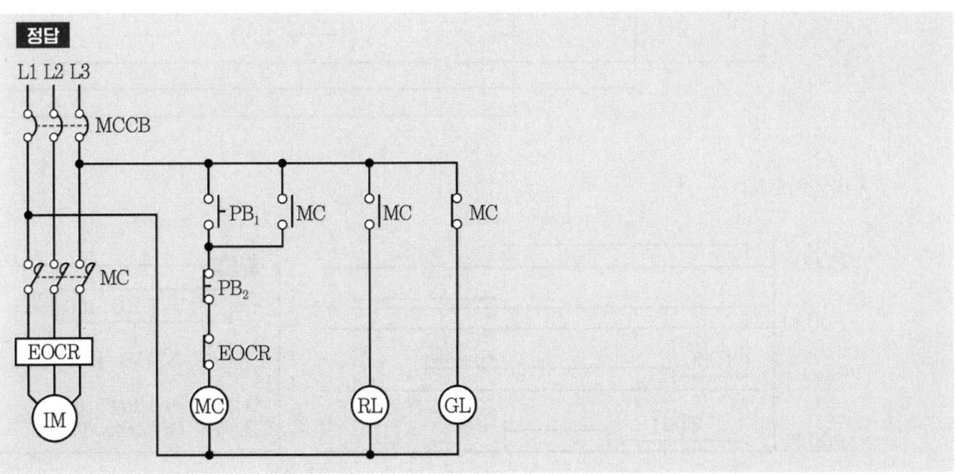

2) MC, RL, GL의 논리식을 각각 쓰시오.

정답

(1) $MC = (PB_1 + MC) \cdot \overline{PB_2} \cdot \overline{EOCR}$

(2) $RL = MC$

(3) $GL = \overline{MC}$

08 다음은 컨베이어시스템 제어회로의 도면이다. 3대의 컨베이어가 A → B → C 순서로 기동하며, C → B → A 순서로 정지한다고 할 때, 시스템도와 타임차트도를 보고 PLC프로그램 입력 ①～⑤를 답안지에 완성하시오.

▸ 시스템도

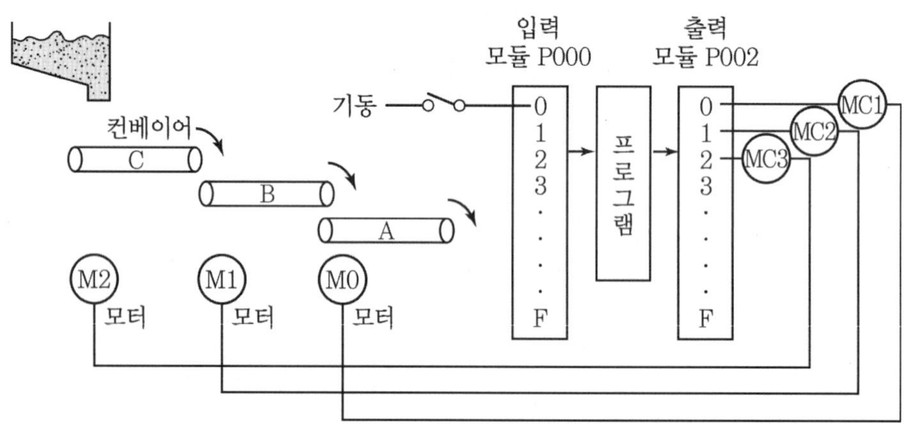

▸ 타임차트도

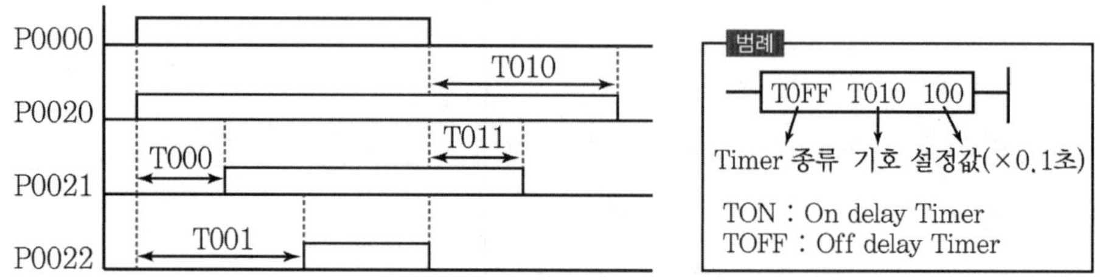

▸ 프로그램 입력

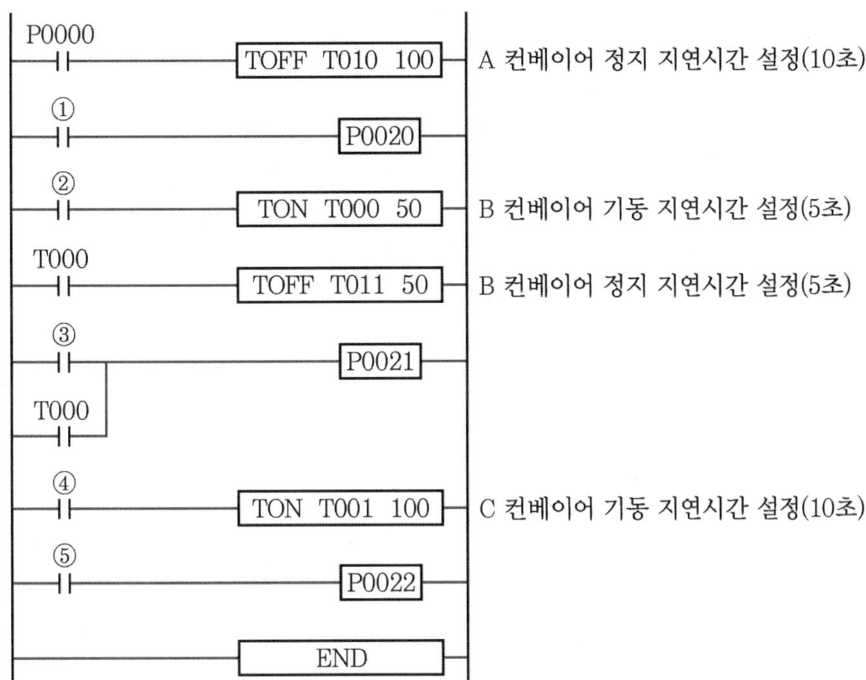

정답

①	②	③	④	⑤
T010	P0000	T011	P0000	T001

09 다음 그림과 같은 유접점 회로에 대해 주어진 미완성 PLC 래더 다이어그램을 완성하고, 표의 빈칸 ① ~ ⑥에 해당하는 프로그램을 완성하시오. (단, 회로시작 LOAD, 출력 OUT, 직렬 AND, 병렬 OR, b접점 NOT, 그룹 간 묶음 AND LOAD이다.)

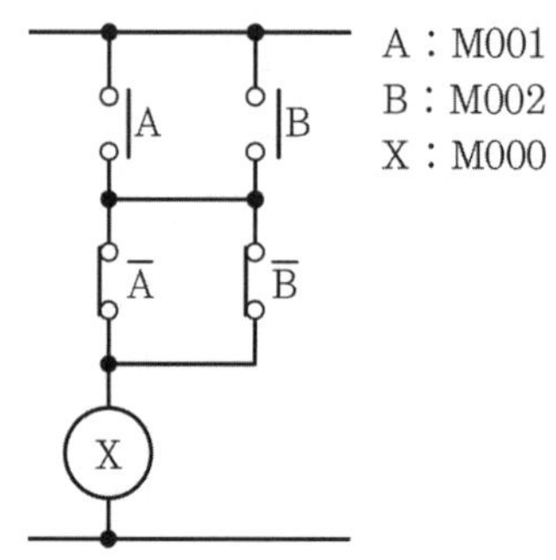

▸ 래더 다이어그램

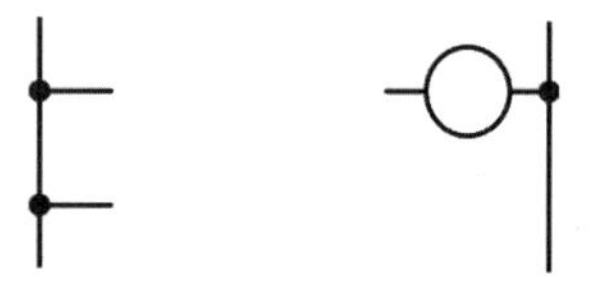

▸ 프로그램

차례	명령	번지
0	LOAD	M001
1	①	M002
2	②	③
3	④	⑤
4	⑥	–
5	OUT	M000

1) 래더 다이어그램

정답

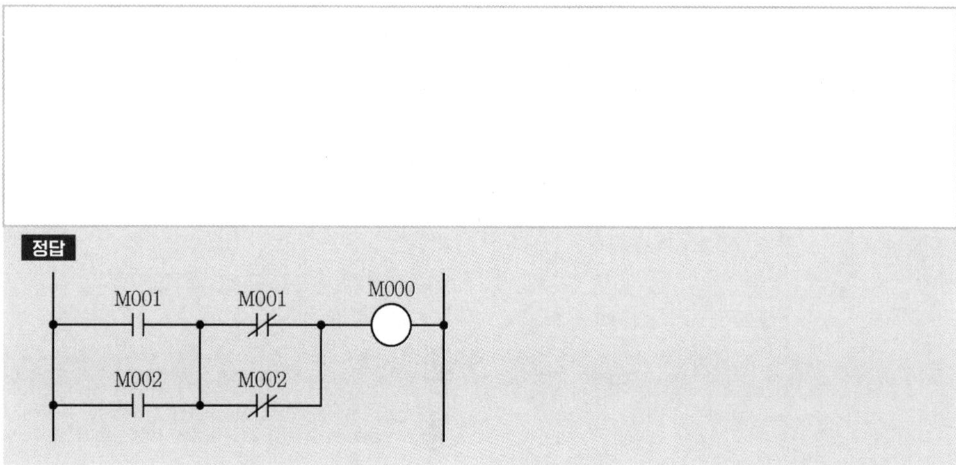

2) 프로그램

정답

① OR ② LOAD NOT ③ M001
④ OR NOT ⑤ M002 ⑥ AND LOAD

10 다음은 콘덴서 기동형 단상 유도전동기의 정역회전 회로도이다. 다음 각 물음에 답하시오. (단, 푸쉬버튼 $start_1$을 누르면 전동기는 정회전하며, $start_2$를 누르면 역회전한다.)

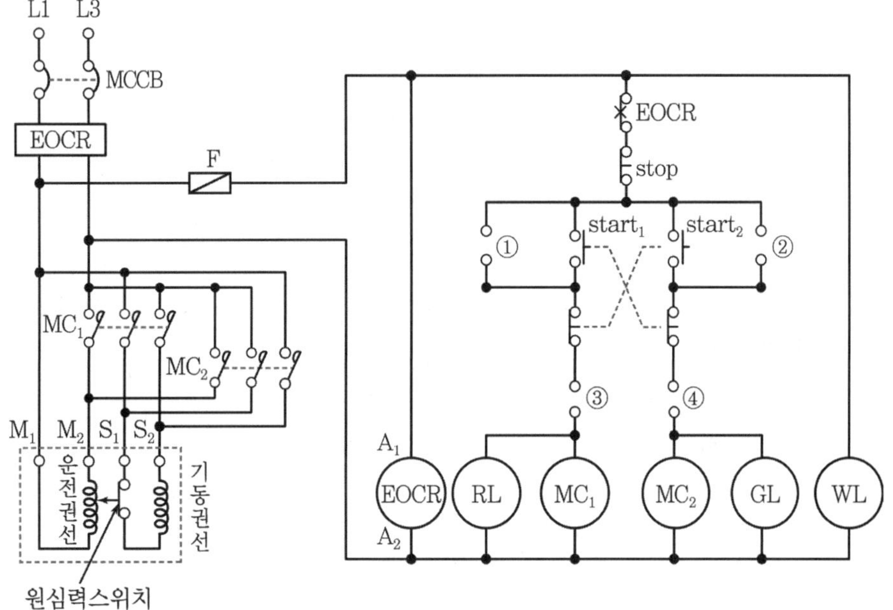

1) 미완성 회로도를 완성하시오. (단, 접점기호 및 명칭을 기술한다.)

정답

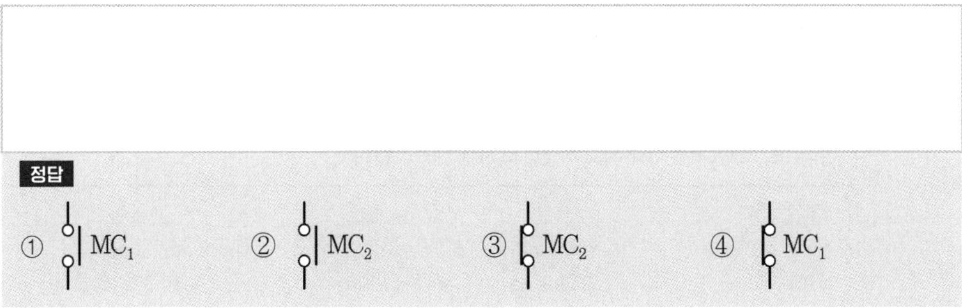

2) 콘덴서 기동형 단상 유도전동기의 기동원리를 쓰시오.

정답

운전권선에 흐르는 전류와 기동권선에 흐르는 전류 사이에 위상차를 주어 큰 기동토크를 발생하여 기동한다.

3) (WL), (GL), (RL)은 무엇을 표시하는 등인가?

정답

(WL) : 전원공급 표시등, (GL) : 역회전 표시등, (RL) : 정회전 표시등

11 다음 주어진 조건과 같은 동작이 되도록 제어회로의 배선과 감시반회로의 배선 단자를 상호 연결하시오.

조건

- 배선용 차단기(MCCB)를 투입(ON)하면 GL1과 GL2가 점등된다.
- 선택 스위치(SS)를 "L"의 위치에 놓고 PB2를 누른 후 놓으면 전자접촉기(MC)에 의하여 전동기가 운전되고, RL1과 RL2는 점등, GL1과 GL2는 소등된다.
- 전동기 운전 중 PB1을 누르면 전동기는 정지하고, RL1과 RL2는 소등, GL1과 GL2는 점등된다.
- 선택 스위치(SS)를 "R" 위치에 놓고 PB3를 누른 후 놓으면 전자접촉기(MC)에 의하여 전동기가 운전되고, RL1과 RL2는 점등, GL1과 GL2는 소등된다.
- 전동기 운전 중 PB4를 누르면 전동기는 정지하고, RL1과 RL2는 소등되고 GL1과 GL2가 점등된다.
- 전동기 운전 중 과부하에 의하여 EOCR이 작동되면 전동기는 정지하고 모든 램프는 소등되며, EOCR을 RESET하면 초기상태로 된다.

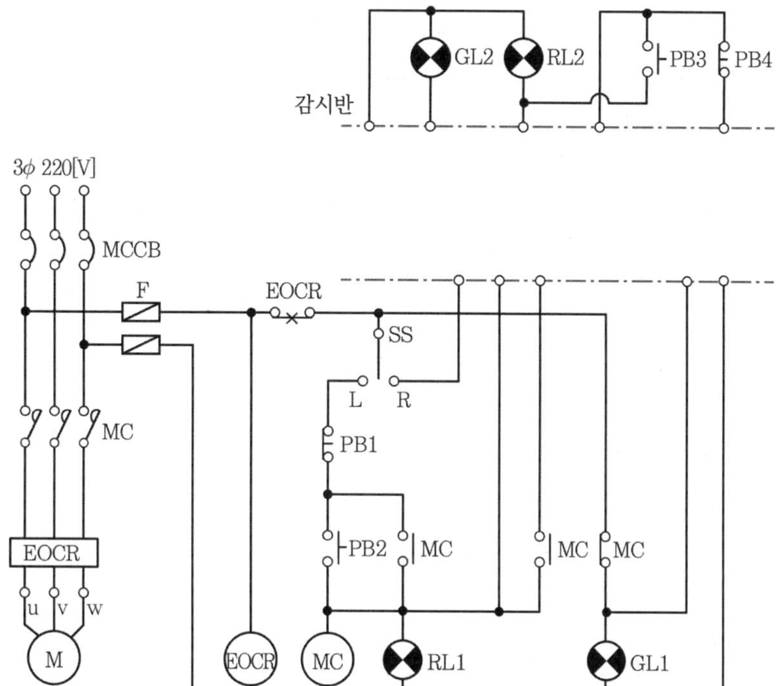
GL2
RL2
PB3
PB4
감시반
3ϕ 220[V]
MCCB
F
EOCR
SS
L
R
MC
PB1
PB2
MC
MC
MC
EOCR
u
v
w
M
EOCR
MC
RL1
GL1

정답

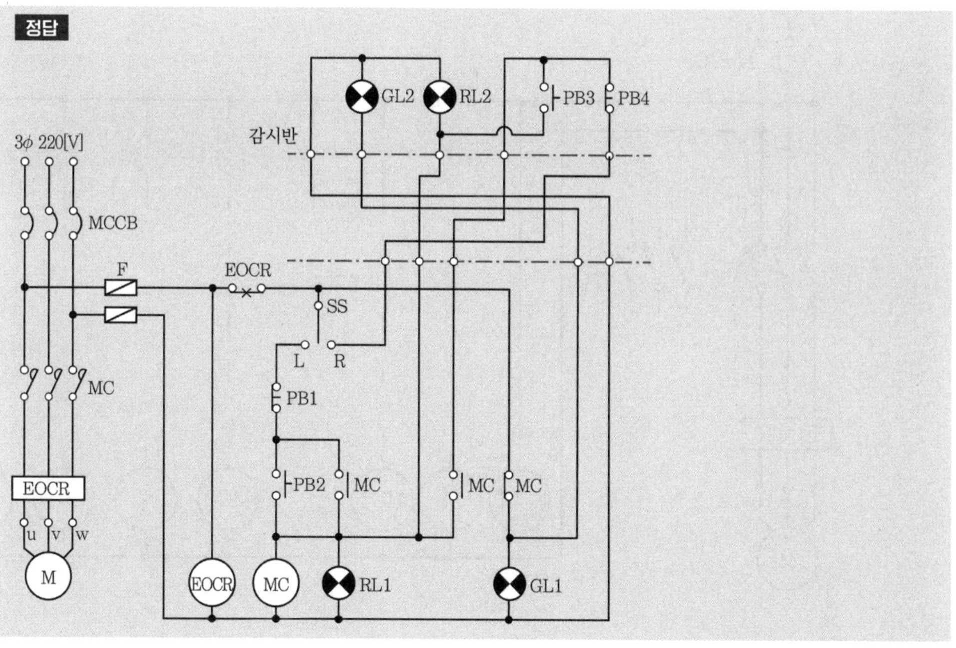
GL2
RL2
PB3
PB4
감시반
3ϕ 220[V]
MCCB
F
EOCR
SS
L
R
MC
PB1
PB2
MC
MC
MC
EOCR
u
v
w
M
EOCR
MC
RL1
GL1

12 **다음 요구사항을 만족하는 주회로 및 제어회로의 미완성 결선도를 직접 그려 완성하시오. (단, 접점기호와 명칭 등을 정확히 나타내시오.)**

조건

- 전원 스위치 MCCB를 투입하면 주회로 및 제어회로에 전원이 공급된다.
- 누름버튼 스위치(PB1)를 누르면 MC1이 여자되고 MC1의 보조접점에 의하여 RL이 점등되며, 전동기는 정회전한다.
- 누름버튼 스위치(PB1)를 누른 후 손을 떼어도 MC1은 자기유지되어 전동기는 계속 정회전한다.
- 전동기 운전 중 누름버튼 스위치(PB2)를 누르면 연동에 의하여 MC1이 소자되며 전동기가 정지되고, RL이 소등된다. 이때 MC2는 자기유지되어 전동기는 역회전(역상제동을)하고, 타이머가 여자되며, GL이 점등된다.
- 타이머 설정시간 후 역회전 중인 전동기는 정지하고, GL도 소등된다, 또한 MC1과 MC2의 보조접점에 의하여 상호 인터록이 되어 동시에 동작하지 않는다.
- 전동기 운전 중 고전류가 감지되어 EOCR이 동작되면, 모든 제어회로의 전원은 차단되고 OL만 점등된다.
- EOCR을 리셋(Reset)하면 초기상태로 복귀된다.

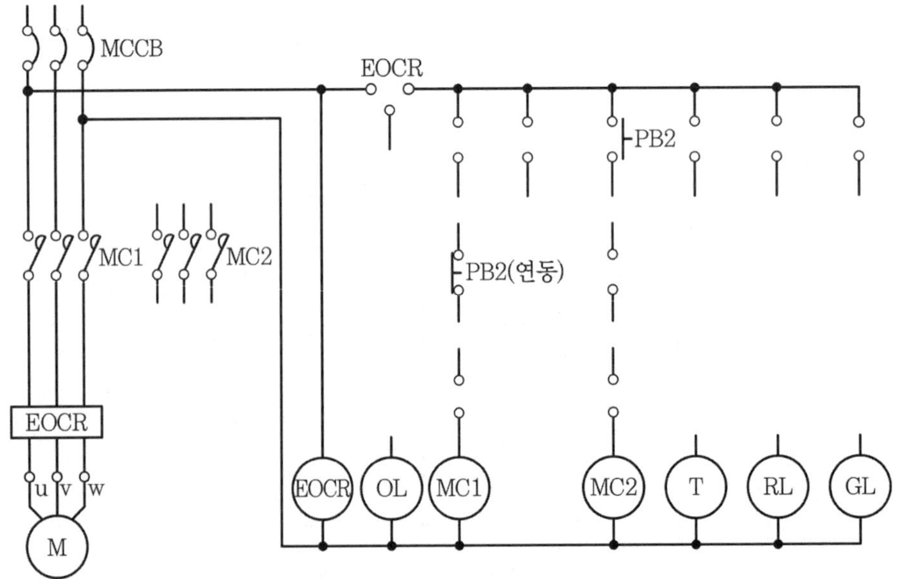

정답

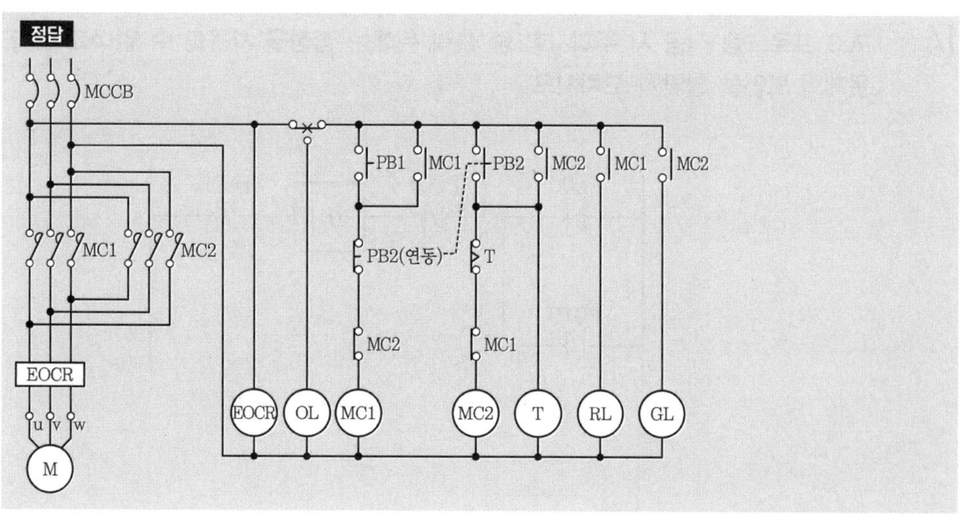

13 다음 그림과 같은 유접점 시퀀스회로를 무접점 시퀀스회로로 바꾸어 그리시오.

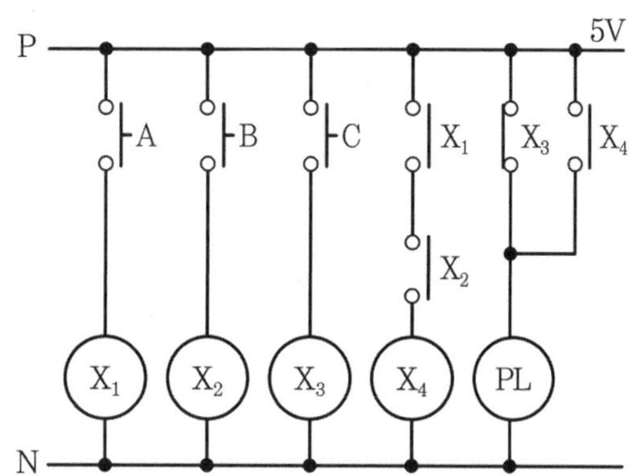

정답

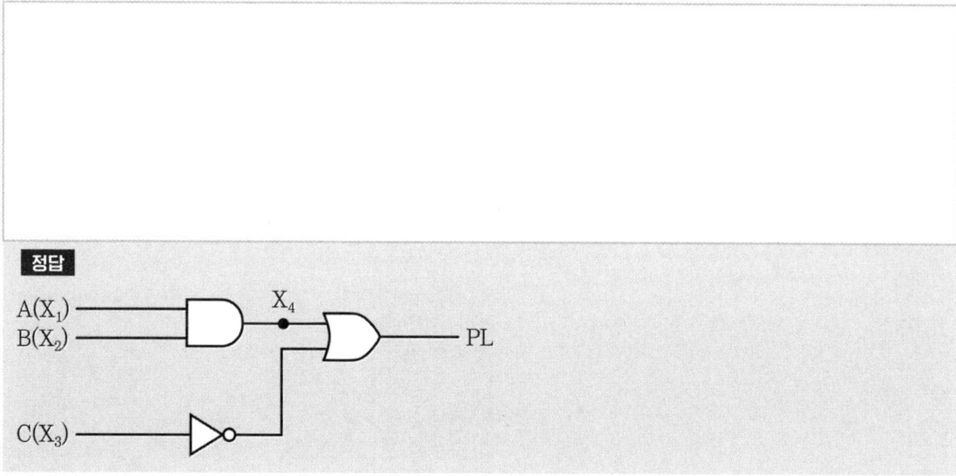

14 PLC 프로그램 작동 시 주의사항 중 출력 뒤에는 접점을 사용할 수 없다고 한다. 주어진 문제의 도면을 알맞게 고치시오.

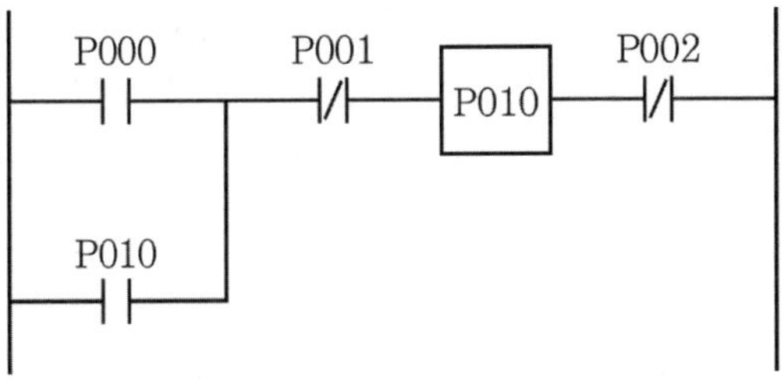

P000 P001 P010 P002

P010

정답

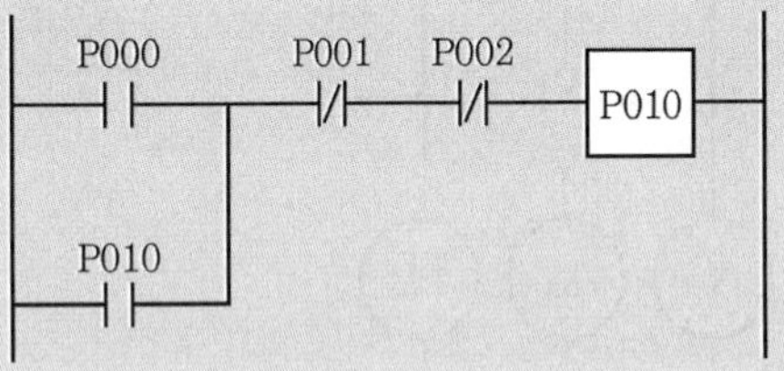

P000 P001 P002 P010

P010

15 도면은 3상 유도전동기의 $Y-\Delta$ 기동회로이다. 도면을 보고 다음 각 물음에 답하시오.

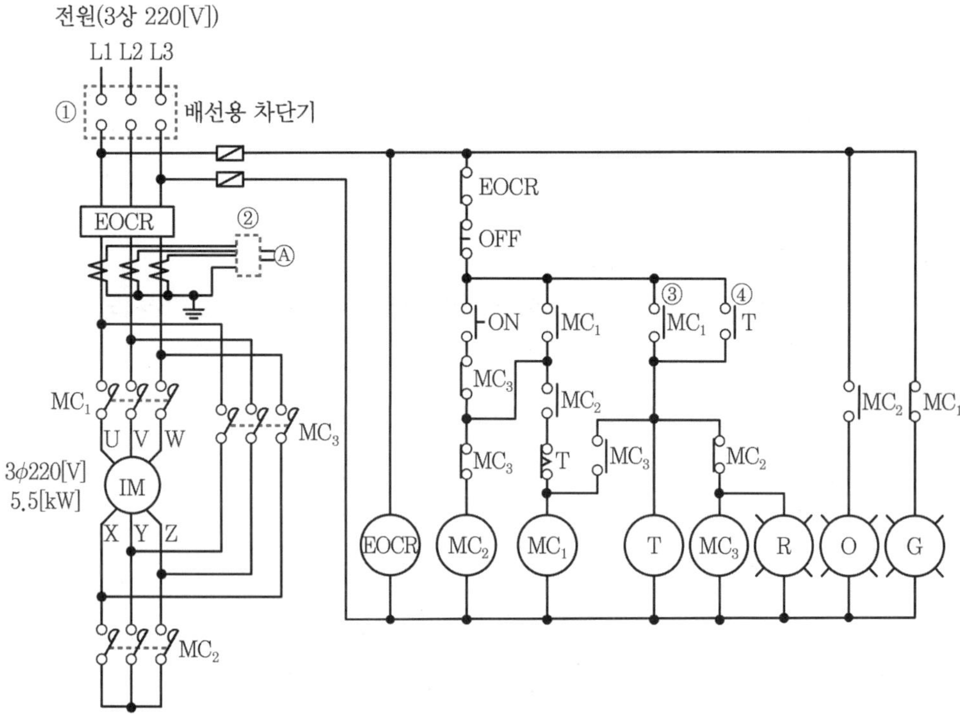

1) 3상 유도전동기를 Y-Δ 기동회로로 사용하는 주된 이유를 설명하시오.

정답

전동기 기동 시 기동전류를 $\frac{1}{3}$배로 줄이기 위하여

2) 회로에서 ①의 배선용 차단기에 대한 그림기호를 3상 복선도용으로 나타내시오.

3) 회로의 ②에 들어갈 장치의 명칭과 단선도용 그림기호를 그리시오.

정답

(1) 명칭 : 전류계용 전환개폐기

(2) 그림기호 : ⊗

4) 회로에서 사용된 EOCR의 명칭과 어떤 때 동작하는지를 설명하시오.

정답

(1) 명칭 : 전자식 과전류계전기

(2) 역할 : 전동기에 과전류가 흐르면 동작하여 전동기를 보호한다.

5) 회로에서 MC_2가 여자될 때에는 MC_3은 여자될 수 없으며, 또한 MC_3가 여자될 때에는 MC_2는 여자될 수 없다. 이러한 회로를 무슨 회로라 하는가?

정답

인터록 회로

6) 회로에서 표시등 (R), (O), (G)의 용도를 각각 쓰시오.

정답

표시등 (R)	표시등 (O)	표시등 (G)
Δ운전 표시등	Y기동 표시등	정지 표시등

7) 회로에서 ③번 접점과 ④번 접점이 동작하여 이루는 회로를 자기유지회로라 한다. 다음의 유접점 자기유지회로를 무접점 자기유지회로로 바꾸어 그리시오. (단, OR, AND, NOT 게이트 각 1개씩만 사용한다.)

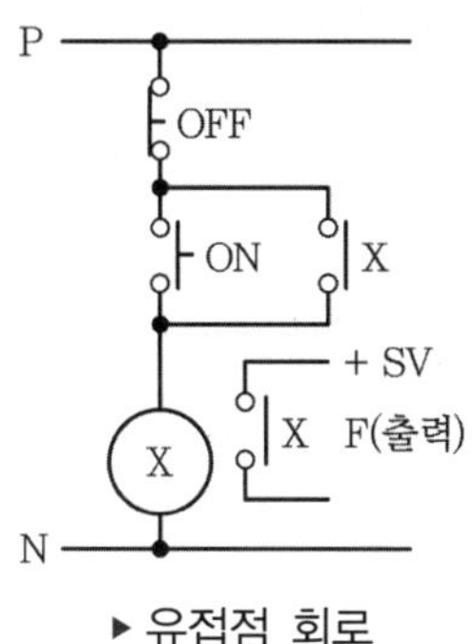

▶ 유접점 회로

16 그림의 회로는 농형 유도전동기의 직류여자방식 제어기기의 접속도이다. 회로도 동작설명을 참고하여 다음 각 물음에 대한 알맞은 내용을 표에 기술하시오.

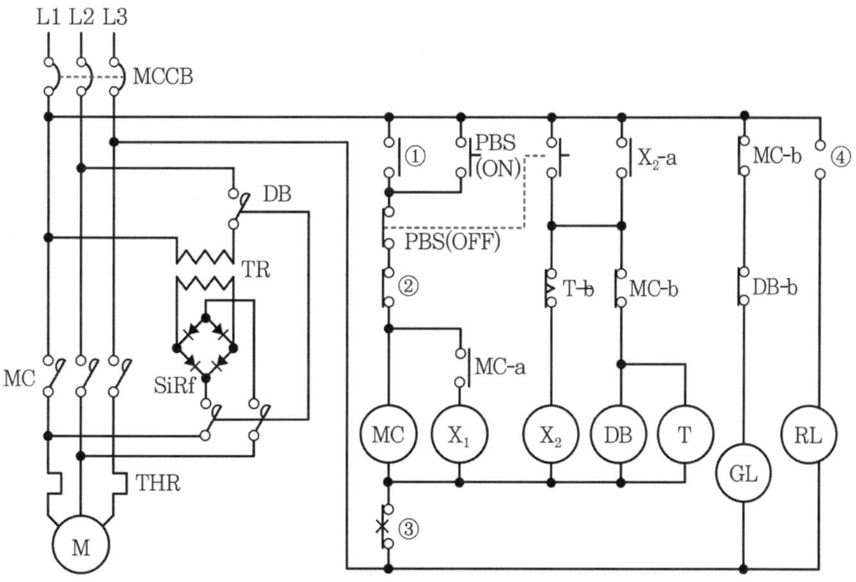

동작설명

- 운전용 푸시버튼 스위치 PBS(ON)을 눌렀다 놓으면 MC가 여자되어 주접점 MC가 투입, 전동기는 기동하기 시작하며 운전을 계속하게 된다.
- 운전을 정지하기 위하여 정지용 푸시버튼 스위치 PBS(OFF)를 눌렀다 놓으면 MC가 소자되어 주접점 MC가 떨어지고, 직류 제동용 전자접촉기 DB가 투입되어 전동기에는 직류가 흐른다.
- 타이머 T에 설정한 시간만큼 직류 제동전류가 흐른 후 직류가 차단되고 각 접점은 운전 전의 상태로 복귀되고 전동기는 정지하게 된다.

1) ① 접점의 약호를 쓰시오.

2) ② 접점의 약호를 쓰시오.

3) 정지용 푸시버튼 PBS(OFF)를 누르면 타이머 T에 통전하여 설정(sec)한 시간만큼 타이머 T가 동작하여 직류 제어용 직류 전원을 차단하게 된다. 타이머 T에 의해 조작받는 계전기 혹은 전자접촉기의 그림기호 2가지를 도면 중에서 선택하여 그리시오.

4) ③ 그림기호(접점)의 약호를 쓰시오.

5) RL은 운전 중 점등하는 램프이다. ④는 어느 보조계전기의 어느 접점을 사용하는지 운전 중의 접점 상태를 그리시오.

1)	2)	3)	4)	5)

정답

1)	2)	3)	4)	5)
MC−a	DB−b	X_2 DB	Thr−b	X_1-a

17 그림과 같은 시퀀스회로에서 접점 "A"가 닫혀서 폐회로가 될 때 표시등 PL의 동작사항을 설명하시오. (단, X는 보조릴레이, T_1~T_2는 타이머(On delay)이며 설정시간은 1초이다.)

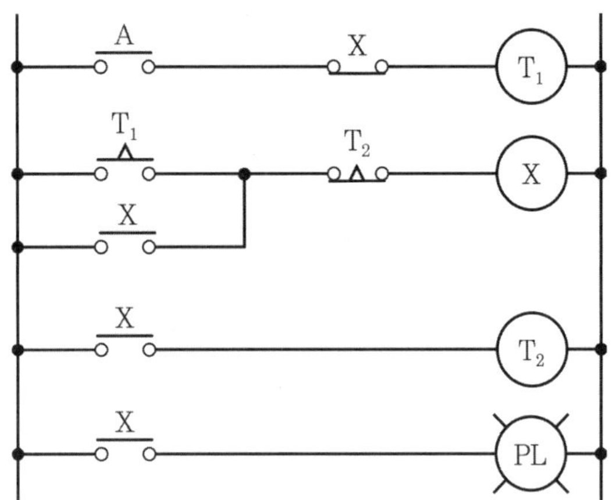

정답

PL은 T_1 설정시간(1초) 후 점등하고, T_2 설정시간(1초) 후 소등함을 반복하며 A가 개로되면 반복을 중지한다.

18 다음의 진리표는 어떤 논리회로를 나타낸 것인지 명칭과 논리기호로 나타내시오.

입력		출력
A	B	
0	0	0
0	1	0
1	0	0
1	1	1

정답

1) 명칭 : AND회로

2) 논리기호 : 

19 그림과 같은 무접점 논리회로를 유접점 시퀀스회로로 변환하여 나타내시오.

▸ 무접점 논리회로

정답

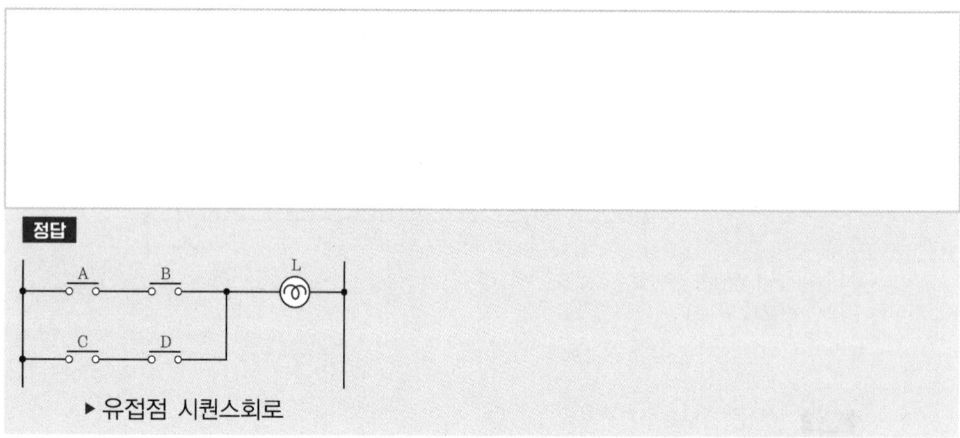

▸ 유접점 시퀀스회로

20 그림은 누름버튼 스위치 PB_1, PB_2, PB_3을 ON 조작하여 기계 A, B, C를 운전하는 시퀀스회로도이다. 이 회로를 타임차트 1 ~ 3의 요구사항과 같이 병렬 우선 순위회로로 고쳐서 그리시오. (단, R_1, R_2, R_3은 계전기이며, 이 계전기의 보조 a접점 또는 b접점을 추가 또는 삭제하여 작성하되 불필요한 접점을 사용하지 않도록 하며, 보조 접점에는 접점명을 기술한다.)

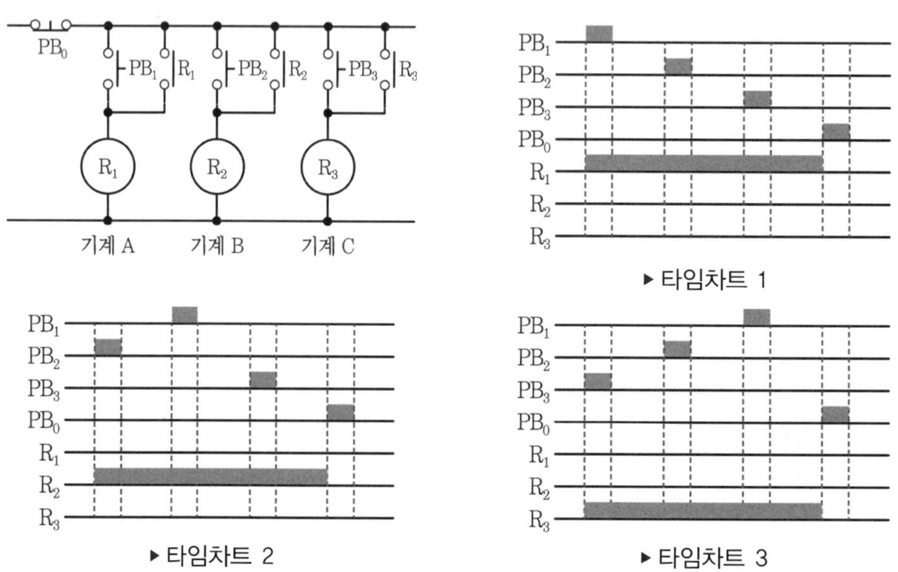

▸ 타임차트 1

▸ 타임차트 2

▸ 타임차트 3

병렬 우선 순위회로를 완성하시오.

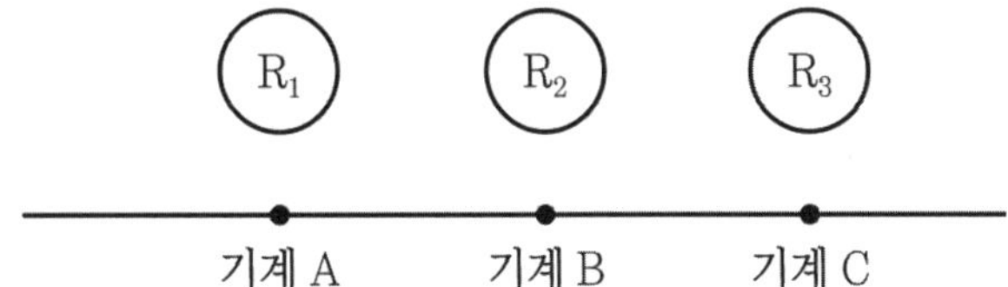

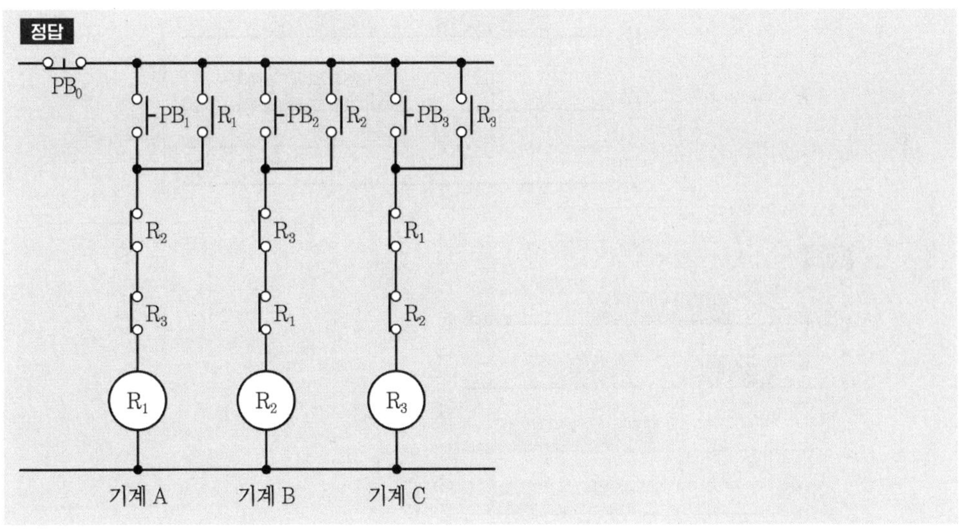

21 그림과 같은 논리회로를 이용하여 다음 각 물음에 답하시오.

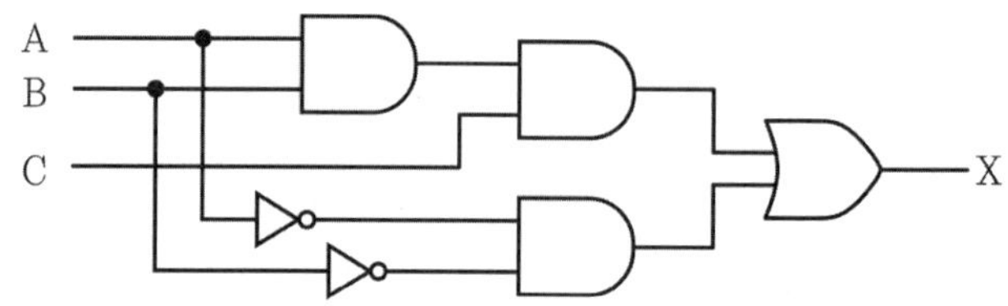

1) 주어진 논리회로를 논리식으로 표현하시오.

정답

$X = A \cdot B \cdot C + \overline{A} \cdot \overline{B}$

2) 논리회로의 동작상태에 대한 타임차트를 완성하시오.

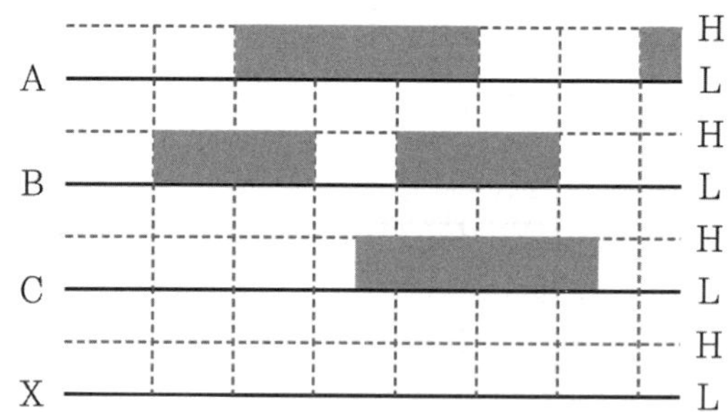

정답

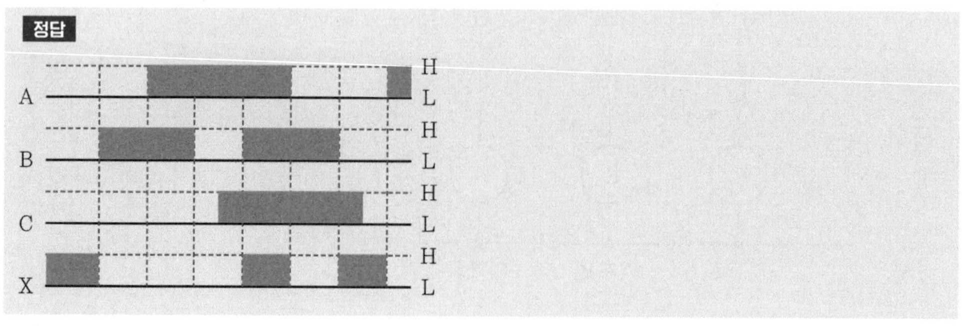

3) 다음과 같은 진리표를 완성하시오. (단, L은 Low, H는 High이다.)

A	L	L	L	L	H	H	H	H
B	L	L	H	H	L	L	H	H
C	L	H	L	H	L	H	L	H
X								

정답

A	L	L	L	L	H	H	H	H
B	L	L	H	H	L	L	H	H
C	L	H	L	H	L	H	L	H
X	H	H	L	L	L	L	L	H

22 그림은 3상 유도전동기의 역상 제동 시퀀스회로이다. 물음에 답하시오. (단, 플러깅 릴레이 Sp는 전동기가 회전하면 접점이 닫히고, 속도가 0에 가까우면 열리도록 되어 있다.)

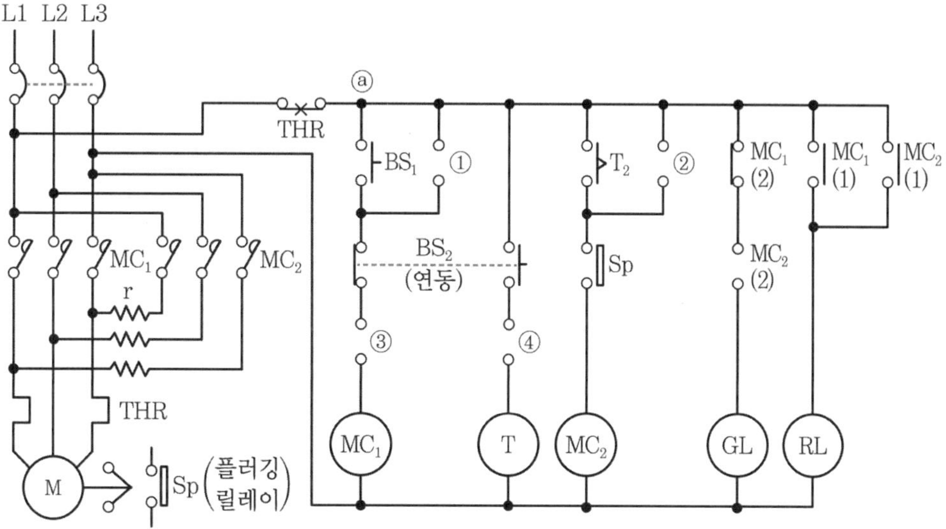

1) 회로에서 ① ~ ④에 접점과 기호를 넣으시오.

정답

① MC_1 ② MC_2 ③ MC_2 ④ MC_1

2) MC_1, MC_2의 동작과정을 간단히 설명하시오.

정답

(1) BS_1을 누르면 MC_1이 여자되고 전동기는 기동한다.

(2) BS_2를 누르고 있는 상태에서 MC_1 소자, T가 여자되고 설정시간 후 MC_2가 여자되어 전동기는 역회전하려고 한다.

(3) 전동기의 속도가 감소하여 0에 가까워지면 플러깅 릴레이에 의하여 전동기는 급정지한다.

23 다음 그림은 릴레이 인터록 회로이다. 그림을 보고 다음 각 물음에 답하시오.

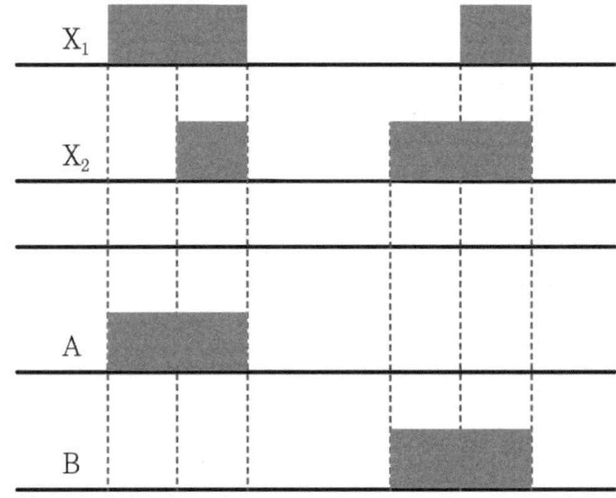

1) 이 회로를 논리회로로 고쳐 완성하시오.

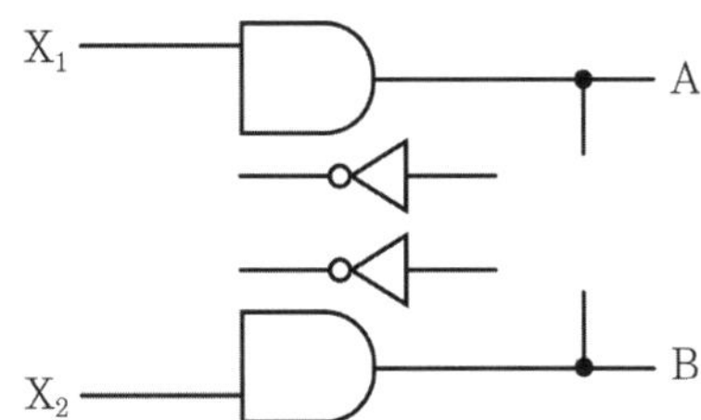

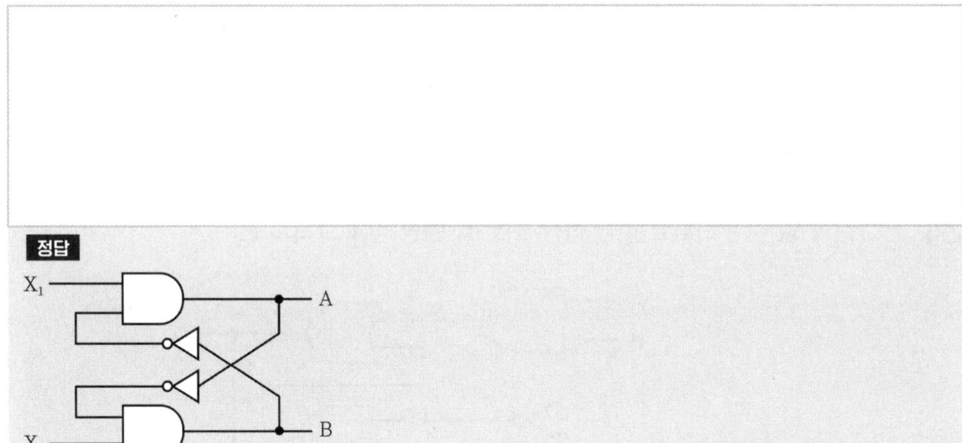

2) 논리식을 쓰고 진리표를 완성하시오.

X_1	X_2	A	B
0	0		
0	1		
1	0		

정답

(1) 논리식 : $A = X_1 \cdot \overline{B}$,

$B = X_2 \cdot \overline{A}$

(2) 진리표

X_1	X_2	A	B
0	0	0	0
0	1	0	1
1	0	1	0

24 그림과 같은 논리회로를 유접점 회로로 변환하여 그리시오.

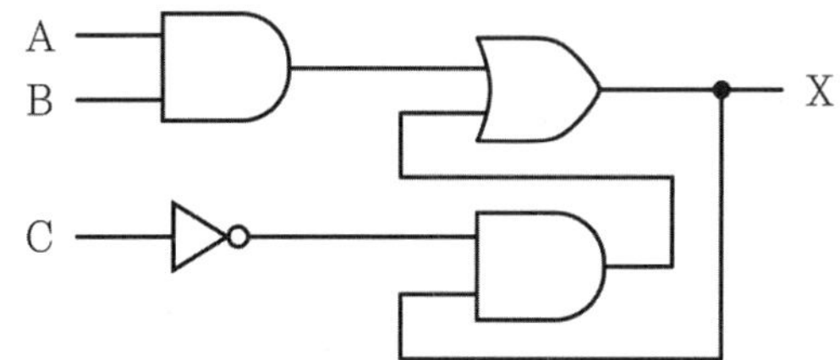

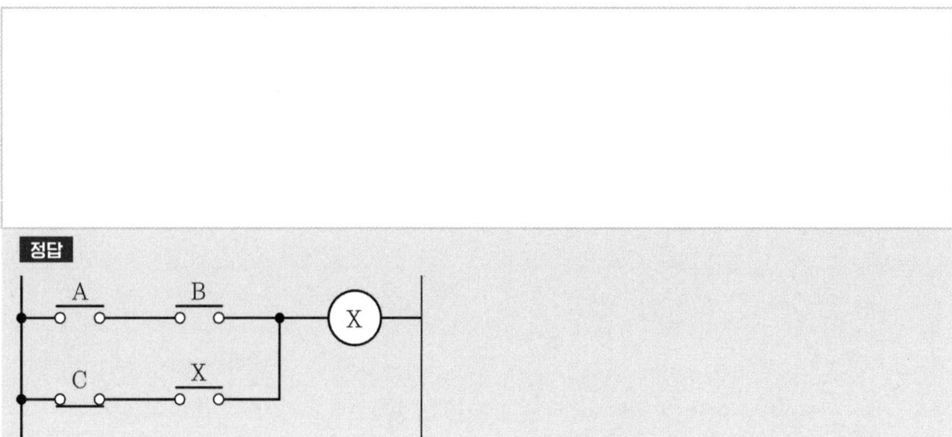

25 **다음 주어진 전동기 정·역 운전회로의 주회로에 알맞은 제어 회로를 주어진 동작설명과 같은 시퀀스도로 완성하시오.**

동작설명

- 제어회로에 전원이 인가되면 GL램프가 점등된다.
- 푸시버튼(BS_1)을 누르면 MC_1이 여자되고 회로가 자기유지되며, RL_1램프가 점등된다.
- MC_1의 동작에 따라 전동기는 정회전을 하고 GL램프는 소등된다.
- 푸시버튼(BS_3)을 누르면 전동기가 정지하고 GL램프가 점등된다.
- 푸시버튼(BS_2)을 누르면 MC_2가 여자되고 회로가 자기유지되며, RL_2램프가 점등된다.
- MC_2의 동작에 따라 전동기는 역회전을 하고 램프는 소등된다.
- 푸시버튼(BS_3)을 누르면 전동기가 정지하고 GL램프가 점등된다.
- MC_1, MC_2는 동시 작동하지 않도록 MC b접점을 이용하여 상호 인터록 회로로 구성되어 있다.
- 과전류가 흘러 열동형 계전기가 작동하면, 제어회로에 전원이 차단되고 OL램프가 점등된다.

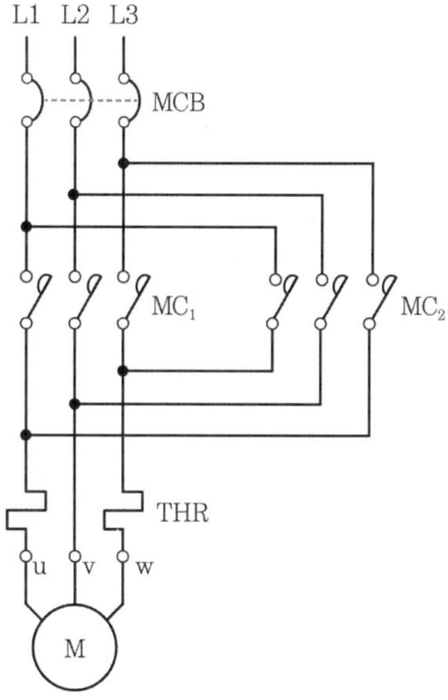

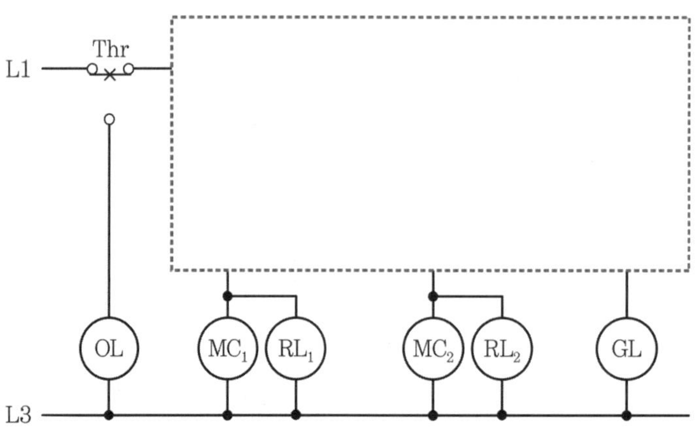

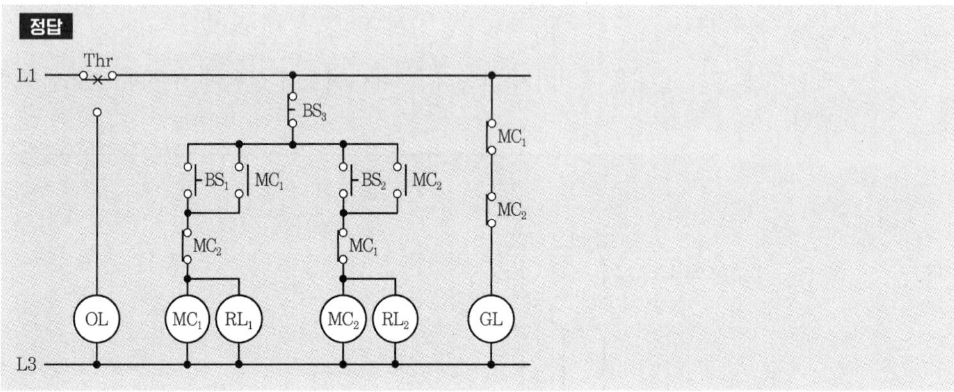

26 그림과 같은 시퀀스회로를 보고 다음 각 물음에 답하시오. (단, R_1, R_2, R_3은 보조 릴레이이다.)

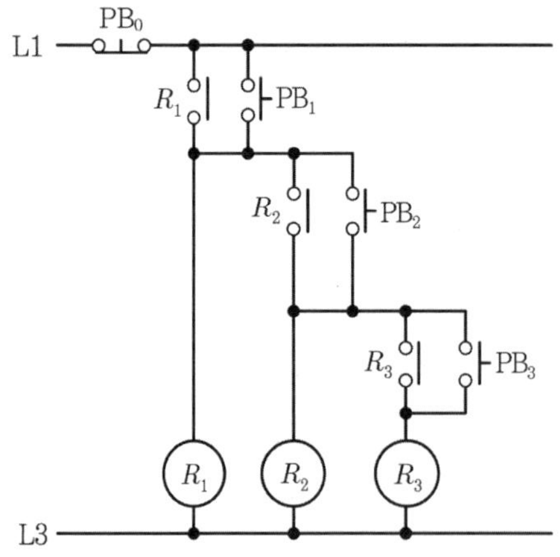

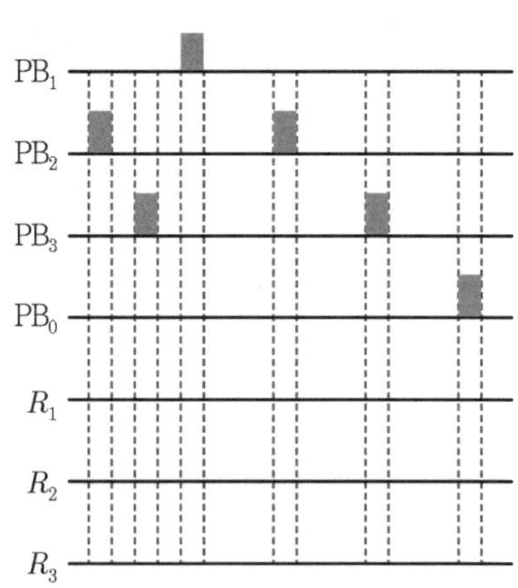

1) 전원 측의 가장 가까운 누름버튼 스위치 PB_1으로부터 PB_2, PB_3, PB_0까지 ON 조작할 경우의 동작사항을 설명하시오. (단, 여기에서 ON 조작은 누름버튼 스위치를 눌러주는 역할을 말한다.)

동작조건	동작사항
PB_1 ON	
PB_2 ON	
PB_3 ON	
PB_0 ON	

정답

동작조건	동작사항
PB_1 ON	R_1이 여자되고 자기유지가 된다.
PB_2 ON	R_2가 여자되고 자기유지가 된다.
PB_3 ON	R_3가 여자되고 자기유지가 된다.
PB_0 ON	R_1, R_2, R_3가 모두 소자된다.

2) 최초에 PB_2를 ON 조작한 경우의 동작상황을 설명하시오.

정답

동작하지 않는다.

3) 타임차트의 누름버튼 스위치 PB_1, PB_2, PB_3, PB_0과 같은 타이밍으로 ON 조작하였을 때 타임차트의 R_1, R_2, R_3의 동작상태 그림을 완성하시오.

정답

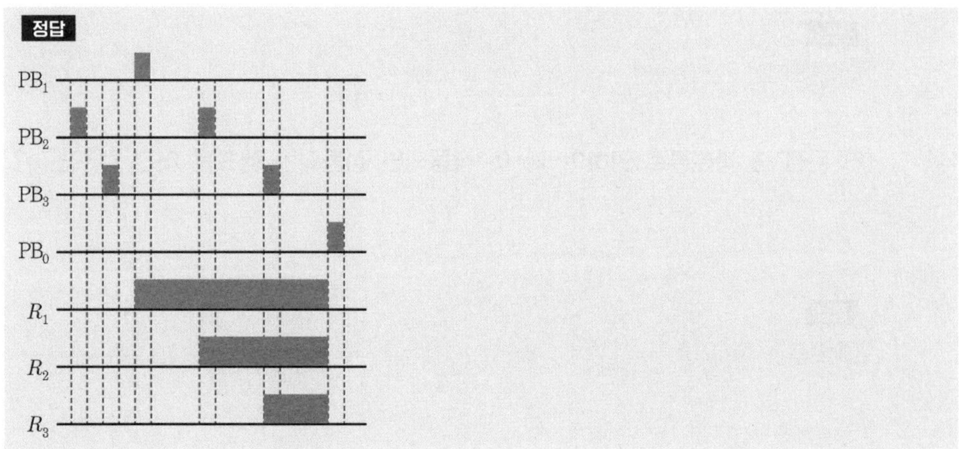

27 주어진 도면과 동작설명을 보고 다음 각 물음에 답하시오.

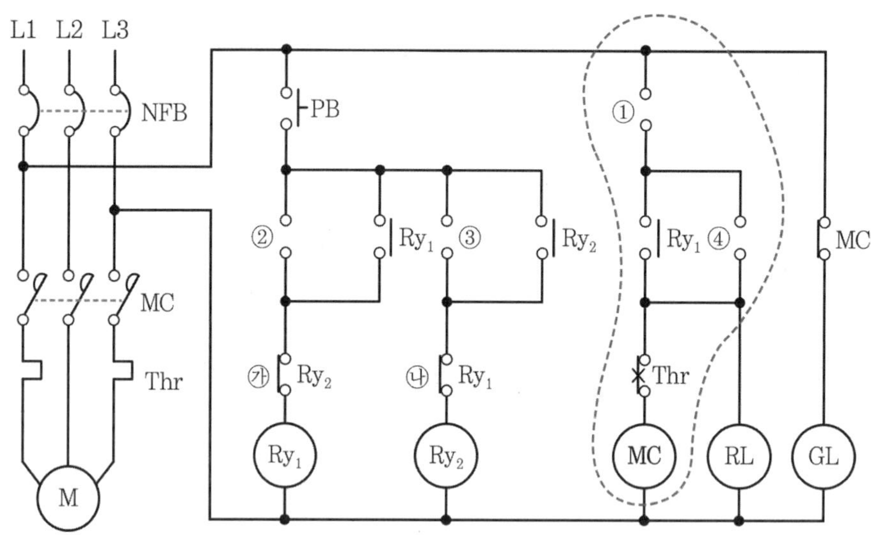

동작설명

1) 누름버튼 스위치 PB를 누르면 릴레이 Ry_1이 여자되어 MC를 여자시켜 전동기가 기동되며 PB에서 손을 떼어도 전동기는 자기유지되어 계속 운전된다.
2) 다시 PB를 누르면 릴레이 Ry_2가 여자되어 MC는 소자되며 전동기는 정지한다.
3) 다시 PB를 누르면 언급한 1)과 2)의 동작이 반복된다.

(1) ㉮, ㉯의 릴레이 b접점이 서로 작용하는 역할에 대하여 이것을 무슨 접점이라 하는가?

정답

인터록 접점

(2) 운전 중 과전류로 인하여 Thr이 작동되면 점등되는 램프는 어떤 램프인가?

정답

GL램프

(3) 그림의 점선 부분을 논리식과 무접점 논리회로로 표시하시오.

정답

① 논리식 : $MC = \overline{Ry_2}(Ry_1 + MC) \cdot \overline{Thr}$

② 논리회로

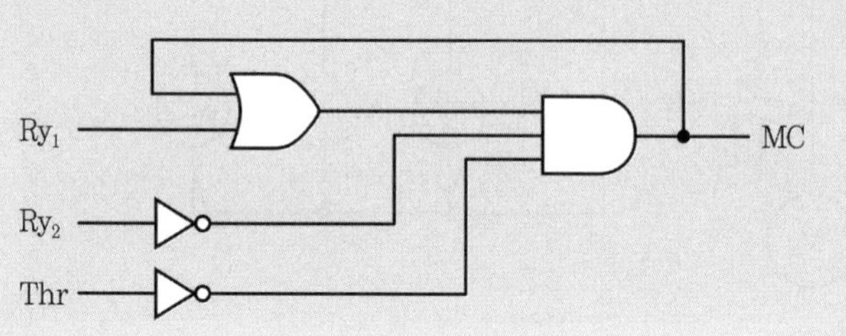

(4) 동작에 관한 타임차트를 완성하시오.

정답

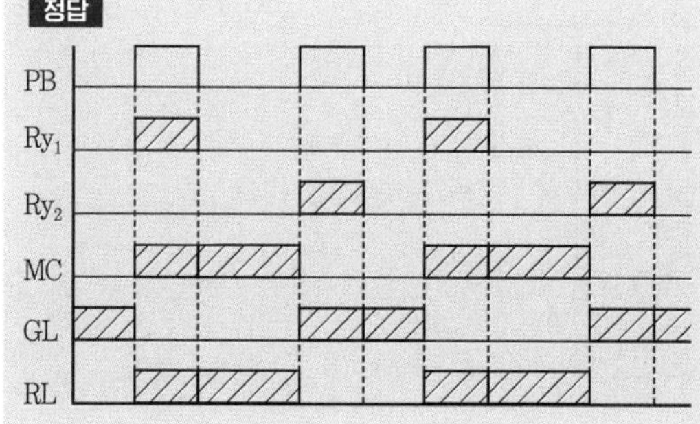

28 그림은 PB-ON 스위치를 ON한 후 일정시간이 지난 다음에 전동기 Ⓜ이 작동되는 회로이다. 여기에 사용한 타이머 Ⓣ는 입력 신호를 소멸했을 때 열려서 이탈되는 형식이다. 전동기가 회전하면 릴레이 Ⓧ가 복귀되어 타이머에 입력 신호가 소멸되고 전동기는 계속 회전할 수 있도록 하고자 할 때 이 회로는 어떻게 수정되어야 하는가? 주어진 미완성 도면을 완성하시오. (단, 전자접촉기 MC의 보조 a, b접점을 각 1개씩만 추가한다.)

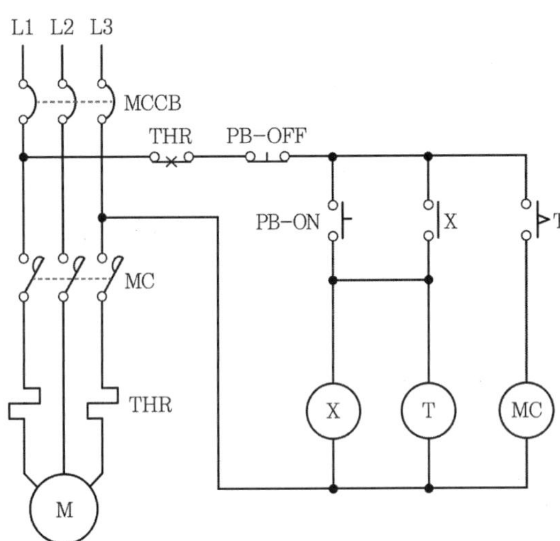

정답

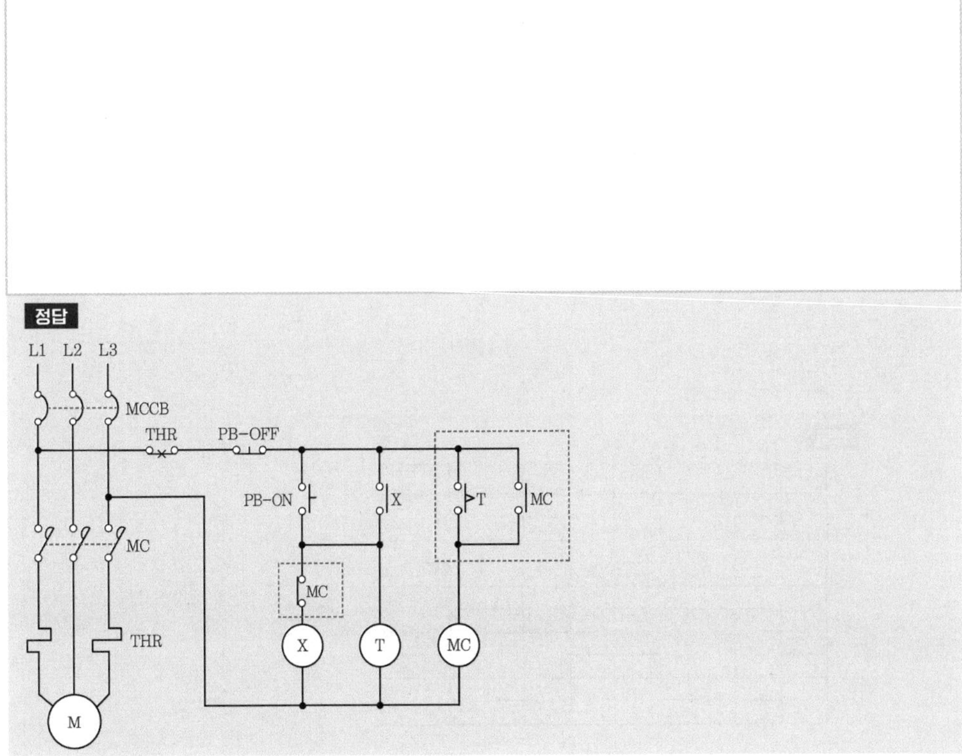

29 다음 그림과 같은 유접점식 시퀀스회로를 무접점 시퀀스회로로 바꾸어 그리시오.

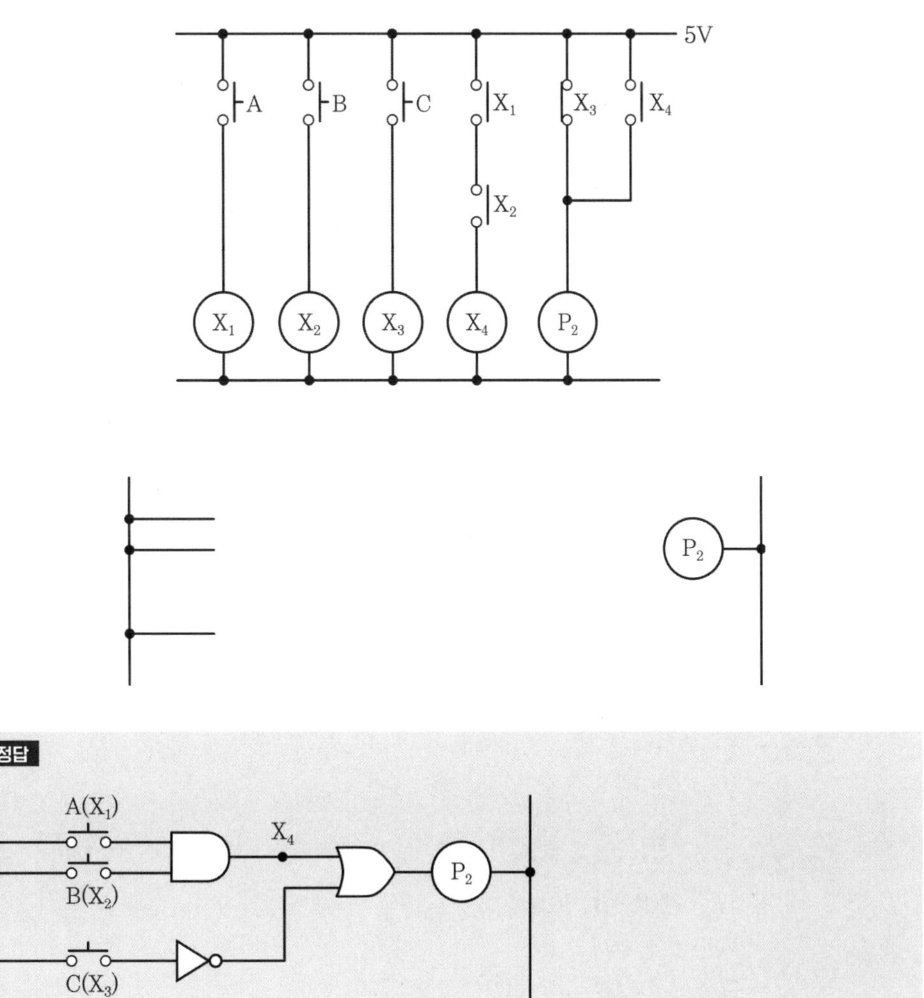

30 다음의 논리식을 간단히 하시오.

1) $Z = (A + B + C)A$
2) $Z = \overline{A}C + BC + AB + \overline{B}C$

정답

1) $Z = (A + B + C)A$
$= AA + AB + AC$
$= A + AB + AC$
$= A(1 + B + C)$
$= A$

2) $Z = \overline{A}C + BC + AB + \overline{B}C$
$= \overline{A}C + C(B + \overline{B}) + AB$
$= \overline{A}C + C + AB$
$= C(\overline{A} + 1) + AB = C + AB$

31 답안지의 도면은 3상 농형 유도전동기 IM의 Y－Δ기동 운전 제어의 미완성 회로도이다. 이 회로도를 보고 다음 각 물음에 답하시오.

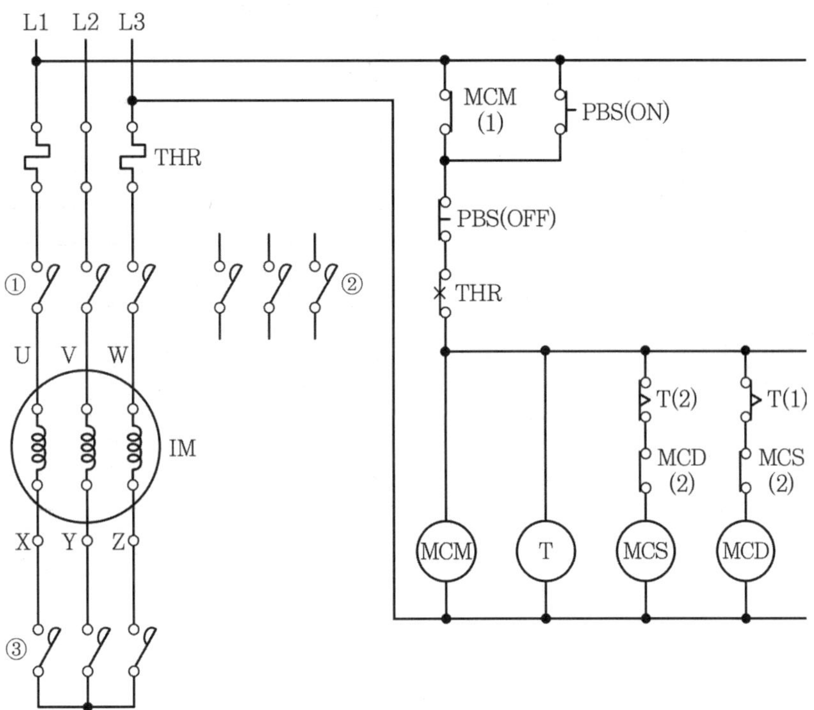

1) ①～③에 해당되는 전자 접촉기 접점의 약호는 무엇인가?

정답

① MCM ② MCD ③ MCS

2) 전자 접촉기 MCS는 운전 중에는 어떤 상태로 있겠는가?

정답

소자

3) 미완성 회로도의 주회로 부분에 Y-Δ 기동 운전 결선도를 작성하시오.

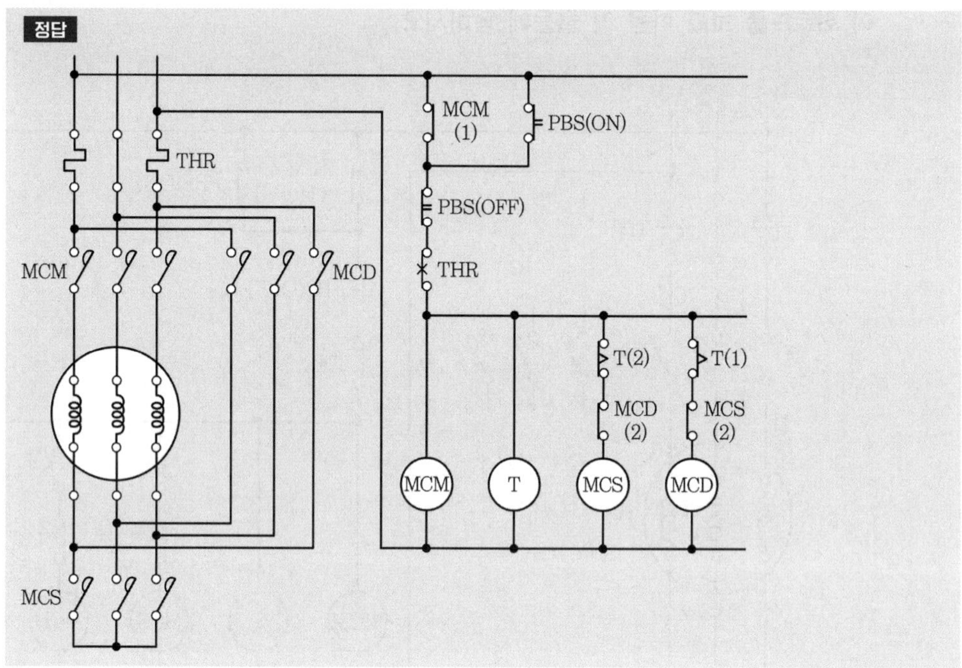

32

PLC 프로그램을 보고 다음의 물음에 답하시오.
(단, ① S : 입력 a 접점(신호)
② SN : 입력 b 접점(신호)
③ A : AND a 접점
④ AN : AND b 접점
⑤ O : OR a 접점
⑥ ON : OR b 접점
⑦ W : 출력)

스텝	명령어	번지
0	S	P000
1	AN	M000
2	ON	M001
3	W	P011

1) PLC 래더 다이어그램을 그리시오.

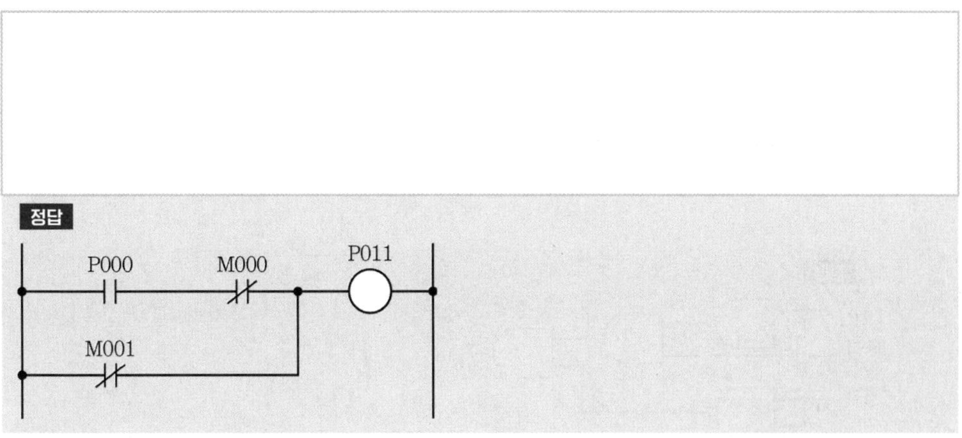

2) 출력의 논리식을 쓰시오.

$P011 = P000 \cdot \overline{M000} + \overline{M001}$

33

다음은 어느 계전기 회로의 논리식이다. 이 논리식을 이용하여 다음 각 물음에 답하시오. (단, 여기서 A, B, C는 입력이고, X는 출력이다.)

논리식 : $X = \overline{A}B + C$

1) 이 논리식을 무접점 시퀀스도로 나타내시오.

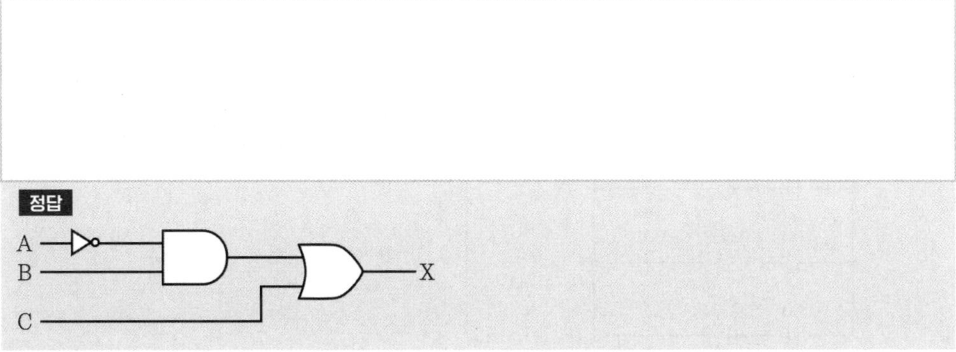

2) 물음 1)에서 무접점 시퀀스도로 표현된 것을 2입력 NAND gate만으로 등가 변환하시오.

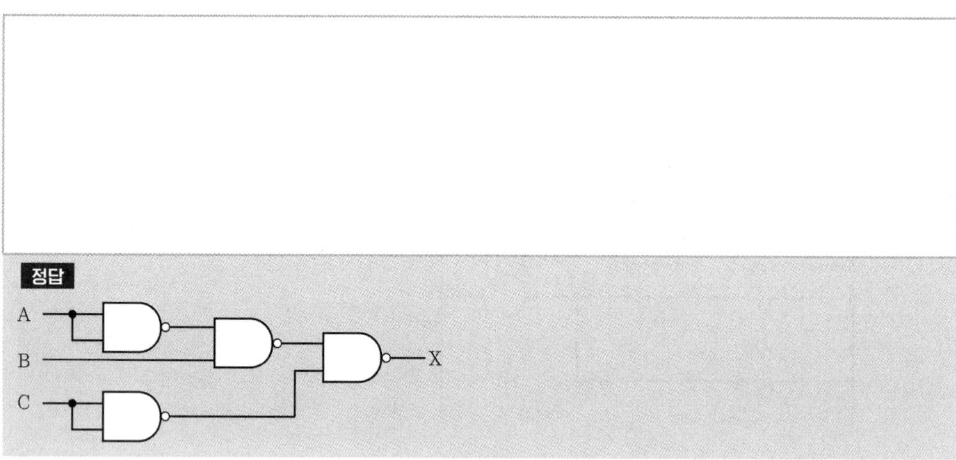

34 그림과 같은 PLC 시퀀스(래더 다이어그램)가 있다. PLC 프로그램에서의 신호 흐름은 단방향이므로 시퀀스를 수정해야 한다. 문제의 도면을 바르게 완성하시오.

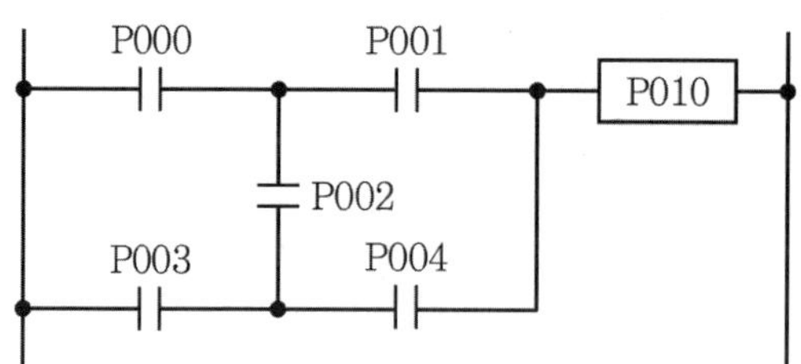

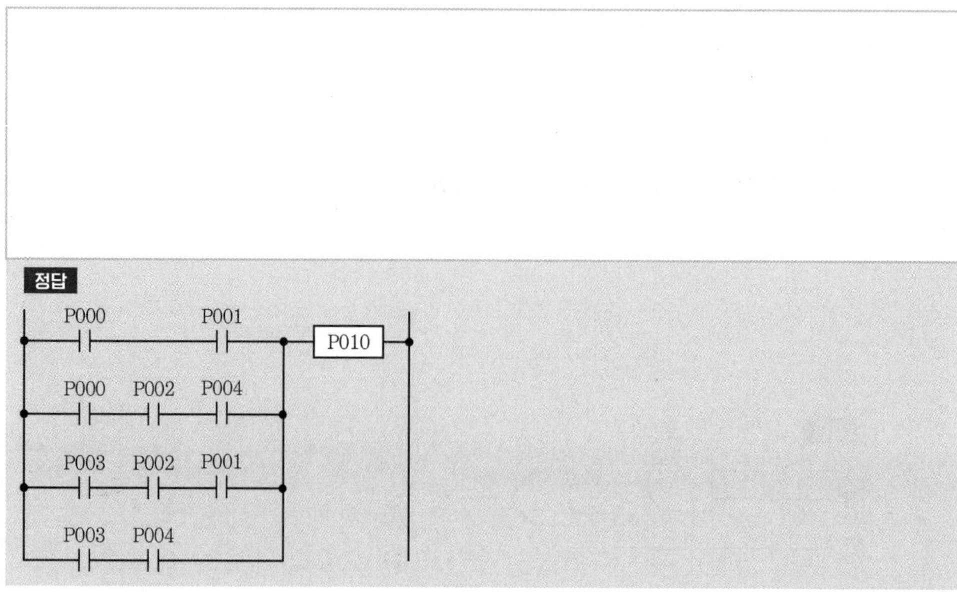

35 주어진 진리값 표는 3개의 리미트 스위치 LS_1, LS_2, LS_3에 입력을 주었을 때 출력 X와의 관계표이다. 이 표를 이용하여 다음 각 물음에 답하시오.

▸ 진리값 표

LS_1	LS_2	LS_3	X
0	0	0	0
0	0	1	0
0	1	0	0
0	1	1	1
1	0	0	0
1	0	1	1
1	1	0	1
1	1	1	1

1) 진리값 표를 이용하여 다음과 같은 Karnaugh도를 완성하시오.

LS_3 \ LS_1, LS_2	0 0	0 1	1 1	1 0
0				
1				

정답

LS_3 \ LS_1, LS_2	0 0	0 1	1 1	1 0
0	0	0	1	0
1	0	1	1	1

2) 물음 1)의 Karnaugh도에 대한 논리식을 쓰시오.

정답

$X = LS_1LS_2 + LS_2LS_3 + LS_1LS_3$

3) 진리값과 물음 2)의 논리식을 이용하여 이것을 무접점 회로도로 표현하시오.

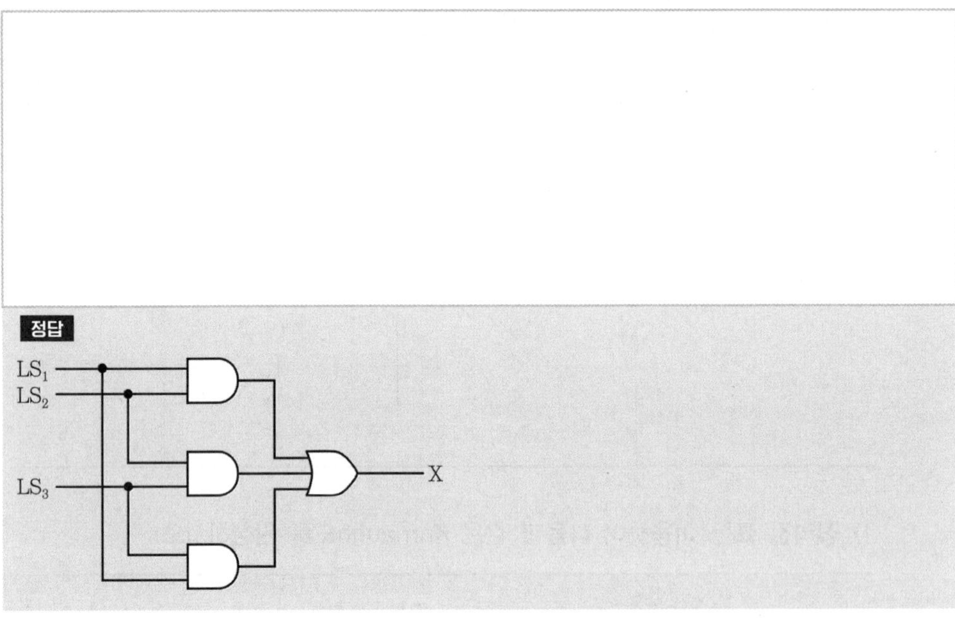

36

다음 PLC에 대한 내용에 대하여 아래 그림의 기능을 쓰시오.

명령어	기호	기능
LOAD	─┤├─	
LOAD NOT	─┤/├─	

정답

명령어	기호	기능
LOAD	─┤├─	논리회로의 시작명령어인 a접점
LOAD NOT	─┤/├─	논리회로의 시작명령어인 b접점

37 어느 회사에서 한 부지에 A, B, C의 세 공장을 세워 3대의 급수 펌프 P_1(소형), P_2(중형), P_3(대형)으로 다음 계획에 따라 급수 계획을 세웠다. 이 계획을 잘 보고 다음 물음에 답하시오.

조건

- 모든 공장 A, B, C가 휴무 또는 그중 한 공장만 가동할 때에는 펌프 P_1만 가동시킨다.
- 모든 공장 A, B, C 중 어느 것이나 두 개의 공장만 가동할 때에는 P_2만 가동시킨다.
- 모든 공장 A, B, C가 모두 가동할 때에는 P_3만 가동시킨다.

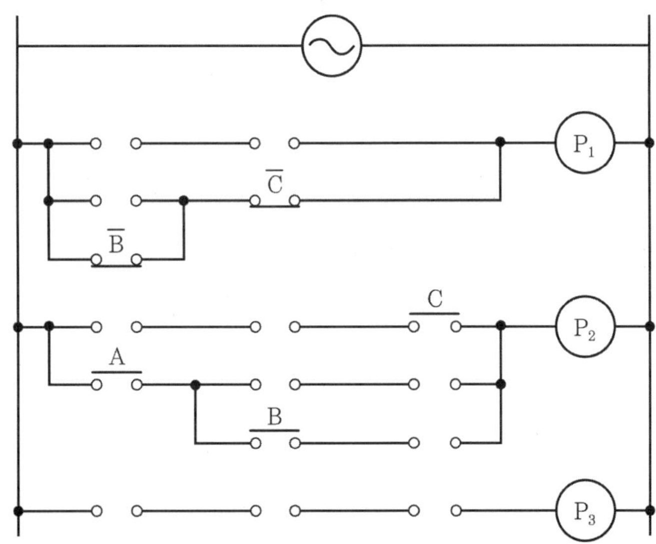

1) 조건과 같은 진리표를 작성하시오.

A	B	C	P_1	P_2	P_3
0	0	0			
1	0	0			
0	1	0			
0	0	1			
1	1	0			
1	0	1			
0	1	1			
1	1	1			

정답

A	B	C	P_1	P_2	P_3
0	0	0	1	0	0
1	0	0	1	0	0
0	1	0	1	0	0
0	0	1	1	0	0
1	1	0	0	1	0
1	0	1	0	1	0
0	1	1	0	1	0
1	1	1	0	0	1

2) 미완성 시퀀스 도면에 접점과 그 기호를 삽입하여 도면을 완성하시오.

정답

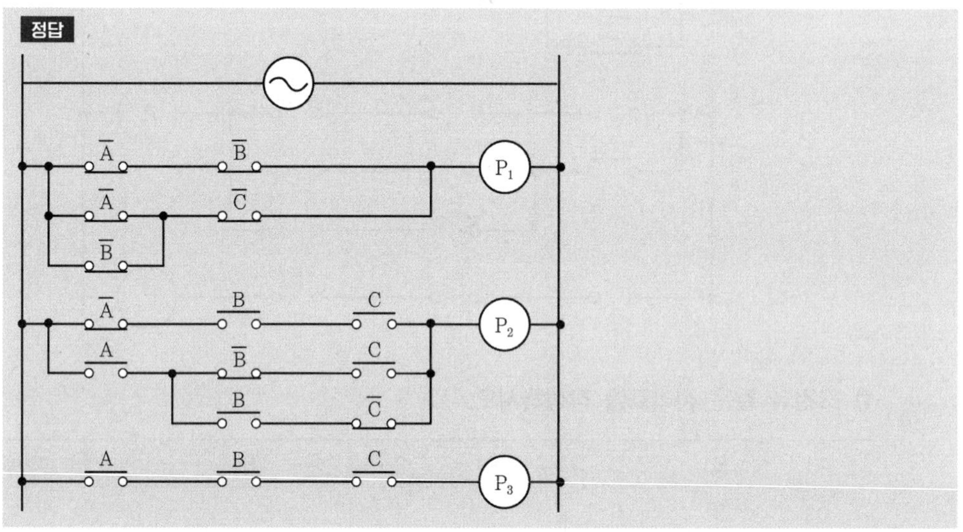

3) P_1, P_2, P_3의 출력식을 가장 간단한 식으로 표현하시오. (단, 접점 심벌을 표시할 때는 A, B, C, $\overline{A}$, $\overline{B}$, $\overline{C}$ 등으로 문자표시로 한다.)

정답

$P_1 = \bar{A}\bar{B}\bar{C} + A\bar{B}\bar{C} + \bar{A}B\bar{C} + \bar{A}\bar{B}C$

$= \bar{A}\bar{B}\bar{C} + \bar{A}\bar{B}C + \bar{A}\bar{B}\bar{C} + \bar{A}B\bar{C} + \bar{A}\bar{B}\bar{C} + A\bar{B}\bar{C}$

$= \bar{A}\bar{B}(\bar{C} + C) + \bar{A}\bar{C}(\bar{B} + B) + \bar{B}\bar{C}(\bar{A} + A)$

$= \bar{A}\bar{B} + \bar{A}\bar{C} + \bar{B}\bar{C}$

$= \bar{A}\bar{B} + \bar{C}(\bar{A} + \bar{B})$

$P_2 = AB\bar{C} + A\bar{B}C + \bar{A}BC$

$= A(B\bar{C} + \bar{B}C) + \bar{A}BC$

$P_3 = ABC$

38 주어진 논리회로의 출력을 입력변수로 나타내고, 이 식을 AND, OR, NOT 소자만의 논리회로로 변환하여 논리식과 논리회로를 그리시오.

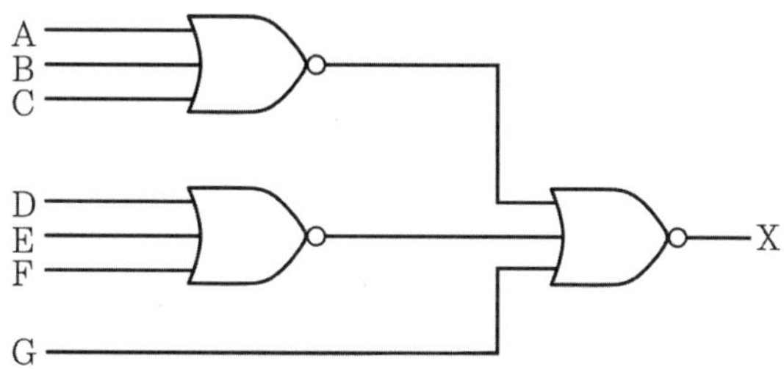

1) 논리식

정답

$X = \overline{\overline{(A + B + C)} + \overline{(D + E + F)} + G} = (A + B + C) \cdot (D + E + F) \cdot \bar{G}$

2) 논리회로

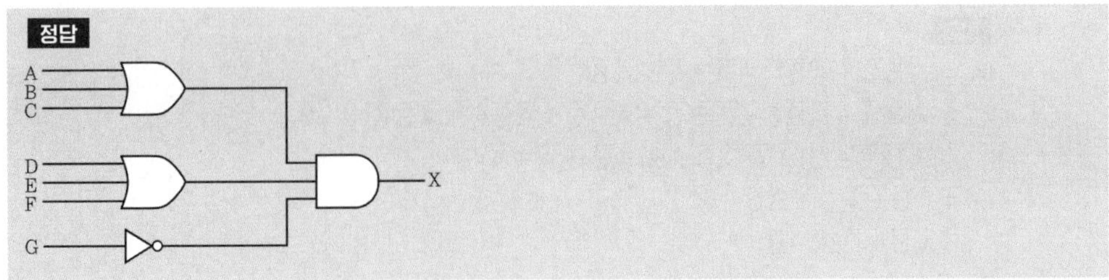

39 도면은 유도전동기 IM의 정회전 및 역회전운전의 단선결선도이다. 이 도면을 이용하여 다음 각 물음에 답하시오. (단, 52F는 정회전용 전자접촉기이고, 52R은 역회전용 전자접촉기이다.)

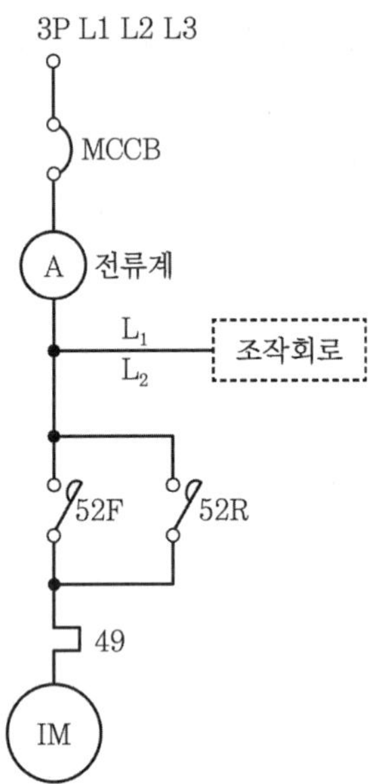

1) 단선결선도를 이용하여 3선 결선도를 그리시오. (단, 점선 내의 조작회로는 제외하도록 한다.)

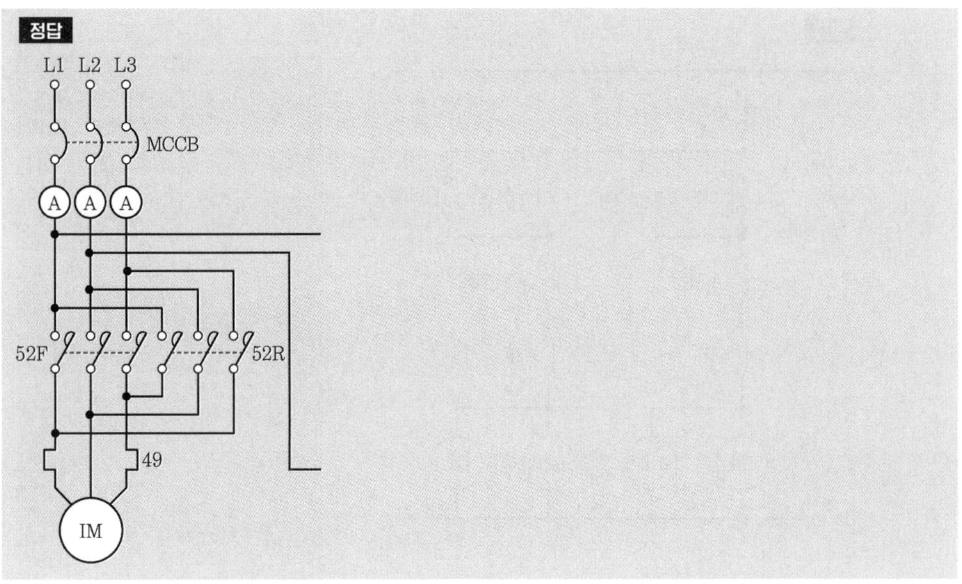

2) 주어진 단선결선도를 이용하여 정 · 역회전을 할 수 있도록 조작회로를 그리시오. (단, 누름버튼 스위치 OFF버튼 2개, ON버튼 2개 및 정회전 표시램프 RL, 역회전 표시램프 GL을 사용하도록 하고 동시에 투입이 되지 않도록 한다.)

L1

52F RL 52R GL

L2

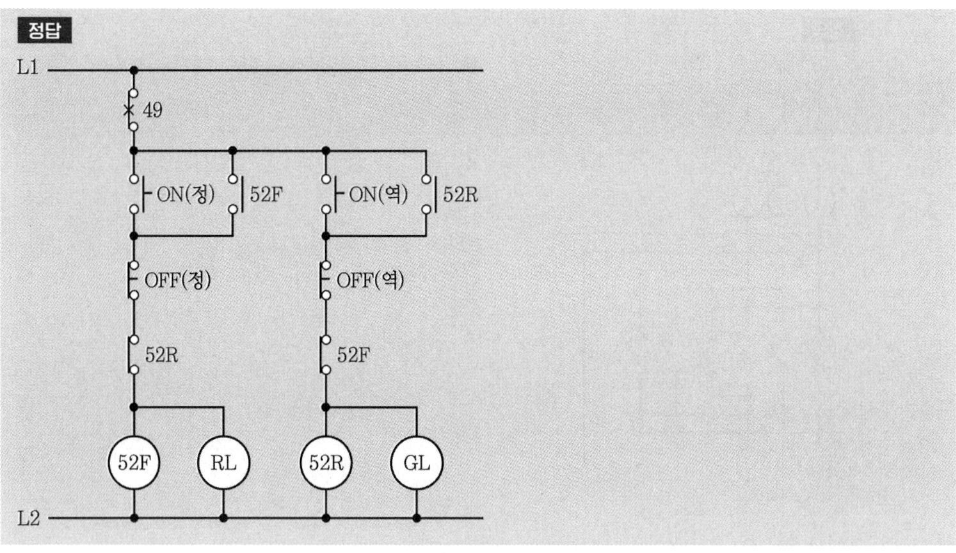

40 다음 그림은 리액터 기동 정지 조작회로의 미완성 도면이다. 이 도면에 대하여 다음 각 물음에 답하시오.

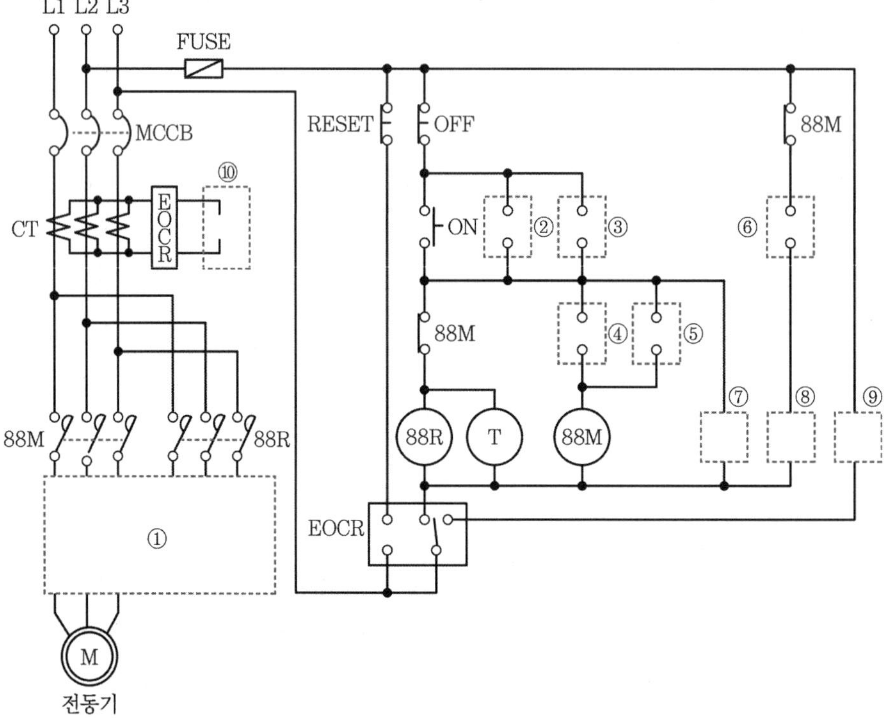

1) ① 부분의 미완성 주회로를 회로도에 직접 그리시오.

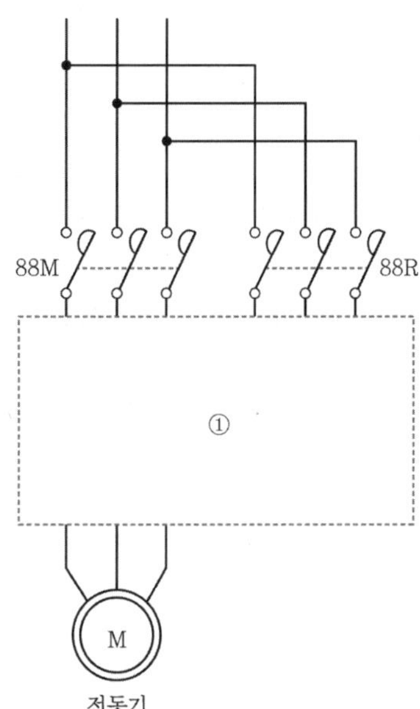

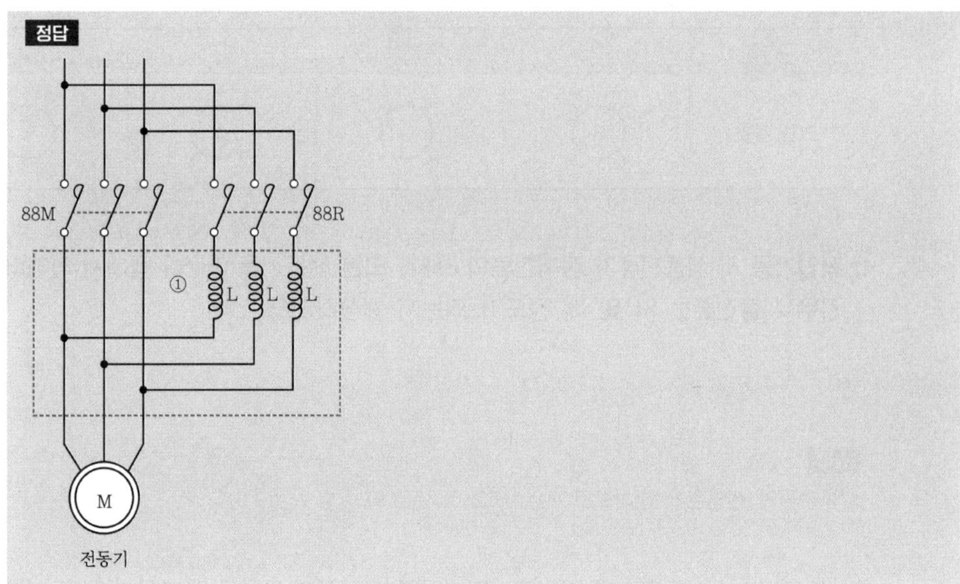

2) 제어회로에서 ②, ③, ④, ⑤, ⑥의 부분접점을 완성하고 기호를 쓰시오.

구분	②	③	④	⑤	⑥
접점 및 기호					

정답

구분	②	③	④	⑤	⑥
접점 및 기호	 88R	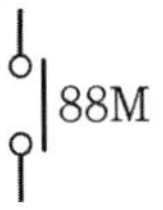 88M	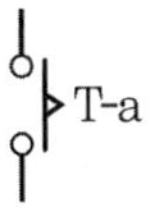 T-a	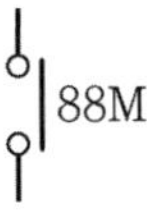 88M	 88R

3) ⑦, ⑧, ⑨, ⑩ 부분에 들어갈 LAMP와 계기의 그림기호를 그리시오.

(단,  G 정지,  R 기동 및 운전,  Y 과부하로 인한 정지)

구분	⑦	⑧	⑨	⑩
그림기호				

정답

구분	⑦	⑧	⑨	⑩
그림기호	R	G	Y	A

4) 직입기동 시 시동전류가 정격전류의 6배가 되는 전동기를 65[%] 탭에서 리액터 시동한 경우 시동전류는 약 몇 배 정도가 되는지 계산하시오.

정답

시동전류와 전압은 비례하므로 $I_s = 0.65 \times 6I = 3.9I \quad \therefore \ I_s = 3.9$배

5) 직입기동 시 시동토크가 정격토크의 2배였다고 하면 65[%] 탭에서 리액터 시동할 경우 시동토크는 어떻게 되는지 설명하시오.

정답

$T \propto V^2$하므로 $T_s = 2T \times 0.65^2 = 0.845T \quad \therefore \ T_s = 0.85$배

41 PLC 프로그램을 보고 다음 물음에 답하시오.

(단, ① LOAD : 입력 A접점(신호)
② LOAD NOT : 입력 B접점(신호)
③ AND : AND A접점
④ AND NOT : AND B접점
⑤ OR : OR A접점
⑥ OR NOT : OR B접점
⑦ OB : 병렬접속점
⑧ OUT : 출력)

STEP	명령	번지
0	LOAD	P000
1	OR	P010
2	AND NOT	P001
3	AND NOT	P002
4	OUT	P010

1) 미완성 PLC 래더 다이어그램을 완성하시오.

정답

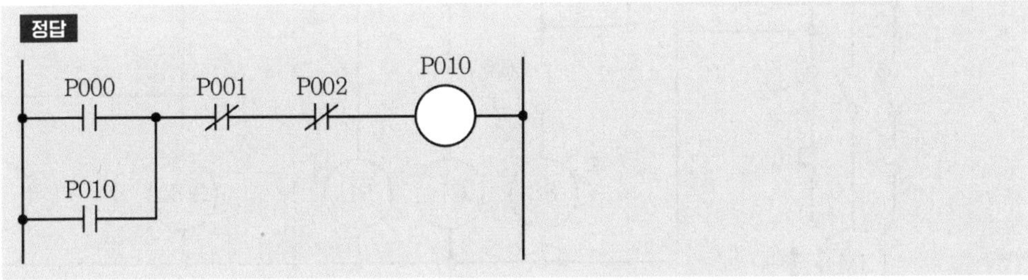

2) 무접점 논리회로로 바꾸어 그리시오.

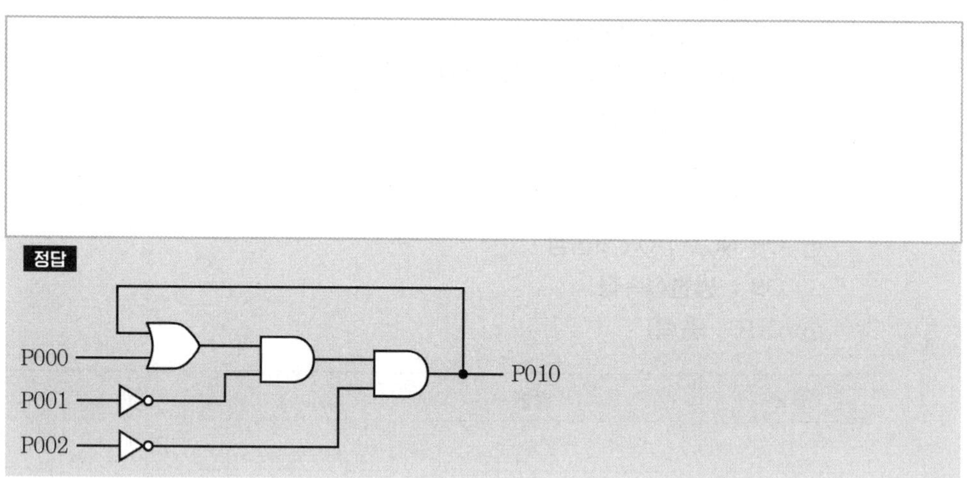

42 그림은 중형 환기팬의 수동운전 및 고장 표시등 회로의 일부이다. 이 회로를 이용하여 다음 각 물음에 답하시오.

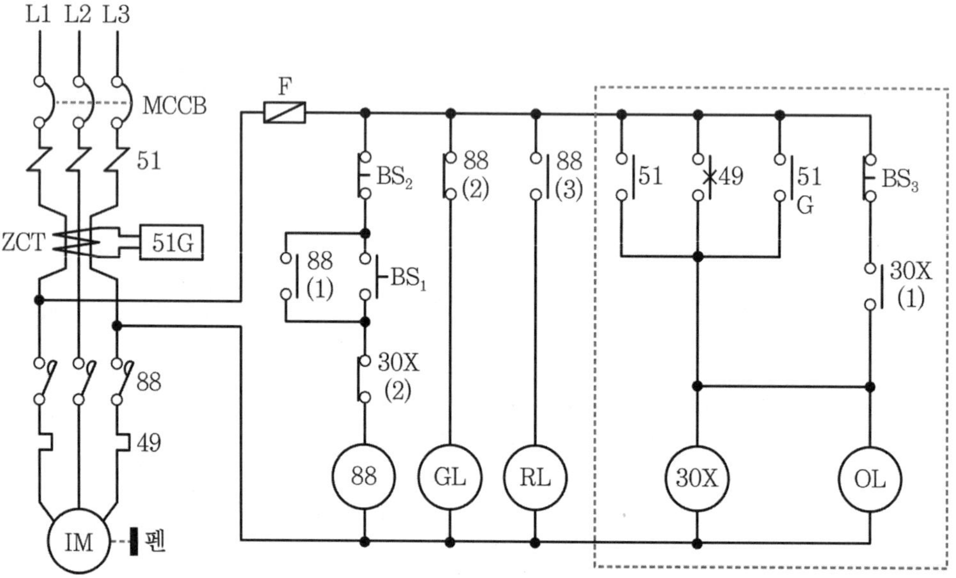

1) 88은 MC로서 도면에서는 출력기구이다. 도면에 표시된 기구(버튼) 및 램프에 대하여 다음에 해당되는 명칭을 그 약호로 쓰시오. (단, 버튼 및 램프에 대한 약호의 중복은 없고, MCCB, ZCT, IM, 펜은 제외하며, 해당되는 기구가 여러 가지일 경우에는 모두 쓰도록 한다.)

(1) 고장표시기구 :
(2) 고장 회복확인기구(버튼) :
(3) 기동기구(버튼) :
(4) 정지기구(버튼) :
(5) 운전표시램프 :
(6) 정지표시램프 :
(7) 고장표시램프 :
(8) 고장검출기구 :

정답

(1) 30X (2) BS_3 (3) BS_1 (4) BS_2
(5) RL (6) GL (7) OL (8) 51, 51G, 49

2) 그림의 점선으로 표시된 회로를 AND, OR, NOT 게이트를 사용하여 로직회로를 그리시오. (단, 로직소자는 3입력 이하로 한다.)

정답

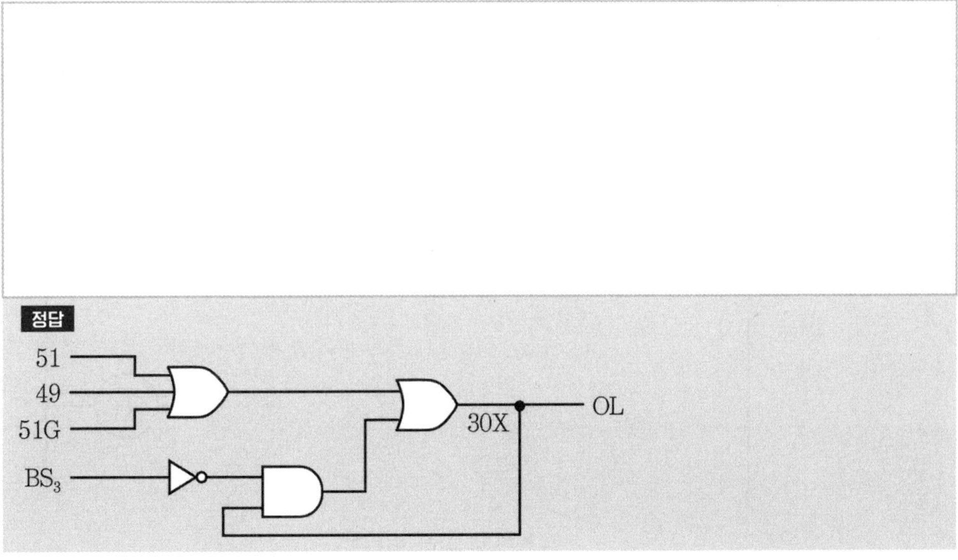

43 PLC 프로그램을 보고 프로그램에 맞도록 주어진 PLC 접점 회로도를 완성하시오.

조건

① STR : 입력 A접점(신호)
② STRN : 입력 B접점(신호)
③ AND : AND A접점
④ ANDN : AND B접점
⑤ OR : OR A접점
⑥ ORN : OR B접점
⑦ OB : 병렬접속점
⑧ OUT : 출력
⑨ END : 끝
⑩ W : 각 번지 끝

어드레스	명령어	데이터	비고
01	STR	001	W
02	STR	003	W
03	ANDN	002	W
04	OB	–	W
05	OUT	100	W
06	STR	001	W
07	ANDN	002	W
08	STR	003	W
09	OB	–	W
10	OUT	200	W
11	END	–	W

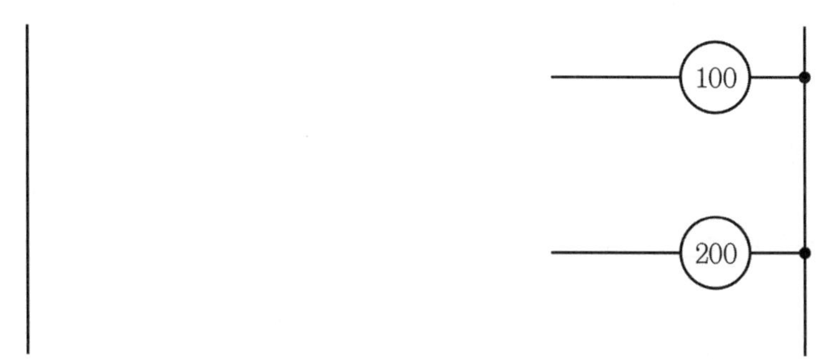

▸ PLC 접점 회로도

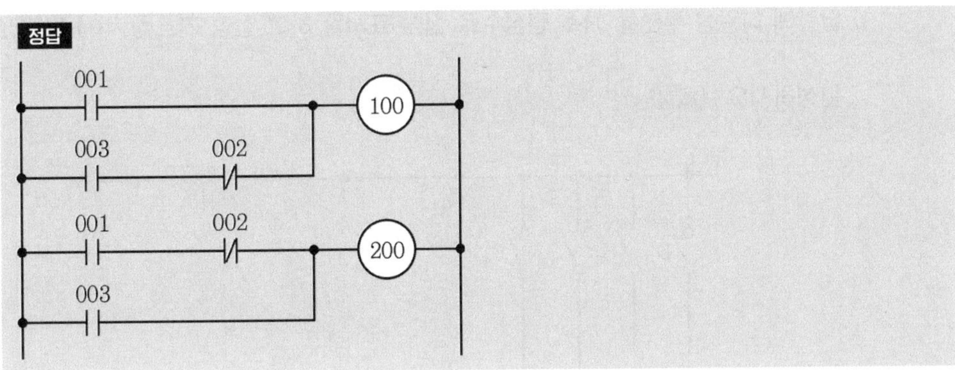

44 스위치 S_1, S_2, S_3, S_4에 의하여 직접 제어되는 계전기 A_1, A_2, A_3, A_4가 있다. 전등 X, Y, Z가 동작표와 같이 점등되었다고 할 때 다음 각 물음에 답하시오.

A_1	A_2	A_3	A_4	X	Y	Z
0	0	0	0	0	1	0
0	0	0	1	0	0	0
0	0	1	0	0	0	0
0	0	1	1	0	0	0
0	1	0	0	0	0	0
0	1	0	1	0	0	0
0	1	1	0	1	0	0
0	1	1	1	1	0	0
1	0	0	0	0	0	0
1	0	0	1	0	0	1
1	0	1	0	0	0	0
1	0	1	1	1	1	0
1	1	0	0	0	0	1
1	1	0	1	0	0	1
1	1	1	0	0	0	0
1	1	1	1	1	0	0

• 출력 램프 X에 대한 논리식

$X = \overline{A_1} A_2 A_3 \overline{A_4} + \overline{A_1} A_2 A_3 A_4 + A_1 A_2 A_3 A_4 + A_1 \overline{A_2} A_3 A_4 = A_3(\overline{A_1} A_2 + A_1 A_4)$

• 출력 램프 Y에 대한 논리식

$Y = \overline{A_1}\,\overline{A_2}\,\overline{A_3}\,\overline{A_4} + A_1 \overline{A_2} A_3 A_4 = \overline{A_2}(\overline{A_1}\,\overline{A_3}\,\overline{A_4} + A_1 A_3 A_4)$

• 출력 램프 Z에 대한 논리식

$Z = A_1 \overline{A_2}\,\overline{A_3} A_4 + A_1 A_2 \overline{A_3}\,\overline{A_4} + A_1 A_2 \overline{A_3} A_4 = A_1\overline{A_3}(A_2 + A_4)$

1) 답란에 미완성 부분을 최소 접점수로 접점 표시를 하고 접점 기호를 써서 유접점 회로를 완성하시오. (예시 A_1 $\overline{A_1}$)

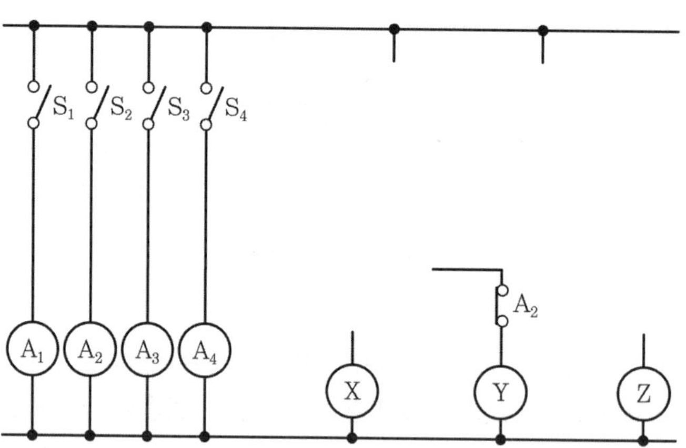

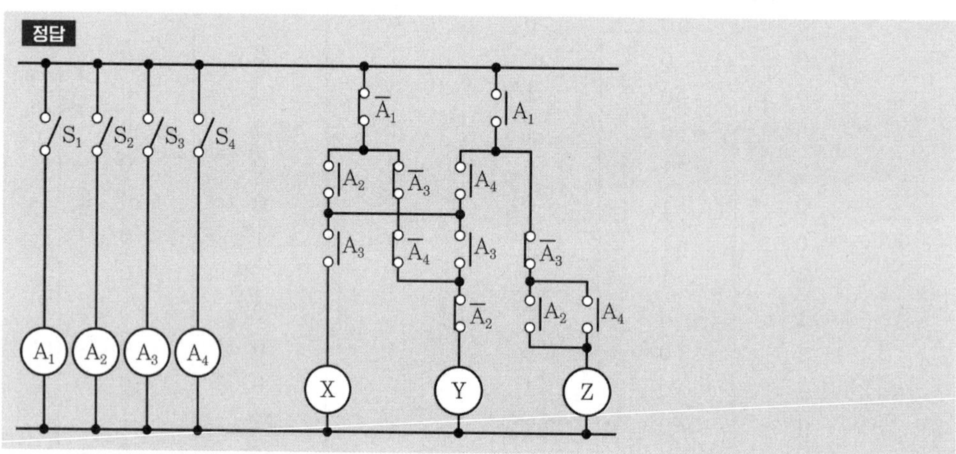

2) 답란에 미완성 무접점 회로도를 완성하시오.

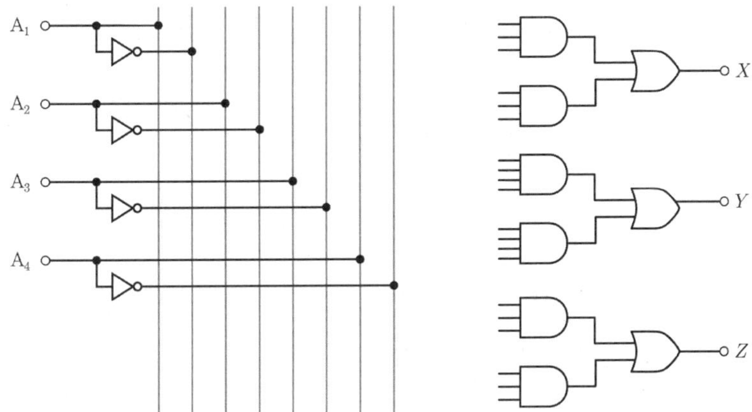

정답

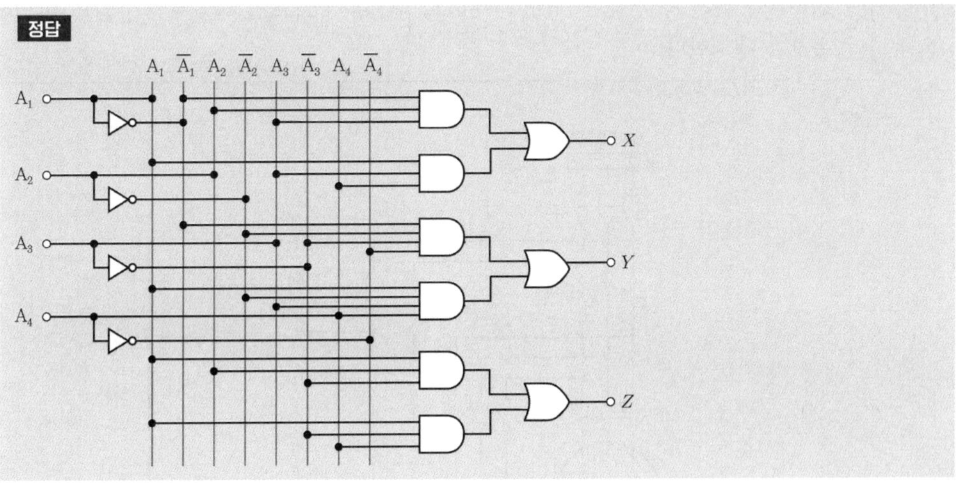

45 **그림은 3상 유도전동기의 Y-Δ 기동에 대한 시퀀스 도면이다. 회로 변경, 접점 추가, 접점 제거 및 변경 등을 통하여 다음 조건에 맞게 동작하도록 주어진 도면에서 잘못된 부분을 고쳐 그리시오. (단, 전자접촉기, 접점 등의 명칭을 시퀀스 도면 수정 시 정확히 표현하여야 한다.)**

조건

- 푸시버튼 스위치 PBS(ON)을 누르면 전자접촉기 MCM과 전자접촉기 MCS, 타이머 T가 동작하며, 전동기 IM이 Y결선으로 기동하고, 푸시버튼 스위치 PBS(ON)을 놓아도 자기 유지에 의하여 동작이 유지된다.
- 타이머 설정기간 t초 후 전자접촉기 MCS와 타이머 T가 소자되고, 전자접촉기 MCD가 동작하며, 전동기 IM이 Δ결선으로 운전한다.
- 전자접촉기 MCS와 전자접촉기 MCD는 서로 동시에 투입되지 않도록 한다.
- 푸시버튼 스위치 PBS(OFF)을 누르면 모든 동작이 정지한다.
- 전동기가 운전 중 전동기 IM이 과부하로 과전류가 흐르면 열동계전기 THR에 의해 모든 동작이 정지한다.

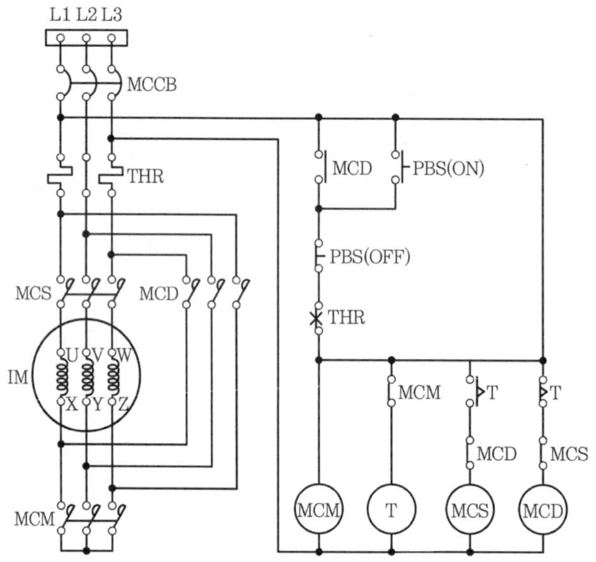

정답

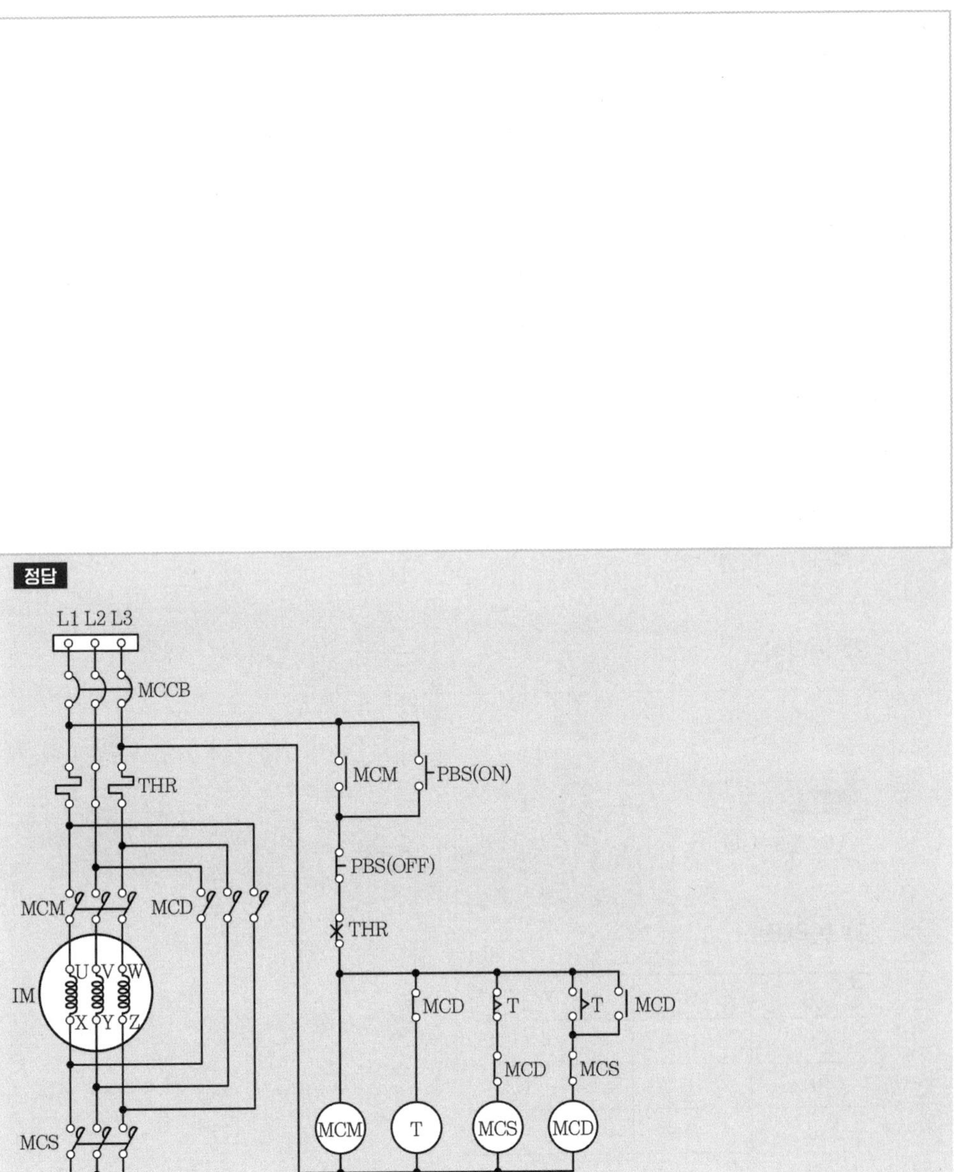
L1 L2 L3
MCCB
THR
MCM
MCD
IM
U V W
X Y Z
MCS
MCM
PBS(ON)
PBS(OFF)
THR
MCD
T
T
MCD
MCD
MCS
MCM
T
MCS
MCD

46 그림과 같은 논리회로의 명칭을 쓰고 논리표를 완성하시오.

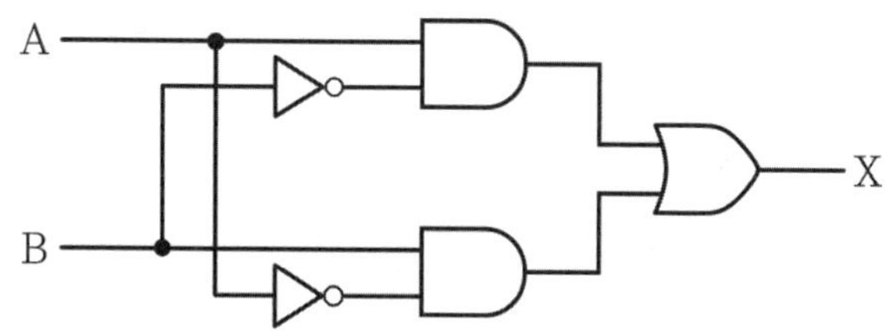

1) 논리회로의 명칭

정답

배타적 논리합 회로

2) 논리식

정답

$X = A\overline{B} + \overline{A}B$

3) 논리표

A	B	X
0	0	
0	1	
1	0	
1	1	

정답

A	B	X
0	0	0
0	1	1
1	0	1
1	1	0

47 다음은 PLC 래더 다이어그램 방식의 프로그램이다. 프로그램을 참고하여 아래 빈칸을 채우시오. (단, 입력 : LOAD, 직렬 : AND, 직렬 반전 : AND NOT, 병렬 : OR, 병렬 반전 : OR NOT, 출력 OUT이다.)

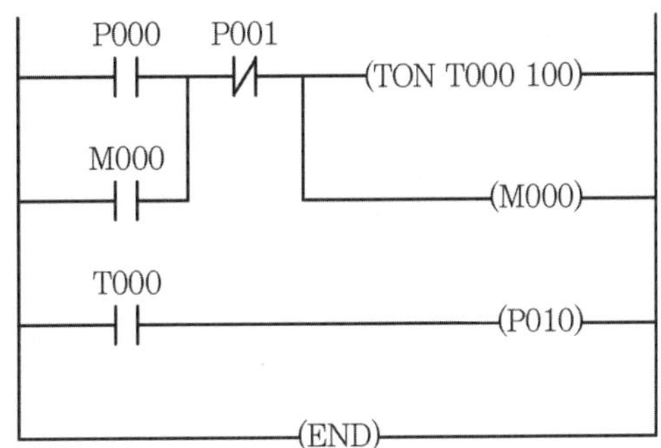

STEP	명령	번지
0	LOAD	P000
1		
2		
3	TON	T000
4	DATA	100
5		
6		
7	OUT	P010
8	END	

정답

STEP	명령	번지
0	LOAD	P000
1	OR	M000
2	AND NOT	P001
3	TON	T000
4	DATA	100
5	OUT	M000
6	LOAD	T000
7	OUT	P010
8	END	

48 그림은 3상 유도전동기의 $Y-\Delta$ 기동법을 나타내는 결선도이다. 다음 물음에 답하시오.

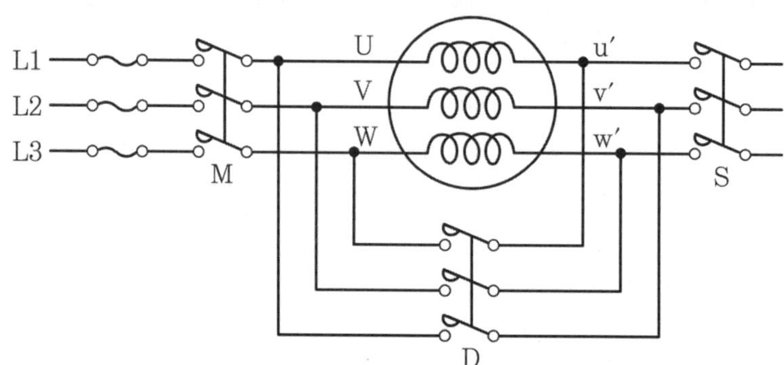

1) 다음 표를 참고하여 빈칸에 기동, 운전 시의 전자개폐기 접점의 ON, OFF 상태 및 접속 상태(Y결선, Δ 결선)를 쓰시오.

구분	전자개폐기 접점상태(ON, OFF)			접속상태
	S	D	M	
기동 시				
운전 시				

정답

구분	전자개폐기 접점상태(ON, OFF)			접속상태
	S	D	M	
기동 시	ON	OFF	ON	Y결선
운전 시	OFF	ON	ON	Δ결선

2) 전전압 기동과 비교하여 Y-Δ 기동법의 기동 시 기동전압, 기동전류 및 기동토크는 각각 어떻게 되는가? (단, 전전압 기동 시의 기동전압은 V_s, 기동전류는 I_s, 기동토크는 T_s 이다.)

(1) 기동전압(선간) : (　　)$\times V_s$

(2) 기동전류 : (　　)$\times I_s$

(3) 기동토크 : (　　)$\times T_s$

정답

(1) $\frac{1}{\sqrt{3}}$

(2) $\frac{1}{3}$

(3) $\frac{1}{3}$

49 그림과 같은 무접점 논리회로를 유접점 시퀀스회로로 변환하여 나타내시오.

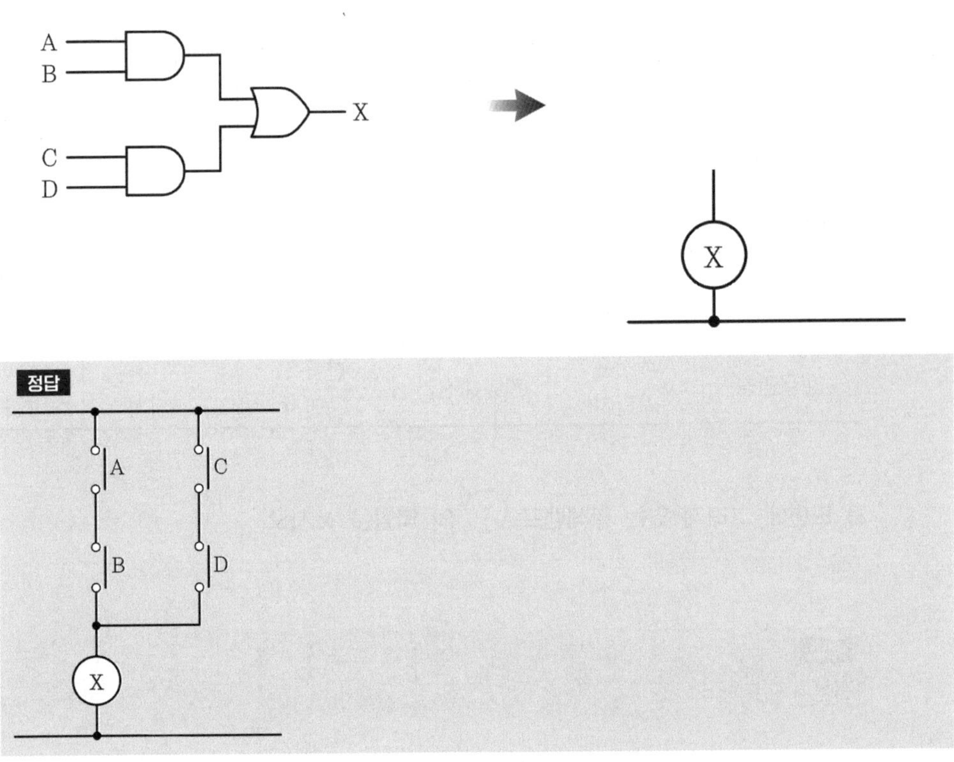

50 그림과 같은 3상 유도전동기의 미완성 시퀀스회로를 보고 다음 각 물음에 답하시오.

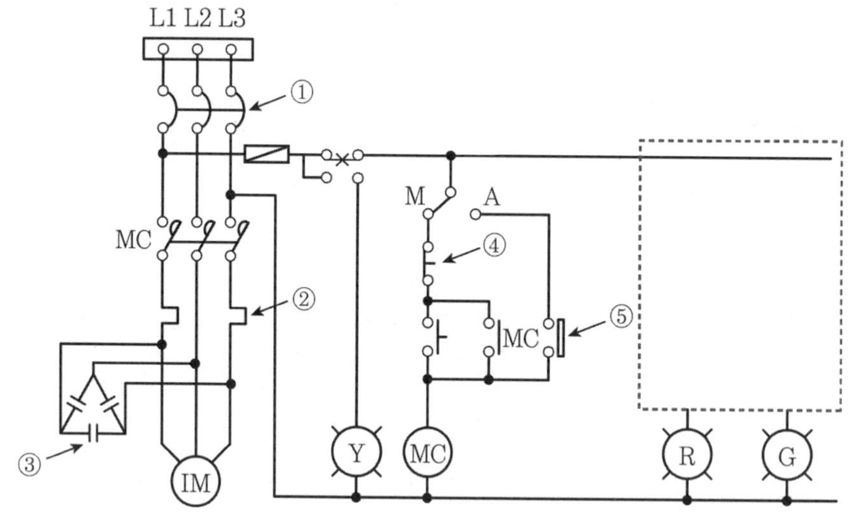

1) 도면에 표시된 ① ~ ⑤의 약호와 한글명칭을 쓰시오.

구분	①	②	③	④	⑤
약호					
한글명칭					

정답

구분	①	②	③	④	⑤
약호	MCCB	Thr	SC	PBS	LS
한글명칭	배선용 차단기	열동계전기	전력용 콘덴서	푸시버튼 스위치	리미트 스위치

2) 도면에 그려져 있는 황색램프 (Y) 의 역할을 쓰시오.

정답

전동기 과부하 표시등

3) 전동기가 정지하고 있을 때는 녹색램프 Ⓖ가 점등되고, 전동기가 운전 중일 때는 녹색램프 Ⓖ가 소등되고 적색램프 Ⓡ이 점등되도록 회로도의 점선박스 안에 그려 완성하시오. (단, 전자접촉기 MC의 a, b접점을 이용하여 회로도를 완성하시오.)

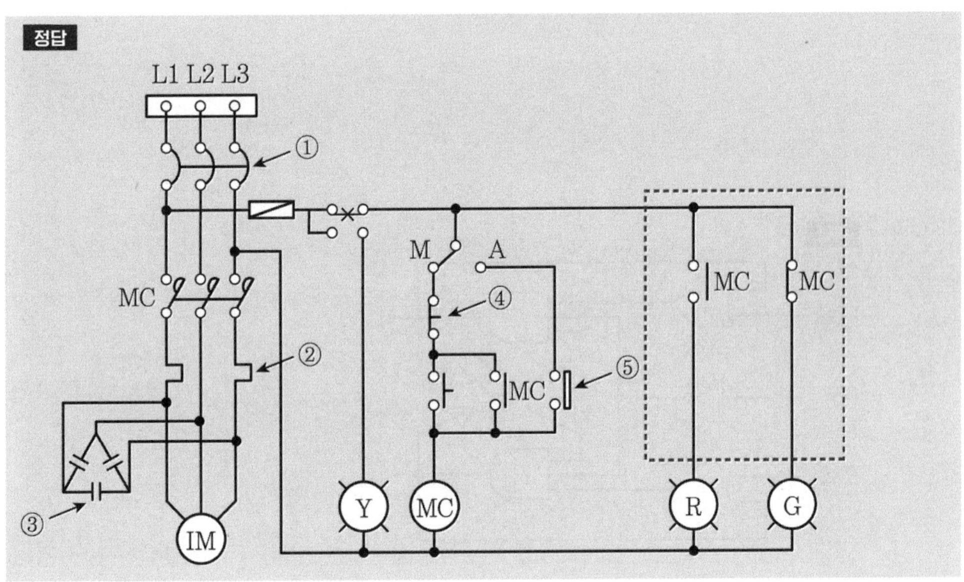

51 아래의 그림과 같은 시퀀스회로를 보고 논리회로 및 타임차트를 그리시오. (단, PBS_1, PBS_2, PBS_3는 푸시버튼스위치, X_1, X_2는 릴레이, L_1, L_2는 출력 램프이다.)

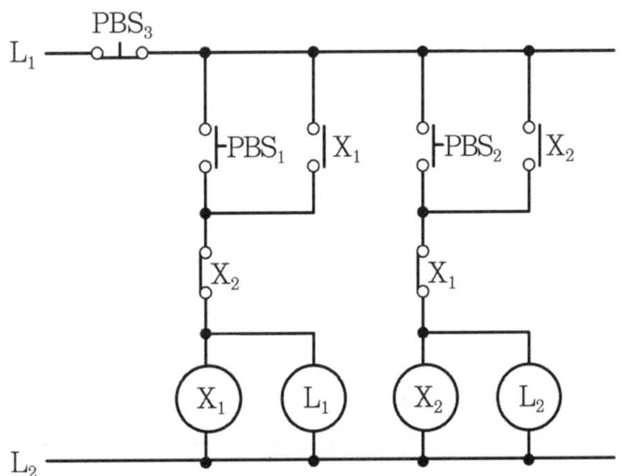

1) 시퀀스회로를 논리회로로 표현하시오. (단, OR(2입력, 1출력), AND(3입력, 1출력), NOT 게이트만을 이용하여 표현하시오.)

정답

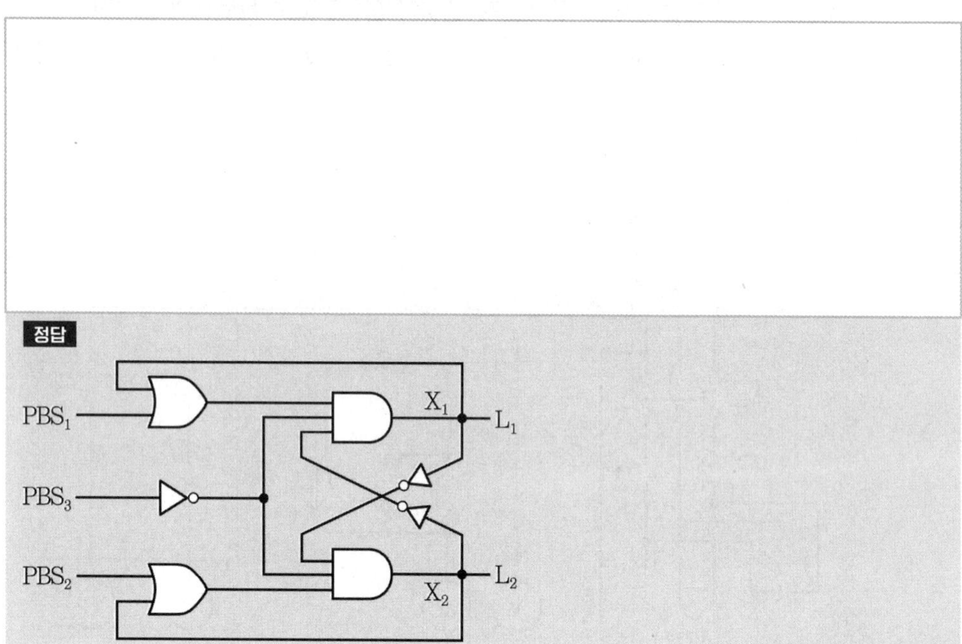

2) 시퀀스회로를 보고 타임차트를 완성하시오.

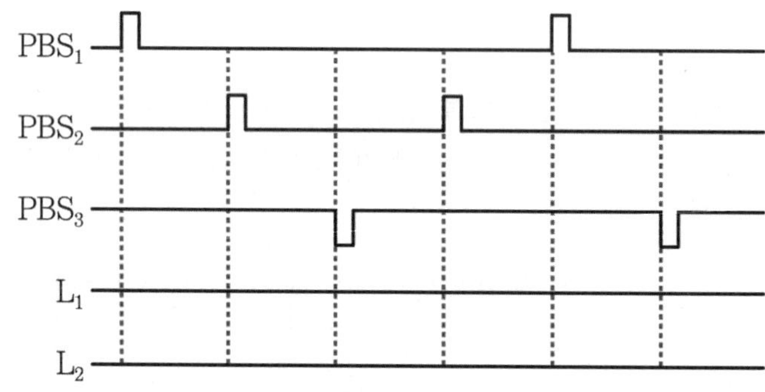

정답

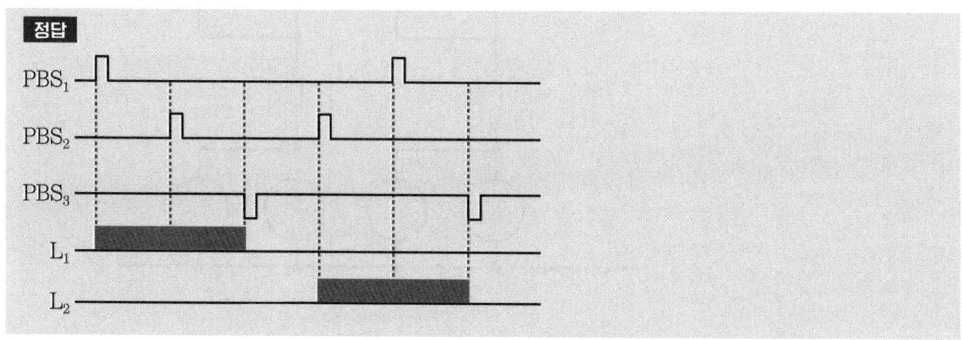

52 그림은 전동기의 정 · 역 운전이 가능한 미완성 시퀀스회로도이다. 이 회로도를 보고 다음 각 물음에 답하시오. (단, 전동기는 가동 중 정 · 역을 곧바로 바꾸면 과전류와 기계적 손상이 발생되기 때문에 지연 타이머로 지연시간을 주도록 하였다.)

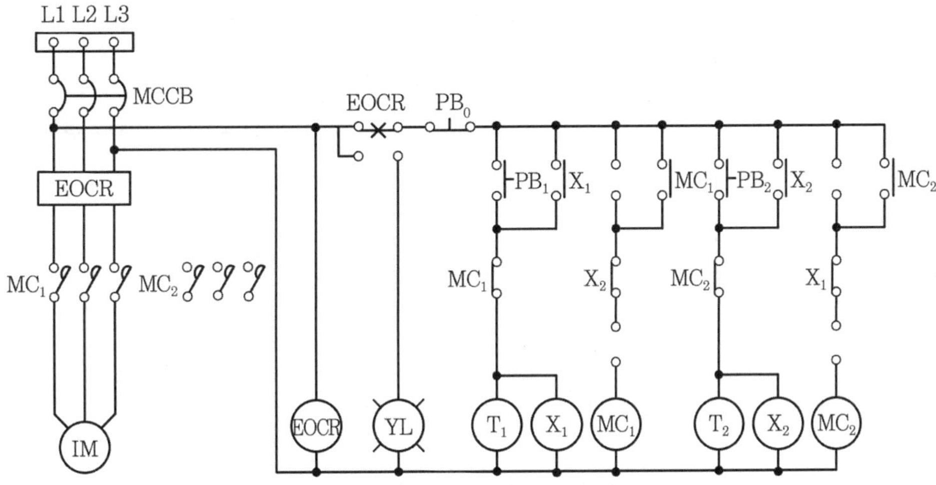

1) 정 · 역 운전이 가능하도록 주어진 회로에서 주회로의 미완성 부분을 완성하시오.

정답

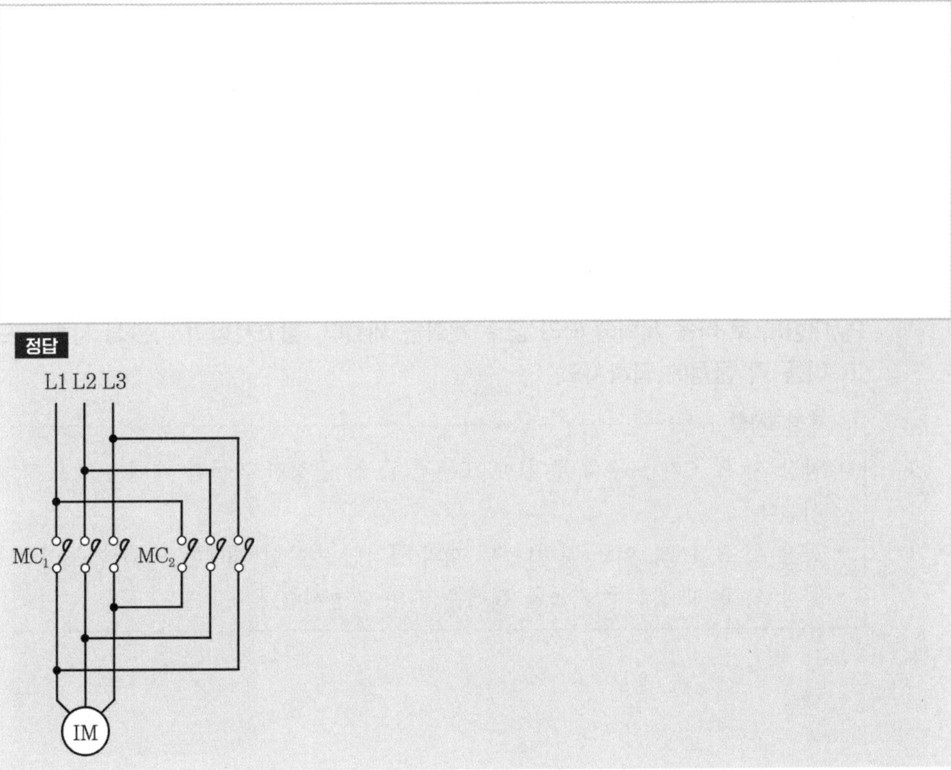

2) 정 · 역 운전이 가능하도록 주어진 회로에서 보조(제어)회로의 미완성 부분을 완성하시오. (단, 접점에는 접점 명칭을 반드시 기록하도록 하시오.)

정답

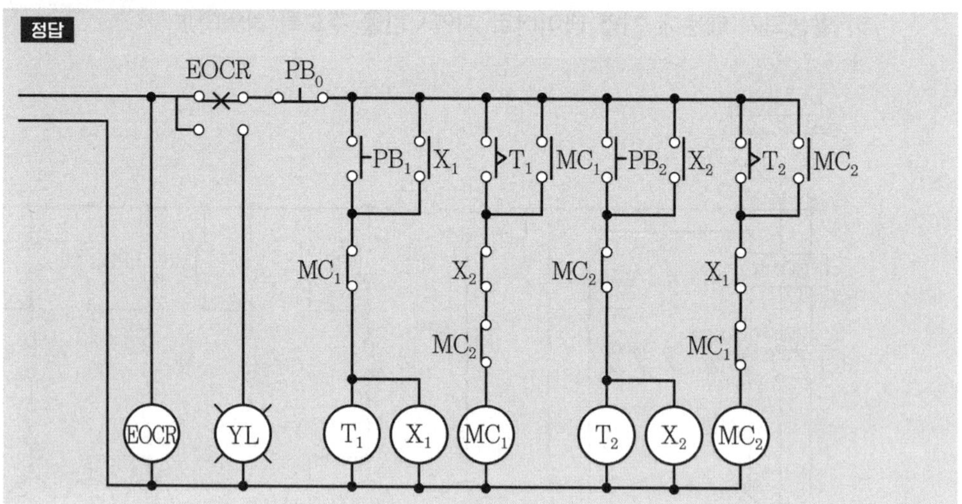

3) 주회로 도면에서 과부하 및 결상을 보호할 수 있는 계전기의 명칭을 쓰시오.

정답

전자식 과전류계전기

53 어느 회사에서 한 부지에 A, B, C의 세 공장을 세워 3대의 급수 펌프 P_1(소형), P_2(중형), P_3(대형)으로 다음 계획에 따라 급수 계획을 세웠다. 참고사항과 미완성 시퀀스 도면을 보고 다음 각 물음에 답하시오.

참고사항

- 공장 A, B, C가 모두 휴무일 때 또는 그중 한 공장만 가동할 때에는 펌프 P_1만 가동시킨다.
- 공장 A, B, C 중 어느 것이나 두 개의 공장만 가동할 때에는 P_2만 가동시킨다.
- 공장 A, B, C가 모두 가동할 때에는 P_3만 가동시킨다.

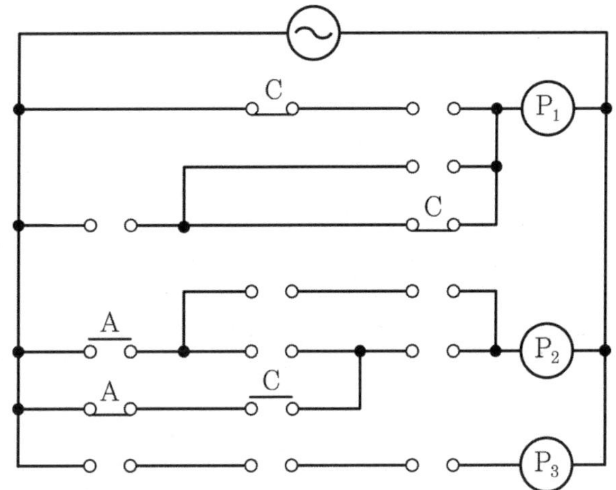

1) 위의 조건에 대한 진리표를 완성하시오.

A	B	C	P_1	P_2	P_3
0	0	0			
1	0	0			
0	1	0			
0	0	1			
1	1	0			
1	0	1			
0	1	1			
1	1	1			

정답

A	B	C	P_1	P_2	P_3
0	0	0	1	0	0
1	0	0	1	0	0
0	1	0	1	0	0
0	0	1	1	0	0
1	1	0	0	1	0
1	0	1	0	1	0
0	1	1	0	1	0
1	1	1	0	0	1

2) 주어진 미완성 시퀀스 도면에 접점과 그 기호를 삽입하여 도면을 완성하시오.

정답

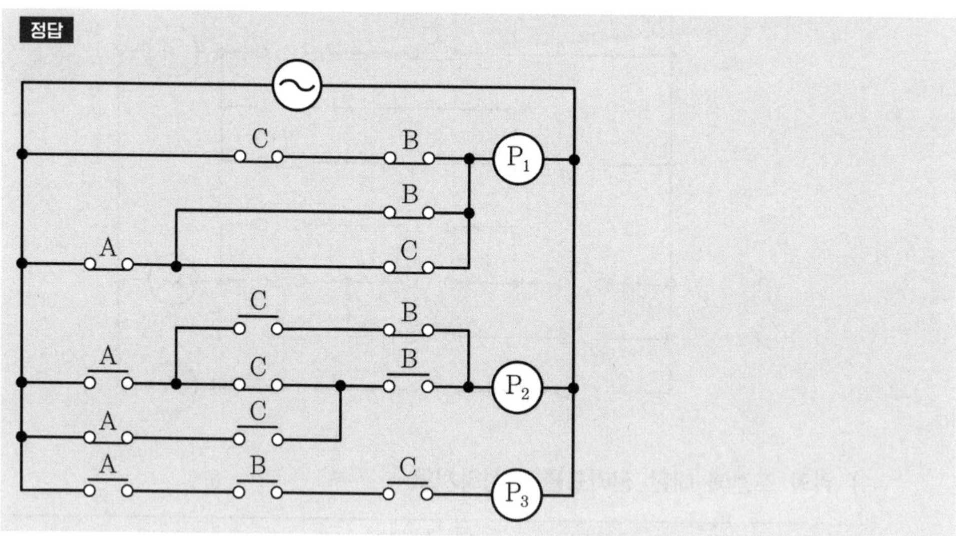

3) P_1, P_2, P_3의 출력식을 가장 간단한 식으로 표현하시오.

정답

$P_1 = \overline{A}\,\overline{B}\,\overline{C} + \overline{A}\,\overline{B}C + \overline{A}B\overline{C} + A\overline{B}\,\overline{C}$

$\quad = \overline{A}\,\overline{B}\,\overline{C} + \overline{A}\,\overline{B}C + \overline{A}B\overline{C} + A\overline{B}\,\overline{C} + \overline{A}\,\overline{B}\,\overline{C} + \overline{A}\,\overline{B}\,\overline{C}$

$\quad = \overline{A}\,\overline{B}(C + \overline{C}) + \overline{A}\,\overline{C}(B + \overline{B}) + \overline{B}\,\overline{C}(A + \overline{A})$

$\quad = \overline{A}(\overline{B} + \overline{C}) + \overline{B}\,\overline{C}$

$P_2 = \overline{A}BC + A\overline{B}C + AB\overline{C} = \overline{A}BC + A(\overline{B}C + B\overline{C})$

$P_3 = ABC$

54 아래 그림의 논리회로를 참고하여 다음 각 물음에 답하시오.

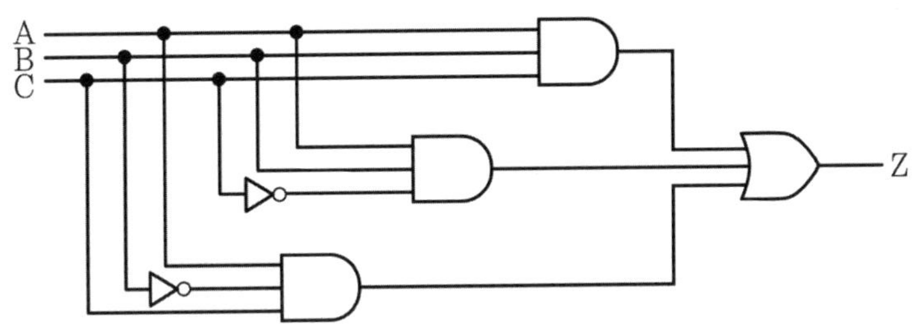

1) 출력식 Z를 간소화하시오.

(1) 간소화 과정

(2) Z =

정답

(1) $Z = ABC + AB\overline{C} + A\overline{B}C$

$= ABC + ABC + AB\overline{C} + A\overline{B}C$

$= AB(C + \overline{C}) + AC(B + \overline{B})$

$= AB + AC = A(B+C)$

(2) $Z = A(B + C)$

2) 1)에서 간소화한 출력식 Z에 따른 시퀀스회로를 완성하시오.

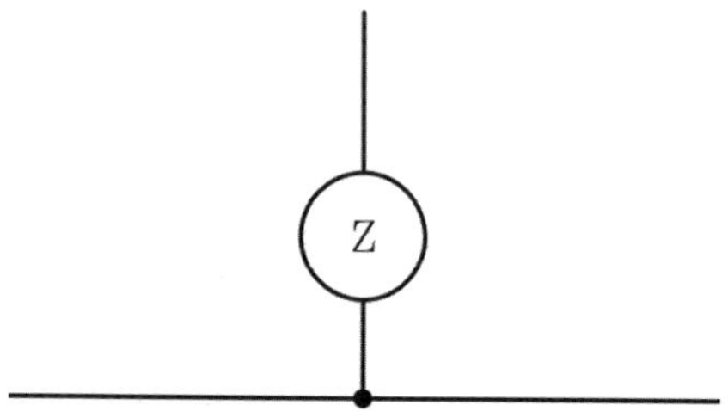

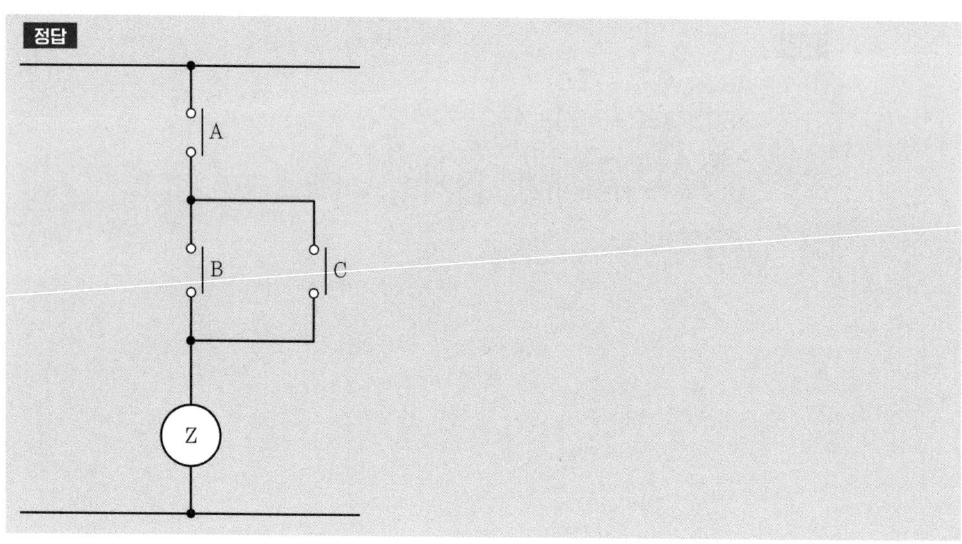

55 보조릴레이 A, B, C의 입력에 의해 출력되는 다음 각 경우의 유접점 회로와 논리회로를 그리시오. (단, 유접점 회로의 보조릴레이 접점은 모두 a접점만을 사용하고, 논리회로는 AND(2입력, 1출력), OR(2입력, 1출력)만 사용한다.)

1) A와 B를 같이 ON하거나 C를 ON할 때 X_1이 출력되는 경우

(1) 유접점 회로

(2) 논리회로

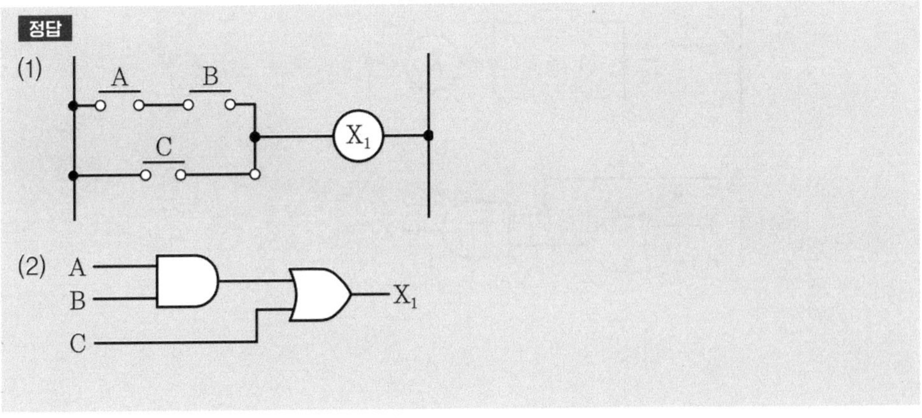

2) A를 ON하고 B 또는 C를 ON할 때 X_2가 출력되는 경우

(1) 유접점 회로

(2) 논리회로

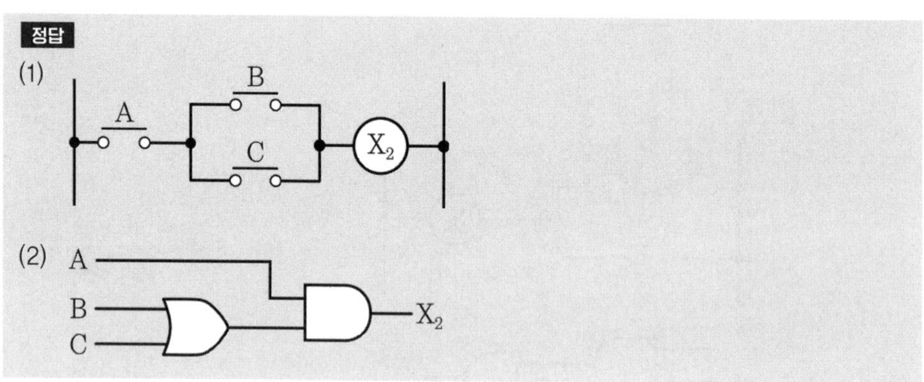

56 다음 결선도는 수동 및 자동(하루 중 설정시간 동안 운전) Y-Δ 배기팬 MOTOR 결선도 및 조작회로이다. 다음 각 물음에 답하시오.

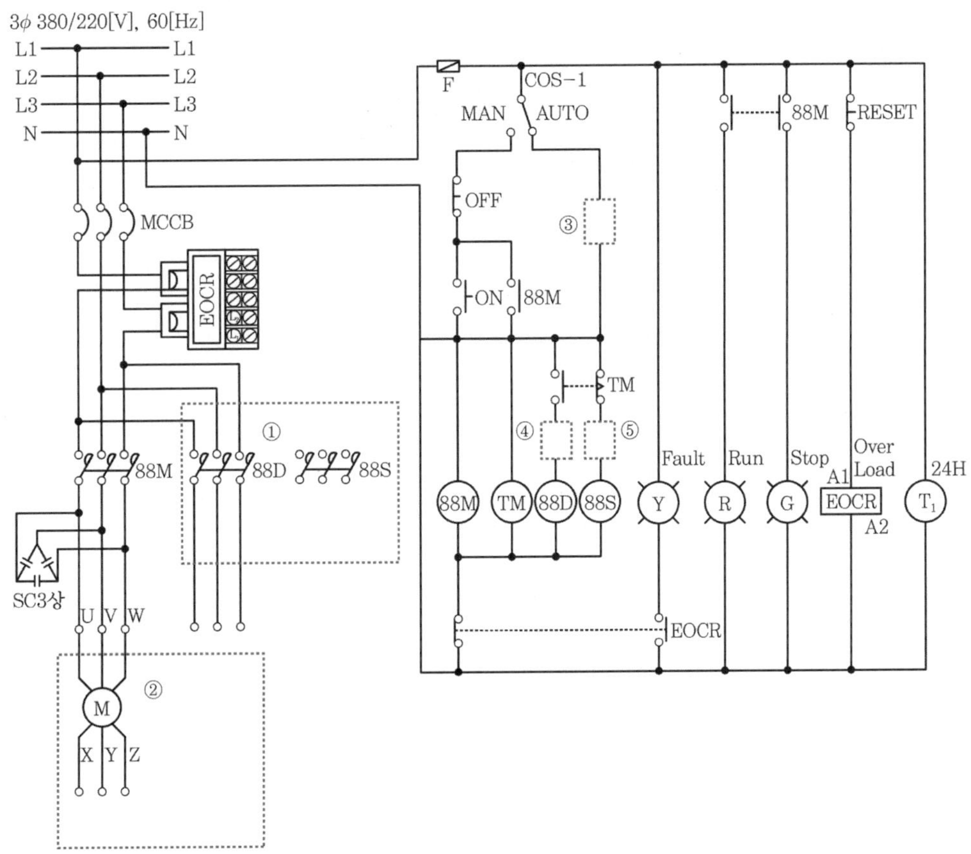

1) ①, ② 부분의 누락된 회로를 완성하시오.

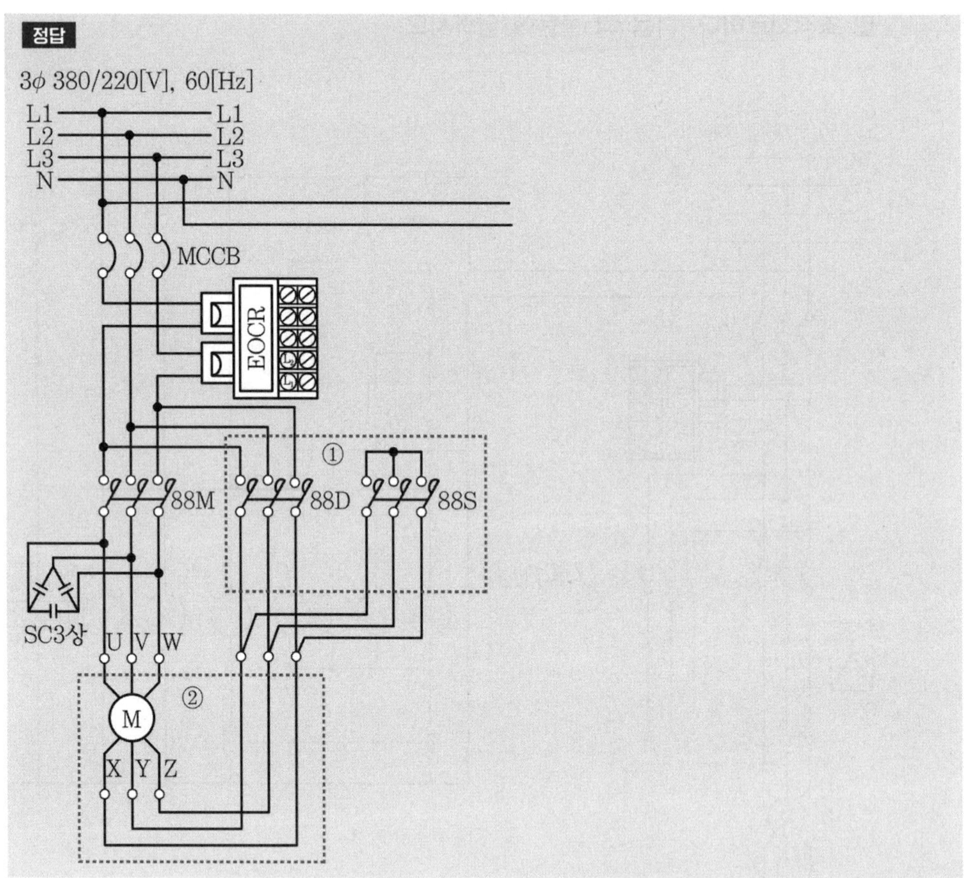

2) ③, ④, ⑤의 미완성 부분의 접점을 그리고 그 접점기호를 표기하시오.

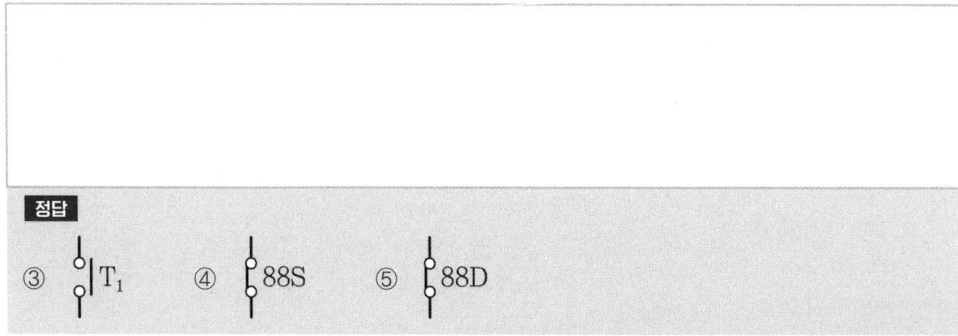

3) —o^o— 의 접점 명칭을 쓰시오.

정답

한시동작 순시복귀 a접점

4) Time chart를 완성하시오.

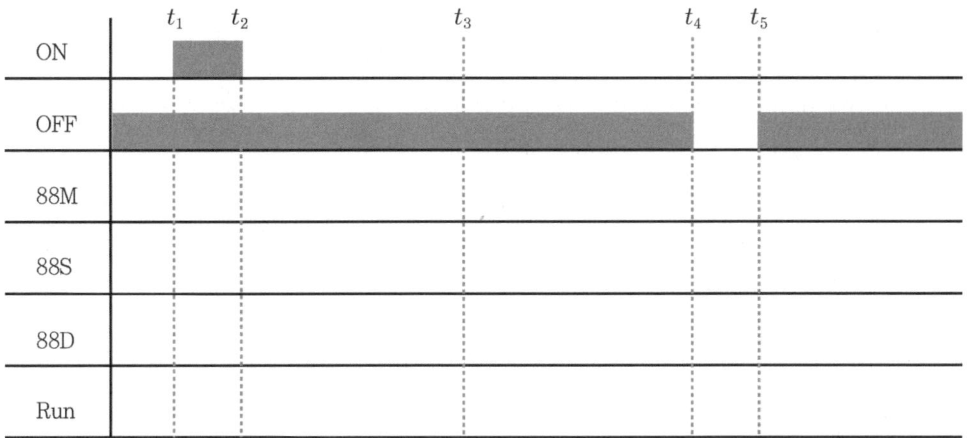

정답

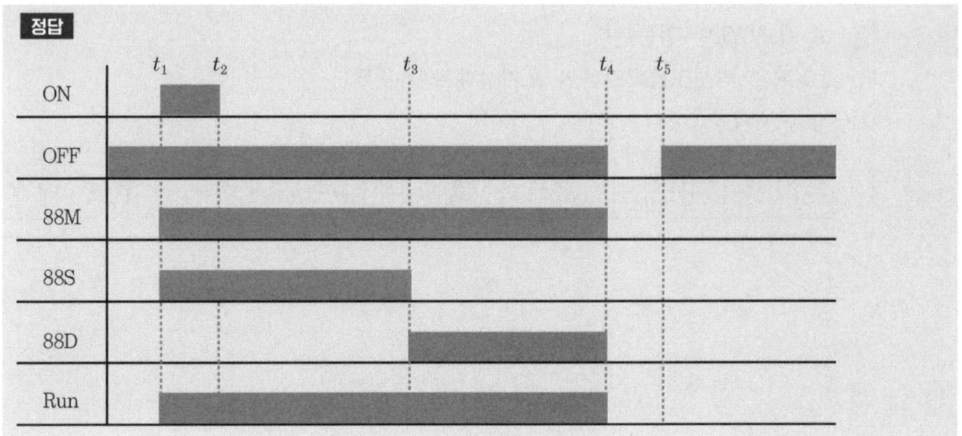

57 **다음 참고사항을 이용하여 미완성 시퀀스회로와 타임차트의 빈칸을 채워 완성하시오. (단, 타이머(T1, T2, T3, T4) 설정시간은 타이머의 한시동작 a(또는 b)접점이 동작된 시간을 의미하며, 아래의 예시를 활용하여 회로를 완성한다.)**

참고사항

- 전원을 투입하면 주회로 및 제어회로에 전원이 공급된다.
- 푸시버튼스위치 PB1을 누르면 전자접촉기 MC1이 여자, 타이머 T1이 여자, 램프 RL이 점등되며 전동기 M1이 회전한다. 이때 푸시버튼스위치 PB2에 의해 릴레이 X가 여자될 수 있는 상태가 된다.
- 타이머 T1의 설정시간 후 전자접촉기 MC2가 여자, 타이머 T2가 여자, 램프GL이 점등되며, 타이머 T1이 소자되고 전동기 M2가 회전한다.
- 타이머 T2의 설정시간 후 전자접촉기 MC3가 여자, 램프 WL이 점등되며 타이머 T2가 소자되고 전동기 M3가 회전한다.
- 푸시버튼스위치 PB2를 누르면 릴레이 X가 여자, 타이머 T3, T4가 여자, 전자접촉기 MC3가 소자되며, 램프 WL가 소등되고 전동기 M3이 정지한다.
- 타이머 T3의 설정시간 후 전자접촉기 MC2가 소자되고 램프 GL이 소등되며, 전동기 M2가 정지한다.
- 타이머 T4의 설정시간 후 전자접촉기 MC1이 소자되어 릴레이 X, 타이머 T3, T4가 소자되고 램프 RL이 소등되며, 전동기 M1이 정지한다.
- 운전 중 푸시버튼스위치 PBO를 누르면 전동기의 모든 운전은 정지한다.
- 전동기 운전 중 과전류가 감지되어 EOCR이 동작되면, 모든 제어회로의 전원은 차단되고 램프 YL만 점등된다.
- EOCR을 리셋(RESET)하면 초기상태로 복귀된다.
- 참고 예시

PB (a접점)	PB (b접점)	T (a접점)	T (b접점)	MC (a접점)	MC (b접점)	FR (a접점)	FR (b접점)

1) 미완성 시퀀스회로의 빈칸을 채워 완성하시오.

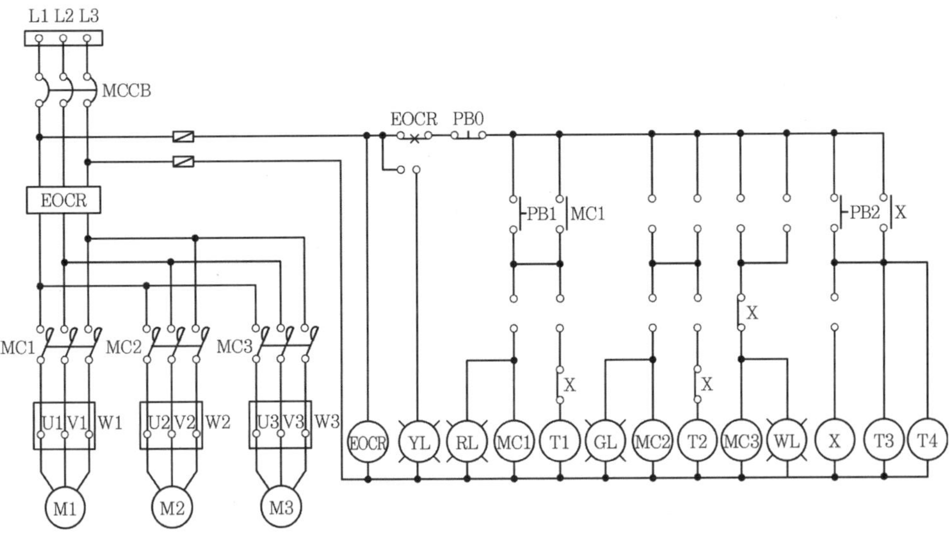

정답

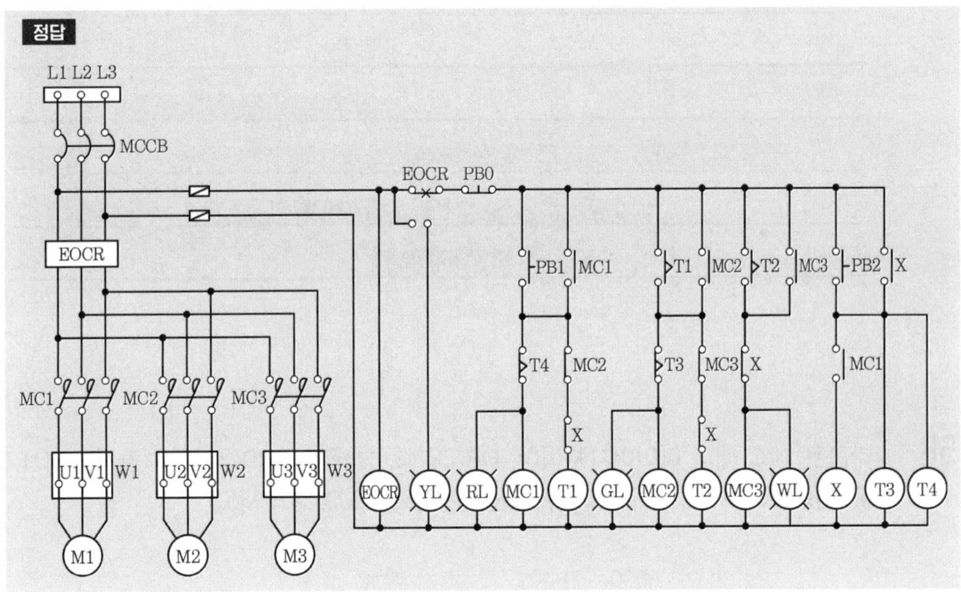

2) 미완성 타임차트의 릴레이 X, 전자접촉기 MC1, MC2, MC3의 동작사항을 완성하시오.

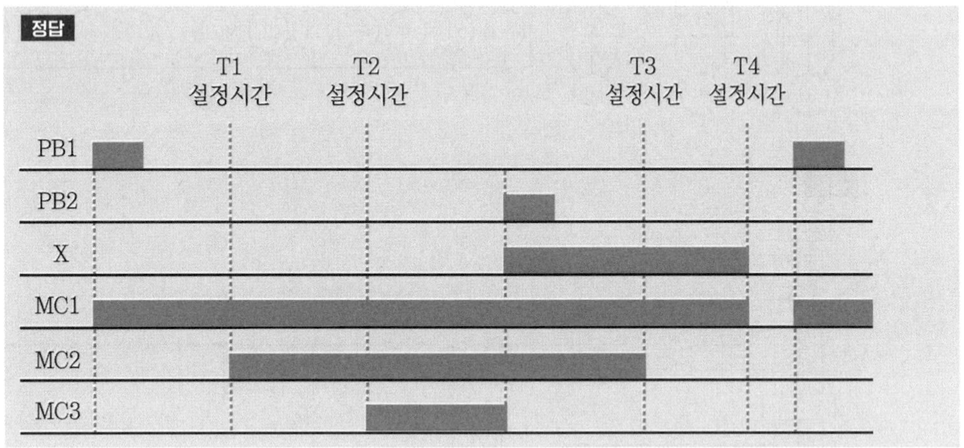

58 다음은 PLC 래더 다이어그램이다. OR(2입력, 1출력), AND(2입력, 1출력), NOT게이트만을 이용하여 PLC 래더 다이어그램을 논리회로도로 그리시오.

P000 P001 P002 P010
P010
P003 P004

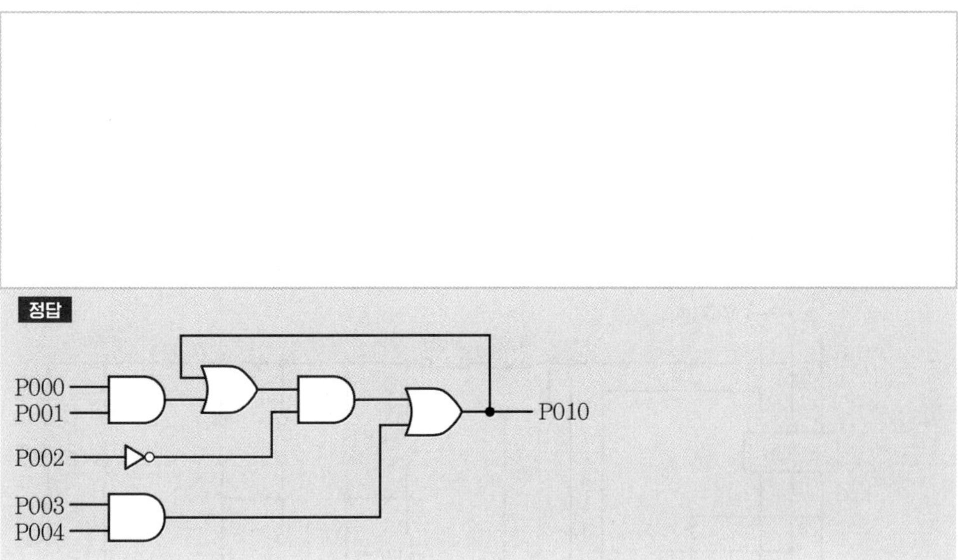

59 **다음 요구사항을 만족하는 주회로 및 제어회로의 미완성 결선도를 완성하시오. (단, 아래의 예시를 참고하여 접점기호와 명칭을 정확히 표시하시오.)**

요구사항

- 전원을 투입하면 주회로 및 제어회로에 전원이 공급된다.
- 누름버튼스위치 PB1을 누르면 전자접촉기 MC1과 타이머 T1이 여자되고 MC1의 보조접점에 의하여 램프 GL이 점등되며, 이때 M1이 회전한다.
- 누름버튼스위치 PB1을 누른 후 손을 떼어도 MC1은 자기유지되어 전동기 M1은 계속 회전한다.
- 타이머 T1의 설정시간 후
  - 전자접촉기 MC2와 타이머 T2, 플리커릴레이 FR이 여자되고, MC2의 보조접점에 의하여 램프 RL이 점등되며, 플리커릴레이의 b접점에 의해 램프 YL이 점등되고, 이때 전동기 M2가 회전한다.
  - 플리커릴레이 FR의 설정시간 간격으로 램프 YL과 부저 BZ가 교대로 동작한다.
  - MC1과 타이머 T1이 소자되어 램프 GL이 소등되고 전동기 M1은 정지한다.
  - T1이 소자되어도 MC2는 자기유지되어 전동기 M2는 계속 회전한다.
- 타이머 T2의 설정시간 후 MC2와 타이머 T2, 플리커릴레이 FR이 소자되어 램프 RL, 램프 YL이 소등되고, 부저 BZ의 동작이 정지하며, 전동기 M2가 정지한다.
- 운전 중 누름버튼스위치 PB0를 누르면 모든 전동기의 운전은 정지한다.
- 전동기 운전 중 과전류가 감지되어 EOCR이 동작되면, 모든 제어회로의 전원은 차단되고 램프 WL만 점등된다.
- EOCR을 리셋(RESET)하면 초기상태로 복귀된다.

예시

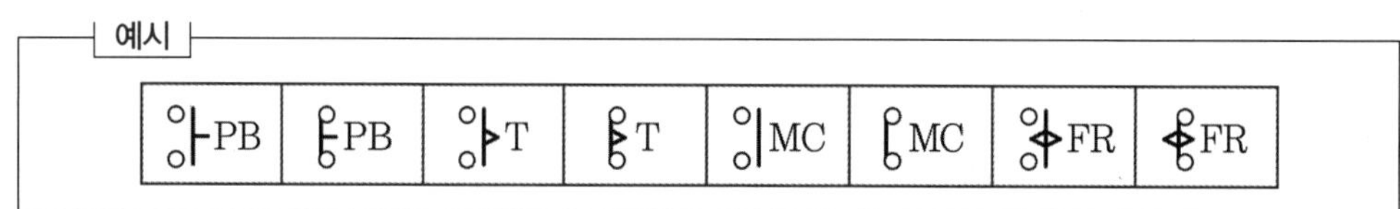
PB
PB
T
T
MC
MC
FR
FR

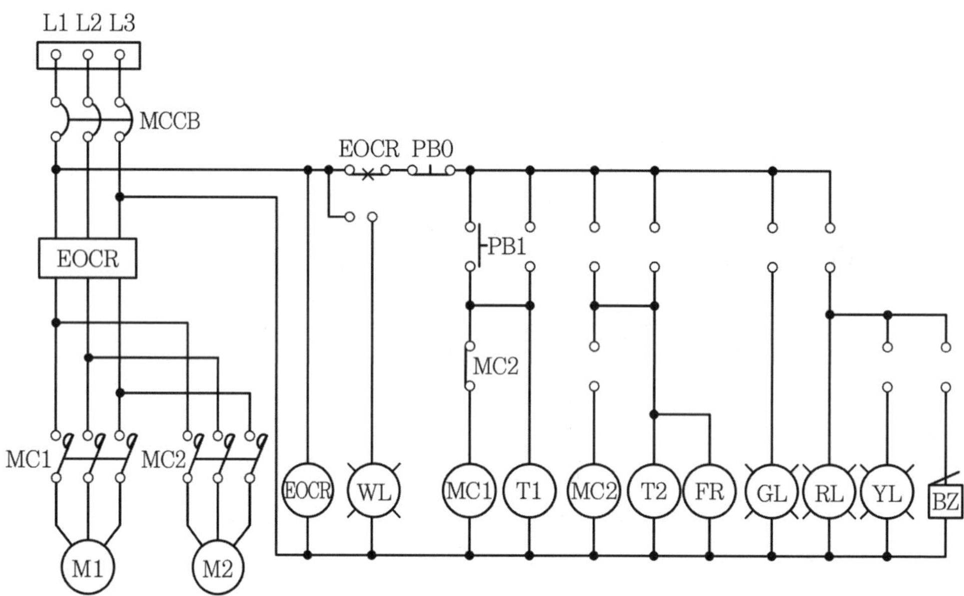
L1 L2 L3
MCCB
EOCR
PB0
EOCR
PB1
MC2
MC1
MC2
M1
M2
EOCR
WL
MC1
T1
MC2
T2
FR
GL
RL
YL
BZ

정답

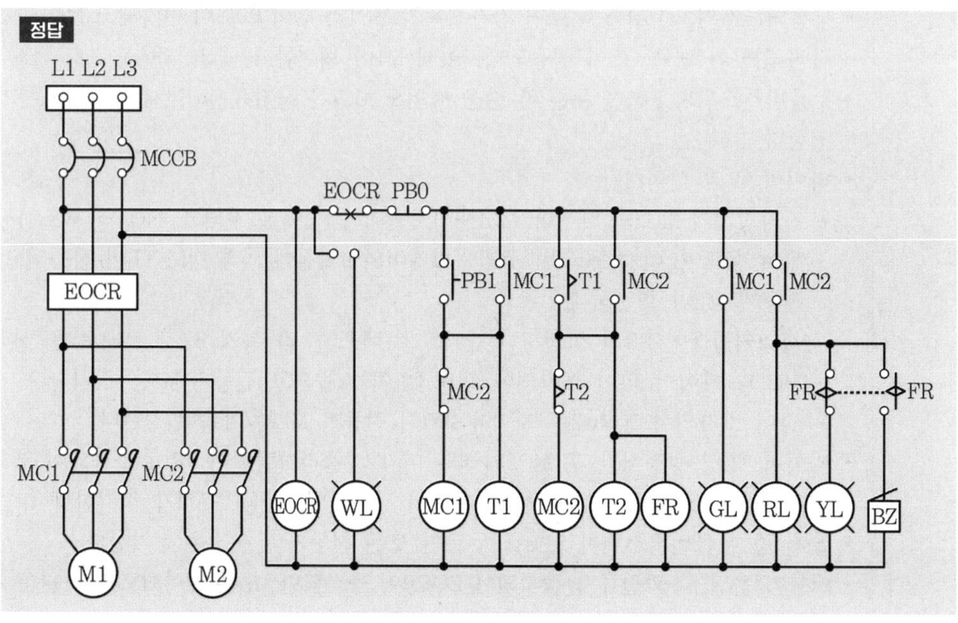
L1 L2 L3
MCCB
EOCR
PB0
EOCR
PB1
MC1
T1
MC2
MC1
MC2
MC2
T2
FR
FR
MC1
MC2
M1
M2
EOCR
WL
MC1
T1
MC2
T2
FR
GL
RL
YL
BZ

60 무접점 릴레이 회로가 그림과 같을 때 다음 각 물음에 답하시오.

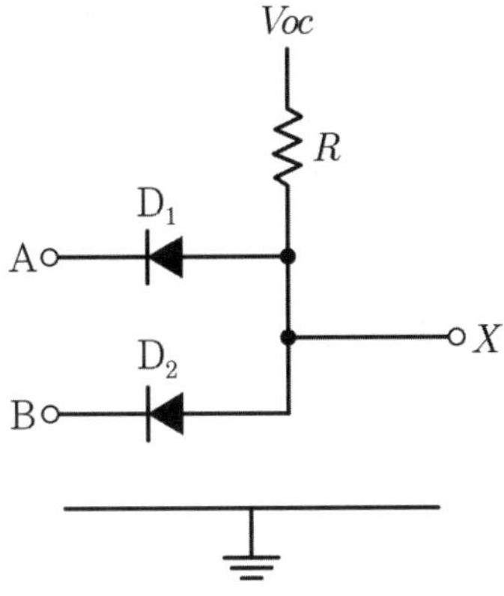

1) 출력식 X를 쓰시오.

정답

$X = A \cdot B$

2) 타임차트를 완성하시오.

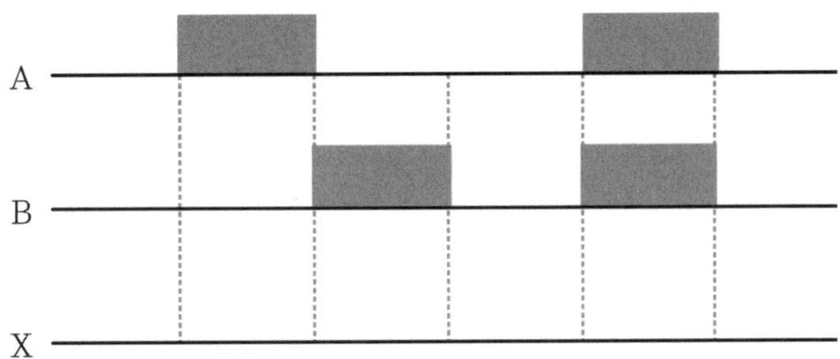

정답

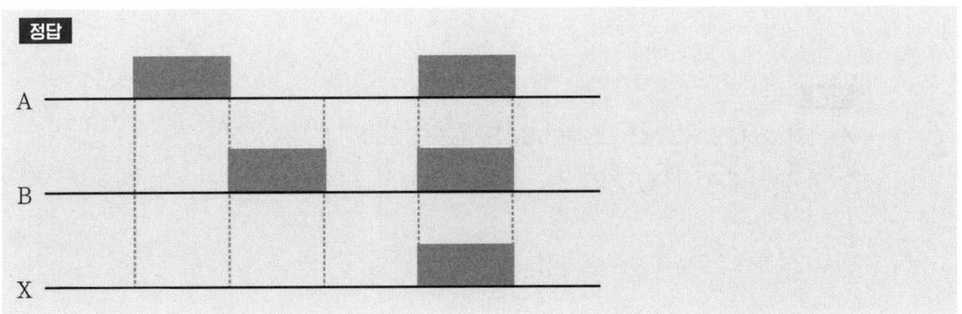

61 주어진 진리값 표는 3개의 리미트 스위치 LS_1, LS_2, LS_3에 입력을 주었을 때 출력 X와의 관계표이다. 이 표를 이용하여 다음 각 물음에 답하시오.

▸ 진리값 표

LS_1	LS_2	LS_3	X
0	0	0	0
0	0	1	0
0	1	0	0
0	1	1	1
1	0	0	0
1	0	1	1
1	1	0	1
1	1	1	1

1) 진리값 표를 이용하여 다음과 같은 Karnaugh도를 완성하시오.

LS_3 \ LS_1, LS_2	0 0	0 1	1 1	1 0
0				
1				

정답

LS_3 \ LS_1, LS_2	0 0	0 1	1 1	1 0
0	0	0	1	0
1	0	1	1	1

2) 물음 1)의 Karnaugh도에 대한 논리식을 쓰시오.

정답

$X = \overline{LS_1}LS_2LS_3 + LS_1\overline{LS_2}LS_3 + LS_1LS_2\overline{LS_3} + LS_1LS_2LS_3$

$= LS_2LS_3 + LS_1LS_3 + LS_1LS_2$

3) 진리값과 물음 2)의 논리식을 이용하여 이것을 무접점 회로도로 표시하시오. (단, OR, AND 게이트만을 이용하여 표현하시오.)

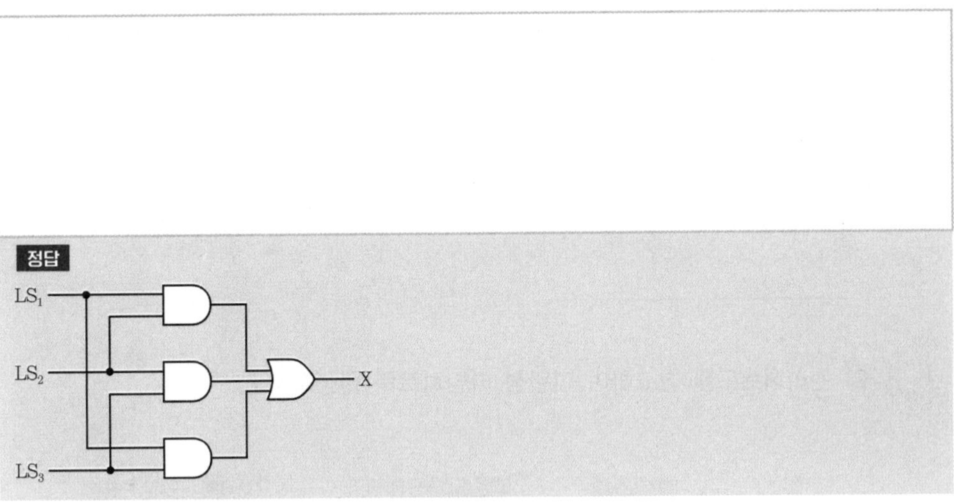

62 아래의 논리회로를 참고하여 다음 각 물음에 답하시오.

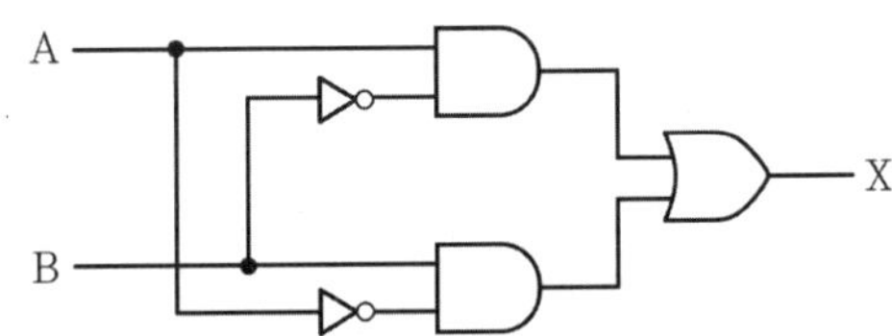

1) 논리회로도를 참고하여 미완성 시퀀스회로를 완성하시오.

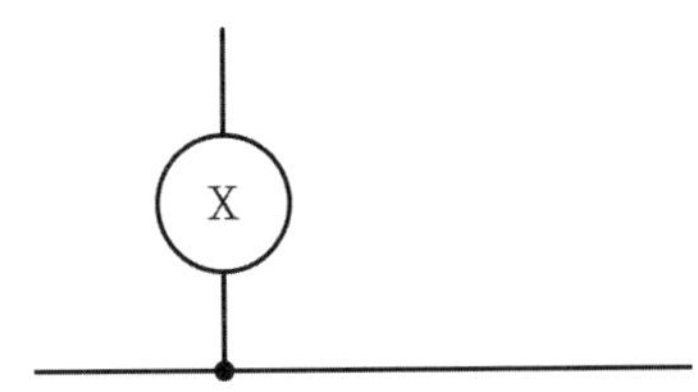

2) 논리회로도를 참고하여 미완성 타임차트를 완성하시오.

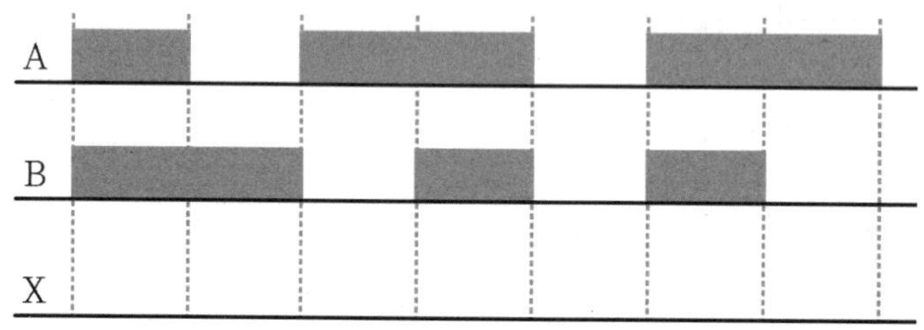

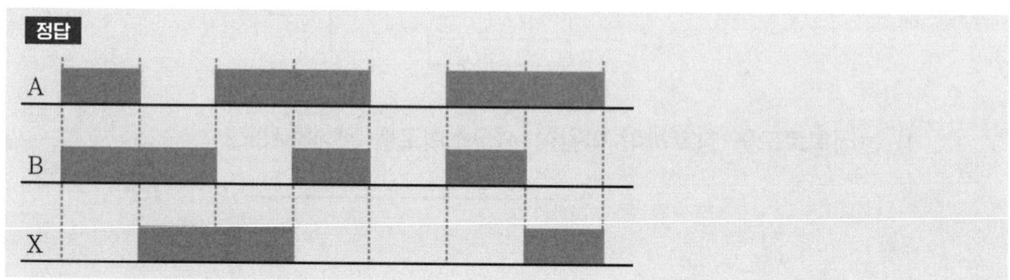

63 누름버튼 스위치 PB_1, PB_2, PB_3에 의해서만 직접 제어되는 계전기 X_1, X_2, X_3가 있다. 이 계전기 3개가 모두 소자(복귀)되어 있을 때만 출력램프 L_1이 점등되고, 그 이외에는 출력램프 L_2가 점등되도록 계전기를 사용한 시퀀스 제어회로를 설계하려고 한다. 이때 다음 각 물음에 답하시오.

1) 위 조건과 같은 진리표를 완성하시오.

입력			출력	
X_1	X_2	X_3	L_1	L_2
0	0	0		
0	0	1		
0	1	0		
0	1	1		
1	0	0		
1	0	1		
1	1	0		
1	1	1		

정답

입력			출력	
X_1	X_2	X_3	L_1	L_2
0	0	0	1	0
0	0	1	0	1
0	1	0	0	1
0	1	1	0	1
1	0	0	0	1
1	0	1	0	1
1	1	0	0	1
1	1	1	0	1

2) 최소 접점수를 갖는 출력램프 L_1, L_2의 논리식을 쓰시오.

정답

$L_1 = \overline{X_1} \cdot \overline{X_2} \cdot \overline{X_3}$

$L_2 = \overline{\overline{X_1} \cdot \overline{X_2} \cdot \overline{X_3}}$

$= \overline{\overline{X_1}} + \overline{\overline{X_2}} + \overline{\overline{X_3}}$

$= X_1 + X_2 + X_3$

3) 논리식에 대응되는 시퀀스 제어회로(유접점 회로)를 그리시오. (단, 스위치 및 접점을 그릴 때는 해당하는 문자 기호(예 PB_1, X_1 등)를 함께 쓰도록 한다.)

예시

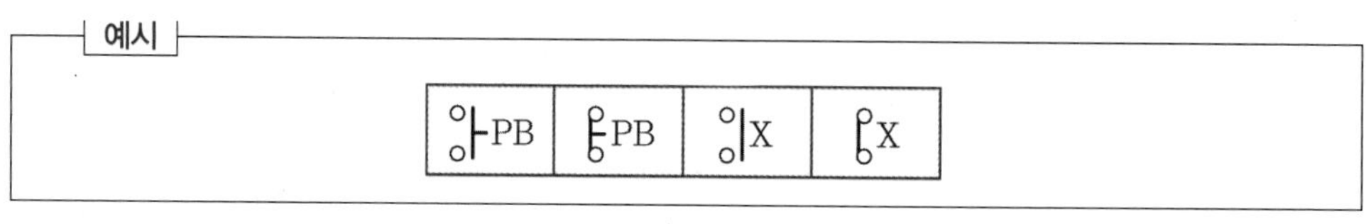

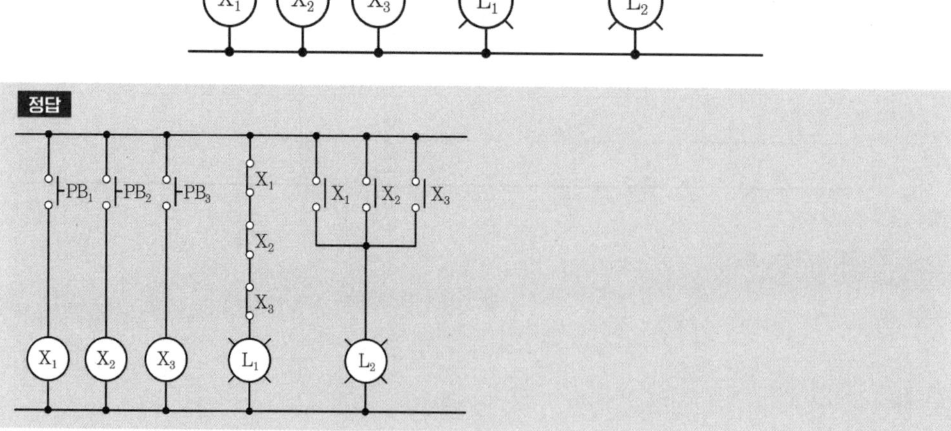

64 그림과 같은 논리회로의 출력 Y를 가장 간단한 논리식으로 표현하시오.

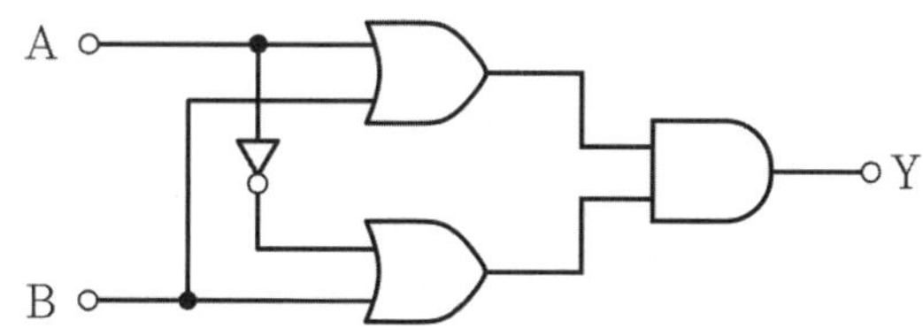

1) 간소화과정

2) Y = ?

정답

1) $Y=(A+B)(\overline{A}+B)=A\overline{A}+AB+\overline{A}B+BB$
$=AB+\overline{A}B+B=B(A+\overline{A}+1)=B$

2) $Y=B$

Chapter 19 조명

01 다음 조명에 대한 각 물음에 답하시오.

1) 어느 광원의 광색이 어느 온도의 흑체의 광속과 같을 때 그 흑체의 온도를 무엇이라 하는지 쓰시오.

정답

색온도

2) 빛의 분광 특성이 색의 보임에 미치는 효과를 말하며, 동일한 색을 가진 것이라도 조명하는 빛에 따라 다르게 보이는 특성을 무엇이라 하는지 쓰시오.

정답

연색성

02 가로가 20[m], 세로가 30[m], 천장 높이가 4.85[m]인 사무실이 있다. 평균 조도를 300[lx]로 하려고 할 때 다음 각 물음에 답하시오.

조건

- 사용되는 형광등 30[W] 1개의 광속은 2,890[lm]이며, 조명률은 50[%], 보수율은 70[%]라고 한다.
- 바닥에서 작업면까지의 높이는 0.85[m]이다.

1) 이 조명 시설 공간의 실지수는 얼마인가?

정답

실지수(RI) $= \frac{XY}{H(X+Y)} = \frac{30 \times 20}{(4.85-0.85)\times(30+20)} = 3$

2) 형광등 기구(30[W] 2등용)의 수는 몇 개가 소요되는가?

정답

$FUN = DES$

$$N = \frac{DES}{FU} = \frac{\frac{1}{0.7} \times 300 \times 30 \times 20}{2{,}890 \times 2 \times 0.5} = 88.98[\text{등}]$$

따라서 89[등]이 소요된다.

03 길이 24[m], 폭 12[m], 천장높이 5.5[m], 조명률 50[%]의 어떤 사무실에서 전광속 6,000[lm]의 32[W]×2등용 형광등을 사용하여 평균 조도가 300[lx] 되려면, 이 사무실에 필요한 형광등 수량을 구하시오. (단, 유지율은 80[%]로 계산한다.)

정답

$FUN = DES$

$$N = \frac{DES}{FU} = \frac{\frac{1}{0.8} \times 300 \times 24 \times 12}{6{,}000 \times 0.5} = 36[\text{등}]$$

04 조명 용어 중 감광보상률이란 무엇을 의미하는가?

정답

광속의 감소를 고려하여 소요광속에 여유를 주는 정도

05 그림과 같이 폭 30[m]인 도로 양쪽에 지그재그식으로 300[W]의 고압수은등을 배치하여 도로의 평균 조도를 5[lx]로 하자면, 각 등의 간격(S)은 몇 [m]가 되어야 하는가? (단, 조명률은 0.32, 감광보상률은 1.3, 수은등의 광속은 5,500[lm]이다.)

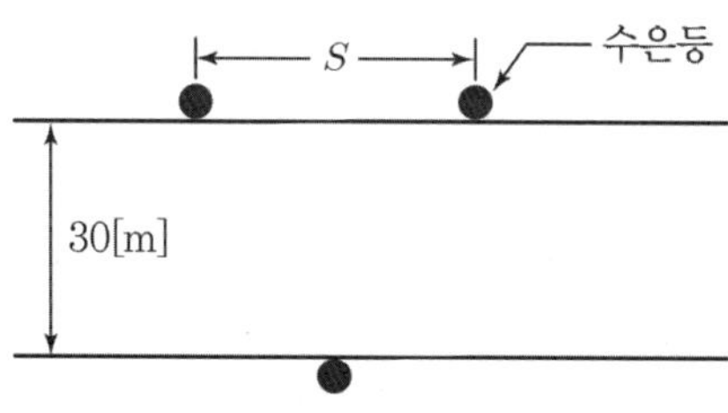

정답

$FUN = DE\dfrac{a \times b}{2}$

$b = \dfrac{FUN2}{DEa} = \dfrac{5{,}500 \times 0.32 \times 1 \times 2}{1.3 \times 5 \times 30} = 18.05[\text{m}]$

$b = 18.05[\text{m}]$

06 5,500[lm]의 광속을 발산하는 전등 20개를 가로 10[m]×세로 20[m]의 방에 설치하였다. 이 방의 평균 조도를 구하시오. (단, 조명률은 0.5, 감광보상률은 1.3이다.)

정답

$FUN = DES$로서

$E = \dfrac{FUN}{DS} = \dfrac{5{,}500 \times 0.5 \times 20}{1.3 \times 10 \times 20} = 211.54[\text{lx}]$

07 다음 그림과 같은 사무실이 있다. 이 사무실의 평균 조도를 150[lx]로 하고자 할 때 다음 각 물음에 답하시오.

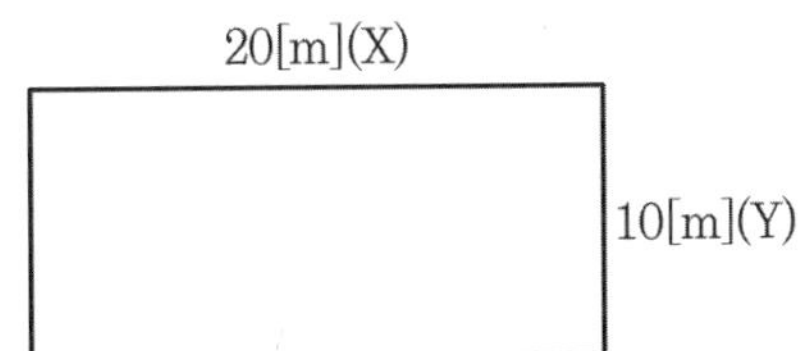

조건

- 형광등은 32[W]를 사용, 이 형광등의 광속은 2,900[lm]으로 한다.
- 조명률은 0.6, 감광보상률은 1.2로 한다.
- 건물 천장 높이는 3.85[m], 작업면은 0.85[m]로 한다.
- 가장 경제적인 설계를 한다.

1) 이 사무실에 필요한 형광등의 수를 구하시오.

정답

$FUN = DES$ 에서

$$N = \frac{DES}{FU} = \frac{1.2 \times 150 \times 20 \times 10}{2,900 \times 0.6} = 20.69[\text{등}]$$

따라서 21[등]이 필요하다.

2) 실지수를 구하시오.

정답

$$\text{실지수} = \frac{XY}{H(X+Y)} = \frac{20 \times 10}{(3.85 - 0.85) \times (20 + 10)} = 2.22$$

3) 양호한 전반 조명이라면 등간격은 등 높이의 몇 배 이하로 해야 하는가?

정답

등기구의 간격은 $S \leq 1.5H$가 된다.

08 가로 12[m], 세로 18[m], 천장 높이 3[m], 작업면 높이 0.8[m]인 사무실이 있다. 여기에 천장 직부 형광등 기구(T5 22[W]×2등용)를 설치하고자 한다. 다음 각 물음에 답하시오.

조건

- 작업면의 조도 500[lx], 천장 반사율 50[%], 벽면 반사율 50[%], 바닥 반사율 10[%]이고, 보수율 0.7, T5 22[W] 1등 광속은 2,500[lm]으로 본다.
- 다음의 표를 참고한다.

반사율	천장	70[%]				50[%]				30[%]			
	벽	70	50	30	20	70	50	30	20	70	50	30	20
	바닥	10				10				10			
실지수		조명률[%]											
1.5		64	55	49	43	58	51	45	41	52	46	42	38
2.0		69	61	55	50	62	56	51	47	57	52	48	44
2.5		72	66	60	55	65	60	56	52	60	55	52	48
3.0		74	69	64	59	68	63	59	55	62	58	55	52
4.0		77	73	69	65	71	67	64	61	65	62	59	56
5.0		79	75	72	69	73	70	67	64	67	64	62	60

1) 실지수를 구하시오.

정답

실지수 $= \dfrac{XY}{H(X+Y)} = \dfrac{12\times 18}{(3-0.8)\times(12+18)} = 3.27$

실지수의 기호 분류표를 참고하여 보면 다음과 같다.

범위	4.5 이상	4.5 ~ 3.5	3.5 ~ 2.75	2.75 ~ 2.25	2.25 ~ 1.75
실지수	5.0	4.0	3.0	2.5	2.0
기호	A	B	C	D	E
범위	1.75 ~ 1.38	1.38 ~ 1.12	1.12 ~ 0.9	0.9 ~ 0.7	0.7 이하
실지수	1.5	1.25	1.0	0.8	0.6
기호	F	G	H	I	J

따라서 실지수는 3.0이다.

2) 조명률을 구하시오.

정답

주어진 표를 참고하여 보면 천장 반사율 50[%], 벽면 반사율 50[%]이고, 바닥 반사율 10[%]가 되며 실지수가 3.0이므로 조명률은 63[%]가 된다.

3) 설치 등기구의 최소 수량을 구하시오.

정답

$FUN = DES$

$$N = \frac{DES}{FU} = \frac{\frac{1}{0.7}\times 500\times 12\times 18}{(2500\times 2)\times 0.63} = 48.98[\text{조}]$$

따라서 49[조]가 된다.

4) 형광등의 입력과 출력은 같다. 1일 10시간 연속 점등할 경우 30일간의 최소 소비전력량을 구하시오.

정답

소비전력량 $W = Pt = 22\times 49\times 2\times 10\times 30\times 10^{-3} = 646.8[\text{kWh}]$

09 가로 20[m], 세로 50[m]인 사무실에서 평균 조도 300[lx]를 얻고자 형광등 40[W] 2등용을 시설할 경우 다음 각 물음에 답하시오. (단, 40[W] 2등용 형광등 기구의 전체광속은 4,600[lm], 조명률은 0.5, 감광보상률은 1.3, 전기방식은 단상 2선식 200[V]이고, 40[W] 2등용 형광등의 전체 입력전류는 0.87[A]이며, 1회로의 최대전류는 16[A]가 된다.)

1) 형광등 기구 수를 구하시오.

정답

$FUN = DES$로서

$$N = \frac{DES}{FU} = \frac{1.3 \times 300 \times 20 \times 50}{4,600 \times 0.5} = 169.57[\text{등}]$$

따라서 170[등]

2) 최소 분기회로 수를 구하시오.

정답

$$\text{분기회로 수 } N = \frac{1\text{기구 전류} \times \text{등수}}{\text{회로전류}} = \frac{0.87 \times 170}{16} = 9.24\text{회로}$$

따라서 16[A] 분기회로 10회로 선정

10 폭 24[m]의 도로 양쪽에 30[m]의 간격으로 지그재그식으로 가로등을 배열하여 도로의 평균 조도를 5[lx]로 하고자 한다. 각 가로등의 광속[lm]을 구하시오. (단, 가로면에서의 광속 이용률은 35[%], 감광보상율은 1.3이다.)

정답

$FUN = DES$이므로

$F = \frac{DES}{UN}$ (지그재그배열이므로 $S = \frac{a \times b}{2}$)

$= \frac{1.3 \times 5 \times \frac{24 \times 30}{2}}{0.35 \times 1} = 6,685.71$[lm]가 된다.

11 공장에 조명 설계 시 에너지 절약대책을 4가지만 쓰시오.

정답

1) 고효율 등기구 채택
2) 고역률 등기구 채택
3) 재실감지기 및 카드키 채택
4) 전반조명과 국부조명의 적절한 병용

12 바닥 면적이 400[m^2]인 사무실의 조도를 300[lx]로 할 경우 광속 2,400[lm], 램프 전류 0.4[A], 36[W]인 형광 램프를 사용할 경우 이 사무실에 대한 등수를 구하시오. (단, 감광 보상률은 1.2이며, 조명률은 70[%]가 된다.)

정답

$FUN = DES$가 되므로

$N = \frac{DES}{FU} = \frac{1.2 \times 300 \times 400}{2,400 \times 0.7} = 85.71$[등]이다.

따라서 86[등]을 선정한다.

13 조명설비의 광원으로 활용되는 할로겐램프의 장점 3가지와 용도 2가지를 쓰시오.

1) 장점

정답

(1) 초소형, 경량의 전구이다.
(2) 단위 광속이 크다.
(3) 연색성이 좋다.

2) 용도

정답

(1) 옥외의 투광조명
(2) 고천장 조명

14 폭 8[m]의 2차선 도로에 가로등을 도로 한 쪽 배열로 50[m] 간격으로 설치하고자 한다. 도로면의 평균 조도를 5[lx]로 설계할 경우 가로등 1등당 필요한 광속을 구하시오. (단, 감광보상률은 1.5, 조명률은 0.43으로 한다.)

정답

$FUN = DES$

$F = \frac{DES}{UN} = \frac{1.5 \times 5 \times 8 \times 50}{0.43 \times 1} = 6{,}976.74[\text{lm}]$

15 조명의 전등효율(Lamp Efficiency)과 발광효율(Luminous Efficiency)에 대하여 설명하시오.

1) 전등효율

정답

전력소비 P에 대한 발산광속 F의 비율을 전등효율이라 한다. ($\eta = \frac{F}{P}$[lm/W])

2) 발광효율

정답

방사속 ϕ에 대한 광속 F의 비를 발광효율 ϵ이라 한다. ($\epsilon = \frac{F}{\phi}$[lm/W])

16 각 방향에 900[cd]의 광도를 갖는 광원을 높이 3[m]에 취부한 경우 직하로부터 30° 방향의 수평면 조도[lx]를 구하시오.

정답

$$E_h = \frac{I}{r^2}\cos\theta = \frac{I}{h^2}\cos^3\theta$$
$$= \frac{900}{3^2} \times (\cos 30)^3$$
$$= 64.951[\text{lx}]$$

$E_h = 64.95[\text{lx}]$

17 가로의 길이가 10[m], 세로의 길이가 30[m], 높이 3.85[m]인 사무실에 40[W], 형광등 1개의 광속이 2,500[lm]인 2등용 형광등 기구를 시설하여 400[lx]의 평균 조도를 얻고자 할 때 다음 요구사항을 구하시오. (단, 조명률이 60[%]이며 감광보상률은 1.3, 작업면으로부터 천장까지의 높이는 3[m]이다.)

1) 실지수를 구하시오.

정답

실지수 $= \dfrac{XY}{H(X+Y)} = \dfrac{10 \times 30}{3 \times (10+30)} = 2.5$

2) 형광등 기구 수

정답

$FUN = DES$

$N = \dfrac{DES}{FU} = \dfrac{1.3 \times 400 \times 10 \times 30}{2{,}500 \times 2 \times 0.6} = 52[\text{등}]$

18 그림과 같은 점광원으로부터 원뿔 밑면까지의 거리가 4[m]이고, 밑면의 반지름이 3[m]인 원형면의 평균 조도가 100[lx]라면 이 점광원의 평균 광도[cd]는?

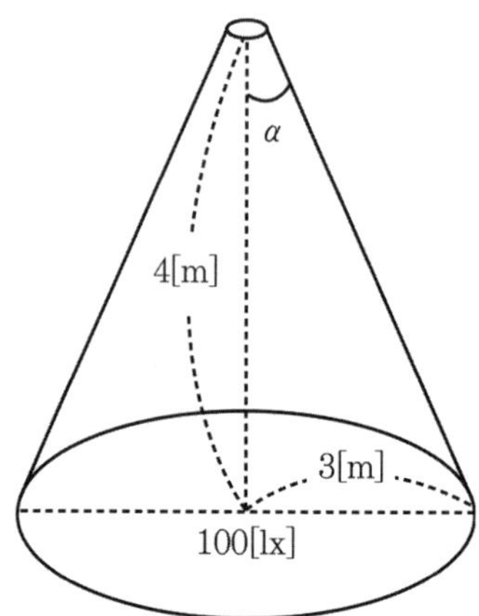

정답

$$I=\frac{F}{\omega}=\frac{ES}{2\pi(1-\cos\theta)}=\frac{100\times\pi\times3^2}{2\pi(1-0.8)}=2{,}250[\text{cd}]$$

$$\cos\theta=\frac{4}{\sqrt{4^2+3^2}}=0.8$$

$I=2{,}250[\text{cd}]$

19 폭 5[m], 길이 7.5[m], 천장높이 3.5[m]의 방에 형광등 40[W] 4등을 설치하였다. 평균 조도가 100[lx]이며, 40[W] 형광등 1등의 광속이 3,000[lm], 조명률이 0.5일 때 감광보상률을 구하시오.

정답

$FUN=DES$

$$D=\frac{FUN}{ES}=\frac{3{,}000\times0.5\times4}{100\times5\times7.5}=1.6$$

20 사무실의 크기가 12[m]×24[m]이며, 이 사무실의 평균 조도를 150[lx] 이상으로 하고자 한다. 이곳에 다운라이트(LED 150[W])를 배치하고자 할 때, 시설하여야 할 최소 등기구는 몇 [개]인가? (단, LED 150[W]의 전광속은 2,450[lm]이며, 기구의 조명률은 0.7, 감광보상률은 1.4라고 한다.)

정답

$FUN=DES$

$$N=\frac{DES}{FU}=\frac{1.4\times150\times12\times24}{2{,}450\times0.7}=35.27[\text{개}]$$

따라서 최소 36[개]를 시설하여야 한다.

21 조명방식 중 조명기구의 배광에 의한 분류를 5가지 쓰시오.

정답

직접조명, 반직접조명, 전반확산조명, 반간접조명, 간접조명

22 다음 (   )에 알맞은 내용을 쓰시오.

임의의 면에서 한 점의 조도는 광원의 광도 및 입사각 θ의 코사인에 비례하고 거리의 제곱에 반비례한다. 이와 같이 입사각의 코사인에 비례하는 것을 Lambert의 코사인 법칙이라 한다. 또 광선과 피조면의 위치에 따라 조도를 (   ) 조도, (   ) 조도, (   ) 조도 등으로 분류할 수 있다.

정답

법선, 수평면, 수직면

23 FL-20D 형광등의 전압이 100[V], 전류가 0.35[A], 안정기의 손실이 5[W]일 때 역률[%]은 얼마인가?

정답

전체 소비전력 = 전등의 소비전력 + 안정기 손실 = 20 + 5 = 25[W]

역률 $\cos\theta = \frac{P}{P_a} \times 100 = \frac{25}{100 \times 0.35} \times 100 = 71.43[\%]$

24 매입 방법에 따른 건축화 조명 방식의 분류 3가지만 쓰시오.

정답

1) 매입형광등
2) 라인라이트 조명
3) 다운라이트 조명

25 그림과 같이 완전 확산형의 조명기구가 설치되어 있다. 다음 각 물음에 답하시오. (단, 조명기구의 전광속은 18,500[lm]이다.)

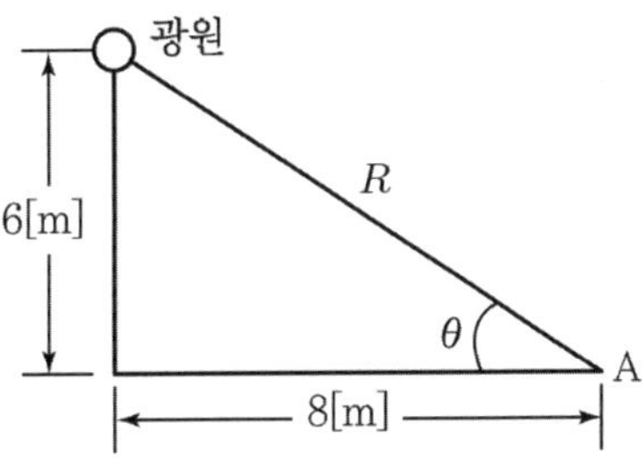

1) 광원의 광도[cd]를 구하시오.

정답

광도 $I = \frac{F}{\omega} = \frac{18,500}{4\pi} = 1,472.18[\text{cd}]$

2) A점에서의 수평면 조도[lx]를 구하시오.

정답

수평면 조도 $E_h = \frac{I}{r^2}\cos\theta = \frac{1,472.18}{6^2+8^2} \times \frac{6}{\sqrt{6^2+8^2}} = 8.83[\text{lx}]$

26 차도 폭이 20[m]인 도로에 250[W] 메탈할라이드 램프와 10[m] 등주(폴)를 양측에 대칭배열로 설치하여 조도를 22.5[lx]로 유지하고자 한다. 다음 각 물음에 답하시오. (단, 조명률 0.5, 감광보상률 1.5, 250[W] 메탈할라이드 램프의 광속을 20,000[lm]으로 적용한다.)

1) 등주의 간격을 구하시오.

정답

$$FUN = DE\frac{a \times b}{2}$$

$$b = \frac{FUN \times 2}{DEa} = \frac{20{,}000 \times 0.5 \times 1 \times 2}{1.5 \times 22.5 \times 20} = 29.629[\mathrm{m}]$$

$b = 29.63[\mathrm{m}]$

2) 차량의 눈부심 방지를 위하여 등기구를 컷 - 오프형으로 선정 시 이 도로의 등주의 간격을 구하시오.

정답

컷 - 오프형의 경우 등주의 간격은 $S = 3H = 3 \times 10 = 30[\mathrm{m}]$이다.

3) 보수율을 구하시오.

정답

$$보수율 = \frac{1}{감광보상률} = \frac{1}{1.5} = 0.67$$

27 실내 바닥에서 3[m] 떨어진 곳에 300[cd]인 전등이 점등되어 있는데 이 전등 바로 아래에서 수평으로 4[m] 떨어진 곳의 수평면 조도는 몇 [lx]인지 구하시오.

정답

수평면 조도 $E_h = \frac{I}{r^2}\cos\theta = \frac{300}{(\sqrt{3^2+4^2})^2} \times \frac{3}{\sqrt{3^2+4^2}} = 7.2[\text{lx}]$

28 조명에서 사용되는 용어 중 광속, 조도, 광도의 정의를 설명하시오.

정답

1) 광속 : 광원으로부터 발산되는 빛의 양
2) 조도 : 단위 면적당 입사광속
3) 광도 : 단위 입체각당 발산되는 광속

29 형광방전램프의 점등회로 방식을 3가지만 쓰시오.

정답

1) 글로우스타트방식
2) 래피드스타트방식
3) 전자스타트방식

30 설계자가 크기, 형상 등 전체적인 조화를 생각하여 형광등기구를 벽면 상방모서리에 숨겨서 설치하는 방식으로 기구로부터의 빛이 직접 벽면을 조명하는 건축화 조명의 명칭을 쓰시오.

정답

코오니스 조명

31 도로의 너비가 30[m]인 곳에 양쪽으로 30[m] 간격으로 지그재그식으로 등주를 배치하여 도로 위의 평균조도를 6[lx]가 되도록 하고자 한다. 각 등주에 사용되는 수은등의 용량[W]을 주어진 표를 이용하여 광속을 선정하시오. (단, 광속이용률은 32[%], 유지율은 80[%]로 한다.)

▸ 수은등의 광속

용량[W]	전광속[lm]
100	$3,200 \sim 3,500$
200	$7,700 \sim 8,500$
300	$10,000 \sim 11,000$
400	$13,000 \sim 14,000$
500	$18,000 \sim 20,000$

정답

$FUN = DES$

$F = \dfrac{DES}{UN} = \dfrac{\dfrac{1}{0.8} \times 6 \times \dfrac{30 \times 30}{2}}{0.32 \times 1} = 10,546.88$[lm]이 된다

따라서 해당 광속에 해당하는 300[W]를 선정한다.

32

폭 15[m]인 도로의 양쪽에 간격 20[m]를 두고 대칭 배열로 가로등이 점등되어 있다. 한 등의 전광속은 3,000[lm], 조명률은 45[%]일 때, 도로의 평균 조도를 구하시오.

정답

$FUN = DES$ (대칭배열이므로 $S = \dfrac{A \times B}{2}$)

$$E = \frac{FUN}{D \times \dfrac{A \times B}{2}} = \frac{3{,}000 \times 0.45 \times 1}{1 \times \dfrac{15 \times 20}{2}} = 9[\text{lx}]$$

33

가로 10[m], 세로 14[m], 천장 높이 2.75[m], 작업면 높이 0.75[m]인 사무실에 천장 직부형 형광등 F32×2를 설치하려고 한다. 다음 각 물음에 답하시오.

1) 이 사무실의 실지수는 얼마인가?

정답

$$\text{실지수} = \frac{XY}{H(X+Y)} = \frac{10 \times 14}{(2.75 - 0.75) \times (10 + 14)} = 2.92$$

2) F32×2의 그림기호를 그리시오.

3) 이 사무실의 작업면 조도를 250[lx], 천장 반사율 70[%], 벽 반사율 50[%], 바닥 반사율 10[%], 32[W] 형광등 1등의 광속 3,200[lm], 보수율 70[%], 조명율 50[%]로 한다면 이 사무실에 필요한 형광등기구의 수를 구하시오.

정답

$FUN = DES$

$N = \frac{DES}{FU} = \frac{250 \times 10 \times 14}{3{,}200 \times 2 \times 0.5 \times 0.7} = 15.63[\text{등}]$

따라서 16[등]

34 조명에 사용되는 광원의 발광원리를 3가지만 쓰시오.

정답

1) 온도복사에 의한 백열발광
2) 루미네슨스에 의한 방전발광
3) 일렉트로 루미네슨스에 의한 전계발광

35 조명기구 배치에 따른 조명방식의 종류를 3가지만 쓰시오.

정답

1) 전반조명
2) 국부조명
3) 전반국부조명

36 건축물의 천장이나 벽 등을 조명기구 겸용으로 마무리하는 건축화 조명이 최근 많이 시공되고 있다. 옥내조명설비(KDS 31 70 10 : 2019)에 따른 건축화 조명의 종류를 4가지만 쓰시오.

정답

1) 라인라이트
2) 다운라이트
3) 코퍼라이트
4) 핀홀라이트

그 외 광천장조명, 루버천장조명, 코브조명 등이 있다.

37 그림과 같은 철골 공장에 백열등의 전반 조명을 할 때 평균조도로 200[lx]를 얻기 위한 광원의 소비전력을 구하고자 한다. 주어진 조건과 참고자료를 이용하여 다음 각 물음에 답하여 순차적으로 구하시오.

조건

- 천장, 벽면의 반사율은 30[%]이다.
- 광원은 천장면하 1[m]에 부착한다.
- 천장의 높이는 9[m]이다.
- 감광보상률은 보수 상태를 "양"으로 하며 적용한다.
- 배광은 직접조명으로 한다.
- 조명 기구는 금속 반사갓 직부형이다.

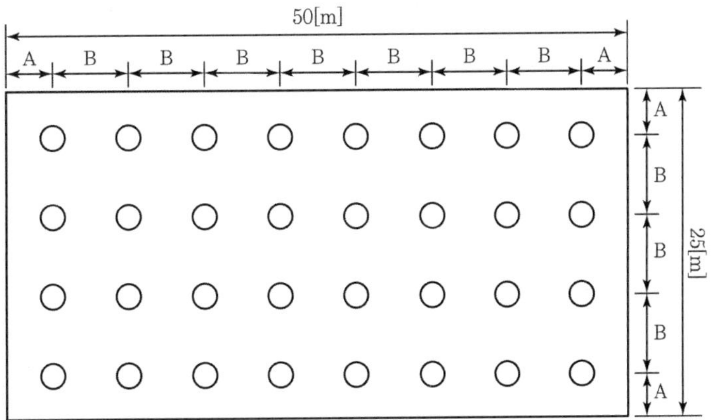

참고자료

▶ [표1] 실지수 분류기호

기호	A	B	C	D	E	F	G	H	I	J
실지수	5.0	4.0	3.0	2.5	2.0	1.5	1.25	1.0	0.8	0.6
범위	4.5 이상	4.5 ~ 3.5	3.5 ~ 2.75	2.75 ~ 2.25	2.25 ~ 1.75	1.75 ~ 1.38	1.38 ~ 1.12	1.12 ~ 0.9	0.9 ~ 0.7	0.7 이하

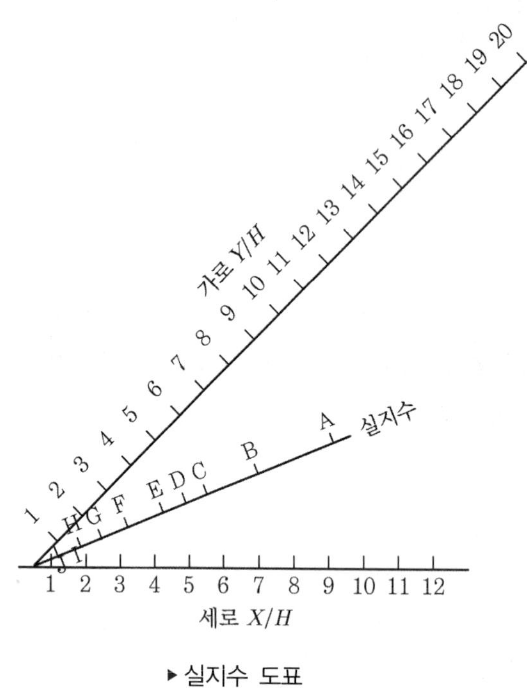

▶ 실지수 도표

▸[표2] 조명률 표

배광	조명 기구	감광보상률 (D)			반사율 ρ / 천장	0.75			0.50			0.30	
		보수상태			벽	0.5	0.3	0.1	0.5	0.3	0.1	0.3	0.1
설치간격		양	중	부	실지수	조명률 U[%]							
간접		전구			J0.6	16	13	11	12	10	08	06	05
					I0.8	20	16	15	15	13	11	08	07
					H1.0	23	20	17	17	14	13	10	08
0.80		1.5	1.7	2.0	G1.25	26	23	20	20	17	15	11	10
					F1.5	29	26	22	22	19	17	12	11
		형광등			E2.0	32	29	26	24	21	19	13	12
					D2.5	36	32	30	26	24	22	15	14
0					C3.0	38	35	32	28	25	24	16	15
$S \leq 1.2H$		1.7	2.0	2.5	B4.0	42	39	36	30	29	27	18	17
					A5.0	44	41	39	33	30	29	19	18
직접		전구			J0.6	34	29	26	32	29	27	29	27
					I0.8	43	38	35	39	36	35	36	34
0					H1.0	47	43	40	41	40	38	40	38
		1.3	1.4	1.5	G1.25	50	47	44	44	43	41	42	41
					F1.5	52	50	47	46	44	43	44	43
		형광등			E2.0	58	55	52	49	48	46	47	46
					D2.5	62	58	56	52	51	49	50	49
0.75					C3.0	64	61	58	54	52	51	51	50
$S \leq 1.3H$		1.4	1.7	2.0	B4.0	67	64	62	55	53	52	52	52
					A5.0	68	66	64	56	54	53	54	52

▸[표3] 전등의 용량에 따른 광속

용량[W]	광속[lm]
100	3,200 ~ 3,500
200	7,700 ~ 8,500
300	10,000 ~ 11,000
400	13,000 ~ 14,000
500	18,000 ~ 20,000
1000	21,000 ~ 23,000

1) 광원의 높이는 몇 [m]인지 구하시오.

정답

등고 $H = 9 - 1 = 8$[m]

2) 실지수의 기호와 실지수를 구하시오.

정답

실지수 $= \dfrac{XY}{H(X+Y)} = \dfrac{50 \times 25}{8(50+25)} = 2.08$

그러므로 [표1]의 실지수의 기호는 E가 되며, 실지수는 2.0이다.

3) 조명률을 선정하시오.

정답

[표2]의 조명률 표를 이용하여 보면 천장, 벽 반사율이 30[%]이며, 실지수는 E, 조명방식은 직접조명이 되므로 조명률은 47[%]가 선정된다.

4) 감광보상률을 선정하시오.

정답

[표2]에서 직접조명, 보수상태는 양, 그리고 전구이므로 감광보상률은 1.3이 선정된다.

5) 전광속[lm]을 구하시오.

정답

$FUN = DES$

전광속 $FN = \frac{DES}{U} = \frac{1.3 \times 200 \times (50 \times 25)}{0.47} = 691,489.36$[lm]

6) 전등 한 등의 광속[lm]을 구하시오.

정답

주어진 조건상 등기구는 32등이므로 1등당 광속은 전광속을 32로 나누어주면 된다.

따라서 $F = \frac{691,489.36}{32} = 21,609.04$[lm]이 된다.

7) 전등 한 등의 용량[W]을 선정하시오.

정답

[표3]을 기준으로 광속 21,000 ~ 23,000[lm]인 1,000[W]를 선정한다.

38

지름 20[cm]의 구형 외구의 광속발산도가 2,000[rlx]라고 한다. 이 외구의 중심에 있는 균등 점광원의 광도[cd]를 구하시오. (단, 외구의 투과율은 90[%]라 한다.)

정답

$R = \pi B = \rho E = \tau E = \tau \cdot \dfrac{I}{r^2}$ [rlx]

$R = \tau \cdot \dfrac{I}{r^2}$

$I = \dfrac{R \cdot r^2}{\tau} = \dfrac{2{,}000 \times 0.1^2}{0.9} = 22.222$[cd]

$r = \dfrac{20 \times 10^{-2}}{2} = 0.1$[m]

$I = 22.22$[cd]

39

다음과 같은 실내 체육관에 조명설계를 계획하고자 한다. 주어진 [조건]과 [참고사항]을 참고하여 다음 각 물음에 답하시오. (단, 기타 주어지지 않은 조건은 무시한다.)

조건

- 체육관 면적 : 가로 32[m] × 세로 20[m]
- 작업면에서 광원까지의 높이 : 6[m]
- 실내 필요조도 : 500[lx]
- 반사율 : 천장 75[%], 벽 50[%], 바닥 10[%]
- 광원 : 직접조명 기구로 고천장 LED 형광등기구 160[W], 광효율 123[lm/W], 상태양호
- 벽을 이용하지 않는 경우 등과 벽 사이의 간격(S_0) ≤ $0.5H$

참고자료 1

▸ 실지수 분류기호

기호	A	B	C	D	E	F	G	H	I	J
실지수	5.0	4.0	3.0	2.5	2.0	1.5	1.25	1.0	0.8	0.6
범위	4.5 이상	4.5 ~ 3.5	3.5 ~ 2.75	2.75 ~ 2.25	2.25 ~ 1.75	1.75 ~ 1.38	1.38 ~ 1.12	1.12 ~ 0.9	0.9 ~ 0.7	0.7 이하

참고자료 2

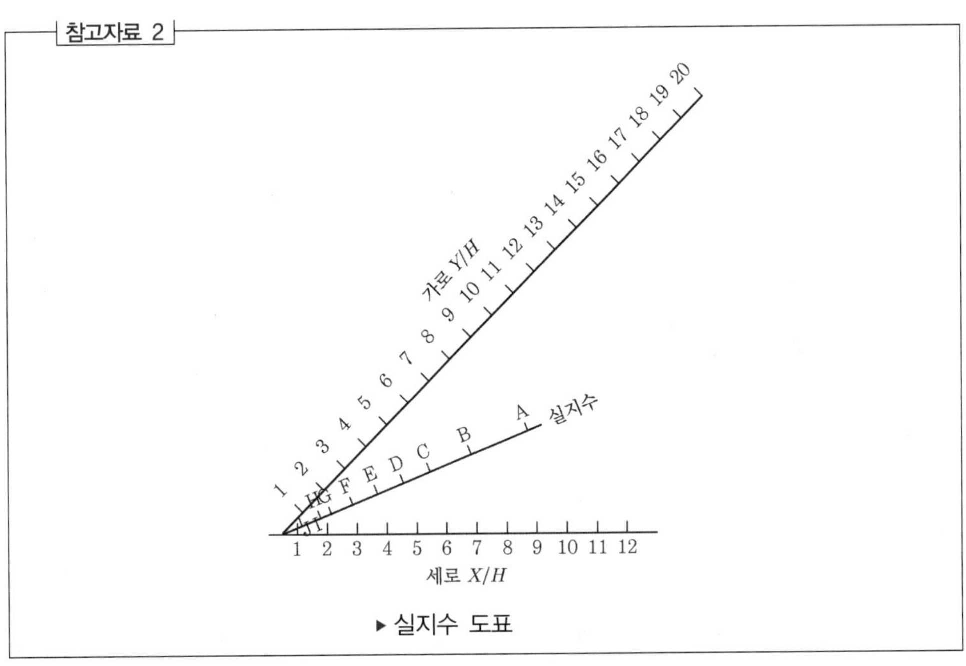

▸ 실지수 도표

참고자료 3

▸ 조명률 표

배광	조명 기구	감광보상률 (D)			반사율 ρ / 천장	0.75			0.50			0.30	
		보수상태			벽	0.5	0.3	0.1	0.5	0.3	0.1	0.3	0.1
설치간격		양	중	부	실지수	조명률 U[%]							
반직접		전구			J0.6	26	22	19	24	21	18	19	17
					I0.8	33	28	26	30	26	24	25	23
0.25		1.3	1.4	1.5	H1.0	36	32	30	33	30	28	28	26
					G1.25	40	36	33	36	33	30	30	29
		형광등			F1.5	43	39	35	39	35	33	33	31
					E2.0	47	44	40	43	39	36	36	34
					D2.5	51	47	43	46	42	40	39	37
0.55		1.4	1.7	1.8	C3.0	54	49	45	48	44	42	42	38
					B4.0	57	53	50	51	47	45	43	41
$S \leq H$					A5.0	59	55	52	53	49	47	47	43
직접		전구			J0.6	34	29	26	32	29	27	29	27
					I0.8	43	38	35	39	36	35	36	34
0		1.3	1.4	1.5	H1.0	47	43	40	41	40	38	40	38
					G1.25	50	47	44	44	43	41	42	41
		형광등			F1.5	52	50	47	46	44	43	44	43
					E2.0	58	55	52	49	48	46	47	46
					D2.5	62	58	56	52	51	49	50	49
0.75		1.4	1.7	2.0	C3.0	64	61	58	54	52	51	51	50
					B4.0	67	64	62	55	53	52	52	52
$S \leq 1.3H$					A5.0	68	66	64	56	54	53	54	52

1) 분류기호 표를 이용한 실지수 기호를 구하시오.

(1) 계산

정답

실지수 $= \dfrac{XY}{H(X+Y)} = \dfrac{32 \times 20}{6 \times (32+20)} = 2.05$

(2) 실지수 기호

정답

[참고자료 1]에서 실지수의 범위 1.75~2.25에 해당하므로 실지수의 기호는 E이다.

2) 실지수 도표를 이용한 실지수 기호를 구하시오.

(1) 계산

정답

가로 $\dfrac{Y}{H} = \dfrac{32}{6} = 5.33$

세로 $\dfrac{X}{H} = \dfrac{20}{6} = 3.33$

(2) 실지수 기호

정답

[참고자료 2]를 기준으로 실지수 기호는 E이다.

3) 조명률을 구하시오.

정답

[참고자료 3]에서 조건에 따른 천장 반사율이 0.75, 벽 반사율 0.5, 실지수 E칸에서 만나는 조명률은 58[%]이다.

4) 소요 등수를 구하시오.

정답

$FUN = DES$이므로 ([참고자료 3]을 기준으로 감광보상률은 1.4가 된다.)

$$N = \frac{DES}{FU} = \frac{1.4 \times 500 \times 32 \times 20}{160 \times 123 \times 0.58} = 39.25[\text{등}]$$

따라서 40[등]

5) 실내체육관 LED 형광등기구의 최소 분기회로수를 구하시오. (단, LED 형광등기구의 사용전압은 단상 220[V]이며, 16[A] 분기회로로 한다.)

정답

분기회로수 $N = \frac{160 \times 40}{220 \times 16} = 1.82$

따라서 16[A] 분기회로 2회로 선정

6) 광원과 광원 사이의 최대 간격과 벽과 광원 사이의 최대 간격(벽을 이용하지 않는 경우)을 구하시오.

(1) 광원과 광원 사이의 최대 간격(S)은 몇 [m]로 하여야 하는지 구하시오.

정답

$S \leq 1.3H$

$S = 1.3 \times 6 = 7.8[\text{m}]$

(2) 벽과 광원 사이의 최대 간격(S_0)은 몇 [m]로 하여야 하는지 구하시오.

정답

$S_0 \leq \frac{1}{2}H$

$S_0 = \frac{1}{2} \times 6 = 3[\text{m}]$

7) 다음 그림과 같은 기호의 명칭을 쓰시오.

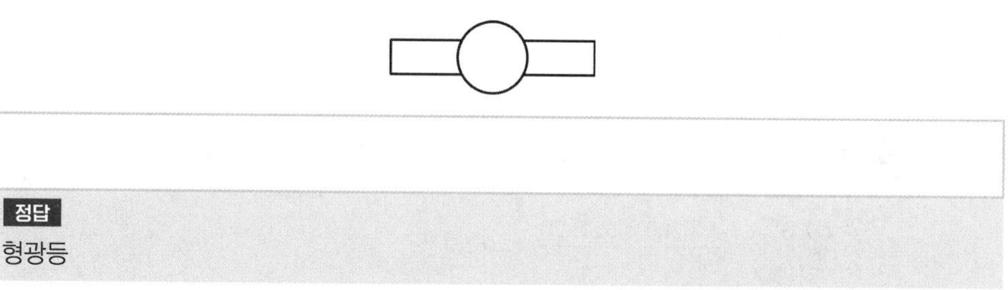

정답

형광등

40

냉각탑 플랫폼 위 일직선상 양쪽에 자립형 등기구가 하나씩 설치되어 있다. 냉각탑 팬 모터 중앙의 수평면 조도[lx]를 구하시오.

조건

- 광원의 높이 : 2.5[m]
- 냉각탑 플랫폼의 크기 : 가로 8[m], 세로 3[m]
- 광원에서 중앙 방향으로의 광도 : 270[cd]

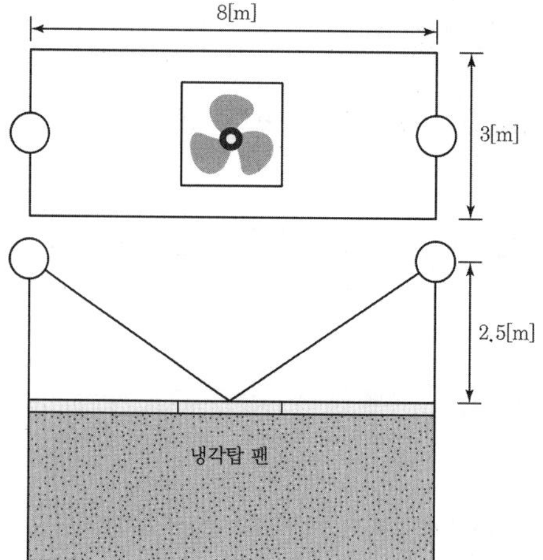

정답

냉각탑 팬의 수평면 조도는 양쪽에 등기구가 있으므로 $2E_h$ 가 된다.

따라서 $2\times\frac{I}{r^2}\cos\theta=2\times\frac{270}{4^2+2.5^2}\times\frac{2.5}{\sqrt{4^2+2.5^2}}=12.86[\text{lx}]$

41 방의 가로 길이가 8[m], 세로 길이가 6[m], 방바닥에서 천장까지의 높이가 4.1[m]인 방에 조명기구를 천장 직부형으로 시설하고자 한다. 다음의 각 경우로 조명기구를 배열할 때 벽과 조명기구 사이의 최대 이격거리[m]를 구하시오. (단, 작업면으로부터 책상면의 높이는 방바닥으로부터 0.8[m]이다.)

1) 벽면을 이용하지 않을 때

정답

등고 $H=4.1-0.8=3.3$[m]가 되므로 벽면을 이용하지 않는 경우

$$S_0\le\frac{1}{2}H$$

$$\le\frac{3.3}{2}=1.65[\text{m}]$$

2) 벽면을 이용할 때

정답

등고 $H=4.1-0.8=3.3$[m]가 되므로 벽면을 이용할 경우

$$S_0\le\frac{1}{3}H$$

$$\le\frac{3.3}{3}=1.1[\text{m}]$$

Chapter 20 심벌문제

01 그림과 같은 심벌의 명칭을 쓰시오.

(1) ⊠ (2) ⧓ (3) ⊠ (4) ◪ (5) ◪

정답

(1) 배전반
(2) 제어반
(3) 재해방지 전원회로용 배전반
(4) 재해방지 전원회로용 분전반
(5) 분전반

02 다음 그림기호의 정확한 명칭을 쓰시오.

그림기호	명칭
CT	
TS	
╤	
┤├	
Wh	

정답

그림기호	명칭
CT	변류기(상자)
TS	타임스위치
⊥ (콘덴서 기호)	콘덴서
⊣⊢	축전지
Wh	전력량계(상자들이 또는 후드붙이)

03 다음 전선 약호의 품명을 쓰시오.

약호	품명
ACSR	
CN – CV – W	
FR CNCO – W	
LPS	
VCT	

정답

약호	품명
ACSR	강심알루미늄 연선
CN – CV – W	동심중성선 수밀형 전력케이블
FR CNCO – W	동심중성선 수밀형 저독성 난연 전력케이블
LPS	300/500V 연질 비닐 시스 케이블
VCT	0.6/1kV 비닐절연 비닐캡타이어 케이블

04 다음 조건에 있는 콘센트의 그림기호를 그리시오.

1) 벽붙이용
2) 천장에 부착하는 경우
3) 바닥에 부착하는 경우
4) 방수형
5) 2구용

정답

1)

2)

3)

4)  WP

5)  2

05 옥내 배선용 그림기호에 대한 다음 각 물음에 답하시오.

1) 일반적인 콘센트의 그림기호는  이다. 어떤 경우에 사용되는가?

정답

벽붙이용

2) 점멸기의 그림기호로 ●2P, ●3 는 어떤 의미인가?

정답

2극 스위치, 3로 스위치

3) 배선용 차단기, 누전 차단기의 그림기호를 그리시오.

정답

(1) 배선용 차단기 : B

(2) 누전 차단기 : E

4) HID등으로서 M400, N400의 의미는 무엇인가?

정답

(1) M400 : 400[W] 메탈 할라이드등
(2) N400 : 400[W] 나트륨등

06 그림은 옥내 배선도의 일부를 표시한 것이다. ㉠, ㉡ 전등은 스위치 A로, ㉢, ㉣ 전등은 스위치 B로 점멸되도록 하고자 한다. 각 배선에 필요한 최소 전선 가닥수를 표시하시오.

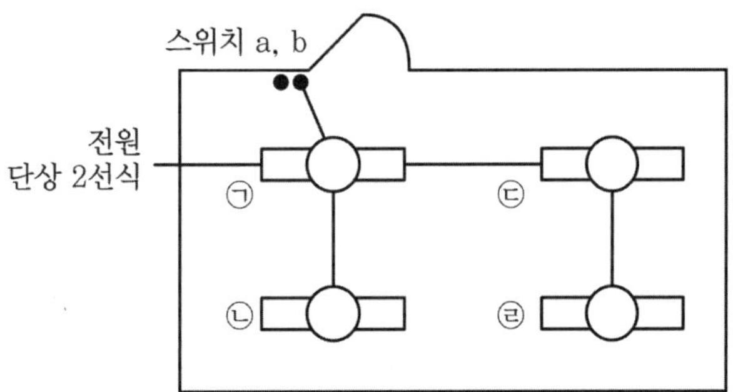

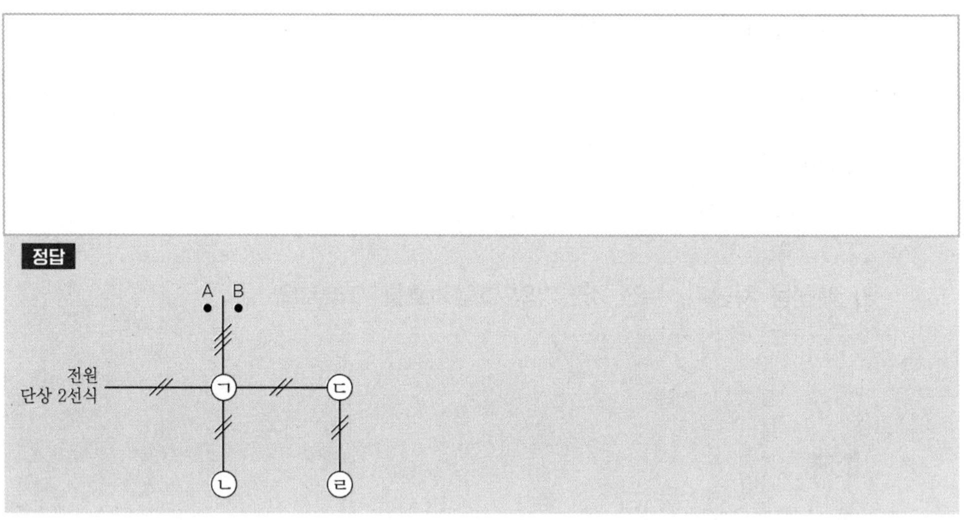

07 3로 스위치 4개를 사용한 3개소 점멸의 단선결선도를 참고하여 복선도를 완성하시오.

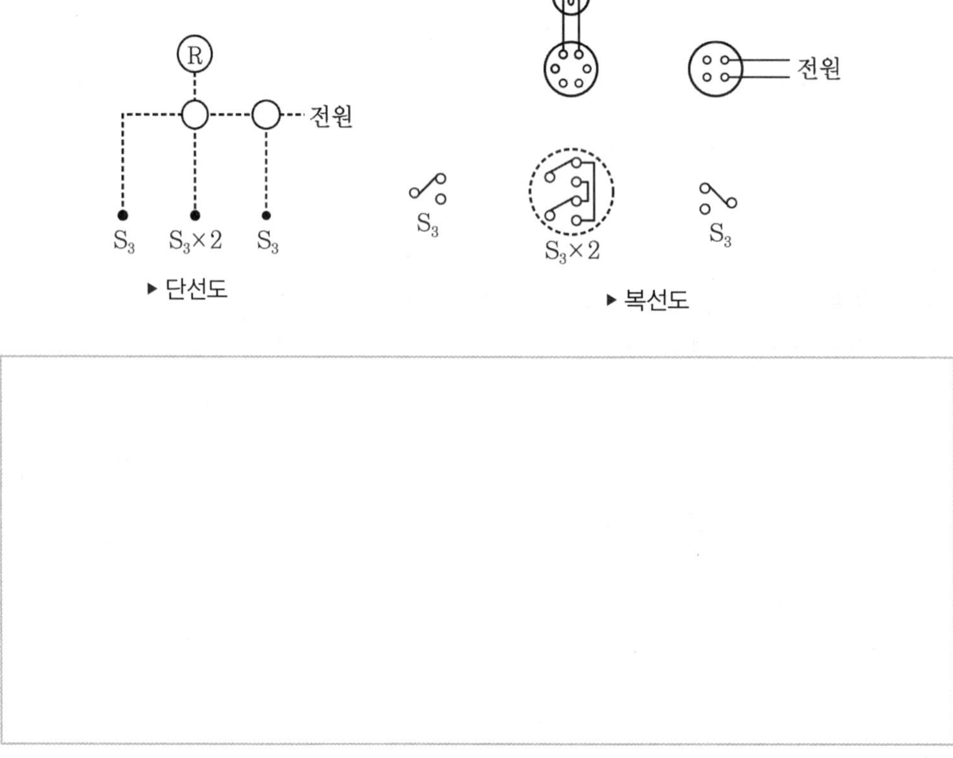

정답

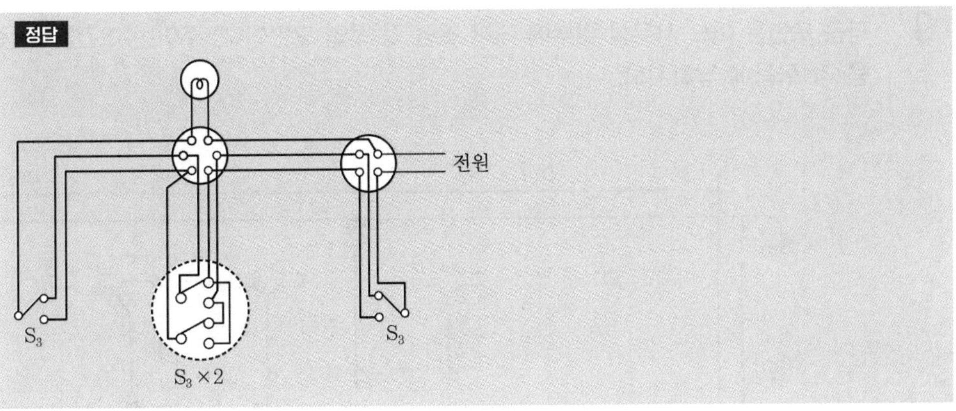

08 전등을 한 계통에서 3개소 점멸하기 위한 3로 스위치 2개와 4로 스위치 1개를 조합하여 다음 주어진 조건(배선도)을 완성하시오.

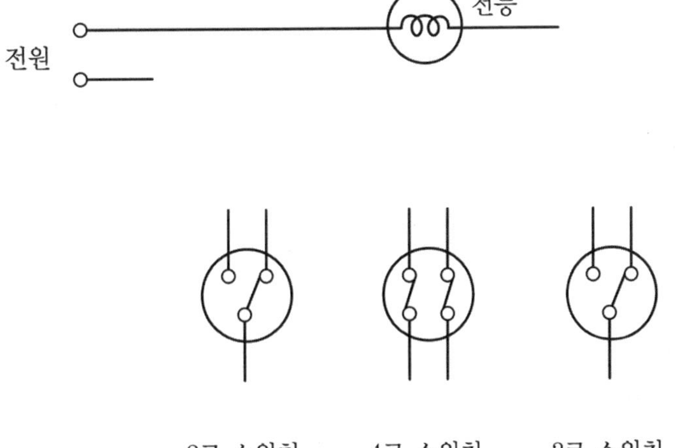

정답

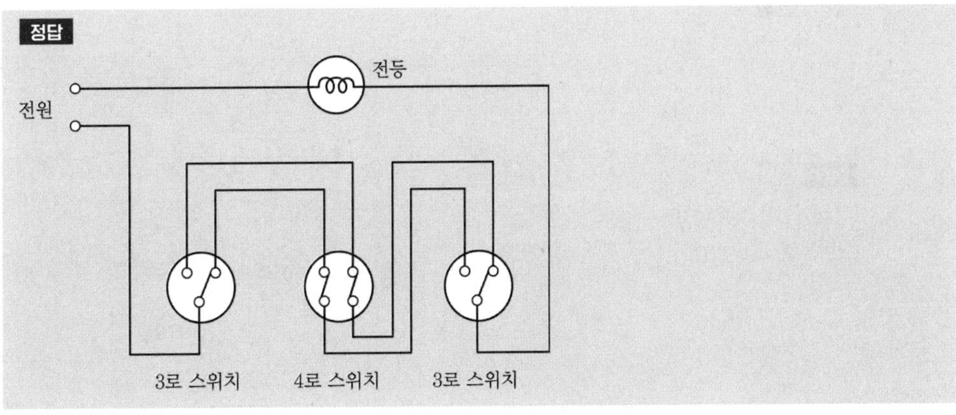

09 다음 도면은 어느 사무실 일부에 대한 조명 및 전열 도면이다. 주어진 조건을 이용하여 다음 각 물음에 답하시오.

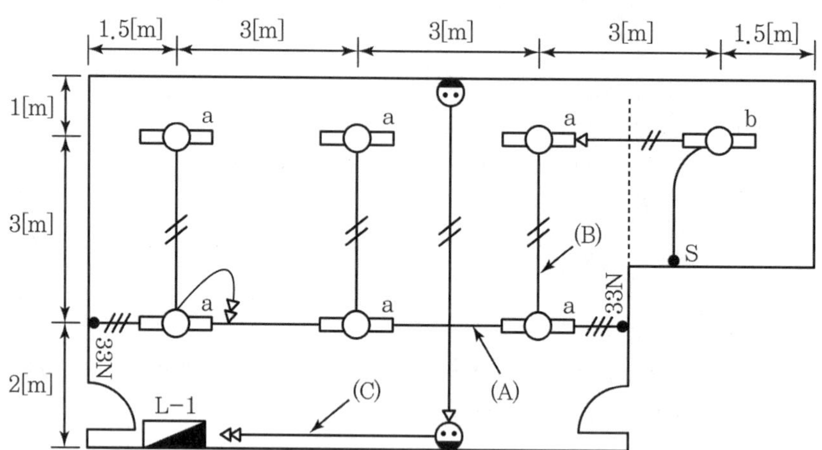

조건
- 층고 : 3.6[m] 2중 천장
- 2중 천장과 천장 사이 : 1[m]
- 조명 기구 : FL32×2 매입형
- 전선관 : 금속 전선관
- 콘크리트 슬라브 및 미장 마감

1) 전등과 전열에 사용할 수 있는 전선의 최소 굵기는 몇 [mm^2]인가? (단, 접지도체는 제외한다.)

(1) 전등

(2) 전열

정답

(1) 전등 2.5[mm^2]

(2) 전열 2.5[mm^2]

2) 도면의 (A)와 (B)에 배선되는 전선수는 최소 몇 본인가? (단, 접지도체는 제외한다.)

(A)

(B)

정답

(A) : 6가닥

(B) : 4가닥

3) 도면의 (C)에 사용될 전선의 종류와 전선의 굵기 및 전선 가닥수를 쓰시오. (단, 접지도체는 제외한다.)

(1) 전선의 종류

(2) 전선의 굵기

(3) 전선 가닥수

정답

(1) NR

(2) 2.5[mm^2]

(3) 4가닥

(4) 도면에서 박스(4각 박스 + 8각 박스 + 스위치 박스)는 몇 개가 필요한가? (단, 분전반은 제외한다.)

정답

12개

5) 30AF/20AT에서 AF와 AT의 의미는 무엇인가?

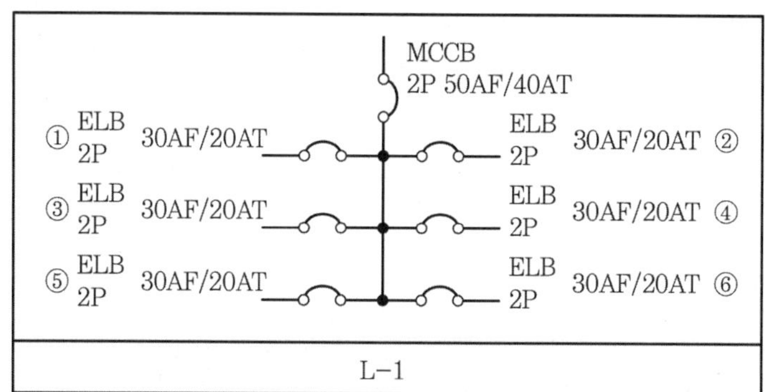

(1) AF

(2) AT

정답

(1) AF : 차단기 프레임 전류

(2) AT : 차단기 트립 전류

10

계단의 전등을 계단의 아래와 위의 두 곳에서 자유로이 점멸하도록 3로 스위치를 사용하려고 한다. 주어진 미완성 도면을 완성하시오.

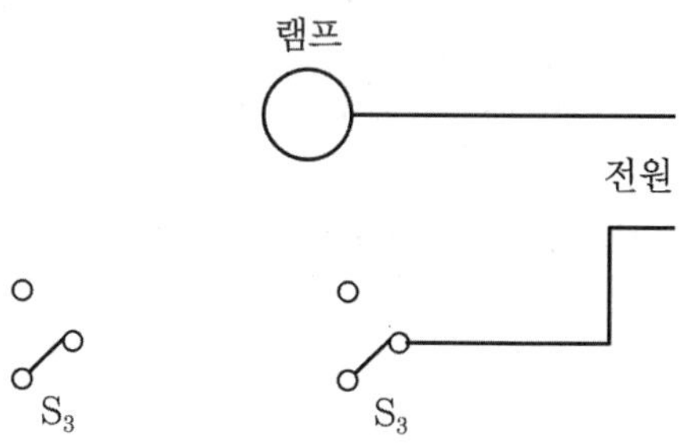

정답

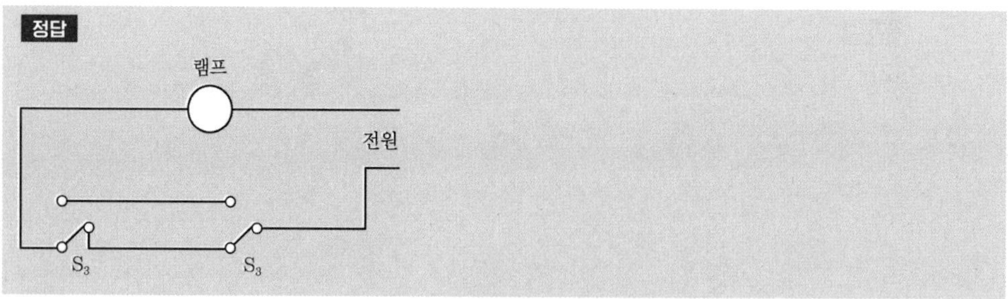

부록

전기기사 실기 기출문제

• Electrical • Engineer •

- 2022년 제1회 기출문제
- 2022년 제2회 기출문제
- 2022년 제3회 기출문제

2022년 제1회 전기기사 실기 기출문제

01 주어진 조건을 이용하여 영상전압, 정상전압, 역상전압을 구하시오. (단, $V_a = 7.3\angle 12.5°$, $V_b = 0.4\angle -100°$, $V_c = 4.4\angle 154°$ 이며, 상순은 A－B－C이다.)

정답

1) 영상전압 V_0

$$V_0 = \frac{1}{3}(V_a + V_b + V_c)$$
$$= \frac{1}{3}(7.3\angle 12.5° + 0.4\angle -100° + 4.4\angle 154°)$$
$$= 1.47\angle 45.11°$$
$$= 1.03 + j1.03$$

2) 정상전압 V_1

$$V_1 = \frac{1}{3}(V_a + aV_b + a^2 V_c)$$
$$= \frac{1}{3}(7.3\angle 12.5° + 1\angle 120° \times 0.4\angle -100° + 1\angle -120° \times 4.4\angle 154°)$$
$$= 3.97\angle 20.54°$$
$$= 3.72 + j1.39$$

3) 역상전압 V_2

$$V_2 = \frac{1}{3}(V_a + a^2 V_b + aV_c)$$
$$= \frac{1}{3}(7.3\angle 12.5° + 1\angle -120° \times 0.4\angle -100° + 1\angle 120° \times 4.4\angle 154°)$$
$$= 2.52\ \angle -19.7°$$
$$= 2.38 - j0.85$$

02 커패시터에서 주파수가 50[Hz]에서 60[Hz]로 증가했을 때 전류는 몇 [%]가 증가 또는 감소하는가?

정답

$$I = \frac{V}{z} = \frac{V}{\frac{1}{wc}} = 10\omega c V = 2\pi fcV$$

50[Hz]일 때 전류 : I

60[Hz]일 때 전류 : I'

$I : I' = 50 : 60$

$I' \times 50 = I \times 60$

$\therefore\ I' = \frac{60}{50} I = 1.2$

∴ 20[%] 증가

03 변압기 용량 500[kVA]에 역률 0.6, 500[kVA] 부하가 접속되어 있다. 커패시터를 설치하여 역률을 0.9로 개선하고자 한다면 부하[kW]를 얼마만큼 더 증가할 수 있게 되는가? (단, 추가되는 부하의 역률을 0.9라고 한다.)

정답

1) 커패시터 설치 전의 유효전력

$P_1 = 500 \times 0.6 = 300$[kW]

2) 커패시터 설치 후의 유효전력

$P_2 = 500 \times 0.9 = 450$[kW]

3) 증가시킬 수 있는 유효전력

$\Delta P = P_2 - P_1 = 450 - 300$[kW] $= 150$[kW]

04 측정범위 1[mA], 내부저항 20[kΩ]의 전류계에 분류기를 붙여서 6[mA]까지 측정하고자 한다. 몇 [Ω]의 분류기를 사용하여야 하는가?

정답

$I_2 = I_1(1+\frac{R}{R_m})$

$6\times10^{-3} = 1\times10^{-3}\times(1+\frac{20}{R_m})$

$6 = 1+\frac{20}{R_m}$

$5 = \frac{20}{R_m}$

$R_m = \frac{20}{5} = 4[\text{k}\Omega]$

$= 4{,}000[\Omega]$

05 다음은 어느 제조공장의 부하 목록이다. 부하중심거리공식을 활용하여 부하중심위치(X, Y)를 구하시오. (단, X는 X축 좌표, Y는 Y축 좌표를 의미하며 다른 주어지지 않은 조건은 무시한다.)

구분	분류	소비전력량	위치(X)	위치(Y)
1	물류저장소	120[kWh]	4[m]	4[m]
2	유틸리티	60[kWh]	9[m]	3[m]
3	사무실	20[kWh]	9[m]	9[m]
4	생산라인	320[kWh]	6[m]	12[m]

정답

부하 중심점 거리 L

1) X축

$$L = \frac{P_1X_1 + P_2X_2 + P_3X_3 + P_4X_4}{P_1 + P_2 + P_3 + P_4}$$

$$= \frac{120 \times 4 + 60 \times 9 + 20 \times 9 + 320 \times 6}{120 + 60 + 20 + 320}$$

$= 6[\text{m}]$

2) Y축

$$L = \frac{P_1Y_1 + P_2Y_2 + P_3Y_3 + P_4Y_4}{P_1 + P_2 + P_3 + P_4}$$

$$= \frac{120 \times 4 + 60 \times 3 + 20 \times 9 + 320 \times 12}{120 + 60 + 20 + 320}$$

$= 9[\text{m}]$

06

전압 22,900[V], 주파수 60[Hz], 1회선의 3상 지중 송전선로의 3상 무부하 충전전류 및 충전용량을 구하시오. (단, 송전선로의 선로길이는 7[km], 케이블 1선당 작용정전용량은 0.4[μF/km]라고 한다.)

정답

1) 충전전류 I_c

$I_c = \omega CE$

$$= 2\pi \times 60 \times 0.4 \times 10^{-6} \times 7 \times \left(\frac{22,900}{\sqrt{3}}\right) = 13.96[\text{A}]$$

2) 충전용량

$Q_c = 3\omega CE^2$

$$= 3 \times 2\pi \times 60 \times 0.4 \times 10^{-6} \times 7 \times \left(\frac{22,900}{\sqrt{3}}\right)^2 \times 10^{-3} = 553.55[\text{kVA}]$$

07

154[kV] 중성점 직접 접지계통의 피뢰기 정격전압은 어떤 것을 선택하여야 하는가? (단, 접지계수는 0.75, 유도계수는 1.1이다.)

피뢰기 정격전압[kV]					
126	144	154	168	182	196

정답

피뢰기 정격전압 V_n

$V_n = \alpha\beta V_m = 0.75 \times 1.1 \times 170 = 140.25$[kV]

∴ 144[kV] 선정

08

최대수요전력 5,000[kW], 부하의 역률 0.9, 네트워크(Network) 수전 회선수는 4회선, 네트워크 변압기의 과부하율이 1.3이라면 네트워크 변압기 용량은 몇 [kVA] 이상이어야만 하는가?

정답

$$\text{네트워크 변압기 용량} = \frac{\text{최대부하}[kVA]}{\text{수전회선수}-1} \times \frac{100}{\text{과부하율}}$$

$$= \frac{\frac{5,000}{0.9}}{4-1} \times \frac{100}{130} = 1,424.5[\text{kVA}]$$

09

대지 고유저항률 400[Ω · m], 직경 19[mm], 길이 2,400[mm]인 접지봉을 전부 매입한다고 한다. 접지저항(대지저항)값은 얼마인가?

정답

$$R=\frac{\rho}{2\pi\ell}\times\ln\frac{2\ell}{r}[\Omega]$$
$$=\frac{400}{2\pi\times2.4}\times\ln\frac{2\times2.4}{\frac{0.019}{2}}=165.125[\Omega]$$

10 한국전기설비규정에서 정한 과전류차단기 시설이 제한되는 장소를 3가지 쓰시오. (단, 전동기 과부하 보호는 제외한다.)

정답

1) 접지공사의 접지도체
2) 다선식전로의 중성선
3) 전로 일부에 접지공사를 한 저압가공전선로의 접지 측 전선

11 다음 부하에 대한 발전기 최소 용량[kVA]을 아래의 조건을 이용하여 산정하시오. (단, 전동기 [kW]당 입력 환산계수(a)는 1.45, 전동기의 기동계수(c)는 2, 발전기의 허용전압강하계수(k)는 1.45이다.)

조건

발전기용량산정식 $P_G \geq [\sum P+(\sum P_m-P_L)\times+(P_L\times a\times c)]\times k$

(여기서,

P_G : 발전기용량

P : 전동기 이외의 부하 용량 합계[kVA]

$\sum P_m$: 전동기 부하 용량 합계[kW]

P_L : 전동기 부하 중 기동용량이 가장 큰 전동기 부하 용량[kW]

a : 전동기 [kW]당 입력[kVA] 용량계수

c : 전동기의 기동 계수

k : 발전기의 허용전압강하계수)

NO	부하의 종류	부하용량
1	유도전동기 부하	37[kW]×1대
2	유도전동기 부하	10[kW]×5대
3	전동기 외의 부하의 용량	30[kVA]

정답

$P_G \geq [\sum P + (\sum P_m - P_L) \times + (P_L \times a \times c)] \times k$

$= [30 + (87 - 37) \times 1.45 + (37 \times 1.45 \times 2)] \times 1.45 = 304.21[\text{kVA}]$

12 단상 변압기에서 전부하 2차 단자전압 115[V], 권수비 20, 전압변동률 2[%]일 때 1차 전압을 구하시오.

정답

변압기 1차 전압 V_1

$V_1 = a(\epsilon + 1) V_{2n} = 20 \times (0.02 + 1) \times 115 = 2{,}346[\text{V}]$

13 다음과 같은 380[V] 선로에서 계기용 변압기의 PT비가 380/110[V]이다. 아래의 그림을 참조하여 다음 각 물음에 답하시오.

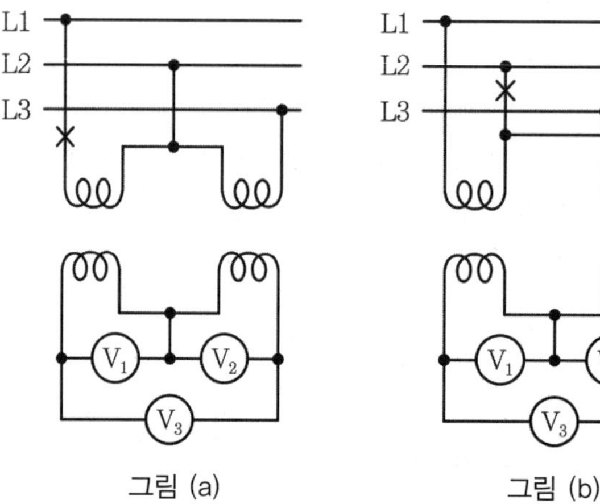

그림 (a) 그림 (b)

1) 그림 (a)에서 X지점에서 단선 사고가 발생하였을 경우 전압계의 지시값 V_1, V_2, V_3를 구하시오.

정답

(1) $V_1 = 0[\mathrm{V}]$

(2) $V_2 = 380 \times \frac{110}{380} = 110[\mathrm{V}]$

(3) V_3의 경우 V_1과 V_2의 합의 전압이 걸리므로

$V_3 = 0 + 380 \times \frac{110}{380} = 110[\mathrm{V}]$가 된다.

2) 그림 (b)의 X지점에서 단선 사고 시 전압계 지시값 V_1, V_2, V_3를 구하시오.

정답

(1) $V_1 = 380 \times \frac{1}{2} \times \frac{110}{380} = 55[\mathrm{V}]$

(2) $V_2 = 380 \times \frac{1}{2} \times \frac{110}{380} = 55[\mathrm{V}]$

(3) $V_3 =$ V_1과 V_2의 차가 되므로 0[V]가 된다.

14 154[kV] 계통의 변전소에 다음과 같은 정격전압 및 용량을 갖는 3권선 변압기가 있다. 다음 각 물음에 답하시오. (단, 기타 주어지지 않은 조건은 무시한다.)

1차 입력 154[kV]	2차 입력 66[kV]	3차 입력 23[kV]
1차 용량 100[MVA]	2차 용량 100[MVA]	3차 용량 50[MVA]
$\%X_{12} = 9[\%]$ (100[MVA] 기준)	$X_{23} = 3[\%]$ (50[MVA] 기준)	$\%X_{31} = 8.5[\%]$ (50[MVA] 기준)

1) 각 권선의 %X를 100[MVA]를 기준으로 구하시오.

정답

100[MVA]를 기준으로 리액턴스를 구하면 다음과 같다.

$X_{23} = \frac{100}{50} \times 3 = 6[\%]$

$X_{31} = \frac{100}{50} \times 8.5 = 17[\%]$

(1) $\%X_1 = \frac{1}{2}(9+17-6) = 10[\%]$

(2) $\%X_2 = \frac{1}{2}(9+6-17) = -1[\%]$

(3) $\%X_3 = \frac{1}{2}(6+17-9) = 7[\%]$

2) 1차 입력이 100[MVA](역률이 0.9진상)이고, 3차에 50[MVA]의 전력용 커패시터를 접속했을 때 2차 출력[MVA]과 역률[%]을 구하시오.

정답

(1) 1차 측 유효전력 $P_1 = 100 \times 0.9 = 90[\text{MW}]$

(2) 1차 측 무효전력 $Q_1 = 100 \times \sqrt{1-0.9^2} = 43.58[\text{MVar}]$

(3) 3차 측 무효전력이 50[MVar]이므로

피상전력 $P_a = \sqrt{90^2 + (43.58+50)^2} = 129.84[\text{MVA}]$

역률 $\cos\theta = \frac{P}{P_a} = \frac{90}{129.84} \times 100 = 69.31[\%]$

15 감리자의 작업 지시 등이 서로 일치하지 아니하는 경우에 있어서 계약으로 그 적용의 우선 순위를 정하지 아니한 때의 순서를 바르게 배열하시오.

① 설계도면
② 공사시방서
③ 산출내역서
④ 전문시방서
⑤ 표준시방서
⑥ 감리자의 지시사항

정답

② → ① → ④ → ⑤ → ③ → ⑥

16 아래 그림은 누전차단기를 적용하는 것으로 CVCF 출력단의 접지용 콘덴서 $C_0 = 5$[μF]이고, 부하 측 라인필터의 대지 정전용량 $C_1 = C_2 = 0.1$[μF], 누전차단기 ELB_1에서 지락점까지의 케이블의 대지정전용량 $C_{L1} = 0.2$[μF](EBL_1의 출력단에 지락 발생 예상), ELB_2에서 부하 2까지의 케이블의 대지정전용량은 $C_{L2} = 0.2$[μF]이다. 지락저항은 무시하며, 사용 전압은 220[V], 주파수가 60[Hz]인 경우 다음 각 물음에 답하시오.

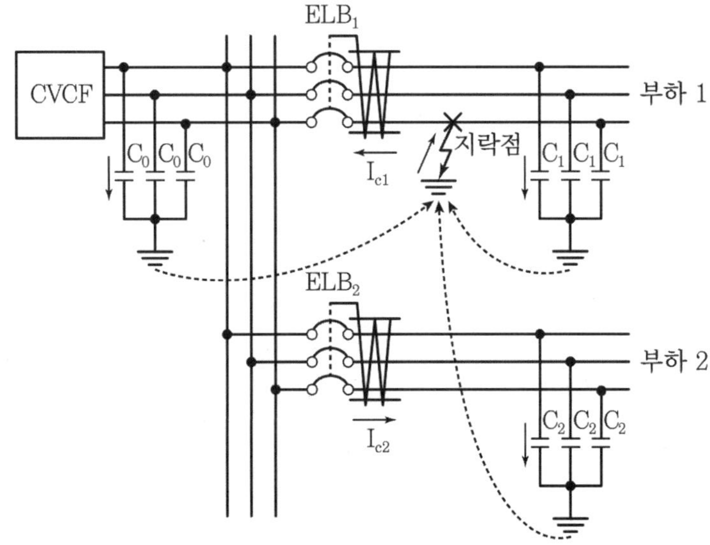

조건

1) $I_{c1} = 3 \times 2\pi f CE$로서 계산한다.
2) 누전차단기는 지락 시의 지락전류의 $\frac{1}{3}$에 동작 가능하여야 하며, 부동작전류는 건전 피더에 흐르는 지락전류의 2배 이상의 것으로 한다.
3) 누전차단기의 시설 구분에 대한 표시 기호는 다음과 같다.
   O : 누전차단기를 시설할 것
   Δ : 주택에 기계기구를 시설하는 경우에는 누전차단기를 시설할 것
   □ : 주택 구내 또는 도로에 접한 면에 룸에어컨디셔너, 아이스박스, 진열장, 자동판매기 등 전동기를 부품으로 한 기계기구를 시설하는 경우에는 누전차단기를 시설하는 것이 바람직하다.

1) 도면에서 CVCF는 무엇인지 우리말 명칭을 쓰시오.

정답

정전압 정주파수 공급 장치

2) 건전(Feeder) ELB₂에 흐르는 지락전류 I_{C2}는 몇 [mA]인가?

정답

지락전류 $I_{C2} = 3\omega CE$

$$= 3 \times 2\pi f \times (C_{L2} + C_2) \times \frac{V}{\sqrt{3}}$$

$$= 3 \times 2\pi \times 60 \times (0.2 + 1) \times 10^{-6} \times \frac{220}{\sqrt{3}} \times 10^3$$

$$= 43.095[\text{mA}]$$

3) 누전차단기 ELB_1, ELB_2가 불필요한 동작을 하지 않기 위해서 정격감도전류는 몇 [mA] 범위의 것을 선정하여야 하는가?

정답

조건에서

① 동작전류 = 지락전류 $\times \frac{1}{3}$ 배가 되므로

$$I_c = 3\omega CE$$

$$= 3\times 2\pi f \times (C_0 + C_{L1} + C_{L2} + C_2) \times \frac{V}{\sqrt{3}}$$

$$= 3\times 2\pi \times 60 \times (5+0.2+0.1+0.2+0.1)\times 10^{-6} \times \frac{220}{\sqrt{3}} \times 10^3$$

$$= 804.456[\text{mA}]$$

따라서 $804.456 \times \frac{1}{3} = 268.15[\text{mA}]$이다.

② 부동작전류 = 건전피더 지락전류 $\times 2$배가 되므로

2)에서 계산한 $43.095 \times 2 = 86.2[\text{mA}]$

따라서 86.2[mA] ~ 268.15[mA]가 된다.

17 다음 주어진 도면을 보고 물음에 답하시오.

A, B → Y

1) 회로의 명칭을 쓰시오.

정답

Exclusive Nor회로, 일치회로

2) 논리식을 작성하시오.

정답

$Y = A \cdot B + \overline{A} \cdot \overline{B}$

3) 진리표를 완성하시오.

A	B	Y

정답

A	B	Y
0	0	1
0	1	0
1	0	0
1	1	1

18 다음 논리식을 참고하여 유접점 회로를 완성하시오.

논리식 $L = (X + \overline{Y} + Z) \cdot (Y + \overline{Z})$

정답

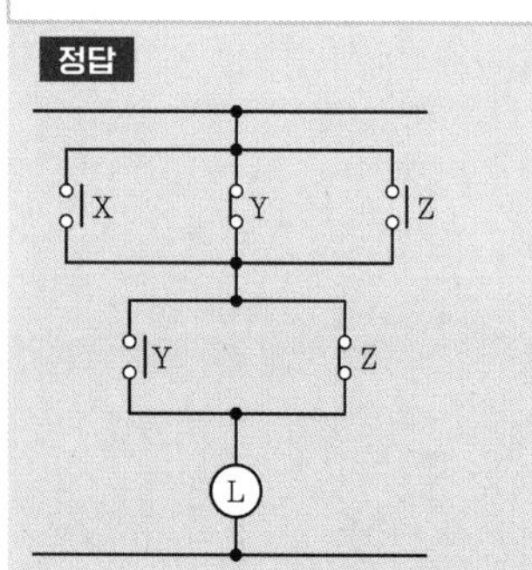

전기기사 실기 기출문제

01 용량이 5,000[kVA]인 수전설비의 수용가에서 5,000[kVA], 75[%](지상)의 부하가 운전 중이다. 다음 각 물음에 답하시오.

1) 위 조건에 1,000[kVA] 전력용 커패시터를 설치했을 때 개선된 역률[%]을 구하시오.

정답

1) 설치 전의 유효전력
$P_1 = 5{,}000 \times 0.75 = 3{,}750$[kW]

2) 설치 전의 무효전력
$Q_1 = 5{,}000 \times \sqrt{1-0.75^2} = 3{,}307.19$[kVar]

3) 1,000[kVA]의 커패시터를 설치하였으므로
$Q_0 = Q_1 - Q_c = 3{,}307.19 - 1{,}000 = 2{,}307.19$[kVar]

4) 콘덴서 설치에 따른 개선된 역률
$\cos\theta = \dfrac{P}{P_a} = \dfrac{3{,}750}{\sqrt{3{,}750^2 + (2{,}307.19)^2}} \times 100 = 85.17$[%]

2) 1,000[kVA] 전력용 커패시터를 설치한 후, 역률 80[%](지상)의 부하를 추가로 접속하여 운전하려고 한다. 이때 추가할 수 있는 역률 80[%](지상)의 최대 부하용량[kW]을 구하시오.

정답

ΔP[kVA]

$\Delta P \times 0.8$ $\Delta P \times 0.6$

3) 1,000[kVA] 전력용 커패시터를 설치하고, 2)에서 구한 부하를 추가했을 때 합성역률을 구하시오.

정답

$\cos\theta = \dfrac{P+\Delta P}{P_a} = \dfrac{3{,}750+479.46}{5{,}000} \times 100 = 84.59[\%]$

02 상순이 a－b－c인 불평형 3상 전류가 각각 I_a = 7.28 ∠ 15.95°[A], I_b = 12.81 ∠ −128.66°[A], I_c = 7.21 ∠ 123.69°[A]인 경우 대칭분(영상분 I_0, 정상분 I_1, 역상분 I_2)[A]를 구하시오.

1) 영상분

정답

$I_0 = \dfrac{1}{3}(I_a + I_b + I_c)$

$= \dfrac{1}{3} \times (7.28\angle 15.95^\circ + 12.81\angle -128.66^\circ + 7.21\angle 123.69^\circ)$

$= -1.67 - j0.67$

$= 1.8 \angle -158.17^\circ$[A]

2) 정상분

정답

$I_1 = \dfrac{1}{3}(I_a + aI_b + a^2 I_c)$

$= \dfrac{1}{3} \times (7.28 \angle 15.95^\circ + 1 \angle 120^\circ \times 12.81 \angle -128.66^\circ + 1 \angle -120^\circ \times 7.21 \angle 123.69^\circ)$

$= 8.95 + j0.18$

$= 8.95 \angle 1.14^\circ$[A]

3) 역상분

정답

$$I_1 = \frac{1}{3}(I_a + a^2 I_b + aI_c)$$
$$= \frac{1}{3} \times (7.28 \angle 15.95^\circ + 1 \angle -120^\circ \times 12.81 \angle -128.66^\circ + 1 \angle 120^\circ \times 7.21 \angle 123.69^\circ)$$
$$= -0.29 + j2.49$$
$$= 2.51 \angle 96.55^\circ \text{[A]}$$

03 지표면상 10[m] 높이에 수조가 있다. 이 수조에 초당 1[m³]의 물을 양수하려고 할 때, 다음 물음에 답하시오. (단, 펌프 효율이 70[%]이고, 유도전동기의 역률은 100[%]이며, 여유율은 20[%]로 한다.)

1) 펌프용 3상 농형 유도전동기의 출력[kW]를 구하시오.

정답

$$P = \frac{9.8KQH}{\eta}$$
$$= \frac{9.8 \times 1.2 \times 1 \times 10}{0.7}$$
$$= 168 \text{[kW]}$$

2) 단상 변압기 2대를 사용하여 V결선으로 전력을 공급할 경우 1대의 용량[kVA]를 구하시오.

정답

$P_V = \sqrt{3}\, P_a \cdot \cos\theta$

$P_s = \dfrac{P_V}{\sqrt{3} \cdot \cos\theta} = \dfrac{168}{\sqrt{3} \times 1} = 96.99[\text{KVA}]$

04

그림과 같이 전류계 3개를 가지고 부하전력을 측정하려고 한다. 각 전류계의 지시가 A_1 = 10[A], A_2 = 4[A], A_3 = 7[A]이고 R = 25[Ω]일 때 다음을 구하시오.

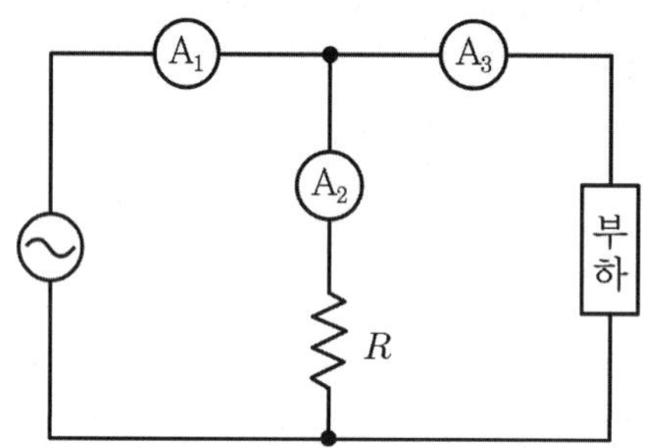

1) 부하에서 소비되는 전력[W]을 구하시오.

정답

소비전력 $P = \dfrac{R}{2}(A_1^2 - A_2^2 - A_3^2)$

$= \dfrac{25}{2}(10^2 - 4^2 - 7^2)$

$= 437.5[\text{W}]$

2) 부하 역률[%]을 구하시오.

정답

$$\text{역률 } \cos\theta = \frac{A_1^2 - A_2^2 - A_3^2}{2A_2A_3} = \frac{10^2 - 4^2 - 7^2}{2 \times 4 \times 7} = 0.625 = 62.5[\%]$$

05 다음 표에 대한 부하를 사용하는 수용가의 종합 최대수요전력(합성수요전력)을 구하시오.

조건	부하A	부하B	부하C	부하D
용량[kW]	10	20	20	30
수용률	0.8	0.8	0.6	0.6
부등률	1.3			

정답

$$\text{종합 최대수요전력} = \frac{\text{개별수용 최대전력의 합[kW]}}{\text{부등률}} = \frac{(10 \times 0.8) + (20 \times 0.8) + (20 \times 0.6) + (30 \times 0.6)}{1.3} = 41.54[\text{kW}]$$

06 수전전압 6,600[V], 수전점의 3상 단락 전류가 8,000[A]인 경우 다음 각 물음에 답하시오. (단, 단락점에서부터 바라본 가공전선로의 %임피던스의 총합은 58.5[%]이다.)

차단기의 정격용량[MVA]							
40	50	75	100	150	250	300	400

1) 기준용량을 구하시오.

정답

$P_n = \sqrt{3}\,VI_n = \sqrt{3} \times 6{,}600 \times 4{,}680 \times 10^{-6} = 53.5$[MVA]

단락전류 $I_s = \dfrac{100}{\%Z} I_n$

$I_n = \dfrac{I_s \times \%Z}{100} = \dfrac{8{,}000 \times 58.5}{100} = 4{,}680$[A]

2) 차단용량을 구하시오.

정답

$P_s = \sqrt{3}\,V_n I_s = \sqrt{3} \times 7{,}200 \times 8{,}000 \times 10^{-6} = 99.77$[MVA]

따라서 100[MVA] 선정

07

그림의 전력계통의 차단기 a에서의 단락용량[MVA]을 구하시오. (단, 전력계통에서 %임피던스는 10[MVA]을 기준으로 환산된 값이다.)

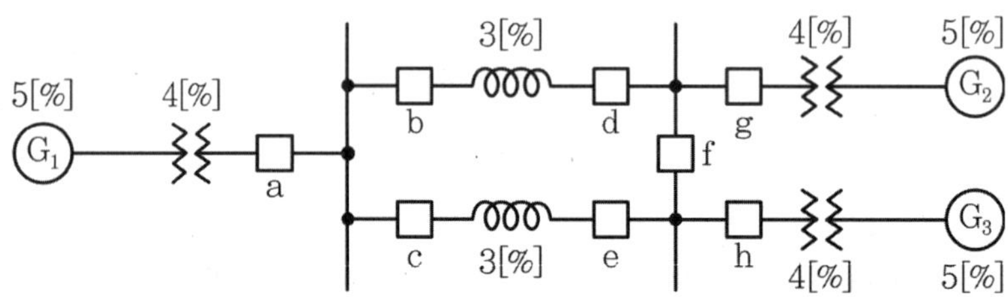

1) 차단기 a의 우측에서 단락이 일어났을 경우

정답

$P_s = \frac{100}{\%Z} P_n$

a점 차단기를 기준으로 우측의 %임피던스를 구하면 5 + 4 = 9[%]

따라서 $P_s = \frac{100}{9} \times 10 = 111.11$[MVA]

2) 차단기 a의 좌측에서 단락이 일어났을 경우

정답

$P_s = \frac{100}{\%Z} P_n$

a점 차단기를 기준으로 좌측의 %임피던스를 구하면 $(3+4+5) \times \frac{1}{2} = 6[\%]$

따라서 $P_s = \frac{100}{6} \times 10 = 166.67$[MVA]

차단기의 용량은 좌측의 사고를 기준으로 한다.

08 한국전기설비규정에서 규정한 다음 각 용어의 정의를 쓰시오.

1) PEM(Protective earthing conductor and mid – point conductor)

정답

직류회로에서 중간선 겸용 보호도체

2) PEL(Protective earthing conductor and a line conductor)

정답

직류회로에서 선도체 겸용 보호도체

09 3상 3선식 1회선 배전선로의 말단에 역률 80[%](지상) 3상 평형 부하가 있다. 변전소 인출구의 전압이 6,600[V], 부하의 단자전압이 6,000[V]일 때, 소비전력[kW]을 구하시오. (단, 선로의 저항은 1.4[Ω], 리액턴스는 1.8[Ω]이고 기타의 선로정수는 무시한다.)

정답

전압강하 $e = 6{,}600 - 6{,}000 = 600[\mathrm{V}]$

$$I = \frac{e}{\sqrt{3}(R\cos\theta + X\sin\theta)} = \frac{600}{\sqrt{3} \times (1.4 \times 0.8 + 1.8 \times 0.6)} = 157.48[\mathrm{A}]$$

수전전력 $P_r = \sqrt{3} \times 6{,}000 \times 157.48 \times 0.8 \times 10^{-3} = 1{,}309.26[\mathrm{kW}]$

10 변압기의 2차 정격전압이 2,300[V], 2차 정격전류가 43.5[A], 2차 측에서 본 합성저항이 0.66[Ω], 무부하손이 1,000[W]이다. 전부하 시 및 절반 부하 시의 역률 100[%] 및 역률 80[%]일 때의 이 변압기의 효율을 각각 구하시오.

1) 전부하 시

정답

(1) 역률 100[%]일 때

$$\eta = \frac{\text{출력}}{\text{출력} + \text{철손} + \text{동손}} \times 100[\%]$$

$$= \frac{2{,}300 \times 43.5 \times 1}{2{,}300 \times 43.5 \times 1 + (1{,}000) + (43.5^2 \times 0.66)} \times 100 = 97.8[\%]$$

(2) 역률 80[%]일 때

$$\eta = \frac{\text{출력}}{\text{출력} + \text{철손} + \text{동손}} \times 100[\%]$$

$$= \frac{2{,}300 \times 43.5 \times 0.8}{2{,}300 \times 43.5 \times 0.8 + (1{,}000) + (43.5^2 \times 0.66)} \times 100 = 97.27[\%]$$

2) 절반 부하 시

정답

(1) 역률 100[%]일 때

$$\eta = \frac{출력 \times \frac{1}{2}}{출력 \times \frac{1}{2} + 철손 + 동손} \times 100[\%]$$

$$= \frac{2,300 \times 43.5 \times 1 \times \frac{1}{2}}{2,300 \times 43.5 \times 1 \times \frac{1}{2} + (1,000) + (0.5^2 \times 43.5^2 \times 0.66)} \times 100 = 97.44[\%]$$

(2) 역률 80[%]일 때

$$\eta = \frac{출력 \times \frac{1}{2}}{출력 \times \frac{1}{2} + 철손 + 동손} \times 100[\%]$$

$$= \frac{2,300 \times 43.5 \times 0.8 \times \frac{1}{2}}{2,300 \times 43.5 \times 0.8 \times \frac{1}{2} + (1,000) + (0.5^2 \times 43.5^2 \times 0.66)} \times 100 = 96.83[\%]$$

11 그림과 같이 접속된 3상 3선식 고압 수전설비의 변류기 2차 측 전류가 언제나 4.2[A]이었다. 이때 수전전력[kW]를 구하시오. (단, 수전전압은 6,600[V], 변류비는 50/5, 역률은 100[%]이다.)

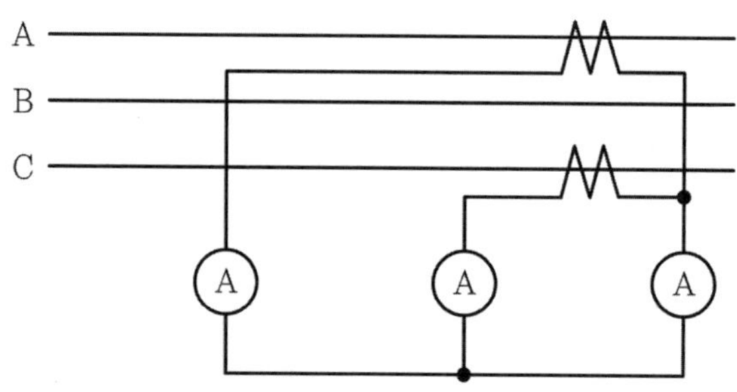

정답

수전전력 $P = \sqrt{3}\, V_1 I_1 \cos\theta = \sqrt{3} \times 6{,}600 \times 4.2 \times \dfrac{50}{5} \times 1 \times 10^{-3} = 480.12[\text{kW}]$

12 전선의 식별에 관한 아래 표를 완성하시오.

상(문자)	색상
L1	(①)
L2	흑색
L3	(②)
N	(③)
보호도체	(④)

정답

① : 갈색　　② : 회색

③ : 청색　　④ : 녹색-노란색

13 주어진 도면은 어떤 수용가의 수전설비의 단선결선도이다. 다음 도면을 이용하여 물음에 답하시오.

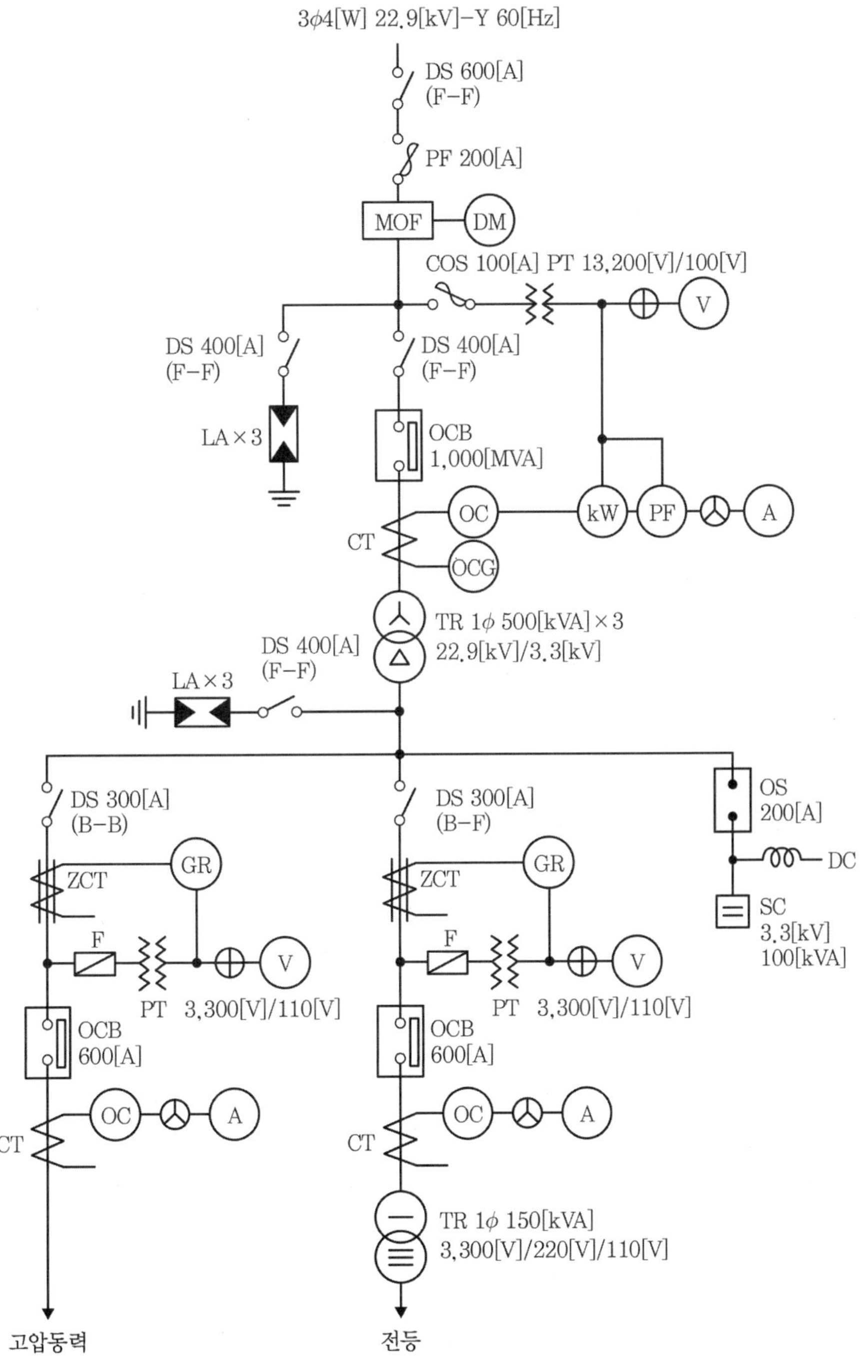

1) 22.9[kV] 측의 DS의 정격전압[kV]은? (단, 정격전압을 구하는 식은 기재하지 않는다.)

정답

25.8[kV]

2) MOF의 기능을 쓰시오.

정답

전력량계에 전원을 공급한다.

3) CB의 기능을 쓰시오.

정답

평상시 부하전류의 개폐가 가능하며, 고장 시 신속히 동작하여 고장전류를 차단한다.

4) 22.9[kV] 측의 LA의 정격전압[kV]은?

정답

18[kV]

5) MOF에 연결되어 있는 DM의 명칭은 무엇인가?

정답

최대수요전력계

6) 1대의 전압계로 3상 전압을 측정하기 위한 개폐기의 명칭(약호)을 쓰시오.

정답

VS

7) 1대의 전류계로 3상 전류를 측정하기 위한 개폐기의 명칭(약호)을 쓰시오.

정답
AS

8) PF의 기능을 쓰시오.

정답
단락전류를 차단한다.

9) ZCT의 기능을 쓰시오.

정답
지락 시 영상전류를 검출한다.

10) ZCT에 연결된 GR의 기능을 쓰시오.

정답
지락시 동작하여 차단기를 트립시킨다.

11) SC의 기능을 쓰시오.

정답
부하의 역률을 개선한다.

12) 3.3[kV] 측 CB에 적힌 600[A]는 무엇을 의미하는가?

정답
차단기의 정격전류

13) OS의 명칭을 쓰시오.

정답

유입개폐기

14

전기안전관리자의 직무에 따라 전기설비 용량별 점검횟수 및 간격은 안전관리업무를 대행하는 전기안전관리자가 전기설비가 설치된 장소 또는 사업장을 방문하여 점검을 실시해야 한다.

용량별 점검횟수 및 간격			
용량별		점검횟수	점검간격
저압	1~300[kW] 이하	월 1회	20일 이상
	300[kW] 초과	월 2회	10일 이상
고압	1~300[kW] 이하	월 1회	20일 이상
	300[kW] 초과 ~ 500[kW] 이하	월 (①)회	(②)일 이상
	500[kW] 초과 ~ 700[kW] 이하	월 (③)회	(④)일 이상
	700[kW] 초과 ~ 1,500[kW] 이하	월 (⑤)회	(⑥)일 이상
	1,500[kW] 초과 ~ 2,000[kW] 이하	월 (⑦)회	(⑧)일 이상
	2,000[kW] 초과	월 (⑨)회	(⑩)일 이상

정답

① 2　② 10　③ 3　④ 7　⑤ 4
⑥ 5　⑦ 5　⑧ 4　⑨ 6　⑩ 3

15 다음은 전력시설물 공사감리업무 수행지침 중 설계변경 및 계약금액의 조정 관련 감리업무와 관련된 사항이다. 빈칸에 알맞은 내용을 답하시오.

감리원은 설계변경 등으로 인한 계약금액의 조정을 위한 각종 서류를 공사업자로부터 제출받아 검토·확인한 후 감리업자에게 보고하여야 하며, 감리업자는 소속 비상주감리원에게 검토·확인하게 하고 대표자 명의로 발주자에게 제출하여야 한다. 이때 변경설계도서의 설계자는 (①), 심사자는 (②)이 날인하여야 한다. 다만, 대규모 통합감리의 경우, 설계자는 실제 설계 담당 감리원과 책임감리원이 연명으로 날인하고 변경설계도서의 표지양식은 사전에 발주처와 협의하여 정한다.

정답

① 책임감리원

② 비상주감리원

16 어떤 도로의 폭이 20[m]인 곳의 양쪽에 15[m] 간격으로 등주가 대칭배열되어 있을 때, 가로등 1개의 전광속이 8,000[lm], 도로면의 조명률이 45[%]인 경우 도로 위의 평균조도[lx]를 구하시오.

정답

$FUN = DES$

$$E = \frac{FUN}{DS} = \frac{8{,}000 \times 0.45 \times 1}{1 \times \frac{20 \times 15}{2}} = 24[\text{lx}]$$

17 입력 A, B, C에 대한 출력 Y1, Y2를 다음의 진리표와 같이 동작시키고자 할 때, 다음 각 물음에 답하시오.

A	B	C	Y1	Y2
0	0	0	0	1
0	0	1	0	1
0	1	0	0	1
0	1	1	0	0
1	0	0	0	1
1	0	1	1	1
1	1	0	1	1
1	1	1	1	0

접속점 표기 방식	
접속	비접속

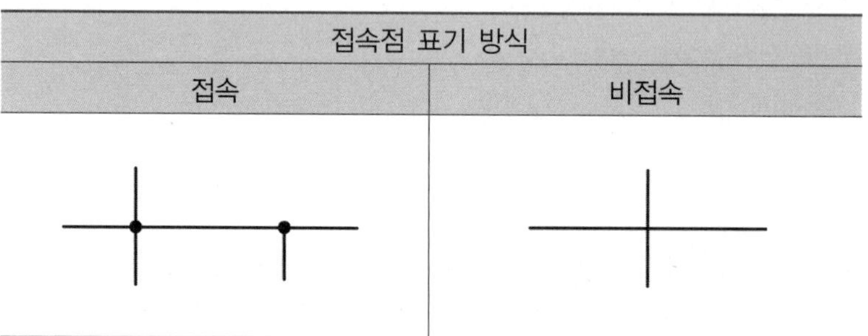

1) 출력 Y1, Y2에 대한 논리식을 간략화하시오. (단, 단략화된 논리식은 최소한의 논리게이트 접점 사용을 고려한 논리식이다.)

정답

$$\begin{aligned} Y1 &= A\overline{B}C + AB\overline{C} + ABC \\ &= AB\overline{C} + ABC + ABC + A\overline{B}C \\ &= AB(\overline{C} + C) + AC(B + \overline{B}) \\ &= AB + AC \\ &= A(B + C) \end{aligned}$$

$$\begin{aligned} Y2 &= \overline{A}\,\overline{B}\,\overline{C} + \overline{A}\,\overline{B}\,C + \overline{A}\,B\,\overline{C} + A\,\overline{B}\,\overline{C} + A\overline{B}C + AB\overline{C} \\ &= \overline{A}\,\overline{B}(\overline{C} + C) + A\overline{B}(\overline{C} + C) + B\overline{C}(\overline{A} + A) \\ &= \overline{A}\,\overline{B} + A\overline{B} + B\overline{C} \\ &= \overline{B}(\overline{A} + A) + B\overline{C} \\ &= \overline{B} + B\overline{C} \\ &= (\overline{B}+B)(\overline{B} + \overline{C}) \\ &= \overline{B} + \overline{C} \end{aligned}$$

2) 1)에서 구한 논리식을 논리회로로 나타내시오.

정답

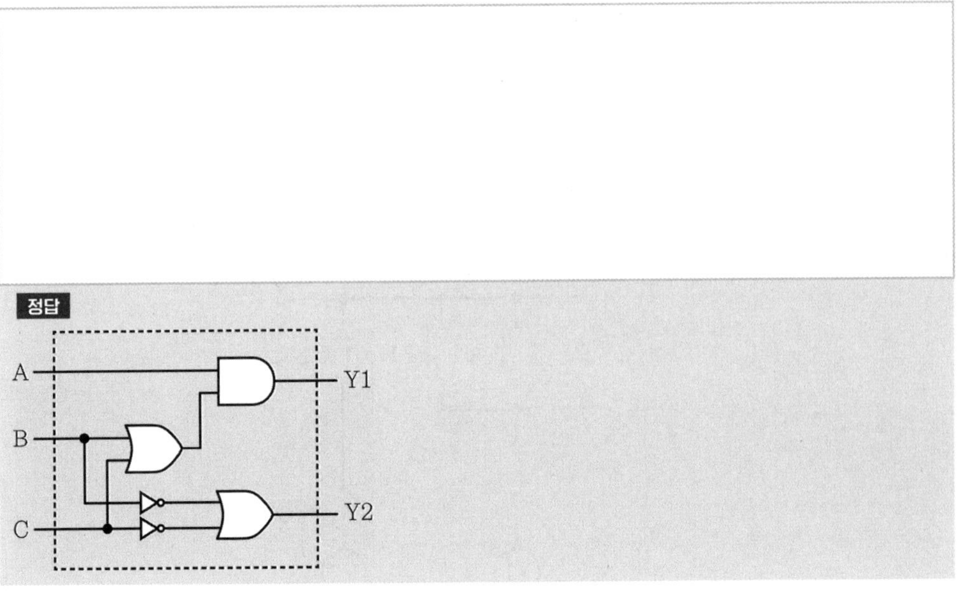

3) 1)에서 구한 논리식을 시퀀스회로로 나타내시오.

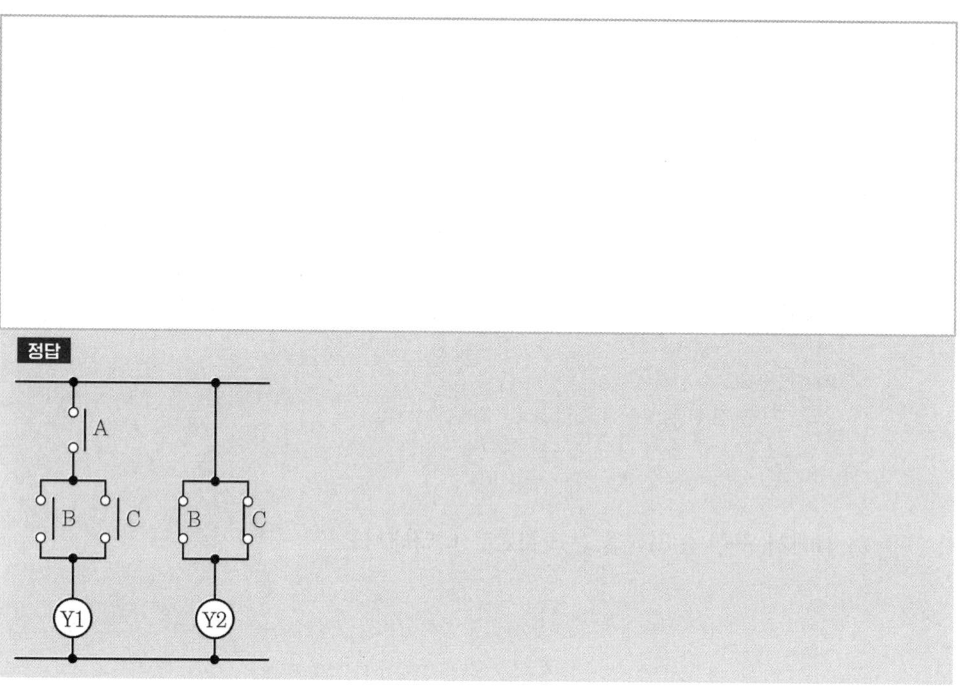

18 다음과 같은 유접점 회로가 있다. 접속점 표기 방식을 참고하여 다음 물음에 답하시오.

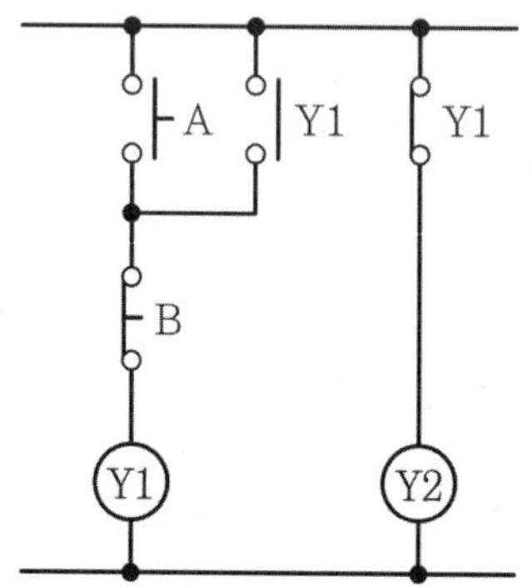

접속점 표기 방식	
접속	비접속

1) 논리식을 작성하시오.

정답

Y1 $=(A+Y1)\overline{B}$

Y2 $=\overline{Y1}$

2) 무접점 회로로 작성하시오.

정답

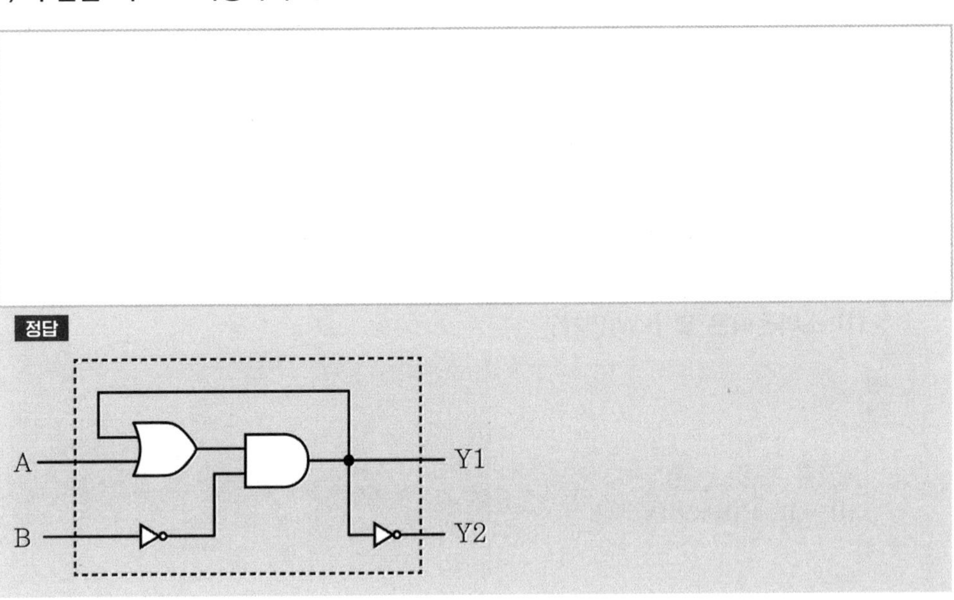

2022년 제3회 전기기사 실기 기출문제

01 어떤 부하에 그림과 같이 전압계, 전류계 및 전력계의 지시가 각각 V=220[V], I=25[A], W_1=5.6[kW], W_2=2.4[kW]이다. 이 부하에 대하여 다음 각 물음에 답하시오.

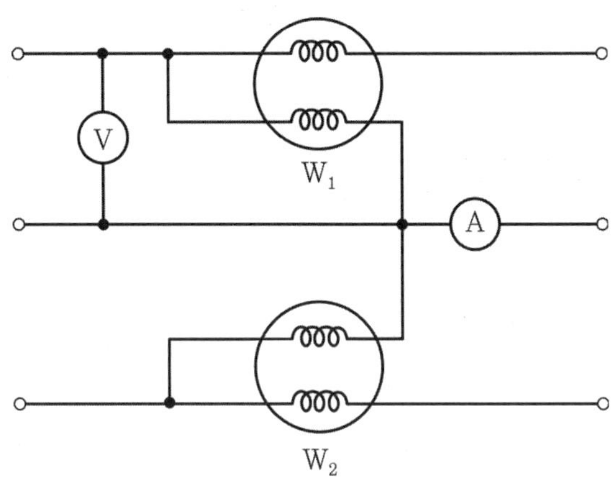

(1) 소비전력은 몇 [kW]인가?

정답

$W = W_1 + W_2 = 8[\text{kW}]$

(2) 부하 역률은 몇 [%]인가?

정답

$W = W_1 + W_2 = \sqrt{3}\, VI\cos\theta$

$\cos\theta = \dfrac{W_1 + W_2}{\sqrt{3}\, VI} = \dfrac{(5.6+2.4)\times 10^3}{\sqrt{3}\times 220\times 25}\times 100 = 83.98[\%]$

02 단상 3선식 110/220[V]을 채용하고 있는 어떤 건물이 있다. 변압기가 설치된 수전실로부터 100[m]되는 곳에 부하집계표와 같은 분전반을 시설하고자 한다. 다음 조건과 전선의 허용전류표를 이용하여 다음 각 물음에 답하시오. (단, 전압변동률 및 전압강하율은 2[%] 이하가 되도록 하며 중성선의 전압강하는 무시한다.)

조건

- 후강 전선관 공사로 한다.
- 3선 모두 같은 선으로 한다.
- 부하의 수용률은 100[%]로 적용한다.
- 후강 전선관 내 전선의 점유율을 48[%] 이내를 유지할 것

① 전선 허용전류표

단면적[mm^2]	허용전류[A]	전선관 3본 이하 수용 시[A]	피복 포함 단면적[mm^2]
5.5	34	31	28
14	61	55	66
22	80	72	88
38	113	102	121
50	133	119	161

② 부하집계표

회로 번호	부하 명칭	부하 [VA]	부하 분담[VA]		MCCB 크기			비고
			A	B	극수	AF	AT	
1	전등	2,400	1,200	1,200	2	50	15	
2	〃	1,400	700	700	2	50	15	
3	콘센트	1,000	1,000	–	1	50	20	
4	〃	1,400	1,400	–	1	50	20	
5	〃	600	–	600	1	50	20	
6	〃	1,000	–	1,000	1	50	20	
7	팬코일	700	700	–	1	30	15	
8	〃	700	–	700	1	30	15	
합계		9,200	5,000	4,200				

③ 후강 전선관 규격

호칭	G16	G22	G28	G36	G42	G54

(1) 간선의 공칭단면적[mm²]을 선정하시오.

정답

$I_A = \frac{5,000}{110} = 45.45[\text{A}]$

$I_B = \frac{4,200}{110} = 38.18[\text{A}]$

A선의 분담 전류가 크므로

$A = \frac{17.8LI}{1,000e} = \frac{17.8 \times 100 \times 45.45}{1,000 \times 110 \times 0.02} = 36.77[\text{mm}^2]$

$\therefore$ 38[mm²]

(2) 후강 전선관의 호칭을 표에서 선정하시오.

정답

$38[\text{mm}^2] \times 3 : 121 \times 3 = 363[\text{mm}^2]$

$A = \frac{\pi}{4} d^2 \times 0.48 \geq 363$

$d = \sqrt{\frac{363 \times 4}{0.48\pi}} = 31.03[\text{mm}^2]$

$\therefore G36$

(3) 설비 불평형률은 몇 [%]인지 구하시오.

정답

$\% = \frac{5,000 - 4,200}{9,200 \times \frac{1}{2}} \times 100 = 17.39[\%]$

03 다음 그림과 같은 사무실이 있다. 이 사무실의 평균조도를 200[lx]로 하고자 할 때 다음 각 물음에 답하시오.

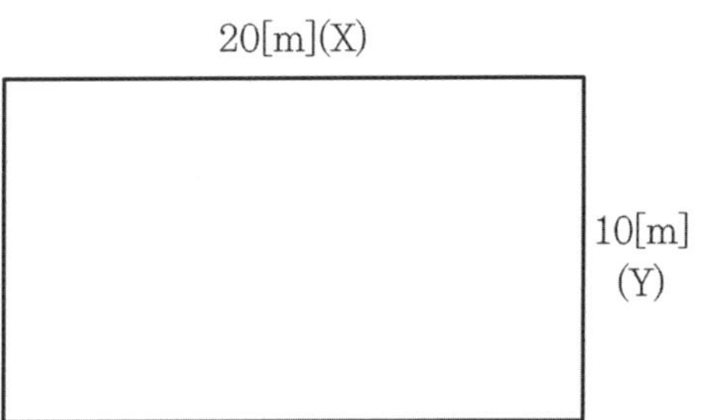

조건

- 형광등은 40[W]를 사용하며, 광속은 2,500[lm]
- 조명률은 0.6, 감광보상률은 1.2
- 사무실 내부에 기둥은 없음
- 간격은 등기구 센터를 기준으로 함
- 등기구는 O으로 표현

(1) 사무실에 필요한 형광등 개수를 구하시오.

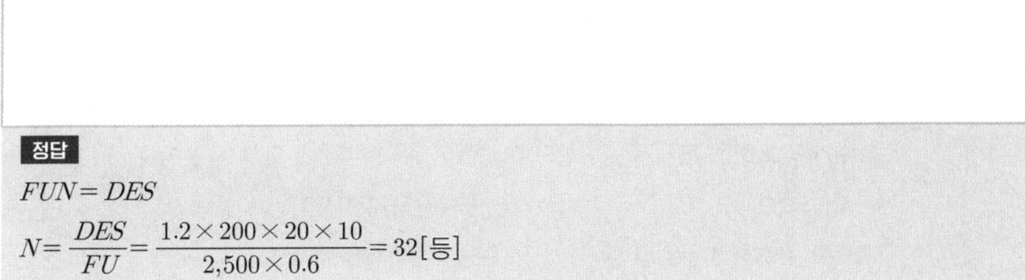

정답

$FUN = DES$

$$N = \frac{DES}{FU} = \frac{1.2 \times 200 \times 20 \times 10}{2{,}500 \times 0.6} = 32[\text{등}]$$

(2) 등기구를 답안지에 배치하시오. (단, 등기구는 O으로 그리시오.)

정답

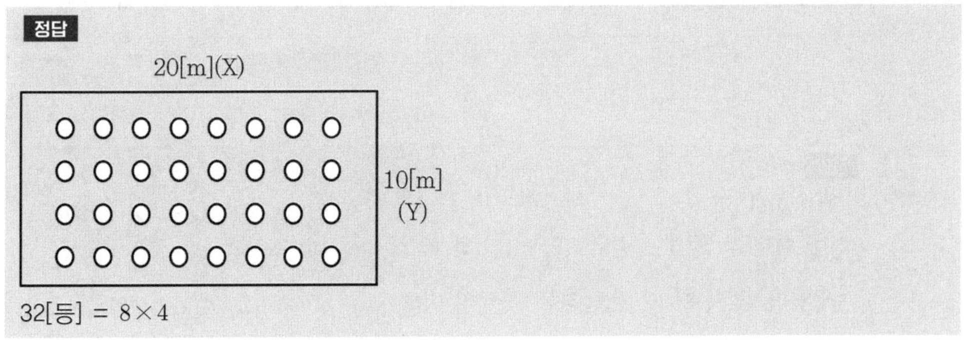

32[등] = 8×4

(3) 등간의 간격과 최외각에 설치된 등기구 건물벽 간의 간격(A, B, C, D)은 몇 [m]인가?

정답

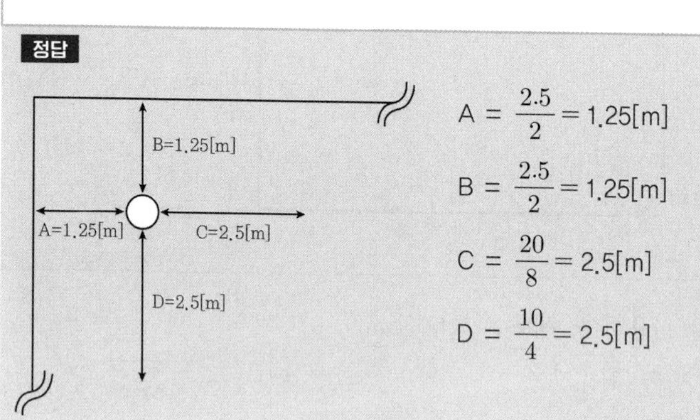

$A = \frac{2.5}{2} = 1.25[m]$

$B = \frac{2.5}{2} = 1.25[m]$

$C = \frac{20}{8} = 2.5[m]$

$D = \frac{10}{4} = 2.5[m]$

(4) 주파수 60[Hz]에 사용하는 형광방전등을 50[Hz]에서 사용한다면 광속과 점등시간은 어떻게 변화되는지를 설명하시오.

정답

- 광속 : $f \downarrow \rightarrow X_L = j\omega L \downarrow \rightarrow I \uparrow \rightarrow F \uparrow$ 광속 증가
  주파수가 감소하면 전류가 증가하므로 광속이 증가한다.
- 점등시간 : $f \downarrow \rightarrow T \uparrow$, $\therefore V_L \downarrow = L\frac{di}{dt \uparrow}$ 점등시간 늦음
  주파수가 감소하면 주기가 증가하므로 점등시간이 늦어진다.

※ 방전등이 빠르게 점등되려면 고전압이 발생되어야 하는데, 전압이 감소되어 점등시간이 늦어진다.

(5) 양호한 전반조명이라면 등간격은 등 높이의 몇 배 이하로 해야 하는가?

정답

1.5[H] 이하

※ ① 벽측을 사용하는 경우 : $\frac{1}{3}$[H] 이하

② 벽면을 사용하지 않을 경우 : $\frac{1}{2}$[H] 이하

04 무접점 논리회로에 대응하는 유접점 회로를 그리고, 논리식으로 표현하시오.

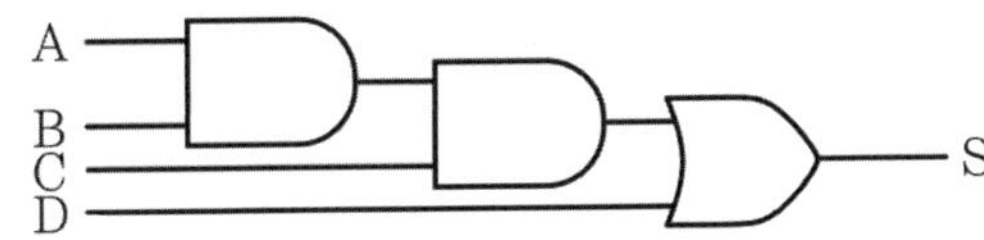

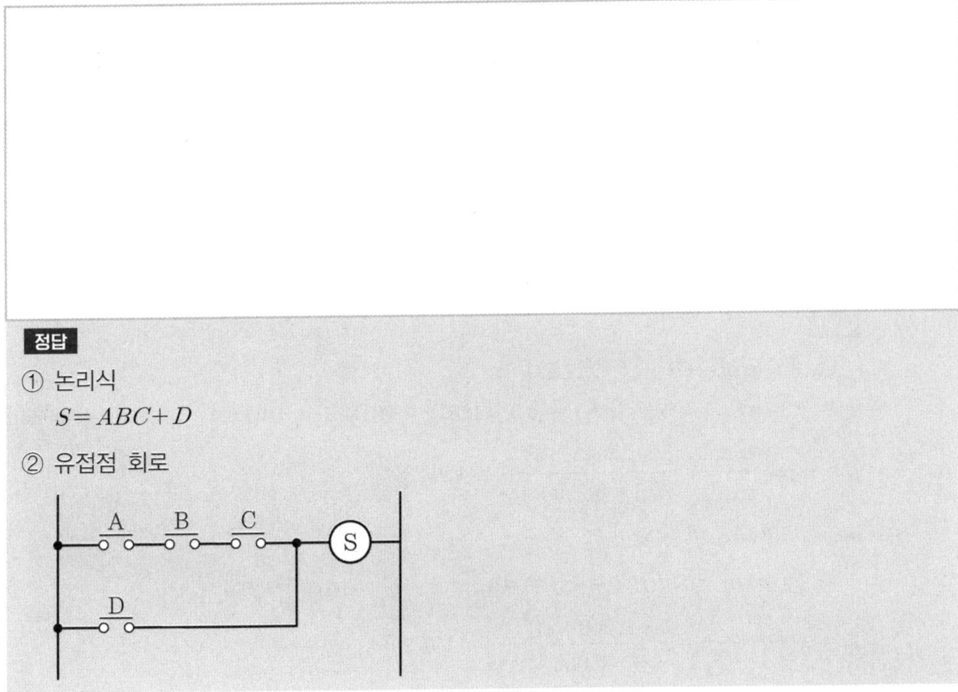

정답

① 논리식

$S = ABC + D$

② 유접점 회로

05 어떤 기간 중에 수용설비의 최대수요전력[kW]과 설비용량의 합[kW]의 비를 나타내는 말은 무엇인가?

정답

수용률

06 3상 송전선로 5[km] 지점에 1,000[kW], 역률 0.8인 부하가 있다. 전력용 콘덴서를 설치하여 역률을 95[%]로 개선하였다. 다음의 경우에 역률 개선 전의 몇 [%]인가? (단, 1상당 임피던스는 $0.3+j0.4$[Ω /km], 부하의 전압은 6,000[V]로 일정하다.)

(1) 전압강하

정답

$e=\sqrt{3}\,I(R\cos\theta+X\sin\theta)$ 이므로

$e_1=\sqrt{3}\,I_1(R\cos\theta_1+X\sin\theta_1)=\sqrt{3}\times 120.28\times(0.3\times5\times0.8+0.4\times5\times0.6)=499.99[V]$

$I_1=\dfrac{P}{\sqrt{3}\,V\cos\theta_1}=\dfrac{1{,}000\times10^3}{\sqrt{3}\times6{,}000\times0.8}=120.28[A]$

$e_2=\sqrt{3}\,I_2(R\cos\theta_2+X\sin\theta_2)$

$=\sqrt{3}\times101.29\times(0.3\times5\times0.95+0.4\times5\times\sqrt{1-0.95^2})=359.56[V]$

$I_2=\dfrac{P}{\sqrt{3}\,V\cos\theta_2}=\dfrac{1{,}000\times10^3}{\sqrt{3}\times6{,}000\times0.95}=101.29[A]$

비를 물어보았으므로 $\dfrac{359.56}{499.99}\times100=71.91[\%]$

(2) 전력손실

정답

$P_l=3I^2R=3\times(\dfrac{P}{\sqrt{3}\,V\cos\theta})^2R=\dfrac{P^2R}{V^2\cos^2\theta}$

$\therefore\ P_l=(\dfrac{0.8}{0.95})^2\times100=70.91[\%]$

07

발전기의 최대출력은 400[kW]이며, 일 부하율 40%로 운전하고 있다. 중유의 발열량은 9,600[kcal/L], 열효율은 36[%]일 때 하루 동안의 소비 연료량[L]은 얼마인가?

정답

$$\eta = \frac{860Pt}{MH} = \frac{860 \times 400 \times 0.4 \times 24}{M \times 9{,}600} = 0.36$$

$$M = \frac{860 \times 400 \times 0.4 \times 24}{0.36 \times 9{,}600} = 955.56[\text{L}]$$

08

정격전압이 같은 두 변압기가 병렬로 운전 중이다. A변압기의 정격용량은 20[kVA], %임피던스는 4[%]이고 B변압기의 정격용량은 75[kVA], %임피던스는 5[%]일 때 다음 각 물음에 답하시오. (단, 변압기 A, B의 내부저항과 누설리액턴스비는 같다. $(R_a/X_a = R_b/X_b)$)

(1) 2차 측 부하용량이 60[kVA]일 때 각 변압기가 분담하는 전력은 얼마인가?

① A변압기

② B변압기

정답

부하부담비 $\frac{P_a}{P_b} = \frac{\%Z_B}{\%Z_A} \times \frac{P_A}{P_B} = \frac{5}{4} \times \frac{20}{75} = \frac{1}{3}$

$\therefore P_a : P_b = 1 : 3$

① A변압기 : $60 \times \frac{1}{4} = 15[\text{kVA}]$

② B변압기 : $60 \times \frac{3}{4} = 45[\text{kVA}]$

(2) 2차 측 부하용량이 120[kVA]일 때 각 변압기가 분담하는 전력은 얼마인가?

① A변압기

② B변압기

정답

① A변압기 : $120 \times \frac{1}{4} = 30[\text{kVA}]$

② B변압기 : $120 \times \frac{3}{4} = 90[\text{kVA}]$

(3) 변압기가 과부하되지 않는 범위 내에서 2차 측 최대 부하용량은 얼마인가?

정답

1) $P_a = P_A = 20$

$P_a : P_b = 1 : 3$

$P_b = 60$

2) $P_b = P_B = 75$

$P_a = \frac{75}{3} = 25$

$\therefore 20 + 60 = 80$

A변압기의 용량을 최대 공급이라 가정하고 20[kVA]를 부담하면 부담비는 1:3이므로 B변압기의 최대 부담은 60[kVA]가 된다.

만약 B변압기의 용량이 최대 공급이라 가정하고 75[kVA]을 부담하면 분담비는 1:3이고 A변압기는 25[kVA]가 부담되므로 이 변압기는 과부하가 된다.

따라서, 20+60의 부하 부담이 되어야 하므로 80[kVA]가 된다.

09 무접점 논리회로에 대응하는 유접점 회로를 그리고, 논리식으로 표현하시오.

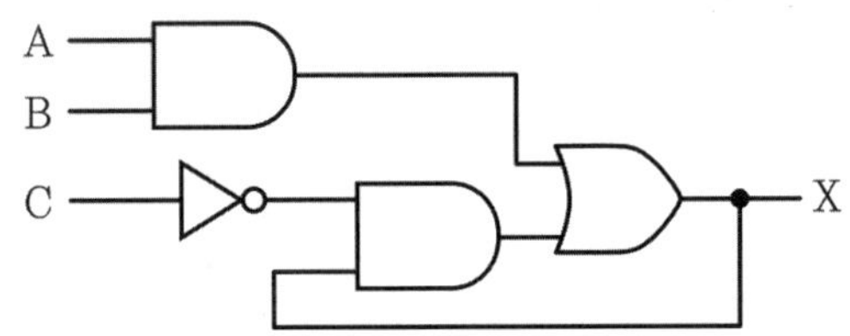

정답

① 논리식

$X = AB + \overline{C}X$

② 유접점 회로

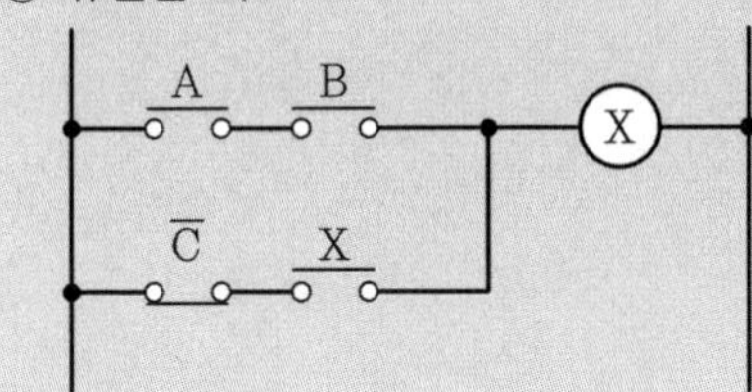

10

그림은 22.9[kV-Y], 1,000[kVA] 이하에 적용 가능한 특고압 간이 수전설비 표준결선도이다. 이 결선도를 보고 다음 각 물음에 답하시오.

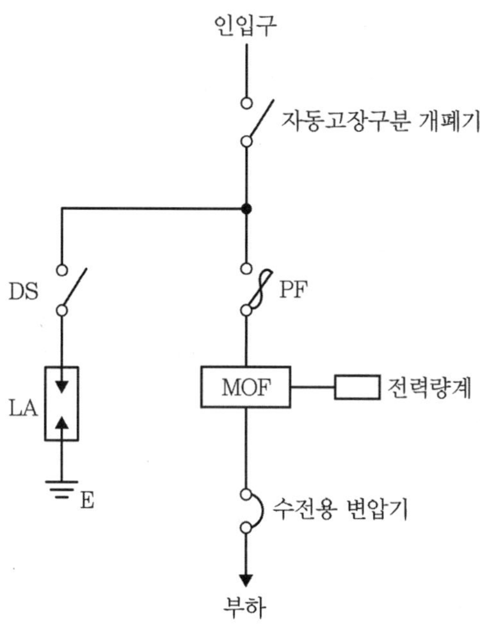

(1) 용량 300[kVA] 이하에서 ASS 대신 사용할 수 있는 것은?

정답

인터럽트 스위치(Int.SW)

(2) 본 도면에서 생략할 수 있는 것은?

정답

LA용 DS는 생략할 수 있다.

(3) 22.9[kV-Y]용의 LA는 어떤 것이 붙어있는 것을 사용해야 하는가?

정답

Disconnector(또는 Isolator) 붙임형을 사용하여야 한다.

(4) 인입선을 지중선으로 시설하는 경우로서 공동주택 등 사고 시 정전 피해가 큰 수전설비 인입선은 예비선을 포함하여 몇 회선으로 시설하는 것이 바람직한가?

정답

2회선

(5) 22.9[kV-Y] 지중 인입선에는 어떤 케이블을 사용하여야 하는가?

정답

CNCV-W 케이블(수밀형) 또는 TR CNCV-W(트리억제형)

(6) 300[kVA] 이하인 경우 PF 대신 COS를 사용하였다. 이것의 비대칭 차단전류 용량은 몇 [kA] 이상의 것을 사용하여야 하는가?

정답

10[kA] 이상

11

다음 각 계전기의 이름을 작성하시오.

(1) OCR　　(2) OVR　　(3) UVR　　(4) GR

정답

(1) 과전류계전기
(2) 과전압계전기
(3) 부족전압계전기
(4) 지락계전기

12 전기설비를 방폭화한 방폭기기 구조의 종류를 4가지를 쓰시오.

정답

(1) 내압 방폭구조
(2) 유입 방폭구조
(3) 압력 방폭구조
(4) 안전증 방폭구조

13 가로 10[m], 세로 16[m], 천장높이 3.85[m], 작업면 높이 0.85[m], 작업면 조도 300[lx]인 사무실에 천장 직부 형광등 F40×2를 설치하려고 한다. 다음 각 물음에 답하시오.

(1) 이 사무실의 실지수는 얼마인가?

정답

$$RI=\frac{XY}{H(X+Y)}=\frac{10\times 16}{(3.85-0.85)(10+16)}=2.05$$

(2) 이 사무실의 천장 반사율 70[%], 벽 반사율 50[%], 바닥 반사율 10[%], 40[W] 형광등 1등의 광속 3,150[lm], 보수율 70[%], 조명률 61[%]로 한다면 이 사무실에 필요한 소요 등기구 수는 몇 등인가?

정답

$FUN=DES$

$$N=\frac{DES}{FU}=\frac{\frac{1}{0.7}\times 300\times 10\times 16}{3{,}150\times 2\times 0.61}=17.843=18[\text{등}]$$

14 전력계통에 이용되는 리액터에 대한 명칭을 쓰시오.

단락전류 제한	(1)
페란티 현상 방지	(2)
아크를 소호하여 지락전류 제한	(3)

정답

(1) 한류 리액터

(2) 분로 리액터

(3) 소호 리액터

15 다음은 상용전원과 예비전원 운전 시 유의하여야 할 사항이다. ( ) 안에 알맞은 내용을 쓰시오.

상용전원과 예비전원 사이에는 병렬운전을 하지 않는 것이 원칙이므로 수전용 차단기와 발전용 차단기 사이에는 전기적 또는 기계적 (①)을/를 시설해야 하며 (②)을/를 사용해야 한다.

정답

① 인터록

② 전환 개폐기

16 다음 설비 도면을 보고 각 물음에 답하시오.

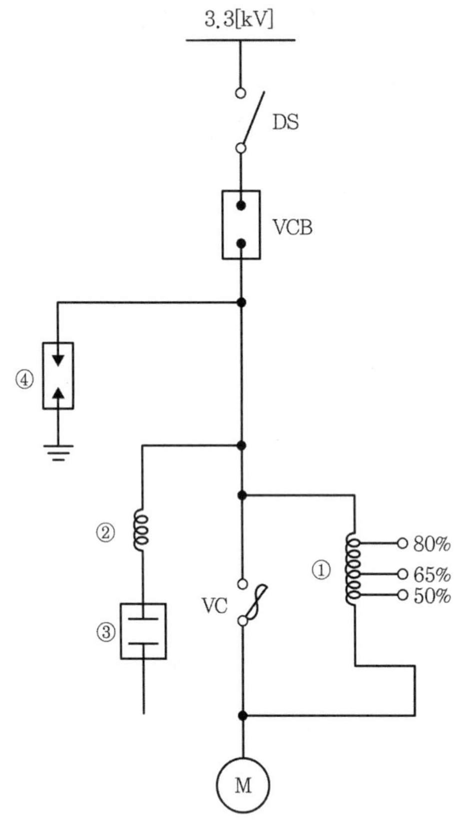

(1) 도면의 고압 유도 전동기 기동방식이 무엇인지 쓰시오.

정답

리액터 기동법

(2) ①~④의 명칭을 작성하시오.

정답

① 기동용 리액터
② 직렬 리액터
③ 전력용 콘덴서
④ 서지 흡수기

17 고압선로에서의 접지사고 검출 및 경보장치를 그림과 같이 시설하였다. A선에 누전사고가 발생하였을 때 다음 각 물음에 답하시오. (단, A의 대지전위는 0이며, 전원이 인가되고 경보벨의 스위치는 닫혀있는 상태라고 한다.)

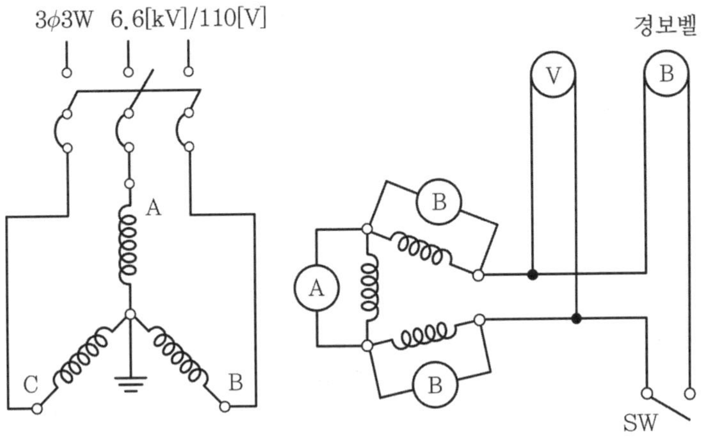

(1) 1차 측 A, B, C선의 대지전압은 몇 [V]인가?

① B선의 대지전압

② C선의 대지전압

정답

① $V_B = \dfrac{6,600}{\sqrt{3}} \times \sqrt{3} = 6,600[\text{V}]$

② $V_C = \dfrac{6,600}{\sqrt{3}} \times \sqrt{3} = 6,600[\text{V}]$

(2) 2차 측 Ⓐ, Ⓑ, Ⓒ의 전구전압과 전압계 Ⓥ의 지시전압, 경보벨 Ⓑ에 걸리는 전압은 몇 [V]인가?

① Ⓑ전구의 전압

② Ⓒ전구의 전압

③ 전압계 Ⓥ의 지시전압

④ 경보벨 Ⓑ에 걸리는 전압

정답

① $V_B = 6{,}600 \times \frac{110}{6{,}600} = 110[\text{V}]$

② $V_C = 6{,}600 \times \frac{110}{6{,}600} = 110[\text{V}]$

③ $110 \times \sqrt{3} = 190.53[\text{V}]$

④ $110 \times \sqrt{3} = 190.53[\text{V}]$

18 그림과 같이 높이 5[m]의 점에 있는 백열전등에서 광도 12,500[cd]의 빛이 수평거리 7.5[m]의 점 P에 주어지고 있다. 다음 각 물음에 답하시오.

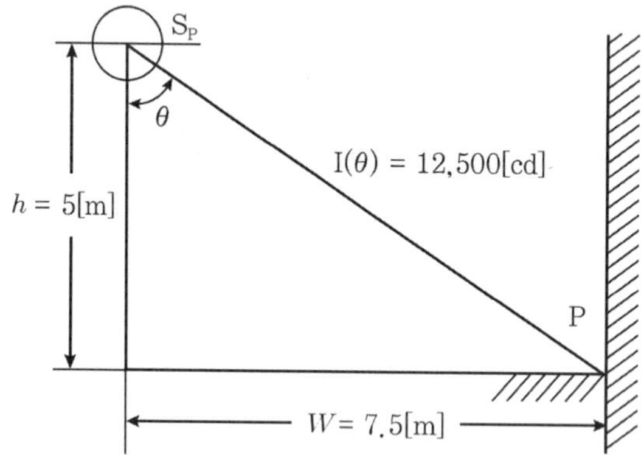

(1) P점의 수평면 조도를 구하시오.

정답

$E_h = \frac{I}{r^2}\cos\theta = \frac{12{,}500}{(\sqrt{5^2+7.5^2})^2} \times \frac{5}{\sqrt{5^2+7.5^2}} = 85.338$

∴ 85.34[lx]

(2) P점의 수직면 조도를 구하시오.

정답

$E_v = \frac{I}{r^2}\sin\theta = \frac{12{,}500}{(\sqrt{5^2+7.5^2})^2} \times \frac{7.5}{\sqrt{5^2+7.5^2}} = 128.007$

∴ 128.01[lx]